新工科暨卓越工程师教育培养计划电子信息类专业系列教材

丛书顾问/郝　跃

DIANCIBO GONGCHENG JICHU

电磁波工程基础

■ 主　编/郑宏兴　王　莉

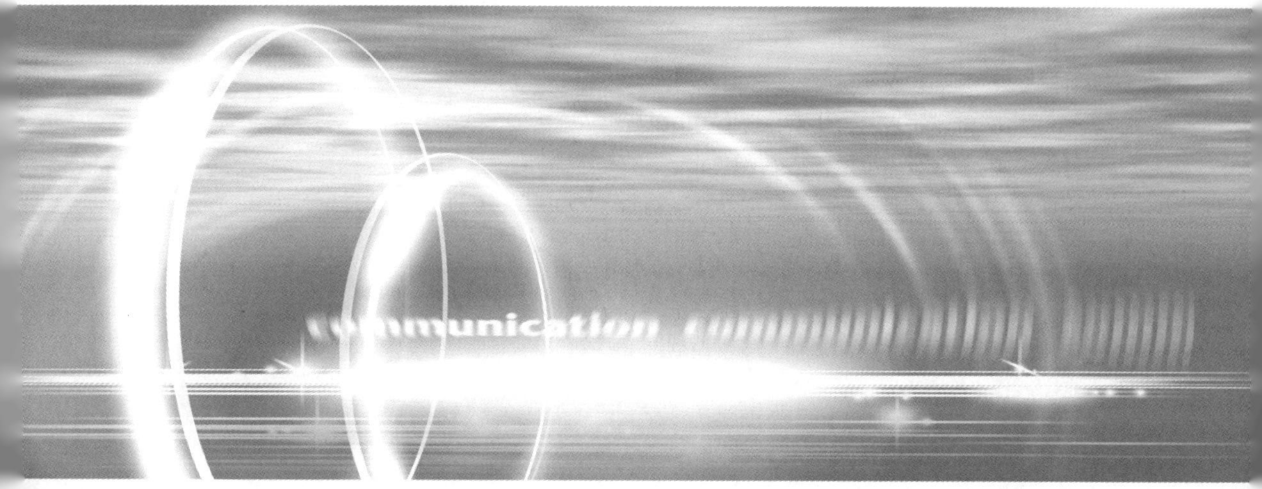

華中科技大學出版社
http://www.hustp.com
中国 · 武汉

内容简介

本书为普通高等教育“新工科暨卓越工程师教育培养计划电子信息类专业系列教材”，共分为9章，阐述了矢量分析与场论、静态电磁场、电介质和磁介质、时变场与时谐场、平面波极化与衰减、导行与谐振、辐射传播与散射、边值问题及数值解相关知识，介绍了近几年快速发展的电磁波生物效应及应用。

本书尽量避免与《大学物理》中电磁学的内容重复，电磁波概念明确，避免繁杂的数学推导，注重电磁场与电磁波的理论与实际应用相结合。为便于自主学习，书中附有相应的习题作为学习内容的补充，以供复习、巩固和练习之用。

本书可作为高等学校通信和电信工程等电子信息类专业本科生的教材，也可作为相关专业学生或相关专业技术人员的参考书。

图书在版编目(CIP)数据

电磁波工程基础/郑宏兴，王莉主编. —武汉：华中科技大学出版社，2020.9
ISBN 978-7-5680-6556-6

Ⅰ.①电… Ⅱ.①郑… ②王… Ⅲ.①电磁波-高等学校-教材 Ⅳ.①O441.4

中国版本图书馆CIP数据核字(2020)第167887号

电磁波工程基础
Diancibo Gongcheng Jichu

郑宏兴 王 莉 主编

策划编辑：祖 鹏 王红梅
责任编辑：余 涛 刘艳花
封面设计：秦 茹
责任校对：刘 竣
责任监印：徐 露
出版发行：华中科技大学出版社(中国·武汉) 电话：(027)81321913
武汉市东湖新技术开发区华工科技园 邮编：430223
录 排：武汉市洪山区佳年华文印部
印 刷：武汉科源印刷设计有限公司
开 本：787mm×1092mm 1/16
印 张：19
字 数：454千字
版 次：2020年9月第1版第1次印刷
定 价：49.80元

本书若有印装质量问题，请向出版社营销中心调换
全国免费服务热线：400-6679-118 竭诚为您服务

编　委　会

前言

麦克斯韦电磁理论体系的建立，对现代文明产生了重大影响，成为指导现代电工和电子技术的理论基础。现代电工和电子技术，如广播、电视、卫星、遥感、测控、电子监测等方面，均已离不开电磁场与电磁波的“影子”。学习这门课程，对培养学生严谨的学习态度、逆向思维以及创新能力等，都能起到非常重要的作用。因此，高等学校都把“电磁场与电磁波”作为电类专业的必修课程。

本书共分 9 章。第 1 章讨论了矢量分析与场论的基本知识，为深入学习本书的后续内容打下了必要的数学基础。第 2 章和第 3 章阐述了静态场的基本性质及其与介质的相互作用，分别从静电场、恒定电流场和恒定磁场等方面进行深入浅出的讲解。为了便于读者了解电磁学的最新应用进展，第 3 章的最后介绍了人工电磁介质。第 4 章、第 5 章描述了时变电磁场和平面电磁波的基础理论及其有关应用，揭示了电磁波在自由空间的传播特性。第 5 章还分析了极化作为电磁波不同于其他波动过程的典型物理特性。第 6 章讲述了电磁波在波导中的传播，在研究导行电磁波过程中介绍了关于波导和传输线的基本理论。对于开设后续课程“微波技术与天线”的专业，这一章内容可以选学。第 7 章着重讲述了电磁波辐射与散射，对无线通信专业来说，这一章无疑是非常重要的。这部分内容解释了作为无线信号载体的电磁波传播的特性，而在研究电磁波辐射时，还简要地讨论了天线的辐射原理。第 8 章介绍了静态场的边值问题和麦克斯韦方程组的数值求解方法，介绍了有限元法、时域有限差分法和矩量法等。第 9 章介绍了近几年快速发展的电磁波生物效应及应用。本书附录给出了常用的数学公式，以便读者查阅。

本书是由编者在河北工业大学工作期间的讲义改编而成，在本书的编写初期与天津职业技术师范大学电子工程学院孙程光、张凤山和马宁三位博士进行过交流，他们慷慨提供了部分素材，在此表示衷心感谢。

本书在编写过程中，还得到了河北工业大学电子信息工程学院电磁场与微波课程组田学民、姜霞、张志伟和鲍健慧老师的大力支持与帮助，他们对书稿中的公式、图表和文字做了大量的订正工作，在此表示衷心感谢。

工程教育认证这一重要环节对书稿内容的充实和质量的提高起了重要作用，在此对参与工程教育认证的河北工业大学电子信息工程学院全体同事表示衷心感谢。

最后还要感谢深圳大学的张玉贤博士对书稿的细节进行了卓有成效的修订。

本书配有电子课件，欢迎选用本书作为教材的老师使用，具体请联系出版社。

由于编写时间仓促，加上作者学识水平有限，书中难免有不足、错误和疏漏之处，敬请广大读者给予批评和指正。

编　者

2020 年 8 月于天津

教学建议

满足高新技术产业发展的需要、适应科技高速发展、培养具有创新精神和实践能力的高素质人才，是我国高等教育的重要内容。本书以工程技术领域的需求为出发点，在满足相关专业基本要求的基础上，以目前工程上应用较为广泛的或将要推广应用的技术为主要内容；在章节编排上，与多数教材中采用的传统模式有所不同，更趋向于应用性、针对性和实用性。

本书可作为高等学校通信和电信工程等电子信息类专业本科生的教材，也可作为相关专业学生或相关专业技术人员的参考书。使用本书作教材时，可根据不同的教学要求进行取舍。

本书计划学时数为 72 学时，全书共分为 9 章。

第 1 章主要回顾、归纳了研究电磁场与电磁波所需的数学、物理基础知识，包括矢量及其代数运算，标量场与矢量场的分析方法、定理、定律，旨在建立场论与电磁场理论之间的联系，为后续章节的学习打下了一定的数学基础，能够运用数学知识分析和解决电磁场与电磁波的工程问题。本章建议学时为 4 学时，教师可根据学生对前期课程“矢量分析与场论”的掌握情况进行讲授。

第 2 章主要讨论了静电场、恒定电流场和恒定磁场的基本原理和分析方法，介绍工程中常用的电磁场能量以及作用力的计算，并结合实例说明静态场在工程实践中的应用。通过本章的学习，学生可在掌握静态场基本原理的基础上，熟练运用数学知识进行分析、计算，解决工程应用问题。本章建议学时为 12 学时，不同专业的学生可根据专业需要选择学习内容。

第 3 章主要讨论了介质的极化和磁化，分析了介质中的基本方程、静态场的能量和边界条件，并对复杂介质中的电磁特性进行了分析，包括介质的状态方程、电介质的色散特性、铁氧体介质的线性分析、等离子体以及各向异性电介质，同时对近些年研究进度较快的人工电磁介质——超颖材料的性质及应用价值进行了概述。学生可在掌握介质中静态场基本理论的基础上，通过自主学习的方法，学习复杂介质中的电磁特性和超颖材料特性，以拓展知识和提高能力。本章建议学时为 8 学时。

第 4 章主要讨论时变电磁场的普遍规律，包括麦克斯韦方程组和电磁场的波动方程、动态标量位和矢量位、坡印廷定理与坡印廷矢量、时谐电磁场及其复函数表达形式。重点在于培养学生在掌握时变电磁场基本方程和基本规律的基础上，具备将傅里叶变换等数学知识用于解决时变电磁场工程问题的能力。本章建议学时为 8 学时。

第 5 章主要分析了平面电磁波的传播特性、电磁波的极化特性，以及在边界上的反射与透射特性、在有耗介质中的均匀平面波的传播特性，内容安排由浅入深。通过本章的学习，学生可掌握相关工程问题的分析方法和过程，理解所得结果的物理意义及其工程应用。本章建议学时为 8 学时。

第 6 章主要介绍导行电磁波的一般特性与分析方法，重点分析了矩形波导与同轴波导的传输特性，以及谐振腔的性能参数和物理意义，最后讨论了平行双线导波系统。本章的重点在于通过分析微波系统中传输线的基本理论、分析方法与传输特性，学生能够运用场和路的观点对微波传输系统进行分析和初步判断。本章建议学时为 10 学时，对于后续将要开设"微波技术和天线"课程的专业，这一部分内容可以不讲。

第 7 章重点介绍了电磁波辐射和接收的基本原理，并对电磁波传播的基本方式、传输介质对电磁波传播的影响进行了分析和讨论。通过本章的学习，学生能够运用电磁波辐射和接收的基本原理与方法分析天线理论中的发射、传输与接收问题。本章建议学时为 6 学时，各专业可根据需要选择在后续课程"天线"与"电波传播"中讲授。

第 8 章重点介绍了静态场的边值问题，包括镜像法(解析法)和有限差分法(数值法)的基本原理和计算方法。此外，还针对工程中遇到一些实际的、比较复杂的电磁问题，介绍了电磁波常用的数值计算方法，并对数值计算方法的基本原理、处理技术、数值色散性能以及数值稳定性条件进行了讨论，较为全面地分析了解决复杂电磁问题的主流数值计算方法。重点在于引导学生不仅要熟悉静电场的边值问题、掌握镜像法和有限差分法的基本原理，还需重点掌握时域有限差分法、有限元法、矩量法三种主流数值计算方法的原理和特点。本章建议学时为 10 学时，各专业可根据需要选讲。

第 9 章主要讨论了生物电磁场、电磁辐射效应、心脏偶极子场及其除颤器和心脏起搏器、轴突的传输线模型、视网膜视神经纤维等组织器官的相关生物物理学特性，以及电磁波的生物效应和电磁防护等相关知识。最后介绍了电磁辐射的生物学效应及其产生原因、特征，目的在于引导学生从教材中走出来，积极探索电磁场与电磁波在实际生活和工程中的应用，拓宽学生的知识面，提升学生的创新和动手能力，培养学生分析和解决电磁问题的能力。本章建议学时为 6 学时，各专业可根据需要选讲或自学。

本书在编写的过程中，尽可能将学科发展的新思想、新概念、新成果以及编者的科研成果融入理论教学与实践教学中，并尽量结合工程应用实例进行分析和讨论，将学生工程能力、创新思维与创新能力的培养贯穿到这本书的各个环节，真正达到理论与实践相结合的目的，旨在提高学生的实践能力、创新能力。

对"电磁波工程基础"的学习有助于对其他专业课的理解和掌握，同时，也为后续课程(如微波技术与天线、移动通信、卫星通信、光纤通信、电磁兼容等)的学习奠定基础。教师在讲授的过程中可以考虑以下方面。

(1) 在理论教学内容的顺序安排上，可以根据实际教学需要，采取先电磁场的基本规律后电磁场的边值问题的建立、分析与求解，或者按照教材章节顺序进行授课。

(2) 在教学方法手段方面，可以采用传统板书结合多媒体课件进行讲授；根据学生的实际接受能力，安排习题课、讨论课，鼓励开展翻转课堂教学活动。

(3) 在实验训练方面，除了必要的实验内容外，可以适当扩展与教学内容相关的实验项目，开展课外实践活动，了解数值分析手段在电磁场分析中的应用，进行虚拟仿真实验，培养学生善于运用现代工具并结合专业知识解决问题的能力。

编　者
2020 年 8 月

目录

1 矢量分析与场论 …… (1)
1.1 矢量及其空间投影 …… (1)
1.2 矢量代数 …… (2)
1.3 标量场和矢量场 …… (4)
1.4 矢量微分算子 …… (5)
1.5 标量场的梯度 …… (6)
1.6 矢量场的散度定理 …… (7)
1.7 矢量场的旋度与斯托克斯定理 …… (10)
1.8 亥姆霍兹定理 …… (14)
1.9 本章小结 …… (15)
习题 1 …… (16)
2 静态电磁场 …… (18)
2.1 电场强度和电位移 …… (18)
2.2 真空中的静电场方程 …… (20)
2.3 标量位和矢量位 …… (21)
2.4 导体系统的电容 …… (22)
2.5 电场力做功 …… (25)
2.6 恒定电流场 …… (27)
2.7 真空中的恒定磁场 …… (32)
2.8 磁位 …… (35)
2.9 恒定磁场的计算 …… (37)
2.10 磁场力 …… (42)
2.11 静态场工程应用实例 …… (44)
2.12 本章小结 …… (45)
习题 2 …… (46)
3 电介质和磁介质 …… (49)
3.1 电介质的极化 …… (49)
3.2 介质中的静电场方程 …… (51)
3.3 静电场的边界条件 …… (52)
3.4 静态电场的能量 …… (55)
3.5 介质的磁化 …… (58)
3.6 恒定磁场的边界条件 …… (61)

3.7 磁场的能量 …… (62)
3.8 复杂介质的电磁特性 …… (66)
3.9 人工电磁介质——超颖材料 …… (83)
3.10 本章小结 …… (88)
习题 3 …… (88)
4 时变场与时谐场 …… (92)
4.1 电磁感应 …… (92)
4.2 位移电流 …… (94)
4.3 麦克斯韦方程组 …… (96)
4.4 时变电磁场的边界条件 …… (97)
4.5 能流密度矢量和能量定理 …… (99)
4.6 矢量位和标量位 …… (100)
4.7 时变电磁场唯一性定理 …… (103)
4.8 时谐电磁场 …… (104)
4.9 本章小结 …… (109)
习题 4 …… (109)
5 平面波极化与衰减 …… (112)
5.1 理想介质中的平面电磁波 …… (112)
5.2 电磁波的极化特性 …… (115)
5.3 平面电磁波的反射与透射 …… (118)
5.4 有耗介质中的均匀平面波 …… (126)
5.5 本章小结 …… (138)
习题 5 …… (138)
6 导行与谐振 …… (142)
6.1 导行电磁波的一般特性 …… (142)
6.2 矩形波导 …… (144)
6.3 矩形波导中的 TE_{10} 模 …… (150)
6.4 同轴线 …… (152)
6.5 谐振腔 …… (154)
6.6 传输线基础 …… (156)
6.7 本章小结 …… (165)
习题 6 …… (166)
7 辐射传播与散射 …… (168)
7.1 推迟势 …… (168)
7.2 电流元的辐射 …… (169)
7.3 磁流元的辐射 …… (172)
7.4 对偶原理 …… (174)
7.5 镜像原理 …… (176)
7.6 洛伦兹互易定理 …… (179)
7.7 惠更斯原理 …… (181)

7.8 电波传播概论 …… (184)
7.9 理想导体圆柱对平面电磁波的散射 …… (193)
7.10 理想导体圆柱对柱面波的散射 …… (199)
7.11 理想导体球对平面电磁波的散射 …… (202)
7.12 本章小结 …… (208)
习题 7 …… (208)
8 边值问题及数值解 …… (210)
8.1 静态场的边值问题 …… (210)
8.2 镜像法 …… (211)
8.3 有限差分法 …… (219)
8.4 时域有限差分法 …… (223)
8.5 有限元法 …… (236)
8.6 矩量法 …… (251)
8.7 本章小结 …… (266)
习题 8 …… (266)
9 电磁波生物效应及应用 …… (269)
9.1 生物电磁场 …… (270)
9.2 电磁辐射的生物学效应及特征 …… (272)
9.3 心脏偶极子场 …… (274)
9.4 轴突和视网膜视神经纤维 …… (276)
9.5 电磁危害与电磁辐射的安全标准 …… (280)
9.6 应用实例 …… (283)
9.7 本章小结 …… (284)
习题 9 …… (284)
附录 A 常用的矢量变换公式 …… (286)
附录 B 三种坐标系的梯度、散度、旋度和拉普拉斯运算 …… (287)
参考文献 …… (289)

1

矢量分析与场论

矢量分析这一应用数学方法用于电磁学的定量计算，使得电磁波的应用研究具有了无限的生命力。本章在实数域内讨论了矢量代数和矢量分析，在此基础上介绍了场论的内容，以亥姆霍兹定理作为分析电磁场方程的基础，突出了工程数学在电磁波分析中的重要应用。

1.1 矢量及其空间投影

矢量是一种数学表达方式。特定含义的物理量，如力、速度、电场强度和磁场强度等，它们既有大小又有方向，用矢量表示这些物理量，能够全面地反映它们的运算关系。

在空间直角坐标系中，研究对象的位置是 $P(x, y, z)$，位置矢量及其坐标表达如图 1-1 所示。我们通常可用一个由原点指向 P 点的矢量 $\boldsymbol{r}$ 表示，其大小为

$$r=\sqrt{x^2+y^2+z^2} \tag{1.1.1}$$

$\boldsymbol{r}$ 的方向可用其与坐标轴的夹角 α，β 和 γ 表示，这三个夹角的方向余弦分别为

$$\cos\alpha=\frac{x}{r},\quad \cos\beta=\frac{y}{r},\quad \cos\gamma=\frac{z}{r} \tag{1.1.2}$$

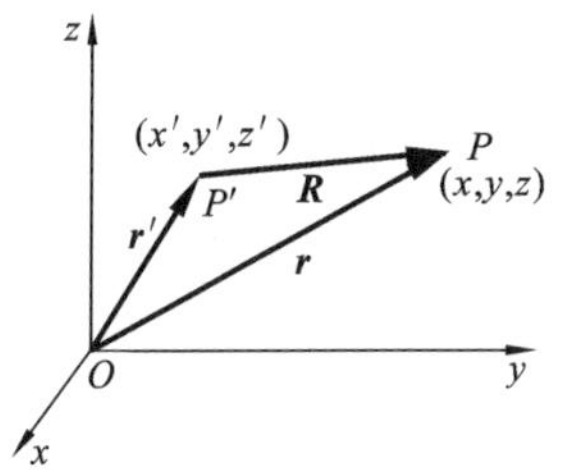

图 1-1　位置矢量及其坐标表达

在实际应用中，为了方便，我们把矢量 $\boldsymbol{r}$ 表示为

$$\boldsymbol{r}=r\boldsymbol{e}_r \tag{1.1.3}$$

式中，$\boldsymbol{e}_r$ 是 $\boldsymbol{r}$ 的单位矢量，即 $\boldsymbol{e}_r$ 是大小为 1，以坐标原点为球心、r 为半径的球面的径向矢量。$\boldsymbol{r}$ 向 3 个坐标轴的投影分量分别为 x，y，z，则表示为

$$\boldsymbol{r}=\boldsymbol{e}_x x+\boldsymbol{e}_y y+\boldsymbol{e}_z z \tag{1.1.4}$$

其中，$\boldsymbol{e}_x$，$\boldsymbol{e}_y$，$\boldsymbol{e}_z$ 为直角坐标系中的单位矢量。同样，空间的另一点 $P'(x', y', z')$ 可以表示为

$$\boldsymbol{r}'=r'\boldsymbol{e}_r \tag{1.1.5}$$

或者

$$\boldsymbol{r}'=\boldsymbol{e}_x x'+\boldsymbol{e}_y y'+\boldsymbol{e}_z z' \tag{1.1.6}$$

我们把 $\boldsymbol{r}$ 和 $\boldsymbol{r}'$ 统称为位置矢量。

例 1.1　在球坐标系中，单位矢量是 $\boldsymbol{e}_r$，$\boldsymbol{e}_\theta$，$\boldsymbol{e}_\varphi$，如果把 $\boldsymbol{r}$ 和 $\boldsymbol{r}'$ 向球坐标系投影，就

会分别得到式(1.1.3)和式(1.1.5),即 $\boldsymbol{r}=r\boldsymbol{e}_r$, $\boldsymbol{r}'=r'\boldsymbol{e}_r$。$\boldsymbol{r}$ 和 $\boldsymbol{r}'$ 在球坐标系中的表示不含 $\boldsymbol{e}_\theta$, $\boldsymbol{e}_\varphi$,只有一个投影分量,显然更便于计算。在柱坐标系中的单位矢量是 $\boldsymbol{e}_\rho$, $\boldsymbol{e}_\varphi$, $\boldsymbol{e}_z$,如果把 $\boldsymbol{r}$ 和 $\boldsymbol{r}'$ 向柱坐标系投影,分别得到 $\boldsymbol{r}=\boldsymbol{e}_\rho\rho+\boldsymbol{e}_z z$, $\boldsymbol{r}'=\boldsymbol{e}_\rho\rho'+\boldsymbol{e}_z z'$,在柱坐标系中位置矢量的表示不含 $\boldsymbol{e}_\varphi$ 分量,计算也有所简化。

1.2 矢量代数

与过去所学的实数代数运算法则不同,矢量之间的运算有自己的规律,下面讨论矢量在坐标表达中的一些特点。

平行移动原理。如图 1-2 所示,矢量 $\boldsymbol{r}$ 沿垂直于 $\boldsymbol{r}$ 的方向移动(见图 1-2(a))和沿 $\boldsymbol{r}$ 的延长线移动(见图 1-2(b)),对 $\boldsymbol{r}$ 的大小和方向都不产生影响。这个原理使我们可以把所有参与运算的矢量的起点放到坐标原点,也可以根据运算需要放到坐标系的任何位置(任意平移,见图 1-2(c)),前提是遵从平行移动原理。

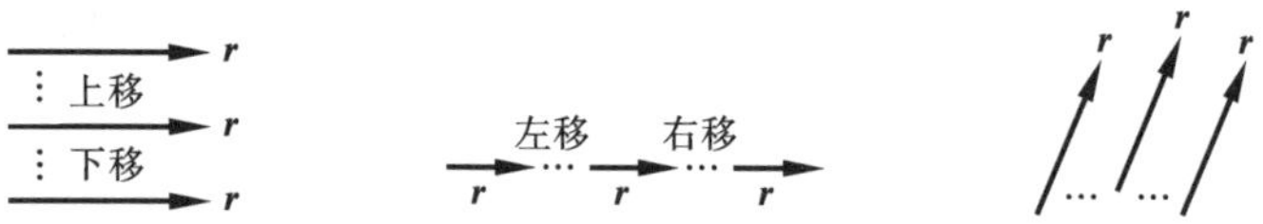

(a) 垂直于 $\boldsymbol{r}$ 方向移动　(b) 沿 $\boldsymbol{r}$ 的延长线水平移动　(c) 任意方向移动

图 1-2　平行移动原理

1.2.1 矢量加、减法

矢量加法可以用平行四边形法则,如图 1-3 所示;也可以用三角形法则,如图 1-4 所示。两图中均满足

$$\boldsymbol{C}=\boldsymbol{A}+\boldsymbol{B} \tag{1.2.1}$$

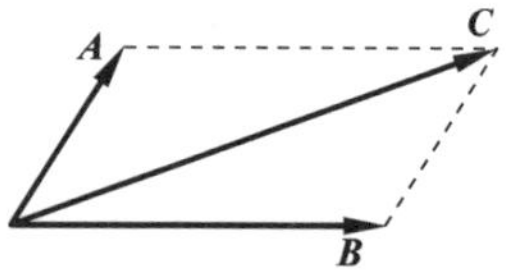

图 1-3　平行四边形法则

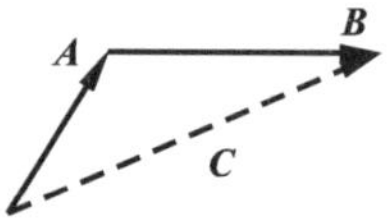

图 1-4　三角形法则

图 1-3 中,$\boldsymbol{C}$ 是以 $\boldsymbol{A}$ 和 $\boldsymbol{B}$ 为邻边的平行四边形对角线;图 1-4 中,$\boldsymbol{B}$ 按照平行移动原理,起点移到了 $\boldsymbol{A}$ 的终端,$\boldsymbol{C}$ 是构成封闭三角形的第三边,方向由 $\boldsymbol{A}$ 的起点指向 $\boldsymbol{B}$ 的终点。显然采用上述两种方法得到 $\boldsymbol{C}$,结果是唯一的。

矢量减法同样可以采用上述方法得到结果,注意运用平行移动原理。$\boldsymbol{B}=\boldsymbol{C}-\boldsymbol{A}$ 或 $\boldsymbol{A}=\boldsymbol{C}-\boldsymbol{B}$ 都可以从图 1-3 和图 1-4 中得到唯一结果。

我们还可以在直角坐标系中按照式(1.1.4)和式(1.1.6)中的投影形式,把各分量分别相加、减。例如,两个矢量 $\boldsymbol{r}$ 和 $\boldsymbol{r}'$ 的和为

$$\boldsymbol{r}+\boldsymbol{r}'=\boldsymbol{e}_x(x+x')+\boldsymbol{e}_y(y+y')+\boldsymbol{e}_z(z+z') \tag{1.2.2}$$

$\boldsymbol{r}$ 和 $\boldsymbol{r}'$ 的差为

$$\boldsymbol{r}-\boldsymbol{r}'=\boldsymbol{e}_x(x-x')+\boldsymbol{e}_y(y-y')+\boldsymbol{e}_z(z-z') \tag{1.2.3}$$

在球坐标系中,$\boldsymbol{r}$ 与 $\boldsymbol{r}'$ 的和为

$$\boldsymbol{r}+\boldsymbol{r}'=\boldsymbol{e}_r(r+r') \tag{1.2.4}$$

注意式(1.2.2)和式(1.2.4)只是在不同坐标系下表达形式不同,但是,它们的结果(大小和方向)是相同的。如果用矢量加、减的三角形法则,在图 1-1 中,得到

$$\boldsymbol{R}=\boldsymbol{r}-\boldsymbol{r}' \tag{1.2.5}$$

$\boldsymbol{R}$ 的大小(模)为

$$R=|\boldsymbol{r}-\boldsymbol{r}'|=\sqrt{(x-x')^2+(y-y')^2+(z-z')^2} \tag{1.2.6}$$

方向由 $\boldsymbol{r}-\boldsymbol{r}'$来确定,$R$ 是 P'到 P 之间的距离,$\boldsymbol{R}$ 称为距离矢量,表示 P 和 P'之间的矢量距离。式(1.2.5)和式(1.2.6)在后面的电磁场分析和计算中随时都会用到。

对于矢量函数 $\boldsymbol{A}=\boldsymbol{e}_xA_x+\boldsymbol{e}_yA_y+\boldsymbol{e}_zA_z$,其中($A_x$, A_y, A_z)是函数 $\boldsymbol{A}$ 在直角坐标系中沿三个坐标轴的投影函数;同样,矢量函数 $\boldsymbol{B}=\boldsymbol{e}_xB_x+\boldsymbol{e}_yB_y+\boldsymbol{e}_zB_z$,则

$$\boldsymbol{A}+\boldsymbol{B}=\boldsymbol{e}_x(A_x+B_x)+\boldsymbol{e}_y(A_y+B_y)+\boldsymbol{e}_z(A_z+B_z) \tag{1.2.7}$$

$\boldsymbol{A}$ 和 $\boldsymbol{B}$ 之差遵从与式(1.2.3)相同的规律。

1.2.2　矢量的乘法

与实数的乘法运算有很大区别,两个矢量的乘法分别定义为标量积、矢量积和张量积。

1. 标量积(点乘)

两矢量 $\boldsymbol{A}$ 和 $\boldsymbol{B}$ 的标量积为

$$\boldsymbol{A}\cdot\boldsymbol{B}=|\boldsymbol{A}||\boldsymbol{B}|\cos\theta \tag{1.2.8}$$

式中,θ 是 $\boldsymbol{A}$ 和 $\boldsymbol{B}$ 的夹角,如图 1-5 所示。在直角坐标系中,也可以利用投影来计算标量积,例如

$$\boldsymbol{A}\cdot\boldsymbol{B}=A_xB_x+A_yB_y+A_zB_z \tag{1.2.9}$$

其结果是一个标量函数。

一般情况下,如果两个矢量不共面,按照图 1-2 的原理,对其中一个矢量进行平移,使它们的起点相交,如图 1-4 所示,可以按照式(1.2.9)进行运算。

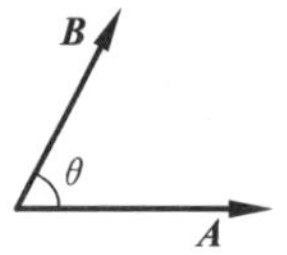

图 1-5　两矢量的标量积

2. 矢量积(叉乘)

两矢量的矢量积仍是一个矢量,表示为

$$\boldsymbol{C}=\boldsymbol{A}\times\boldsymbol{B} \tag{1.2.10}$$

$\boldsymbol{C}$ 的大小为 $|\boldsymbol{C}|=|\boldsymbol{A}\times\boldsymbol{B}|=AB\sin\theta$,这个值刚好是以 $\boldsymbol{A}$ 和 $\boldsymbol{B}$ 为邻边的平行四边形的面积,如图 1-6 所示,$\boldsymbol{C}$ 的方向垂直于 $\boldsymbol{A}$ 和 $\boldsymbol{B}$ 所在的平面,并由右手定则确定,右手的四个指头由 $\boldsymbol{A}$ 的终端转向 $\boldsymbol{B}$ 的终端,拇指的指向就是 $\boldsymbol{C}$ 的方向。在直角坐标系中,两矢量的矢量积也可以用它们在各坐标轴上的投影来计算,为了便于记忆,表示为行列式:

$$\boldsymbol{A}\times\boldsymbol{B}=\begin{vmatrix}\boldsymbol{e}_x & \boldsymbol{e}_y & \boldsymbol{e}_z\\ A_x & A_y & A_z\\ B_x & B_y & B_z\end{vmatrix} \tag{1.2.11}$$

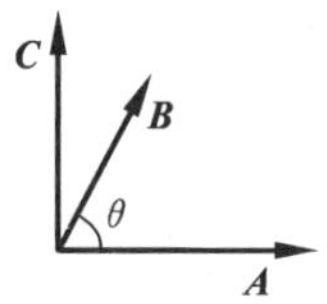

图 1-6　两矢量的矢量积

可以验证:把式(1.2.10)中各矢量写成直角坐标系投影形式,用普通乘法(分配率)展开,注意 $\boldsymbol{e}_x\times\boldsymbol{e}_y=\boldsymbol{e}_z$,以此类推;再把式(1.2.11)按行展开,就会看到式(1.2.10)和式

(1.2.11)的结果相同,请读者自己验算。

3. 混合积

三个矢量的混合积可以表示为 $\boldsymbol{A}\cdot(\boldsymbol{B}\times\boldsymbol{C})$,结果是一个标量,其大小是以 $\boldsymbol{A}$, $\boldsymbol{B}$, $\boldsymbol{C}$ 为邻边的平行六面体的体积,如图 1-7 所示。常用的变换式为

$$\boldsymbol{A}\cdot(\boldsymbol{B}\times\boldsymbol{C})=\boldsymbol{B}\cdot(\boldsymbol{C}\times\boldsymbol{A})=\boldsymbol{C}\cdot(\boldsymbol{A}\times\boldsymbol{B}) \tag{1.2.12}$$

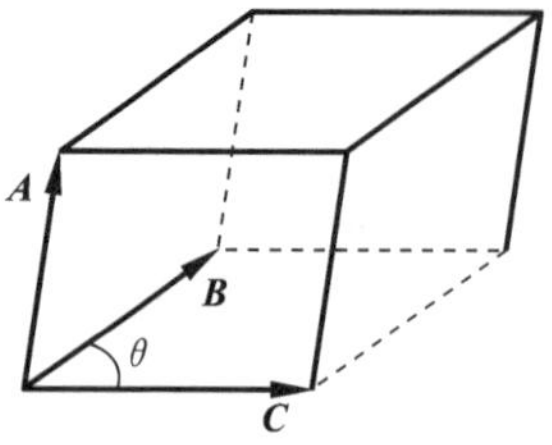

图 1-7 三个矢量的混合积

从图 1-7 中可以验证这个结果。也可以用投影来计算,结果是

$$\boldsymbol{A}\cdot(\boldsymbol{B}\times\boldsymbol{C})=\begin{vmatrix} A_x & A_y & A_z \\ B_x & B_y & B_z \\ C_x & C_y & C_z \end{vmatrix} \tag{1.2.13}$$

三个矢量的矢量积 $\boldsymbol{A}\times\boldsymbol{B}\times\boldsymbol{C}$,其结果是一个矢量,满足代数运算的结合律,用式(1.2.11)定义的行列式计算两次就可以得到如下结果:

$$\boldsymbol{A}\times\boldsymbol{B}\times\boldsymbol{C}=\boldsymbol{B}(\boldsymbol{A}\cdot\boldsymbol{C})-\boldsymbol{C}(\boldsymbol{A}\cdot\boldsymbol{B}) \tag{1.2.14}$$

常用的矢量变换公式见附录 A,请读者自行验证。

4. 张量积

两个矢量的张量积又称为并矢,在直角坐标系中,并矢写成

$$\begin{aligned}\boldsymbol{AB} &=(\boldsymbol{e}_xA_x+\boldsymbol{e}_yA_y+\boldsymbol{e}_zA_z)(\boldsymbol{e}_xB_x+\boldsymbol{e}_yB_y+\boldsymbol{e}_zB_z)\\ &=\begin{vmatrix} A_xB_xe_xe_x & A_xB_ye_xe_y & A_xB_ze_xe_z \\ A_yB_xe_ye_x & A_yB_ye_ye_y & A_yB_ze_ye_z \\ A_zB_xe_ze_x & A_zB_ye_ze_y & A_zB_ze_ze_z \end{vmatrix}\end{aligned} \tag{1.2.15}$$

张量能够全面地表达介质的电磁性质,其应用将在第 3 章讨论。

1.3 标量场和矢量场

带电体所在空间中每一点都可以定义一个电位 $U_1, U_2, \cdots$ $(U_i=q/4\pi\varepsilon r_i)$,电位和空间的点 r_i 也是一一对应的,这些标量的总和构成一个标量场 $U(x, y, z, t)$,标量场可以用等值面表示,如等电位面。温度场、密度场和电流强度场等也是标量场。例如,孤立带电点电荷 Q 周围的等电位面是一个个同心的球面,而两个无限大带电平板之间的等位面是一簇平行于平板的平面,如图 1-8 所示。

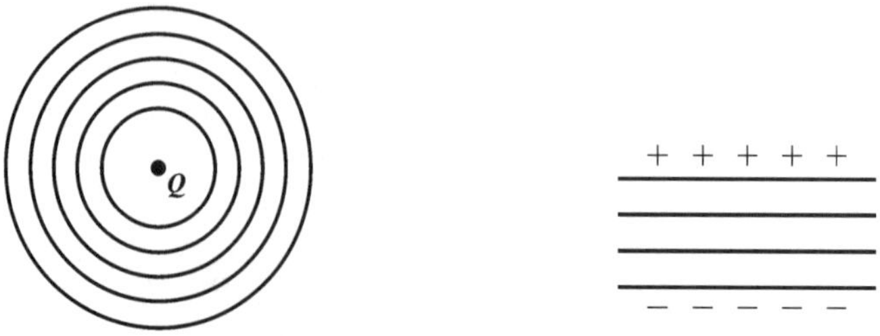

(a) 点电荷Q周围的等电位面 (b) 两个无限大带电平板之间的等电位面

图 1-8 两种常见的等位面

电场中的每一点都可以定义为一个电场强度 $\boldsymbol{E}_1$，$\boldsymbol{E}_2$，…，这些矢量的总和构成一个矢量场 $\boldsymbol{E}(x, y, z, t)$，矢量场可以用场线表示，如电力线、磁力线等。电场、磁场和电流密度场等属于矢量场。本课程所涉及的电场强度($\boldsymbol{E}$)和磁场强度($\boldsymbol{H}$)就是矢量场，电偶极子周围的电场(静电场)和条形磁铁周围的磁场(静磁场)分别如图 1-9 和图1-10 所示。

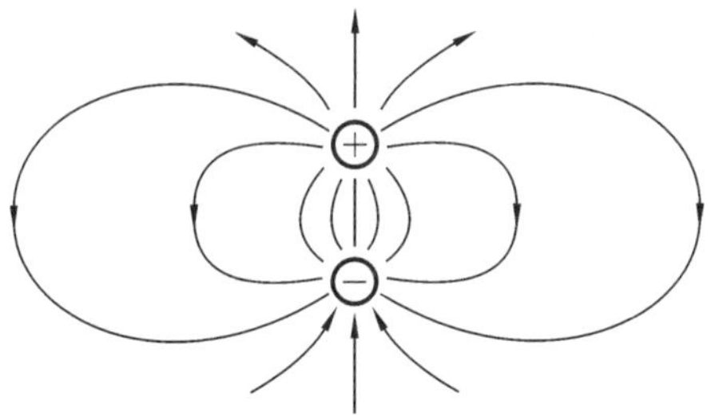

图 1-9 电偶极子周围的电场

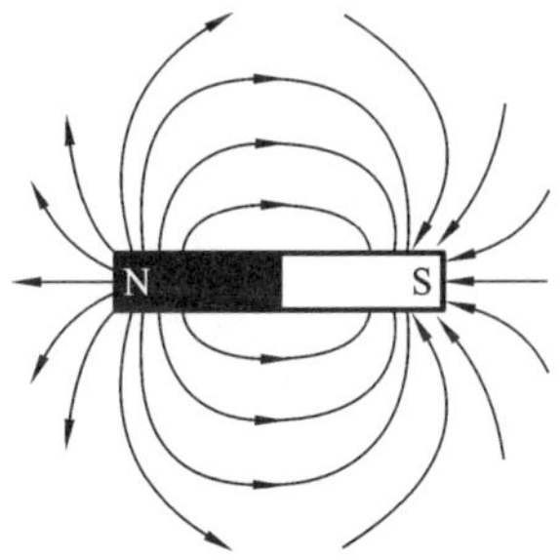

图 1-10 条形磁铁周围的磁场

1.4 矢量微分算子

1. 哈密顿算子

在矢量函数的分析运算中，用到矢量微分算子"∇"(读作"del"或"纳布拉")，在直角坐标系中，它的展开式为

$$\nabla = \boldsymbol{e}_x \frac{\partial}{\partial x} + \boldsymbol{e}_y \frac{\partial}{\partial y} + \boldsymbol{e}_z \frac{\partial}{\partial z} \tag{1.4.1}$$

又称为哈密顿算子。它既有代数运算的属性，又有微分运算的属性，这两种属性的变换公式在附录 A 的"矢量微分"中给出。在圆柱坐标系和球坐标系中，哈密顿算子的展开式见附录 B。

2. 拉普拉斯算子

拉普拉斯算子是由两个哈密顿算子的点乘得到

$$\nabla^2 = \nabla \cdot \nabla \tag{1.4.2}$$

在直角坐标系中，它的展开式为

$$\nabla^2 = \frac{\partial^2}{\partial x^2} + \frac{\partial^2}{\partial y^2} + \frac{\partial^2}{\partial z^2} \tag{1.4.3}$$

在圆柱坐标系和球坐标系中，拉普拉斯算子的展开式见附录 B。

例 1.2 对于距离矢量 $\boldsymbol{R} = \boldsymbol{r} - \boldsymbol{r}'$，证明：

(1)
$$\nabla R = -\nabla' R = \frac{\boldsymbol{R}}{R} = \boldsymbol{e}_R \tag{1.4.4}$$

(2)
$$\nabla \frac{1}{R} = -\nabla' \frac{1}{R} = -\frac{\boldsymbol{R}}{R^3} = -\frac{\boldsymbol{e}_R}{R^2} \tag{1.4.5}$$

证

$$\boldsymbol{r} = \boldsymbol{e}_x x + \boldsymbol{e}_y y + \boldsymbol{e}_z z$$
$$\boldsymbol{r}' = \boldsymbol{e}_x x' + \boldsymbol{e}_y y' + \boldsymbol{e}_z z'$$

距离矢量 $\boldsymbol{R}$ 的模为

$$R=|\boldsymbol{R}|=|\boldsymbol{r}-\boldsymbol{r}'|=[(x-x')^2+(y-y')^2+(z-z')^2]^{1/2}$$

∇表示对场点坐标进行微分

$$\nabla=\boldsymbol{e}_x\frac{\partial}{\partial x}+\boldsymbol{e}_y\frac{\partial}{\partial y}+\boldsymbol{e}_z\frac{\partial}{\partial z}$$

∇'表示对源点坐标进行微分

$$\nabla'=\boldsymbol{e}_x\frac{\partial}{\partial x'}+\boldsymbol{e}_y\frac{\partial}{\partial y'}+\boldsymbol{e}_z\frac{\partial}{\partial z'}$$

(1)
$$\nabla R=\boldsymbol{e}_x\frac{\partial R}{\partial x}+\boldsymbol{e}_y\frac{\partial R}{\partial y}+\boldsymbol{e}_z\frac{\partial R}{\partial z}=\boldsymbol{e}_x\frac{x-x'}{R}+\boldsymbol{e}_y\frac{y-y'}{R}+\boldsymbol{e}_z\frac{z-z'}{R}$$
$$=\frac{1}{R}(\boldsymbol{r}-\boldsymbol{r}')=\frac{\boldsymbol{R}}{R}=\boldsymbol{e}_R$$
$$\nabla'R=\boldsymbol{e}_x\frac{\partial R}{\partial x'}+\boldsymbol{e}_y\frac{\partial R}{\partial y'}+\boldsymbol{e}_z\frac{\partial R}{\partial z'}=-\boldsymbol{e}_x\frac{x-x'}{R}-\boldsymbol{e}_y\frac{y-y'}{R}-\boldsymbol{e}_z\frac{z-z'}{R}$$
$$=-\frac{1}{R}(\boldsymbol{r}-\boldsymbol{r}')=-\frac{\boldsymbol{R}}{R}=-\boldsymbol{e}_R$$

(2)
$$\nabla\frac{1}{R}=\boldsymbol{e}_x\frac{\partial}{\partial x}\left(\frac{1}{R}\right)+\boldsymbol{e}_y\frac{\partial}{\partial y}\left(\frac{1}{R}\right)+\boldsymbol{e}_z\frac{\partial}{\partial z}\left(\frac{1}{R}\right)=-\boldsymbol{e}_x\frac{x-x'}{R^3}-\boldsymbol{e}_y\frac{y-y'}{R^3}-\boldsymbol{e}_z\frac{z-z'}{R^3}$$
$$=-\frac{1}{R^3}(\boldsymbol{r}-\boldsymbol{r}')=-\frac{\boldsymbol{R}}{R^3}=-\frac{\boldsymbol{e}_R}{R^2}$$
$$\nabla'\frac{1}{R}=\boldsymbol{e}_x\frac{\partial}{\partial x'}\left(\frac{1}{R}\right)+\boldsymbol{e}_y\frac{\partial}{\partial y'}\left(\frac{1}{R}\right)+\boldsymbol{e}_z\frac{\partial}{\partial z'}\left(\frac{1}{R}\right)=\boldsymbol{e}_x\frac{x-x'}{R^3}+\boldsymbol{e}_y\frac{y-y'}{R^3}+\boldsymbol{e}_z\frac{z-z'}{R^3}$$
$$=\frac{1}{R^3}(\boldsymbol{r}-\boldsymbol{r}')=\frac{\boldsymbol{R}}{R^3}=\frac{\boldsymbol{e}_R}{R^2}$$

式(1.4.4)和式(1.4.5)可以作为常用公式。

1.5　标量场的梯度

标量场的梯度表示某一点处标量场的变化率。它是一个矢量场，梯度方向指向标量增加率最大的方向(等值面的法线方向)，梯度的数值等于该方向上标量的微分(增加率)。例如，空间各点的电位 Φ 构成一个标量场，任选两个等位面 Φ 和 $\Phi+\mathrm{d}\Phi$，电位的变化率如图 1-11 所示。可以看出沿不同的方向，Φ 的变化率不同，$\boldsymbol{e}_n$ 为 Φ 增大方向等位面的法向矢量，$\boldsymbol{e}_l$ 沿任意方向。可以看出 $\mathrm{d}l\cos\theta=\mathrm{d}l_n$，所以

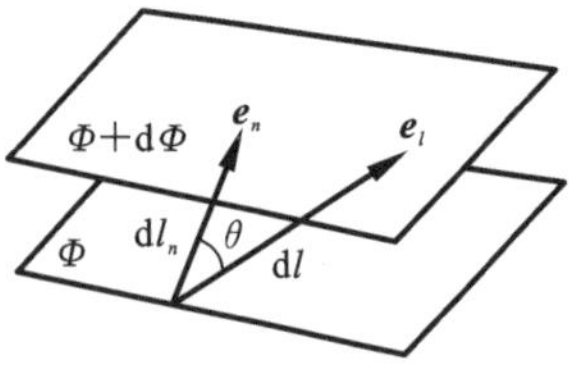

图 1-11　电位的变化率

$$\frac{\mathrm{d}\Phi}{\mathrm{d}l_n}=\frac{\mathrm{d}\Phi}{\mathrm{d}l}\cdot\frac{1}{\cos\theta}\quad 或\quad \frac{\mathrm{d}\Phi}{\mathrm{d}l}=\frac{\mathrm{d}\Phi}{\mathrm{d}l_n}\cdot\cos\theta \tag{1.5.1}$$

因此，沿 $\boldsymbol{e}_n$ 方向 Φ 的变化率最大，根据定义，电位 Φ 的梯度为

$$\nabla\Phi=\boldsymbol{e}_n\frac{\partial\Phi}{\partial l_n} \tag{1.5.2}$$

在直角坐标系中，标量场 Φ 的梯度表达式为

$$\nabla\Phi=\left(\boldsymbol{e}_x\frac{\partial}{\partial x}+\boldsymbol{e}_y\frac{\partial}{\partial y}+\boldsymbol{e}_z\frac{\partial}{\partial z}\right)\Phi=\boldsymbol{e}_x\frac{\partial\Phi}{\partial x}+\boldsymbol{e}_y\frac{\partial\Phi}{\partial y}+\boldsymbol{e}_z\frac{\partial\Phi}{\partial z} \tag{1.5.3}$$

圆柱坐标系和球坐标系中梯度的表达式见附录 B。

例 1.3　在距离点电荷 r 处的电位 $\Phi=\dfrac{q}{4\pi\varepsilon r}$，求它的梯度。

解
$$\nabla\Phi=\frac{q}{4\pi\varepsilon}\nabla\frac{1}{r}=\frac{q}{4\pi\varepsilon}\left(-\frac{\boldsymbol{e}_r}{r^2}\right)=-\frac{q\boldsymbol{r}}{4\pi\varepsilon r^3}$$

对于电场，该点的场强
$$\boldsymbol{E}=\frac{q\boldsymbol{r}}{4\pi\varepsilon r^3}=-\nabla\Phi$$

可见空间中任何一点 $P\,(x,\ y,\ z)$处的电场强度 $\boldsymbol{E}$ 就是该点电位所对应梯度的负值。

1.6　矢量场的散度定理

1.6.1　矢量的通量

首先定义面元矢量为
$$\mathrm{d}\boldsymbol{S}=\boldsymbol{e}_n\mathrm{d}S \tag{1.6.1}$$
式中，$\boldsymbol{e}_n$ 是面元的单位法线矢量。设有一矢量场 $\boldsymbol{A}$，在场中任取一面元 $\mathrm{d}\boldsymbol{S}$，如图 1-12 所示，则
$$\mathrm{d}\Phi=\boldsymbol{A}\cdot\mathrm{d}\boldsymbol{S}=A\cos\theta\mathrm{d}S \tag{1.6.2}$$
称为 $\boldsymbol{A}$ 穿过 $\mathrm{d}\boldsymbol{S}$ 的通量。

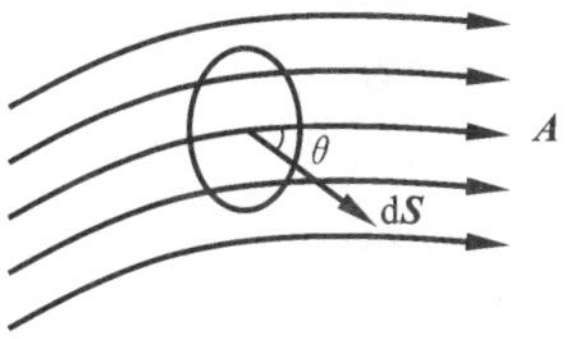

图 1-12　$\boldsymbol{A}$ 穿过 $\mathrm{d}\boldsymbol{S}$ 的通量

例如，在电场中，电通量定义为 $\mathrm{d}\Phi_{\mathrm{E}}=\boldsymbol{E}\cdot\mathrm{d}\boldsymbol{S}$。在磁场中，磁通量定义为 $\mathrm{d}\Phi_{\mathrm{B}}=\boldsymbol{B}\cdot\mathrm{d}\boldsymbol{S}$。穿过整个曲面 S 的总通量
$$\Phi=\iint_S\boldsymbol{A}\cdot\mathrm{d}\boldsymbol{S} \tag{1.6.3}$$

1.6.2　矢量场的散度

1. 穿过闭合曲面的通量及其物理定义

如图 1-13 所示，在矢量场 $\boldsymbol{A}$ 中，围绕某一点 P 作一闭合曲面 $\boldsymbol{S}$，法线方向向外，则 $\Phi=\oiint_S\boldsymbol{A}\cdot\mathrm{d}\boldsymbol{S}$ 是矢量 $\boldsymbol{A}$ 穿过闭合曲面 $\boldsymbol{S}$ 的通量或发散量。若 $\Phi>0$，则流出曲面 $\boldsymbol{S}$ 的通量比流入的多，即通量由曲面 $\boldsymbol{S}$ 内向外扩散，如图 1-14 所示，说明曲面 $\boldsymbol{S}$ 内存在正源。若 $\Phi<0$，则流入曲面 $\boldsymbol{S}$ 的通量比流出的多，即通量向曲面 $\boldsymbol{S}$ 内汇集，如图 1-15 所示，说明曲面 $\boldsymbol{S}$ 内有负源。若 $\Phi=0$，则流入曲面 $\boldsymbol{S}$ 的通量等于流出的通量，说明曲面 $\boldsymbol{S}$ 内无源，如图 1-13 所示。

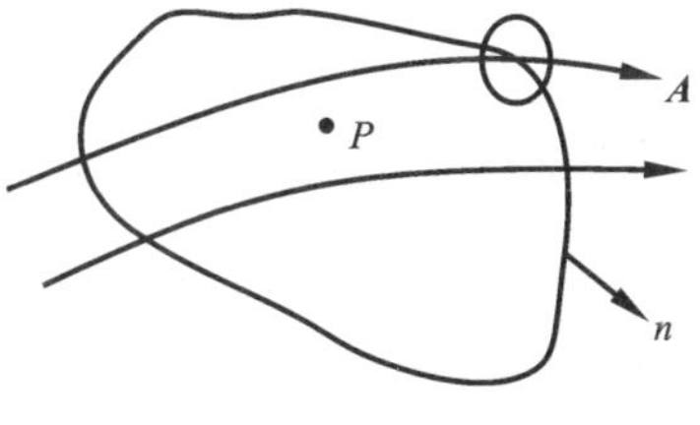

图 1-13　矢量 $\boldsymbol{A}$ 穿过闭合曲面 $\boldsymbol{S}$ 的通量

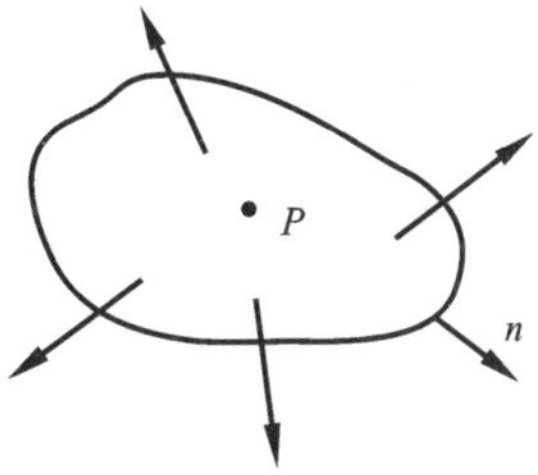

图 1-14　通量由曲面 $\boldsymbol{S}$ 内向外扩散

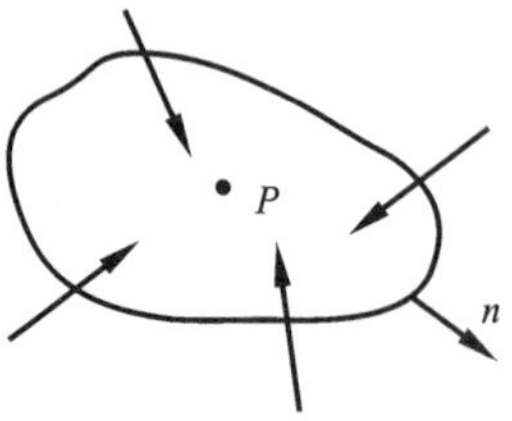

图 1-15　通量向曲面 S 汇集

例如，对于静电场，$\Phi_E=\oiint_S \boldsymbol{E}\cdot d\boldsymbol{S}=\frac{q}{\varepsilon_0}$，如果曲面 $\boldsymbol{S}$ 内的净余电荷为正，$\Phi_E>0$，说明电通量由曲面 $\boldsymbol{S}$ 内向外扩散；如果曲面 $\boldsymbol{S}$ 内的净余电荷为负，$\Phi_E<0$，说明电通量向曲面 $\boldsymbol{S}$ 内汇集，由此可以证明电力线是从正电荷发出，终止于负电荷的。对于磁场，$\oiint_S \boldsymbol{B}\cdot d\boldsymbol{S}=0$，说明曲面 $\boldsymbol{S}$ 内无源，所以磁力线是闭合曲线。

2. 散度的定义

在矢量场 $\boldsymbol{A}$ 中，设闭合曲面 $\boldsymbol{S}$ 包围的体积为 ΔV，则 $\oiint_S \boldsymbol{A}\cdot d\boldsymbol{S}/\Delta V$ 称为矢量场 $\boldsymbol{A}$ 在 ΔV 内的平均发散量，令 $\Delta V\to 0$，就得到矢量场 $\boldsymbol{A}$ 在 P 点的发散量或散度，记作 $\mathrm{div}\boldsymbol{A}$，即

$$\mathrm{div}\boldsymbol{A}=\lim_{\Delta V\to 0}\frac{\oiint_S \boldsymbol{A}\cdot d\boldsymbol{S}}{\Delta V} \tag{1.6.4}$$

可以看出，矢量(场)的散度是一个标量(场)。

3. 散度的计算表达式

下面在直角坐标系中推导散度的表达式，在矢量场 $\boldsymbol{A}$ 中作一平行六面体，边长分别为 Δx，Δy，Δz，x，y，z 具有最小值的顶点坐标为 $P(x,y,z)$，如图 1-16 所示。分别计算穿过三对表面的通量，计算中应注意：在每个面上 $d\boldsymbol{S}$ 的方向总是向外的。从左右一对侧面穿出的净余通量为

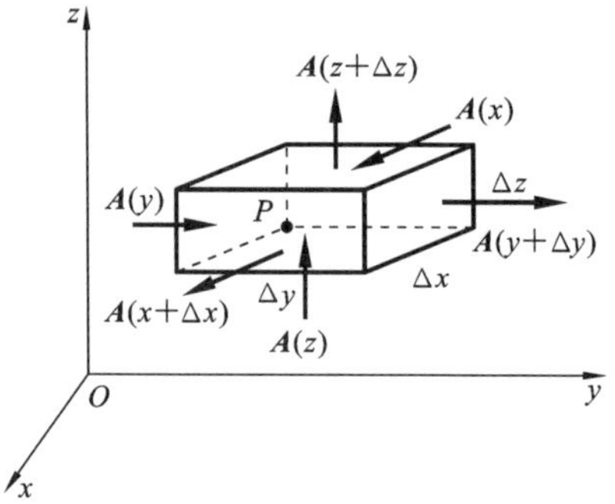

图 1-16　在直角坐标系内计算 $\nabla\cdot\boldsymbol{A}$

$$\iint_{\text{左右}}\boldsymbol{A}\cdot d\boldsymbol{S}=-A_y(y)\Delta z\Delta x+\left[A_y(y)+\frac{\partial A_y}{\partial y}\Delta y\right]\Delta z\Delta x$$

$$=\frac{\partial A_y}{\partial y}\Delta x\Delta y\Delta z \tag{1.6.5}$$

从上下一对底面穿出的净余通量为

$$\iint_{\text{上下}}\boldsymbol{A}\cdot d\boldsymbol{S}=-A_z(z)\Delta x\Delta y+\left[A_z(z)+\frac{\partial A_z}{\partial z}\Delta z\right]\Delta x\Delta y=\frac{\partial A_z}{\partial z}\Delta x\Delta y\Delta z \tag{1.6.6}$$

从前后一对侧面穿出的净余通量为

$$\iint_{\text{前后}}\boldsymbol{A}\cdot d\boldsymbol{S}=-A_x(x)\Delta y\Delta z+\left[A_x(x)+\frac{\partial A_x}{\partial x}\Delta x\right]\Delta y\Delta z=\frac{\partial A_x}{\partial x}\Delta x\Delta y\Delta z \tag{1.6.7}$$

而 $\Delta x\Delta y\Delta z=\Delta V$，代入式(1.6.4)可得

$$\lim_{\Delta V\to 0}\frac{\oiint_S \boldsymbol{A}\cdot d\boldsymbol{S}}{\Delta V}=\lim_{\Delta V\to 0}\frac{\left(\frac{\partial A_x}{\partial x}+\frac{\partial A_y}{\partial y}+\frac{\partial A_z}{\partial z}\right)\Delta x\Delta y\Delta z}{\Delta x\Delta y\Delta z}=\frac{\partial A_x}{\partial x}+\frac{\partial A_y}{\partial y}+\frac{\partial A_z}{\partial z} \tag{1.6.8}$$

所以在直角坐标系中 $\boldsymbol{A}$ 的散度为

$$\mathrm{div}\boldsymbol{A}=\frac{\partial A_x}{\partial x}+\frac{\partial A_y}{\partial y}+\frac{\partial A_z}{\partial z} \tag{1.6.9}$$

在直角坐标系中，哈密顿算子写为式(1.4.1)，$\boldsymbol{A}$ 的散度也可以写为

$$\begin{aligned}\nabla\cdot\boldsymbol{A}&=\left(\boldsymbol{e}_x\frac{\partial}{\partial x}+\boldsymbol{e}_y\frac{\partial}{\partial y}+\boldsymbol{e}_z\frac{\partial}{\partial z}\right)\cdot(\boldsymbol{e}_xA_x+\boldsymbol{e}_yA_y+\boldsymbol{e}_zA_z)\\&=\frac{\partial A_x}{\partial x}+\frac{\partial A_y}{\partial y}+\frac{\partial A_z}{\partial z}\end{aligned} \tag{1.6.10}$$

圆柱坐标系和球坐标系中散度的表达式见附录B。

1.6.3 散度定理(高斯定律)

散度定理可以表述为：矢量场 $\boldsymbol{A}$ 穿过任一闭合曲面 $\boldsymbol{S}$ 的通量等于曲面 $\boldsymbol{S}$ 所包围的体积 V 内 $\boldsymbol{A}$ 散度的积分，即

$$\oint\!\!\!\oint_S\boldsymbol{A}\cdot\mathrm{d}\boldsymbol{S}=\iiint_V\nabla\cdot\boldsymbol{A}\mathrm{d}V \tag{1.6.11}$$

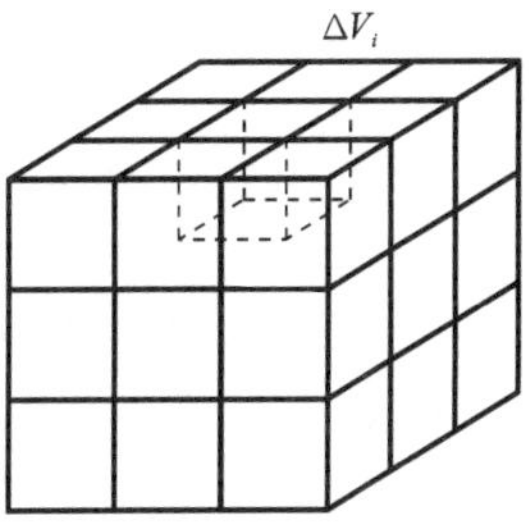

图 1-17 散度定理的证明

利用散度定理，可以把面积分变为体积分，也可以把体积分变为面积分。为了证明散度定理，把闭合曲面 $\boldsymbol{S}$ 所包围的体积 V 分割成许多个小体积元 $\Delta V_1,\Delta V_2,\cdots$，如图 1-17 所示，对于任意一个小体积元 ΔV_i，由式(1.6.4)可以写出

$$\oint\!\!\!\oint_{S_i}\boldsymbol{A}\cdot\mathrm{d}\boldsymbol{S}=(\nabla\cdot\boldsymbol{A})\Delta V_i \tag{1.6.12}$$

式中，$\boldsymbol{S}_i$是包围 ΔV_i的表面。矢量场 $\boldsymbol{A}$ 穿过闭合曲面 $\boldsymbol{S}$ 总的通量可以写为

$$\begin{aligned}\oint\!\!\!\oint_S\boldsymbol{A}\cdot\mathrm{d}\boldsymbol{S}&=\oint\!\!\!\oint_{S_1}\boldsymbol{A}\cdot\mathrm{d}\boldsymbol{S}+\oint\!\!\!\oint_{S_2}\boldsymbol{A}\cdot\mathrm{d}\boldsymbol{S}+\cdots\\&=(\nabla\cdot\boldsymbol{A})\Delta V_1+(\nabla\cdot\boldsymbol{A})\Delta V_2+\cdots=\iiint_V\nabla\cdot\boldsymbol{A}\mathrm{d}V\end{aligned} \tag{1.6.13}$$

由于穿过相邻的两体积元之间公共表面的通量互相抵消(对于一个体积元穿出的通量，相邻的体积元一定是穿入的)，所以对 $\oint\!\!\!\oint_{S_i}\boldsymbol{A}\cdot\mathrm{d}\boldsymbol{S}$ 求和就可得到穿过闭合曲面 $\boldsymbol{S}$ 的总通量，这样就证明了散度定理。

利用散度定理，可以把麦克斯韦方程组中电场的高斯定律和磁场的高斯定律由积分形式改写为微分形式。电场的高斯定律为

$$\oint\!\!\!\oint_S\boldsymbol{D}\cdot\mathrm{d}\boldsymbol{S}=\sum q_0=\iiint_V\rho_0\mathrm{d}V \tag{1.6.14}$$

V 是闭合曲面 $\boldsymbol{S}$ 包围的体积。散度定理为

$$\oint\!\!\!\oint_S\boldsymbol{D}\cdot\mathrm{d}\boldsymbol{S}=\iiint_V\nabla\cdot\boldsymbol{D}\mathrm{d}V \tag{1.6.15}$$

由上述两等式右边可得

$$\nabla\cdot\boldsymbol{D}=\rho_0 \tag{1.6.16}$$

式(1.6.16)即是电场高斯定律的微分形式。同理，可以把磁场的高斯定律

$$\oint\!\!\!\oint_S\boldsymbol{B}\cdot\mathrm{d}\boldsymbol{S}=0 \tag{1.6.17}$$

改写为微分形式

$$\nabla\cdot\boldsymbol{B}=0 \tag{1.6.18}$$

例 1.4 已知矢量 $\boldsymbol{A}=\boldsymbol{e}_x x^2+\boldsymbol{e}_y x^2y^2+\boldsymbol{e}_z 24x^2y^2z^3$，利用中心在原点的一个单位立方体来验证散度定理。

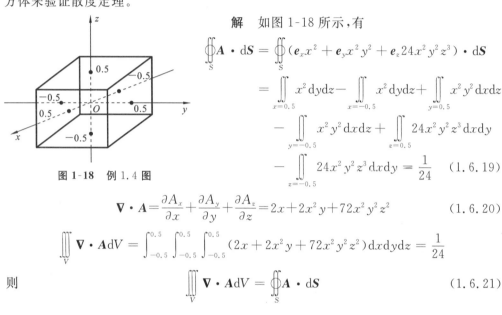

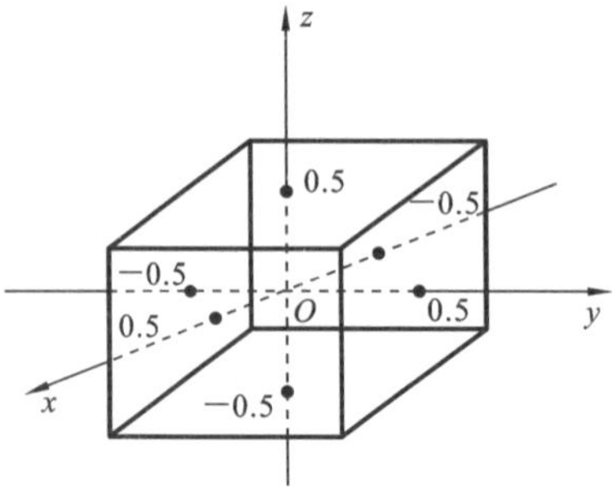

图 1-18 例 1.4 图

解 如图 1-18 所示，有

$$\begin{aligned}\oint\!\!\!\oint_S \boldsymbol{A}\cdot\mathrm{d}\boldsymbol{S}&=\oint\!\!\!\oint_S(\boldsymbol{e}_x x^2+\boldsymbol{e}_y x^2y^2+\boldsymbol{e}_z 24x^2y^2z^3)\cdot\mathrm{d}\boldsymbol{S}\\&=\iint_{x=0.5}x^2\mathrm{d}y\mathrm{d}z-\iint_{x=-0.5}x^2\mathrm{d}y\mathrm{d}z+\iint_{y=0.5}x^2y^2\mathrm{d}x\mathrm{d}z\\&\quad-\iint_{y=-0.5}x^2y^2\mathrm{d}x\mathrm{d}z+\iint_{z=0.5}24x^2y^2z^3\mathrm{d}x\mathrm{d}y\\&\quad-\iint_{z=-0.5}24x^2y^2z^3\mathrm{d}x\mathrm{d}y=\frac{1}{24}\end{aligned} \tag{1.6.19}$$

$$\nabla\cdot\boldsymbol{A}=\frac{\partial A_x}{\partial x}+\frac{\partial A_y}{\partial y}+\frac{\partial A_z}{\partial z}=2x+2x^2y+72x^2y^2z^2 \tag{1.6.20}$$

$$\iiint_V\nabla\cdot\boldsymbol{A}\mathrm{d}V=\int_{-0.5}^{0.5}\int_{-0.5}^{0.5}\int_{-0.5}^{0.5}(2x+2x^2y+72x^2y^2z^2)\mathrm{d}x\mathrm{d}y\mathrm{d}z=\frac{1}{24}$$

则

$$\iiint_V\nabla\cdot\boldsymbol{A}\mathrm{d}V=\oint\!\!\!\oint_S\boldsymbol{A}\cdot\mathrm{d}\boldsymbol{S} \tag{1.6.21}$$

1.7 矢量场的旋度与斯托克斯定理

1.7.1 矢量的环流

矢量 $\boldsymbol{A}$ 沿有向闭合回路 $\boldsymbol{l}$ 的线积分称为环流。

$$\Gamma_A=\oint_l\boldsymbol{A}\cdot\mathrm{d}\boldsymbol{l} \tag{1.7.1}$$

若 $\Gamma_A\neq0$，则矢量场 $\boldsymbol{A}$ 为涡旋场，场线是连续的闭合曲线。例如，对于磁场中的闭合曲线积分满足

$$\oint_l\boldsymbol{H}\cdot\mathrm{d}\boldsymbol{l}=I_0+\iint_S\frac{\partial\boldsymbol{D}}{\partial t}\cdot\mathrm{d}\boldsymbol{S}\neq0 \tag{1.7.2}$$

所以磁力线是连续的闭合曲线。若 $\Gamma_A=0$，则矢量场 $\boldsymbol{A}$ 为无旋场，就可以引入“位”的概念。例如，因为静电场中的闭合曲线积分满足

$$\oint_l\boldsymbol{E}\cdot\mathrm{d}\boldsymbol{l}=0 \tag{1.7.3}$$

所以由静电场产生的电力线具有不闭合的特点，于是可以引入电位的概念。

1.7.2 矢量场的旋度

1. 旋度的定义

设有向闭合回路 $\boldsymbol{l}$ 所围的面积为 ΔS，其法线矢量 $\boldsymbol{e}_n$ 与 $\boldsymbol{l}$ 满足右手定则，则 $\oint\boldsymbol{A}\cdot\mathrm{d}\boldsymbol{l}/\Delta S$ 称为矢量场 $\boldsymbol{A}$ 在 ΔS 内沿 $\boldsymbol{e}_n$ 方向的平均涡旋量，令 $\Delta S\to0$（ΔS 收缩成一点 P）

就得到矢量场 $\boldsymbol{A}$ 在点 P 处沿 $\boldsymbol{e}_n$ 方向的涡旋量

$$(\mathrm{rot})_n\boldsymbol{A}=\lim_{\Delta S\to 0}\frac{\oint_l \boldsymbol{A}\cdot \mathrm{d}\boldsymbol{l}}{\Delta S} \tag{1.7.4}$$

例如，当导线上载有电流 $\boldsymbol{I}$，在该导线的周围产生磁场 $\boldsymbol{H}$ 如图 1-19 所示，任取一环路 $\boldsymbol{l}$，则

$$\lim_{\Delta S\to 0}\frac{\oint_l \boldsymbol{H}\cdot \mathrm{d}\boldsymbol{l}}{\Delta S}=(\mathrm{rot})_n\boldsymbol{H} \tag{1.7.5}$$

当 $\mathrm{d}\boldsymbol{S}$ 与 $\boldsymbol{I}$ 同方向时，$\boldsymbol{H}$ 与 $\mathrm{d}\boldsymbol{l}$ 方向处处相同，$(\mathrm{rot})_n\boldsymbol{H}$ 最大，称为 $\boldsymbol{H}$ 的旋度，记为

$$\mathrm{rot}\boldsymbol{H}\quad 或\quad \nabla\times\boldsymbol{H} \tag{1.7.6}$$

所以矢量场 $\boldsymbol{A}$ 中某一点处的旋度是一个矢量，大小等于该点处 $(\mathrm{rot})_n\boldsymbol{A}$ 正的最大值；方向沿该点处 $(\mathrm{rot})_n\boldsymbol{A}$ 取正的最大值时 $\boldsymbol{e}_n$ 的方向。

2. 旋度的计算表达式

在直角坐标系中，矢量场 $\boldsymbol{A}$ 中取一个平行于 yOz 平面的矩形小面元，边长分别为 Δy，Δz，面积为 ΔS_x，y，z 具有最小值的顶点的坐标为 $P(x, y, z)$，如图 1-20 所示。$\boldsymbol{A}$ 沿回路 1234 的积分为

$$\begin{aligned}\oint_l \boldsymbol{A}\cdot\mathrm{d}\boldsymbol{l}&=\int_1 \boldsymbol{A}\cdot\mathrm{d}\boldsymbol{l}+\int_2 \boldsymbol{A}\cdot\mathrm{d}\boldsymbol{l}+\int_3 \boldsymbol{A}\cdot\mathrm{d}\boldsymbol{l}+\int_4 \boldsymbol{A}\cdot\mathrm{d}\boldsymbol{l}\\&=A_y\Delta y+\left(A_z+\frac{\partial A_z}{\partial y}\Delta y\right)\Delta z-\left(A_y+\frac{\partial A_y}{\partial z}\Delta z\right)\Delta y-A_z\Delta z\\&=\left(\frac{\partial A_z}{\partial y}-\frac{\partial A_y}{\partial z}\right)\Delta y\Delta z\end{aligned} \tag{1.7.7}$$

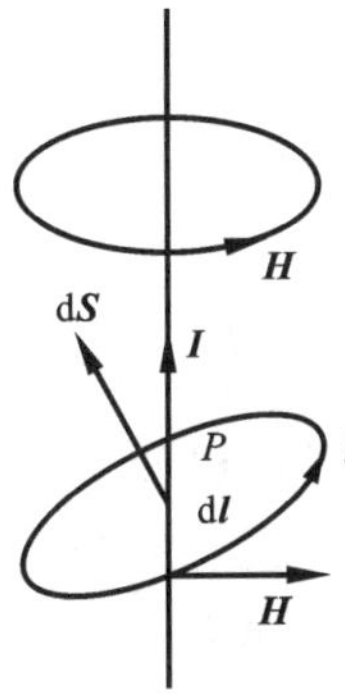

图 1-19　载流导线的磁场

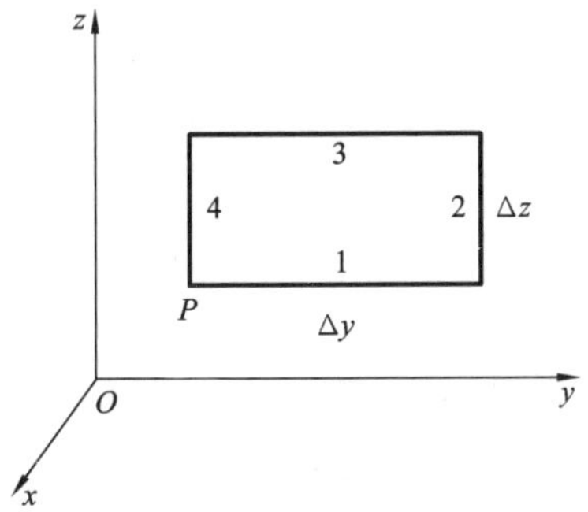

图 1-20　在直角坐标系内计算 $\nabla\times\boldsymbol{A}$

所以矢量场 $\boldsymbol{A}$ 在 P 点处沿 x 方向的涡旋量为

$$(\mathrm{rot})_x\boldsymbol{A}=\lim_{\Delta S_x\to 0}\frac{\oint_l \boldsymbol{A}\cdot \mathrm{d}\boldsymbol{l}}{\Delta S_x}=\frac{\partial A_z}{\partial y}-\frac{\partial A_y}{\partial z} \tag{1.7.8}$$

同理，分别取平行于 xOz 平面和 xOy 平面的矩形小面元，可以导出矢量场 $\boldsymbol{A}$ 在 P 点处沿 y 方向和 z 方向的涡旋量为

$$(\mathrm{rot})_y\boldsymbol{A}=\lim_{\Delta S_y\to 0}\frac{\oint_l \boldsymbol{A}\cdot \mathrm{d}\boldsymbol{l}}{\Delta S_y}=\frac{\partial A_x}{\partial z}-\frac{\partial A_z}{\partial x} \tag{1.7.9}$$

$$(\text{rot})_z\boldsymbol{A} = \lim_{\Delta S_z\to 0}\frac{\oint_l \boldsymbol{A}\cdot \mathrm{d}\boldsymbol{l}}{\Delta S_z} = \frac{\partial A_y}{\partial x} - \frac{\partial A_x}{\partial y} \tag{1.7.10}$$

所以矢量场 $\boldsymbol{A}$ 在 P 点处的旋度为

$$\begin{aligned}\text{rot}\boldsymbol{A} &= \boldsymbol{e}_x(\text{rot})_x\boldsymbol{A} + \boldsymbol{e}_y(\text{rot})_y\boldsymbol{A} + \boldsymbol{e}_z(\text{rot})_z\boldsymbol{A}\\ &= \boldsymbol{e}_x\left(\frac{\partial A_z}{\partial y} - \frac{\partial A_y}{\partial z}\right) + \boldsymbol{e}_y\left(\frac{\partial A_x}{\partial z} - \frac{\partial A_z}{\partial x}\right) + \boldsymbol{e}_z\left(\frac{\partial A_y}{\partial x} - \frac{\partial A_x}{\partial y}\right)\end{aligned} \tag{1.7.11}$$

或

$$\nabla\times\boldsymbol{A} = \begin{vmatrix}\boldsymbol{e}_x & \boldsymbol{e}_y & \boldsymbol{e}_z\\ \dfrac{\partial}{\partial x} & \dfrac{\partial}{\partial y} & \dfrac{\partial}{\partial z}\\ A_x & A_y & A_z\end{vmatrix} \tag{1.7.12}$$

柱坐标系和球坐标系中旋度的表达式见附录 B。

3. 旋度的一个重要性质

旋度的一个重要性质：一个矢量场旋度的散度恒等于零，即

$$\nabla\cdot(\nabla\times\boldsymbol{A}) = 0 \tag{1.7.13}$$

下面在直角坐标系中证明这个性质。

$$\begin{aligned}\nabla\cdot(\nabla\times\boldsymbol{A}) &= \left(\boldsymbol{e}_x\frac{\partial}{\partial x} + \boldsymbol{e}_y\frac{\partial}{\partial y} + \boldsymbol{e}_z\frac{\partial}{\partial z}\right)\\ &\quad\cdot\left[\boldsymbol{e}_x\left(\frac{\partial A_z}{\partial y} - \frac{\partial A_y}{\partial z}\right) + \boldsymbol{e}_y\left(\frac{\partial A_x}{\partial z} - \frac{\partial A_z}{\partial x}\right) + \boldsymbol{e}_z\left(\frac{\partial A_y}{\partial x} - \frac{\partial A_x}{\partial y}\right)\right]\\ &= \frac{\partial}{\partial x}\left(\frac{\partial A_z}{\partial y} - \frac{\partial A_y}{\partial z}\right) + \frac{\partial}{\partial y}\left(\frac{\partial A_x}{\partial z} - \frac{\partial A_z}{\partial x}\right) + \frac{\partial}{\partial z}\left(\frac{\partial A_y}{\partial x} - \frac{\partial A_x}{\partial y}\right) = 0\end{aligned}$$

1.7.3 斯托克斯定理

斯托克斯定理可以表述为：矢量场 $\boldsymbol{A}$ 沿任意闭合回路 $\boldsymbol{l}$ 上的环量等于以 $\boldsymbol{l}$ 为边界的曲面 $\boldsymbol{S}$ 上矢量场 $\boldsymbol{A}$ 的旋度对应的面积分，即

$$\oint_l \boldsymbol{A}\cdot\mathrm{d}\boldsymbol{l} = \iint_S (\nabla\times\boldsymbol{A})\cdot\mathrm{d}\boldsymbol{S} \tag{1.7.14}$$

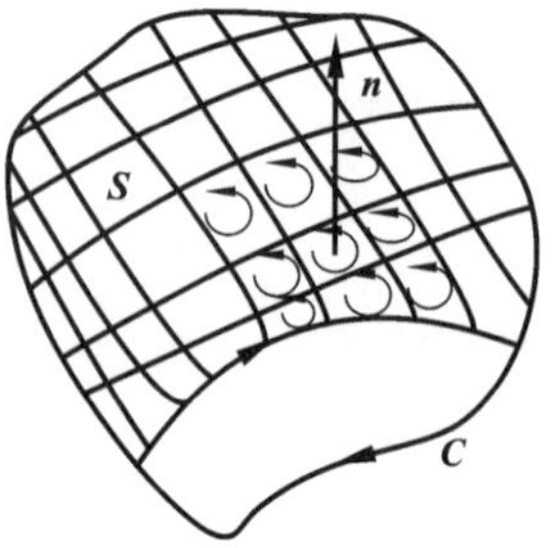

图 1-21 证明斯托克斯定理

利用斯托克斯定理，可以把线积分变为面积分，也可以把面积分变为线积分。为了证明斯托克斯定理，把闭合回路 $\boldsymbol{l}$ 所包围的曲面 $\boldsymbol{S}$ 分割成许多个小面元 $\Delta\boldsymbol{S}_1$，$\Delta\boldsymbol{S}_2$，…，包围每一个小面元的闭合回路的方向与大回路 $\boldsymbol{l}$ 的方向相同，如图 1-21 所示，对于任意一个小面元 $\Delta\boldsymbol{S}_i$，由式(1.7.14)可以写出

$$\oint_{l_i} \boldsymbol{A}\cdot\mathrm{d}\boldsymbol{l} = (\text{rot})_{n_i}\boldsymbol{A}\cdot\mathrm{d}\boldsymbol{S}_i = \iint_S (\nabla\times\boldsymbol{A})\cdot\mathrm{d}\boldsymbol{S}_i \tag{1.7.15}$$

式中，l_i 是面元 $\Delta\boldsymbol{S}_i$ 的边界。矢量场 $\boldsymbol{A}$ 沿回路 $\boldsymbol{l}$ 的环流可以写为

$$\begin{aligned}\oint_l \boldsymbol{A}\cdot\mathrm{d}\boldsymbol{l} &= \oint_{l_1} \boldsymbol{A}\cdot\mathrm{d}\boldsymbol{l} + \oint_{l_2} \boldsymbol{A}\cdot\mathrm{d}\boldsymbol{l} + \cdots\\ &= \iint_{S_1} \nabla\times\boldsymbol{A}\cdot\mathrm{d}\boldsymbol{S}_1 + \iint_{S_2} \nabla\times\boldsymbol{A}\cdot\mathrm{d}\boldsymbol{S}_2 + \cdots = \oiint_S \nabla\times\boldsymbol{A}\cdot\mathrm{d}\boldsymbol{S}\end{aligned} \tag{1.7.16}$$

由于相邻的两面元在公共边界上的环流方向相反，互相抵消，所以对 $\oint_{l_i}\boldsymbol{A}\cdot \mathrm{d}\boldsymbol{l}$ 求和就可以得到沿回路 $\boldsymbol{l}$ 的总的环流，这样就证明了斯托克斯定理。利用斯托克斯定理，可以把麦克斯韦方程组中磁场的环路定理和电场的环路定理由积分形式改写为微分形式。磁场的环路定理

$$\oint_l \boldsymbol{H}\cdot \mathrm{d}\boldsymbol{l}=I_0+\iint_S \frac{\partial \boldsymbol{D}}{\partial t}\cdot \mathrm{d}\boldsymbol{S}=\iint_S\left(\boldsymbol{J}+\frac{\partial \boldsymbol{D}}{\partial t}\right)\cdot \mathrm{d}\boldsymbol{S} \tag{1.7.17}$$

$\boldsymbol{S}$ 是闭合回路 $\boldsymbol{l}$ 包围的面积。由斯托克斯定理

$$\oint_l \boldsymbol{H}\cdot \mathrm{d}\boldsymbol{l}=\iint_S(\nabla\times\boldsymbol{H})\cdot \mathrm{d}\boldsymbol{S} \tag{1.7.18}$$

由式(1.7.17)和式(1.7.18)等号的右端相等，可得

$$\nabla\times\boldsymbol{H}=\boldsymbol{J}+\frac{\partial \boldsymbol{D}}{\partial t} \tag{1.7.19}$$

式(1.7.19)即是磁场环路定理的微分形式。

同理，可把电场的环路定理（法拉第电磁感应定律）

$$\oint_l \boldsymbol{E}\cdot \mathrm{d}\boldsymbol{l}=-\iint_S \frac{\partial \boldsymbol{B}}{\partial t}\cdot \mathrm{d}\boldsymbol{S} \tag{1.7.20}$$

改写为微分形式

$$\nabla\times\boldsymbol{E}=-\frac{\partial \boldsymbol{B}}{\partial t} \tag{1.7.21}$$

例 1.5 已知矢量场 $\boldsymbol{A}(\boldsymbol{r})=\boldsymbol{e}_x z+\boldsymbol{e}_y x+\boldsymbol{e}_z y$，对半球面 $S(x^2+y^2+z^2=1,z\geqslant 0)$ 验证斯托克斯定理。

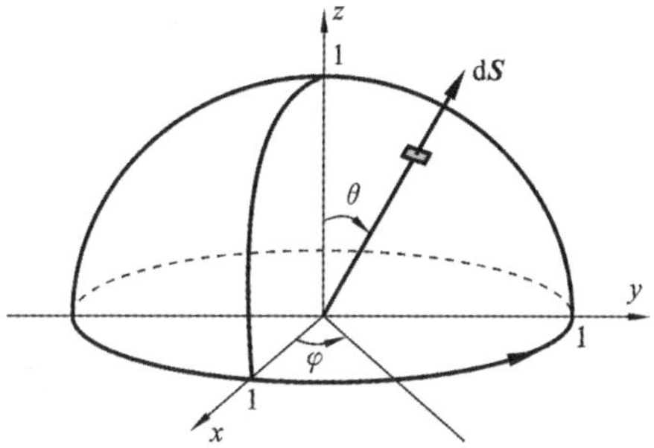

图 1-22 例 1.5 图

解 如图 1-22 所示，在球坐标系内，半球面上的面元矢量为

$$\mathrm{d}\boldsymbol{S}=\boldsymbol{e}_r\sin\theta\mathrm{d}\theta\mathrm{d}\varphi$$

在直角坐标系中，$\boldsymbol{A}$ 的旋度为

$$\nabla\times\boldsymbol{A}=\begin{vmatrix}\boldsymbol{e}_x & \boldsymbol{e}_y & \boldsymbol{e}_z\\ \dfrac{\partial}{\partial x} & \dfrac{\partial}{\partial y} & \dfrac{\partial}{\partial z}\\ A_x & A_y & A_z\end{vmatrix}=\boldsymbol{e}_x+\boldsymbol{e}_y+\boldsymbol{e}_z$$

所以

$$\begin{aligned}\iint_S(\nabla\times\boldsymbol{A})\cdot \mathrm{d}\boldsymbol{S}&=\iint_S(\boldsymbol{e}_x+\boldsymbol{e}_y+\boldsymbol{e}_z)\cdot\boldsymbol{e}_r\sin\theta\mathrm{d}\theta\mathrm{d}\varphi\\&=\iint_S(\boldsymbol{e}_x\cdot\boldsymbol{e}_r+\boldsymbol{e}_y\cdot\boldsymbol{e}_r+\boldsymbol{e}_z\cdot\boldsymbol{e}_r)\sin\theta\mathrm{d}\theta\mathrm{d}\varphi\\&=\int_0^{2\pi}\int_0^{\pi/2}(\sin\theta\cos\varphi+\sin\theta\sin\varphi+\cos\theta)\sin\theta\mathrm{d}\theta\mathrm{d}\varphi\\&=\int_0^{2\pi}\cos\varphi\mathrm{d}\varphi\int_0^{\pi/2}\sin^2\theta\mathrm{d}\theta+\int_0^{2\pi}\sin\varphi\mathrm{d}\varphi\int_0^{\pi/2}\sin^2\theta\mathrm{d}\theta\\&\quad+2\pi\int_0^{\pi/2}\sin\theta\cos\theta\mathrm{d}\theta\\&=\pi\end{aligned}$$

半球面 $\boldsymbol{S}$ 的边界是 xOy 平面内的圆 $x^2+y^2=1$，边界上的线元 $\mathrm{d}\boldsymbol{l}=\boldsymbol{e}_x\mathrm{d}x+\boldsymbol{e}_y\mathrm{d}y$，沿边界的环流为

$$\oint_l \boldsymbol{A}\cdot\mathrm{d}\boldsymbol{l}=\oint_l(z\mathrm{d}x+x\mathrm{d}y)=\oint_l x\mathrm{d}y=\int_{-1}^{1}\sqrt{1-y^2}\,\mathrm{d}y+\int_{-1}^{1}(-\sqrt{1-y^2})\mathrm{d}y=\pi$$

则

$$\oint_l \boldsymbol{A}\cdot\mathrm{d}\boldsymbol{l}=\iint_S(\nabla\times\boldsymbol{A})\cdot\mathrm{d}\boldsymbol{S}$$

1.8　亥姆霍兹定理

亥姆霍兹定理是矢量场一个重要的定理。它表明，若矢量场 $\boldsymbol{F}(\boldsymbol{r})$ 在无界空间中处处单值，且其导数连续有界，场源分布在有限区域 V' 中，则该矢量场唯一地由其散度和旋度确定，且可以被表示为一个标量函数的梯度和一个矢量函数的旋度之和，即

$$\boldsymbol{F}(\boldsymbol{r})=-\nabla\Phi(\boldsymbol{r})+\nabla\times\boldsymbol{A}(\boldsymbol{r})\tag{1.8.1}$$

其中

$$\Phi(\boldsymbol{r})=\frac{1}{4\pi}\iiint_{V'}\frac{\nabla'\cdot\boldsymbol{F}(\boldsymbol{r}')}{|\boldsymbol{r}-\boldsymbol{r}'|}\mathrm{d}V'\tag{1.8.2}$$

$$\boldsymbol{A}(\boldsymbol{r})=\frac{1}{4\pi}\iiint_{V'}\frac{\nabla'\times\boldsymbol{F}(\boldsymbol{r}')}{|\boldsymbol{r}-\boldsymbol{r}'|}\mathrm{d}V'\tag{1.8.3}$$

式中，$|\boldsymbol{r}-\boldsymbol{r}'|$ 是源点 $\boldsymbol{r}'$ 到场点 $\boldsymbol{r}$ 的距离，算子 $\nabla'=\boldsymbol{e}_x\frac{\partial}{\partial x'}+\boldsymbol{e}_y\frac{\partial}{\partial y'}+\boldsymbol{e}_z\frac{\partial}{\partial z'}$ 是对源点坐标微分，积分也是对源点坐标积分。亥姆霍兹定理的简要证明如下。

设在无界空间中有两个矢量函数 $\boldsymbol{F}$ 和 $\boldsymbol{G}$，它们具有相同的散度和旋度，即

$$\nabla\cdot\boldsymbol{F}=\nabla\cdot\boldsymbol{G}\tag{1.8.4}$$

$$\nabla\times\boldsymbol{F}=\nabla\times\boldsymbol{G}\tag{1.8.5}$$

利用反证法，设 $\boldsymbol{F}\neq\boldsymbol{G}$，令

$$\boldsymbol{F}=\boldsymbol{G}+\boldsymbol{g}\tag{1.8.6}$$

两边取散度

$$\nabla\cdot\boldsymbol{F}=\nabla\cdot\boldsymbol{G}+\nabla\cdot\boldsymbol{g}\tag{1.8.7}$$

对比式(1.8.4)和式(1.8.7)可得

$$\nabla\cdot\boldsymbol{g}=0\tag{1.8.8}$$

再对式(1.8.6)两端取旋度

$$\nabla\times\boldsymbol{F}=\nabla\times\boldsymbol{G}+\nabla\times\boldsymbol{g}\tag{1.8.9}$$

对比式(1.8.5)和式(1.8.9)可得

$$\nabla\times\boldsymbol{g}=0\tag{1.8.10}$$

$\boldsymbol{g}$ 存在一个梯度，即

$$\boldsymbol{g}=\nabla\Phi\tag{1.8.11}$$

代入式(1.8.8)可得

$$\nabla\cdot\nabla\Phi=\nabla^2\Phi=0\tag{1.8.12}$$

表明函数 Φ 不会出现极值，而 Φ 是在无界空间中取值的任意函数，因此 Φ 只能是一个常数($\Phi=C$)，从而求得

$$g=\nabla\Phi=0\tag{1.8.13}$$

于是由式(1.8.6)可得 $\boldsymbol{F}=\boldsymbol{G}$,即给定散度和旋度所决定的矢量场是唯一的。在无界空间中一个既有散度又有旋度的矢量场,可以表示为一个无旋场 $\boldsymbol{F}_d$(有散度)和一个无散场 $\boldsymbol{F}_c$(有旋度)之和

$$\boldsymbol{F}=\boldsymbol{F}_d+\boldsymbol{F}_c \tag{1.8.14}$$

对于无旋场 $\boldsymbol{F}_d$ 来说,$\nabla\times\boldsymbol{F}_d=0$,这个场的散度不会处处为零。因为任何一个物理场必然有源来激发它,若这个场的旋涡源和通量源都为零,那么这个场就不存在了,因此无旋场必然对应于有散场,设其散度等于 $\rho(\boldsymbol{r})$,即$\nabla\cdot\boldsymbol{F}_d=\rho$。根据矢量恒等式

$$\nabla\times\nabla\Phi=0$$

可令

$$\boldsymbol{F}_d=-\nabla\Phi \tag{1.8.15}$$

而对于无散场 $\boldsymbol{F}_c$,$\nabla\cdot\boldsymbol{F}_c=0$,它的旋度不会处处为零,设其旋度等于 $\boldsymbol{J}(\boldsymbol{r})$,即$\nabla\times\boldsymbol{F}_c=\boldsymbol{J}$。根据矢量恒等式$\nabla\cdot\nabla\times\boldsymbol{A}=0$,可以令

$$\boldsymbol{F}_c=\nabla\times\boldsymbol{A} \tag{1.8.16}$$

把式(1.8.15)和式(1.8.16)代入式(1.8.14)可得

$$\boldsymbol{F}=-\nabla\Phi+\nabla\times\boldsymbol{A} \tag{1.8.17}$$

即矢量场 $\boldsymbol{F}$ 可表示为一个标量场的梯度再加上一个矢量场的旋度。这样也就证明了亥姆霍兹定理。

设无旋场 $\boldsymbol{F}_d$ 的散度等于 $\rho(\boldsymbol{r})$,无散场 $\boldsymbol{F}_c$ 的旋度等于 $\boldsymbol{J}(\boldsymbol{r})$,则

$$\nabla\cdot\boldsymbol{F}=\nabla\cdot(\boldsymbol{F}_d+\boldsymbol{F}_c)=\nabla\cdot\boldsymbol{F}_d=\rho \tag{1.8.18}$$

$$\nabla\times\boldsymbol{F}=\nabla\times(\boldsymbol{F}_d+\boldsymbol{F}_c)=\nabla\times\boldsymbol{F}_c=\boldsymbol{J} \tag{1.8.19}$$

可以看出,$\boldsymbol{F}$ 的散度代表产生矢量场 $\boldsymbol{F}$ 的一种“源”ρ,而 $\boldsymbol{F}$ 的旋度则代表产生矢量场 $\boldsymbol{F}$ 的另一种“源”$\boldsymbol{J}$,当这两种源在空间的分布确定时,矢量场也就唯一地确定了。

根据亥姆霍兹定理,我们研究一个矢量场,必须研究它的散度和旋度,才能确定该矢量场的性质。例如,静电场的基本方程为

$$\oint_S \boldsymbol{D}\cdot d\boldsymbol{S}=\sum q_0,\quad \nabla\cdot\boldsymbol{D}=\rho_0 \tag{1.8.20}$$

$$\oint_l \boldsymbol{E}\cdot d\boldsymbol{l}=0,\quad \nabla\times\boldsymbol{E}=0 \tag{1.8.21}$$

即给定了静电场的散度和旋度,说明静电场是有源的无旋场。稳恒磁场的基本方程为

$$\oint_l \boldsymbol{H}\cdot d\boldsymbol{l}=\sum I_0,\quad \nabla\times\boldsymbol{H}=\boldsymbol{J} \tag{1.8.22}$$

$$\oint_S \boldsymbol{B}\cdot d\boldsymbol{S}=0,\quad \nabla\cdot\boldsymbol{B}=0 \tag{1.8.23}$$

也是给定了稳恒磁场的散度和旋度,说明稳恒磁场是无源的涡旋场。这些性质在“大学物理”中学习过,还将在第 2 章中讨论。对于时变电场、时变磁场,读者可以进行类似的分析与讨论。

1.9 本章小结

矢量可以是常数,也可以是变量(函数),还可以是运算符号,如哈密顿算子∇。本

章主要回顾、归纳了研究电磁场与电磁波所需的数学物理基础知识，包括矢量及其代数运算，标量场与矢量场的分析方法、定理、定律，旨在初步了解工程数学中场论与电磁场理论的联系，并在掌握数学基础知识的基础上，能够运用数学知识分析和解决电磁场与电磁波的工程问题。

学习重点：标量场的定义及其梯度，矢量场的性质和特点，矢量场的散度、旋度的意义及求解，高斯定律和斯托克斯定理的意义及其应用，亥姆霍兹定理的意义。

学习难点：哈密顿算子∇的意义，矢量场旋度的理解。尝试推导附录 A 的公式，有助于突破难点。

习　题　1

1.1　利用矢量的点乘积方法证明三角形的余弦定理、利用矢量的叉乘积方法证明三角形的正弦定理。

1.2　在直角坐标系中证明以下矢量恒等式：

(1) $\nabla(\Phi\Psi)=\Phi\nabla\Psi+\Psi\nabla\Phi$;

(2) $\nabla\cdot(\Phi\boldsymbol{A})=\Phi\nabla\cdot\boldsymbol{A}+\boldsymbol{A}\cdot\nabla\Phi$;

(3) $\nabla\times(\Phi\boldsymbol{A})=\Phi\nabla\times\boldsymbol{A}+\nabla\Phi\times\boldsymbol{A}$。

1.3　试求距离矢量的模$|\boldsymbol{r}_1-\boldsymbol{r}_2|$在直角坐标系、柱坐标系和球坐标系中的表达式。

1.4　在圆柱坐标系中，一点的位置由$(4, 2\pi/3, 3)$定出。

(1) 求该点在直角坐标系中的坐标；

(2) 求该点在球坐标系中的坐标。

1.5　用球坐标系表示的场$\boldsymbol{E}=\boldsymbol{e}_r 25/r^2$，求在直角坐标系中点$(-3, 4, -5)$处的$\boldsymbol{E}$。

1.6　已知直角坐标系中的矢量$\boldsymbol{A}=\boldsymbol{e}_x a+\boldsymbol{e}_y b+\boldsymbol{e}_z c$，式中$a, b, c$均为常数，试求该矢量在圆柱坐标系及球坐标系中的表达式。

1.7　在由$r=5, z=0$和$z=4$围成的圆柱形区域，对矢量$\boldsymbol{A}=\boldsymbol{e}_r r^2+\boldsymbol{e}_z\cdot 2z$验证散度定理。

1.8　计算矢量$\boldsymbol{r}$对一个球心在原点，半径为a的球表面的积分，并求$\nabla\cdot\boldsymbol{r}$对球体积的积分，验证散度定理。

1.9　求矢量$\boldsymbol{A}=\boldsymbol{e}_x x+\boldsymbol{e}_y x^2+\boldsymbol{e}_z y^2 z$沿$xOy$平面上的一个边长为 2 的正方形回路的线积分，此正方形的两边分别与x轴和y轴重合。再求$\nabla\times\boldsymbol{A}$对此回路所包围的面积分，验证斯托克斯定理。

1.10　求矢量$\boldsymbol{A}=\boldsymbol{e}_x x+\boldsymbol{e}_y xy^2$沿圆周$x^2+y^2=a^2$的线积分，再计算$\nabla\times\boldsymbol{A}$对此圆面积的积分，验证斯托克斯定理。

1.11　给定矢量函数$\boldsymbol{E}=\boldsymbol{e}_x y+\boldsymbol{e}_y x$，两种情况：① 沿抛物线$x=2y^2$，② 沿连接该两点的直线。计算从$P_1(2, 1, -1)$到$P_2(8, 2, -1)$的线积分$\int\boldsymbol{E}\cdot\mathrm{d}\boldsymbol{l}$的值，这个$\boldsymbol{E}$是否是保守场？

1.12　求数量场$u=\ln(x+2y+z^2)$通过点$P(1, 3, 2)$的等值面方程。

1.13 求标量函数 $\psi=x^2yz$ 的梯度及 ψ 在一个指定方向的方向导数。此方向由单位矢量 $\boldsymbol{e}_x 3/\sqrt{50}+\boldsymbol{e}_y 4/\sqrt{50}+\boldsymbol{e}_z 5/\sqrt{50}$ 定出；求点(2，3，1)的导数值。

1.14 方程 $u=\dfrac{x^2}{a^2}+\dfrac{y^2}{b^2}+\dfrac{z^2}{c^2}$ 给出一个椭球簇。求椭球表面上任意点的单位法向矢量。

1.15 现有 3 个矢量场 $\boldsymbol{A}$，$\boldsymbol{B}$，$\boldsymbol{C}$：

$$\boldsymbol{A}=\boldsymbol{e}_r\sin\theta\cos\varphi+\boldsymbol{e}_\theta\cos\theta\cos\varphi-\boldsymbol{e}_\varphi\sin\varphi$$

$$\boldsymbol{B}=\boldsymbol{e}_r z^2\sin\varphi+\boldsymbol{e}_\varphi z^2\cos\varphi+\boldsymbol{e}_z\cdot 2rz\sin\varphi$$

$$\boldsymbol{C}=\boldsymbol{e}_x(3y^2-2x)+\boldsymbol{e}_y x^2+\boldsymbol{e}_z\cdot 2z$$

(1) 哪些矢量可以由一个标量函数的梯度表示？哪些矢量可以由一个矢量的旋度表示？

(2) 求出这些矢量的场源分布。

1.16 求数量场 $\Phi=(x+y)^2-z$ 通过点 $M(1,0,1)$ 的等值面方程；

1.17 求矢量场 $\boldsymbol{A}=\boldsymbol{e}_x xy^2+\boldsymbol{e}_y x^2y+\boldsymbol{e}_z zy^2$ 的矢量线方程。

1.18 证明：(1) $\nabla\cdot\boldsymbol{R}=3$；(2) $\nabla\times\boldsymbol{R}=0$；(3) $\nabla(\boldsymbol{A}\cdot\boldsymbol{R})=\boldsymbol{A}$。

其中 $\boldsymbol{R}=\boldsymbol{e}_x x+\boldsymbol{e}_y y+\boldsymbol{e}_z z$，$\boldsymbol{A}$ 为一个常矢量。

1.19 在球坐标系中证明 $\nabla^2\dfrac{e^{-kr}}{r}=k^2\dfrac{e^{-kr}}{r}$，其中 k 是常数。

2

静态电磁场

场是一种特殊形式的物质，电荷周围存在一种场称为电场。不随时间变化而变化的场称为静态场。静态电场可以分为静电场和恒定电场。电场对电荷有力的作用，这种力称为电场力。当静止电荷的电量不随时间变化而变化时，它所产生的电场也不随时间变化而变化，这种电场称为静电场。在静电场条件下，导体内不存在电场。如果将导体与电源的两个电极相连，则在导体中形成电场，迫使导体中的自由电子产生持续的定向运动，形成电流，于是导体中出现了电流场。若外加电源电压不随时间变化而变化，导体中产生的相应电流场也不随时间变化而变化，称为恒定电流场。这种情况下，导体内、外的电场也不随时间变化而变化，这种电场称为恒定电场。

与电现象用电场来描述一样，磁现象用磁场来描述。相对观察者而言，静止电荷周围仅存在电场，而运动电荷或电流周围不仅存在电场，还存在磁场。本章从静止电荷产生电场的实验定律出发，学习关于场强的一些具体性质，探究静电场、恒定电流场和由恒定电流产生的恒定磁场，从建立真空中场的基本方程开始，引入电位和矢量磁位，将恒定磁场问题的求解转化为矢量磁位的求解；介绍工程中常用的电磁场能量以及作用力的计算；最后结合实例说明静态电磁场在工程实践中的应用。

2.1 电场强度和电位移

电荷是产生电场的源。从微观上看，电荷是以离散的方式分布在空间的，但是从宏观电磁学的观点看，当大量带电粒子密集地出现在某一空间范围内时，可以假定电荷以连续的形式分布在这个范围中。相应地，我们用体电荷和体电荷密度、面电荷和面电荷密度、线电荷和线电荷密度来表征连续分布在立体空间、曲面以及曲线上的电荷。与所研究的空间相比，尺寸相对较小的带电体可以抽象为一个点电荷。

电场是电荷周围空间存在的一种特殊物质，它的一个重要特性是对处于其中的任何电荷都产生作用力。为了描述电场的强弱，人们引入电场强度的概念。它定义为空间某点处单位正电荷在该点受到的电场力。

如图 2-1 所示，设空间的一点 $\boldsymbol{r}$ 处，试验正点电荷的电量为 q，受到的电场作用力为 $\boldsymbol{F}(\boldsymbol{r})$，则该点的电场强度为

$$\boldsymbol{E}(\boldsymbol{r})=\frac{\boldsymbol{F}(\boldsymbol{r})}{q} \tag{2.1.1}$$

这表明电场强度是一个矢量，方向与单位正电荷的受力方向相同，单位为伏特/米(V/m)。

若电荷的电量 q 不随时间变化而变化，所产生的电场也不随时间变化而变化，则称为静电场。根据库仑定律可以得到点电荷 q 在无限大真空中的电场强度为

$$\boldsymbol{E}(\boldsymbol{r})=\frac{q}{4\pi\varepsilon_0 r^2}\boldsymbol{e}_r \tag{2.1.2}$$

设 q 位于坐标原点，r 为坐标原点到观察点 P 的距离，如图 2-2 所示，$\boldsymbol{e}_r$ 是该观察点方向上的单位矢量，ε_0 是真空介电常数，其值为

$$\varepsilon_0=8.854187817\cdots\times10^{-12}\ \text{F/m}\approx\frac{1}{36\pi}\times10^{-9}\ \text{F/m}$$

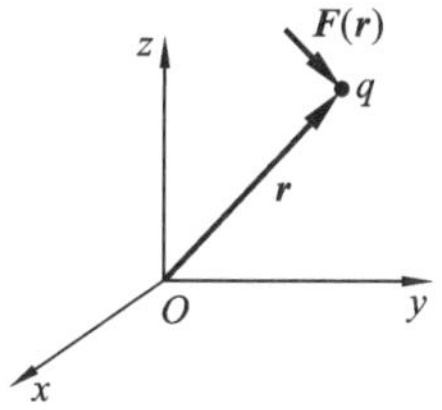

图 2-1 单位点电荷所受的力

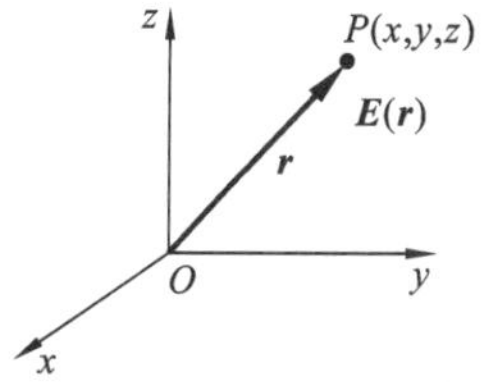

图 2-2 q 位于坐标原点，观察点 P 的场强 $\boldsymbol{E}(\boldsymbol{r})$

如图 2-3 所示，另有一个点电荷 q' 所在的位置 $P'(x',y',z')$ 称为源点，坐标矢量为 $\boldsymbol{r}'$，需要确定场量的点 $P(x,y,z)$ 称为场点，R 为源点到场点之间的距离。则它在点 P 处的电场强度为

$$\boldsymbol{E}(\boldsymbol{r})=\frac{q'}{4\pi\varepsilon_0\ |\boldsymbol{r}-\boldsymbol{r}'|^2}\frac{\boldsymbol{r}-\boldsymbol{r}'}{|\boldsymbol{r}-\boldsymbol{r}'|}=\frac{q'}{4\pi\varepsilon_0 R^2}\boldsymbol{e}_R \tag{2.1.3}$$

式(2.1.2)和式(2.1.3)说明，在电场中的任何一个指定点，电场强度与产生电场的点电荷量成正比，由此使场点与源点之间的联系构成了线性关系。人们可以利用线性叠加原理来计算多个点电荷所形成的电场强度，即在电场中某一点的电场强度等于各个点电荷单独在该点产生的电场强度的矢量和(见图 2-4)。

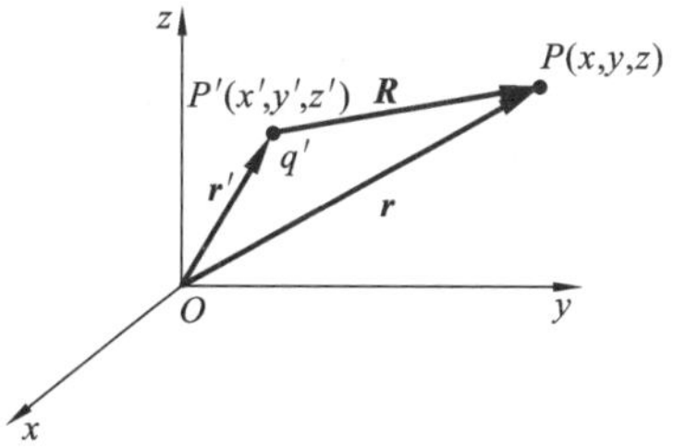

图 2-3 q' 位于 P'，观察点 P 的场强 $\boldsymbol{E}(\boldsymbol{r})$

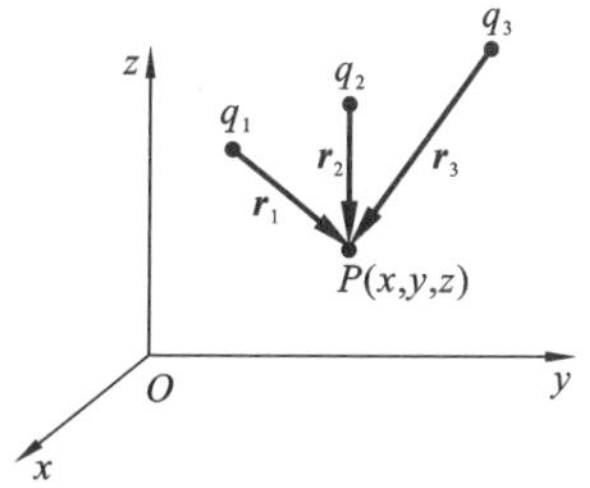

图 2-4 多个电荷对点 P 产生的电场

$\boldsymbol{E}(\boldsymbol{r})$ 在空间构成矢量场，可以采用研究矢量场的方法来研究，如利用高斯定律、环路定理、矢量场的散度和旋度等方法对矢量场进行分析和计算。

电场线：通过任一有向曲面 $\boldsymbol{S}$，电场强度的通量为

$$\Phi=\iint_S \boldsymbol{E}\cdot \mathrm{d}\boldsymbol{S} \tag{2.1.4}$$

当电场强度与曲面的方向相同时，$\Phi>0$；方向相反时，$\Phi<0$；方向垂直时，$\Phi=0$。为了能够形象地描述电场强度的分布特性，法拉第提出使用一组有向曲线，曲线上的各点切线方向表示该点的电场强度方向，曲线的疏密程度表示电场强度的大小，这种曲线称为

电场线。若线元 d$\boldsymbol{l}$ 的方向表示有向曲线的切线方向，则电场线的矢量方程为 $\boldsymbol{E}\times \mathrm{d}\boldsymbol{l}=\boldsymbol{0}$。两条相交的曲线在交点处具有两个切线方向，但空间任一点的电场强度方向是一定的，所以电场线不能相交，电场线只能从正电荷出发指向负电荷，如图 2-5 所示。

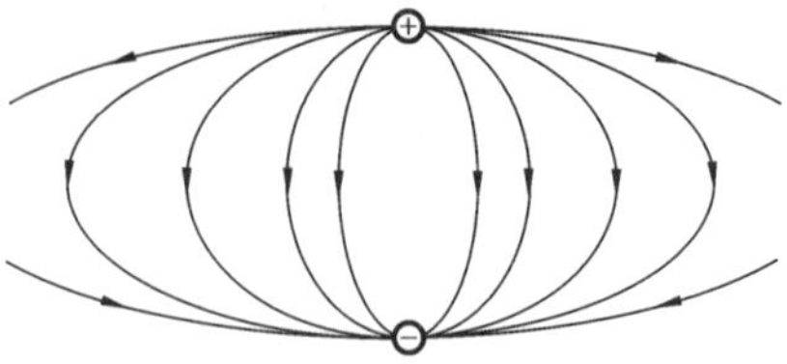

图 2-5　正、负电荷的电场线分布

电位移：定义 $\boldsymbol{D}=\varepsilon_0\boldsymbol{E}$ 为电位移矢量，简称 $\boldsymbol{D}$ 矢量，其中 ε_0 为真空中的电容率，又称介电常量。$\boldsymbol{D}$ 与 $\boldsymbol{E}$ 呈线性关系，且方向相同。

在国际单位制中，电位移的单位为 $\mathrm{C\cdot m^{-2}}$。

为了形象地表示 $\boldsymbol{D}$ 矢量，在电场中引进电位移线。电位移线是空间的一些曲线，曲线上任一点的切线方向，就是该点电位移矢量 $\boldsymbol{D}$ 的方向，并约定垂直于电位移矢量的单位面积上穿过的电位移线数目等于该点 $\boldsymbol{D}$ 的大小。同样，通过电场中任意封闭面的电位移线的总数定义为该面积上的电位移通量，可得

$$\Phi=\oint_S \boldsymbol{D}\cdot \mathrm{d}\boldsymbol{S}=\sigma_0\boldsymbol{S}=\sum_{i=1}^{n}q_i \tag{2.1.5}$$

式中，$\Phi=\oint_S \boldsymbol{D}\cdot \mathrm{d}\boldsymbol{S}$ 表示穿过封闭曲面 $\boldsymbol{S}$ 的电位移通量，$\sum_{i=1}^{n}q_i$ 为封闭曲面内所包围的自由电荷的代数和。式(2.1.5) 称为电介质中静电场的高斯定律，即穿过任意封闭曲面 $\boldsymbol{S}$ 的电位移通量等于该曲面内所包围的自由电荷的代数和，这个封闭曲面称为高斯面。这一结论是普遍适用的，它是静电场的基本定律之一。

应当指出，式(2.1.5)只是表明穿过高斯面的 $\boldsymbol{D}$ 通量仅由高斯面内的自由电荷的代数和决定，并不确定高斯面上任意一点的 $\boldsymbol{D}$。高斯面上任意一点的 $\boldsymbol{E}$ 是由高斯面内、外的自由电荷与极化电荷共同决定的，因此，$\boldsymbol{D}$ 亦如此。当自由电荷与电介质的极化电荷分布具有某些对称性时，选择适当的高斯面，可以很容易求出 $\boldsymbol{D}$，再通过 $\boldsymbol{D}=\varepsilon\boldsymbol{E}$ 便可求出 $\boldsymbol{E}$。

2.2　真空中的静电场方程

由 1.8 节的亥姆霍兹定理可知，矢量场的散度和旋度是研究矢量场特性的首要问题，无限空间的矢量场由其散度和旋度唯一确定。

真空中静电场的电位移 $\boldsymbol{D}$ 通量和电场强度 $\boldsymbol{E}$ 的环量满足两个积分形式的方程：

$$\oint_S \boldsymbol{D}\cdot \mathrm{d}\boldsymbol{S}=q \tag{2.2.1}$$

$$\oint_l \boldsymbol{E}\cdot \mathrm{d}\boldsymbol{l}=0 \tag{2.2.2}$$

曲面 $\boldsymbol{S}$ 的参考方向为垂直指向曲面外部的法线方向，q 是封闭面 $\boldsymbol{S}$ 所包围的全部正负电荷量的代数和。若通过一封闭面电场强度的通量为零，并不表示该面内不存在电荷，

也可能是正、负电荷恰好相等。此外，通过封闭面的通量为零，并不表示该封闭面内一定不存在电场，也可能是进入的通量等于出去的通量。

式(2.2.2)也称为静电场的环路定理，表明真空中静电场强度沿任一条封闭曲线的积分为0，因此，静电场的电场线是不可能封闭的，如果电场线封闭，由于电场强度 $\boldsymbol{E}$ 与线元 $\mathrm{d}\boldsymbol{l}$ 的方向处处保持一致，沿一条封闭电场线的线积分(环量)就不可能为零，与环量处处为零相矛盾。此定理还告诉我们静电场中任意两点之间电场强度 $\boldsymbol{E}$ 的线积分与路径无关。

静电场环路定理的物理意义在于，将单位正电荷沿任何封闭路径移动一周回到原处时，电场力做的功为零，电荷没有从静电场获得任何能量，所以真空中的静电场和重力场一样，是一种保守场。

由矢量场的散度定理与式(2.2.1)可得

$$\iiint_V \nabla\cdot\boldsymbol{E}\mathrm{d}V=\oint_S\boldsymbol{E}\cdot\mathrm{d}\boldsymbol{S}=\frac{q}{\varepsilon_0}=\frac{1}{\varepsilon_0}\iiint_V\rho\mathrm{d}V \tag{2.2.3}$$

式中，ρ 为电荷体密度，可得

$$\iiint_V\left(\nabla\cdot\boldsymbol{E}-\frac{\rho}{\varepsilon_0}\right)\mathrm{d}V=0 \tag{2.2.4}$$

由于式(2.2.4)对于任何体积均成立，因此被积函数应为零，从而有

$$\nabla\cdot\boldsymbol{E}=\frac{\rho}{\varepsilon_0} \tag{2.2.5}$$

式(2.2.5)称为高斯定律的微分形式，表明真空中静电场的电场强度在某点的散度，等于该点的电荷体密度与真空介电常数之比。

由矢量场的旋度定理与式(2.2.2)可得

$$\iint_S(\nabla\times\boldsymbol{E})\cdot\mathrm{d}\boldsymbol{S}=\oint_l\boldsymbol{E}\cdot\mathrm{d}\boldsymbol{l}=0 \tag{2.2.6}$$

$\boldsymbol{S}$ 为封闭曲线 $\boldsymbol{l}$ 围成的有向曲面，$\boldsymbol{l}$ 的切向与 $\boldsymbol{S}$ 的法向满足右手关系。由于式(2.2.6)对于封闭环路围成的任一曲面都成立，因此被积函数应为零，故有

$$\nabla\times\boldsymbol{E}=\boldsymbol{0} \tag{2.2.7}$$

表明真空中静电场强度的旋度处处为零。

真空中静电场场方程由积分形式式(2.2.1)、式(2.2.2)和微分形式式(2.2.5)、式(2.2.7)来表达。在总电荷为0的区域或不存在电荷的无源区域中，电场强度的散度也为零。

2.3 标量位和矢量位

根据亥姆霍兹定理，真空中静电场的电场强度可看作一个标量函数的梯度和一个矢量函数的旋度之和，即

$$\boldsymbol{E}=-\nabla\Phi+\nabla\times\boldsymbol{A} \tag{2.3.1}$$

因为真空中静电场是由带电体产生的，所以有

$$\Phi(\boldsymbol{r})=\frac{1}{4\pi\varepsilon_0}\iiint_{V'}\frac{\rho(\boldsymbol{r}')}{|\boldsymbol{r}-\boldsymbol{r}'|}\mathrm{d}V' \tag{2.3.2}$$

$$\boldsymbol{A}(\boldsymbol{r})=\boldsymbol{0} \tag{2.3.3}$$

式中，$\boldsymbol{r}$ 与 $\boldsymbol{r}'$ 分别是场点和源点坐标矢量，V' 为源所存在的区域。因此，电场强度可表示为

$$\boldsymbol{E}=-\nabla\Phi \tag{2.3.4}$$

可以证明，$E=-\nabla\Phi$，其中标量 Φ 称为电位，式(2.3.4)表明真空中静电场在某点的电场强度等于该点电位梯度的负值。电位梯度是电位的最大方向导数，方向由低电位指向高电位，故电场强度由高电位指向低电位。注意矢量 $\boldsymbol{A}$ 在这里可看成由式(2.2.7)决定的辅助矢量。

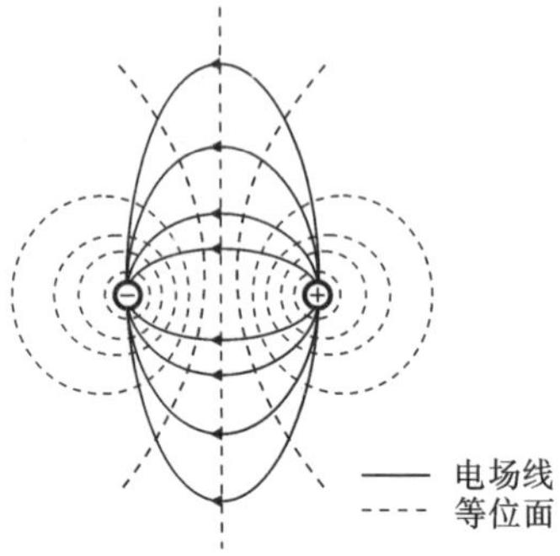

图 2-6 正、负电荷的等位面和电场线分布

电位相等的曲面称为等位面，其方程为

$$\Phi(x,y,z)=C \tag{2.3.5}$$

式中，常数 C 是电位值。由此可见，真空中的静电场既可以用电场强度 $\boldsymbol{E}$ 这个矢量来描述，也可以用电位 Φ 这个标量来描述。已知电场强度的方向为电位梯度的负方向，而梯度方向总是垂直于等位面，因此电场线与等位面处处垂直。正、负电荷的等位面和电场线分布如图 2-6 所示。

已知电荷体分布，根据式(2.3.2)，即可求出真空中任一点的电位，然后求得电场强度

$$\boldsymbol{E}(\boldsymbol{r})=-\nabla\Phi=-\nabla\frac{1}{4\pi\varepsilon_0}\iiint_{V'}\frac{\rho(\boldsymbol{r}')}{|\boldsymbol{r}-\boldsymbol{r}'|}\mathrm{d}V'=-\iiint_{V'}\frac{\rho(\boldsymbol{r}')}{4\pi\varepsilon_0}\nabla\left(\frac{1}{|\boldsymbol{r}-\boldsymbol{r}'|}\right)\mathrm{d}V'$$
$$=\frac{1}{4\pi\varepsilon_0}\iiint_{V'}\frac{\rho(\boldsymbol{r}')(\boldsymbol{r}-\boldsymbol{r}')}{|\boldsymbol{r}-\boldsymbol{r}'|^3}\mathrm{d}V' \tag{2.3.6}$$

类似地，可以求得真空中面电荷及线电荷产生的电位及电场强度分别为

$$\Phi(\boldsymbol{r})=\frac{1}{4\pi\varepsilon_0}\iint_{S'}\frac{\rho_{S'}(\boldsymbol{r}')}{|\boldsymbol{r}-\boldsymbol{r}'|}\mathrm{d}S' \tag{2.3.7}$$

$$\boldsymbol{E}(\boldsymbol{r})=\frac{1}{4\pi\varepsilon_0}\iint_{S'}\frac{\rho_{S'}(\boldsymbol{r}')(\boldsymbol{r}-\boldsymbol{r}')}{|\boldsymbol{r}-\boldsymbol{r}'|^3}\mathrm{d}S' \tag{2.3.8}$$

即

$$\Phi(\boldsymbol{r})=\frac{1}{4\pi\varepsilon_0}\int_{l'}\frac{\rho_{l'}(\boldsymbol{r}')}{|\boldsymbol{r}-\boldsymbol{r}'|}\mathrm{d}l' \tag{2.3.9}$$

$$\boldsymbol{E}(\boldsymbol{r})=\frac{1}{4\pi\varepsilon_0}\int_{l'}\frac{\rho_{l'}(\boldsymbol{r}')(\boldsymbol{r}-\boldsymbol{r}')}{|\boldsymbol{r}-\boldsymbol{r}'|^3}\mathrm{d}l' \tag{2.3.10}$$

式中，$\rho_{S'}(\boldsymbol{r}')$ 与 $\rho_{l'}(\boldsymbol{r}')$ 分别为电荷的面密度和线密度。观察上述电位与电场强度的计算公式，可见无论电荷为何种分布，电位和电场强度都与电荷量成正比，因而它们也构成线性关系，故可利用叠加原理计算分布电荷产生的电位及电场强度。

2.4 导体系统的电容

如图 2-7 所示，理想导体处于电场中，导体表面是一个等电位面，整个导体是一个等电位体。

对于平板电容器，若正、负极板上分别携带等量的极性相反的电荷，则正极板上携

带的电荷量 q 与极板间电位差 U 的比值是一个常数。此常数称为平板电容器的电容，即

$$C=\frac{q}{U} \tag{2.4.1}$$

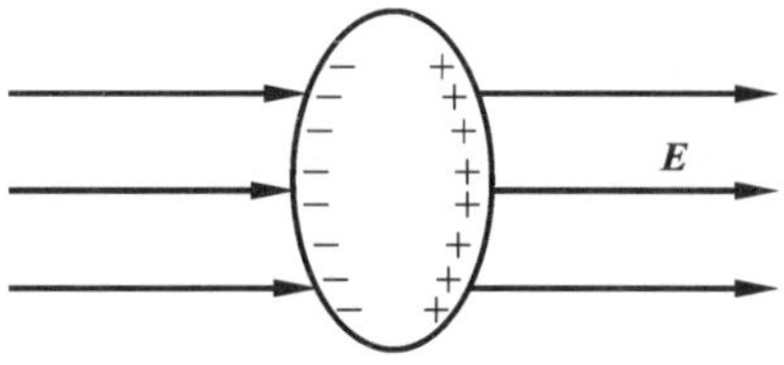

图 2-7 处于电场中的理想导体

孤立导体携带的电荷量与以无穷远处作为参考点的导体电位之间的比值也是一个常数，此常数定义为孤立导体的电容。实际上，孤立导体的电容可以理解为孤立导体与无穷远处之间的电容。需要注意的是，平板电容器的电容与孤立导体的电容之所以是个与电位差无关的常数，是由于默认了周围介质是线性的。

例 2.1 试求电荷量为 q，半径为 a 的导体球的电容。

解 导体球球外电场强度为

$$\boldsymbol{E}(\boldsymbol{r})=\frac{q}{4\pi\varepsilon r^2}\boldsymbol{e}_r,\quad r\geqslant a$$

式中，ε 是导体球周围介质的介电常数。以无穷远处为参考点的导体球的电位是

$$\Phi=\int_a^{\infty}\boldsymbol{E}\cdot\mathrm{d}\boldsymbol{r}=\int_a^{\infty}E\,\mathrm{d}r=-\frac{q}{4\pi\varepsilon r}\bigg|_a^{\infty}=\frac{q}{4\pi\varepsilon a}$$

故可得导体球的电容为

$$C=\frac{q}{U}=\frac{q}{\Phi-0}=4\pi\varepsilon a$$

电容的单位为法拉(F)，简称法。这是一个很大的单位。例如，半径大如地球的孤立导体球的电容只有 0.708×10^{-3} F，所以实际中，常使用微法(μF)和皮法(pF)作为电容单位。1 F$=10^6$ μF$=10^{12}$ pF。

例 2.2 两平行长直导线的半径为 a，相距 $2h$($2h\gg a$)，如图 2-8 所示。试求单位长度上两导线间的电容。

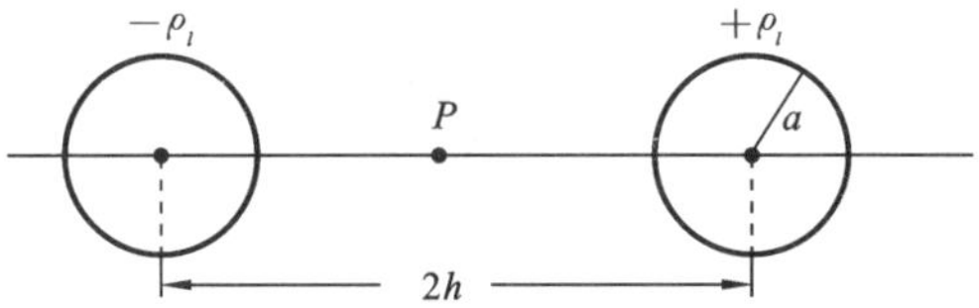

图 2-8 例 2.2 图

解 设两导线单位长度上的电荷分别为 $\pm\rho_l$。先求一根具有均匀电荷分布的无限长直导线周围空间的电场强度。此时在导线周围空间各点的电场强度大小只与各点与导线的距离有关，于是可以以导线为轴线做一个具有单位长度的圆柱面，两底面上的电场强度方向与底面方向垂直，侧面上电场强度的方向与侧面方向一致，于是可以利用高斯定律求电场强度的大小。

$$\oiint_S\boldsymbol{E}\cdot\mathrm{d}\boldsymbol{S}=\iint_{S_{侧}}\boldsymbol{E}\cdot\mathrm{d}\boldsymbol{S}=E2\pi r=\frac{\rho_l}{\varepsilon}$$

利用上式，可求出图 2-8 所示的两导线连线上任一点 P 点的场强大小为

$$E=\frac{\rho_l}{2\pi\varepsilon r}+\frac{\rho_l}{2\pi\varepsilon(2h-r)}$$

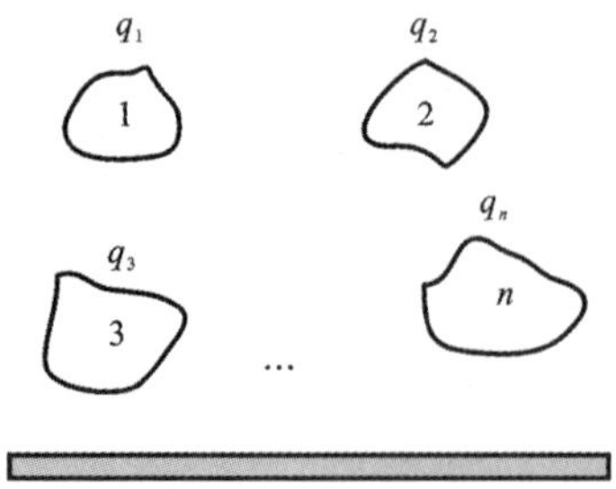

图 2-9　多导体系统

方向沿 $-x$ 轴方向。两导线之间的电位差为

$$\Phi_1-\Phi_2=\int_a^{2h-a}\boldsymbol{E}\cdot\mathrm{d}\boldsymbol{l}=\frac{\rho_l}{\pi\varepsilon}\ln\frac{2h-a}{a}\approx\frac{\rho_l}{\pi\varepsilon}\ln\frac{2h}{a}$$

两导线间单位长度的电容为

$$C_0=\frac{\rho_l}{\Phi_1-\Phi_2}=\frac{\pi\varepsilon}{\ln\dfrac{2h}{a}}$$

对于多导体系统(见图 2-9),电容的计算需要引入部分电容的概念。每个导体的电位不仅与导体本身电荷有关,还与其他导体上的电荷有关。因为周围导体上电荷的存在必然影响周围空间静电场的分布,而多导体的静电场是由多个导体上所带电荷共同产生的。

设各导体的电荷量分别为 q_i, $i=1,2,\cdots,n$,相应的电位分别为 Φ_i, $i=1,2,\cdots,n$。若各个导体的总电荷量之和为零,则称该多导体系统构成一个封闭系统。若系统包含整个空间,则总电荷量应当包括无穷远处存在的电荷。对封闭系统而言,各个导体的电荷量与电位的关系不会受到系统之外的电场影响。如果空间介质是线性的,则每个导体的电位与导体上电荷的关系也是线性的,根据叠加原理,有

$$\begin{cases}\Phi_1=p_{11}q_1+p_{12}q_2+\cdots+p_{1n}q_n\\\Phi_2=p_{21}q_1+p_{22}q_2+\cdots+p_{2n}q_n\\\quad\vdots\\\Phi_n=p_{n1}q_1+p_{n2}q_2+\cdots+p_{nn}q_n\end{cases}\tag{2.4.2}$$

此方程组也可以表示成

$$\begin{cases}q_1=a_{11}\Phi_1+a_{12}\Phi_2+\cdots+a_{1n}\Phi_n\\q_2=a_{21}\Phi_1+a_{22}\Phi_2+\cdots+a_{2n}\Phi_n\\\quad\vdots\\q_n=a_{n1}\Phi_1+a_{n2}\Phi_2+\cdots+a_{nn}\Phi_n\end{cases}\tag{2.4.3}$$

或者表示成

$$\begin{cases}q_1=C_{11}\Phi_1+C_{12}(\Phi_1-\Phi_2)+\cdots+C_{1j}(\Phi_1-\Phi_j)+\cdots+C_{1n}(\Phi_1-\Phi_n)\\q_2=C_{21}(\Phi_2-\Phi_1)+C_{22}\Phi_2+\cdots+C_{2j}(\Phi_2-\Phi_j)+\cdots+C_{2n}(\Phi_2-\Phi_n)\\\quad\vdots\\q_i=C_{i1}(\Phi_i-\Phi_1)+C_{i2}(\Phi_i-\Phi_2)+\cdots+C_{ij}(\Phi_i-\Phi_j)+\cdots+C_{in}(\Phi_i-\Phi_n)\\\quad\vdots\\q_n=C_{n1}(\Phi_n-\Phi_1)+C_{n2}(\Phi_n-\Phi_2)+\cdots+C_{nj}(\Phi_n-\Phi_j)+\cdots+C_{nn}\Phi_n\end{cases}\tag{2.4.4}$$

式中,C_{ij} 称为第 i 个导体和第 j 个导体之间的互有部分电容。C_{ii} 称为第 i 个导体的固有部分电容。

为了计算 C_{ii},可令 $\Phi_1=\Phi_2=\cdots=\Phi_n$,则 $q_i=C_{ii}\Phi_i$,可得

$$C_{ii}=\frac{q_i}{\Phi_i}\tag{2.4.5}$$

为了计算 C_{ij},可令 $\Phi_j\neq 0$,而其余电位皆为零,则 $q_i=C_{ij}(-\Phi_j)$,可得

$$C_{ij}=-\frac{q_i}{\Phi_j}\tag{2.4.6}$$

应该注意,由于 Φ_i 不是第 i 个导体单独存在时的电位,因此 C_{ii} 也并不是第 i 个导体

单独存在时的电容。同样，C_{ij} 也并不是第 i 个导体与第 j 个导体之间单独存在时的电容。

例 2.3 给定内导体单位长度上的电荷量为 q，已知同轴线的内导体半径为 a，外导体的内半径为 b，内、外导体之间是空气（$\varepsilon=\varepsilon_0$），如图 2-10 所示，试求单位长度内、外导体之间的电容。

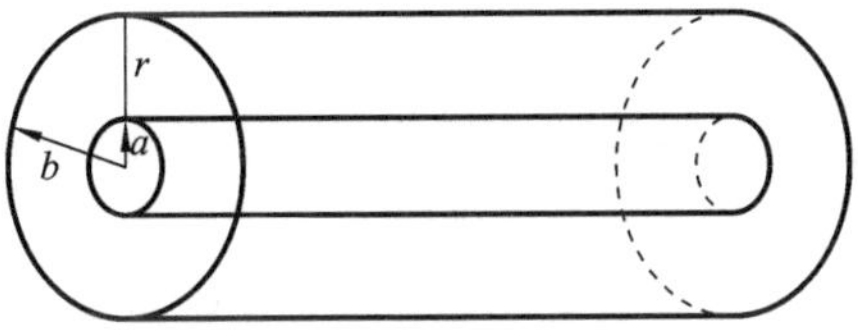

图 2-10 例 2.3 图

解 由于电场强度垂直于导体表面，因此，同轴线中电场强度方向沿径向方向。又因结构对称，所以可以应用高斯定律。设内导体单位长度内的电荷为 q，围绕内导体作一个单位长度圆柱，因为电场强度方向与圆柱端面平行，所以圆柱表面作为高斯面 $\boldsymbol{S}$，从而可简化计算，则由式(2.4.1)得

$$\oint\!\!\!\oint_S \boldsymbol{E}\cdot \mathrm{d}\boldsymbol{S} = \iint_{S_{侧}} \boldsymbol{E}\cdot \mathrm{d}\boldsymbol{S} = 2\pi rE = q/\varepsilon_0$$

于是有

$$\boldsymbol{E}=\frac{q}{2\pi\varepsilon_0 r}\boldsymbol{e}_r$$

由此，由图 2-10 可以得到内、外导体之间的电位差为

$$U=\int_a^b \boldsymbol{E}\cdot \mathrm{d}\boldsymbol{r}=\frac{q}{2\pi\varepsilon_0}\int_a^b \frac{1}{r}\mathrm{d}r=\frac{q}{2\pi\varepsilon_0}\ln\frac{b}{a}$$

因此，同轴线单位长度的电容为

$$C=\frac{q}{U}=\frac{2\pi\varepsilon_0}{\ln\dfrac{b}{a}}$$

2.5 电场力做功

设电荷 q 受到的电场力为 $\boldsymbol{F}$，当该电荷在电场力的作用下产生位移 $\mathrm{d}\boldsymbol{l}$ 时，电场力做的功为

$$\mathrm{d}W=\boldsymbol{F}\cdot \mathrm{d}\boldsymbol{l}=q\boldsymbol{E}\cdot \mathrm{d}\boldsymbol{l} \tag{2.5.1}$$

当该电荷由 M 点移动到 N 点时，电场力做的功为 $W=\int_M^N \mathrm{d}W=q\int_M^N \boldsymbol{E}\cdot \mathrm{d}\boldsymbol{l}$。因为静电场中任意两点之间电场强度的线积分与路径无关，因此积分路径可任选。将 $\boldsymbol{E}=-\boldsymbol{\nabla}\Phi$ 代入得

$$W=-q\int_M^N \boldsymbol{\nabla}\Phi\cdot \mathrm{d}\boldsymbol{l}=-q\int_M^N (\boldsymbol{\nabla}\Phi\cdot \boldsymbol{e}_l)\ \mathrm{d}l=-q\int_M^N \frac{\partial\Phi}{\partial l}\mathrm{d}l=q(\Phi_M-\Phi_N) \tag{2.5.2}$$

即

$$\Phi_M - \Phi_N = \frac{W}{q} \tag{2.5.3}$$

式(2.5.3)表明，静电场中 M 点和 N 点之间的电位差等于单位正电荷在电场力作用下沿任一路径由 M 点移动到 N 点时，电场力做的功。当电荷分布在有限区域时，电位值与观察距离成反比，因此无限远处的电位值为零。当 N 点位于无限远处，则有

$$\Phi_M = \frac{W}{q} \tag{2.5.4}$$

即表示静电场中某点的电位，其物理意义是单位正电荷在电场力的作用下，自该点沿任一路径移至无限远处的过程中，电场力做的功。

对于一个导体系统，外部给系统提供的能量 $\mathrm{d}W$ 应等于系统内静电能量的增量 $\mathrm{d}W_e$，再加上电场力做的功，即

$$\mathrm{d}W = \mathrm{d}W_e + f\mathrm{d}g \tag{2.5.5}$$

其中 f 是广义力，$\mathrm{d}g$ 是广义坐标。若 f 是力，则 $\mathrm{d}g$ 是在力的方向上移动的距离；若 f 是力矩，则 $\mathrm{d}g$ 是在力矩的作用下转动的角度。

若各导体电荷不变，$\mathrm{d}q=0$，例如，切断电源，不为系统提供能量，即 $\mathrm{d}W=0$，则容易得出

$$f\mathrm{d}g = -\mathrm{d}W_e \big|_{q=C} \tag{2.5.6}$$

即电场力做功等于静电能减少，由此可求电场力为

$$f = -\frac{\partial W_e}{\partial g}\bigg|_{q=C} \tag{2.5.7}$$

若各导体电位不变，$\mathrm{d}\Phi=0$，例如，断开电源，则电源对导体系统提供的能量为

$$\partial W = \sum_i \Phi_i \partial q_i \tag{2.5.8}$$

进而得到导体系统增加的静电能为

$$\mathrm{d}W_e = \frac{1}{2}\sum_i \Phi_i \mathrm{d}q_i \tag{2.5.9}$$

所以

$$f\mathrm{d}g = \mathrm{d}W - \mathrm{d}W_e = \frac{1}{2}\sum_i \Phi_i \mathrm{d}q_i = \mathrm{d}W_e \tag{2.5.10}$$

电场力为

$$f = \frac{\partial W_e}{\partial g}\bigg|_{\Phi=C} \tag{2.5.11}$$

例 2.4 一平板电容器，极板面积为 S，板间距离为 x，极板间充满空气，两极板间的电压为 U，如图 2-11 所示，求每个极板受的力。

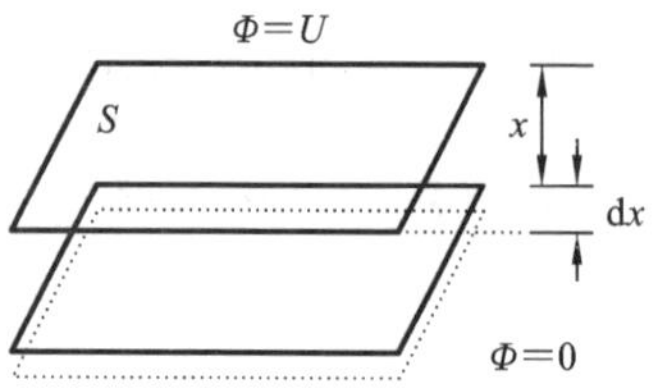

图 2-11 例 2.4 图

解 两极板间的电场强度为 $E=U/x$，能量密度为

$$w_e = \frac{1}{2}\varepsilon E^2$$

两极板间的电场能量为

$$W_e = w_e \cdot S\mathrm{d}x = \frac{\varepsilon U^2 S}{2x}$$

每个极板受的电场力为

$$f=\frac{\partial W_e}{\partial g}\bigg|_{\Phi=C}=-\frac{\varepsilon U^2 S}{2x^2}$$

注意，求解这类问题时，实际上是先假定电容器的极板有一个很小的位移 dx，引起电容器中能量的变化 dW_e，然后求出电场力。所以把这种方法称为虚位移原理。虚位移原理是借用了理论力学中的一个概念来计算电场力。

2.6 恒定电流场

静电场中的导体因静电平衡，内部不可能存在自由电荷，电荷只能分布在导体表面，整个导体系统成为等位体。若将一块导体与电源的两极相连，由于正极和负极间存在电位差，在导体中就会形成电场，迫使自由电子连续不断地定向移动，从而形成电流。如果电源电压不随时间变化而变化，则正、负极间电位差也不随时间变化而变化，则电流强度也不随时间变化而变化，这种电流称为恒定电流。此时导体内、外的电场不随时间变化而变化，这种电场称为恒定电场，导体外部的恒定电场与静电场相似。下面主要讨论导体内部恒定电流（场）的特性。

2.6.1 电流与电流密度

电荷的定向运动形成电流。根据电流的形成机理，电流分为传导电流和运流电流。传导电流是指导体中的自由电子（或空穴）或电解液中的离子运动形成的电流。通常导体中的自由电子处于随机的热运动状态，向各个方向运动的概率均等，自由电子的平均速度为零。当外加电场时，电子在外电场的作用下产生有规则的定向运动，从而形成传导电流。传导电流中的电子（空穴）或离子不断与原子晶格或液体分子碰撞而消耗动能，自由路程很短，因此它们的平均漂移速度很低，如自由电子在导体中只有 10^{-5}～10^{-4} m/s 的漂移速度。

单位时间内穿过某一截面的电荷量称为电流强度，一般用 I 表示，单位为安培（A），简称安，即

$$I=\frac{\mathrm{d}q}{\mathrm{d}t} \tag{2.6.1}$$

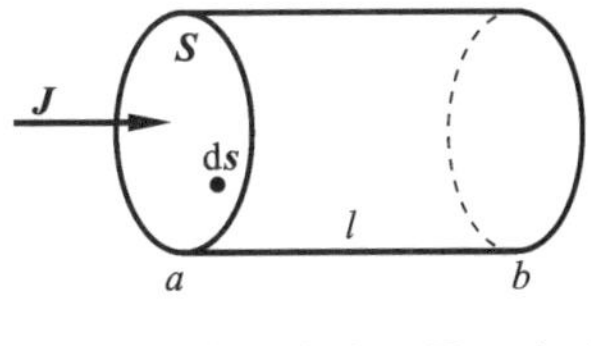

图 2-12 电流密度矢量 J 穿过有向截面 S

如图 2-12 所示，不管导体截面的大小如何，通过同一封闭路径的任一截面上的电流强度相等。为了衡量电流的分布特性，引入电流密度这个概念。电流密度是矢量，用 $\boldsymbol{J}$ 表示。电流密度的方向为正电荷的运动方向，其大小为单位时间内垂直穿过单位面积的电荷。电流密度的单位是 A/m^2。因此，穿过有向面元 d$\boldsymbol{S}$ 的电流 dI 与电流密度 $\boldsymbol{J}$ 的关系为

$$\mathrm{d}I=\boldsymbol{J}\cdot\mathrm{d}\boldsymbol{S} \tag{2.6.2}$$

所以，穿过有向截面 $\boldsymbol{S}$ 的电流 I 为

$$I=\iint_S \boldsymbol{J}\cdot\mathrm{d}\boldsymbol{S} \tag{2.6.3}$$

式(2.6.3)表明，穿过截面 $\boldsymbol{S}$ 的电流强度就是穿过该截面电流密度的通量。

对于大多数导体，在外接电源作用下，导体中某点的传导电流密度 $\boldsymbol{J}$ 与该点的电场

强度 $\boldsymbol{E}$ 成正比，即

$$\boldsymbol{J}=\sigma\boldsymbol{E} \tag{2.6.4}$$

式中，σ 称为电导率，单位为西门子/米(S/m)。式(2.6.4)为欧姆定律的微分形式。详细的说明将在 2.6.4 节中进行。

运流电流的电流密度不与电场强度成正比，而且电流密度的方向与电场强度的方向也可能不同。可以证明

$$\boldsymbol{J}=\rho\boldsymbol{v} \tag{2.6.5}$$

式中，ρ 为电荷密度，$\boldsymbol{v}$ 为电荷运动速度。

2.6.2 电源电动势

简单的电源电动势电路如图 2-13 所示。在电源的外部，正电荷在电场力作用下从电源的正极出发，经过外电路和负载到达负极。为了维持电路中的恒定电流，必须把正电荷经电源内部搬运到正极，在这个过程中需要克服电场力做功，这种做功的力只能是非静电力。电源的作用就是提供这种非静电力，如化学力、感应电场力等。

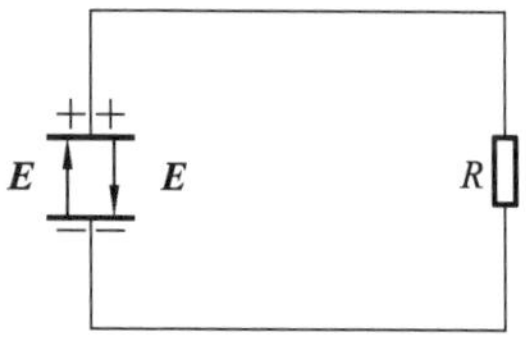

图 2-13 电源电动势电路

电源开路时，在电源内部非静电力作用下，正电荷不断地移向正极板，负电荷不断地移向负极板，极板上的电荷在电源中形成电场 $\boldsymbol{E}$，其方向由正极板指向负极板。极板上电荷产生的电场力阻止电荷移动，到该电场力等于非静电力时，电荷停止运动，极板上的电荷也就保持恒定。电源中的非静电力表现为对电荷的作用力，因此可以用等效外电场 $\boldsymbol{E}'$ 来表示它。也即当 $\boldsymbol{E}=-\boldsymbol{E}'$ 时，电荷运动停止。

如图 2-13 所示，若外源的极板之间接上导体组成一个闭合回路时，正极板上的正电荷通过导体移向负极板，负极板上的负电荷通过导电移向正极板，导致 $|\boldsymbol{E}|<|\boldsymbol{E}'|$，外电场又使电源内的电荷再次移动。极板上的电荷通过导体不断流失，电源又不断地向极板补充新电荷，从而维持连续不断的传导电流，达到动态平衡时，在电源内部保持 $\boldsymbol{E}'=-\boldsymbol{E}$，在包括电源及导体的整个回路中维持恒定的电流场。极板上的电荷是一个动态平衡，它们是在不断地更替中保持分布特性不变，因此，这种电荷称为驻立电荷。外电场由负极板到正极板的线积分称为电源的电动势，以 e 表示，即

$$e=\int_l \boldsymbol{E}'\cdot \mathrm{d}\boldsymbol{l} \tag{2.6.6}$$

式中，$\boldsymbol{E}'$ 是单位正电荷受的非静电力，称为非静电场强。

2.6.3 恒定电流场的基本方程

驻立电荷产生的恒定电场与静止电荷产生的静电场一样，也是一种保守场，因此式(2.2.2)同样成立。考虑到式(2.6.4)，则有

$$\oint_l \frac{\boldsymbol{J}}{\sigma}\cdot \mathrm{d}\boldsymbol{l}=0 \tag{2.6.7}$$

对于均匀导电介质，则有

$$\oint_l \boldsymbol{J} \cdot \mathrm{d}\boldsymbol{l} = 0 \tag{2.6.8}$$

根据旋度定理则有

$$\nabla \times \frac{\boldsymbol{J}}{\sigma} = \boldsymbol{0} \tag{2.6.9}$$

$$\nabla \times \boldsymbol{J} = \boldsymbol{0} \tag{2.6.10}$$

可见,在均匀导电介质中,恒定电流场是无旋的。

设电荷的体密度为 ρ,则空间体积 V 中的电荷为 $q = \int \rho \, \mathrm{d}V$,按照电流强度的定义 $I = \frac{\partial q}{\partial t}$ 有

$$\oint \boldsymbol{J} \cdot \mathrm{d}\boldsymbol{S} = -\frac{\partial q}{\partial t} = -\int \frac{\partial \rho}{\partial t} \mathrm{d}V \tag{2.6.11}$$

对封闭面内的导体,在单位时间内流出任意封闭曲面的电流强度等于该曲面所包含的体积内电荷的减少量。因恒定电流场的电荷分布与时间无关,可得

$$\oint \boldsymbol{J} \cdot \mathrm{d}\boldsymbol{S} = 0 \tag{2.6.12}$$

电流密度通过任一封闭面的通量为零,可见电流线是连续封闭的,这一特性称为电流的连续性原理。对于直流电路(恒定电流场)或低频电路(电路的尺寸远远小于波长),作一个封闭曲面包围一个电路节点,总电流之和可以写为

$$\sum_k I_k = 0 \tag{2.6.13}$$

即为电路理论中的基尔霍夫电流定律,如图 2-14 所示。

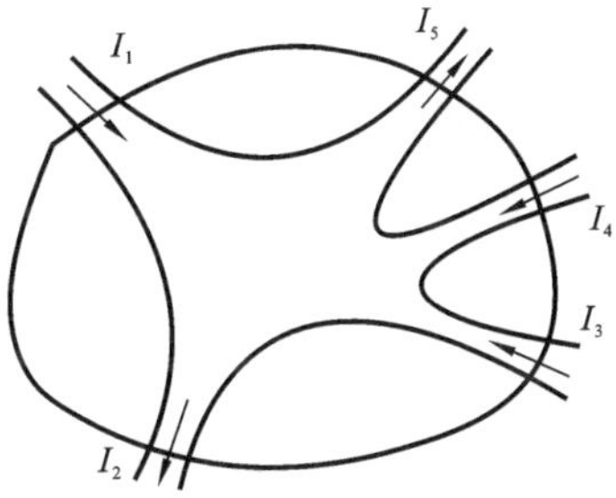

图 2-14 基尔霍夫电流定律

根据散度定理,由式(2.6.11)得

$$\nabla \cdot \boldsymbol{J} = -\frac{\partial \rho}{\partial t} \tag{2.6.14}$$

这是在电源内部电荷守恒定律的微分形式。对于恒定电流场,则有

$$\nabla \cdot \boldsymbol{J} = 0 \tag{2.6.15}$$

2.6.4 电阻和欧姆定律

对于部分横截面均匀的导体,对电流产生阻碍,称为电阻,一般表达式为

$$R = \rho \frac{l}{S} = \frac{l}{\sigma S} \tag{2.6.16}$$

式中,ρ 是导体的电阻率,σ 是电导率,l 是导体的长度,S 是横截面积。对于横截面不均匀的导电结构,如图 2-15 所示,其电阻的表达式为

$$\mathrm{d}R = \rho \frac{\mathrm{d}l}{S} \tag{2.6.17}$$

$$R = \int_l \rho \frac{\mathrm{d}l}{S} = \int_l \frac{\mathrm{d}l}{\sigma S} \tag{2.6.18}$$

导体的电导是电阻的倒数,表达式为

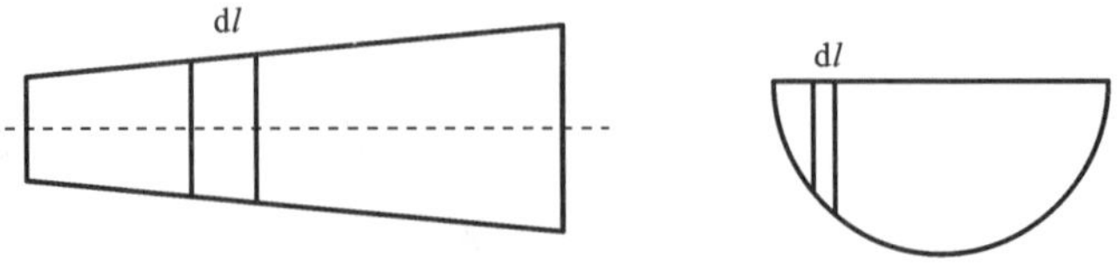

(a)　　(b)

图 2-15　横截面不均匀的导体结构

$$G=\frac{1}{R} \tag{2.6.19}$$

常见材料的电阻率和电导率如表 2-1 所示。

表 2-1　常见材料的电阻率和电导率

材料		$\rho/(\Omega\cdot m)$	$\sigma/(S\cdot m^{-1})$	材料		$\rho/(\Omega\cdot m)$	$\sigma/(S\cdot m^{-1})$
导体	银	1.49×10^{-8}	6.17×10^{7}	半导体	锗	0.42	2.38
	铜	1.72×10^{-8}	5.8×10^{7}		硅	2.6×10^{3}	2.52×10^{-4}
	金	2.44×10^{-8}	4.10×10^{7}	绝缘体	蜡	1×10^{11}	1×10^{-11}
	铝	2.61×10^{-8}	3.82×10^{7}		聚乙烯	1×10^{13}	1×10^{-19}
	黄铜	6.37×10^{-8}	1.57×10^{7}		石英	1×10^{17}	1×10^{-17}
	铁	10^{-7}	1.00×10^{7}		橡胶	1×10^{15}	5×10^{-13}
	钨	5.49×10^{-8}	1.82×10^{7}		瓷	5×10^{12}	2×10^{-13}
	石墨	3.5×10^{-5}	2.86×10^{7}		玻璃	1×10^{12}	—

欧姆定律的积分形式为

$$I=\frac{U}{R} \tag{2.6.20}$$

适用于一段导体，式(2.6.20)中 $I=\iint_S \boldsymbol{J}\cdot d\boldsymbol{S}$，$U=\int_l \boldsymbol{E}\cdot d\boldsymbol{l}$，$R=\int_l \rho\frac{dl}{S}$。

电导率的取值越大，表明导体的导电能力越强。电导率为无限大的导体称为**理想导电体**，在理想导电体中不可能存在恒定电场，否则将会产生无限大的电流，从而产生无限大的能量。但是，任何能量都是有限的。电导率为零的介质，不具有导电能力，这种介质称为**理想介质**。无论理想导电体还是理想介质，实际中都不存在。当金属的电导率很高时，可近似当作理想导电体。对于电导率极低的绝缘体，可近似为理想介质。

电功率(焦耳定律)的积分形式为

$$P=I^2R \tag{2.6.21}$$

式中，P，I 和 R 都是积分量。按照库仑定律可以推导焦耳定律的微分形式。设导体单位体积内有 N 个自由电荷，平均漂移速度为 $\boldsymbol{v}$，则体电流密度可以写为

$$\boldsymbol{J}=\rho\boldsymbol{v}=Nq\boldsymbol{v} \tag{2.6.22}$$

式中，q 是每个电荷的电量。每个电荷受的力(库伦力)为

$$\boldsymbol{f}=q\boldsymbol{E} \tag{2.6.23}$$

时间间隔为 dt，电场力对 dV 内所有电荷所做的功为

$$dW=\boldsymbol{f}\cdot d\boldsymbol{l}=(NdV)(q\boldsymbol{E}\cdot\boldsymbol{v}dt)=\boldsymbol{J}\cdot\boldsymbol{E}dVdt \tag{2.6.24}$$

电场对所有电荷所做的功对应的功率表示为

$$\mathrm{d}P=\frac{\mathrm{d}W}{\mathrm{d}t}=\boldsymbol{J}\cdot\boldsymbol{E}\mathrm{d}V \tag{2.6.25}$$

考虑式(2.6.4)，电场做功过程中在微小空间变化所产生的功率密度为

$$p=\frac{\mathrm{d}P}{\mathrm{d}V}=\boldsymbol{J}\cdot\boldsymbol{E}=\sigma E^2 \tag{2.6.26}$$

式(2.6.26)称为焦耳定律的微分形式。

2.6.5 弛豫时间

导体两端接到电源上时，电源极板上的电荷会进入导体内部形成电流，导体内部体电荷密度不为零。在恒定电源的作用下，导体内部形成恒定电流场和恒定电场，此时只在电源极板与导体表面存在驻立电荷，导体内部体电荷密度为零。导体内部从刚接通电源时的体电荷密度不为零到变化为零，这个过程需要一定的时间，不过这个时间很短。考虑电荷守恒定律式(2.6.14)以及式(2.6.4)，可以得到

$$\frac{\partial\rho}{\partial t}=-\nabla\cdot\boldsymbol{J}=-\sigma\nabla\cdot\boldsymbol{E}=-\frac{\sigma}{\varepsilon}\rho \tag{2.6.27}$$

式(2.6.27)为一阶齐次常系数微分方程，整理为

$$\frac{\partial\rho}{\partial t}+\frac{\sigma}{\varepsilon}\rho=0$$

可解出

$$\rho=\rho_0\mathrm{e}^{-\frac{\sigma}{\varepsilon}t}=\rho_0\mathrm{e}^{-\frac{t}{\tau}} \tag{2.6.28}$$

式中，$\tau=\varepsilon/\sigma$ 称为弛豫时间，表示导体内体电荷密度 ρ 衰减的速度，经过时间 τ，电荷密度达到

$$\rho=\rho_0\mathrm{e}^{-1}=\frac{\rho_0}{\mathrm{e}} \tag{2.6.29}$$

即导体内体电荷密度 ρ 衰减到 $t=0$ 时刻的 1/e。例如，对于铜 $\sigma=5.8\times10^7$ S/m，可以算出 $\tau\approx10^{-19}$ s。

例 2.5 如图 2-16 所示，同轴线的内、外半径分别为 a 和 b，填充的介质 $\sigma\neq0$，有漏电现象。同轴线外加电压为 U，求漏电介质内的电位分布 Φ、电场强度 $\boldsymbol{E}$、电流密度 $\boldsymbol{J}$ 以及单位长度上的漏电电导和单位长度上的电容。

解 同轴线的内、外导体中有轴向流动的电流，由 $\boldsymbol{J}=\sigma\boldsymbol{E}$ 可知，对于导体构成的同轴线，$\sigma\rightarrow\infty$，所以导体内的轴向电场 E_z 很小。其次内、外导体表面有面电荷分布，内导体表面为正的面电荷，外导体内表面为负的面电荷，它们是电源充电时扩散而稳定分布在导体表面的，故在漏电介质中存在径向电场分量 E_r。设内、外导体是理想导体，则 $E_z=0$，内、外导体表面是等位面，在柱坐标系中，漏电介质中的电位与轴向以及角度没有关系，只是 r 的函数，满足方程

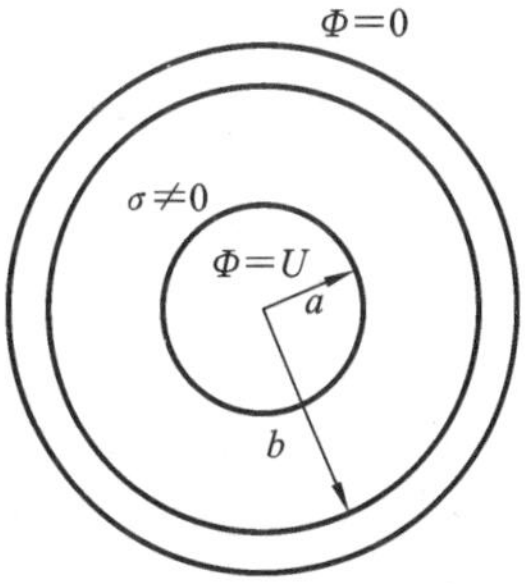

图 2-16 例 2.5 图

$$\frac{1}{r}\frac{\mathrm{d}}{\mathrm{d}r}\left(r\frac{\mathrm{d}\Phi}{\mathrm{d}r}\right)=0$$

由于边界条件要求满足当 $r=a$ 时，$\Phi=U$，当 $r=b$ 时，$\Phi=0$，可采用直接积分法

解出

$$\Phi(r)=\frac{U}{\ln\frac{b}{a}}\cdot\ln\frac{b}{r}$$

电场强度为

$$\boldsymbol{E}(\boldsymbol{r})=-\boldsymbol{e}_r\frac{\mathrm{d}\Phi}{\mathrm{d}r}=\boldsymbol{e}_r\frac{U}{r\ln\frac{b}{a}}$$

漏电介质中的电流密度为

$$\boldsymbol{J}=\sigma\boldsymbol{E}=\boldsymbol{e}_r\frac{\sigma U}{r\ln\frac{b}{a}}$$

同轴线内单位长度的漏电流为

$$I_0=2\pi r\cdot 1\cdot\frac{\sigma U}{r\ln\frac{b}{a}}=\frac{2\pi\sigma U}{\ln\frac{b}{a}}$$

单位长度的漏电导为

$$G_0=\frac{I_0}{U}=\frac{2\pi\sigma}{\ln\frac{b}{a}}$$

假设漏电介质的介电常数为 ε，则内导体表面上的面电荷密度为

$$\rho_S=\varepsilon E_r=\frac{\varepsilon U}{a\ln\frac{b}{a}}$$

所以单位长度上的电荷量为

$$\rho_l=2\pi a\cdot 1\cdot\rho_S=\frac{2\pi\varepsilon U}{\ln\frac{b}{a}}$$

单位长度上的电容量为

$$C_0=\frac{\rho_l}{U}=\frac{2\pi\varepsilon}{\ln\frac{b}{a}}$$

本题还有另一种解法，求解步骤是：通过先求在单位长度同轴线上的漏电阻 R_0，由此得到单位长度的漏电导 G_0，进而得到同轴线上的传导电流 I_0，由电流 I_0 很容易得到同轴线上的电流密度 $\boldsymbol{J}$，再由式(2.6.4)求解出同轴线上的电场强度 $\boldsymbol{E}$，如果得到的电场强度 $\boldsymbol{E}$ 是无旋场，最后可以利用电位定义式(2.3.4)来积分求解出电位 Φ_0。

2.7 真空中的恒定磁场

地球是一个磁体，表面具有磁场，在我国古代，人们用磁铁做成指南针。通电导体的周围也产生磁场。1822 年，安培提出了分子电流假说，揭示了一切磁现象都起源于电荷的运动。

2.7.1 恒定磁场的物理量

恒定磁场包括两个基本的物理量，分别是磁感应强度和磁场强度。磁感应强度以

符号 $\boldsymbol{B}$ 表示,单位为特斯拉(T)。实验表明,运动电荷在恒定磁场中受到磁场力的作用。磁场力的方向始终与电荷的运动方向垂直,磁场力的大小不仅与电荷量及运动速度有关,还与电荷的运动方向有关,即

$$\boldsymbol{F}=q\boldsymbol{v}\times\boldsymbol{B} \tag{2.7.1}$$

式中,$\boldsymbol{F}$ 表示磁场对电荷的作用力,$\boldsymbol{v}$ 表示电荷的运动速度,q 为电荷量。式(2.7.1)可作为磁通密度 $\boldsymbol{B}$ 的定义式,通过某一有向曲面的通量称为磁通,用符号 Ψ 表示,即

$$\Psi=\iint_S \boldsymbol{B}\cdot\mathrm{d}\boldsymbol{S} \tag{2.7.2}$$

磁通的单位为韦伯(Wb),1 T=1 Wb/m^2。与电场线的特点一样,磁通密度也可以用一组有向曲线来表示,曲线的疏密程度可表示磁通密度的大小,曲线上某点的切线方向则表示磁通密度矢量的方向,这样一组有向曲线称为磁通线,其矢量方程为

$$\boldsymbol{B}\times\mathrm{d}\boldsymbol{l}=\boldsymbol{0} \tag{2.7.3}$$

磁场强度是恒定磁场的另一个场变量,以符号 $\boldsymbol{H}$ 表示,单位为安培/米(A/m)。在无界真空中,磁通密度与磁场强度的关系式为

$$\boldsymbol{B}=\mu_0\boldsymbol{H} \tag{2.7.4}$$

式中,$\mu_0=4\pi\times10^{-7}$ H/m 为真空磁导率。式(2.7.4)称为真空的磁特性方程或本构关系式。有关磁导率的物理意义,将在第 3 章讨论。

2.7.2 毕奥-萨伐尔定律

实验表明,真空中载有恒定电流 I 的导线,其上的每一电流元 $I\mathrm{d}\boldsymbol{l}'$ 产生的磁通密度为

$$\mathrm{d}\boldsymbol{B}=\frac{\mu_0}{4\pi}\frac{I\mathrm{d}\boldsymbol{l}'\times\boldsymbol{e}_R}{R^2} \tag{2.7.5}$$

式中,$R=|\boldsymbol{r}-\boldsymbol{r}'|$ 是电流元与观察点(场点)P 之间的距离,$\boldsymbol{e}_R$ 是由电流元指向 P 点的单位矢量。毕奥-萨伐尔定律示意图如图 2-17 所示。

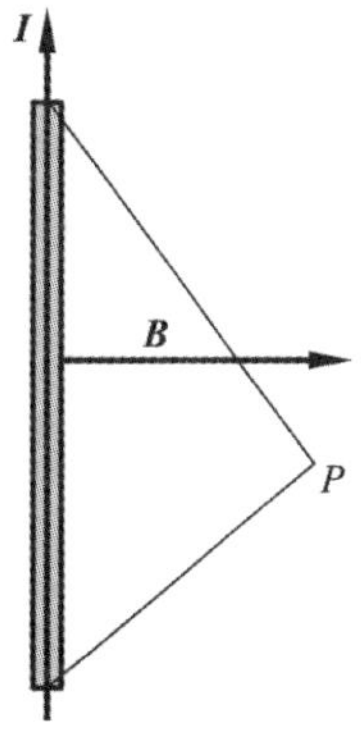

图 2-17 毕奥-萨伐尔定律示意图

由于线电流无密度可言,仅以电流 I 表示,而体电流、面电流与线电流之间的关系为

$$\boldsymbol{J}\mathrm{d}V=\boldsymbol{J}_S\mathrm{d}S=I\mathrm{d}\boldsymbol{l}' \tag{2.7.6}$$

因此,可推导出面电流产生的磁通密度为

$$\boldsymbol{B}=\frac{\mu_0}{4\pi}\iint_{S'}\frac{\boldsymbol{J}_S\mathrm{d}S'\times\boldsymbol{e}_R}{R^2} \tag{2.7.7}$$

体电流产生的磁通密度为

$$\boldsymbol{B}=\frac{\mu_0}{4\pi}\iiint_{V'}\frac{\boldsymbol{J}\mathrm{d}V'\times\boldsymbol{e}_R}{R^2} \tag{2.7.8}$$

2.7.3 磁偶极子

如图 2-18(a)所示,有一半径为 R,载有电流为 I 的细导线圆环,求其轴线上距圆心 O 为 x 处的 P 点的磁感应强度。

在圆环电流顶部处取一电流元 $I\mathrm{d}l$,并由 $I\mathrm{d}l$ 向 P 点引坐标矢量 $\boldsymbol{r}$,由毕奥-萨伐尔定律写出 $I\mathrm{d}l$ 在 P 点产生的磁感应强度大小为

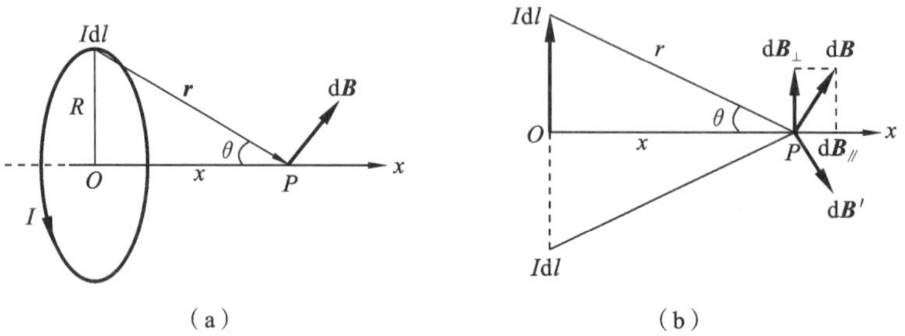

图 2-18 圆环电流轴线上一点 P 处的场强

$$\mathrm{d}\boldsymbol{B}=\frac{\mu_0}{4\pi}\frac{I\mathrm{d}l\sin 90^\circ}{r^2}=\frac{\mu_0}{4\pi}\frac{I\mathrm{d}l}{r^2} \tag{2.7.9}$$

显然，圆环电流上所有电流元在 P 点产生的磁感应强度虽然量值相等，但方向却各不相同，并且以 P 点为顶点按锥面分布。若要计算圆环电流在 P 点的合磁场，必须用矢量积分形式。通常积分时先将电流元产生的 $\mathrm{d}\boldsymbol{B}$ 沿各正交坐标轴方向投影，化矢量积分为标量积分，考虑到圆环电流上各电流元相对轴线对称分布，如图 2-18(b)所示，所有电流元在 P 点产生的磁感应强度 $\mathrm{d}\boldsymbol{B}$ 垂直于轴线的分量 $\mathrm{d}\boldsymbol{B}_\perp$，逐对相互抵消，而平行与轴线的分量 $\mathrm{d}\boldsymbol{B}_{/\!/}$ 互相加强，所以 P 点处的合磁场仅是所有 $\mathrm{d}\boldsymbol{B}_{/\!/}$ 的分量之和，且沿轴线方向，即

$$\boldsymbol{B}=\boldsymbol{B}_{/\!/}=\int \mathrm{d}\boldsymbol{B}_{/\!/}=\int \mathrm{d}\boldsymbol{B}\sin\theta \tag{2.7.10}$$

代入 $\mathrm{d}\boldsymbol{B}$ 和 $\sin\theta=\dfrac{R}{r}$，并考虑对确定的 P 点 r 为常量，于是得

$$B=\int_0^{2\pi R}\frac{\mu_0}{4\pi}\frac{I\mathrm{d}l}{r^2}\frac{R}{r}=\frac{\mu_0 IR^2}{2R^3} \tag{2.7.11}$$

因为 $r^2=x^2+R^2$，$S=\pi R^2$，所以

$$B=\frac{\mu_0 IR^2}{2\,(R^2+x^2)^{3/2}}=\frac{\mu_0 IS}{2\pi\,(R^2+x^2)^{3/2}} \tag{2.7.12}$$

P 点磁感应强度 $\boldsymbol{B}$ 的方向沿 x 正方向，与电流方向满足右手定则。在圆心处，$x=0$，则圆心处的磁感应强度大小为

$$B_0=\frac{\mu_0 I}{2R} \tag{2.7.13}$$

当 $x\gg R$，即 P 点远离圆环电流时，轴线上一点的磁感应强度大小为

$$B=\frac{\mu_0 IR^2}{2x^3}=\frac{\mu_0 IS}{2\pi x^3} \tag{2.7.14}$$

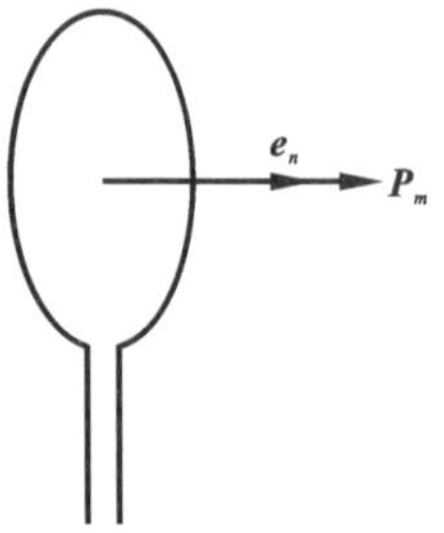

图 2-19 载流平面线圈法线方向的规定

现引入一个磁矩 $\boldsymbol{m}$ 来描述圆环电流的磁性质。定义圆环电流回路的磁矩为

$$\boldsymbol{m}=IS\boldsymbol{e}_n \tag{2.7.15}$$

式中，I 为圆环电流回路中的电流强度，S 为圆环平面的面积，$\boldsymbol{e}_n$ 为回路平面的法线方向，线圈中电流方向和回路方向满足右手定则，如图 2-19 所示的载流平面线圈法线方向的规定。

如果电流回路为 N 匝线圈，则载流线圈总的磁矩为

$$\boldsymbol{P}_m = NIS\boldsymbol{e}_n \tag{2.7.16}$$

当圆环电流的半径很小或讨论远离圆环的磁场分布时，可以看到它与静电场中电偶极子的电场分布非常相似。因而，圆环电流回路可认为是一个磁偶极子，产生的磁场称为偶极磁场。

实际上，原子、质子等基本粒子都具有磁矩。原子、分子的磁矩主要来源于电子绕核运动而形成的等效圆环电流，而电子、质子等基本粒子的磁矩来源于它们的自旋。地球也可看作一个大磁偶极子，其磁矩约为 $8.0\times10^{22}\ \mathrm{A\cdot m^2}$，所以地球磁场也是一个偶极磁场。

2.7.4 恒定磁场的基本方程

真空中恒定磁场的磁通密度满足下列两个方程

$$\oint_S \boldsymbol{B}\cdot \mathrm{d}\boldsymbol{S} = 0 \tag{2.7.17}$$

$$\oint_l \boldsymbol{H}\cdot \mathrm{d}\boldsymbol{l} = \sum I \tag{2.7.18}$$

式(2.7.17)称为恒定磁场的磁通密度连续性方程。它表明真空中恒定磁场的磁通密度穿过任一封闭面的通量为零。也就是说，磁通线是一组没有起点和终点的封闭曲线。式(2.7.18)为安培环路定律，其中 $\sum I$ 表示闭合回路 l 所包围的全部电流。它表明真空中恒定磁场的磁场强度沿任一闭合回路的环量等于该回路包围的所有电流的代数和。

根据散度定理，式(2.7.17)可写作

$$\oint_S \boldsymbol{B}\cdot \mathrm{d}\boldsymbol{S} = \iiint_V \nabla\cdot \boldsymbol{B}\mathrm{d}V = 0 \tag{2.7.19}$$

从而得到磁通密度连续性方程的微分形式

$$\nabla\cdot\boldsymbol{B}=0 \tag{2.7.20}$$

表明真空中恒定磁场的磁通密度的散度处处为零。

根据旋度定理，式(2.7.18)可写作

$$\oint_l \boldsymbol{H}\cdot \mathrm{d}\boldsymbol{l} = \iint_S (\nabla\times\boldsymbol{H})\cdot \mathrm{d}\boldsymbol{S} = \iint_S \boldsymbol{J}\cdot \mathrm{d}\boldsymbol{S} \tag{2.7.21}$$

从而得到安培环路定律的微分形式

$$\nabla\times\boldsymbol{H}=\boldsymbol{J} \tag{2.7.22}$$

表明真空中任一点恒定磁场的磁场强度的旋度等于该点的电流密度。综上所述，真空中的恒定磁场是有旋无散场，恒定磁场的“源”是恒定电流密度矢量 $\boldsymbol{J}$。

2.8 磁位

2.8.1 矢量磁位

1. 矢量磁位的定义

利用恒定磁场的无散度特性式(2.7.20)以及矢量恒等式$\nabla\cdot(\nabla\times\boldsymbol{A})=0$，可把恒定

磁场的磁通密度表示为另一个矢量场的旋度，即

$$\boldsymbol{B}=\nabla\times\boldsymbol{A} \tag{2.8.1}$$

式中，$\boldsymbol{A}$ 称为矢量磁位，单位为特斯拉·米（T·m）或韦伯/米（Wb/m）。需要注意的是，式(2.8.1)定义的 $\boldsymbol{A}$ 不是唯一的。例如，定义另一矢量 $\boldsymbol{A}'=\boldsymbol{A}+\nabla\psi$，其中 ψ 为任一标量函数，则

$$\nabla\times\boldsymbol{A}'=\nabla\times(\boldsymbol{A}+\nabla\psi)=\nabla\times\boldsymbol{A}+\nabla\times(\nabla\psi)=\nabla\times\boldsymbol{A}=\boldsymbol{B} \tag{2.8.2}$$

$\boldsymbol{A}'$同样满足定义式(2.8.1)。显然，对于给定的 $\boldsymbol{B}$，可引入无数个 $\boldsymbol{A}$。这一现象产生的原因是什么呢？根据亥姆霍兹定理，无限空间中的矢量场被其散度和旋度唯一地确定，式(2.8.1)只定义了 $\boldsymbol{A}$ 的旋度，而没有定义散度，所以 $\boldsymbol{A}$ 是不确定的。为了使 $\boldsymbol{A}$ 具有唯一性，在恒定磁场的情形下，规定

$$\nabla\cdot\boldsymbol{A}=0 \tag{2.8.3}$$

此时矢量场 $\boldsymbol{A}$ 就是唯一确定的了。

2. 矢量磁位的微分方程

由真空中恒定磁场的安培环路定律式(2.7.22)以及本构关系式(2.7.4)，可以写出

$$\nabla\times\boldsymbol{B}=\mu_0\boldsymbol{J} \tag{2.8.4}$$

将式(2.8.1)代入式(2.8.4)可得

$$\nabla\times\nabla\times\boldsymbol{A}=\nabla(\nabla\cdot\boldsymbol{A})-\nabla^2\boldsymbol{A}=\mu_0\boldsymbol{J} \tag{2.8.5}$$

应用式(2.8.3)即得

$$\nabla^2\boldsymbol{A}=-\mu_0\boldsymbol{J} \tag{2.8.6}$$

式(2.8.6)称为矢量磁位的泊松方程。对于无源区 $\boldsymbol{J}=\boldsymbol{0}$，有

$$\nabla^2\boldsymbol{A}=\boldsymbol{0} \tag{2.8.7}$$

式(2.8.7)称为矢量磁位的拉普拉斯方程。

3. 微分方程的解

在直角坐标系下，矢量磁位的泊松方程可分解为三个标量方程的形式

$$\begin{cases}\nabla^2 A_x=-\mu_0 J_x\\ \nabla^2 A_y=-\mu_0 J_y\\ \nabla^2 A_z=-\mu_0 J_z\end{cases} \tag{2.8.8}$$

观察发现式(2.8.8)中的三个标量方程与静电场的电位所满足的泊松方程具有相同的形式，因此利用类比法可以直接得出 $\boldsymbol{A}$ 的三个直角坐标系分量的标量泊松方程的解分别为

$$\begin{cases}A_x=\dfrac{\mu_0}{4\pi}\displaystyle\iiint_{V'}\dfrac{J_x\mathrm{d}V'}{R}\\ A_y=\dfrac{\mu_0}{4\pi}\displaystyle\iiint_{V'}\dfrac{J_y\mathrm{d}V'}{R}\\ A_z=\dfrac{\mu_0}{4\pi}\displaystyle\iiint_{V'}\dfrac{J_z\mathrm{d}V'}{R}\end{cases} \tag{2.8.9}$$

进而，得到体电流产生的矢量磁位为

$$\boldsymbol{A}=\frac{\mu_0}{4\pi}\iiint_{V'}\frac{\boldsymbol{J}\mathrm{d}V'}{R} \tag{2.8.10}$$

相应的面电流产生的矢量磁位为

$$\boldsymbol{A}=\frac{\mu_0}{4\pi}\iint_{S'}\frac{\boldsymbol{J}_S\mathrm{d}S'}{R} \tag{2.8.11}$$

线电流产生的矢量磁位为

$$\boldsymbol{A}=\frac{\mu_0}{4\pi}\int_{l'}\frac{I\mathrm{d}\boldsymbol{l}'}{R} \tag{2.8.12}$$

进而得到 $\boldsymbol{B}=\nabla\times\boldsymbol{A}$。由此不难发现，电流元 $I\mathrm{d}\boldsymbol{l}'$ 产生的矢量磁位 $\mathrm{d}\boldsymbol{A}$ 与电流元矢量平行。式(2.8.12)表明，利用 $\boldsymbol{A}$ 可以简化恒定磁场的分析和计算。

2.8.2 标量磁位

1. 标量磁位的定义

在静电场分析中，引入了电位 Φ，便得到电场强度 $\boldsymbol{E}=-\nabla\Phi$。由于 Φ 是标量，因而 Φ 的引入简化了电场的分析、计算。那么，恒定磁场中能不能引入标量磁位呢？根据安培环路定律，恒定磁场是有旋场。在有电流分布的区域，恒定磁场的旋度一般不为零，即

$$\nabla\times\boldsymbol{H}=\boldsymbol{J}\neq\boldsymbol{0} \tag{2.8.13}$$

此时，磁场强度矢量不能表示为标量场的梯度形式。在没有电流分布($\boldsymbol{J}=0$)的区域内

$$\nabla\times\boldsymbol{H}=\boldsymbol{0} \tag{2.8.14}$$

就可以引入标量磁位 Φ_m，根据式(2.8.14)和矢量恒等式 $\nabla\times\nabla\Phi=\boldsymbol{0}$，$\boldsymbol{H}$ 可以写为

$$\boldsymbol{H}=-\nabla\Phi_m \tag{2.8.15}$$

Φ_m 的单位为安培(A)，空间标量磁位相等的各点构成的曲面称为等磁位面，可以用方程 $\Phi_m(x, y, z)=C$ 表示。

2. 标量磁位的微分方程

根据恒定磁场的高斯定律式(2.7.20)及本构关系式(2.7.4)，得到

$$\nabla\cdot\boldsymbol{B}=\nabla\cdot(\mu_0\boldsymbol{H})=0 \tag{2.8.16}$$

将式(2.8.15)代入，得到

$$\nabla\cdot(-\mu_0\nabla\Phi_m)=-\mu_0\nabla^2\Phi_m=0$$

即

$$\nabla^2\Phi_m=0 \tag{2.8.17}$$

可见，标量磁位 Φ_m 满足拉普拉斯方程。根据边界条件求解拉普拉斯方程，便可得到标量磁位。这里再次强调，标量磁位仅适用于无源区。有关标量磁位的拉普拉斯方程所对应的求解方法，将在第 8 章中详细介绍。

2.9 恒定磁场的计算

2.9.1 利用毕奥-萨伐尔定律计算

下面主要介绍关于恒定磁场的几种常用计算方法，通过相应的计算例子来进行说明计算的基本过程。

例 2.6 一根由 a 至 b 的有限长细直导线，垂直于 xOy 平面放置，如图 2-20 所示。

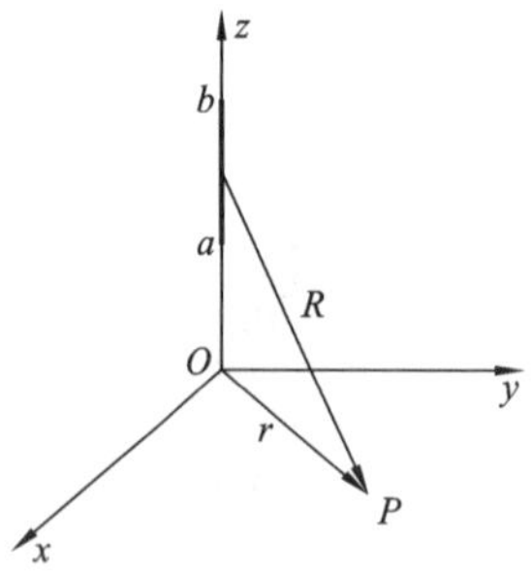

图 2-20 例 2.6 图

已知导线上的电流强度为 I，试求 xOy 平面上的磁通密度。

解 为简化分析过程，不妨令细直导线与 z 轴重合，且电流方向沿 z 轴正方向。显然磁场的分布具有轴对称性，因而采用圆柱坐标系。细直导线上的任一电流元可表示为

$$I\mathrm{d}\boldsymbol{l}'=\boldsymbol{e}_z I\mathrm{d}z'$$

场点 P 与源点的位置矢量可分别表示为

$$\boldsymbol{r}=\boldsymbol{e}_r r,\quad \boldsymbol{r}'=\boldsymbol{e}_z z'$$

因此，源点到场点的距离矢量为

$$\boldsymbol{R}=\boldsymbol{r}-\boldsymbol{r}'=\boldsymbol{e}_r r-\boldsymbol{e}_z z'$$

代入式(2.7.5)，得

$$\begin{aligned}\boldsymbol{B}(\boldsymbol{r}) &= \frac{\mu_0}{4\pi}\int_a^b \frac{\boldsymbol{e}_z I\mathrm{d}z'\times[\boldsymbol{e}_r r-\boldsymbol{e}_z z']}{[r^2+z'^2]^{3/2}} = \boldsymbol{e}_\varphi \frac{\mu_0 I}{4\pi}\int_a^b \frac{r\mathrm{d}z'}{[r^2+z'^2]^{3/2}} \\ &= \boldsymbol{e}_\varphi \frac{\mu_0 I}{4\pi r}\left[\frac{b}{(r^2+b^2)^{1/2}}-\frac{a}{(r^2+a^2)^{1/2}}\right]\end{aligned} \tag{2.9.1}$$

令 $a\to-\infty$，$b\to+\infty$，可得出无限长载流导线所产生的磁通密度为

$$\boldsymbol{B}(\boldsymbol{r})=\boldsymbol{e}_\varphi \frac{\mu_0 I}{2\pi r} \tag{2.9.2}$$

式(2.9.1)和式(2.9.2)可以作为一般结论应用到实际工程计算中。

2.9.2 利用安培环路定理计算

对于具有轴对称或者面对称的问题，通过安培环路定理来计算恒定磁场，这种求解手段更为便捷，并有较大的实际应用意义。

例 2.7 计算电流强度为 I 的无限长细直导线附近的磁场分布。

解 与例 2.6 相同，取圆柱坐标系，并令无限长细直导线与 z 轴重合。此时，磁场只存在 $\boldsymbol{e}_\varphi$ 分量且关于 z 轴对称分布，磁通线是以 z 轴为圆心的一组同心圆；由于细直导线无限长，磁场一定与 z 变量无关，因而只是变量 r 的函数。根据安培环路定律式(2.7.18)，磁场强度沿半径为 r 的磁通线的环量为

$$\oint_l \boldsymbol{H}\cdot\mathrm{d}\boldsymbol{l}=2\pi r H_\varphi=I$$

得到磁场强度为

$$\boldsymbol{H}(\boldsymbol{r})=\boldsymbol{e}_\varphi \frac{I}{2\pi r}$$

由式(2.7.4)可得，磁通密度为

$$\boldsymbol{B}(\boldsymbol{r})=\boldsymbol{e}_\varphi \frac{\mu_0 I}{2\pi r}$$

通过安培环路定律，例 2.7 得到的结果与例 2.6 直接求解的磁通密度一致。

例 2.8 在一个截面形状为矩形的圆环上密绕 N 匝线圈如图 2-21(a)所示，圆环及其截面尺寸如图 2-21(b)所示。若线圈通过的电流强度为 I，试求圆环内的磁通密度和总磁通。

解 由安培环路定律可知，磁场仅存在于圆环内部。在圆柱坐标系下，恒定磁场只存在 $\boldsymbol{e}_\varphi$ 分量，并且只是场点到圆环轴线距离 r 的函数。因此，以轴线为圆心，在垂直于

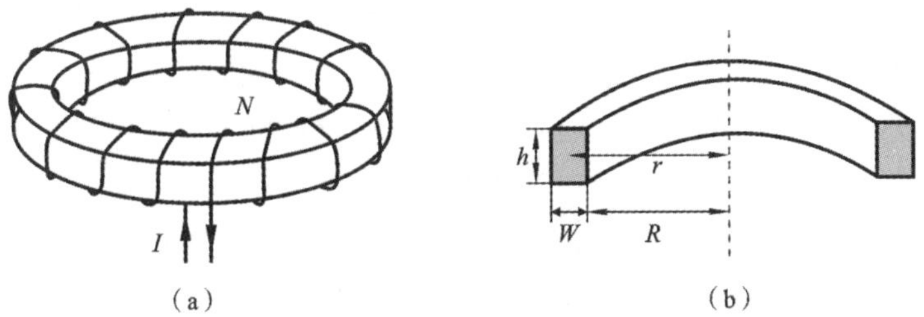

图 2-21 例 2.8 图

轴线的平面内作半径为 r 的圆形积分回路 l，当 l 位于圆环内部时，所包围的总电流为 NI，根据安培环路定律式(2.7.18)得到

$$\oint_l \boldsymbol{H}\cdot \mathrm{d}\boldsymbol{l} = 2\pi r H_\varphi = NI$$

得到磁场强度和磁通密度分别表示为

$$\boldsymbol{H}(\boldsymbol{r})=\boldsymbol{e}_\varphi \frac{NI}{2\pi r},\quad \boldsymbol{B}(\boldsymbol{r})=\boldsymbol{e}_\varphi \frac{\mu_0 NI}{2\pi r}$$

于是得到圆环内部的总磁通量为

$$\Psi = \oiint_S \boldsymbol{B}\cdot \mathrm{d}\boldsymbol{S} = \frac{\mu_0 NI}{2\pi}\int_R^{R+W}\frac{\mathrm{d}r}{r}\int_0^h \mathrm{d}z = \frac{\mu_0 NIh}{2\pi}\ln\frac{R+W}{R}$$

2.9.3 利用矢量磁位计算

在 2.8 节中，已经讨论了矢量磁位与激励源变量具有相同的取向。在某些情况下，已知场源分布，首先求解矢量磁位 $\boldsymbol{A}$，再由 $\boldsymbol{A}$ 来计算磁通密度 $\boldsymbol{B}$，这样能够简化恒定磁场的分析和计算。

例 2.9 如图 2-22 所示，试求半径为 a，电流强度为 I 的线电流圆环产生的磁通密度 $\boldsymbol{B}$。

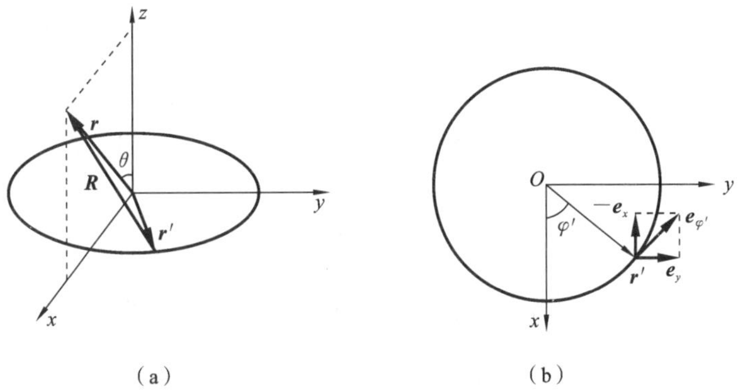

图 2-22 例 2.9 图

解 取圆柱坐标系。如图 2-22(a)所示，将圆环置于 $z=0$ 平面内并令圆环轴线与 z 轴重合。圆环上的任一电流元可表示为

$$I\mathrm{d}l' = \boldsymbol{e}_{\varphi'} Ia\,\mathrm{d}\varphi'$$

由于场源分布具有轴对称性，场量一定与角度 φ 无关，因而可以令所求的场点位于角度 $\varphi=0$ 平面。由图 2-22(b)可知

$$\boldsymbol{e}_{\varphi'}=\boldsymbol{e}_y\cos\varphi'-\boldsymbol{e}_x\sin\varphi'$$

由图 2-22(a)可看到 $\boldsymbol{r}$ 位于 xOz 平面内，于是有

$$\boldsymbol{r}=\boldsymbol{e}_\rho\rho+\boldsymbol{e}_z z=(r\sin\theta)\boldsymbol{e}_x+(r\cos\theta)\boldsymbol{e}_z$$

$$\boldsymbol{r}'=\boldsymbol{e}_\rho a=(a\cos\varphi')\boldsymbol{e}_x+(a\sin\varphi')\boldsymbol{e}_y$$

式中，$\rho=\sqrt{x_0^2+y_0^2}$表示点在 xOy 面上的投影坐标$(x_0,\ y_0)$与原点(0，0，0)之间的距离，$\boldsymbol{e}_\rho$表示圆柱坐标的单位矢量，这里与球坐标 $\boldsymbol{e}_r$ 作区分。因此源点和场点的关系表示为

$$\boldsymbol{R}=\boldsymbol{r}-\boldsymbol{r}'=(r\sin\theta-a\cos\varphi')\boldsymbol{e}_x-(a\sin\varphi')\boldsymbol{e}_y+(r\cos\theta)\boldsymbol{e}_z$$

$\boldsymbol{R}$ 的模表示为

$$R=\sqrt{r^2+a^2-2ar\sin\theta\cos\varphi'}$$

假设 $r\gg a$，利用近似公式

$$(1-x)^{-1/2}\approx 1+\frac{x}{2}$$

可以得到

$$\frac{1}{R}\approx\frac{1}{r}\left(1+\frac{a}{r}\sin\theta\cos\varphi'\right)$$

将上述结果代入式(2.8.12)，得

$$\begin{aligned}\boldsymbol{A}&=\frac{\mu_0}{4\pi}\int_{l'}\frac{I\,\mathrm{d}\boldsymbol{l}'}{R}=\frac{\mu_0 Ia}{4\pi r}\int_0^{2\pi}\frac{1}{r}\left(1+\frac{a}{r}\sin\theta\cos\varphi'\right)(\boldsymbol{e}_y\cos\varphi'-\boldsymbol{e}_x\sin\varphi')\mathrm{d}\varphi'\\&=\boldsymbol{e}_y\frac{\mu_0 Ia^2\sin\theta}{4r^2}\end{aligned}$$

便是场点位于 $\varphi=0$ 平面内时，矢量磁位的表达式。推广到任意场点位置的情况，有

$$\boldsymbol{A}=\boldsymbol{e}_\varphi\frac{\mu_0 Ia^2\sin\theta}{4r^2}\qquad(2.9.3)$$

利用附录 B 中的矢量微分式，得到在球坐标系下的磁通密度为

$$\boldsymbol{B}=\nabla\times\boldsymbol{A}=\frac{\mu_0 Ia^2}{4r^3}(\boldsymbol{e}_r 2\cos\theta+\boldsymbol{e}_\theta\sin\theta)$$

当观察点的距离远大于本例中线电流环的尺寸时，该电流环可视为一个磁偶极子。定义电流环的磁矩 $\boldsymbol{m}=\boldsymbol{e}_z IS$(其中 $S=\pi a^2$ 表示电流环的面积，$\boldsymbol{e}_z$ 指向电流环所在平面的法线方向)，则式(2.9.3)可重写为

$$\boldsymbol{A}=\boldsymbol{e}_\varphi\frac{\mu_0\boldsymbol{m}\times\boldsymbol{r}}{4\pi r^3}\qquad(2.9.4)$$

式(2.9.4)可用来表示磁矩为 $\boldsymbol{m}$，位于坐标原点，取向任意的磁偶极子的矢量磁位。

2.9.4 利用叠加原理计算

对于磁场的计算问题，已知某一位置上的电流大小，通过叠加原理的规则，进行积分求解连续变化的电流所产生的磁场分布。

例 2.10 一条扁平的直导体带，宽为 $2a$，中心线与 z 轴重合，流过电流 I，证明在第一象限内

$$B_x=-\frac{\mu_0 I}{4\pi a}\alpha,\quad B_y=\frac{\mu_0 I}{4\pi a}\ln\frac{r_2}{r_1}$$

式中，α，r_1，r_2如图 2-23 所示。

解 利用微积分的方法求解，把导体带分割成许多条无限长载流直导线，第一象限内 P 点的磁场等于所有这些无限长载流直导线在 P 点产生的磁场的叠加。假设分割出的任意一条无限长载流直导线的宽度为 dx，其上相应的电流为

$$dI=\frac{I}{2a}dx$$

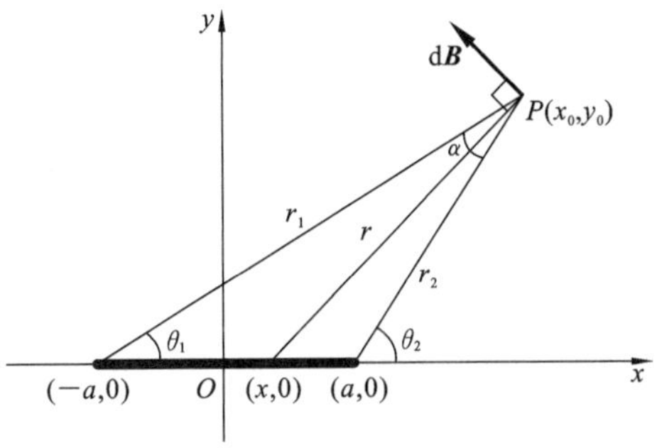

图 2-23 例 2.10 图

由例 2.6 可知，式(2.9.2)表示无限长直线电流产生的磁通密度，因此本例中任意一条分割出的无限长载流直导线在 P 点产生的磁场为

$$d\boldsymbol{B}=\boldsymbol{e}_\varphi\frac{\mu_0 I dx}{4\pi a r}$$

相应的 x 分量为

$$dB_x=d\boldsymbol{B}\cdot\boldsymbol{e}_x=-\frac{\mu_0 I dx}{4\pi a r}\sin\theta \qquad (2.9.5)$$

上式含有三个变量 x，r，θ，需要作一次变量代换，即由

$$\sin\theta=\frac{y_0}{\sqrt{(x_0-x)^2+y_0^2}}$$

对上式进行微分处理，得

$$\cos\theta d\theta=\frac{y_0(x_0-x)dx}{[(x_0-x)^2+y_0^2]^{3/2}}$$

于是容易求解出

$$d\theta=\frac{y_0 dx}{(x_0-x)^2+y_0^2}=\frac{y_0 dx}{r^2}$$

其中 $r^2=(x_0-x)^2+y_0^2$，从而得到

$$dx=\frac{r^2}{y_0}d\theta=\frac{r^2}{r\sin\theta}d\theta=\frac{r}{\sin\theta}d\theta$$

将上式代入式(2.9.5)可得

$$dB_x=-\frac{\mu_0 I}{4\pi a}d\theta$$

通过对上式中的 θ 进行积分处理，得到

$$B_x=-\frac{\mu_0 I}{4\pi a}\int_{\theta_1}^{\theta_2}d\theta=-\frac{\mu_0 I}{4\pi a}(\theta_2-\theta_1)=-\frac{\mu_0 I}{4\pi a}\alpha$$

同理，P 点磁通密度的 y 分量为

$$dB_y=d\boldsymbol{B}\cdot\boldsymbol{e}_y=\frac{\mu_0 I dx}{4\pi a r}\cos\theta \qquad (2.9.6)$$

同样需要作一次变量代换，由 $r^2=(x_0-x)^2+y_0^2$ 得

$$dr=-\frac{(x_0-x)dx}{r}=-\cos\theta dx$$

将上式代入式(2.9.6)可得

$$dB_y = -\frac{\mu_0 I dr}{4\pi a r}$$

对 r 进行积分，得到

$$B_y = -\frac{\mu_0 I}{4\pi a}\int_{r_2}^{r_1}\frac{dr}{r} = \frac{\mu_0 I}{4\pi a}\ln\frac{r_2}{r_1}$$

2.10 磁场力

2.10.1 利用虚位移原理计算磁场力

一个回路在磁场中受到的力，可以根据安培定律来求解。下面讨论两个任意形状的电流回路之间的作用力。已知磁场对于电流元 $Id\boldsymbol{l}$ 的作用力 $\boldsymbol{F}=Id\boldsymbol{l}\times\boldsymbol{B}$，如图 2-24 所示，由回路电流 I_1 产生的磁场 $\boldsymbol{B}_1$ 对于电流元 $I_2 d\boldsymbol{l}$ 的作用力 $d\boldsymbol{F}_{21}$ 为

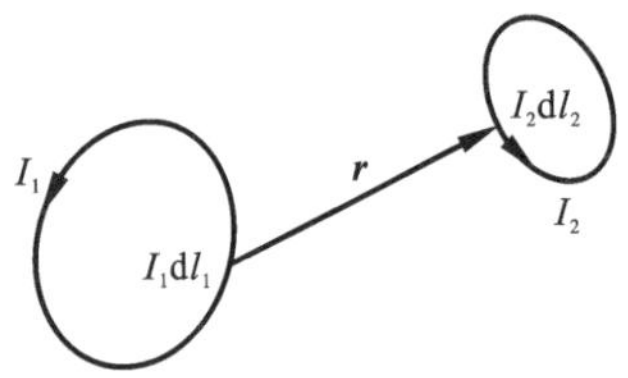

图 2-24 磁场力的计算

$$d\boldsymbol{F}_{21} = I_2 d\boldsymbol{l}_2 \times \boldsymbol{B}_1 \tag{2.10.1}$$

由式(2.7.5)可得，电流 I_1 产生的磁通密度 $\boldsymbol{B}_1$ 为

$$\boldsymbol{B}_1 = \frac{\mu_0}{4\pi}\oint_{l_1}\frac{I_1 d\boldsymbol{l}_1 \times \boldsymbol{e}_r}{r^2} \tag{2.10.2}$$

因此，$\boldsymbol{B}_1$ 对于整个回路电流 I_2 的作用力 $\boldsymbol{F}_{21}$ 为

$$\boldsymbol{F}_{21} = \frac{\mu_0}{4\pi}\oint_{l_2}\oint_{l_1}\frac{I_2 d\boldsymbol{l}_2 \times [I_1 d\boldsymbol{l}_1 \times \boldsymbol{e}_r]}{r^2} \tag{2.10.3}$$

在许多求解磁场力的问题上，利用虚位移原理会更加简便。假设某一个电流回路在磁场力的作用下产生一个虚位移，这时回路中的互感也会产生改变，磁场能量也将随之改变。依据能量守恒定律，从而求出磁场力。假设回路 l_1 在磁场力的作用下产生了一个小位移 $\Delta\boldsymbol{r}$，同时磁场能量增加了 ΔW_m，回路 l_2 不动。下面分两种情况讨论。

1. 磁通不变

当磁通不变时，各个回路中的感应电势为零，所以电源不做功。磁场力做功必须来自磁场能量的减少。如将回路 l_1 受到的磁场力记为 $\boldsymbol{F}$，它做的功为 $\boldsymbol{F}\cdot\Delta\boldsymbol{r}$，所以

$$\boldsymbol{F}\cdot\Delta\boldsymbol{r} = -\Delta W_m \tag{2.10.4}$$

即磁场力的矢量形式表示为

$$\boldsymbol{F} = -\nabla W_m \big|_{\Psi=\text{常数}} \tag{2.10.5}$$

2. 电流不变

当各个回路的电流不变且磁通产生变化时，在各个回路中会产生感应电势，电源做功。在回路产生位移 $\Delta\boldsymbol{r}$ 时，电源做功为

$$\Delta W_h = I_1\Delta\Psi_1 + I_2\Delta\Psi_2 \tag{2.10.6}$$

磁场能量的变化为

$$\Delta W_m = \frac{1}{2}(I_1\Delta\Psi_1 + I_2\Delta\Psi_2) \tag{2.10.7}$$

由能量守恒定律可知，电源做的功等于磁场能量的增量与磁场力对外做功之和，可得

$$\Delta W_h = \Delta W_m + \boldsymbol{F}\cdot\Delta\boldsymbol{r} \tag{2.10.8}$$

故有 $\boldsymbol{F}\cdot\Delta\boldsymbol{r}=\Delta W_m$。因此

$$\boldsymbol{F}=\nabla W_m\big|_{I=\text{常数}} \tag{2.10.9}$$

例 2.11 计算电磁铁的吸引力。设磁铁端面面积为 S,气隙长度为 l,气隙中的磁通密度为 B_0,如图 2-25 所示。

解 由于铁芯可以近似当成理想导磁体,铁芯中的磁场强度 $H=0$,因而铁芯中没有磁能分布。这样,电磁铁产生的磁场能量可以近似地认为仅分布在两个气隙中,因此总磁能 W_m 为

$$W_m=2\left(\frac{1}{2}\frac{B_0^2}{\mu_0}\right)Sl=\frac{B_0^2Sl}{\mu_0}$$

又知气隙中的磁通 $\Phi=B_0S$,代入上式得

$$W_m=\frac{\Phi^2 l}{\mu_0 S}$$

由此可见,为了计算电磁铁的吸引力,将系统当作磁通不变的系统,这更便于求解问题。于是得到磁场力为

$$\boldsymbol{F}=-\nabla W_m\big|_{\Psi=\text{常数}}=-\frac{\Phi^2}{\mu_0 S}=-\frac{B_0^2S}{\mu_0}$$

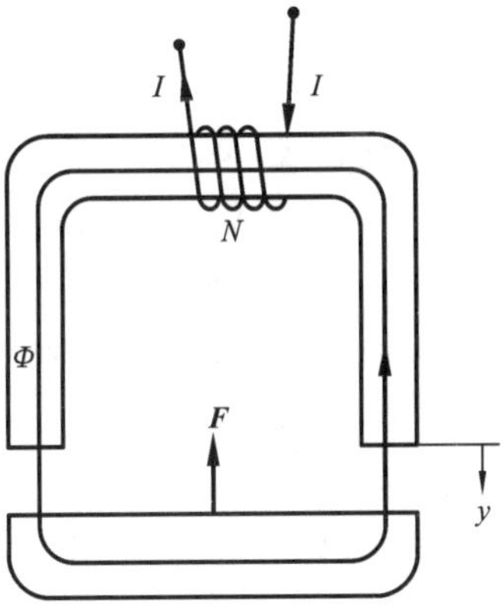

图 2-25 例 2.11 图

式中负号表示 $\boldsymbol{F}$ 为吸引力。上式也表明了,电磁铁的吸引力与磁铁的横截面面积成正比,也与气隙中的磁通密度的平方成正比。

在早期的控制系统中,常用图 2-25 所示的结构自动接通或切断电路,称为电磁继电器。

2.10.2 洛伦兹力的讨论

另一方面,带电粒子的运动除了受到磁场力的作用,还会受到电场力的作用。这两种共同作用的力统称洛伦兹力,其表达式为

$$\boldsymbol{F}=q\boldsymbol{E}+q\boldsymbol{v}\times\boldsymbol{B} \tag{2.10.10}$$

如图 2-26 所示,若带电粒子 e 射入匀强磁场 $\boldsymbol{B}$ 内,它的速度与磁场间夹角为 $\theta(0<\theta<\pi/2)$,这个粒子将作等距螺旋线运动。洛伦兹力既适用于宏观电荷,也适用于微观电荷。电流元在磁场中所受安培力就是其中运动电荷所受洛伦兹力的宏观表现。导体回路在恒定磁场中运动,使其中磁通量变化而产生的动生电动势也是洛伦兹力的结果,洛伦兹力是产生动生电动势的非静电力。

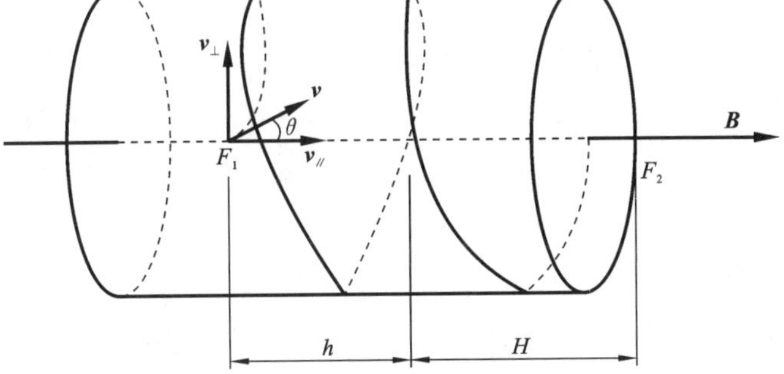

图 2-26 电子运动轨迹

2.11 静态场工程应用实例

静态场自发现至今，科学家对静态场的研究从未停止，从对静电屏蔽的简单应用到现代的静电发电、静电除尘等新技术的开发、利用等。同时，它所带来的危害也日益增多，特别在工程中的影响尤其突出。

1. 静态场的利用

静电植绒：静电植绒是利用电荷同性相斥、异性相吸的物理特性，使绒毛带上负电荷，把需要植绒的物体放在零电位或接地条件下，绒毛受到异电位被植物体吸引，呈垂直状加速飞升到需要植绒的物体表面上，由于被植物体涂有胶粘剂，绒毛就被垂直粘在被植物体上，因此静电植绒是利用电荷的自然特性产生的一种生产新工艺，特点是植绒的花色容易控制。

静电复印：静电复印机的中心部件是一个可以旋转的接地的铝质圆柱体，表面镀一层半导体硒，称为硒鼓。硒鼓上字迹的像是没有光照射的地方，保持着正电荷；其他地方受到了光线的照射，正电荷被导走，这样在硒鼓上留下了字迹的"静电潜像"。显影是带负电的墨粉被带正电的"静电潜像"吸引，并吸附在"静电潜像"上，显出墨粉组成的字迹。再经过转印使带正电的白纸与硒鼓表面墨粉组成的字迹接触，将带负电的墨粉吸到白纸上，墨粉在高温下熔化浸入纸中，形成牢固的字迹。

静电屏蔽：处于静电平衡状态的导体，内部电场强度处处为零。空腔导体(不论是否接地)的内部空间不受外电荷和电场的影响；接地的空腔导体，腔外空间不受腔内电荷和电场影响，这种现象称为静电屏蔽。

永磁吸盘：采用高性能永久磁性材料钕铁硼产生很强的吸力，无须外界供电，体积小、自重轻、吸持力强。可作为造船、工程机械、汽车等行业常温钢板起吊、搬运等作业的起重工具，如吊装过程中与被吊装工件的连接，移动铁板、块和圆柱形导磁材料等。广泛应用在工厂、码头、仓库、交通运输行业中，是一种既安全、节能又高效的新型起重工具。

核磁共振成像：现代医学中一种常见的影像检查方式，利用核磁共振原理对脑、甲状腺、肝、胆、脾、肾、胰、肾上腺、子宫、卵巢、前列腺等实质器官以及心脏和大血管等进行造影成像。与其他检查手段相比，核磁共振具有成像参数多、扫描速度快、组织分辨率高和图像清晰等优点，可帮助医生"看见"不易察觉的早期病变，目前已经成为肿瘤、心脏病及脑血管疾病早期筛查的利器。

回旋加速器：回旋加速器是根据带电粒子在匀强磁场中作匀速圆周运动的周期与速度无关的特点做成的，是高能物理中的重要仪器，为人类探索微观世界开辟了一条新的道路。由加速器加速得到的高能粒子被人们用来生产同位素、产生 X 光、粒子照相、研究原子核、研究基本粒子等。

2. 静态场的危害

静电的产生在工业生产中是不可避免的，其造成的危害主要可归结为以下三种机理。

1) 静电放电

(1) 引起电子设备的故障或误动作，造成电磁干扰。

(2) 击穿集成电路和精密的电子元件,或者促使元件老化,降低生产成品率。

(3) 高压静电放电造成电击,危及人身安全。

(4) 在多易燃、易爆品或有粉尘、油雾的生产场所极易引起爆炸和火灾。

2) 静电引力

(1) 电子工业:吸附灰尘,造成集成电路和半导体元件的污染,大大降低成品率。

(2) 胶片和塑料工业:胶片或薄膜收卷不齐;胶片、CD 塑盘沾染灰尘,影响品质。

(3) 造纸印刷工业:纸张收卷不齐,套印不准,吸污严重,纸张黏结,影响生产。

(4) 纺织工业:造成根丝飘动、缠花断头、纱线纠结等危害。

3) 静磁干扰

(1) 手表放在磁场附近,钢制机芯就会磁化,造成手表走时不准或者停止不走。

(2) 电磁干扰是一种电磁信号干扰另一种电磁信号,降低信号完好性的现象。干扰波又称电子噪声,通常由电磁辐射发生源(如马达和机器)产生。

静态场的危害有目共睹,人们已经开始实施各种程度的防护措施和工程。不断完善的防护工程要依照不同企业和不同作业对象的实际情况,制定相应的对策。防静电、静磁措施应是系统的、全面的,否则可能会事倍功半,甚至造成破坏性的反作用。

2.12 本章小结

在力学研究中,我们把静止和匀速直线运动状态当作平衡运动规律去研究,本质是物体外部作用的合力为 0。在电磁学中,将这种规律进行了延伸。前者之如静电场,后者之如恒定电流和恒定磁场,不过所涉及的内容更加丰富,学习的主线是标量场叠加、矢量场叠加、场的能量和作用力,熟练应用矢量微积分进行计算,解决工程应用问题。

为了便于记忆,我们把静态场涉及的物理量进行了对比,如表 2-2 所示。

表 2-2 电场和磁场的对比

<table>
<tr><th></th><th>定义</th><th>公式</th><th>单位</th><th>方向</th><th>意义</th><th>矢标</th><th>决定因素</th></tr>
<tr><td>电场强度</td><td>检验电荷</td><td>$\boldsymbol{E}=\boldsymbol{F}/q$</td><td>1 N/C=1 V/m</td><td>与正电荷受力同向</td><td>表征电场强弱和方向</td><td rowspan="4">叠加遵循平行四边形定则</td><td>场源电荷及场点位置</td></tr>
<tr><td rowspan="3">磁感应强度</td><td>电流元</td><td>$\boldsymbol{B}=\boldsymbol{F}/IL$</td><td>1 T=1 N/(A·m)</td><td rowspan="3">垂直于磁力与电流元所决定的平面</td><td rowspan="3">表征磁场强弱和方向</td><td rowspan="3">磁体或载流导体及场点位置</td></tr>
<tr><td>运动电荷</td><td>$\boldsymbol{B}=\boldsymbol{F}t/qL$</td><td>1 T=1 N·s/(C·m)</td></tr>
<tr><td>面积元</td><td>$\boldsymbol{B}=\boldsymbol{\Phi}/S_{\perp}$</td><td>1 T=1 Wb/m^2</td></tr>
</table>

本章主要研究了静电场、恒定电流场和恒定磁场的分析方法,介绍工程中常用的电磁场能量以及作用力的计算。最后结合实例说明静态电磁场在工程实践中的应用。通过本章的学习,学生可在掌握静态场基本原理的基础上,熟练运用数学知识进行分析、计算,解决工程应用问题。

学习重点:正确理解静电场、恒定电流场与恒定磁场的概念和性质,静电场、恒定电流场与恒定磁场的基本方程;掌握微分形式的欧姆定律、焦耳定律;正确分析静电场、恒定电流场与恒定磁场的问题。

学习难点：电场强度和电位函数的求解，理解静电场与恒定电流场的关系；掌握磁场强度和磁矢位函数的关系，掌握磁矢位函数的计算和利用磁通密度的矢量积分式计算磁通密度；掌握静电场与恒定磁场的工程应用——电容与电场力的计算。

习 题 2

2.1 如习题 2.1 图所示，一个半径为 a 的半圆环上均匀分布线电荷 ρ_l，求垂直于半圆环平面的轴线 $z=P$ 处的电场强度。

2.2 长度为 L 的线电荷，线电荷密度为常数 ρ_l。

(1) 计算线电荷垂直平分面上的电位函数；

(2) 利用积分法计算垂直平分面上的 $\boldsymbol{E}$，并用 $\boldsymbol{E}=-\nabla\Phi$ 核对。

2.3 电荷均匀分布于两平行的圆柱面间的区域中，体密度为 ρ，两圆柱半径分别为 a 和 b，轴线相距 c，$a+c<b$，如习题 2.3 图所示。求空间各区域的电场强度。

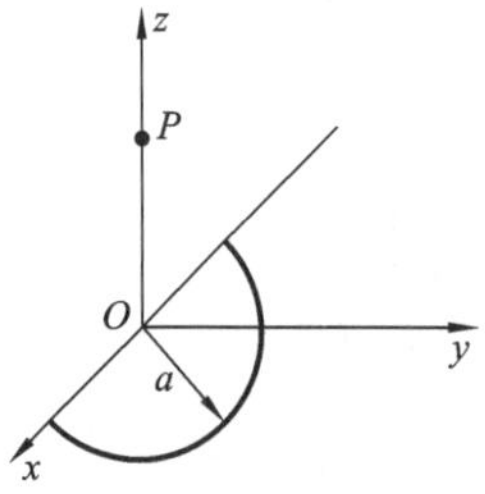

习题 2.1 图

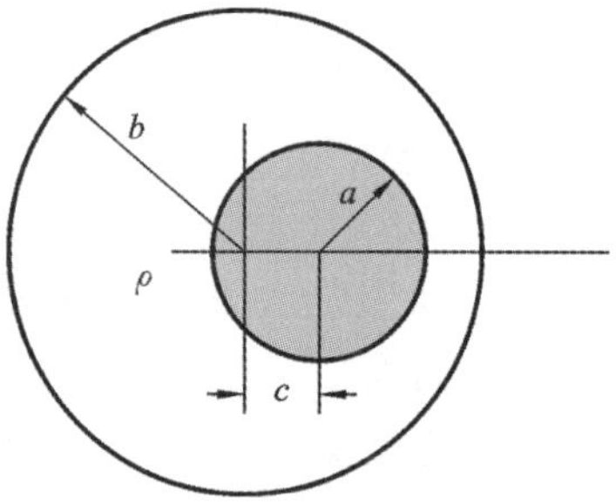

习题 2.3 图

2.4 电荷按体密度 $\rho(r)=\rho_0(1-r^2/a^2)$ 分布于一个半径为 a 的球形区域内，其中 ρ_0 为常数。试计算球内、外的场强和电位。

2.5 已知 $y>0$ 的空间中没有电荷，下列几个函数中哪些可能是电位函数的解：

(1) $e^{y}\cosh x$； (2) $e^{-y}\cos x$；

(3) $e^{-\sqrt{2}y}\sin x\cos x$； (4) $\sin x\sin y\sin z$。

2.6 一个静电屏蔽装置如习题 2.6 图所示，设备 1 不带电，试利用部分电容证明设备 1 与设备 3 之间没有耦合。

2.7 计算在电场强度 $\boldsymbol{E}=\boldsymbol{e}_x y+\boldsymbol{e}_y x$ 的电场中把带电量为 $-2\ \mu\text{C}$ 的点电荷从(2, 1, −1)移到(8, 2, −1)时电场所做的功：

(1) 沿曲线 $x=2y^2$；

(2) 沿连接该两点的直线。

2.8 空气可变电容器，当动片由 0°～180°旋转时，电容量由 25～350 pF 线性地变化，当动片旋转角为 θ 角时，求作用在动片上的力矩(设动片与定片间电压为 400 V)。

2.9 在一块厚为 d 的导体材料板上，由两个半径为 r_1 和 r_2 的圆弧和夹角为 α 的两半径割出的一块扇形体，如习题 2.9 图所示。求：

(1) 沿厚度方向的电阻；

(2) 两圆弧面间的电阻；

(3) 沿 α 方向的电阻。

其中导体材料的电导率为 σ(外加电压时电极的面积与相应电阻的截面相同,电极为理想导体)。

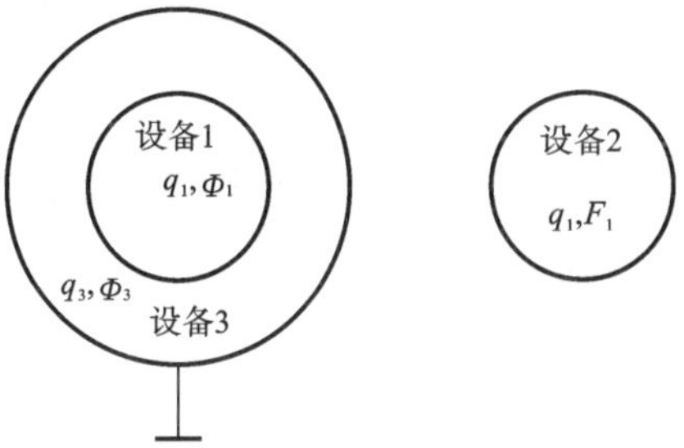

习题 2.6 图

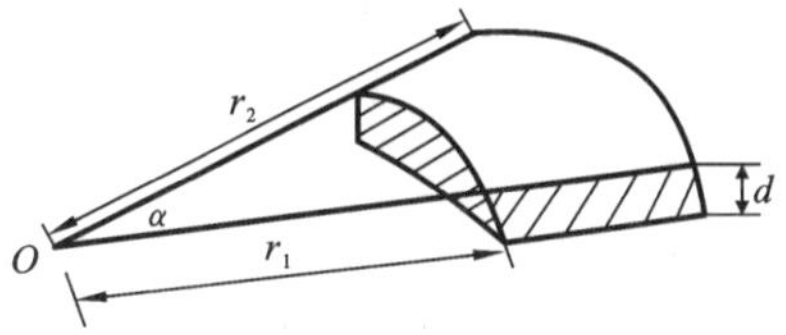

习题 2.9 图

2.10 设同轴线内导体半径为 a,外导体半径为 b,填充介质的电导率为 σ。利用直接积分法计算单位长度同轴线的漏电导。

2.11 如习题 2.11 图所示,半径分别为 a 和 b 的两同心导体球壳之间填充两种导电介质,上半部电导率为 σ_1,下半部电导率为 σ_2,并在两导体球壳之间外加电压 U_0,试求:

(1) 球壳之间的电场强度;

(2) 导电介质中的电流分布;

(3) 球壳电阻器的电阻。

2.12 如习题 2.12 图所示,一个半径为 a 的导体球,作为接地电极深埋于地下,设大地的等效电导率为 σ,求接地电阻。

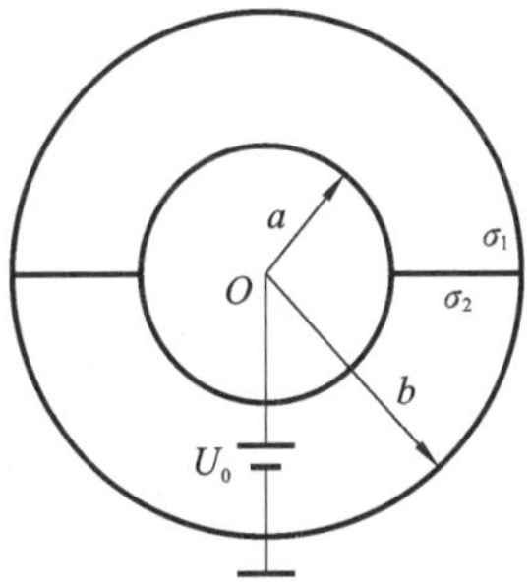

习题 2.11 图

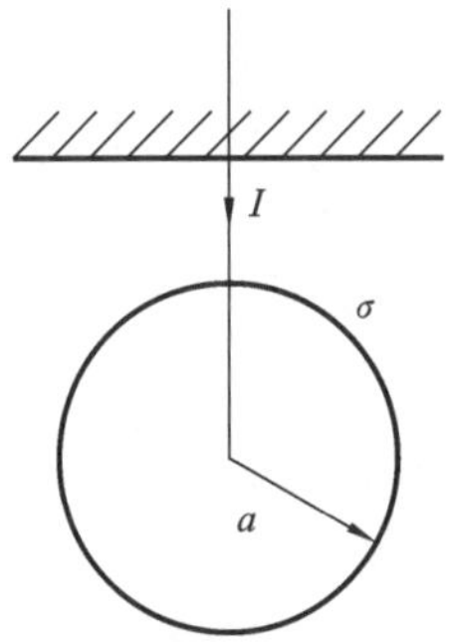

习题 2.12 图

2.13 如习题 2.13 图所示的半球形接地体,如果由接地体流出的电流强度为 I,在离球心 r 远处的电流密度为多少?场强为多少?地面上 A、B 两点(A、B 两点距球心的距离分别为 a,b;同时,$a>R_0$, $b>R_0$)间的跨步电压为多少?

2.14 如习题 2.14 图所示,半球形导体接地电极,半径为 a,大地电导率为 σ。若在接地电极周围半径为 b 的范围内把电导率提高到 σ_1(如灌盐水),求接地电阻。

2.15 一个静电电压表,当两接线端间加有 100 V 电压时,指针偏转了 30°,求每弧度电容量的变化量(设弹簧的扭转常数为 1.5 N·m/rad)。

2.16 在均匀线性各向同性的非磁性导电介质(即 $\mu=\mu_0$)中,当存在恒定电流时,试证磁通密度应满足拉普拉斯方程,即 $\nabla^2\boldsymbol{B}=0$。

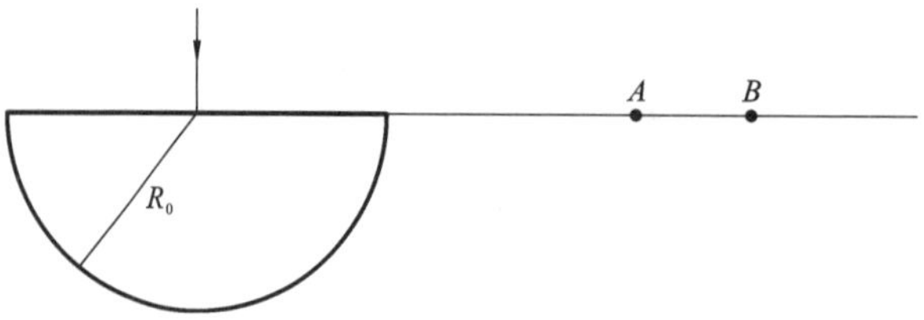

习题 2.13 图

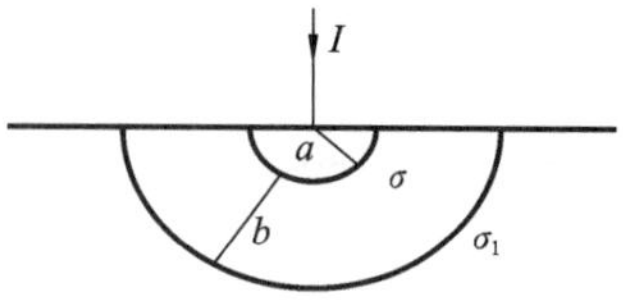

习题 2.14 图

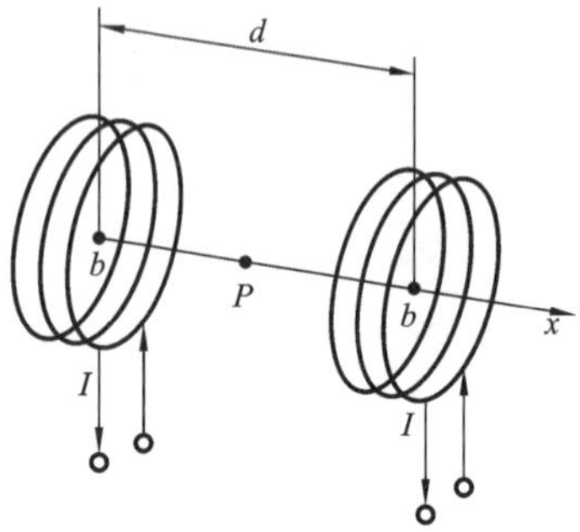

习题 2.17 图

2.17 设两个半径相等的同轴电流环沿 x 轴放置，如习题 2.17 图所示，试证在中点 P 处，磁通密度沿 x 轴的变化率等于零，即 $\frac{\mathrm{d}\boldsymbol{B}}{\mathrm{d}x}=\frac{\mathrm{d}^2\boldsymbol{B}}{\mathrm{d}x^2}=0$。

2.18 当半径为 a 的均匀带电圆盘的面电荷密度为 ρ_S，若圆盘绕其轴线以角速度 ω 旋转，试求轴线上任一点磁通密度。

2.19 已知位于 $y=0$ 平面内的表面电流 $\boldsymbol{J}_S=\boldsymbol{e}_z J_{S0}$，试证磁通密度 $\boldsymbol{B}$ 为

$$\boldsymbol{B}=\begin{cases}-\dfrac{\mu_0 J_{S0}}{2}\boldsymbol{e}_x, & y>0\\ \dfrac{\mu_0 J_{S0}}{2}\boldsymbol{e}_x, & y<0\end{cases}$$

2.20 已知 N 边正多边形的外接圆半径为 a，当通过的电流为 I 时，试证多边形中心的磁通密度为

$$\boldsymbol{B}=\boldsymbol{e}_n\frac{\mu_0 NI}{2\pi a}\tan\frac{\pi}{N}$$

2.21 若无限大的半径为 a 的圆柱体中电流密度分布函数为

$$\boldsymbol{J}=\boldsymbol{e}_z(r^2+4r),\quad r\leqslant a$$

试求圆柱内、外的磁通密度。

2.22 已知两根平行导线中电流分别为 $I_1=10$ A，$I_2=15$ A，线间 $d=10$ cm，试求当电流 I_1 与 I_2 同向和反向时，单位长度导线之间的作用力。

3

电介质和磁介质

本章讨论的介质区别于金属导体，主要指化合物或混合物，它们内部自由电子很少。在电场作用下，电子只能在原子和分子(或原子中的原子核)周围移动。一般认为，不具备导电能力的介质称为绝缘体。如果外加电场很强，介质中的电子可能脱离原子核，成为自由电子，使介质能够导电，这种现象称为介质击穿。导致介质产生击穿的电场强度称为击穿场强。在低于击穿场强的电场作用下，介质会产生极化。极化后的介质中会出现二次电场，使得介质中的静电场与真空中的静电场有所不同。

原子中的电子会绕原子核作轨道运动，从而形成一个闭合的“环路电流”。这种物理模型相当于一个磁偶极子，它具有的磁矩称为轨道磁矩，这个磁矩可以用来度量带电粒子轨道运动产生磁场的能力。除轨道运动外，电子和原子核还绕自身的轴作自旋运动，也可视为磁偶极子，相应的磁矩称为自旋磁矩，用来度量带电粒子自旋运动产生磁场的能力。

在这章中，我们将学习更多关于介质的电磁性质，包括极化、磁化、介质分界面上的静态场的边界条件、电场和磁场能量密度等，进而研究介质的电磁特性方程。最后介绍近几年发展较快的人工电磁介质——超颖材料(metamaterial)。

3.1　电介质的极化

按照物质的电结构原理，一般物质由分子或离子构成，分子和离子由原子构成，原子又由原子核及其周围的电子组成。原子核带正电荷，电子带负电荷，原子核与电子之间存在相互作用力，这种作用力的大小因物质不同而差别很大。导体中外层电子与原子核之间的相互作用力小，在微弱电场作用下，电子就会产生移动，甚至有可能逸出导体之外。因此，导体中的这种电子称为自由电子，所携带的电荷称为自由电荷。导体的导电能力正是这些自由电子所赋予的。

在低于击穿场强的电场作用下，介质内部电荷不会自由运动，这种电荷称为束缚电荷。由于原子核携带的正电荷量等于全部电子携带的负电荷量，因此介质中总的束缚电荷量为零，对外不表现带电效果。在无外加电场时，根据介质中电荷的分布特性，介质分子分为无极分子和有极分子两类。无极分子的正、负电荷中心相互重合，对外产生的合成电场为零。有极分子中正电荷和负电荷的中心不重合，每个分子形成一个电偶极子。电偶极子周围空间中的电场强度大小与电矩成正比，且由正电荷指向负电荷。

这些电偶极子都是杂乱无章的排列,但产生的电矩总和为零,因此对外产生的合成电场也为零。

在静电场的作用下,无极分子中的正电荷沿电场方向移动,负电荷沿逆电场方向移动,使得正电荷和负电荷的中心不再重合,形成很多排列方向大致相同的电偶极子。有极分子中的电偶极子在电场作用力下产生转动,导致各个电偶极子的排列方向大致相同。可见,在电场作用下,介质中束缚电荷产生位移,这种现象称为介质极化。无极分子的极化称为位移极化,有极分子的极化称为取向极化。极化后的介质中电场是外加电场与电偶极子电场的合成。由于电偶极子的电矩方向大致与外加电场一致,因此电偶极子电场方向大致与外加电场的方向相反,这将导致极化后的介质中合成电场总是小于外加电场。为了衡量介质极化程度,引入电极化强度。电极化强度定义为单位体积中电矩的矢量和,以 $\boldsymbol{P}$ 表示,即

$$\boldsymbol{P}=\frac{\sum_{i=1}^{N}\boldsymbol{p}_i}{\Delta V} \tag{3.1.1}$$

式中,$\boldsymbol{p}_i$ 为体积 ΔV 中第 i 个电偶极子的电矩;N 为其中电偶极子的数目。这里 ΔV 应该理解为物理无限小的体积。物理无限小的尺度远大于分子间距,也即远大于介质及场的微观不均匀性范围,同时远小于介质及场的宏观不均匀性范围。所以引入物理无限小即可忽略介质及场的微观不均匀性。

实验结果表明,大多数介质在电场的作用下产生极化时,其电极化强度 $\boldsymbol{P}$ 与介质中的合成电场强度 $\boldsymbol{E}$ 成正比,即

$$\boldsymbol{P}=\varepsilon_0\chi_e\boldsymbol{E} \tag{3.1.2}$$

式中,χ_e 称为电极化率,它是一个正实数。电极化率与电场方向无关,这类介质称为各向同性介质。这类介质的电极化强度与合成的电场强度方向相同,电极化强度的某一坐标分量仅取决于相应电场强度的坐标分量。

产生极化后,介质中出现一些排列方向大致相同的电偶极子,因此介质表面会出现面分布的束缚电荷。还可推知,若介质内部是不均匀的,则极化产生的电偶极子的分布也是不均匀的,这样在介质内部会出现束缚电荷的体分布。这种因极化产生的面分布与体分布的束缚电荷又称为极化电荷。

束缚电荷的面密度 ρ'_S 及体密度 ρ' 与电极化强度 $\boldsymbol{P}$ 的关系为

$$\rho'_S(\boldsymbol{r})=\boldsymbol{P}(\boldsymbol{r})\cdot\boldsymbol{e}_n \tag{3.1.3}$$

$$\rho'(\boldsymbol{r})=-\nabla\cdot\boldsymbol{P}(\boldsymbol{r}) \tag{3.1.4}$$

式中,$\boldsymbol{e}_n$ 为介质表面的外法线方向上的单位矢量。利用散度定理,介质中穿过闭合面 S 的电极化强度的通量与闭合面内束缚电荷 q' 的关系为

$$q'=\iiint_V\rho'\mathrm{d}V=\iiint_V-\nabla\cdot\boldsymbol{P}\mathrm{d}V=-\oint_S\boldsymbol{P}\cdot\mathrm{d}\boldsymbol{S} \tag{3.1.5}$$

介质块表面的总束缚电荷为

$$q'_S=\oint_S\rho'_S\mathrm{d}S=\oint_S\boldsymbol{P}\cdot\boldsymbol{e}_n\mathrm{d}S=\oint_S\boldsymbol{P}\cdot\mathrm{d}\boldsymbol{S} \tag{3.1.6}$$

由此可见,介质内部体分布的束缚电荷与介质块表面的束缚电荷是等值异号的。从电荷守恒定律也可以得到这个结论。

3.2 介质中的静电场方程

介质在电场作用下产生的极化现象可归结为在介质内部出现束缚电荷，因此介质中的静电场可认为是自由电荷与束缚电荷在真空中共同产生的静电场。这样，在介质内部穿过任一闭合面 $\boldsymbol{S}$ 的电场强度的通量为

$$\oint_S \boldsymbol{E} \cdot \mathrm{d}\boldsymbol{S} = \frac{1}{\varepsilon_0}(q + q') \tag{3.2.1}$$

式中，q 为闭合面 $\boldsymbol{S}$ 中的自由电荷；q' 为闭合面 $\boldsymbol{S}$ 中的束缚电荷。将 $q_{\mathrm{p}} = -\oint_S \boldsymbol{P} \cdot \mathrm{d}\boldsymbol{S}$ 代入式(3.2.1)，可得

$$\oint_S (\varepsilon_0 \boldsymbol{E} + \boldsymbol{P}) \cdot \mathrm{d}\boldsymbol{S} = q \tag{3.2.2}$$

定义电位移矢量(又称为电通密度)$\boldsymbol{D}$ 为

$$\boldsymbol{D} = \varepsilon_0 \boldsymbol{E} + \boldsymbol{P} \tag{3.2.3}$$

则得到介质中的高斯定律

$$\oint_S \boldsymbol{D} \cdot \mathrm{d}\boldsymbol{S} = q \tag{3.2.4}$$

由此可以得出介质内部穿过闭合曲面的电位移矢量的通量实际就是闭合曲面所包围的自由电荷，与束缚电荷无关。而介质中束缚电荷的分布特性不易确定，所以在介质中的静电场，一般使用电位移比使用电场强度要方便很多。在静电场作用下，介质中束缚电荷产生的电场也是静电场，这个静电场的电场强度环量仍然为零，即

$$\oint_S \boldsymbol{E} \cdot \mathrm{d}\boldsymbol{l} = 0 \tag{3.2.5}$$

因此，介质中静电场基本方程的积分形式可由式(3.2.4)和式(3.2.5)表示。利用散度定理可得

$$\oint_S \boldsymbol{D} \cdot \mathrm{d}\boldsymbol{S} = \iiint_V (\nabla \cdot \boldsymbol{D})\mathrm{d}V = q = \iiint_V \rho \mathrm{d}V \tag{3.2.6}$$

即

$$\iiint_V (\nabla \cdot \boldsymbol{D} - \rho)\mathrm{d}V = 0 \tag{3.2.7}$$

因式(3.2.7)对任一积分区域都成立，所以被积函数应为零，得

$$\nabla \cdot \boldsymbol{D} = \rho \tag{3.2.8}$$

同样，由式(3.2.5)可以得到

$$\nabla \times \boldsymbol{E} = \boldsymbol{0} \tag{3.2.9}$$

表明介质中某点电位移的散度等于该点自由电荷的体密度，该点电场强度的旋度为 0。由此，静电场基本方程的微分形式可由式(3.2.8)和式(3.2.9)表示。

总的来说，物理概念上的积分形式描述每一条回路和每一个闭合曲面上场量的整体情况；微分形式则描述了各点及其领域的场量变化情况，反映了从一点到另一点场量的变化，从而可以更深刻、更精细地了解场的分布。从数学角度来讲，微分形式便于进行分析和计算。

在各向同性介质中，将电极化强度代入式(3.2.3)中得到

$$\boldsymbol{D}=\varepsilon_0(1+\chi_e)\boldsymbol{E} \tag{3.2.10}$$

定义介质的介电常数为 $\varepsilon=\varepsilon_0(1+\chi_e)$，则有

$$\boldsymbol{D}=\varepsilon\boldsymbol{E} \tag{3.2.11}$$

已知电极化率 χ_e 为正实常数，因此，一切介质的介电常数都大于真空的介电常数。定义相对介电常数 ε_r 为

$$\varepsilon_r=\frac{\varepsilon}{\varepsilon_0}=1+\chi_e \tag{3.2.12}$$

可见任何介质的相对介电常数大于1。

介质中的极化电荷具备什么样的分布特性呢？由式(3.1.4)和式(3.2.10)可得

$$\begin{aligned}\rho'&=-\nabla\cdot\boldsymbol{P}=-\nabla\cdot(\varepsilon_0\chi_e\boldsymbol{E})=-\nabla\cdot\left(\frac{\chi_e}{1+\chi_e}\boldsymbol{D}\right)=-\frac{\chi_e}{1+\chi_e}\nabla\cdot\boldsymbol{D}-\boldsymbol{D}\cdot\nabla\left(\frac{\chi_e}{1+\chi_e}\right)\\&=-\frac{\chi_e}{1+\chi_e}\rho-\boldsymbol{D}\cdot\nabla\left(\frac{\chi_e}{1+\chi_e}\right)\end{aligned} \tag{3.2.13}$$

对于均匀介质，有

$$\nabla\left(\frac{\chi_e}{1+\chi_e}\right)=0 \tag{3.2.14}$$

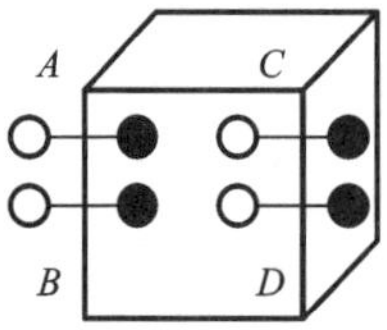

图 3-1 均匀介质内的偶极子分布

具体来说，我们在均匀极化介质中取一个长方体，与极化强度方向垂直。由于极化，使得只有 A、B 所在的左侧面与 C、D 所在的右侧面与偶极子相截，如图3-1所示。而在这两个侧面中，极化强度处处相等。所以在左、右两侧面所截偶极子数目也相等。这说明如果 AB 面所截偶极子把正电荷留在了长方体体内，则 CD 面所截偶极子必定把负电荷留在了长方体体内。从而使得长方体体内的极化电荷为零。只有在非均匀介质或者是有自由电荷存在的区域，才有可能存在极化电荷。

3.3 静电场的边界条件

由于介质的特性不同，引起电场强度或电位移矢量在两种介质的交界面上产生突变，这种变化规律称为场的边界条件。突变情况下，场量的散度和旋度在边界上不存在，电场基本方程的微分式(3.2.8)和式(3.2.9)不再适用，必须使用积分形式的基本方程式(3.2.4)和式(3.2.5)。

1. 切向边界条件

对任意两种介质边界两侧的电场强度，即电场的切向边界条件如图3-2所示。

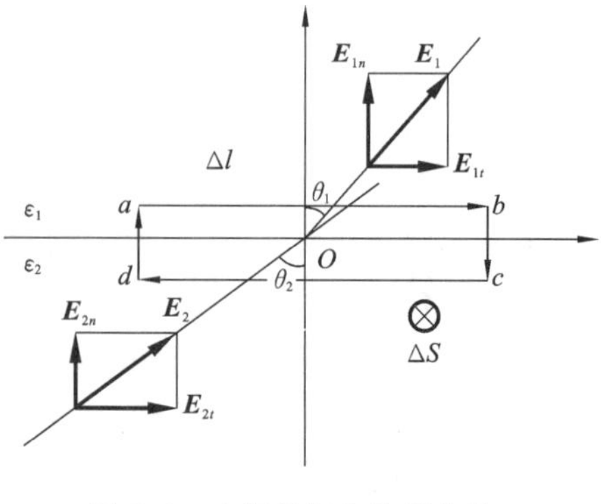

图 3-2 电场的切向边界条件

围绕边界上一点且紧靠边界画一个有向矩形闭合曲线，其长边与边界在该点的切线平

行，长度为 Δl，宽度为 Δh，则电场强度沿此矩形曲线的环量为

$$\oint_l \boldsymbol{E} \cdot \mathrm{d}\boldsymbol{l} = \int_a^b \boldsymbol{E}_1 \cdot \mathrm{d}\boldsymbol{l} + \int_b^c \boldsymbol{E}_{12} \cdot \mathrm{d}\boldsymbol{l} + \int_c^d \boldsymbol{E}_2 \cdot \mathrm{d}\boldsymbol{l} + \int_d^a \boldsymbol{E}_{21} \cdot \mathrm{d}\boldsymbol{l} \tag{3.3.1}$$

式中，$\boldsymbol{E}_{12}$，$\boldsymbol{E}_{21}$ 都表示 $\boldsymbol{E}_1$ 或 $\boldsymbol{E}_2$，具体视情况而定。在边界上，$\Delta h \to 0$，则有

$$\int_b^c \boldsymbol{E}_{12} \cdot \mathrm{d}\boldsymbol{l} + \int_d^a \boldsymbol{E}_{21} \cdot \mathrm{d}\boldsymbol{l} = 0 \tag{3.3.2}$$

为了求边界上该点的场量关系，必须令 Δl 足够短，以使在积分范围内场量是均匀的。于是所求的环量记为

$$\oint_l E \cdot \mathrm{d}\boldsymbol{l} = \int_a^b \boldsymbol{E}_1 \cdot \mathrm{d}\boldsymbol{l} + \int_c^d \boldsymbol{E}_2 \cdot \mathrm{d}\boldsymbol{l} = \int_a^b \boldsymbol{E}_{1t} \cdot \mathrm{d}\boldsymbol{l} + \int_c^d \boldsymbol{E}_{2t} \cdot \mathrm{d}\boldsymbol{l}$$
$$= \boldsymbol{E}_{1t} \Delta \boldsymbol{l} - E_{2t} \Delta \boldsymbol{l} \tag{3.3.3}$$

式中，$\boldsymbol{E}_{1t}$ 和 $\boldsymbol{E}_{2t}$ 分别表示介质 1 和介质 2 中电场强度在边界上该点处的切向分量。由静电场的环量方程知，静电场中电场强度的环量处处为零，由式(3.3.3)可得

$$\boldsymbol{E}_{1t} = \boldsymbol{E}_{2t} \tag{3.3.4}$$

式(3.3.4)表明在两种介质形成的边界两侧，电场强度的切向分量相等，或者说电场强度的切向分量连续。由于上述推导并未涉及边界两侧的介质特性，因此这个结论适用于任何介质。

对于各向同性的线性介质，已知 $\boldsymbol{D} = \varepsilon \boldsymbol{E}$，故有

$$\frac{\boldsymbol{D}_{1t}}{\varepsilon_1} = \frac{\boldsymbol{D}_{2t}}{\varepsilon_2} \tag{3.3.5}$$

表明在两种各向同性的线性介质形成的边界上，电位移的切向分量不连续。

2. 法向边界条件

利用式(3.2.4)可以得到静电场的法向边界条件。如图 3-3 所示，围绕边界上某点画一个扁平的圆柱面，端面的方向与该点的法向平行，高度为 Δh，端面面积为 ΔS。由式(3.2.4)，通过该圆柱面的电通量等于圆柱中包围的自由电荷总量。令 $\Delta h \to 0$，则通过圆柱侧面的电通量为零。面积 ΔS 足够小，以使得积分范围内每种介质中的 $\boldsymbol{D}$ 均匀。上端面在介质 1 内，面法向向上，下端面在介质 2 内，面法向向下，则有

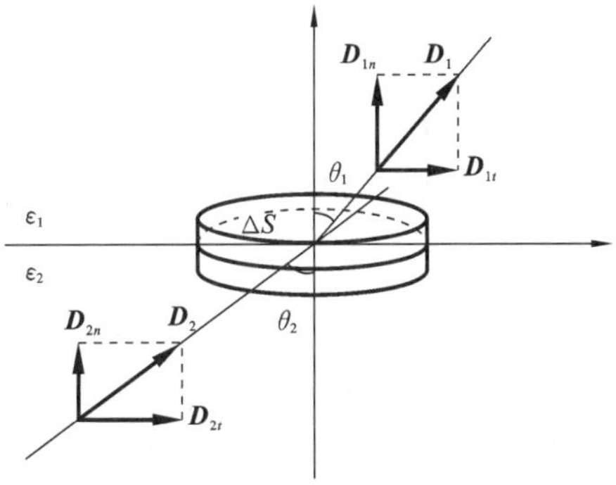

图 3-3 法向边界条件

$$D_{1n} \Delta S - D_{2n} \Delta S = q \tag{3.3.6}$$

式中，D_{1n} 与 D_{2n} 分别代表对应介质中 $\boldsymbol{D}$ 与边界垂直的法向分量的大小。可以求得边界上表面自由电荷的面密度 ρ_S 为

$$\rho_S = \frac{q}{\Delta S} = D_{1n} - D_{2n} \tag{3.3.7}$$

考虑到一般情况下，两种介质形成的边界上通常不可能存在表面自由电荷，因此满足

$$D_{1n} = D_{2n} \tag{3.3.8}$$

表明在两种介质边界上，电通密度的法向分量相等，或者说电通密度的法向分量连续。

对于各向同性的线性介质，由式(3.2.11)得

$$\varepsilon_1 E_{1n} = \varepsilon_2 E_{2n} \tag{3.3.9}$$

表明在两种介质边界上，电场强度的法向分量不连续。这种现象是由于边界上下的介质不同而产生的束缚电荷引起的，正束缚电荷产生新的电场线，而负束缚电荷使电场线终止。

边界上束缚电荷与电场强度、介质特性的关系如何呢？由式(3.2.3)，$\boldsymbol{D}$ 在介质边界上的法向分量为

$$D_n = \varepsilon_0 E_n + P_n \tag{3.3.10}$$

代入式(3.3.8)可得

$$\varepsilon_0 (E_{2n} - E_{1n}) = P_{1n} - P_{2n} \tag{3.3.11}$$

由式(3.2.1)知，介质中穿出闭合曲面的电极化强度的通量等于闭合面内的束缚电荷总量，由式(3.3.7)类比可得

$$\rho'_S = P_{1n} - P_{2n} \tag{3.3.12}$$

故可得边界上束缚电荷的面密度与介电常数、电场强度的关系为

$$\rho'_S = \varepsilon_0 (E_{2n} - E_{1n}) \tag{3.3.13}$$

3. 电场线在介质分界面上的折射

两种介质边界上电场强度切向连续、法向不连续；电位移法向连续、切向不连续。因此边界两侧的 $\boldsymbol{E}$ 线及 $\boldsymbol{D}$ 线的大小及方向均要产生变化。设两种介质中电场线与边界法线的夹角分别为 θ_1 与 θ_2，则有

$$\tan\theta_1 = \frac{E_{1t}}{E_{1n}}, \quad \tan\theta_2 = \frac{E_{2t}}{E_{2n}} \tag{3.3.14}$$

所以

$$\frac{\tan\theta_1}{\tan\theta_2} = \frac{E_{1t}}{E_{1n}} \cdot \frac{E_{2n}}{E_{2t}} = \frac{E_{2n}}{E_{1n}} \tag{3.3.15}$$

利用式(3.3.9)，得

$$\frac{\tan\theta_1}{\tan\theta_2} = \frac{\varepsilon_1}{\varepsilon_2} \tag{3.3.16}$$

一般情况下 $\varepsilon_1 \neq \varepsilon_2$，所以 $\theta_1 \neq \theta_2$，这表明电场线在界面上产生了折射。只要两种介质介电常数不同，两侧的电场线及电通密度线方向均要产生变化。

例 3.1 已知 $y=0$ 的平面为两种介质的分界面，介质 2 一侧的电场强度为

$$\boldsymbol{E}_2 = \boldsymbol{e}_x 10 + \boldsymbol{e}_y 20 \ (\mathrm{V/m})$$

分界面两侧的介电常数分别为 $\varepsilon_1 = 5\varepsilon_0$，$\varepsilon_2 = 3\varepsilon_0$。求 $\boldsymbol{D}_2$，$\boldsymbol{D}_1$ 和 $\boldsymbol{E}_1$。

解 先由 $\boldsymbol{E}_2$ 求出 $\boldsymbol{D}_2$，即

$$\boldsymbol{D}_2 = \varepsilon_2 \boldsymbol{E}_2 = 3\varepsilon_0 (\boldsymbol{e}_x 10 + \boldsymbol{e}_y 20) = \varepsilon_0 (\boldsymbol{e}_x 30 + \boldsymbol{e}_y 60) \ (\mathrm{C/m^2})$$

由题中条件可知，相对于两种电介质的分界面，$\boldsymbol{e}_y$ 分量是法向分量，$\boldsymbol{e}_x$ 分量是切向分量。利用边界条件可得

$$D_{1n} = D_{2n} = 60\varepsilon_0 (\mathrm{C/m^2})$$

$$E_{1t} = E_{2t} = 10 \ (\mathrm{V/m})$$

进而可以求出

$$E_{1n} = \frac{D_{1n}}{\varepsilon_1} = 12 \ (\mathrm{V/m})$$

$$D_{1t}=\varepsilon_1 E_{1t}=50\varepsilon_0 \,(\text{C/m}^2)$$

所以

$$\boldsymbol{D}_1=\varepsilon_0(\boldsymbol{e}_x 50+\boldsymbol{e}_y 60)\ (\text{C/m}^2)$$
$$\boldsymbol{E}_1=\boldsymbol{e}_x 10+\boldsymbol{e}_y 12\ (\text{V/m})$$

3.4 静态电场的能量

1. 电荷系统的能量

一个电荷系统的能量等于在建立该电荷系统的过程中外力搬移这些电荷所做的功。把一个带电体所带的电量无限分割，分割成许多个小电荷元，如图 3-4 所示。

设该物体原来不带电，这些电荷元都是从无穷远处逐渐移到该物体上来的。把第一个电荷元 $\mathrm{d}q_1$ 从无穷远处以匀速直线运动移到该物体上的过程，不需要做功。物体带有电量 $\mathrm{d}q_1$ 后，就建立一个电场，移动第二份电荷 $\mathrm{d}q_2$ 时，就需要克服电场力做功。设在移动电荷过程中的某一时刻，电场中某一点的电位是 $\Phi_i(x, y, z)$，把电荷元 $\mathrm{d}q_i$ 移动到该点需要做的功为

$$\mathrm{d}W=\Phi_i \mathrm{d}q_i \tag{3.4.1}$$

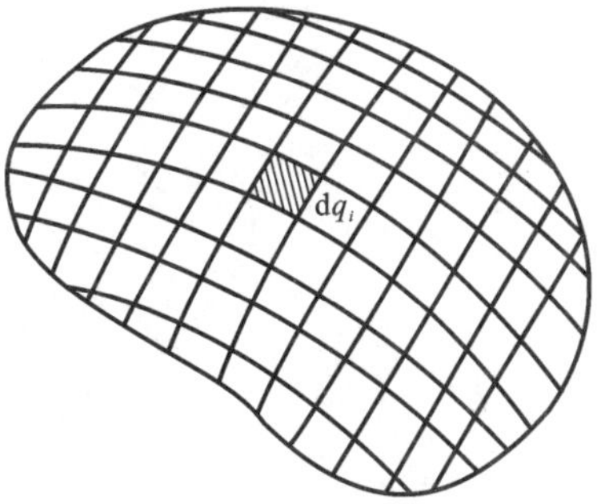

图 3-4 建立电荷系统的过程

对于线性介质中的电场，建立某一电荷系统，外力做的功是一定的，与建立该电荷系统的过程无关。设在建立该电荷系统的过程中，电荷密度按比例均匀增大，即体电荷密度由 0 到 $\rho(x, y, z)$ 按比例均匀增大，面电荷密度由 0 到 $\sigma(x, y, z)$ 按比例均匀增大，对于给定的坐标点，$\rho(x, y, z)$ 和 $\sigma(x, y, z)$ 都是确定的常数。其间任一时刻

$$\rho'=\alpha\rho,\quad \sigma'=\alpha\sigma \tag{3.4.2}$$

在建立该电荷系统的过程中，α 由 0 均匀增大到 1。ρ' 和 σ' 的增量为

$$\mathrm{d}\rho'=\rho\mathrm{d}\alpha \quad \mathrm{d}\sigma'=\sigma\mathrm{d}\alpha \tag{3.4.3}$$

移动的电荷为

$$\mathrm{d}q_i=\mathrm{d}\rho'\mathrm{d}V+\mathrm{d}\sigma'\mathrm{d}S \tag{3.4.4}$$

在此过程中各点的电位也按比例均匀增大

$$\Phi_i=\alpha\Phi \tag{3.4.5}$$

所以外力做的功为

$$\mathrm{d}W=\Phi_i\mathrm{d}q_i=\Phi_i\mathrm{d}\rho'\mathrm{d}V+\Phi_i\mathrm{d}\sigma'\mathrm{d}S \tag{3.4.6}$$

在建立该电荷系统的过程中，外力做的功即总的静电能为

$$W_{\mathrm{e}}=W=\iiint_V \Phi_i\mathrm{d}\rho'\mathrm{d}V+\iint_S \Phi_i\mathrm{d}\sigma'\mathrm{d}S \tag{3.4.7}$$

把式(3.4.3)与式(3.4.5)代入式(3.4.7)，可得电荷系统的能量为

$$\begin{aligned}W_{\mathrm{e}}&=\int_0^1\alpha\mathrm{d}\alpha\iiint_V\rho\Phi\mathrm{d}V+\int_0^1\alpha\mathrm{d}\alpha\iint_S\sigma\Phi\mathrm{d}S\\&=\frac{1}{2}\iiint_V\rho\Phi\mathrm{d}V+\frac{1}{2}\iint_S\sigma\Phi\mathrm{d}S\end{aligned} \tag{3.4.8}$$

对多导体系统来说，电荷只分布在各导体表面，电荷系统的能量为

$$W_e = \frac{1}{2}\iint_S \sigma\Phi \mathrm{d}S = \sum_{i=1}^{n} \frac{1}{2}\iint_{S_i} \sigma_i \Phi_i \mathrm{d}S \tag{3.4.9}$$

等式右边是对每一个导体的表面求和。由于每一导体表面都是等位面，所以一个多导体系统的能量表示为

$$W_e = \sum_{i=1}^{n} \frac{1}{2}\Phi_i \iint_{S_i} \sigma_i \mathrm{d}S = \sum_{i=1}^{n} \frac{1}{2}\Phi_i q_i \tag{3.4.10}$$

2. 静电场的能量

对于多导体系统，如图 3-5 所示，在导体表面，由式(3.2.8)可得

$$\sigma = D_n = \boldsymbol{D} \cdot \boldsymbol{e}_n \tag{3.4.11}$$

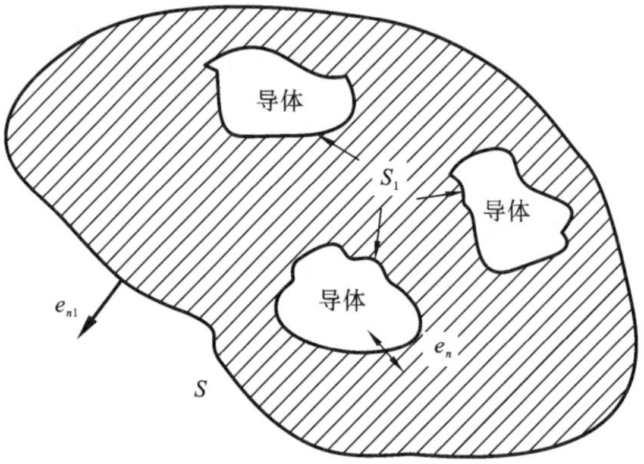

图 3-5 计算静电场的能量

将式(3.4.11)与式(3.2.8)代入式(3.4.8)可得

$$W_e = \frac{1}{2}\iiint_V \Phi \nabla \cdot \boldsymbol{D} \mathrm{d}V + \frac{1}{2}\iint_{S_1} \Phi \boldsymbol{D} \cdot \boldsymbol{e}_n \mathrm{d}S \tag{3.4.12}$$

式中，V 是电场不为零的整个空间区域，S_1 为所有导体的表面。由矢量恒等式得

$$\nabla \cdot (\psi \boldsymbol{A}) = \psi \nabla \cdot \boldsymbol{A} + \boldsymbol{A} \cdot \nabla \psi \tag{3.4.13}$$

所以

$$\Phi \nabla \cdot \boldsymbol{D} = \nabla \cdot (\Phi \boldsymbol{D}) - \boldsymbol{D} \cdot \nabla \Phi \tag{3.4.14}$$

将式(3.4.14)代入式(3.4.12)，并由散度定理可得

$$W_e = \frac{1}{2}\iint_{S+S_1} \Phi \boldsymbol{D} \cdot \boldsymbol{e}_{n_1} \mathrm{d}S + \frac{1}{2}\iiint_V \boldsymbol{D} \cdot \boldsymbol{E} \mathrm{d}V + \frac{1}{2}\iint_{S_1} \Phi \boldsymbol{D} \cdot \boldsymbol{e}_n \mathrm{d}S \tag{3.4.15}$$

式中，$S+S_1$ 是空间区域 V 的表面，包括两部分：空间区域 V 的外表面 S 和各导体的表面 S_1（各导体内部场强为 0）；$\boldsymbol{e}_{n_1}$ 是空间区域 V 表面的外法 S_1 向矢量；$\boldsymbol{e}_n$ 是各导体表面的外法向矢量。可以看出在导体表面 S_1 上有 $\boldsymbol{e}_{n_1} = -\boldsymbol{e}_n$。式(3.4.15)可改写为

$$W_e = \frac{1}{2}\iint_S \Phi \boldsymbol{D} \cdot \boldsymbol{e}_{n_1} \mathrm{d}S + \frac{1}{2}\iiint_V \boldsymbol{D} \cdot \boldsymbol{E} \mathrm{d}V + \frac{1}{2}\iint_{S_1} \Phi \boldsymbol{D} \cdot (\boldsymbol{e}_{n_1} + \boldsymbol{e}_n) \mathrm{d}S \tag{3.4.16}$$

式(3.4.16)等号右边第三项为 0；第一项中的 S 是空间区域 V 的外表面，包围电场不等于零的整个区域，可以选在∞处，这时 $\Phi \to 0$，$D \to 0$，所以第一项积分也趋近于零。此时，静电场能量的表达式为

$$W_e = \frac{1}{2}\iiint_V \boldsymbol{D}\cdot\boldsymbol{E}\mathrm{d}V \tag{3.4.17}$$

静电场的能量密度为

$$w_e = \frac{1}{2}\boldsymbol{D}\cdot\boldsymbol{E} \tag{3.4.18}$$

对于各向同性线性介质，静电场的能量密度可以写为

$$w_e = \frac{1}{2}\varepsilon E^2 \tag{3.4.19}$$

例 3.2　按照卢瑟福模型，一个原子可以看成是一个带正电荷 q 的原子核被总量等于 $-q$ 且均匀分布于球形体积内的负电荷所包围，如图 3-6 所示，求原子的结合能。

解　原子的结合能包括两部分：负电荷系统的自有能量和正电荷与负电荷系统的相互作用能。由式(3.4.8)，负电荷系统的自有能量为

$$W_1 = \frac{1}{2}\iiint_V \rho\Phi\mathrm{d}V$$

负电荷系统的体电荷密度为

$$\rho = \frac{-q}{\frac{4}{3}\pi R^3}$$

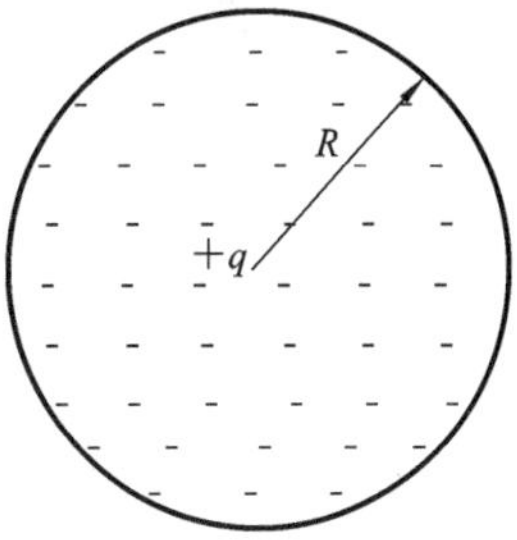

图 3-6　**例** 3.2 **图**

利用高斯定律，可求出只有负电荷系统存在时，球形区域内、外电场强度的分布，即

$$E_1 = \frac{\rho r}{3\varepsilon_0}\quad (r<R),\qquad E_2 = \frac{\rho R^3}{3\varepsilon_0 r^2}\quad (r>R)$$

只有负电荷系统存在时，球形区域内电位的分布为

$$\Phi = \int_r^{\infty}\boldsymbol{E}\cdot\mathrm{d}\boldsymbol{l} = \int_r^R \boldsymbol{E}_1\cdot\mathrm{d}\boldsymbol{l} + \int_R^{\infty}\boldsymbol{E}_2\cdot\mathrm{d}\boldsymbol{l} = \frac{\rho}{2\varepsilon_0}\left(R^2 - \frac{r^2}{3}\right)$$

将上面所求的球形区域内、外电场强度的分布代入电位分布公式中，可得

$$W_1 = \frac{\rho^2}{4\varepsilon_0}\int_0^R\left(R^2 - \frac{r^2}{3}\right)4\pi r^2\mathrm{d}r = \frac{4\pi R^5\rho^2}{15\varepsilon_0} = \frac{3q^2}{20\pi\varepsilon_0 R}$$

正电荷与负电荷系统的相互作用能就是正电荷在负电荷电场中的电位能，可改写为

$$W_2 = q\Phi_-(0)$$

其中 $\Phi_-(0)$是负电荷在 $r=0$ 处产生的电位，可得

$$\Phi_-(0) = \frac{\rho R^2}{2\varepsilon_0} = \frac{-3q}{8\pi\varepsilon_0 R}$$

正电荷与负电荷系统的相互作用能为

$$W_2 = -\frac{3q^2}{8\pi\varepsilon_0 R}$$

原子的结合能为

$$W = W_1 + W_2 = -\frac{9q^2}{40\pi\varepsilon_0 R}$$

例 3.3　如图 2-10 所示，给定内、外导体间的电位差 U，求单位长度内的电场能量。

解　已经知道电场强度为

$$E=\frac{q}{2\pi\varepsilon r}e_{r}$$

内、外导体之间的电位差为

$$U=\frac{q}{2\pi\varepsilon}\ln\frac{b}{a}$$

根据上面两式，消去$\frac{q}{2\pi\varepsilon}$，可以解出介质内与空气中的电场强度相等，它们都为

$$E_1=E_2=e_r\frac{U}{\ln\frac{b}{a}}\left(\frac{1}{r}\right)$$

介质与空气的介电常数分别为 ε 和 ε_0，此时介质内和空气中的能量密度分别为

$$w_{e1}=\frac{1}{2}\varepsilon E_1^2,\quad w_{e2}=\frac{1}{2}\varepsilon_0 E_2^2$$

单位长度内的电场能量为

$$W_e=\frac{1}{2}\int_a^b\int_0^\theta \varepsilon E_1^2 r\mathrm{d}r\mathrm{d}\varphi+\frac{1}{2}\int_a^b\int_0^{2\pi-\theta}\varepsilon_0 E_2^2 r\mathrm{d}r\mathrm{d}\varphi=\frac{1}{2}U_0^2\left[\frac{\varepsilon\theta}{\ln\frac{b}{a}}+\frac{\varepsilon_0(2\pi-\theta)}{\ln\frac{b}{a}}\right]$$

3.5 介质的磁化

对于一个原子或分子，内部所有带电粒子运动产生的磁矩的总和，称为原子或分子的磁矩，用符号 m 表示。在无外加磁场作用时，由于热运动的存在，介质中分子磁矩的排列杂乱无章，使得介质的宏观合成磁矩为零，对外不显示磁性（永磁材料除外）；当外加磁场作用时，分子磁矩的排列将呈现规律性变化，介质呈现的宏观行为是产生附加磁场，使合成场加强或削弱，这种现象称为磁化。为了衡量介质的磁化程度，定义单位体积中磁矩的矢量和为磁化强度，用符号 $\boldsymbol{M}$ 表示，单位为安培/米（A/m），即

$$\boldsymbol{M}=\lim_{\Delta V\to 0}\frac{\sum_i^N \boldsymbol{m}_i}{\Delta V}\tag{3.5.1}$$

介质产生磁化后，介质的宏观合成磁矩不再为零，这相当于在介质中产生了新的电流，这种电流称为磁化电流。事实上，磁化电流是由于介质内部带电粒子的运动方向改变，或者产生新的运动方式形成的。由于这种电流仍然被束缚在原子或分子周围，因此也称为束缚电流。磁化电流与磁化强度之间存在如下关系式：

$$\boldsymbol{J}_m=\nabla\times\boldsymbol{M}\tag{3.5.2}$$

$$\boldsymbol{J}_{mS}=\boldsymbol{M}\times\boldsymbol{e}_n\tag{3.5.3}$$

式中，$\boldsymbol{J}_m$ 为体分布的磁化电流密度，也称磁化（束缚）体电流密度；$\boldsymbol{J}_{mS}$ 为面分布的磁化电流密度，也称磁化（束缚）面电流密度；$\boldsymbol{e}_n$ 表示介质面的外法线方向。

实验表明，对于线性均匀、各向同性的介质，磁化强度 $\boldsymbol{M}$ 与磁场强度 $\boldsymbol{H}$ 之间存在如下关系：

$$\boldsymbol{M}=\chi_m\boldsymbol{H}\tag{3.5.4}$$

式中，比例常数 χ_m 称为介质的磁化率。与电极化率恒为正值不同，介质的磁化率可正

可负。

3.5.1 磁性介质的分类

所有的材料都会显示出一些磁效应,但这种效应非常微弱,导致这些物质被认为是非磁性的,然而事实上只有真空是唯一的非磁性环境。一般根据 μ_r 和 χ_m 的取值可把磁介质主要分为顺磁性、抗磁性和铁磁性三类。顺磁性介质的参数取值:$\chi_m>0$, $\mu_r>1$;抗磁性介质的参数取值:$\chi_m<0$, $\mu_r<1$。无论顺磁性或抗磁性介质,其磁化现象都很微弱,一般认为这些介质的 μ_r 近似等于 1。铁磁性介质的参数 χ_m 不是常数,$\mu_r\gg1$,且随磁场的强弱变化呈现出明显的非线性,而且存在磁滞及剩磁现象。除了以上三类磁介质,磁性介质还可以根据其行为分为矩磁性、反铁磁性、亚铁磁性和超顺磁性介质等,具体划分如表 3-1 所示。

表 3-1 磁性介质分类

类型	特点和例子
非磁性	真空
抗磁性	弱磁体,施加反力矩 **B**,通过磁铁相排斥 例子:铋
顺磁性	体现明显的磁性,并被条形磁铁所吸引 例子:铝
铁磁性	强磁性(原子矩对齐),被条形磁铁所吸引,具有交换耦合域,在居里温度以上变为顺磁性 例子:铁、镍、钴
矩磁性	磁滞回线近似矩形,剩磁感应强度 $\boldsymbol{B}_r$ 很高,可用作磁性涂层,制作磁盘,磁鼓等
反铁磁性	即使在施加的场的存在下也是非磁性的,相邻原子的矩在相反的方向上排列 例子:MnO_2
亚铁磁性	比铁磁介质磁性小 例子:铁氧体
铁氧性	具有低导电性的铁磁介质,可用作交流应用的电感器芯
超顺磁性	铁磁介质悬浮在介电基质中,用于音频和录像带

抗磁性介质的磁效应较弱,虽然在缺乏外部磁场的情况下,这些介质的轨道和自旋磁矩相互抵消(净磁矩为零),但外加磁场会使自旋磁矩略大于轨道磁矩,从而产生一个与施加的磁场 **B** 相反的小净磁矩。因此,如果用一个抗磁性的物体去靠近磁性较强的条形磁铁的任意一极,它会被击退。这一现象最早在 1846 年由迈克尔·法拉第发现,物理机理见 3.8 节。

其他介质中,轨道和自旋磁矩是不相等的,即使没有外加磁场,原子也会产生净磁矩,这时原子的随机取向可能会导致介质的净磁矩很小。但当外加磁场作用时,原子偶极子经历一个扭矩,使它们与磁场对齐,以便当介质中的原子数成比例增加时产生的磁矩完美地对准。然而,内部相互作用和热运动往往会抑制这一过程,因此实际上只能实现部分对准。但是,它们的磁效应可能是显著的,这些物质被称为顺磁性物质。当顺磁性物质靠近强棒磁铁的磁极时，它就会被吸引。

以铁、镍和钴为代表的铁磁性介质，会产生一种特殊的现象，这种现象极大地促进了上述对准过程。这些介质中存在着一种量子效应，称为“交换耦合”。这种量子效应存在于该物质晶格中相邻原子之间；晶格将它们的磁矩锁定在包含许多原子的区域（畴）上，形成一种刚性的平行结构。然而，当温度超过临界值（居里温度）时，交换耦合消失，介质恢复到普通顺磁性。

矩磁性介质是指磁滞回线近似矩形的磁性材料，剩磁感应强度 $\boldsymbol{B}_r$ 很高，接近饱和磁感应强度 $\boldsymbol{B}_s$，矩磁比 $\boldsymbol{B}_r/\boldsymbol{B}_s$ 通常在 85% 以上。材料的矩磁性主要来源于两个方面：晶粒取向和磁畴取向。对于磁晶各向异性不等于零的合金，通过高压下的冷轧和适当的热处理，使晶粒的易磁化轴整齐地排列在同一方向上，在这个方向磁化时即可获得高矩磁比、高磁导率和低矫顽力。矩磁性介质主要用于电子计算机随机存取的记忆装置，还可用于磁放大器、变压器、脉冲变压器等。用这类材料作为磁性涂层可制成磁鼓、磁盘、磁卡和各种磁带等。

在反铁磁性介质中，相邻原子的磁矩沿相反方向排列，因此即使在外加磁场中，介质的净磁矩也是零。在铁磁性物质中，相邻原子的磁矩也是相对排列的，但磁矩并不相等，因此也存在净磁矩。然而，它比在铁磁性介质中少，磁效应较弱。但其中一些铁磁性介质，如铁氧体，具有较低的导电性，这使得它们可以应用在交流电感器和变压器的铁芯中，从而也使得感应（涡流）电流更小，欧姆（热）损失减少。

与介质的电性能一样，介质的磁性能也有线性和非线性、各向同性和各向异性、均匀和非均匀的特点。若介质的磁导率与外加磁场强度的大小无关，则称该介质为线性的磁介质；反之，则称为非线性磁介质。若介质的磁导率与外加磁场强度的方向无关，则称该介质为各向同性磁介质；反之，则称为各向异性磁介质。若介质的磁导率与空间位置无关，则称该介质为均匀磁介质；反之，则称为非均匀磁介质。磁性介质分类如表 3-1 所示。

3.5.2 介质中的恒定磁场方程

由于至今尚未在实践中发现孤立磁荷，因此恒定磁场的高斯定律在介质中仍然成立。在外加磁场的作用下，介质产生磁化，内部出现磁化电流。因此，介质中的磁场相当于传导电流 I 与磁化电流 I_{m} 在真空中产生的合成磁场。由真空中恒定磁场的安培环路定律以及本构关系得

$$\oint_l \frac{\boldsymbol{B}}{\mu_0} \cdot \mathrm{d}\boldsymbol{l} = \sum I \tag{3.5.5}$$

在介质中，式(3.5.5)应改写为

$$\oint_l \frac{\boldsymbol{B}}{\mu_0} \cdot \mathrm{d}\boldsymbol{l} = \sum I + \sum I_{\mathrm{m}} \tag{3.5.6}$$

从而有

$$\oint_l \frac{B}{\mu_0} \cdot \mathrm{d}\boldsymbol{l} = \sum I + \iint_S \boldsymbol{J}_{\mathrm{m}} \cdot \mathrm{d}\boldsymbol{S} = \sum I + \iint_S (\boldsymbol{\nabla} \times M) \cdot \mathrm{d}\boldsymbol{S} = \sum I + \oint_l M \cdot \mathrm{d}\boldsymbol{l} \tag{3.5.7}$$

由式(3.5.7)得

$$\oint_l \left(\frac{\boldsymbol{B}}{\mu_0} - \boldsymbol{M}\right) \cdot \mathrm{d}\boldsymbol{l} = \iint_S \boldsymbol{J} \cdot \mathrm{d}\boldsymbol{S} = \sum I \tag{3.5.8}$$

对比安培环路定律，不难发现

$$\boldsymbol{H} = \frac{\boldsymbol{B}}{\mu_0} - \boldsymbol{M} \tag{3.5.9}$$

适合于任何线性的或非线性的介质。由此可见，在任意的磁介质中恒定磁场的安培环路定律也不产生变化。综上所述，与静电场相同，恒定磁场的基本方程适用于任何磁介质。随介质性质变化的仅是磁场的本构关系。

将式(3.5.4)代入式(3.5.9)，得

$$\boldsymbol{B} = \mu_0(1+\chi_m)\boldsymbol{H} = \mu_0\mu_r\boldsymbol{H} = \mu\boldsymbol{H} \tag{3.5.10}$$

为任意介质中磁场的本构关系。其中 $\mu = \mu_0\mu_r$ 称为介质的磁导率，$\mu_r = 1+\chi_m$ 称为介质的相对磁导率。

3.6 恒定磁场的边界条件

在无限大均匀空间中，恒定磁场的基本变量是连续可微的，但是在两种不同介质的分界面上，由于介质的特性不同，会引起磁场场量的突变，这种变化规律称为恒定磁场的边界条件。下面从积分形式的基本方程推导恒定磁场的边界条件。

1. 法向边界条件

在两种介质的分界面上取一厚度极小的圆柱形高斯面，如图 3-7 所示，由恒定磁场的高斯定律可得

$$\oiint_S \boldsymbol{B} \cdot \mathrm{d}\boldsymbol{S} = B_{2n}\Delta S - B_{1n}\Delta S = 0 \tag{3.6.1}$$

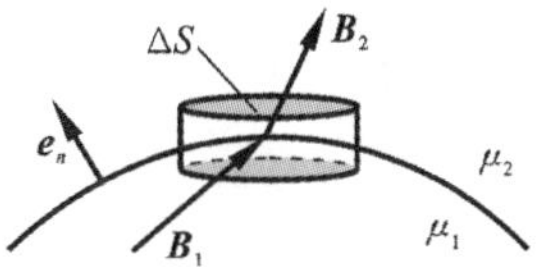

图 3-7 磁场法向分量的边界条件

于是磁感应强度 $\boldsymbol{B}$ 的法向边界条件表示为

$$B_{1n} = B_{2n} \tag{3.6.2}$$

其矢量形式可表示为

$$\boldsymbol{e}_n \cdot (\boldsymbol{B}_2 - \boldsymbol{B}_1) = 0 \tag{3.6.3}$$

可见，两种磁介质分界面上 $\boldsymbol{B}$ 的法向分量是连续的。

2. 切向边界条件

在两种介质的分界面上，如图 3-8 所示，作一个极窄的矩形回路 $ABCD$，$AB=CD=\Delta l$。由安培环路定理得

$$\oint_l \boldsymbol{H} \cdot \mathrm{d}\boldsymbol{l} = \int_{AB} \boldsymbol{H}_1 \cdot \mathrm{d}\boldsymbol{l} + \int_{BC} \boldsymbol{H} \cdot \mathrm{d}\boldsymbol{l} + \int_{CD} \boldsymbol{H}_2 \cdot \mathrm{d}\boldsymbol{l} + \int_{DA} \boldsymbol{H} \cdot \mathrm{d}\boldsymbol{l} = \sum I \tag{3.6.4}$$

当 $BC=DA \to 0$ 时，有

$$\int_{BC} \boldsymbol{H} \cdot \mathrm{d}\boldsymbol{l} = \int_{DA} \boldsymbol{H} \cdot \mathrm{d}\boldsymbol{l} = 0 \tag{3.6.5}$$

所以

$$\boldsymbol{H}_1 \cdot \Delta \boldsymbol{l}_{AB} + \boldsymbol{H}_2 \cdot \Delta \boldsymbol{l}_{CD} = (\boldsymbol{H}_2 - \boldsymbol{H}_1) \cdot \Delta \boldsymbol{l}_{CD} = \sum I \tag{3.6.6}$$

令 $\boldsymbol{e}_S$ 表示回路包围的曲面 ΔS 的法向矢量，$\boldsymbol{e}_n$ 表示由介质 1 指向介质 2 的分界面法向矢量，则有

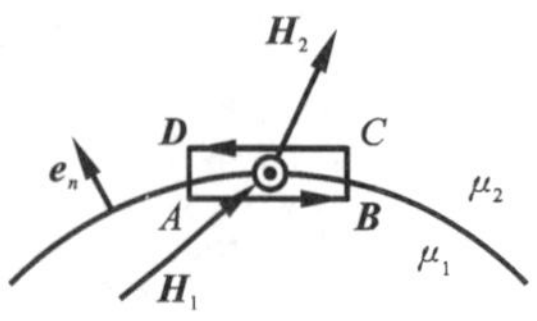

图 3-8 磁场切向分量的边界条件

$$\sum \boldsymbol{I} = \boldsymbol{J}_S \cdot \boldsymbol{e}_S \Delta l \tag{3.6.7}$$

$$\Delta \boldsymbol{l}_{CD} = \boldsymbol{e}_S \times \boldsymbol{e}_n \Delta l \tag{3.6.8}$$

将式(3.6.7)和式(3.6.8)代入式(3.6.6),得

$$(\boldsymbol{H}_2 - \boldsymbol{H}_1) \cdot (\boldsymbol{e}_S \times \boldsymbol{e}_n)\Delta l = [\boldsymbol{e}_n \times (\boldsymbol{H}_2 - \boldsymbol{H}_1)] \cdot \boldsymbol{e}_S \Delta l = \boldsymbol{J}_S \cdot \boldsymbol{e}_S \Delta l \tag{3.6.9}$$

由式(3.6.9)可得

$$\boldsymbol{e}_n \times (\boldsymbol{H}_2 - \boldsymbol{H}_1) = \boldsymbol{J}_S \tag{3.6.10}$$

当分界面上无面电流 $\boldsymbol{J}_S$ 时

$$\boldsymbol{e}_n \times (\boldsymbol{H}_2 - \boldsymbol{H}_1) = \boldsymbol{0} \tag{3.6.11}$$

于是在分界面的切向方向上磁场强度连续,所以

$$\boldsymbol{H}_{1t} = \boldsymbol{H}_{2t} \tag{3.6.12}$$

或者

$$\boldsymbol{H}_1 \sin\theta_1 = \boldsymbol{H}_2 \sin\theta_2 \tag{3.6.13}$$

式中,θ_1 和 θ_2 分别表示磁场强度与界面法线的夹角。可见,当 $\boldsymbol{J}_S = \boldsymbol{0}$ 时,在两种磁介质的分界面上磁场强度 $\boldsymbol{H}$ 的切向分量是连续的。若两种介质均为各向同性介质,则磁场强度 $\boldsymbol{H}$ 与磁通密度 $\boldsymbol{B}$ 为共面矢量,从而有

$$\frac{\tan\theta_1}{\tan\theta_2} = \frac{\mu_1}{\mu_2} \tag{3.6.14}$$

在铁磁性介质与空气形成的分界面上,由于 $\mu \gg \mu_0$,则 $\tan\theta \gg \tan\theta_0$,即空气中的磁通线($\boldsymbol{B}$)几乎与铁磁质表面垂直。

例 3.4 试导出介质表面磁化电流密度 $\boldsymbol{J}_{mS}$ 的表达式。

解 设介质 1 是真空,介质 2 是磁介质,当介质 2 表面没有传导电流时,安培环路定理可以写为

$$\oint_l \boldsymbol{B} \cdot d\boldsymbol{l} = \mu_0 \sum_i I_{mi}$$

上式右边是对环路包围的所有磁化电流求和。推导过程与式(3.6.4)相同,可以导出

$$\boldsymbol{e}_n \times (\boldsymbol{B}_1 - \boldsymbol{B}_2) = \mu_0 \boldsymbol{J}_{mS}$$

由式(3.5.10)可知,真空中 $\boldsymbol{B}_1 = \mu_0 \boldsymbol{H}_1$,介质中 $\boldsymbol{B}_2 = \mu_0 \boldsymbol{H}_2 + \mu_0 \boldsymbol{M}$,代入上式可得

$$\boldsymbol{e}_n \times \mu_0 \boldsymbol{H}_1 - \boldsymbol{e}_n \times (\mu_0 \boldsymbol{H}_2 + \mu_0 \boldsymbol{M}) = \mu_0 \boldsymbol{J}_{mS}$$

由于介质 2 表面不存在传导电流,因此将式(3.5.5)代入上式可得

$$\boldsymbol{J}_{mS} = \boldsymbol{M} \times \boldsymbol{e}_n$$

3.7 磁场的能量

当穿过闭合回路的磁通密度 $\boldsymbol{B}$ 产生变化的时候,在回路中将会产生感应电动势,因而回路中产生感应电流。此时,产生电流所需的能量是由外部磁场提供的。若在回路中加入外源,则回路中产生电流。在感应电流建立的过程中,回路中产生的反磁通企图阻碍感应电流增长,为克服反磁通产生的反电动势,以维持电流达到一定数值,外源必须做功。如果电流变化非常缓慢,可以忽略电磁辐射的损失,那么外源输出的能量全部储存在回路电流产生的磁场中。这种能量转换说明了磁场在回路中产生电流,而外

源又向磁场提供能量。由此得知，磁场是一种具有能量的物质。根据外源在建立磁场过程中所做的功，即可求得磁场能量。首先计算单个回路的磁场能量，然后再计算 N 个回路的磁场能量。

1. 自感和互感

设单个回路的电流从零开始逐渐缓慢地增加到最终值 I，因而回路的磁通也由零值逐渐缓慢地增加到最终值 Ψ。已知回路中产生的反电动势等于回路的磁通密度变化率的负值，即 $e=-\frac{\mathrm{d}\Psi(t)}{\mathrm{d}t}$。因此，为了克服这个反电动势，外源必须在回路中产生电压 $U=-e$，即

$$U=\frac{\mathrm{d}\Psi(t)}{\mathrm{d}t} \tag{3.7.1}$$

若时刻 t 回路中的电流为 $i(t)$，则此时回路中的瞬时功率为

$$P(t)=i(t)U=i(t)\frac{\mathrm{d}\Psi(t)}{\mathrm{d}t} \tag{3.7.2}$$

又知与单个回路电流交链的磁通链等于穿过该回路的磁通，在 $\mathrm{d}t$ 时间内外源做的功为

$$\mathrm{d}W=P(t)\mathrm{d}t=i(t)\mathrm{d}\Psi(t) \tag{3.7.3}$$

由于任一时刻单个回路的磁通链与回路电流的关系为 $\Psi(t)=Li(t)$，代入式(3.7.3)中，同时考虑到线性介质中，回路电感 L 与电流 i 无关，求得 $\mathrm{d}t$ 时间内外源做的功为

$$\mathrm{d}W=Li(t)\mathrm{d}i \tag{3.7.4}$$

当回路电流增至最终值 I 时，外源做的总功 W 为

$$W=\int_0^I Li(t)\mathrm{d}i=\frac{1}{2}LI^2 \tag{3.7.5}$$

外源做出的总功在回路中建立电流 I，而该电流在其周围产生磁场。因电流增长很慢，辐射损失可以忽略，外源做的功完全转换为周围磁场的能量。如果以 W_{m} 表示磁场能量，那么电感为 L、电流为 I 的回路具有的磁场能量 W_{m} 为

$$W_{\mathrm{m}}=\frac{1}{2}LI^2 \tag{3.7.6}$$

由式(3.7.6)，若已知回路电流及其磁场能量，则回路电感为

$$L=\frac{2W_{\mathrm{m}}}{I^2} \tag{3.7.7}$$

对于某些回路，利用式(3.7.7)，计算电感较为方便。

考虑到回路电感和磁通链的关系为 $L=\Psi/I$，则电流为 I 的单个回路周围的磁场能量又可表示为

$$W_{\mathrm{m}}=\frac{1}{2}\Psi I \tag{3.7.8}$$

式中，Ψ 为与电流 I 交链的磁通链。

对于 N 个回路，可令各个回路电流均以同一比例由零值缓慢地增加到最终值。根据能量守恒定律，最终的总能量应与建立过程无关，因此这样的假定是允许的。已知各回路的磁通链与各个回路电流之间的关系是线性的，那么第 j 个回路的磁通链 Ψ_j 为

$$\Psi_j=M_{j1}I_1+M_{j2}I_2+\cdots+L_{jj}I_j+M_{jN}I_N \tag{3.7.9}$$

式中，M_{j1}，…，$M_{jN}(i=1,\cdots,j-1,j+1,\cdots,N)$ 为互感系数，L_{jj} 为自感系数。当

各回路电流以同一比例增长时，各回路磁通链也以同一比例增加。设第 j 个回路在时刻 t 的电流 $i_j(t)=\alpha(t)I_j$，式中的 I_j 为电流最终值，α 为比例系数，其范围为 $0<\alpha<1$。那么，t 时刻第 j 个回路的磁通链 $\Psi_j(t)$ 为

$$\Psi_j(t)=M_{j1}i_1(t)+M_{j2}i_2(t)+\cdots+L_{jj}i_j(t)+M_{jN}i_N(t)=\alpha(t)\Psi_j(t) \quad (3.7.10)$$

考虑到式(3.7.3)，求得在 dt 时间内，外源在 N 个回路中做的功为

$$\mathrm{d}W=\sum_{j=1}^{N}i_j(t)\mathrm{d}\Psi_j(t)=\sum_{j=1}^{N}I_j\Psi_j\alpha(t)\ \mathrm{d}\alpha \quad (3.7.11)$$

2. 磁场的能量

当各个回路电流均达到最终值时，外源做的总功为 $W=\int\mathrm{d}W$。由此求得具有最终值电流的 N 个回路产生的磁场能量为

$$W_{\mathrm{m}}=\int_0^1\sum_{j=1}^{N}I_j\Psi_j\alpha\,\mathrm{d}\alpha=\sum_{j=1}^{N}\frac{1}{2}I_j\Psi_j \quad (3.7.12)$$

如果已知各个回路的电流及磁通链，便可计算这些回路共同产生的磁场能量。静电场的能量可以根据标量电位进行计算，磁场能量可以根据矢量磁位进行计算。回路磁通可用矢量磁位 $\boldsymbol{A}$ 表示为 $\Psi=\oint_l\boldsymbol{A}\cdot\mathrm{d}\boldsymbol{l}$，因此第 j 个回路的磁通链 Ψ_j 也可用矢量磁位 $\boldsymbol{A}$ 表示为

$$\Psi_j=\oint_{l_j}\boldsymbol{A}\cdot\mathrm{d}\boldsymbol{l} \quad (3.7.13)$$

式中，$\boldsymbol{A}$ 为各个回路电流在第 j 个回路所在处产生的合成矢量磁位。将式(3.7.13)代入式(3.7.12)中，得

$$W_{\mathrm{m}}=\sum_{j=1}^{N}\frac{1}{2}\oint_{l_j}I_j\boldsymbol{A}\cdot\mathrm{d}\boldsymbol{l}_j \quad (3.7.14)$$

以上讨论了 N 个回路电流产生的磁场能量，根据式(3.7.12)或式(3.7.14)均可计算出 N 个回路电流产生的磁场能量。若电流连续地分布在体积 V 中，因 $I\mathrm{d}\boldsymbol{l}=\boldsymbol{J}\mathrm{d}V$，则式(3.7.14)变为体积分，此时磁场能量可以表示为

$$W_{\mathrm{m}}=\frac{1}{2}\iiint_V\boldsymbol{A}\cdot\boldsymbol{J}\mathrm{d}V \quad (3.7.15)$$

式中，V 表示体分布的电流密度 $\boldsymbol{J}$ 所占据的体积。同理，如果电流分布在表面 S 上，这样需要满足 $\boldsymbol{J}\mathrm{d}V=\boldsymbol{J}_S\mathrm{d}\boldsymbol{S}$，则产生的磁场能量为

$$W_{\mathrm{m}}=\frac{1}{2}\iint_S\boldsymbol{A}\cdot\boldsymbol{J}_S\mathrm{d}S \quad (3.7.16)$$

式中，S 表示表面电流 $\boldsymbol{J}_S$ 所在的面积。至此可以得知，根据矢量磁位可以计算线电流、面电流及体电流产生的磁场能量。下面再讨论磁场能量的分布密度。

将式(2.7.22)代入式(3.7.15)中，得

$$W_{\mathrm{m}}=\frac{1}{2}\iiint_V\boldsymbol{A}\cdot(\nabla\times\boldsymbol{H})\mathrm{d}V \quad (3.7.17)$$

由矢量恒等式 $\nabla\cdot(\boldsymbol{H}\times\boldsymbol{A})=\boldsymbol{A}\cdot(\nabla\times\boldsymbol{H})-\boldsymbol{H}\cdot(\nabla\times\boldsymbol{A})$，式(3.7.17)又可以写为

$$W_{\mathrm{m}}=\frac{1}{2}\iiint_V[\nabla\cdot(\boldsymbol{H}\times\boldsymbol{A})+\boldsymbol{H}\cdot(\nabla\times\boldsymbol{A})]\mathrm{d}V \quad (3.7.18)$$

式中，V 为电流所在的区域。如果将积分区域扩大到无限远处，式(3.7.18)仍然成立。令 S_∞ 为位于无限远处的半径为无限大的球面，则由散度定理可知，式(3.7.18)中的第一项

$$\iiint_V \nabla \cdot (\boldsymbol{H} \times \boldsymbol{A}) \mathrm{d}V = \oint_{S_\infty} (\boldsymbol{H} \times \boldsymbol{A}) \cdot \mathrm{d}\boldsymbol{S} \tag{3.7.19}$$

当电流分布在有限区域时，磁场强度与距离平方成反比，矢量磁位与距离一次方成反比，因此位于无限远处的面积分

$$\oint_{S_\infty} (\boldsymbol{H} \times \boldsymbol{A}) \cdot \mathrm{d}\boldsymbol{S} \to 0 \tag{3.7.20}$$

这样，对于无限大空间，式(3.7.18)的第一个积分为零，再考虑到$\nabla \times \boldsymbol{A} = \boldsymbol{B}$，求得

$$W_{\mathrm{m}} = \frac{1}{2} \iiint_V (\boldsymbol{H} \cdot \boldsymbol{B}) \mathrm{d}V \tag{3.7.21}$$

式中，V 为磁场所占据的整个空间。那么，式(3.7.21)中的被积函数代表磁场能量的分布密度。以小写字母 w_m 表示磁场能量密度，得

$$w_{\mathrm{m}} = \frac{1}{2} \boldsymbol{H} \cdot \boldsymbol{B} \tag{3.7.22}$$

对于各向同性的线性介质，$\boldsymbol{B} = \mu \boldsymbol{H}$，因此磁场能量密度又可表示为

$$w_{\mathrm{m}} = \frac{1}{2} \mu H^2 \tag{3.7.23}$$

式(3.7.23)表明：在各向同性的线性介质中，某点磁场能量密度等于该点磁导率与磁场强度平方的乘积一半。由于磁场能量与磁场强度平方成正比，因此与电场能量一样，磁场能量也不符合叠加原理。

例 3.5 已知同轴线的单位长度内的电感为

$$L = \frac{\mu_0}{8\pi} + \frac{\mu_0}{2\pi} \ln \frac{b}{a}$$

求同轴线中的单位长度的磁场能量。设同轴线中通过的恒定电流为 I，内导体的半径为 a，外导体的厚度可以忽略，其半径为 b，内、外导体之间为真空。

解 由式(3.7.6)可求得单位长度内同轴线中磁场能量 W_{m1} 为

$$W_{\mathrm{m1}} = \frac{\mu_0 I^2}{16\pi} + \frac{\mu_0 I^2}{4\pi} \ln \frac{b}{a}$$

这里也可以使用式(3.7.21)来计算出同轴线的磁场能量。已知内导体中的磁场强度为

$$H_i = \frac{B_i}{\mu_0} = \frac{Ir}{2\pi a^2}$$

因此内导体中单位长度内的磁场能量为

$$W_{\mathrm{m}i} = \frac{1}{2} \iiint_V \mu H_i^2 \mathrm{d}V = \frac{1}{2} \int_0^a \mu_0 \left(\frac{Ir}{2\pi a^2} \right)^2 2\pi r \mathrm{d}r = \frac{\mu_0 I^2}{16\pi}$$

又知内、外导体之间的磁场强度 H_0 为

$$H_0 = \frac{B_0}{\mu_0} = \frac{I}{2\pi r}$$

所以内、外导体之间单位长度内的磁场能量为

$$W_{\mathrm{m0}} = \frac{1}{2} \int_a^b \mu_0 H_0^2 2\pi r \mathrm{d}r = \frac{\mu_0 I^2}{4\pi} \ln \frac{b}{a}$$

单位长度内同轴线的磁场能量为$(W_{mi}+W_{m0})$。此外，如果已知同轴线中单位长度内的磁场能量，可以根据式(3.7.7)求得单位长度同轴线的电感。可见通过磁场能量计算电感是十分简便的。

3.8 复杂介质的电磁特性

3.8.1 介质的状态方程

当电磁场存在时，介质的电磁性质通常用两个量的比值来确定。它们是电感应强度 $\boldsymbol{D}$(电位移矢量)和磁感应强度 $\boldsymbol{B}$ 分别与电场强度 $\boldsymbol{E}$ 和磁场强度 $\boldsymbol{H}$ 之间的比例关系，即

$$\boldsymbol{D}=\varepsilon\boldsymbol{E}=\varepsilon_0 K\boldsymbol{E},\quad \boldsymbol{B}=\mu\boldsymbol{H}=\mu_0 K_m\boldsymbol{H} \tag{3.8.1}$$

式中，K 是相对介电常数，K_m是相对磁导率系数。在规定了介质的电极化矢量 $\boldsymbol{P}$ 和磁化矢量 $\boldsymbol{M}$ 之后，式(3.8.1)又可以记为

$$\begin{cases}\boldsymbol{D}=\varepsilon_0(1+\chi_e)\boldsymbol{E}=\varepsilon_0 K E=\varepsilon_0\boldsymbol{E}+\boldsymbol{P}\\ \boldsymbol{B}=\mu_0(1+\chi_m)\boldsymbol{H}=\mu_0 K_m\boldsymbol{H}=\mu_0(\boldsymbol{H}+\boldsymbol{M})\end{cases} \tag{3.8.2}$$

其中

$$\begin{cases}\boldsymbol{P}(\boldsymbol{r},t)=\varepsilon_0\chi_e(\boldsymbol{r})\boldsymbol{E}(\boldsymbol{r},t)\\ \boldsymbol{M}(\boldsymbol{r},t)=\mu_0\chi_m(\boldsymbol{r})\boldsymbol{H}(\boldsymbol{r},t)\end{cases} \tag{3.8.3}$$

式中，χ_e 与 χ_m 分别称为电极化率和磁化率。

所有这些关系都表明，介质的电磁性质与电磁场量之间的关系是线性的，但是也必须指出存在着如下两个方面的问题。

1. 时间色散

式(3.8.1)～式(3.8.3)在静场是成立的，认为场的作用与极化和磁化是同时产生的。事实上，当场随时间变化很快时，介质中的带电粒子运动跟不上场的运动，这时会出现时间色散现象，使 $\chi_e=\chi_e(r,\omega)$或 $\chi_m=\chi_m(r,\omega)$，即极化或磁化与场的频率有关，对快频和慢频有不同的极化和磁化率。更一般的表达式应该是

$$\boldsymbol{D}(\boldsymbol{r},t)=\varepsilon_0\int_{-\infty}^{t}K(t-\tau)\boldsymbol{E}(\boldsymbol{r},\tau)\mathrm{d}\tau \tag{3.8.4}$$

它表示现在的 $\boldsymbol{D}$ 是过去的 $\boldsymbol{K}$ 和 $\boldsymbol{E}$ 作用的结果。同理，也有

$$\boldsymbol{B}(\boldsymbol{r},t)=\mu_0\int_{-\infty}^{t}K_m(t-\tau)\boldsymbol{H}(\boldsymbol{r},\tau)\mathrm{d}\tau \tag{3.8.5}$$

式(3.8.4)和式(3.8.5)表明介质中场的滞后反应或惯性性质。

2. 空间色散

式(3.8.1)和式(3.8.2)表示预先认定了空间任意点的 $\boldsymbol{D}$ 和 $\boldsymbol{B}$ 只取决于该点的 $\boldsymbol{E}$ 和 $\boldsymbol{H}$。实际上应该考虑到介质内接近该点的空间其他各点的电磁元对场的依赖关系，因而更一般的表达式是

$$\boldsymbol{D}(\boldsymbol{r})=\varepsilon_0\iiint_V K(|\boldsymbol{r}-\boldsymbol{r}'|)\boldsymbol{E}(\boldsymbol{r}')\mathrm{d}\boldsymbol{r}' \tag{3.8.6}$$

它表示这一点的 $\boldsymbol{D}$ 是周围的 $\boldsymbol{K}$ 和 $\boldsymbol{E}$ 作用的结果。同理，也有

$$\boldsymbol{B}(\boldsymbol{r}) = \mu_0 \iiint_V K_{\mathrm{m}}(|\boldsymbol{r}-\boldsymbol{r}'|)\boldsymbol{H}(\boldsymbol{r}')\mathrm{d}\boldsymbol{r}' \tag{3.8.7}$$

已知介质中的波长 λ 与自由空间波长 λ_0 的关系是 $\lambda=\lambda_0/n=c/nf$。这里 n 是介质的折射率，c 是自由空间光速。对于式(3.8.6)和式(3.8.7)的体积可以规定一个特征长度 λ，而要求

$$\frac{\lambda_c}{\lambda}=\frac{\lambda_c nf}{c}\ll 1 \tag{3.8.8}$$

式中，$n=(KK_{\mathrm{m}})^{\frac{1}{2}}$。如果式(3.8.8)成立，则介质的极化或磁化会依赖于同一位置上的场。

可见，如果频率很高或折射率很大，式(3.8.6)会受到破坏。这表明状态方程式(3.8.2)不是定域的。在这种情形，介质将被称为是空间色散的。在线性介质中的最一般情形，有

$$\boldsymbol{P}(\boldsymbol{r},t) = \varepsilon_0\int_0^t \mathrm{d}\tau\iiint_V \chi_{\mathrm{e}}(\boldsymbol{r},\boldsymbol{r}';t,\tau)\cdot\boldsymbol{E}(\boldsymbol{r}',\tau)\mathrm{d}\boldsymbol{r}' \tag{3.8.9}$$

$$\boldsymbol{M}(\boldsymbol{r},t) = \int_0^t \mathrm{d}\tau\iiint_V \chi_{\mathrm{m}}(\boldsymbol{r},\boldsymbol{r}';t,\tau)\cdot\boldsymbol{H}(\boldsymbol{r}',\tau)\mathrm{d}\boldsymbol{r}' \tag{3.8.10}$$

式中，χ_{e} 和 χ_{m} 分别是电极化率和磁化率张量。式(3.8.9)和式(3.8.10)表示一般的各向异性介质的场量之间的关系。

实际上，电磁场中介质的特性与物质的物理和化学结构有关。以上所述的状态方程即便在线性条件下也不能直接应用于各类不同的介质。因为均匀介质中有各向同性和各向异性的差别，这些差别有的是外场引起的，有的是晶体结构本身确定的。非均匀介质常在特定情形下，才能给出定量的分析。以下分别叙述几个已研究成熟的介质的电磁性质。

3.8.2 电介质色散的初等理论

由式(3.2.12)知 $\boldsymbol{P}=(\varepsilon-\varepsilon_0)\boldsymbol{E}=\varepsilon_0\chi_{\mathrm{e}}\boldsymbol{E}$，另一方面 $\boldsymbol{P}$ 又被看作介质中单位体积的电偶极矩，即

$$\boldsymbol{P}=N\boldsymbol{p}=N\alpha\boldsymbol{E} \tag{3.8.11}$$

式中，N 是单位体积中 $\boldsymbol{p}$ 的数目，$\boldsymbol{p}$ 是由介质中局域场 $\boldsymbol{E}'$（又称有效场）产生的电偶极矩，α 称为极化系数。要注意的是产生 $\boldsymbol{p}$ 的场 $\boldsymbol{E}'$ 不等于加于介质的宏观电场 $\boldsymbol{E}$。在介质中有四种重要的机制产生这种电偶矩。第一种是绕核的电子在 $\boldsymbol{E}$ 的作用下相对于原子核正电荷的偏移；第二种是带不同电荷的原子相互之间的位移；第三种是介质中固有的电偶极矩在场的作用下产生的顺电场倾向而引起的附加极化。这三种都属于束缚于原子或分子内部的极化。第四种是空间电荷的极化或界面极化。在式(3.8.2)和式(3.8.3)中，不同于 $\boldsymbol{E}$ 的 $\boldsymbol{E}'$ 由这种极化引起，只在低压的稀薄气体中 $\boldsymbol{E}$ 和 $\boldsymbol{E}'$ 才相同，在固体、液体和稠密的高压气体中 $\boldsymbol{E}$ 和 $\boldsymbol{E}'$ 是不相同的。$\boldsymbol{E}$ 和 $\boldsymbol{E}'$ 的差别关系，可由介质中一个想象的球体中心某个分子被周围分子包围的图像来导出，如图 3-9 所示。

作用于半径为 r_0 的球形空腔中心分子的局部场 $\boldsymbol{E}'$ 是外加电场 $\boldsymbol{E}$（宏观介质内的）和周围极化矢量 $\boldsymbol{P}$ 引起的场之和

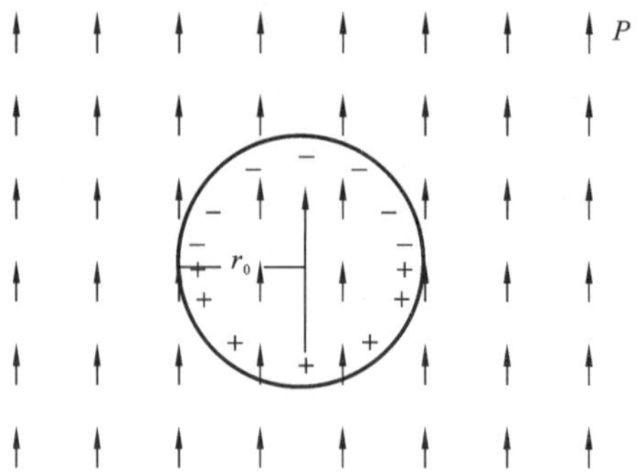

图 3-9　球体中心某个分子被周围分子包围的图像

$$\boldsymbol{E}'=\boldsymbol{E}+\boldsymbol{E}_{\mathrm{P}} \tag{3.8.12}$$

后者又可以等效为附于球腔界面的正负极化电荷。这种在面积元 $\mathrm{d}\boldsymbol{\alpha}$ 上的电荷是 $\boldsymbol{P}\cdot\mathrm{d}\boldsymbol{\alpha}=P\cos\theta\mathrm{d}\boldsymbol{\alpha}$，而 $\mathrm{d}\boldsymbol{\alpha}=2\pi r\sin\theta r\mathrm{d}\theta$，$\boldsymbol{E}_{\mathrm{P}}$ 由 $\boldsymbol{P}\cdot\mathrm{d}\boldsymbol{\alpha}$ 的贡献求和而成，它在 z 轴方向的场强是

$$E_{\mathrm{P}}=\int_0^{\pi}\frac{P\cos^2\theta}{4\pi\varepsilon_0 r_0^2}2\pi r_0\sin\theta r_0\mathrm{d}\theta=\frac{P}{3\varepsilon_0} \tag{3.8.13}$$

式中，$\dfrac{P\cos^2\theta}{4\pi\varepsilon_0 r_0^2}$表示偶极电荷在 x 方向的静场。由式(3.8.2)得到介质内有效的局部场

$$\boldsymbol{E}'=\boldsymbol{E}+\frac{\boldsymbol{P}}{\varepsilon_0}=\frac{K+2}{3}\boldsymbol{E} \tag{3.8.14}$$

它又称为 Mossotti 场。由式(3.8.3)、式(3.8.4)和式(3.8.5)可以得出电极化系数 χ_e 用电极化系数 α 表示的表达式为

$$\chi_e=\frac{N\alpha/\varepsilon_0}{1-N\alpha/3\varepsilon_0}\quad 或\quad \frac{\varepsilon}{\varepsilon_0}=\frac{1+2N\alpha/3\varepsilon_0}{1-N\alpha/3\varepsilon_0}=K \tag{3.8.15}$$

同理，又可将极化系数 α 用相对介电常数 K 表示为

$$\alpha=\frac{3\varepsilon_0}{N}\left(\frac{K-1}{K+2}\right) \tag{3.8.16}$$

这个结果称为克劳修斯-莫索提公式或洛伦兹-洛伦茨公式。

几乎所有介质的介电常数都与频率有关，在窄频段可视为常数，在宽频带脉冲条件下就不可忽视这种时间色散性质。关于这种色散的初等理论可以论述如下。

设电子在原子中所受的约束满足弹性的 Hooke 定律。它由牛顿的运动定律描述，即

$$m\frac{\mathrm{d}^2\boldsymbol{r}}{\mathrm{d}t^2}=-m\omega_0^2\boldsymbol{r}-mg\frac{\mathrm{d}\boldsymbol{r}}{\mathrm{d}t}+\boldsymbol{F} \tag{3.8.17}$$

式中，m 是电子的质量，r 是电子相对于某个基准点的位移，$-m\omega_0^2 r$ 是弹性恢复力，在无衰减的条件下 $\omega_0^2=k/m$。这里 k 是质点的 Hooke 常数，g 是一种阻尼力，它代表有衰减的振动。$\boldsymbol{F}$ 所表示的是 Lorentz 力。但是在所讨论的情形下，其中的电场 $\boldsymbol{E}$ 和磁场 $\boldsymbol{B}$ 都应该用局部场代替，因而

$$\boldsymbol{F}=e(\boldsymbol{E}'+\boldsymbol{v}\times\boldsymbol{B}') \tag{3.8.18}$$

这里 e 是电子电量。由于 $\boldsymbol{E}'$ 与 $\boldsymbol{B}'$ 的数量关系可视为在自由空间的场量，于是 $\boldsymbol{B}'=\mu_0\boldsymbol{H}'$，$|\boldsymbol{H}'|=\left(\dfrac{\varepsilon_0}{\mu_0}\right)^{\frac{1}{2}}|\boldsymbol{E}'|$，由此得出 $|\boldsymbol{B}'|=(\varepsilon_0\mu_0)^{\frac{1}{2}}|\boldsymbol{E}'|$，即 $|\boldsymbol{B}'|=|\boldsymbol{E}'|/c$。这里 c 是自

由空间光速。因而在原子分子中束缚电子的运动速度 $v \ll c$ 的条件下，式(3.8.18)中的右方第二项的贡献可以略去，只剩下局部场 $\boldsymbol{E}'$ 在起作用。由于 $\boldsymbol{P}=N\boldsymbol{p}=Ne\boldsymbol{r}$ 和式(3.8.18)，故式(3.8.17)的运动方程在谐振动条件下为

$$-m\omega^2\boldsymbol{r}=-m\omega_0^2\boldsymbol{r}+\mathrm{i}\omega mg\boldsymbol{r}+e\left(\boldsymbol{E}+\frac{Ne\boldsymbol{r}}{3\varepsilon_0}\right) \tag{3.8.19}$$

由此从 $\boldsymbol{D}=\varepsilon_0K\boldsymbol{E}=\varepsilon_0\boldsymbol{E}+\boldsymbol{P}$ 得到相对介电常数的表达式为

$$K=1+\frac{Ne^2}{m\varepsilon_0(\omega_1^2-\omega^2-\mathrm{i}\omega g)} \tag{3.8.20}$$

式中，$\omega_1^2=\omega_0^2-Ne^2/3\varepsilon_0 m$。图 3-10 表示 K 作为频率函数的一般变化情形，可以看出共振产生在 $\omega=\omega_1$ 的情形，此时 K 趋于无穷。

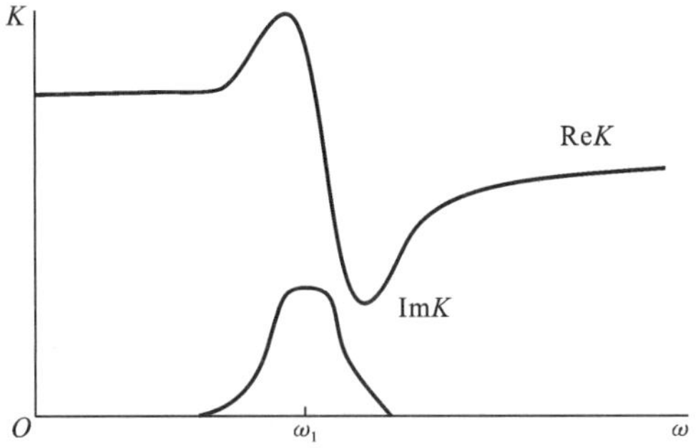

图 3-10　K 的变化曲线

在更一般情形，有多个共振频率时，式(3.8.20)推广为

$$K=1+\sum_s\frac{N_se^2}{m\varepsilon_0(\omega_{1s}^2-\omega^2-\mathrm{i}\omega g_s)} \tag{3.8.21}$$

对于普通电介质，K 是折射指数的平方。式(3.8.21)为复数，可以设 $K=(n-\mathrm{i}\kappa)^2$，式中 n 是实折射指数，κ 是吸收指数，即

$$(n-\mathrm{i}\kappa)^2=1+\frac{e^2}{m\varepsilon_0}\sum_s\frac{N_s}{\omega_{1s}^2-\omega^2-\mathrm{i}\omega g_s} \tag{3.8.22}$$

对一般透明介质不存在显著吸收，折射指数是实数。这要求在式(3.8.21)的分母中 $\omega_{1s}^2-\omega^2\gg\omega g_s$。它表明波的频率 ω 必须大大超过介质的自然频率 ω，因为后者是固定的。此时折射指数为

$$n^2=1+\sum_s\frac{N_s}{m\varepsilon_0(\omega_{1s}^2-\omega^2)} \tag{3.8.23}$$

当波的频率很低时，$\omega\to0$，式(3.8.23)变为

$$n^2=1+\frac{e^2}{m\varepsilon_0}\sum_s\frac{N_s}{\omega_{1s}^2}=K \tag{3.8.24}$$

它是静电场中相对介电常数的微观量表达式。它与波的频率无关，不存在色散(时间色散)。

将式(3.8.23)的频率换为波长 λ，即 $\lambda=2\pi v/\omega$，于是式(3.8.24)变为

$$n^2=1+\sum_s\frac{\lambda^2A_s}{\lambda^2-\lambda_{1s}^2} \tag{3.8.25}$$

式中，$A_s=e^2N_s/m\varepsilon_0\omega_{1s}^2$。如果所有电子有相同的 ω_1 和 g_1，则式(3.8.25)变为

$$n^2=1+\frac{\lambda^2 A}{\lambda^2-\lambda_1^2} \tag{3.8.26}$$

这一结果称为塞米尔方程。

由群速度和相速度的定义可知

$$v_g=\frac{d\omega}{d\beta}=\frac{d(v_p\beta)}{d\beta}=v_p+\beta\frac{dv_p}{d\beta}=v_p+\frac{\omega}{v_p}\cdot\frac{dv_p}{d\omega}v_g \tag{3.8.27}$$

从而得到

$$v_g=\frac{v_g}{1-\frac{\omega}{v_p}\cdot\frac{dv_p}{d\omega}} \tag{3.8.28}$$

可见，当$\frac{dv_p}{d\omega}=0$时，则$v_g=v_p$，这是无色散的情况，群速等于相速。当$\frac{dv_p}{d\omega}\neq 0$，即相速是频率的函数时，$v_g\neq v_p$，这时又分为以下两种情况。

(1) $\frac{dv_p}{d\omega}<0$，则$v_g<v_p$，这类色散称为正常色散。

(2) $\frac{dv_p}{d\omega}>0$，则$v_g>v_p$，这类色散称为反常色散。

导体的色散就是反常色散。在许多情况下，把群速当作能量传播的速度，但是不具有普遍性。如一些非正常色散的场合，包括简单的有耗传输线，二者就是不相等的。

3.8.3 铁氧体介质的线性分析

磁性介质中的铁磁介质是难以分析的，因为它是导体，快速变化的电磁场难以在其中存在。在低频的电力应用方面可以用磁路和磁阻等方法进行设计和计算。它又是一种强的非线性介质，线性系统中的方法不能应用，但铁氧体介质是具有强磁化性质的半导体，在弱信号下可以做线性分析，电磁波可以在其中传输。

1. 铁氧体

铁氧体是具有强磁性的半导体，是铁元素和其他一种或多种适当的金属元素的复合氧化物。实际上这类物质不一定含有铁元素，应称为亚铁磁性物质。

在这种物质的原子中，电子自旋作用的自由交换能表示为

$$W_{ex}=-2J_e\boldsymbol{S}_i\cdot\boldsymbol{S}_j \tag{3.8.29}$$

式中，J_e称为交换积分，$J_e>0$自旋平行，这是铁磁性物质的；$J_e<0$自旋反平行，这是反铁磁性物质的。组成晶体时，原子在子晶格上，其中自旋都平行于同一方向的形成铁磁体，如果两个子晶格中一个自旋平行，另一个自旋反平行，数量一样多，则为反铁磁体。如果不一样多就呈现多余的磁矩，那么就形成亚铁磁体，具有自发磁化，在各种能量处于最低平衡状态时形成磁畴。

2. 旋磁效应

下面应用经典概念描述铁氧体介质的旋磁效应。

1) 电子的自旋磁化

单个电子的自旋磁矩为

$$\mu=\frac{eh}{4\pi m} \tag{3.8.30}$$

式中，h 为 Planck 常数，$e<0$，而单个电子的自旋角动量 $S=\frac{h}{4\pi}$，因而

$$\boldsymbol{\mu}=\frac{e}{m}\boldsymbol{S} \tag{3.8.31}$$

对一般性粒子

$$\boldsymbol{\mu}=\frac{ge}{2m}\boldsymbol{J} \tag{3.8.32}$$

式中，$\boldsymbol{J}$ 是总角动量，g 称为 g 因子，类似于光谱线的分裂因子，对一般铁氧体，$g\approx 2$，所以其原子的净余磁矩可近似视为单个电子的自旋磁矩，即 $\boldsymbol{J}=\boldsymbol{S}$，$e<0$。

2) Larmor 进动

在外磁场作用下，自旋电子要产生进动，进动的取向是其角动量矢量转向力矩的方向，如图 3-11 所示。由于 $e<0$，故磁矩方向与角动量方向相反。其运动方程为

$$\frac{\mathrm{d}\boldsymbol{J}}{\mathrm{d}t}=\boldsymbol{\mu}\times\boldsymbol{B} \tag{3.8.33}$$

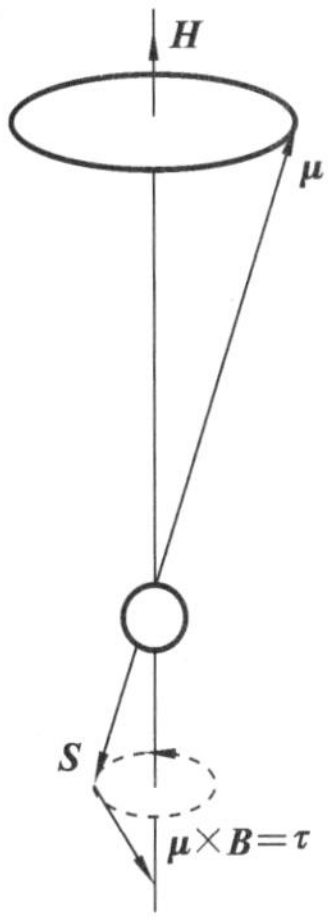

图 3-11 Larmor 进动

将式(3.8.32)代入，得

$$\frac{\mathrm{d}\boldsymbol{J}}{\mathrm{d}t}=-\frac{ge}{2m}\boldsymbol{B}\times\boldsymbol{J} \tag{3.8.34}$$

把这个结果与作圆运动的矢径运动方程比较，得

$$\frac{\mathrm{d}\boldsymbol{r}}{\mathrm{d}t}=\boldsymbol{\omega}\times\boldsymbol{r} \tag{3.8.35}$$

则

$$\boldsymbol{\omega}_{\mathrm{L}}=-\frac{ge}{2m}\mu_0\boldsymbol{H} \tag{3.8.36}$$

表示一个角速度，称为 Larmor 进动频率，或写为

$$\boldsymbol{\omega}_{\mathrm{L}}=-\Gamma\boldsymbol{H} \tag{3.8.37}$$

其中

$$\Gamma=\frac{ge}{2m}\mu_0\approx\mu_0\ \frac{e}{m}=\text{旋磁比} \tag{3.8.38}$$

3) 铁氧体磁化矢量的运动方程

以上是单个电子自旋进动的经典概念。对于铁氧体介质，必须在下列条件下才能用经典方法处理。

(1) 在强磁场作用下，如电子自旋按一个方向排列，所有自发磁化在一个方向上。

(2) 在高频交变场作用下，畴壁的运动成为不可能(跟不上)。这时可以按处理顺磁体的经典方法来处理。

这时铁氧体介质可以视为按同一个方向排列起来的自旋电子，再加上交变场的作用。对于条件(2)我们可以认为它是能在不饱和情况下按经典方法处理的一个条件，因为壁的运动不可能，那么可以认为外磁场方向排列起来的磁矩是各个电子在该方向分量的平均值，而其他分量由于轴对称关系都互相抵消了。这时 μ，κ 中 ω_{m}，ω_0 等关系仍不变，但 H_0 与 M_0 不同。

从一般经典方法能应用的场合来看，在粒子的微观相互作用不起主要影响时都可以用经典方法，而在高频(畴间相互作用不存在)和(或)强外磁场情况下正好满足了这个要求。

建立如下经典模型的概念。

① 饱和磁化：各自旋电子顺同一方向排列，且在外加静场方向。

② 施一横向力（即加一横向磁场）使之拉开，然后放手，如不计损耗，则有一自由进动频率；如计损耗，有阻尼。

③ 连续施加外横向交变磁场，使之强迫进动。

因此，铁氧体作为旋磁介质的“自由状态”，就是在外场作用下自旋电子顺磁场排列的状态。交变场的作用只是迫使它离开这个状态的强迫作用。这与用经典方法处理一般电介质的情况相似。

图 3-12 是磁化矢量的示意图，由此只要令 $\boldsymbol{M}=\boldsymbol{N}\mu$，就可以导出磁化矢量的运动方程。

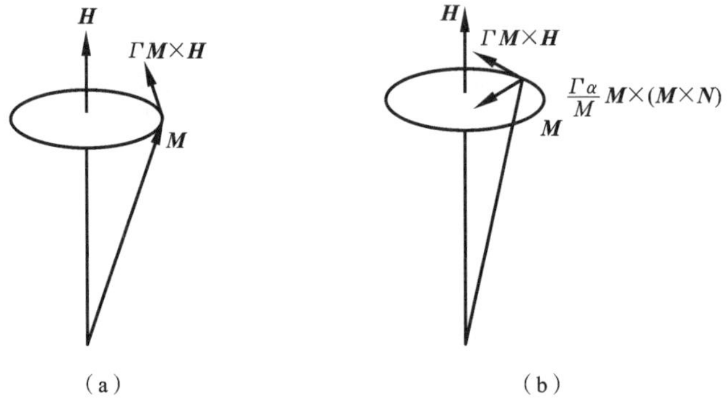

图 3-12　磁化矢量的示意图

无损耗时，由式(3.8.37)及 $\boldsymbol{M}=\boldsymbol{N}\mu$ 得

$$\frac{\mathrm{d}\boldsymbol{M}}{\mathrm{d}t}=\Gamma\boldsymbol{M}\times\boldsymbol{H} \tag{3.8.39}$$

有损耗时，采用朗道-利夫希兹方程的假定，得

$$\frac{\mathrm{d}\boldsymbol{M}}{\mathrm{d}t}=\Gamma(\boldsymbol{M}\times\boldsymbol{H})+\frac{\Gamma\alpha}{M}[\boldsymbol{M}\times(\boldsymbol{M}\times\boldsymbol{H})] \tag{3.8.40}$$

由此解出

$$\Gamma(\boldsymbol{M}\times\boldsymbol{H})=\frac{\mathrm{d}\boldsymbol{M}}{\mathrm{d}t}-\frac{\Gamma\alpha}{M}[\boldsymbol{M}\times(\boldsymbol{M}\times\boldsymbol{H})] \tag{3.8.41}$$

代入式(3.8.40)并忽略高次项，得到

$$\frac{\mathrm{d}\boldsymbol{M}}{\mathrm{d}t}=\Gamma(\boldsymbol{M}\times\boldsymbol{H})+\frac{\alpha}{M}\boldsymbol{M}\times\frac{\mathrm{d}\boldsymbol{M}}{\mathrm{d}t} \tag{3.8.42}$$

由于有损耗，进动将成为一个内卷螺旋线，因而最后自旋角动量与外场平行。这个时间很短，取决于 $\tau=\dfrac{1}{\omega\alpha}$。

如衰减因子 $\alpha=0.05$，$\omega=2\pi\times10^{10}$ Hz，那么 $\tau=3\times10^{-10}$ s。

在 SI 单位：

$$\Gamma=-2\pi\times3.5218\times10^{4}\ \mathrm{m/(A\cdot s)}=-2.21\times10^{5}\ \mathrm{m/(A\cdot s)}$$

在 CGS 单位：

$$\Gamma=-2\pi\times2.8026\times10^{6}(\text{秒})^{-1}(\text{奥})^{-1}$$

如 $H=1000$ 奥，则由 $\omega=-\Gamma H$，得 $f=2800$ MHz；$H=3200$ 奥，$f=9$ GHz。它们

都在微波波段。

3. 张量磁导率

在运动方程式(3.8.42)中，设 $\boldsymbol{H}=\boldsymbol{e}_z H_i+\boldsymbol{h}e^{-i\omega t}$，$\boldsymbol{M}=\boldsymbol{e}_z M_0+\boldsymbol{m}e^{-i\omega t}$，代入式(3.8.39)得

$$-i\omega\boldsymbol{m}e^{-i\omega t}=\Gamma[(\boldsymbol{e}_z M_0+\boldsymbol{m}e^{-i\omega t})\times(\boldsymbol{e}_z H_i+\boldsymbol{h}e^{-i\omega t})]$$
$$+\frac{\alpha}{M}(\boldsymbol{e}_z M_0+\boldsymbol{m}e^{-i\omega t})\times(-i\omega\boldsymbol{m}e^{-i\omega t}) \tag{3.8.43}$$

式中，H_i 是总的恒定内场，M_0 是给定温度下的饱和磁化强度。对这种表示式本来不允许作线性运算，但这里只处理小信号情形，$\boldsymbol{m}$，$\boldsymbol{h}$ 相对来说很小，可略去乘积项，而 H_i，M_0 又是定值，这就使线性化得到了保证。

又在分母中令 $M\approx M_0$，则

$$-i\omega\boldsymbol{m}e^{-i\omega t}=\Gamma[(\boldsymbol{e}_z M_0\times\boldsymbol{e}_z H_i+\boldsymbol{m}e^{-i\omega t}\times\boldsymbol{e}_z H_i+\boldsymbol{e}_z H_i+\boldsymbol{h}e^{-i\omega t})]$$
$$+\frac{\alpha}{M_0}(\boldsymbol{e}_z M_0\times(-i\omega\boldsymbol{m}e^{-i\omega t})) \tag{3.8.44}$$

即

$$-i\omega\boldsymbol{m}=\Gamma M_0(\boldsymbol{e}_z\times\boldsymbol{h})-\Gamma H_i(\boldsymbol{e}_z\times\boldsymbol{m})-i\omega\alpha(\boldsymbol{e}_z\times\boldsymbol{m}) \tag{3.8.45}$$

令 $\omega_0=-\Gamma H_i$，则

$$-i\omega\boldsymbol{m}=\Gamma M_0(\boldsymbol{e}_y h_x-\boldsymbol{e}_x h_y)+(\omega_0-i\omega\alpha)(\boldsymbol{e}_y m_x-\boldsymbol{e}_x m_y) \tag{3.8.46}$$

于是得到

$$\begin{cases}-i\omega m_x=-\Gamma M_0 h_y-(\omega_0-i\alpha\omega)m_y\\ -i\omega m_y=\Gamma M_0 h_x+(\omega_0-i\omega\alpha)m_x\\ -i\omega m_z=0\end{cases} \tag{3.8.47}$$

可见，实际上 h_z 无贡献，因而加上任意方向的小 h 与加上横向 h 的结果是一样的，由此解得

$$\begin{cases}m_x=\dfrac{+i\omega\Gamma M_0}{(\omega_0-i\alpha\omega)^2-\omega^2}h_y+\dfrac{-\Gamma M_0(\omega_0-i\omega\alpha)}{(\omega_0-i\alpha\omega)^2-\omega^2}h_x\\ m_y=\dfrac{-\Gamma M_0(\omega_0-i\omega\alpha)}{(\omega_0-i\alpha\omega)^2-\omega^2}h_y+\dfrac{-i\omega\Gamma M_0}{(\omega_0-i\alpha\omega)^2-\omega^2}h_x\end{cases} \tag{3.8.48}$$

令 $\omega_m=-\Gamma M_0$，$\chi=\dfrac{(\omega-i\alpha\omega)\omega_m}{(\omega_0-i\alpha\omega)^2-\omega^2}$，$\kappa=\dfrac{-\omega\omega_m}{(\omega_0-i\alpha\omega)^2-\omega^2}$，则

$$\begin{cases}m_x=\chi h_x+i\kappa h_y\\ m_y=-i\kappa h_x+\chi h_y\\ m_z=0\end{cases} \tag{3.8.49}$$

即

$$\boldsymbol{m}=\boldsymbol{\chi}\cdot\boldsymbol{h} \tag{3.8.50}$$

其中

$$\boldsymbol{\chi}=\begin{bmatrix}\chi & +i\kappa & 0\\ -i\kappa & \chi & 0\\ 0 & 0 & 0\end{bmatrix} \tag{3.8.51}$$

为简化表达符号，不在此用 χ_m 而只用 χ。令 $\boldsymbol{K}_m=\boldsymbol{I}+\boldsymbol{\chi}=$相对张量磁导率，则连续交变

的 $\boldsymbol{b},\boldsymbol{h}$ 的磁导率为 $b=\mu_0\boldsymbol{K}_m\cdot\boldsymbol{h}$，即

$$\mu_0\boldsymbol{K}_m=\mu_0(\boldsymbol{I}+\boldsymbol{\chi})=\mu_0\begin{bmatrix}1+\chi & i\kappa & 0\\ -i\kappa & 1+\chi & 0\\ 0 & 0 & 1\end{bmatrix}=\mu_0\begin{bmatrix}K_m & i\kappa & 0\\ -i\kappa & K_m & 0\\ 0 & 0 & 1\end{bmatrix} \tag{3.8.52}$$

又令 $\chi=\chi'+i\chi''$，$\kappa=\kappa'+i\kappa''$，代入式(3.8.52)再把分母有理化之后可得 χ'，χ''，κ'，κ''的表达式为

$$\begin{aligned}\chi'&=\frac{\omega_m\omega_0(\omega_0^2-\omega^2)+\omega_m\omega^2\alpha^2\omega_0}{[\omega_0^2-\omega^2(1+\alpha^2)]^2+4\omega^2\omega_0^2\alpha^2}\\ \chi''&=\frac{\omega_m\omega_0[\omega_0^2+\omega^2(1+\alpha^2)]}{[\omega_0^2-\omega^2(1+\alpha^2)]^2+4\omega^2\omega_0^2\alpha^2}\\ \kappa'&=\frac{-\omega_m\omega[\omega_0^2-\omega^2(1+\alpha^2)]}{[\omega_0^2-\omega^2(1+\alpha^2)]^2+4\omega^2\omega_0^2\alpha^2}\\ \kappa''&=\frac{-2\omega_0\omega^2\alpha\omega_m}{[\omega_0^2-\omega^2(1+\alpha^2)]^2+4\omega^2\omega_0^2\alpha^2}\end{aligned} \tag{3.8.53}$$

其中实部反映色散，虚部反映吸收。在无损耗时，$\alpha=0$，则

$$\chi=\frac{\omega_0\omega_m}{\omega_0^2-\omega^2},\quad \kappa=\frac{-\omega\omega_m}{\omega_0^2-\omega^2} \tag{3.8.54}$$

并且，还可以看出当外加恒定磁场的磁化方向反向(M_0反号)时，由式(3.8.48)知 χ 反号，κ 不反号。

从无损耗的结果看出，吸收与共振点在 $\omega=\omega_0$ 处。

有损耗时，设 α 很小，则 $\alpha^2\ll1$，那么

$$\kappa''=\frac{-2\omega_0\omega^2\alpha\omega_m}{(\omega_0^2-\omega^2)^2+4\omega^2\omega_0^2\alpha^2} \tag{3.8.55}$$

解 $\dfrac{d\kappa''}{d\omega}=0$，得

$$-4[(\omega_0^2-\omega^2)^2+4\omega^2\omega_0^2\alpha^2]+2\omega[8\omega\omega_0^2\alpha^2-4\omega(\omega_0^2+\omega^2)]=0 \tag{3.8.56}$$

即

$$\begin{cases}\omega_0^2-\omega^2=0\\ \omega_0^2-\omega^2+2\omega^2=0\rightarrow\omega_0^2+\omega^2=0\end{cases}$$

上式中第二个方程不合理，因为我们不能使频率成为虚数或负数。由此

$$\omega=\omega_0$$

亦即小损耗仍然在 $\omega=\omega_0=-\Gamma H_i$ 时吸收最强，铁氧体是旋性介质中的旋磁介质。电波在其中传播会导致极化(偏振)面的旋转，工程实践中，可以用它设计改变极化特性的特殊器件。

3.8.4 等离子体

具有足够带电粒子的电离气体，能在比之物理尺度小得多的距离内对本身形成静电屏蔽的物质称为等离子体，由电子(带负电荷)和正离子组成。可以自由运动的正负电荷在等离子体中密集聚集，且正负电荷密度近似相等，其整体呈电中性，介电系数为

$$\varepsilon_{plasma}=\varepsilon_0\left(1-\frac{\omega_p^2}{\omega_2}\right) \tag{3.8.57}$$

式中,参数

$$\omega_p=\sqrt{\frac{Nq^2}{m\varepsilon_0}} \tag{3.8.58}$$

称为等离子体的频率或电子振荡频率或 Langmuir 频率。其中 N 表示电子浓度,q 为电子电量,m 为电子质量。

这里不限于气体,也有固态等离子体(如钾)和液态等离子体(强电解质)。

处理等离子体的方法大致分为以下三种。

(1) 平衡理论。带电粒子之间的碰撞足以维持在等离子体内粒子的 Maxwell-Boltzmann速度分布规律。等离子体的运动特性和传输特性可由此种方法导出。

(2) 轨道理论。处理给定点的磁场中带电粒子的运动规律。粒子之间的碰撞不占主导地位,当碰撞的平均自由程远大于轨道特征尺度时,轨道理论是很好的近似。

(3) 磁流体动力模型。把 Maxwell 方程与经典的流体动力方程结合起来求解。在平均自由程远小于等离子体所研究的物理尺度时是很好的近似。

以下如不特别声明,则所讨论的是:① 由一个 $-e$ 和一个 $+e$ 组成的等离子体;② 中性原子(分子)存在,但不计及它们;③ 不计及相对论效应。这里 e 指一个电子的电量。

等离子体最重要的特性是保持电中性,即在每个宏观体积元内,正、负空间电荷倾向于平衡,对平衡稍有破坏就会引起强电场使之恢复平衡。如这种破坏始终存在,就会自动调整以使之与其余部分在很短的距离内隔离。

1. 等离子体的平面波特性

首先考虑等离子体的平面波特性。时谐场平面波方程的解为

$$\boldsymbol{E}(\boldsymbol{r})=\boldsymbol{E}_0\exp(\mathrm{i}\boldsymbol{k}\cdot\boldsymbol{r})$$

对于等离子体 $\mu=\mu_0$,将介电系数 ε_r 代入上式,得

$$\boldsymbol{k}\cdot\boldsymbol{k}=k^2=\omega^2\mu\varepsilon=\omega^2\mu_0\varepsilon_0\left(1-\frac{\omega_p^2}{\omega^2}\right) \tag{3.8.59}$$

设波矢量 $\boldsymbol{k}$ 沿 z 方向,即 $\boldsymbol{k}\cdot\boldsymbol{r}=kz$。当电磁波频率大于等离子体频率,即 $\omega>\omega_p$,由上式可得

$$k=\omega\sqrt{\mu_0\varepsilon_0}\sqrt{1-\frac{\omega_p^2}{\omega_2}}=\left(\frac{\omega_p}{c}\sqrt{\frac{\omega^2}{\omega_p^2}-1}\right) \tag{3.8.60}$$

式中,c 为真空中的波速。

这时,等离子体的相速度 $v_p>c$,群速度 $v_g<c$,如果工作频率远大于等离子体频率,则式(3.8.60)可近似为

$$k=\omega\sqrt{\mu_0\varepsilon_0}\sqrt{1-\frac{\omega_p^2}{\omega_2}}\approx\frac{\omega}{c}\left(1-\frac{\omega_p^2}{2\omega^2}\right) \tag{3.8.61}$$

当电磁波频率小于等离子体频率($\omega<\omega_p$)时,波矢量的值变为

$$k_I=\omega\sqrt{\mu_0\varepsilon_0}\sqrt{\frac{\omega_p^2}{\omega^2}-1} \tag{3.8.62}$$

代入时谐场平面波方程的解,得

$$\boldsymbol{E}=\boldsymbol{E}_0\exp(\mathrm{i}kz)\exp(\mathrm{i}\omega t)=\boldsymbol{E}_0\exp(-k_Iz)\exp(\mathrm{i}\omega t) \tag{3.8.63}$$

此时电磁波沿 z 方向呈指数衰减,没有传播,具体讨论过程见第 5 章。

根据以上讨论，在实际中，当 $\omega>\omega_p$ 时，超过等离子体频率的电磁波可以穿过电离层传播；相反，低于等离子体频率的电磁波不能在电离层中传播，会被反射回地面。短波通信使用 3～30 MHz 的频段，就是利用了地面发射的电磁波能够被电离层反射回地面从而形成远距离通信的。1901 年 Marconi（马可尼，1874—1937）使用风筝竖起的 400 英尺（1 英尺＝0.3048 米）天线，从英国发送信号（频率约 500 kHz），在加拿大东南角信号山（Signal Hill）接收，首次实现横过大西洋约 3540 km 的无线电信号传送。实际上这个信号已经两次被电离层反射。卫星通信使用微波频段 300 MHz～30 GHz，采用高频信号的目的是保证地面上发射的电磁波能够穿透电离层到达卫星。电离层对电波传播有极大的影响，目前电离层的应用涉及无线电通信、广播、导航、雷达定位以及宇宙航行等领域。

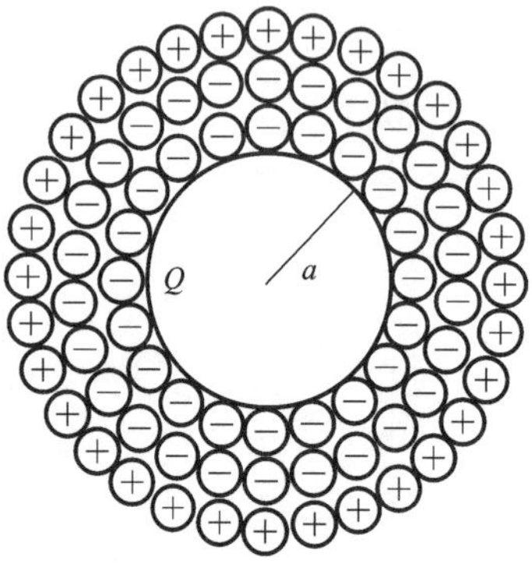

图 3-13 等离子体等效示意图

2. Debye 屏蔽距离与鞘

在等离子体内引入电荷为 Q，半径为 a 的小球，它会造成宏观体积电荷的出现，如图 3-13 所示，依照泊松方程有

$$\nabla^2\varphi=-\frac{\rho_e+\rho_i}{\varepsilon_0} \tag{3.8.64}$$

这里用 ε_0 是假定完全电离，或中性分子作用不明显。

按 Boltzmann 分布对处于势能场 U 中的气体，单位体积的分子数遵守下列规律：

$$n=n_0\mathrm{e}^{-\frac{U}{kT}} \tag{3.8.65}$$

式中，$k=1.380\times10^{-23}$ J/K，是波兹曼常数；T 是绝对温标度数。乘以 $-e$ 和 $+e$（以后均认为记号 e 即 $|e|$）得

$$\rho_e=-\rho_0\mathrm{e}^{\frac{e\varphi}{kT}},\quad \rho_i=\rho_0\mathrm{e}^{-\frac{e\varphi}{kT}} \tag{3.8.66}$$

由于 $-e$ 和 $+e$ 平衡，密度一样，故都用一个 ρ_0，于是

$$\rho_e+\rho_i=-(\rho_0\mathrm{e}^{\frac{e\varphi}{kT}}-\rho_0\mathrm{e}^{\frac{-e\varphi}{kT}})=-2\rho_0\sinh\left(\frac{e\varphi}{kT}\right) \tag{3.8.67}$$

故球对称场的泊松方程为

$$\frac{1}{r}\frac{\mathrm{d}^2}{\mathrm{d}r^2}(r\varphi)=\frac{\rho_0}{\varepsilon_0}2\sinh\left(\frac{e\varphi}{kT}\right) \tag{3.8.68}$$

此方程是非线性方程，在 $e\varphi\ll kT$，即位能≪热运动能时，它可以线性化为

$$\frac{1}{r}\frac{\mathrm{d}^2}{\mathrm{d}r^2}(r\varphi)=\frac{2\rho_0 e}{\varepsilon_0 kT}\varphi \tag{3.8.69}$$

令 $h^2=\dfrac{\varepsilon_0 kT}{2\rho_0 e}$，则 $\dfrac{\mathrm{d}^2}{\mathrm{d}r^2}(r\varphi)-\dfrac{1}{h^2}(r\varphi)=0$，它的解是

$$r\varphi=A\mathrm{e}^{-r/h}+B\mathrm{e}^{r/h} \tag{3.8.70}$$

边界条件要求，$r\to\infty$，$\varphi=0$，故 $B=0$；$r\to\alpha$，$\varphi=\dfrac{Q}{4\pi\varepsilon_0 a}$，所以

$$\varphi=\frac{Q}{4\pi\varepsilon_0 r}\mathrm{e}^{-(r-a)/h} \tag{3.8.71}$$

式中，$h=\sqrt{\dfrac{\varepsilon_0 kT}{2\rho_0 e}}=\sqrt{\dfrac{\varepsilon_0 kT}{2n_0 e^2}}$，称为 Debye 屏蔽距离。

Debye 屏蔽距离如图 3-14 所示。

3. 电子的零温度振荡

电子的零温度振荡条件：① 温度为 0 ℃，不计热运动；② 无碰撞；③ 离子视为不动；④ 无磁场；⑤ 扰动而引起的电子速度与密度变化是微小量。

设 N 是电子密度微扰量，则由

$$\frac{\partial \rho}{\partial t}+\nabla \cdot(\rho \boldsymbol{v})=0 \rightarrow \frac{\partial n}{\partial t}+\nabla \cdot(n \boldsymbol{v})=0 \tag{3.8.72}$$

$$m_{\mathrm{e}} \frac{\mathrm{d} \boldsymbol{v}}{\mathrm{d} t}=-e \boldsymbol{E} \rightarrow \frac{\partial \boldsymbol{v}}{\partial t}+(\boldsymbol{v} \cdot \nabla) \boldsymbol{v}=-\frac{e}{m_{\mathrm{e}}} \boldsymbol{E} \tag{3.8.73}$$

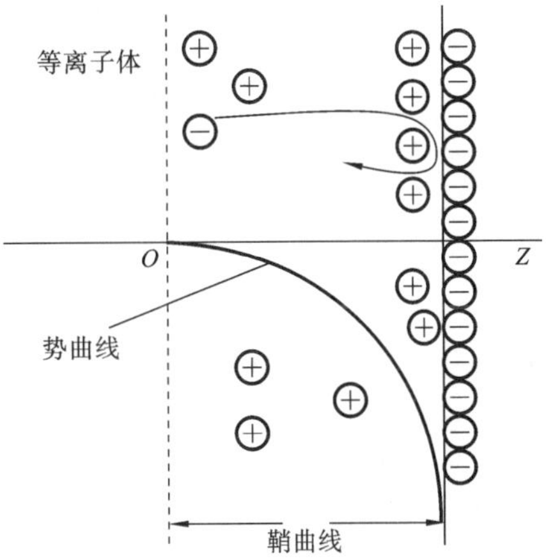

图 3-14 Debye 屏蔽距离

而$\nabla \cdot \boldsymbol{E}=\frac{e}{\varepsilon_0}(n_{+}-n_{-})$，计及 $n=n_0+N$，$|v|^2 \ll 1$，$n_{0+}=n_{0-}$，故得

$$\frac{\partial N}{\partial t}+n_0 \nabla \cdot \boldsymbol{v}=0 \tag{3.8.74}$$

$$\frac{\partial \boldsymbol{v}}{\partial t}=-\frac{e}{m_{\mathrm{e}}} \boldsymbol{E} \tag{3.8.75}$$

$$\nabla \cdot \boldsymbol{E}=-\frac{N e}{\varepsilon_0} \tag{3.8.76}$$

对式(3.8.74)的时间变量求偏导，对式(3.8.75)求散度，同时考虑式(3.8.76)得

$$\frac{\partial^2 N}{\partial t^2}+n_0 \nabla \cdot\left(\frac{\partial \boldsymbol{v}}{\partial t}\right)=0, \quad \frac{\partial}{\partial t}(\nabla \cdot \boldsymbol{v})=-\frac{e}{m_{\mathrm{e}}} \nabla \cdot \boldsymbol{E} \tag{3.8.77}$$

即

$$\frac{\partial^2 N}{\partial t^2}+n_0 \frac{\partial}{\partial t} \nabla \cdot \boldsymbol{v}=\frac{\partial^2 N}{\partial t^2}-n_0 \frac{e}{m_{\mathrm{e}}} \nabla \cdot \boldsymbol{E}=0 \tag{3.8.78}$$

$$\frac{\partial^2 N}{\partial t^2}+n_0 \frac{e^2}{m_{\mathrm{e}} \varepsilon_0} N=0 \tag{3.8.79}$$

而

$$\omega_{\mathrm{pe}}^2=\frac{n_0 e^2}{\varepsilon_0 m_{\mathrm{e}}} \tag{3.8.80}$$

称为等离子频率。它的变化范围从实验室的等离子体到天空电离层，从低频端 $10^4 \sim 10^5$ Hz 到紫外 $10^{15} \sim 10^{16}$ Hz。

4. 张量介电系数

0 ℃时，等离子体视为非铁磁介质，对第 k 类粒子无碰撞的运动方程为

$$m_k=\frac{\mathrm{d} \boldsymbol{v}_k}{\mathrm{d} t}=j e Z_k \boldsymbol{E}+j e Z_k(\boldsymbol{v}_k \times \boldsymbol{B}) \tag{3.8.81}$$

式中，记号 j 对正粒子为$+1$，对负粒子为-1，Z_k为第 k 类粒子电子电荷数(原子序数)。

$\boldsymbol{B}=\boldsymbol{e}_z B_0$ 是静磁场不包含波场的磁分量，这是由于波的电场对粒子的作用力远大于磁场对粒子的作用，因为

$$\frac{F_{\mathrm{e}}}{F_M}=\frac{e E_x}{\mu_0 e v H_y}=\frac{E_x}{v} \frac{E_x}{\sqrt{\mu_0 \varepsilon_0} E_x}=\frac{c}{v} \gg 1 \tag{3.8.82}$$

于是式(3.8.81)变为(对 $e^{-i\omega t}$,注意 j 与 i 的差别,i 是 -1 的平方根)

$$\begin{cases} -i\omega v_{xk}=j\dfrac{eZ_k}{m_k}E_x+j\omega_{ck}v_{yk} \\ -i\omega v_{yk}=j\dfrac{eZ_k}{m_k}E_y-j\omega_{ck}v_{yk} \\ -i\omega v_{zk}=j\dfrac{eZ_k}{m_k}E_z \end{cases} \tag{3.8.83}$$

式中,$\omega_{ck}=\dfrac{eZ_k}{m_k}B_0$ 是第 k 种粒子的旋磁频率。

由此解出

$$\begin{cases} v_{xk}=\dfrac{eZ_k}{m_k}\dfrac{-i\omega jE_x+\omega_{ck}E_y}{\omega_{ck}^2-\omega^2} \\ v_{yk}=\dfrac{eZ_k}{m_k}\dfrac{-i\omega jE_y-\omega_{ck}E_x}{\omega_{ck}^2-\omega^2} \\ v_{zk}=\dfrac{eZ_kjE_z}{-i\omega m_k} \end{cases} \tag{3.8.84}$$

另一方面,将式(3.8.84)代入 $\nabla\times\boldsymbol{H}=\boldsymbol{J}-i\omega\varepsilon_0\boldsymbol{E}=\sum\limits_k\rho_k\boldsymbol{v}_k-i\omega\varepsilon_0\boldsymbol{E}=-i\omega\mu_0\boldsymbol{\varepsilon}\cdot\boldsymbol{E}$,得

$$\boldsymbol{\varepsilon}=\begin{bmatrix} \varepsilon_1 & -i\varepsilon_2 & 0 \\ i\varepsilon_2 & \varepsilon_1 & 0 \\ 0 & 0 & \varepsilon_3 \end{bmatrix} \tag{3.8.85}$$

式中

$$\begin{cases} \varepsilon_1=\varepsilon_0\left(1-\sum\limits_k\dfrac{\omega_{pk}^2}{\omega^2-\omega_{ck}^2}\right) \\ \varepsilon_2=\varepsilon_0\sum\limits_k\dfrac{j\omega_{ck}\omega_{pk}^2}{\omega(\omega^2-\omega_{ck}^2)} \\ \varepsilon_3=\varepsilon_0\left(1-\sum\limits_k\dfrac{\omega_{pk}^2}{\omega^2}\right) \end{cases} \tag{3.8.86}$$

而 $\omega_{pk}^2=\dfrac{jeZ_kp_k}{m_k\varepsilon_0}=\dfrac{e^2Z_k^2n_k}{m_k\varepsilon_0}$是第 k 种粒子的等离子频率。在高频时除电子外,其他重粒子的贡献可以忽略。此时取 $Z_k=1$,$j=-1$,命 $\omega_{pk}^2\to\omega_{pe}^2\to\omega_p^2$,则式(3.8.86)化简为

$$\begin{cases} \varepsilon_1=\varepsilon_0\left(1-\dfrac{\omega_p^2}{\omega_c^2-\omega^2}\right) \\ \varepsilon_2=\varepsilon_0\dfrac{\omega_c\omega_p^2}{\omega(\omega_c^2-\omega^2)} \\ \varepsilon_3=\varepsilon_0\left(1-\dfrac{\omega_p^2}{\omega^2}\right) \end{cases} \tag{3.8.87}$$

式中

$$\omega_p^2=\frac{e^2n_0}{m_e\varepsilon_0},\quad \omega_c^2=\frac{eB_0}{m_e}$$

后者称为电子回旋频率。

为了研究与静磁场不同方向的传播,下面是静磁场 $\boldsymbol{B}=\boldsymbol{e}_xB_0$ 时的张量介电系数

$$\varepsilon=\begin{bmatrix}\varepsilon_1 & 0 & 0\\ 0 & \varepsilon_3 & -\mathrm{i}\varepsilon_2\\ 0 & \mathrm{i}\varepsilon_2 & \varepsilon_3\end{bmatrix} \tag{3.8.88}$$

又称为磁场偏置的张量介电系数，其中

$$\varepsilon_1=\varepsilon_0\left(1-\frac{\omega_p^2}{\omega^2}\right),\quad \varepsilon_2=\varepsilon_0\,\frac{\omega_c}{\omega}\frac{\omega_p^2}{(\omega_c^2-\omega^2)},\quad \varepsilon_3=\varepsilon_0\left(1+\frac{\omega_p^2}{\omega_c^2-\omega^2}\right) \tag{3.8.89}$$

3.8.5 各向异性电介质

有些介质的极化特性与电场强度方向有关，即电极化率与电场强度方向有关，这类介质称为各向异性介质。各向异性介质中，电极化强度的某一坐标分量不仅与电场强度相应的坐标分量有关，而且还与电场强度的其他坐标分量有关。这类介质的电极化强度与电场强度的关系为

$$\begin{bmatrix}P_x\\ P_y\\ P_z\end{bmatrix}=\varepsilon_0\begin{bmatrix}\chi_{e11} & \chi_{e12} & \chi_{e13}\\ \chi_{e21} & \chi_{e22} & \chi_{e23}\\ \chi_{e31} & \chi_{e32} & \chi_{e33}\end{bmatrix}\cdot\begin{bmatrix}E_x\\ E_y\\ E_z\end{bmatrix} \tag{3.8.90}$$

晶体就是一种典型的各向异性介质。在地球磁场的作用下，地球上空的电离层也属于各向异性介质。空间各点电极化率相同的介质称为均匀介质，否则称为非均匀介质。电极化率的值与电场强度的大小无关的介质称为线性介质，否则称为非线性介质。若电极化率是正实常数，则式(3.1.2)适用于线性均匀、各向同性介质。若式(3.8.90)的矩阵中各个元素都是实常数，则该式适用于线性均匀、各向异性介质。电极化率与时间无关的介质称为静止介质，反之称为运动介质。

为了得到各向异性介质中极化强度分量（P_x、P_y、P_z）与电场强度分量（E_x、E_y、E_z）的关系式，当介质在 x 方向受电场 E_x 作用时，不仅在 x 方向上出现了极化强度，而且在 y 和 z 方向上也出现了极化强度分量。它们与 E_x 的关系是

$$P_x^{(1)}=\chi_{11}E_x,\quad P_y^{(1)}=\chi_{21}E_x,\quad P_z^{(1)}=\chi_{31}E_x$$

同理，在介质的 y，z 方向上分别受到电场作用时，产生的极化强度分量为

$$P_x^{(2)}=\chi_{12}E_y,\quad P_y^{(2)}=\chi_{22}E_y,\quad P_z^{(2)}=\chi_{32}E_y$$

$$P_x^{(3)}=\chi_{13}E_z,\quad P_y^{(3)}=\chi_{23}E_z,\quad P_z^{(3)}=\chi_{33}E_z$$

而通过实验得知，所有的介质都存在 $\chi_{12}=\chi_{21}$，$\chi_{13}=\chi_{31}$，$\chi_{23}=\chi_{32}$，即独立的极化率系数只有 6 个，所以上式可以改成

$$P_x=\chi_{11}E_x+\chi_{12}E_y+\chi_{13}E_z$$

$$P_y=\chi_{12}E_x+\chi_{22}E_y+\chi_{23}E_z$$

$$P_z=\chi_{13}E_x+\chi_{23}E_y+\chi_{33}E_z$$

式中，χ 的大小由材料的介电性质决定。由此可见，对于各向异性介质，沿 x 方向的极化强度分量 P_x 不仅与 x 方向的电场 E_x 有关，还与 y，z 方向的电场分量有关；同理，P_y，P_z 也分别与 E_x，E_y，E_z 存在线性关系。描述电介质材料介电性质的极化率有 6 个独立分量，表示极化率既不是标量，也不是矢量，而是二级对称张量，它与 $\boldsymbol{E}$，$\boldsymbol{P}$ 的方向有关。对于各向异性极化，极化率有如式(3.8.90)的张量形式，介电常数有如下形式：

$$\boldsymbol{\varepsilon}=\varepsilon_0\begin{bmatrix}\varepsilon_{11} & \varepsilon_{12} & \varepsilon_{13}\\ \varepsilon_{21} & \varepsilon_{22} & \varepsilon_{23}\\ \varepsilon_{31} & \varepsilon_{32} & \varepsilon_{33}\end{bmatrix} \tag{3.8.91}$$

张量$[\varepsilon_{ij}]$$(i, j=1, 2, 3)$称为相对介电常数张量，张量的各分量分别对应式(3.8.90)的极化率张量，即 $\varepsilon_{ij}=1+\chi_{ij}$。对于各向异性的均匀介质，静态场的高斯定律和环路定律仍然可由式(3.2.4)和式(3.2.5)表示，这里 $\boldsymbol{D}$ 和 $\boldsymbol{E}$ 的关系表示为

$$\boldsymbol{D}=\boldsymbol{\varepsilon}\cdot\boldsymbol{E} \tag{3.8.92}$$

即

$$\begin{bmatrix}D_x\\ D_y\\ D_z\end{bmatrix}=\begin{bmatrix}\varepsilon_{xx} & \varepsilon_{xy} & \varepsilon_{xz}\\ \varepsilon_{yx} & \varepsilon_{yy} & \varepsilon_{yz}\\ \varepsilon_{zx} & \varepsilon_{zy} & \varepsilon_{zz}\end{bmatrix}\begin{bmatrix}E_x\\ E_y\\ E_z\end{bmatrix} \tag{3.8.93}$$

在这种关系下电场能量密度应写为

$$w_{\mathrm{e}}=\frac{1}{2}\boldsymbol{E}\cdot\boldsymbol{D}=\frac{1}{2}\boldsymbol{E}\cdot\boldsymbol{\varepsilon}\cdot\boldsymbol{E} \tag{3.8.94}$$

如果介质的磁性是各向同性的，则

$$w_{\mathrm{m}}=\frac{1}{2}\boldsymbol{B}\cdot\boldsymbol{H}=\frac{1}{2}\mu H^2 \tag{3.8.95}$$

设介质无损耗，电导率 $\sigma=0$，则微分体积中的 Poynting 定理为

$$-\nabla\cdot(\boldsymbol{E}\times\boldsymbol{H})=\boldsymbol{H}\cdot\frac{\partial\boldsymbol{B}}{\partial t}+\boldsymbol{E}\cdot\frac{\partial\boldsymbol{D}}{\partial t} \tag{3.8.96}$$

在式(3.8.95)中

$$\boldsymbol{H}\cdot\frac{\partial\boldsymbol{B}}{\partial t}=\frac{\partial}{\partial t}\left(\frac{1}{2}\mu H^2\right)=\frac{\partial}{\partial t}w_{\mathrm{m}}$$

$$\boldsymbol{E}\cdot\frac{\partial\boldsymbol{D}}{\partial t}=\boldsymbol{E}\cdot\boldsymbol{\varepsilon}\cdot\frac{\partial\boldsymbol{E}}{\partial t} \tag{3.8.97}$$

但是从式(3.8.94)知

$$\begin{aligned}\frac{\partial}{\partial t}w_{\mathrm{e}}&=\frac{\partial}{\partial t}\left(\frac{1}{2}\boldsymbol{E}\cdot\boldsymbol{\varepsilon}\cdot\boldsymbol{E}\right)=\frac{1}{2}\left(\frac{\partial\boldsymbol{E}}{\partial t}\cdot\boldsymbol{\varepsilon}\cdot\boldsymbol{E}+\boldsymbol{E}\cdot\boldsymbol{\varepsilon}\cdot\frac{\partial\boldsymbol{E}}{\partial t}\right)\\ &=\frac{1}{2}\left(\boldsymbol{E}\cdot\boldsymbol{\varepsilon}^{\mathrm{T}}\cdot\frac{\partial\boldsymbol{E}}{\partial t}+\boldsymbol{E}\cdot\boldsymbol{\varepsilon}\cdot\frac{\partial\boldsymbol{E}}{\partial t}\right)=\boldsymbol{E}\cdot\frac{1}{2}(\boldsymbol{\varepsilon}^{\mathrm{T}}+\boldsymbol{\varepsilon})\cdot\frac{\partial\boldsymbol{E}}{\partial t}\end{aligned} \tag{3.8.98}$$

可见如果要求式(3.8.97)能够表示电场能量 ω_{e} 的时间导数，则必须与式(3.8.98)相等，即介电系数张量应为

$$\boldsymbol{\varepsilon}=\frac{1}{2}(\boldsymbol{\varepsilon}+\boldsymbol{\varepsilon}^{\mathrm{T}}) \tag{3.8.99}$$

在一般情况下，$\boldsymbol{\varepsilon}$ 总可以写为对称部分和反对称部分之和，即

$$\boldsymbol{\varepsilon}=\frac{1}{2}(\boldsymbol{\varepsilon}+\boldsymbol{\varepsilon}^{\mathrm{T}})+\frac{1}{2}(\boldsymbol{\varepsilon}-\boldsymbol{\varepsilon}^{\mathrm{T}}) \tag{3.8.100}$$

其中 $\boldsymbol{\varepsilon}^{\mathrm{T}}$是 $\boldsymbol{\varepsilon}$ 的转置。可见，要求式(3.8.100)与式(3.8.99)相等，必须

$$\boldsymbol{\varepsilon}=\boldsymbol{\varepsilon}^{\mathrm{T}} \tag{3.8.101}$$

在这个条件下式(3.8.98)与式(3.8.97)等效。因此，如果要求式(3.8.96)中的右方第二项表示电场能量密度的时间导数，则必须要求介电系数张量是对称的，即式(3.8.101)在式(3.8.93)中体现为

$$\boldsymbol{\varepsilon}_{kl}=\boldsymbol{\varepsilon}_{lk} \tag{3.8.102}$$

这里 k,l 分别代表了 x,y,z。

由式(3.8.94)及式(3.8.102)可以写出下列展开式：

$$\varepsilon_{xx}E_x^2+\varepsilon_{yy}E_y^2+\varepsilon_{zz}E_z^2+2\varepsilon_{yz}E_yE_z+2\varepsilon_{xz}E_xE_y+2\varepsilon_{xy}E_xE_y=2w_e \tag{3.8.103}$$

如果把 E_x,E_y,E_z 当作空间坐标，则式(3.8.103)表示在此空间的一个二次曲面。且由于 $\omega_e>0$ 是正定二次曲面，因此式(3.8.93)代表椭球面。既然如此，可以通过坐标变换使式(3.8.103)中的三个坐标转到椭球的主轴方向。则式(3.8.103)变为

$$\varepsilon_xE_x^2+\varepsilon_yE_y^2+\varepsilon_zE_z^2=2w_e=\text{常数} \tag{3.8.104}$$

由此在椭球面的坐标系中式(3.8.103)转化为

$$\begin{bmatrix}D_x\\D_y\\D_z\end{bmatrix}=\begin{bmatrix}\varepsilon_x&0&0\\0&\varepsilon_y&0\\0&0&\varepsilon_z\end{bmatrix}\begin{bmatrix}E_x\\E_y\\E_z\end{bmatrix} \tag{3.8.105}$$

在光学中存在晶体的光轴，表示平面电磁波在沿着它传播时的行为与在各向同性介质中的一样。如果某种晶体只有一个光轴就称为单轴晶体，有两个这样的光轴称为双轴晶体。

对单轴晶体，如果传播方向沿着光轴，而光轴又和 z 轴同方向，如图 3-15 所示，则电磁波的各向同性就表明

$$\begin{bmatrix}D_x\\D_y\\D_z\end{bmatrix}=\begin{bmatrix}\varepsilon&0&0\\0&\varepsilon&0\\0&0&\varepsilon_z\end{bmatrix}\begin{bmatrix}E_x\\E_y\\E_z\end{bmatrix} \tag{3.8.106}$$

即

$$\boldsymbol{D}=\boldsymbol{\varepsilon}\cdot\boldsymbol{E} \tag{3.8.107}$$

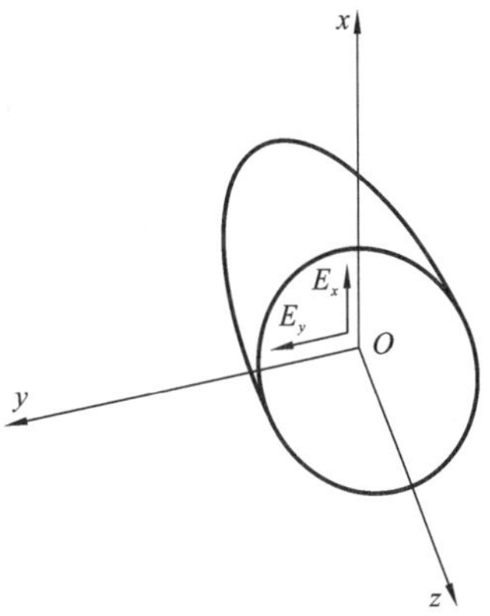

图 3-15　单轴晶体的示意图

也就是说，在式(3.8.105)中应有 $\varepsilon_x,\varepsilon_y,\varepsilon_z$。此时它所表示的电场能量密度椭球是以 z 为坐标轴的旋转椭球。对于单轴晶体，我们总可以找到这样的光轴使之与球的一个主轴相合，在另外两个主轴的平面上则体现为场矢量的各向同性。所以，从式(3.8.106)可知，对单轴晶体张量介电系数可记为

$$\boldsymbol{\varepsilon}=\begin{bmatrix}\varepsilon&0&0\\0&\varepsilon&0\\0&0&\varepsilon_z\end{bmatrix} \tag{3.8.108}$$

至于双轴晶体，转到主轴方向的张量介电系数的表示式，从式(3.8.108)体现为

$$\boldsymbol{\varepsilon}=\begin{bmatrix}\varepsilon_x&0&0\\0&\varepsilon_y&0\\0&0&\varepsilon_z\end{bmatrix} \tag{3.8.109}$$

但是，它的两个光轴并不与任何一个主轴相重合，它的光轴方向是垂直于与椭球面相切的同时切痕为圆面的那个平面的方向。对于一般椭球来说，这样的平面有两个，所以双轴晶体有两个确定的光轴方向。

表 3-2 简单地举例说明 $\varepsilon_x,\varepsilon_y,\varepsilon_z$ 的具体数值。

表 3-2 $\varepsilon_x,\varepsilon_y,\varepsilon_z$ 的具体数值

材　　料	$\varepsilon_x/\varepsilon_0$ 　$\varepsilon_y/\varepsilon_0$ 　$\varepsilon_z/\varepsilon_0$	性　　质
食盐	←— 5.6 —→	各向同性
石英	←— 4.5 —→ 4.6	单轴晶体
金刚石	←— 89 —→ 173	单轴晶体
石膏	9.9 　5.1 　5.0	双轴晶体

以上 $\boldsymbol{\varepsilon}$ 为实对称矩阵的情形。在电离层和铁氧体中如果外加静磁场在 $\hat{z}$ 方向，$\boldsymbol{B}=\boldsymbol{B}_0\hat{z}$。则对定频 ω，应用算子 $\mathrm{e}^{-\mathrm{i}\omega t}=\dfrac{\partial}{\partial t}$ 可以导出下列形式的张量介电系数和磁导率系数：

$$\boldsymbol{\varepsilon}=\begin{bmatrix}\varepsilon & -\mathrm{i}\varepsilon_y & 0\\ \mathrm{i}\varepsilon_y & \varepsilon & 0\\ 0 & 0 & \varepsilon_z\end{bmatrix}\quad 和\quad \boldsymbol{\mu}=\begin{bmatrix}\mu & -\mathrm{i}\mu_y & 0\\ \mathrm{i}\mu_y & \mu & 0\\ 0 & 0 & \mu_z\end{bmatrix}$$

它们是复对称矩阵，即厄米矩阵，参见式(3.8.52)和式(3.8.85)。

考虑到最一般的双各向异性介质的情况，可以有 3 种表示形式，一种是用 $\boldsymbol{E}$、$\boldsymbol{B}$ 表示 $\boldsymbol{D}$、$\boldsymbol{H}$，即

$$\begin{bmatrix}c\boldsymbol{D}\\ \boldsymbol{H}\end{bmatrix}=\begin{bmatrix}\boldsymbol{P} & \boldsymbol{L}\\ \boldsymbol{M} & \boldsymbol{Q}\end{bmatrix}\cdot\begin{bmatrix}\boldsymbol{E}\\ c\boldsymbol{B}\end{bmatrix}=\boldsymbol{C}\cdot\begin{bmatrix}\boldsymbol{E}\\ c\boldsymbol{B}\end{bmatrix}\tag{3.8.110}$$

式中，标量 c 是真空中的光速，这样写是为以后某些地方运算方便，而

$$\boldsymbol{C}=\begin{bmatrix}\boldsymbol{P} & \boldsymbol{L}\\ \boldsymbol{M} & \boldsymbol{Q}\end{bmatrix}\tag{3.8.111}$$

第二种形式是用 $\boldsymbol{E}$、$\boldsymbol{H}$ 表示 $\boldsymbol{B}$、$\boldsymbol{D}$，即

$$\begin{bmatrix}\boldsymbol{D}\\ \boldsymbol{B}\end{bmatrix}=\begin{bmatrix}\boldsymbol{\varepsilon} & \boldsymbol{\xi}\\ \boldsymbol{\zeta} & \boldsymbol{\mu}\end{bmatrix}\cdot\begin{bmatrix}\boldsymbol{E}\\ \boldsymbol{H}\end{bmatrix}=\boldsymbol{C}_{\mathrm{EH}}\cdot\begin{bmatrix}\boldsymbol{E}\\ \boldsymbol{H}\end{bmatrix}\tag{3.8.112}$$

而

$$\boldsymbol{C}_{\mathrm{EH}}=\begin{bmatrix}\boldsymbol{\varepsilon} & \boldsymbol{\xi}\\ \boldsymbol{\zeta} & \boldsymbol{\mu}\end{bmatrix}\tag{3.8.113}$$

第三种形式是用 $\boldsymbol{D}$，$\boldsymbol{B}$ 表示 $\boldsymbol{E}$，$\boldsymbol{H}$，即

$$\begin{bmatrix}\boldsymbol{E}\\ \boldsymbol{H}\end{bmatrix}=\begin{bmatrix}\boldsymbol{\kappa} & \boldsymbol{\chi}\\ \boldsymbol{\gamma} & \boldsymbol{\upsilon}\end{bmatrix}\cdot\begin{bmatrix}\boldsymbol{D}\\ \boldsymbol{B}\end{bmatrix}=\boldsymbol{C}_{\mathrm{DB}}\begin{bmatrix}\boldsymbol{D}\\ \boldsymbol{B}\end{bmatrix}\tag{3.8.114}$$

而

$$\boldsymbol{C}_{\mathrm{DB}}=\begin{bmatrix}\boldsymbol{\kappa} & \boldsymbol{\chi}\\ \boldsymbol{\gamma} & \boldsymbol{\upsilon}\end{bmatrix}\tag{3.8.115}$$

显然有

$$\boldsymbol{C}_{\mathrm{DB}}=\boldsymbol{C}_{\mathrm{EH}}^{-1}\tag{3.8.116}$$

式(3.8.110)和式(3.8.112)的线性方程组，经过代换和简单的代数演算可以求得式(3.8.113)和式(3.8.115)的各量与式(3.8.111)中各量的关系为

$$\boldsymbol{C}_{\mathrm{EH}}=\begin{bmatrix}\boldsymbol{\varepsilon} & \boldsymbol{\xi}\\ \boldsymbol{\zeta} & \boldsymbol{\mu}\end{bmatrix}=\frac{1}{c}\begin{bmatrix}\boldsymbol{P}-\boldsymbol{L}\cdot\boldsymbol{Q}^{-1}\cdot\boldsymbol{M} & \boldsymbol{L}\cdot\boldsymbol{Q}^{-1}\\ -\boldsymbol{Q}^{-1}\cdot\boldsymbol{M} & \boldsymbol{Q}^{-1}\end{bmatrix}\tag{3.8.117}$$

$$\boldsymbol{C}_{\mathrm{DB}}=\begin{bmatrix}\boldsymbol{\kappa} & \boldsymbol{\chi}\\ \boldsymbol{\gamma} & \boldsymbol{\upsilon}\end{bmatrix}=c\begin{bmatrix}\boldsymbol{P}^{-1} & -\boldsymbol{P}^{-1}\cdot\boldsymbol{L}\\ -\boldsymbol{M}\cdot\boldsymbol{P}^{-1} & \boldsymbol{Q}-\boldsymbol{M}\cdot\boldsymbol{P}^{-1}\end{bmatrix} \tag{3.8.118}$$

在这种一般性关系式中，当 $\boldsymbol{C}$ 是空间函数时，称为非均匀介质；当 $\boldsymbol{C}$ 是时间函数时，称为非静止介质；当 $\boldsymbol{C}$ 是对时间的导数的函数时，称为时间色散介质（对定频 $\boldsymbol{C}=\boldsymbol{C}(\omega)$）；当 $\boldsymbol{C}$ 为对空间导数的函数时，称为空间色散介质（对定频 $\boldsymbol{C}=\boldsymbol{C}(\boldsymbol{k})$，$\boldsymbol{k}$ 是波矢量）；当 $\boldsymbol{C}$ 是场的函数 $\boldsymbol{C}=\boldsymbol{C}(\boldsymbol{E},\boldsymbol{H})$ 时，称为非线性介质。另外 $\boldsymbol{C}$ 的量纲与导纳相同。

对定频 ω，由复 Poynting 定理（$\sigma=0$）得

$$\nabla\cdot(\boldsymbol{E}\times\boldsymbol{H}^*)=\mathrm{i}\omega(\boldsymbol{B}\cdot\boldsymbol{H}^*-\boldsymbol{E}\cdot\boldsymbol{D}^*) \tag{3.8.119}$$

式中，上标“$*$”表示共轭变量。

时间平均能流为

$$\langle\boldsymbol{S}\rangle=\frac{1}{2}\mathrm{Re}(\boldsymbol{E}\times\boldsymbol{H}^*) \tag{3.8.120}$$

故

$$\langle\nabla\cdot\boldsymbol{S}\rangle=\frac{1}{2}\mathrm{Re}[\mathrm{i}\omega(\boldsymbol{B}\cdot\boldsymbol{H}^*-\boldsymbol{E}\cdot\boldsymbol{D}^*)] \tag{3.8.121}$$

利用复数关系 $\mathrm{Re}(z)=\frac{1}{2}(z+z^*)$、$\boldsymbol{E}\cdot\boldsymbol{P}^*\cdot\boldsymbol{E}^*=\boldsymbol{E}^*\cdot\boldsymbol{P}^+\cdot\boldsymbol{E}$ 以及式(3.8.110)可将式(3.8.121)变为用 $\boldsymbol{E}$，$\boldsymbol{B}$ 表示，则得

$$\langle\nabla\cdot\boldsymbol{S}\rangle=\frac{1}{4}\mathrm{i}\omega\Big[\frac{1}{c}\boldsymbol{E}^*(\boldsymbol{P}-\boldsymbol{P}^+\cdot\boldsymbol{E}+c\boldsymbol{B}^*\cdot(\boldsymbol{Q}^+-\boldsymbol{Q})\cdot\boldsymbol{B})$$

$$+\boldsymbol{E}^*\cdot(\boldsymbol{L}+\boldsymbol{M}^+)\cdot\boldsymbol{B}-\boldsymbol{B}^*\cdot(\boldsymbol{L}^++\boldsymbol{M})\cdot\boldsymbol{E}\Big] \tag{3.8.122}$$

若 $\langle\nabla\cdot\boldsymbol{S}\rangle>0$，则有源；若 $\langle\nabla\cdot\boldsymbol{S}\rangle<0$，则无源有耗；若 $\langle\nabla\cdot\boldsymbol{S}\rangle=0$，则无耗。于是由式(3.8.122)得无耗条件为

$$\boldsymbol{P}=\boldsymbol{P}^+,\quad \boldsymbol{Q}=\boldsymbol{Q}^+,\quad \boldsymbol{M}=-\boldsymbol{L}^+ \tag{3.8.123}$$

式中，记号“$+$”表示共轭转置。如果为非频散介质，则

$$\boldsymbol{P}=\boldsymbol{P}^{\mathrm{T}},\quad \boldsymbol{Q}=\boldsymbol{Q}^{\mathrm{T}},\quad \boldsymbol{M}=-\boldsymbol{L}^{\mathrm{T}} \tag{3.8.124}$$

式中，记号“T”表示转置。式(3.8.123)和式(3.8.124)称为无耗介质的对称条件。

3.9　人工电磁介质——超颖材料

超颖材料是一种新型的人工结构材料。超颖材料的定义是“具有天然材料所不具备的超常物理性质的人工复合结构或复合材料”，即通过将某种几何结构的单元嵌入传统的介质材料中，构造出自然界中天然材料所不具备的物理特性。英文 metamaterial（超颖材料）一词是由美国德州大学奥斯汀分校的 Rodger M. Walser 教授在 1999 年提出的。因为这种材料只能通过人工设计和制造，所以它可以显现出天然材料达不到的特性。超颖材料可以通过人工“安排”，使光线弯曲。如果光线照到这种材料上会主动“绕弯”过去，因而被这种材料包裹的物体就具有了隐身作用。在力学方面，可以使这种材料具有“负”的等效弹性模量以及质量密度等。本节主要介绍超颖材料在电磁场工程中的应用。

3.9.1 左手材料

麦克斯韦理论表明，电磁波在普通介质中传播时遵循右手定则。而韦谢拉戈给出了一种奇异结构，在这种介质中，电场强度、磁场强度和电磁波波矢量遵循左手定则，由此这种奇异结构材料称为左手材料(left handed materials，LHMs)。

左手材料是近年来新发现的某些物理特性完全不同于常规材料的新型材料，在电磁波某些频段能产生负介电常数和负磁导率，导致电磁波传播方向与能量传播方向相反，产生逆多普勒效应、逆 Snell 折射效应、逆 Cerenkov 辐射效应，以及“完美透镜”等奇异的电磁特性。这些特性可望在信息技术、军事技术等领域获得重要应用。

2000 年，首个有效折射率 $n<0$ 的左手材料由美国加利福尼亚大学 San Diego 分校的 D. R. Smith 等利用金属线阵列($\varepsilon<0$)与开口谐振环(split ring resonators，SRRs)($\mu<0$)组合实现。虽然这种简单组合两种结构的方式可能会因为金属线阵列而破坏 SRRs 的谐振功能，然而 Smith 及其研究小组成员仍然通过一系列的实验测试证明了这种复合结构确实存在负折射率。图 3-16(a)所示的为他们所设计的单轴复合材料，其中，金属线的直径为 0.8 mm，SRRs 的谐振频率 $\omega_0=4.845$ GHz。结合等离子体介电介质和磁谐振介质的色散模型可以得到

$$k^2=\frac{\varepsilon\mu\omega^2}{c^2}=\frac{(\omega^2-\omega_p^2)(\omega^2-\omega_m^2)}{c^2(\omega^2-\omega_0^2)} \tag{3.9.1}$$

这里 ω_p 和 ω_m 分别表示电等离子体频率和磁等离子体频率，ω_0 为磁谐振频率($\omega_m=\omega_0/\sqrt{(1-f)}$)。如果 ω_p 为几个中心频率中的最大值，则得到的通带区域为 $\omega_0<\omega<\omega_m$。

(a) 单轴复合材料

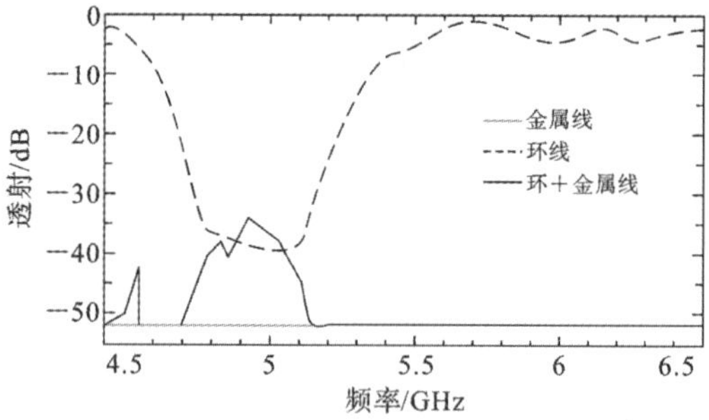

(b) 波导透射曲线

(c) 二维左手材料棱镜

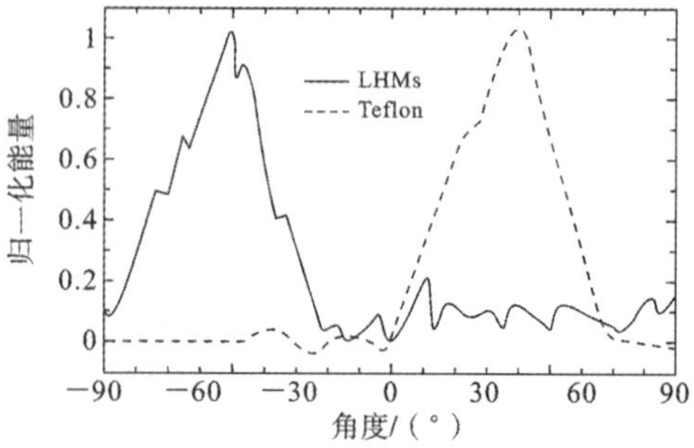

(d) 负折射率实验曲线

图 3-16 左手材料结构与实验结果

波导透射曲线如图 3-16(b)所示，将金属线与 SRRs 复合后，在负磁导率 μ 的禁带区域产生一个负折射率通带。这个实验也直接证明了这种复合结构材料确实是左手材料。随后，San Diego 研究组设计了微波频段的棱镜折射实验，证明微波通过如图 3-16(c)所示的二维左手材料棱镜时，其折射方向与具有正折射率的 Teflon 棱镜的折射方向相反，从而证明了负折射。负折射率实验曲线如图 3-16(d)所示。

虽然一些科学家对左手材料的反常行为持怀疑态度，特别是在初期，左手材料的物理理论不是非常清楚，引起了许多争议。Houck 和 Parazzoli 对 Smith 等的负折射实验改进后，从多角度验证了 LHMs 中确实存在负折射现象，自此，基本结束了有关 LHMs 的争论，LHMs 被 *Science* 杂志评为 2003 年度十大科学进展之一。

图 3-17 给出了各向同性的分形树枝状结构的左手材料，这种结构的生长核心是一个"V"字形，沿各个方向从中心向外生长。其几何参数如图 3-17(a)所示，金属树枝的线宽为 w，金属敷层厚度为 t，分支间的夹角为 θ，a、b、c 分别是一、二、三级分支的长度。为了便于仿真及微波实验，简化了分形树枝状模型，限制该结构为三级结构，并且为严格分形，各分支长度满足

$$\frac{b}{a}=\frac{c}{b}=s \tag{3.9.2}$$

式中，s 为自相似比例常数，表示新一级的"V"与上一级"V"的尺寸比。因此，分形维数可以定义为

$$D=\frac{\ln N}{\ln(1/s)} \tag{3.9.3}$$

式中，N 表示新一级"V"与上一级"V"的数量比。本节中，新一级的"V"个数为原一级的两倍，$N=2$。

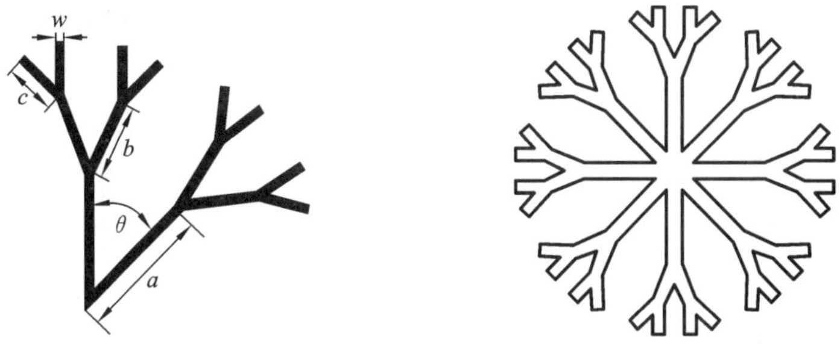

(a) 树枝状单元的几何参数　　(b) 平行入射下的树枝状结构单元

图 3-17　各向同性的分形树枝状结构的左手材料

对于平行入射情况，树枝状结构单元如图 3-17(b)所示，入射电磁波波矢量 $\boldsymbol{k}$ 与树枝平面平行，磁场 $\boldsymbol{H}$ 垂直于树枝平面。树枝单元可以看作 8 个非规整的六边形开口谐振环按照环形的方式排列。此时，磁场 $\boldsymbol{H}$ 垂直于树枝平面。同时，整个金属树枝单元也可以等效为 LC 电路，具有电谐振，如图 3-18 所示。通过合理地调节结构几何参数，电谐振和磁谐振可以在某一频段重合，实现左手谐振行为。在左手材料中，一般负介电常数的频带比较宽，而负磁导率的频带相当狭窄，因此，左手峰的频率位置通常是由磁谐振的频率决定，也就是说 $\omega_L=\omega_m$，其中，ω_L 为左手谐振频率，ω_m 为磁谐振频率。将树枝单元看成磁 LC 模型，在平行入射下，树枝谐振单元的有效电感和电容如下：

$$L_m=\frac{\mu_0\left(2a^2\sin\frac{\theta}{2}\cos\frac{\theta}{2}+a^2\cot\frac{\theta}{2}\right)}{4\omega t}\tag{3.9.4}$$

$$C_m=\frac{4\varepsilon_r\varepsilon_0\omega t}{(a-c)\sin\frac{\theta}{2}}+\frac{2\varepsilon_r\varepsilon_0 ct}{b\sin\frac{\theta}{2}}\tag{3.9.5}$$

将式(3.9.2)代入式(3.9.4)和式(3.9.5)，可以得

$$L_m=\frac{\mu_0 a^2}{4\omega t}\left(\sin\theta+s^2\cot\frac{\theta}{2}\right)\tag{3.9.6}$$

$$C_m=\frac{\varepsilon_0\varepsilon_r t}{a\sin\frac{\theta}{2}}\left(\frac{4\omega}{1-s^2}+2as\right)\tag{3.9.7}$$

因此，磁谐振频率为 $\omega_m=1/\sqrt{L_mC_m}$。

对于垂直入射情况，磁场极化方向平行于树枝平面。与“渔网”结构或“长短杆对”结构相似，这种大小金属树枝对结构会在某一频段实现左手谐振，由较大的树枝对提供电谐振，较小的树枝对提供磁谐振。在谐振条件下，小树枝对的表面形成反平行电流，该谐振模式可以等效为图 3-19 所示的等效 LC 电路模型，有效电路参数如下：

$$L_1=\frac{\mu_0 lh}{\omega}=\frac{2\mu_0(a_2+b_2+c_2)h}{\omega}=\frac{2\mu_0 a_2 h}{\omega}(1+s+s^2)\tag{3.9.8}$$

$$L_2=\frac{1}{2}\frac{\mu_0 lh}{\omega}=\frac{\mu_0(a_2+b_2+c_2)h}{\omega}=\frac{\mu_0 a_2 h}{\omega}(1+s+s^2)\tag{3.9.9}$$

$$C_m=\frac{\varepsilon_0\varepsilon_r S}{h}=\frac{4\varepsilon_0\varepsilon_r a_2(1+2s+4s^2)}{h}\tag{3.9.10}$$

式中，L_1 和 L_2 分别对应图 3-19 中电流支路的电感，C_m 是整个树枝对的有效电容。从图 3-19 可以看出，电感 L_1 和 L_2 是并联的，因此 $1/L_m=1/L_1+1/L_2$，从而

$$L_m=\frac{2\mu_0 a_2 h}{3\omega}(1+s+s^2)\tag{3.9.11}$$

因此，磁谐振频率为 $\omega_m=1/\sqrt{L_mC_m}$。

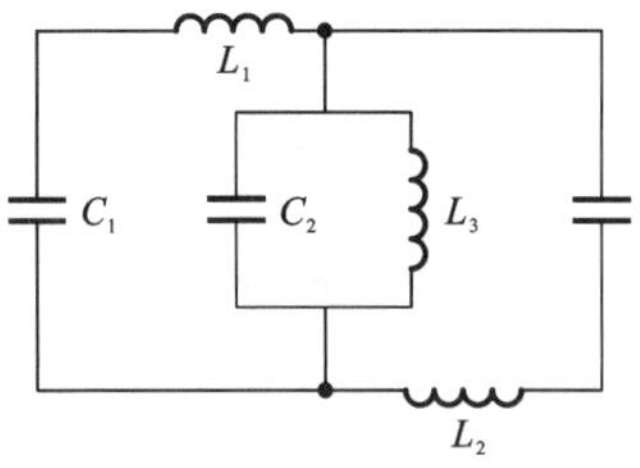

图 3-18 平行入射条件下树枝状左手材料结构单元等效 LC 电路

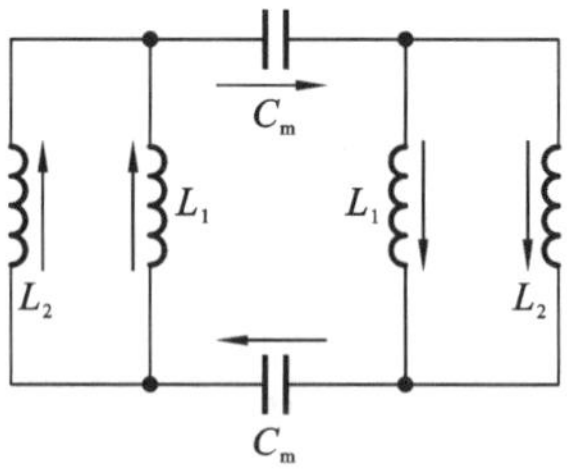

图 3-19 垂直入射条件下树枝左手材料结构单元等效 LC 电路模型

这里需要指出，假设上述结构的金属是无损耗的理想金属。在微波段或太赫兹波段的金属基本可以等效为理想金属，式(3.9.1)～式(3.9.11)完全适用。但对于红外或可见光频段，金属的损耗非常显著，再加上金属的厚度与趋肤深度可比拟，式(3.9.1)～式(3.9.11)需要进一步修正。

从上述的式(3.9.4)～式(3.9.11)，可以发现，假如给定分形树枝的生长核心“V”，也就是说，基本参数 a,ω,t,θ,h 不变，则树枝左手材料的谐振频率随分形维数 D(或者

说自相似比率系数 s)变化而变化。不论平行入射还是垂直入射的树枝状左手材料,其谐振频率均随分形维数 D 的增加而向低频移动。

3.9.2 光子晶体和声子晶体

传统的晶体材料由于周期性势场的作用,电子会形成能带结构,带与带之间会存在所谓的带隙。因此在 1987 年 S. John 和 E. Yablonovitch 分别提出了"光子晶体"的概念。光子晶体是将具有不同折射系数的介质(宏观的物体将取代传统晶体中原子、分子或者离子)在空间按一定的周期排列。当空间周期与光波长相当时,周期性所带来的布拉格散射就能够在一定频域内产生"光子禁带"。如果光子晶体的折射率在周期性结构中出现缺陷,就会出现类似于光波导或者全反射等现象。同时由于布里渊区附近非线性色散关系的存在,可以相应地改变晶体元胞的介电常数和几何结构,从而实现负折射现象。这些性质在设计光波导、激光元件、超级棱镜等方面都具有很重要的应用价值。

光子晶体理论不仅为光子信息技术的发展提供了理想的材料,也惠及电子信息技术,其中一个典型的例子是微波带缝隙天线。传统的微波天线制备方法是将天线直接制备在介质基片上,这样就会导致大量的能量被基底所吸收,因而效率很低。例如,对一般用 GaAs 介质作基底的天线反射器,98%的能量完全损耗在基底之中,只有 2%的能量被发射出去,同时造成基底发热。利用光子晶体作为天线的基片,此微波波段落在晶体的禁带之中,因此基底不会吸收微波,这就实现了无损耗全反射,能把能量尽可能全部发射到自由空间之中。

声子晶体的概念,主要来源于与"光子晶体"的类比。声子晶体是由弹性性质不同的材料组成,表现为密度 ρ 和弹性常数 λ、μ 不同的材料按结构周期性的复合。我们将分布在划分的格点上相互不连通的材料称为散射体,相互连通的背景介质材料称为基体。弹性波在声子晶体中传播时受内部散射体的作用,形成特殊的能带结构。这种晶体的特点是,弹性波传播时处于带隙频率范围内的弹性波将被禁止,而其他频率范围的弹性波可以无损耗地传播。由于目前对声子晶体的性质正处于基础研究和探索阶段,所以早期的应用主要在能带的计算和提供良好的实验室环境以及水下或医用的超声波探头等方面。

3.9.3 超颖表面和可编程超颖材料

传统的超颖材料可视为等效介质,通常使用的是金属材料,并且会利用其结构的谐振响应的特性。但是采用金属材料具有难以避免的高损耗与色散特性,同时其亚波长三维结构不易加工制造。为了克服这些缺点,超颖表面也应运而生。人们通过"降维"的办法,将超颖材料转向平面二维结构,形成超颖表面。它是一种平面二维超颖材料,通常由亚波长尺寸的周期、准周期或者随机的单元构成,其厚度远小于波长,可视为二维表面。它利用每个单元结构对入射光场的强烈响应,来改变局部电磁场的振幅和相位,从而以亚波长尺度对电磁场振幅与相位进行调制,进而实现对近场与远场的调控。这种远小于入射波长的厚度使得超颖表面不再用介电常数、磁导率、折射率等参数来描述,而是用表面阻抗、振幅、相位、偏振等参量来描述其物理性质。它的优点是超薄化,可以减小电磁波在介质中传播的损耗;亚波长,可以在亚波长的尺度进行传播,避免发生衍射;宽带特性,由于目前的超颖表面都是利用天线阵列进行组建的,所以具有天线阵列本身的超宽带特性。超颖表面目前应用在超宽带天线、光学透镜、计算全息成像等方面。

超颖材料由具有亚波长尺寸的人工“原子”周期或者非周期地排列而成，其描述方式可分为等效介质和空间编码两种形式。由等效介质描述的超颖材料称为新型人工电磁媒质，由空间编码描述的超颖材料称为编码超颖材料和数字超颖材料。对于新型人工电磁介质，通过自由设计单元结构、单元排列方式、单元各向异性，使得人们可以根据意愿控制等效介质的介质参数，实现自然界中不存在或者很难实现的介电常数和磁导率，进而控制电磁波。一些新的应用体现了人工电磁介质对电磁波的调控作用，如隐身衣、电磁黑洞、雷达幻觉器件、远场超分辨率成像透镜、新型透镜天线、隐身表面、极化转换器、人工表面等离子激元器件以及混合集成电路等。对于编码超颖材料和数字超颖材料，我们提出基于空间编码调控电磁波的新思路。作为电磁编码最简单的形式，1 bit 编码超颖材料选用相位差接近 180°的两种基本单元（记为“0”单元和“1”单元），按照一定规律排列“0”和“1”单元构成超颖材料，以实现所需的设计功能。类似地，2 bit 编码超颖材料由相位差接近 90°的四种基本单元（记为“00”“01”“10”和“11”单元）构成，调控“00”“01”“10”和“11”码元分布即可调控电磁波。当电磁编码采用 FPGA 控制时，可实现现场可编程超颖材料，即单一的超颖材料在 FPGA 的实时控制下可实现多种功能（如单波束、多波束、波束扫描、隐身功能等）。编码和可编程超颖材料对将来智能雷达及其他智能系统的研制奠定了基础。

3.10 本章小结

本章通过讨论电介质的极化方式和磁介质的磁化方式，分析了介质中的静电场方程，静电场的能量和边界条件以及磁介质的分类，介质中的恒定磁场方程以及磁场的能量和边界条件。重点讲述了复杂介质中的电磁特性，其中主要包括介质的状态方程，电介质的色散特性，铁氧体介质的线性分析，等离子体以及各向异性电介质。最后对近些年研究进度较快的人工电磁介质——超颖材料的性质及应用价值进行了概述，旨在引导学生在掌握知识的基础上，通过自主学习的方法，拓展知识和提高能力，培养学生具有自我发展的规划和目标，进而自觉学习新知识、新思想和新技术以适应社会发展。

学习重点：掌握电介质的极化，极化强度的概念；磁介质的磁化，磁化强度的概念，介质的电磁特性方程，静态场的边界条件，电磁场能量，电感的计算。并学会分析介质场的边界条件及色散性质，从而求得电介质和磁介质的静电场能量和磁场能量。此外，学习本章内容还需要了解介质的各向异性，对介质的特性进行线性分析，并了解超颖材料的一些基本结构，学会进行自主的学习和研究，把功能材料的设计和开发带入一个崭新的天地。

学习难点：介质分界面上静态场边界条件的应用。

习　题　3

3.1　半径为 a 的球内充满介电常数为 ε_1 的均匀介质，球外是介电常数为 ε_2 的均匀介质。若已知球内和球外的电位分别为

$$\Phi_1(r,\theta)=Ar\theta \quad (r\leqslant a)$$

$$\Phi_2(r,\theta)=\frac{Aa^2\theta}{r} \quad (r>a)$$

式中,A 为常数。求:

(1) 两种介质中的 $\boldsymbol{E}$ 和 $\boldsymbol{D}$;

(2) 两种介质中的自由电荷密度。

3.2 中心位于原点,边长为 L 的电介质立方体,极化强度矢量为 $\boldsymbol{P}=P_0(\boldsymbol{e}_x x+\boldsymbol{e}_y y+\boldsymbol{e}_z z)$。

(1) 计算面极化和体极化电荷密度;

(2) 证明总的极化电荷为零。

3.3 一个半径为 R 的介质球内极化强度 $\boldsymbol{P}=\boldsymbol{e}_r K/r$,其中 K 是一个常数。

(1) 计算极化电荷的体密度和面密度;

(2) 计算自由电荷密度;

(3) 计算球内、外的电位分布。

3.4 同轴线的内导体半径为 a,外导体内半径为 b,其间填充相对介电常数为 $\varepsilon_r=r/a$ 的介质。当外导体接地,内导体的电位为 U_0 时,求:

(1) 介质中的 $\boldsymbol{E}$ 和 $\boldsymbol{D}$;

(2) 介质中的极化电荷分布;

(3) 同轴线单位长度的电容。

3.5 两电介质的分界面为 $z=0$ 平面。已知 $\varepsilon_{r1}=2$ 和 $\varepsilon_{r2}=3$,如果已知区域 1 中的 $\boldsymbol{E}_1=\boldsymbol{e}_x 2y-\boldsymbol{e}_y 2x+\boldsymbol{e}_z(5+z)$,能求出区域 2 中哪些地方的 $\boldsymbol{E}_2$ 和 $\boldsymbol{D}_2$?算出这些 $\boldsymbol{E}_2$ 和 $\boldsymbol{D}_2$。

3.6 电场中一个半径为 a 的介质球,已知球内、外的电位函数分别为

$$\Phi_1=-E_0 r\cos\theta+\frac{\varepsilon-\varepsilon_0}{\varepsilon+2\varepsilon_0}a^2 E_0\frac{\cos\theta}{r^2} \quad (r>a)$$

$$\Phi_2=-\frac{3\varepsilon_0}{\varepsilon+2\varepsilon_0}E_0 r\cos\theta \quad (r\leqslant a)$$

验证球表面的边界条件,并计算球表面的极化电荷密度。

3.7 平行板电容器的长、宽分别为 a 和 b,板间距离为 d。电容器的一半厚度($0\sim d/2$)用介电常数为 ε 的介质填充。

(1) 板上外加电压 U_0,求板上的自由电荷面密度、极化电荷面密度;

(2) 若已知极板上的自由电荷总量 Q,求此时极板间电压和极化电荷面密度;

(3) 求电容器的电容量。

3.8 一个半径为 b 的球体内充满密度为 $\rho=b^2-r^2$ 的电荷,试用直接积分法计算球内和球外的电位和场强。

3.9 两块无限大接地导体平板分别置于 $x=0$ 和 $x=a$ 处,在两板之间的 $x=b$ 处有一面密度为 ρ_S 的均匀电荷分布,如习题 3.9 图所示。求两导体板之间的电位和场强。

3.10 在面积为 S 的平行板电容器内填充介电常数作线性变化的介质,从一极板($y=0$)处的 ε_1 变化到另一极板($y=d$)处的 ε_2,试求电容量。

3.11 如习题 3.11 图所示,内、外半径分别为 a 和 b 的球形电容器,上半部分填充介电常数为 ε_1 的介质,下半部分填充介电常数为 ε_2 的另一种介质,在两极板上加电压 U,试求:

(1) 球形电容器内部的电位和场强；

(2) 极板上和介质分界面上的电荷分布；

(3) 电容器的电容。

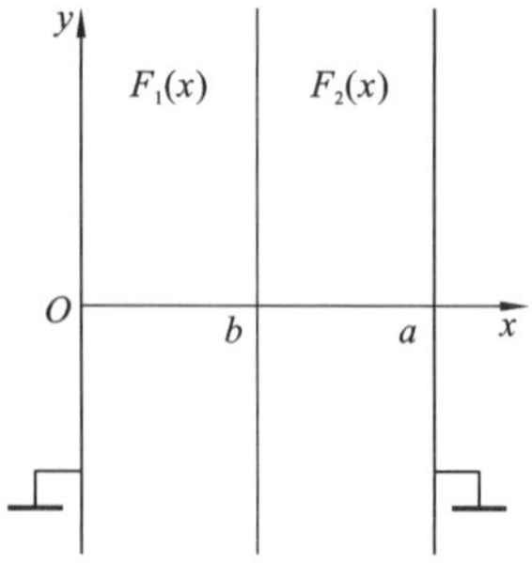

习题 3.9 图

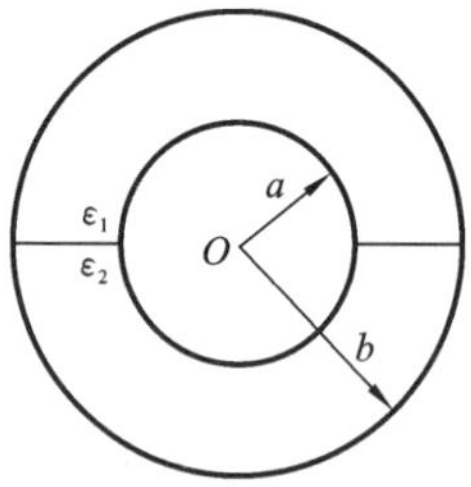

习题 3.11 图

3.12 分别用公式 $W_e=\frac{1}{2}\iiint_V \boldsymbol{D}\cdot\boldsymbol{E}\mathrm{d}V$，$W_e=\frac{1}{2}\iiint_V \rho\Phi\mathrm{d}V$ 计算一个半径为 a，均匀带电 q 的球体的静电能量。

3.13 有一半径为 a，带电荷量 q 的导体球，其球心位于两种介质的分界面上，此两种介质的介电常数分别为 ε_1 和 ε_2，分界面可视为无限大平面，求：

(1) 球的电容；

(2) 总静电能。

3.14 如习题 3.14 图所示，宽度为 w，长度为 l 的平行板电容器，极板间距离为 d，两极板间的电压为 U_0，在电容器的一部分空间(宽度为 x)放置介电常数为 ε 的介质片，另一部分空间仍为空气。计算介质片所受到的电场力。

3.15 如习题 3.15 图所示，两平行的金属板，板间距离为 d，竖直地插在介电常数为 ε 的液体中，板间电压为 U_0。证明液体面升高为 $\Delta h=\frac{\varepsilon-\varepsilon_0}{2mg}\left(\frac{U}{d}\right)^2$，其中 m 为液体密度，g 为重力加速度。

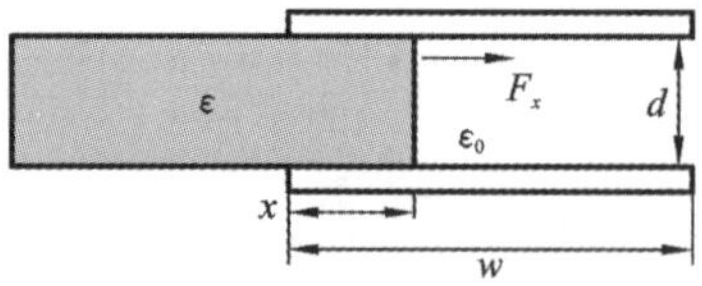

习题 3.14 图

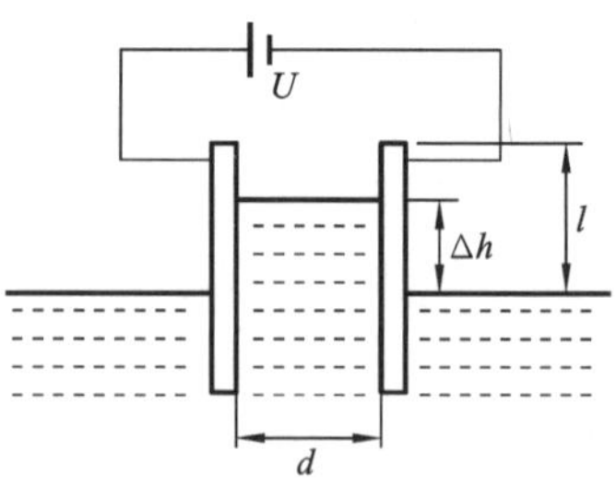

习题 3.15 图

3.16 一个体密度 ρ 为 2.32×10^{-7} C/m^3 的质子束，通过 10000 V 的电压加速后形成等速的质子束，质子束内的电荷均匀分布，质子束直径为 2 mm，质子束外没有电荷分布。试求电流密度和电流。

3.17 一个半径为 a 的球内均匀分布总电荷量为 Q 的电荷，球体以匀角速度 ω 绕一个直径旋转，求球内的电流密度。

3.18 一个半径为 a 的导体球带电荷量为 Q，以匀角速度 ω 绕一个直径旋转，求球表面的面电流密度。

3.19 在平行板电容器的两极板之间，填充两导电介质片，如习题 3.19 图所示。若在电极之间外加电压 U_0，求：

(1) 两种介质片中的 $\boldsymbol{E}$，$\boldsymbol{J}$；

(2) 每种介质片上的电压；

(3) 介质分界面上的自由电荷面密度。

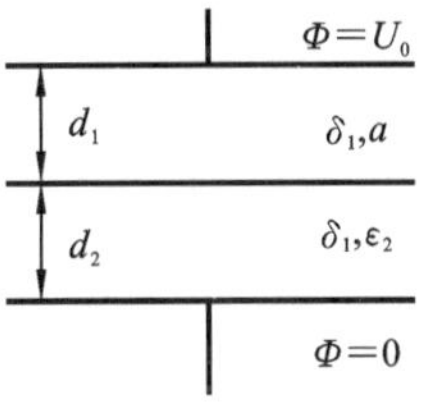

习题 3.19 图

3.20 考虑一电导率不为零的电介质(σ，ε)，设其介质特性和导电特性都是不均匀的。证明：当介质中有恒定电流 $\boldsymbol{J}$ 时，介质内将出现自由电荷，体密度为 $\rho=\boldsymbol{J}\cdot\nabla(\varepsilon/\sigma)$。试问有没有束缚体电荷 ρ_P？若有则进一步求出 ρ_P。

3.21 在电参数为 ε，σ 的无界均匀漏电介质内有两个理想导体小球，半径分别为 R_1 和 R_2，两球间的距离为 d ($d\gg R_1$，$d\gg R_2$)，求两小导体球间的电阻(求近似解)。

3.22 已知空间 $y<0$ 区域为磁性介质，其相对磁导率 $\mu_r=5000$，$y>0$ 区域为空气。试求：

(1) 当空气中的磁通密度 $\boldsymbol{B}_0=(\boldsymbol{e}_x0.5-\boldsymbol{e}_y10)$ mT 时，磁性介质中的磁通密度 $\boldsymbol{B}$；

(2) 当磁性介质中的磁通密度 $\boldsymbol{B}_0=(\boldsymbol{e}_x10+\boldsymbol{e}_y0.5)$ mT 时，空气中的磁通密度 $\boldsymbol{B}$。

3.23 已知体积为 1 m^3 的均匀磁化棒的磁矩为 10 A·m^2，若棒内磁通密度 $\boldsymbol{B}=\boldsymbol{e}_z0.02$ T，$\boldsymbol{e}_z$ 为轴线方向，试求棒内磁场强度。

3.24 已知位于坐标原点的磁化球的半径为 a，若球内的磁化强度 $M=(Az^2+B)\boldsymbol{e}_z$，式中 A，B 均为常数，试求球内及球面上的磁化电流。

3.25 已知双导线中的电流 $I_1=-I_2$，导线半径 a 远小于间距 d，计算单位长度内双导线的内电感与外电感。

3.26 已知同轴线的内导体半径为 a，外导体的内、外半径分别为 b、c，内、外导体之间为空气，当通过恒定电流 I 时，计算单位长度内同轴线中的磁场储能及电感。

4

时变场与时谐场

在静态场中，静电场是由电荷量不随时间变化的静止电荷产生的，不随时间变化的恒定电流不仅产生恒定电场，还产生恒定磁场。静态电场与恒定磁场相互独立。如果电荷、电流随时间变化，那么它们所产生的电场、磁场也将随时间变化，并且时变磁场可以产生时变电场，时变电场也可以产生时变磁场。这样，时变电场和磁场相互联系、相互转化，成为不可分割的整体，因此称为时变电磁场。上述场的联系和转化用麦克斯韦方程组表达，在空间和时间上是一阶的线性微分方程，在自由空间或线性介质系统中，有关的结构关系是线性的，即麦克斯韦方程组单一频率解的线性叠加也是有效解。因此，了解单一频率的波很有意义。这些单一频率解是正弦（或余弦）函数，称为时谐场，时谐场是时变电磁场中一种重要的类型。

本章通过对电磁感应定律的分析，讨论了麦克斯韦方程组和电磁场的波动方程，把静态场中的标量位函数和矢量位函数推广到时变场，最后讨论了正弦电磁场及其复函数表达形式。

4.1 电磁感应

实验发现，穿过闭合导体回路（又称为线圈）的磁通产生变化时，在导体回路中会出现电流，这种现象称为电磁感应现象，出现的电流称为感应电流。

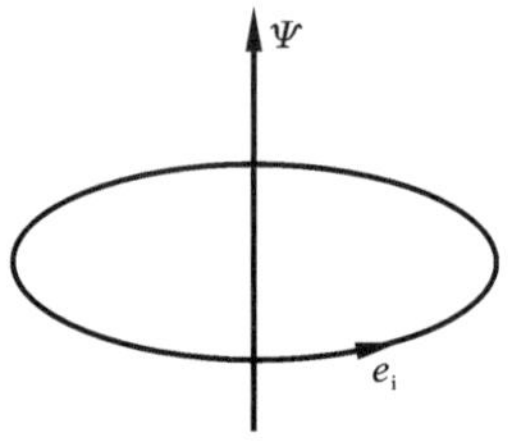

图 4-1 e_i 和 ψ 的正方向满足右手定则

闭合导体回路中出现感应电流，是其中必然存在某种电动势的反映。这种由电磁感应引起的电动势称为感应电动势。

实验结果显示，闭合导体回路中的感应电动势，与穿过闭合导体回路的磁通的时间变化率成反比。如果规定电动势的正方向与磁通方向满足右手定则，如图 4.1 所示，则

$$e=-\frac{\mathrm{d}\Psi}{\mathrm{d}t} \tag{4.1.1}$$

可见穿过闭合导体回路的磁通增加，则 e 为负，感应电流产生的磁通（称为感应磁通）与原磁通反向；如果穿过闭合导体回路的磁通减少，则 e 为正，感应磁通与原磁通同向，即感应磁通总是阻碍原磁通的变化，所以感应磁通称为反磁通。

4.1.1 感应电动势

根据引起穿过闭合导体回路的磁通量产生变化的原因不同，可以把导体回路中产生的感应电动势分为感生电动势和动生电动势。

若磁场 $\boldsymbol{B}$ 随时间变化，闭合导体回路静止在磁场中，导体回路中产生的感应电动势称为感生电动势。如果闭合导体回路围成的有向面元面积为 $\boldsymbol{S}$，方向与磁通方向同向，则穿过闭合导体回路的磁通 $\Psi=\iint_S \boldsymbol{B}\cdot \mathrm{d}\boldsymbol{S}$，所以感生电动势为

$$e=-\frac{\mathrm{d}\Psi}{\mathrm{d}t}=-\frac{\partial}{\partial t}\iint_S \boldsymbol{B}\cdot \mathrm{d}\boldsymbol{S} \tag{4.1.2}$$

感生电动势被用作变压器，所以又称为变压器电动势。若磁场 $\boldsymbol{B}$ 为恒定磁场，导体回路相对磁场运动，导体回路中产生的感应电动势称为动生电动势。动生电动势也满足关系 $e=-\frac{\mathrm{d}\Psi}{\mathrm{d}t}$。这种情况下，可认为感应电动势是导线切割磁场线而感应产生的。当线元 $\mathrm{d}\boldsymbol{l}$ 的运动速度为 $\boldsymbol{v}$ 时，若其中的自由电荷带电量为 q，则 $\mathrm{d}\boldsymbol{l}$ 受到的磁场力为 $\boldsymbol{F}=q\boldsymbol{v}\times\boldsymbol{B}$，于是线元 $\mathrm{d}\boldsymbol{l}$ 处的感应电场为 $\boldsymbol{E}=\boldsymbol{F}/q=\boldsymbol{v}\times\boldsymbol{B}$，所以闭合导体回路中的动生电动势为

$$e=\oint_l \boldsymbol{E}\cdot \mathrm{d}\boldsymbol{l}=\oint_l (\boldsymbol{v}\times\boldsymbol{B})\cdot \mathrm{d}\boldsymbol{l} \tag{4.1.3}$$

动生电动势被用作发电机，所以称为发电机电动势。

4.1.2 电磁感应定律

电动势是非保守电场沿有向曲线的线积分，闭合导体回路中存在感应电动势，意味着回路中存在着非保守场。于是，麦克斯韦假设：除电荷会产生电场外，变化的磁场也在其周围空间产生电场，称为感应电场。感应电场的存在与导体回路的存在与否无关，导线的作用只是显示感应电动势的存在。选择一个参考坐标系，其中导体回路是静止的，可不考虑动生电动势。则感应电动势为

$$e=-\frac{\mathrm{d}\Psi}{\mathrm{d}t}=-\iint_S \frac{\partial \boldsymbol{B}}{\partial t}\cdot \mathrm{d}\boldsymbol{S} \tag{4.1.4}$$

由于感应电场的电场强度沿导体回路的闭合线积分等于闭合导体回路中的感应电动势，于是有

$$\oint_l \boldsymbol{E}\cdot \mathrm{d}\boldsymbol{l}=-\frac{\mathrm{d}\Psi}{\mathrm{d}t} \tag{4.1.5}$$

所以

$$\oint_l \boldsymbol{E}\cdot \mathrm{d}\boldsymbol{l}=-\iint_S \frac{\partial \boldsymbol{B}}{\partial t}\cdot \mathrm{d}\boldsymbol{S} \tag{4.1.6}$$

这是电磁感应定律的积分形式，它表明时变磁场可以产生时变电场。由式(4.1.6)知，感应电场的环量不为零，所以感应电场又称为涡旋电场。与静态场不同的是，涡旋电场的电力线是闭合曲线，如图 4-2 所示。

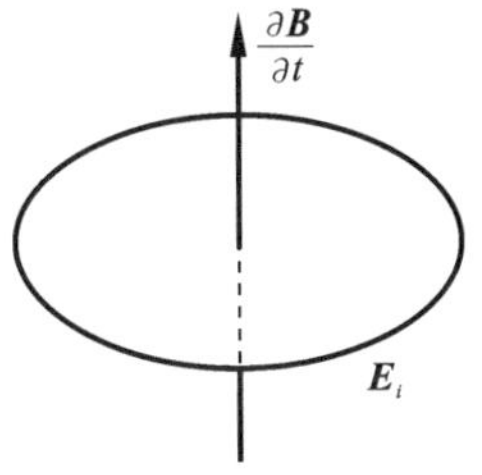

图 4-2 变化的磁场激发涡旋电场

根据旋度定理，由式(4.1.6)可得

$$\iint_S \left[(\nabla\times \boldsymbol{E})+\frac{\partial \boldsymbol{B}}{\partial t}\right]\cdot \mathrm{d}\boldsymbol{S}=0 \tag{4.1.7}$$

对于任何回路面积 $\boldsymbol{S}$ 都成立，因此被积函数一定为零，即

$$\nabla\times \boldsymbol{E}=-\frac{\partial \boldsymbol{B}}{\partial t} \tag{4.1.8}$$

称为电磁感应定律的微分形式。它表明空间某点电场强度的旋度等于该点磁通密度时间变化率的负值。

例 4.1　一个单匝矩形线圈边长分别为 h 与 w，放在时变磁场 $\boldsymbol{B}=\boldsymbol{e}_yB_0\sin(\omega t)$ 中。开始时线圈面的法线 $\boldsymbol{n}$ 与 y 轴成 α 角，如图 4-3 所示。求：(1) 线圈静止时的感应电动势；(2) 线圈以角速度 ω 绕 x 轴旋转时的感应电动势。

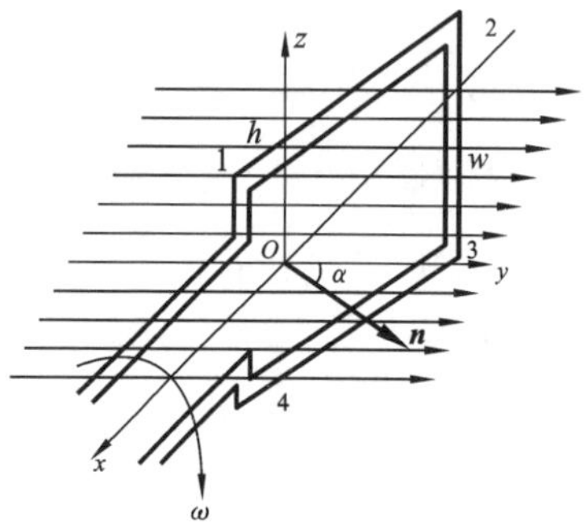

图 4-3　例 4.1 图

解　(1) 线圈静止时，感应电动势是由磁场随时间变化引起的，通过线圈的磁通为

$$\begin{aligned}\Psi &= \iint_S \boldsymbol{B}\cdot \mathrm{d}\boldsymbol{S}=\boldsymbol{e}_yB_0\sin(\omega t)\cdot \boldsymbol{n}hw\\ &=B_0hw\sin(\omega t)\cos\alpha\end{aligned} \tag{4.1.9}$$

所以感应电动势为

$$e=-\frac{\mathrm{d}\Psi}{\mathrm{d}t}=-B_0hw\omega\cos(\omega t)\cos\alpha \tag{4.1.10}$$

(2) 线圈以角速度 ω 旋转时，感应电动势既有因磁场随时间变化引起的感生电动势，又有因线圈转动引起的动生电动势，可以用式(4.1.1)计算。此时线圈面的法线方向矢量 $\boldsymbol{n}$ 是时间的函数，表示为 $\boldsymbol{n}(t)$，所以

$$\begin{aligned}\Psi &=\boldsymbol{B}(t)\cdot \boldsymbol{n}(t)S=\boldsymbol{e}_yB_0\sin(\omega t)\cdot \boldsymbol{e}_yhw\cos(\omega t+\alpha)\\ &=B_0hw\sin(\omega t)\cos(\omega t+\alpha)\end{aligned} \tag{4.1.11}$$

$$\begin{aligned}e &=-\frac{\mathrm{d}\Psi}{\mathrm{d}t}=-B_0hw[\omega\cos(\omega t)\cos(\omega t+\alpha)-\omega\sin(\omega t)\sin(\omega t+\alpha)]\\ &=-B_0hw\omega\cos(2\omega t+\alpha)\end{aligned} \tag{4.1.12}$$

4.2　位移电流

运动电荷形成的电流分为传导电流和运流电流。位移电流不是电荷运动产生的，而是人为定义的，用来表征电场的变化。引入位移电流的概念是为了便于分析和描述时变电磁场的特性。

4.2.1　位移电流假说

将静态场的原理和方法应用于时变场时，往往会出现许多矛盾的情况。如由电荷守恒定律知

$$\oint\!\!\!\oint_S \boldsymbol{J}\cdot \mathrm{d}\boldsymbol{S}=-\frac{\partial q}{\partial t} \tag{4.2.1}$$

相应的微分形式为

$$\nabla\cdot \boldsymbol{J}=-\frac{\partial \rho}{\partial t} \tag{4.2.2}$$

在静态场中，由于电荷不随时间变化，因此有

$$\oint_S \boldsymbol{J} \cdot \mathrm{d}\boldsymbol{S} = 0 \tag{4.2.3}$$

相应的微分形式为

$$\nabla \cdot \boldsymbol{J} = 0 \tag{4.2.4}$$

式(4.2.3)与式(4.2.4)称为电流连续性原理。

在时变电磁场中，电荷随时间变化，由电荷守恒定律推导不出电流连续性原理。时变电流能通过真空电容器或理想介质电容器，因此在串接这种电容器的回路中，时变电流仍然连续。通过电容器的时变电流既不是传导电流，也不是运流电流，因此需要延伸电流的概念。位移电流很好地解决了电荷守恒定律与电流连续性原理的矛盾，也延伸到安培环路定律中。

静电场中的高斯定律 $\oint_S \boldsymbol{D} \cdot \mathrm{d}\boldsymbol{S} = q$ 同样适用于时变电场，将其代入电荷守恒定律的积分形式中可得

$$\oint_S \boldsymbol{J} \cdot \mathrm{d}\boldsymbol{S} = -\frac{\partial q}{\partial t} = -\oint_S \frac{\partial \boldsymbol{D}}{\partial t} \cdot \mathrm{d}\boldsymbol{S} \tag{4.2.5}$$

故有

$$\oint_S \left(\boldsymbol{J} + \frac{\partial \boldsymbol{D}}{\partial t}\right) \cdot \mathrm{d}\boldsymbol{S} = 0 \tag{4.2.6}$$

微分形式为

$$\nabla \cdot \left(\boldsymbol{J} + \frac{\partial \boldsymbol{D}}{\partial t}\right) = 0 \tag{4.2.7}$$

可验证$\dfrac{\partial \boldsymbol{D}}{\partial t}$具有电流密度的量纲，英国物理学家麦克斯韦称它为位移电流密度，于是表示为

$$\boldsymbol{J}_d = \frac{\partial \boldsymbol{D}}{\partial t} \tag{4.2.8}$$

由式(4.2.8)可知，位移电流密度是电通密度的时间变化率。静电场中，电通密度不变，所以位移电流密度为零；时变电场中，电场变化越快，产生的位移电流密度就越大。

4.2.2 全电流连续性原理

将式(4.2.8)代入式(4.2.7)与式(4.2.6)，则分别得到

$$\oint_S (\boldsymbol{J} + \boldsymbol{J}_d) \cdot \mathrm{d}\boldsymbol{S} = 0 \tag{4.2.9}$$

$$\nabla \cdot (\boldsymbol{J} + \boldsymbol{J}_d) = 0 \tag{4.2.10}$$

引入位移电流概念后，时变电流仍然是连续的。因为此时的电流包含传导电流、运流电流与位移电流，所以式(4.2.9)和式(4.2.10)称为全电流连续性原理。在电导率较低的介质中，位移电流密度有可能大于传导电流密度，但是在良导体中，传导电流占主导地位，位移电流可以忽略不计。

4.2.3 全电流定律与电磁波预言

磁场是由电流产生的。在时变电场中，由于存在位移电流，麦克斯韦认为位移电流

也能产生磁场，因此安培环路定律必须包含位移电流，即

$$\oint_l \boldsymbol{H} \cdot \mathrm{d}\boldsymbol{l} = \iint_S (\boldsymbol{J} + \boldsymbol{J}_d) \cdot \mathrm{d}\boldsymbol{S} = \iint_S \left(\boldsymbol{J} + \frac{\partial \boldsymbol{D}}{\partial t}\right) \cdot \mathrm{d}\boldsymbol{S} \tag{4.2.11}$$

相应的微分形式为

$$\nabla \times \boldsymbol{H} = \boldsymbol{J} + \frac{\partial \boldsymbol{D}}{\partial t} \tag{4.2.12}$$

式(4.2.11)与式(4.2.12)称为全电流定律。该定律表明，时变磁场是由传导电流、运流电流和位移电流共同产生的。全电流定律是安培环路定律在时变电磁场中的扩展，能很好地解释时变电流可以通过真空电容器或理想介质电容器。

位移电流是时变电场形成的，而位移电流产生时变磁场。由此可得，时变电场可以产生时变磁场。电磁感应定律表明，时变磁场可以产生时变电场。因此，麦克斯韦在引入位移电流后，认为时变电场与时变磁场相互转化的特性可能会导致在空间形成电磁波。这一英明预见，在 1888 年被德国人赫兹的实验验证。

4.3 麦克斯韦方程组

麦克斯韦方程组是麦克斯韦电磁波预言的定量表述。静态场中的高斯定律、磁通连续性原理同样适用于时变电磁场，加上全电流定律和电磁感应定律，构成麦克斯韦方程组。麦克斯韦方程的积分形式为

$$\oint_l \boldsymbol{H} \cdot \mathrm{d}\boldsymbol{l} = \iint_S \left(\boldsymbol{J} + \frac{\partial \boldsymbol{D}}{\partial t}\right) \cdot \mathrm{d}\boldsymbol{S} \tag{4.3.1}$$

$$\oint_l \boldsymbol{E} \cdot \mathrm{d}\boldsymbol{l} = -\iint_S \frac{\partial \boldsymbol{B}}{\partial t} \cdot \mathrm{d}\boldsymbol{S} \tag{4.3.2}$$

$$\oint\!\!\oint_S \boldsymbol{B} \cdot \mathrm{d}\boldsymbol{S} = 0 \tag{4.3.3}$$

$$\oint\!\!\oint_S \boldsymbol{D} \cdot \mathrm{d}\boldsymbol{S} = q \tag{4.3.4}$$

相应的微分形式为

$$\nabla \times \boldsymbol{H} = \boldsymbol{J} + \frac{\partial \boldsymbol{D}}{\partial t} \tag{4.3.5}$$

$$\nabla \times \boldsymbol{E} = -\frac{\partial \boldsymbol{B}}{\partial t} \tag{4.3.6}$$

$$\nabla \cdot \boldsymbol{B} = 0 \tag{4.3.7}$$

$$\nabla \cdot \boldsymbol{D} = \rho \tag{4.3.8}$$

麦克斯韦第一方程是全电流定律，第二方程是电磁感应定律，第三方程是磁通连续性原理，第四方程是高斯定律。由麦克斯韦方程的微分形式，可见时变电场是有旋有散场，时变磁场是有旋无散场。但因为时变电磁场中的电场与磁场是不可分割的，所以时变电磁场是有旋有散场。当然，从中也可以看到，在电荷与电流都不存在的无源区中，时变电磁场是有旋无散场。时变电磁场的电场线和磁场线相互交连，自行闭合，从而在空间形成电磁波。由式(4.3.5)和式(4.3.6)可知，时变电场与时变磁场的方向处处垂直。

为了完整地描述时变电磁场的特性，麦克斯韦方程还应该包括介质特性方程，对于各向同性的线性介质，有

$$\boldsymbol{D}=\varepsilon\boldsymbol{E} \tag{4.3.9}$$

$$\boldsymbol{B}=\mu\boldsymbol{H} \tag{4.3.10}$$

$$\boldsymbol{J}=\sigma\boldsymbol{E} \tag{4.3.11}$$

对于不随时间变化的静态场，则有

$$\frac{\partial\boldsymbol{D}}{\partial t}=\frac{\partial\boldsymbol{E}}{\partial t}=\frac{\partial\boldsymbol{B}}{\partial t}=\frac{\partial\boldsymbol{H}}{\partial t}=0 \tag{4.3.12}$$

即麦克斯韦方程变成静电场方程和恒定磁场方程，电场与磁场不再相关，而是彼此独立的。根据亥姆霍兹定理，一个矢量场的性质由它的旋度和散度唯一地确定，所以麦克斯韦方程全面地描述了电磁场的基本规律。麦克斯韦方程是宏观电磁学的理论基础，麦克斯韦也因此获得电磁学之父的称号。

4.4 时变电磁场的边界条件

4.4.1 两种介质界面上的边界条件

原则上说，适合静态场的各种边界条件可以直接推广到时变电磁场，这种关系可以一一对应，并且能够相互联系。

第一，在任何边界上，电场强度的切向分量连续。对于时变电磁场，只要磁通密度的时间变化率是有限的，采用与静电场的电场强度边界条件相同的分析方法，由电磁感应定律可以得到

$$E_{1t}=E_{2t} \tag{4.4.1}$$

写成矢量形式为

$$\boldsymbol{e}_n\times(\boldsymbol{E}_2-\boldsymbol{E}_1)=\boldsymbol{0} \tag{4.4.2}$$

式中，$\boldsymbol{e}_n$为由介质 1 指向介质 2 的边界法向单位矢量。对于各向同性的线性介质，因 $\boldsymbol{D}=\varepsilon\boldsymbol{E}$，故有

$$\frac{D_{1t}}{\varepsilon_1}=\frac{D_{2t}}{\varepsilon_2} \tag{4.4.3}$$

第二，在任何边界上，磁通密度的法向分量连续。因为磁通连续性方程在时变电磁场中仍然成立，所以有

$$B_{1n}=B_{2n} \tag{4.4.4}$$

写成矢量形式为

$$\boldsymbol{e}_n\cdot(\boldsymbol{B}_2-\boldsymbol{B}_1)=0 \tag{4.4.5}$$

式中，$\boldsymbol{e}_n$的意义如前所述。对于各向同性的线性介质，因 $\boldsymbol{B}=\mu\boldsymbol{H}$，故有

$$\mu_1H_{1n}=\mu_2H_{2n} \tag{4.4.6}$$

第三，电通密度的法向分量边界条件与介质特性有关。由高斯定律可得

$$D_{2n}-D_{1n}=\rho_S \tag{4.4.7}$$

写成矢量形式为

$$\boldsymbol{e}_n\cdot(\boldsymbol{D}_2-\boldsymbol{D}_1)=\rho_S \tag{4.4.8}$$

式中,$\boldsymbol{e}_n$的意义如前;ρ_S 为边界表面上自由电荷的面密度。对于两种理想介质形成的边界,由于不可能存在表面自由电荷,因此

$$D_{2n}-D_{1n}=0 \tag{4.4.9}$$

式(4.4.9)表明,两种理想介质形成的边界上,电通密度的法向分量连续。对于各向同性的线性介质,则有

$$\varepsilon_1 E_{1n}=\varepsilon_2 E_{2n} \tag{4.4.10}$$

第四,磁场强度的切向分量边界条件与介质特性有关。应用全电流定律,只要电通密度的时间变化率是有限的,可以得到

$$H_{2t}-H_{1t}=J_S \tag{4.4.11}$$

写成矢量形式为

$$\boldsymbol{e}_n\times(\boldsymbol{H}_2-\boldsymbol{H}_1)=\boldsymbol{J}_S \tag{4.4.12}$$

式中,$\boldsymbol{e}_n$的意义如前;$\boldsymbol{J}_S$为边界表面上传导电流的面密度。一般情况下,由于边界上不可能存在表面传导电流,所以有

$$H_{2t}-H_{1t}=0 \tag{4.4.13}$$

式(4.4.13)表明,在一般边界上,磁场强度的切向分量是连续的。

4.4.2 理想导体与介质界面上的边界条件

已知在理想导体内部不可能存在电场,否则将导致无限大的电流。由此可得,理想导体内部也不可能存在时变磁场,因为时变磁场会在理想导体内部产生时变电场;在理想导体内部也不可能存在时变的传导电流,否则这种时变的传导电流在理想导体内部会产生时变磁场。所以,在理想导体内部不可能存在时变电磁场及时变的传导电流,它们只能分布在理想导体的表面。

假设介质 1 为理想导体,则有

$$E_{2t}=0 \tag{4.4.14}$$

$$B_{2n}=0 \tag{4.4.15}$$

$$D_{2n}=\rho_S \tag{4.4.16}$$

$$H_{2t}=J_S \tag{4.4.17}$$

写成矢量形式为

$$\boldsymbol{e}_n\times\boldsymbol{E}_2=\boldsymbol{0} \tag{4.4.18}$$

$$\boldsymbol{e}_n\cdot\boldsymbol{B}_2=0 \tag{4.4.19}$$

$$\boldsymbol{e}_n\cdot\boldsymbol{D}_2=\rho_S \tag{4.4.20}$$

$$\boldsymbol{e}_n\times\boldsymbol{H}_2=\boldsymbol{J}_S \tag{4.4.21}$$

这说明,在理想导体表面上不可能存在电场切向分量与磁场法向分量,只可能存在法向电场分量与切向磁场分量。也就是说,时变电场必须垂直于理想导体的表面,时变磁场必须与表面相切。

真正的理想导体并不存在,但在实际问题中,电导率很高的良导体可以看作是理想导体。

例 4.2 在两导体平板($z=0$ 和 $z=d$)之间的空气中传播的电磁波,已知其电场强度为

$$\boldsymbol{E}=\boldsymbol{e}_yE_0\sin\left(\frac{\pi}{d}z\right)\cos(\omega t-k_xx) \tag{4.4.22}$$

式中，k_x为常数。试求：(1) 磁场强度 $\boldsymbol{H}$；(2) 两导体表面的面电流密度 $\boldsymbol{J}_S$。

解 (1) 这是一个沿 x 方向传播的电磁波，电场沿 $\boldsymbol{e}_y$方向。取如图 4-4 所示的坐标系，由$\nabla\times\boldsymbol{E}=-\mu_0\dfrac{\partial\boldsymbol{H}}{\partial t}$可得

$$-\boldsymbol{e}_x\frac{\partial E_y}{\partial z}+\boldsymbol{e}_z\frac{\partial E_y}{\partial x}=-\mu_0\frac{\partial\boldsymbol{H}}{\partial t} \tag{4.4.23}$$

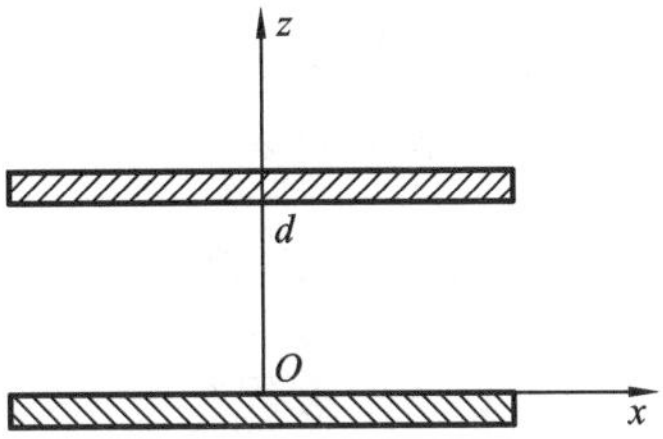

图 4-4　例 4.2 图

所以

$$\begin{aligned}\boldsymbol{H}&=\frac{E_0}{\mu_0}\left[\boldsymbol{e}_x\int\frac{\pi}{d}\cos\left(\frac{\pi}{d}z\right)\cos(\omega t-k_xx)\mathrm{d}t-\boldsymbol{e}_z\int k_x\sin\left(\frac{\pi}{d}z\right)\sin(\omega t-k_xx)\mathrm{d}t\right]\\&=\frac{E_0}{\mu_0}\left[\boldsymbol{e}_x\frac{\pi}{\omega d}\cos\left(\frac{\pi}{d}z\right)\sin(\omega t-k_xx)+\boldsymbol{e}_z\frac{k_x}{\omega}\sin\left(\frac{\pi}{d}z\right)\cos(\omega t-k_xx)\right]\end{aligned} \tag{4.4.24}$$

(2) 导体表面的电流存在于两导体相向的一面，在 $z=0$ 的表面上，有

$$\boldsymbol{J}_{S0}=\boldsymbol{e}_n\times\boldsymbol{H}=\boldsymbol{e}_z\times\boldsymbol{H}=\boldsymbol{e}_y\frac{\pi E_0}{\omega\mu_0 d}\sin(\omega t-k_xx) \tag{4.4.25}$$

在 $z=d$ 的表面上，有

$$\boldsymbol{J}_{Sd}=\boldsymbol{e}_n\times\boldsymbol{H}=-\boldsymbol{e}_z\times\boldsymbol{H}=\boldsymbol{e}_y\frac{\pi E_0}{\omega\mu_0 d}\sin(\omega t-k_xx) \tag{4.4.26}$$

4.5　能流密度矢量和能量定理

静态电场和恒定磁场的能量密度公式以及恒定电流场的损耗功率密度公式可以推广到时变电磁场，因为某一时刻的场给定时，其能量也由此确定。

4.5.1　时变电磁场的能量密度

对于各向同性的线性介质，时变电场的能量密度为

$$w_e(\boldsymbol{r},t)=\frac{1}{2}\varepsilon E^2(\boldsymbol{r},t) \tag{4.5.1}$$

时变磁场的能量密度为

$$w_m(\boldsymbol{r},t)=\frac{1}{2}\mu H^2(\boldsymbol{r},t) \tag{4.5.2}$$

时变电磁场的损耗功率密度为

$$p_l(\boldsymbol{r},t)=\sigma E^2(\boldsymbol{r},t) \tag{4.5.3}$$

由于时变电磁场的能量以电场及磁场两种方式储存，所以时变电磁场的能量密度为

$$w(\boldsymbol{r},t)=\frac{1}{2}\varepsilon E^2(\boldsymbol{r},t)+\frac{1}{2}\mu H^2(\boldsymbol{r},t) \tag{4.5.4}$$

4.5.2　能流密度矢量

由于时变电场、磁场都随空间和时间变化，所以空间每一点处的能量密度也随时间

变化，时变电磁场中就出现能量的流动。为了描述时变电磁场能量流动的方向与强度，引入能量流动密度矢量，简称能流密度矢量。它的方向表示能量流动的方向，其大小表示单位时间内垂直穿过单位面积的能量，或者说，垂直穿过单位面积的功率。所以，能流密度矢量又称为功率流动密度矢量。该矢量在英、美书刊中称为坡印廷矢量，在俄罗斯书刊中称为乌莫夫矢量。能流密度矢量以 $\boldsymbol{S}$ 表示，单位是 $\mathrm{W/m^2}$。

4.5.3 时变电磁场的能量定理

由麦克斯韦方程组可以导出能流密度矢量的表达式。全电流定律方程为

$$\nabla\times\boldsymbol{E}=-\frac{\partial\boldsymbol{B}}{\partial t} \tag{4.5.5}$$

$$\nabla\times\boldsymbol{H}=\boldsymbol{J}+\frac{\partial\boldsymbol{D}}{\partial t} \tag{4.5.6}$$

利用矢量恒等式$\nabla\cdot(\boldsymbol{E}\times\boldsymbol{H})=\boldsymbol{H}\cdot\nabla\times\boldsymbol{E}-\boldsymbol{E}\cdot\nabla\times\boldsymbol{H}$，将式(4.5.5)和式(4.5.6)代入，整理得

$$\nabla\cdot(\boldsymbol{E}\times\boldsymbol{H})=-\frac{\partial}{\partial t}\left(\frac{\mu H^2}{2}\right)-\frac{\partial}{\partial t}\left(\frac{\varepsilon E^2}{2}\right)-\sigma E^2 \tag{4.5.7}$$

把式(4.5.7)两边对体积 V 求积分，得

$$\iiint_V \nabla\cdot(\boldsymbol{E}\times\boldsymbol{H})\mathrm{d}V=-\frac{\partial}{\partial t}\iiint_V\frac{1}{2}(\mu H^2+\varepsilon E^2)\mathrm{d}V-\iiint_V\sigma E^2\mathrm{d}V \tag{4.5.8}$$

对式(4.5.8)左边使用散度定理 $\iiint_V\nabla\cdot(\boldsymbol{E}\times\boldsymbol{H})\mathrm{d}V=\oint_S(\boldsymbol{E}\times\boldsymbol{H})\cdot\mathrm{d}\boldsymbol{S}$，可得

$$-\frac{\partial}{\partial t}\iiint_V w\mathrm{d}V=\oint_S(\boldsymbol{E}\times\boldsymbol{H})\cdot\mathrm{d}\boldsymbol{S}+\iiint_V p_l\mathrm{d}V \tag{4.5.9}$$

式(4.5.9)称为时变电磁场的能量定理，也称为坡印廷定理或乌莫夫定理。式(4.5.9)中各项具有明显的物理意义：左端表示 V 中单位时间内减少的电磁能量；右端第二项表示 V 中单位时间内损耗的能量；根据能量守恒定理，右端第一项表示单位时间内穿过闭合面 $\boldsymbol{S}$ 的能量，可见时变电磁场存在能量流动。时变电磁场的能量定理描述了电磁场中能量的守恒和转换关系。显然，矢量$(\boldsymbol{E}\times\boldsymbol{H})$代表垂直穿过单位面积的功率，也就是能流密度矢量，即

$$\boldsymbol{S}(\boldsymbol{r},t)=\boldsymbol{E}(\boldsymbol{r},t)\times\boldsymbol{H}(\boldsymbol{r},t) \tag{4.5.10}$$

式(4.5.10)表明，$\boldsymbol{S}$ 与 $\boldsymbol{E}$，$\boldsymbol{H}$ 垂直，又已知 $\boldsymbol{E}$ 与 $\boldsymbol{H}$ 垂直，故 $\boldsymbol{S}$，$\boldsymbol{E}$ 及 $\boldsymbol{H}$ 三者在空间中相互垂直，且由 $\boldsymbol{E}$ 至 $\boldsymbol{H}$ 与 $\boldsymbol{S}$ 构成右旋关系。由于 $\boldsymbol{E}$ 与 $\boldsymbol{H}$ 垂直，可得能流密度矢量瞬时值的大小为$|\boldsymbol{S}(\boldsymbol{r},t)|=|\boldsymbol{E}(\boldsymbol{r},t)||\boldsymbol{H}(\boldsymbol{r},t)|$。可见，能流密度矢量的瞬时值等于电场强度和磁场强度瞬时值的乘积。若某时刻某点电场强度或磁场强度为零，则该时刻该点的能流密度矢量为零。

4.6 矢量位和标量位

4.6.1 麦克斯韦方程组的求解尝试

为了简化时变电磁场的求解，于是引入矢量位和标量位。设介质为各向同性的线

性均匀介质，尝试求解微分形式的麦克斯韦方程组，以得到空间某点的电磁场特性。对全电流定律方程式(4.3.5)，两边求旋度，则有

$$\nabla\times(\nabla\times\boldsymbol{H})=\nabla\times\left(\boldsymbol{J}+\frac{\partial\boldsymbol{D}}{\partial t}\right)=\nabla\times\boldsymbol{J}+\nabla\times\frac{\partial\boldsymbol{D}}{\partial t}\tag{4.6.1}$$

借助电磁感应定律方程式(4.3.6)，有

$$\nabla\times\frac{\partial\boldsymbol{D}}{\partial t}=\frac{\partial}{\partial t}(\nabla\times\varepsilon\boldsymbol{E})=\varepsilon\frac{\partial}{\partial t}(\nabla\times\boldsymbol{E})=\varepsilon\frac{\partial}{\partial t}\left(-\frac{\partial\boldsymbol{B}}{\partial t}\right)=-\varepsilon\frac{\partial^2\boldsymbol{B}}{\partial t^2}=-\varepsilon\mu\frac{\partial^2\boldsymbol{H}}{\partial t^2}\tag{4.6.2}$$

将式(4.6.1)代入式(4.6.2)，整理可得

$$\nabla\times\nabla\times\boldsymbol{H}+\mu\varepsilon\frac{\partial^2\boldsymbol{H}}{\partial t^2}=\nabla\times\boldsymbol{J}\tag{4.6.3}$$

对电磁感应定律方程两边求旋度，再借助全电流定律方程，有

$$\begin{aligned}\nabla\times(\nabla\times\boldsymbol{E})&=\nabla\times\left(-\frac{\partial\boldsymbol{B}}{\partial t}\right)=-\frac{\partial}{\partial t}(\nabla\times\mu\boldsymbol{H})=-\mu\frac{\partial}{\partial t}(\nabla\times\boldsymbol{H})\\&=-\mu\frac{\partial}{\partial t}\left(\boldsymbol{J}+\frac{\partial\boldsymbol{D}}{\partial t}\right)=-\mu\frac{\partial\boldsymbol{J}}{\partial t}-\mu\varepsilon\frac{\partial^2\boldsymbol{E}}{\partial t^2}\end{aligned}\tag{4.6.4}$$

于是可得

$$\nabla\times\nabla\times\boldsymbol{E}+\mu\varepsilon\frac{\partial^2\boldsymbol{E}}{\partial t^2}=-\mu\frac{\partial\boldsymbol{J}}{\partial t}\tag{4.6.5}$$

利用磁通连续性原理$\nabla\cdot\boldsymbol{B}=\nabla\cdot(\mu\boldsymbol{H})=0$，高斯定律$\nabla\cdot\boldsymbol{D}=\nabla\cdot(\varepsilon\boldsymbol{E})=\rho$以及矢量恒等式$\nabla\times\nabla\times\boldsymbol{A}=\nabla\nabla\cdot\boldsymbol{A}-\nabla^2\boldsymbol{A}$，可得

$$\nabla\times\nabla\times\boldsymbol{H}=\nabla\nabla\cdot\boldsymbol{H}-\nabla^2\boldsymbol{H}=-\nabla^2\boldsymbol{H}\tag{4.6.6}$$

$$\nabla\times\nabla\times\boldsymbol{E}=\nabla\nabla\cdot\boldsymbol{E}-\nabla^2\boldsymbol{E}=\nabla\left(\frac{\rho}{\varepsilon}\right)-\nabla^2\boldsymbol{E}\tag{4.6.7}$$

对式(4.6.3)和式(4.6.4)，分别结合式(4.6.6)和式(4.6.7)，可以得到

$$-\nabla^2\boldsymbol{H}+\mu\varepsilon\frac{\partial^2\boldsymbol{H}}{\partial t^2}=\nabla\times\boldsymbol{J}\tag{4.6.8}$$

$$\nabla\left(\frac{\rho}{\varepsilon}\right)-\nabla^2\boldsymbol{E}+\mu\varepsilon\frac{\partial^2\boldsymbol{E}}{\partial t^2}=-\mu\frac{\partial\boldsymbol{J}}{\partial t}\tag{4.6.9}$$

即

$$\nabla^2\boldsymbol{H}-\mu\varepsilon\frac{\partial^2\boldsymbol{H}}{\partial t^2}=-\nabla\times\boldsymbol{J}\tag{4.6.10}$$

$$\nabla^2\boldsymbol{E}-\mu\varepsilon\frac{\partial^2\boldsymbol{E}}{\partial t^2}=\mu\frac{\partial\boldsymbol{J}}{\partial t}+\nabla\left(\frac{\rho}{\varepsilon}\right)\tag{4.6.11}$$

由此可见，一般情况下，时变电磁场与激励源的关系比较复杂，直接求解上面两个矢量方程需要较多的数学知识。

4.6.2 矢量位和标量位的引入

为了简化求解过程，引入标量位和矢量位作为求解时变电磁场的两个辅助函数。由式(4.3.7)和矢量恒等式$\nabla\cdot(\nabla\times\boldsymbol{A})=0$，$\boldsymbol{B}$可以写为

$$\boldsymbol{B}=\nabla\times\boldsymbol{A}\tag{4.6.12}$$

式中，$\boldsymbol{A}$称为矢量位。将式(4.6.7)代入式(4.3.2)，可得

$$\nabla\times\boldsymbol{E}=-\frac{\partial}{\partial t}(\nabla\times\boldsymbol{A})=-\nabla\times\frac{\partial\boldsymbol{A}}{\partial t} \tag{4.6.13}$$

所以

$$\nabla\times\left(\boldsymbol{E}+\frac{\partial\boldsymbol{A}}{\partial t}\right)=\boldsymbol{0} \tag{4.6.14}$$

再由矢量恒等式$\nabla\times\nabla\Phi=\boldsymbol{0}$,可以写出

$$\boldsymbol{E}=-\nabla\Phi-\frac{\partial\boldsymbol{A}}{\partial t} \tag{4.6.15}$$

式中,Φ称为标量位。

4.6.3 达朗贝尔方程

达朗贝尔方程是指时变电磁场的矢量位$\boldsymbol{A}$和标量位Φ所满足的微分方程组。对式(4.6.12)两边取旋度,并考虑式(4.3.10),则有

$$\nabla\times(\nabla\times\boldsymbol{A})=\nabla\times\boldsymbol{B}=\mu\nabla\times\boldsymbol{H} \tag{4.6.16}$$

把式(4.3.5),式(4.3.9)和式(4.6.15)代入式(4.6.16),整理可得

$$\nabla^2\boldsymbol{A}-\nabla(\nabla\cdot\boldsymbol{A})=\mu\varepsilon\frac{\partial}{\partial t}(\nabla\Phi)+\mu\varepsilon\frac{\partial^2\boldsymbol{A}}{\partial t^2}-\mu\boldsymbol{J} \tag{4.6.17}$$

把式(4.3.9)代入式(4.3.8),则有

$$\varepsilon\nabla\cdot\boldsymbol{E}=\varepsilon\nabla\cdot\left(-\nabla\Phi-\frac{\partial\boldsymbol{A}}{\partial t}\right)=\rho \tag{4.6.18}$$

整理可得

$$\nabla^2\Phi-\nabla\cdot\frac{\partial\boldsymbol{A}}{\partial t}=-\frac{\rho}{\varepsilon} \tag{4.6.19}$$

矢量场由散度和旋度确定。规定了矢量位$\boldsymbol{A}$的旋度$\boldsymbol{B}=\nabla\times\boldsymbol{A}$,需要再规定$\boldsymbol{A}$的散度,才能确定$\boldsymbol{A}$。原则上$\boldsymbol{A}$的散度可以任意给定,但是为了计算方便,由式(4.6.8)可知,若给定

$$\nabla\cdot\boldsymbol{A}=-\mu\varepsilon\frac{\partial\Phi}{\partial t} \tag{4.6.20}$$

将其代入式(4.6.17)与式(4.6.19),可得

$$\nabla^2\boldsymbol{A}-\mu\varepsilon\frac{\partial^2\boldsymbol{A}}{\partial t^2}=-\mu\boldsymbol{J} \tag{4.6.21}$$

$$\nabla^2\Phi-\mu\varepsilon\frac{\partial^2\Phi}{\partial t^2}=-\frac{\rho}{\varepsilon} \tag{4.6.22}$$

式(4.6.20)称为洛伦兹条件。式(4.6.21)和式(4.6.22)分别称为矢量位和标量位的位函数方程,又称为达朗贝尔方程。

达朗贝尔方程的两式形式完全相同且相互独立,$\boldsymbol{A}$仅由$\boldsymbol{J}$决定,Φ仅由ρ决定,给求解$\boldsymbol{A}$,Φ带来方便。求出$\boldsymbol{A}$,Φ后,根据式(4.6.12)和式(4.6.15)即可求出电场和磁场。与直接求解式(4.6.10)和式(4.6.11)相比,求解达朗贝尔方程式(4.6.21)和式(4.6.22)简单很多。前者为两个结构复杂的矢量方程,在三维空间中需要求解6个坐标分量,而后者为一个矢量方程和一个标量方程,且结构较为简单,在三维空间中只需要求解4个坐标分量。尤其在直角坐标系中,矢量方程式(4.6.21)可以分解为3个结构与式(4.6.22)相同的标量方程。因此,实际上等于求解一个标量方程。达朗贝尔方

程的解及应用将在第 7.1 节中介绍。

4.7 时变电磁场唯一性定理

麦克斯韦方程描述了时变电磁场随空间及时间的变化规律,因此必须讨论当其初始条件与边界条件给定后,方程的解是否唯一。时变电磁场的唯一定理表明:**在闭合面 S 包围的区域 V 中,当 $t=0$ 时刻的电场强度 $\boldsymbol{E}$ 及磁场强度 $\boldsymbol{H}$ 的初始值给定时,又在 $t>0$ 的时间内,只要边界 S 上的电场强度切向分量 $\boldsymbol{E}_t$ 或者磁场强度的切向分量 $\boldsymbol{H}_t$ 给定后,那么在 $t>0$ 的任一时刻,体积 V 中任一点的电磁场由麦克斯韦方程唯一确定。**为了证明这个定理,可以直接利用由麦克斯韦方程导出的能量定理式,采用反证法进行证明。

设区域 V 中有两组解,$\boldsymbol{E}_2$,$\boldsymbol{H}_2$ 均满足麦克斯韦方程,且具有相同的初始条件及边界条件。由于麦克斯韦方程是线性的,差场 $\delta\boldsymbol{E}=\boldsymbol{E}_1-\boldsymbol{E}_2$ 及 $\delta\boldsymbol{H}=\boldsymbol{H}_1-\boldsymbol{H}_2$ 应满足麦克斯韦方程。因此,差场也应满足坡印廷定理式,即

$$\oint_S(\delta\boldsymbol{E}\times\delta\boldsymbol{H})\cdot \mathrm{d}\boldsymbol{S}+\int_V\sigma(\delta E)^2\mathrm{d}V=-\frac{\partial}{\partial t}\int_V\frac{1}{2}[\varepsilon(\delta E)^2+\mu(\delta H)^2]\mathrm{d}V \tag{4.7.1}$$

其中

$$(\delta\boldsymbol{E}\times\delta\boldsymbol{H})=(\delta\boldsymbol{E}_t\times\delta\boldsymbol{H}_t)+(\delta\boldsymbol{E}_t\times\delta\boldsymbol{H}_n)+(\delta\boldsymbol{E}_n\times\delta\boldsymbol{H}_t)+(\delta\boldsymbol{E}_n\times\delta\boldsymbol{H}_n)$$

式中,$\boldsymbol{E}_t$,$\boldsymbol{H}_t$ 和 $\boldsymbol{E}_n$,$\boldsymbol{H}_n$ 分别代表 S 表面上场强的切向分量和法向分量。因 $\boldsymbol{E}_n$ 与 $\boldsymbol{H}_n$ 方向一致,$(\delta\boldsymbol{E}_n\times\delta\boldsymbol{H}_n)=0$。虽然 $\boldsymbol{E}_t$ 和 $\boldsymbol{H}_t$ 方向不一致,但是,若边界上切向分量 $\boldsymbol{E}_t$ 或 $\boldsymbol{H}_t$ 给定后,则差场 $\delta\boldsymbol{E}_t=\boldsymbol{0}$ 或 $\delta\boldsymbol{H}_t=\boldsymbol{0}$,因此 $(\delta\boldsymbol{E}_t\times\delta\boldsymbol{H}_t)=\boldsymbol{0}$。这样

$$(\delta\boldsymbol{E}\times\delta\boldsymbol{H})=(\delta\boldsymbol{E}_t\times\delta\boldsymbol{H}_n)+(\delta\boldsymbol{E}_n\times\delta\boldsymbol{H}_t) \tag{4.7.2}$$

又因矢量 $(\delta\boldsymbol{E}_t\times\delta\boldsymbol{H}_n)$ 及矢量 $(\delta\boldsymbol{E}_n\times\delta\boldsymbol{H}_t)$ 的方向与 $\mathrm{d}\boldsymbol{S}$ 方向垂直,因此式(4.7.1)左边第一项面积分为零,得

$$-\frac{\partial}{\partial t}\int_V\frac{1}{2}[\varepsilon(\delta E)^2+\mu(\delta H)^2]\mathrm{d}V=-\int_V\sigma(\delta E)^2\mathrm{d}V \tag{4.7.3}$$

因为式(4.7.3)右边被积函数大于或等于零,故右边数值小于或等于零,即

$$-\frac{\partial}{\partial t}\int_V\frac{1}{2}[\varepsilon(\delta E)^2+\mu(\delta H)^2]\mathrm{d}V\leqslant 0 \tag{4.7.4}$$

若 $t=0$ 时刻,场的初始值给定,那么,差场 $\delta\boldsymbol{E}=\delta\boldsymbol{H}=0$,因此,$t=0$ 时刻,上述积分

$$-\int_V\frac{1}{2}[\varepsilon(\delta E)^2+\mu(\delta H)^2]\mathrm{d}V=0 \tag{4.7.5}$$

因其积分值的时间导数小于零或等于零,这就意味着该积分随时间的增加逐渐减小或与时间无关,由此获知,该积分值小于或等于零。但是,该被积函数代表能量密度,它只可能大于或等于零,因此,在任何时刻被积函数应该等于零,即

$$\frac{1}{2}[\varepsilon(\delta E)^2+\mu(\delta H)^2]=0 \tag{4.7.6}$$

于是,只可能 $\delta\boldsymbol{E}=\delta\boldsymbol{H}=\boldsymbol{0}$,即 $\boldsymbol{E}_1-\boldsymbol{E}_2$,$\boldsymbol{H}_1-\boldsymbol{H}_2$ 均为 0。上述定理得到证明。

上述证明中认为介质具有一定的电导率 σ。理想介质可以作为 $\sigma\to 0$ 的极限情况。

4.8 时谐电磁场

4.8.1 时谐电磁场的复数形式

在学习傅里叶变换的过程中，时变的电磁信号传输的波动过程可以分解为多个正弦波分量的叠加。在实际电磁波传播中，最常见的时变电磁场是正弦电磁场，它能用正弦函数或余弦函数来表示。对于非正弦电磁场（如脉冲波、方波等），利用傅里叶级数进行展开，实现多个正弦电磁场的叠加，例如

$$E(t) = \sum_{n=1}^{\infty} E_n \sin(n\omega_0 t + \psi_n) \tag{4.8.1}$$

当 $n=1$ 时，表示为正弦电磁场的基波；当 $n=2,3,4,\cdots$ 时，表示为正弦电磁场的各次谐波。对于一个单一频率的电场，可以表示为

$$\begin{aligned}\boldsymbol{E}(x, y, z, t) &= \boldsymbol{e}_x E_x(x, y, z, t) + \boldsymbol{e}_y E_y(x, y, z, t) + \boldsymbol{e}_z E_z(x, y, z, t) \\ &= \boldsymbol{e}_x E_{xm}(x, y, z, t)\cos(\omega t+\psi_x) + \boldsymbol{e}_y E_{ym}(x, y, z, t)\cos(\omega t+\psi_y) \\ &\quad + \boldsymbol{e}_z E_{zm}(x, y, z, t)\cos(\omega t+\psi_z)\end{aligned} \tag{4.8.2}$$

各项也可以写成正弦函数 $\sin(\omega t+\psi)$ 的形式，以 E_x 分量为例，用复数形式来表示，得到

$$\begin{aligned}E_x(x,y,z,t) &= E_{xm}(x,y,z)\cos(\omega t+\psi_x) = \mathrm{Re}[E_{xm}(x,y,z)\mathrm{e}^{\mathrm{j}(\omega t+\psi_x)}] \\ &= \mathrm{Re}[\dot{E}_{xm}\mathrm{e}^{\mathrm{j}\omega t}]\end{aligned} \tag{4.8.3}$$

其中

$$\dot{E}_{xm} = E_{xm}(x,y,z)\mathrm{e}^{\mathrm{j}\psi_x} \tag{4.8.4}$$

称为 x 分量的复振幅，同理，可分别写出 y 分量和 z 分量上的复振幅

$$\dot{E}_{ym} = E_{ym}(x,y,z)\mathrm{e}^{\mathrm{j}\psi_y}, \quad \dot{E}_{zm} = E_{zm}(x,y,z)\mathrm{e}^{\mathrm{j}\psi_z} \tag{4.8.5}$$

所以式(4.8.3)可以写为

$$\boldsymbol{E}(x,y,z,t) = \mathrm{Re}[(\boldsymbol{e}_x\dot{E}_{xm} + \boldsymbol{e}_y\dot{E}_{ym} + \boldsymbol{e}_z\dot{E}_{zm})\mathrm{e}^{\mathrm{j}\omega t}] = \mathrm{Re}[\dot{\boldsymbol{E}}_m\mathrm{e}^{\mathrm{j}\omega t}] \tag{4.8.6}$$

其中

$$\dot{\boldsymbol{E}}_m = \boldsymbol{e}_x\dot{E}_{xm} + \boldsymbol{e}_y\dot{E}_{ym} + \boldsymbol{e}_z\dot{E}_{zm} \tag{4.8.7}$$

式(4.8.6)称为矢量复振幅，复数形式中常略去 Re，所以

$$\boldsymbol{E}(x,y,z,t) = \dot{\boldsymbol{E}}_m\mathrm{e}^{\mathrm{j}\omega t} \tag{4.8.8}$$

由式(4.8.6)，分别得到 $\boldsymbol{E}$ 对时间的一阶导数、二阶导数和积分分别为

$$\frac{\partial \boldsymbol{E}}{\partial t} = \mathrm{j}\omega\dot{\boldsymbol{E}}_m\mathrm{e}^{\mathrm{j}\omega t} = \mathrm{j}\omega\boldsymbol{E} \tag{4.8.9}$$

$$\frac{\partial^2 \boldsymbol{E}}{\partial t^2} = -\omega^2\dot{\boldsymbol{E}}_m\mathrm{e}^{\mathrm{j}\omega t} = -\omega^2\boldsymbol{E} \tag{4.8.10}$$

$$\int \boldsymbol{E}\mathrm{d}t = \int \dot{\boldsymbol{E}}_m\mathrm{e}^{\mathrm{j}\omega t}\mathrm{d}t = \frac{1}{\mathrm{j}\omega}\dot{\boldsymbol{E}}_m\mathrm{e}^{\mathrm{j}\omega t} = \frac{1}{\mathrm{j}\omega}\boldsymbol{E} \tag{4.8.11}$$

可以看出复数场量对时间的一阶导数等效为 $\mathrm{j}\omega$ 乘以复数场量，对时间的二阶导数等效为 $-\omega^2$ 乘以复数场量，对时间的积分等效为 $1/\mathrm{j}\omega$ 乘以复数场量，这样采用复数形式表示正弦电磁场大大简化了运算过程。

4.8.2 麦克斯韦方程组的复数形式

将式(4.3.5)中的电磁场量均改写为复数形式

$$\nabla\times\dot{\boldsymbol{H}}_m\mathrm{e}^{\mathrm{j}\omega t}=\dot{\boldsymbol{J}}_m\mathrm{e}^{\mathrm{j}\omega t}+\mathrm{j}\omega\dot{\boldsymbol{D}}_m\mathrm{e}^{\mathrm{j}\omega t}\tag{4.8.12}$$

所以

$$\nabla\times\dot{\boldsymbol{H}}_m=\dot{\boldsymbol{J}}_m+\mathrm{j}\omega\dot{\boldsymbol{D}}_m\tag{4.8.13}$$

为了书写方便，可略去下标 m，式(4.8.13)可以写为

$$\nabla\times\dot{\boldsymbol{H}}=\dot{\boldsymbol{J}}+\mathrm{j}\omega\dot{\boldsymbol{D}}\tag{4.8.14}$$

同样地，式(4.3.6)，式(4.3.7)和式(4.3.8)所对应的复数形式可表示为

$$\nabla\times\dot{\boldsymbol{E}}=-\mathrm{j}\omega\dot{\boldsymbol{B}}\tag{4.8.15}$$

$$\nabla\cdot\dot{\boldsymbol{B}}=0\tag{4.8.16}$$

$$\nabla\cdot\dot{\boldsymbol{D}}=\dot{\rho}\tag{4.8.17}$$

电流连续性方程式(4.2.2)的复数形式为

$$\nabla\cdot\dot{\boldsymbol{J}}=-\frac{\partial\dot{\rho}}{\partial t}\tag{4.8.18}$$

在有些文献中，为了表示方便，复数上的符号“·”均略去。

例 4.3 把 $\boldsymbol{E}=\boldsymbol{e}_yE_{ym}\cos(\omega t-kx+\psi)+\boldsymbol{e}_zE_{zm}\sin(\omega t-kx+\psi)$ 改写成复数形式。

解

$$\begin{aligned}\boldsymbol{E}&=\boldsymbol{e}_yE_{ym}\cos(\omega t-kx+\psi)+\boldsymbol{e}_zE_{zm}\cos(\omega t-kx+\psi-\pi/2)\\&=\mathrm{Re}[\boldsymbol{e}_yE_{ym}\mathrm{e}^{\mathrm{j}(\omega t-kx+\psi)}+\boldsymbol{e}_zE_{zm}\mathrm{e}^{\mathrm{j}(\omega t-kx+\psi-\pi/2)}]\end{aligned}\tag{4.8.19}$$

所以，矢量复振幅为

$$\dot{\boldsymbol{E}}_m=\boldsymbol{e}_yE_{ym}\mathrm{e}^{\mathrm{j}(-kx+\psi)}+\boldsymbol{e}_zE_{zm}\mathrm{e}^{\mathrm{j}(-kx+\psi-\frac{\pi}{2})}=\boldsymbol{e}_y\dot{E}_{ym}+\boldsymbol{e}_z\dot{E}_{zm}\tag{4.8.20}$$

例 4.4 把 $\dot{E}_{xm}=2\mathrm{j}E_0\sin\theta\cos(kx\cos\theta)\mathrm{e}^{-\mathrm{j}kz\sin\theta}$ 改写成瞬时形式。

解

$$\begin{aligned}\dot{E}_{xm}&=2\mathrm{j}E_0\sin\theta\cos(kx\cos\theta)\mathrm{e}^{-\mathrm{j}kz\sin\theta}\\&=2E_0\sin\theta\cos(kx\cos\theta)\mathrm{e}^{\mathrm{j}(-kz\sin\theta+\frac{\pi}{2})}\end{aligned}\tag{4.8.21}$$

所以，瞬时形式为

$$E_x=2E_0\sin\theta\cos(kx\cos\theta)\cos\left(\omega t-kz\sin\theta+\frac{\pi}{2}\right)\tag{4.8.22}$$

4.8.3 平均坡印廷矢量

电荷在静电场和静磁场中均会产生受力作用，显然静电场和静磁场具有能量，从而改变了电荷的运动状态。在式(4.3.5)和式(4.3.6)中，我们能发现在无源区域下的平面电磁波，满足齐次波动方程，电磁波速度也能从方程中得到，从这里能总结出电磁波是一种特殊的介质。因此，在研究电磁场的具体问题上，我们需要讨论电磁场与能量之间的关系。

对于角频率为 ω 的正弦电磁场，电场强度和磁场强度的瞬时形式分别为

$$\boldsymbol{E}=\boldsymbol{e}_xE_{xm}\cos(\omega t+\psi_{xE})+\boldsymbol{e}_yE_{ym}\cos(\omega t+\psi_{yE})+\boldsymbol{e}_zE_{zm}\cos(\omega t+\psi_{zE})\tag{4.8.23}$$

$$\boldsymbol{H}=\boldsymbol{e}_xH_{xm}\cos(\omega t+\psi_{xH})+\boldsymbol{e}_yH_{ym}\cos(\omega t+\psi_{yH})+\boldsymbol{e}_zH_{zm}\cos(\omega t+\psi_{zH})\tag{4.8.24}$$

定义：$\boldsymbol{S}=\boldsymbol{E}\times\boldsymbol{H}$ 是电磁场的能流密度矢量，其单位为瓦/米^2($\mathrm{W/m^2}$)，称为坡印廷矢量。$\boldsymbol{E}$，$\boldsymbol{H}$ 和 $\boldsymbol{S}$ 构成右手定则；$\boldsymbol{S}$ 代表单位时间流过与之垂直的单位面积的电磁能。电磁波在空间传播，坡印廷矢量 $\boldsymbol{S}$ 的方向是电磁能的传播方向，其模的大小为通过一垂直于能量流方向的表面的单位面积功率。根据旋度定义的公式，坡印廷矢量的瞬时形式可写为

$$\boldsymbol{S}=\boldsymbol{E}\times\boldsymbol{H}=\begin{vmatrix}\boldsymbol{e}_x & \boldsymbol{e}_y & \boldsymbol{e}_z \\ E_x & E_y & E_z \\ H_x & H_y & H_z\end{vmatrix} \tag{4.8.25}$$

先考虑 x 分量上的平均坡印廷矢量，因为 $S_x=E_yH_z-E_zH_y$，所以

$$\begin{aligned}S_{xav} &= \frac{1}{T}\int_0^T S_x\,\mathrm{d}t \\ &= \frac{1}{T}\int_0^T [E_{ym}H_{zm}\cos(\omega t+\psi_{yE})\cos(\omega t+\psi_{zH}) \\ &\quad - E_{zm}H_{ym}\cos(\omega t+\psi_{zE})\cos(\omega t+\psi_{yH})]\mathrm{d}t\end{aligned} \tag{4.8.26}$$

利用三角函数的积化和差公式，有

$$\cos\alpha\cos\beta=\frac{1}{2}[\cos(\alpha+\beta)+\cos(\alpha-\beta)] \tag{4.8.27}$$

将式(4.8.26)中的两式进行分解，得到

$$\int_0^T \cos(2\omega t+\psi_{yE}+\psi_{zH})\mathrm{d}t=0 \tag{4.8.28}$$

$$\frac{1}{T}\int_0^T \cos(\psi_{yE}-\psi_{zH})\mathrm{d}t=\cos(\psi_{yE}-\psi_{zH}) \tag{4.8.29}$$

$$\int_0^T \cos(2\omega t+\psi_{zE}+\psi_{yH})\mathrm{d}t=0 \tag{4.8.30}$$

$$\frac{1}{T}\int_0^T \cos(\psi_{zE}-\psi_{yH})\mathrm{d}t=\cos(\psi_{zE}-\psi_{yH}) \tag{4.8.31}$$

所以 x 分量上的平均坡印廷矢量表示为

$$S_{xav}=\frac{1}{2}[E_{ym}H_{zm}\cos(\psi_{yE}-\psi_{zH})-E_{zm}H_{ym}\cos(\psi_{zE}-\psi_{yH})] \tag{4.8.32}$$

E_y，E_z，H_y 和 H_z 的复数场量分别表示为

$$\dot{E}_y=E_{ym}\mathrm{e}^{\mathrm{j}\psi_{yE}} \tag{4.8.33}$$

$$\dot{E}_z=E_{zm}\mathrm{e}^{\mathrm{j}\psi_{zE}} \tag{4.8.34}$$

$$\dot{H}_z=H_{zm}\mathrm{e}^{\mathrm{j}\psi_{zH}} \tag{4.8.35}$$

$$\dot{H}_y=H_{ym}\mathrm{e}^{\mathrm{j}\psi_{yH}} \tag{4.8.36}$$

而 H_y 和 H_z 的共轭复数场量分别表示为

$$\dot{H}_y^*=H_{ym}\mathrm{e}^{-\mathrm{j}\psi_{yH}} \tag{4.8.37}$$

$$\dot{H}_z^*=H_{zm}\mathrm{e}^{-\mathrm{j}\psi_{zH}} \tag{4.8.38}$$

显然满足下面的关系

$$\mathrm{Re}[\dot{E}_y\dot{H}_z^*]=E_{ym}H_{zm}\cos(\psi_{yE}-\psi_{zH}) \tag{4.8.39}$$

$$\mathrm{Re}[\dot{E}_z\dot{H}_y^*]=E_{zm}H_{ym}\cos(\psi_{zE}-\psi_{yH}) \tag{4.8.40}$$

式(4.8.32)可以改写为

$$S_{xav}=\frac{1}{2}\mathrm{Re}[\dot{E}_y\dot{H}_z^*-\dot{E}_z\dot{H}_y^*] \tag{4.8.41}$$

同理，我们可以得到在 y 分量和 z 分量上的平均坡印廷矢量分别为

$$S_{yav}=\frac{1}{2}\mathrm{Re}[\dot{E}_z\dot{H}_x^*-\dot{E}_x\dot{H}_z^*] \tag{4.8.42}$$

$$S_{zav}=\frac{1}{2}\mathrm{Re}[\dot{E}_x\dot{H}_y^*-\dot{E}_y\dot{H}_x^*] \tag{4.8.43}$$

所以平均坡印廷矢量表示为

$$\begin{aligned}\boldsymbol{S}_{av}&=\boldsymbol{e}_xS_{xav}+\boldsymbol{e}_yS_{yav}+\boldsymbol{e}_zS_{zav}\\&=\frac{1}{2}\mathrm{Re}[\boldsymbol{e}_x(\dot{E}_y\dot{H}_z^*-\dot{E}_z\dot{H}_y^*)+\boldsymbol{e}_y(\dot{E}_z\dot{H}_x^*-\dot{E}_x\dot{H}_z^*)+\boldsymbol{e}_z(\dot{E}_x\dot{H}_y^*-\dot{E}_y\dot{H}_x^*)]\\&=\frac{1}{2}\mathrm{Re}(\dot{\boldsymbol{E}}\times\dot{\boldsymbol{H}}^*)\end{aligned}\tag{4.8.44}$$

例 4.5　已知一段长同轴线的内、外导体间电压为 U，横截面上的电流为 I（U，I 均为振幅值），计算沿一段长同轴线传输的功率。

解　(1) 若内、外导体是理想导体，介质无损耗(理想介质)，在理想导体内，电磁场的电场强度、磁场强度与能流密度分别表示为 $\boldsymbol{E}=\boldsymbol{0}$，$\boldsymbol{H}=\boldsymbol{0}$，$\boldsymbol{S}=\boldsymbol{0}$。对于无耗的理想介质内，不妨设同轴线内导体单位长度的电荷为 ρ_l，利用高斯定律可以求出介质内的电场强度为

$$\boldsymbol{E}=\boldsymbol{e}_r\frac{U}{r\ln\frac{b}{a}}\tag{4.8.45}$$

利用安培环路定理可以求出介质内的磁场强度为

$$\boldsymbol{H}=\boldsymbol{e}_\varphi\frac{I}{2\pi r}\tag{4.8.46}$$

于是介质内的坡印廷矢量为

$$\boldsymbol{S}_{av}=\frac{1}{2}\mathrm{Re}(\dot{\boldsymbol{E}}\times\dot{\boldsymbol{H}}^*)=\boldsymbol{e}_z\frac{UI}{4\pi r^2\ln\frac{b}{a}}\tag{4.8.47}$$

内、外导体是理想导体的磁场方向如图 4-5 所示。下面计算穿过介质横截面的功率

$$\iint_A\boldsymbol{S}\cdot\mathrm{d}\boldsymbol{A}=\int_a^b\frac{UI}{4\pi r^2\ln\frac{b}{a}}\cdot2\pi r\mathrm{d}r=\frac{1}{2}UI=\overline{UI}\tag{4.8.48}$$

说明传输线传输的功率是通过导线周围的电磁场传输的，而不是沿导线内传输的。

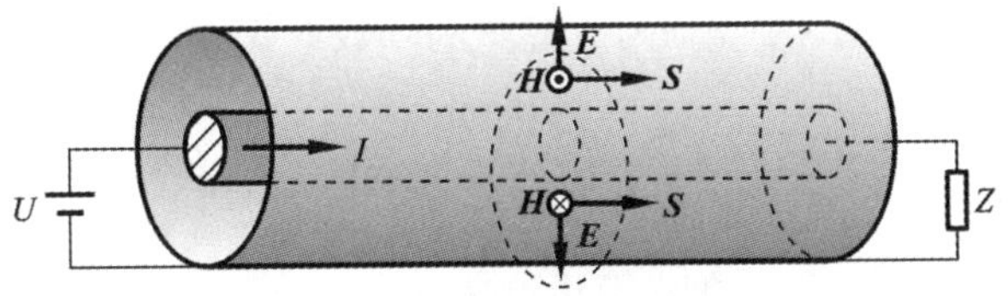

图 4-5　内、外导体是理想导体的磁场方向

(2) 若内、外导体是非理想导体，电导率 σ 是有限值，所以导线内 $\boldsymbol{E}_{内}\neq\boldsymbol{0}$，由边界条件，介质内电场强度的切向分量与导体内的电场强度相等。除此之外，由于内、外导体之间的电位差，介质内还存在电场强度的法向分量，总的电场强度为

$$\boldsymbol{E}=\boldsymbol{E}_t+\boldsymbol{E}_n\tag{4.8.49}$$

内、外导体是非理想导体的磁场方向如图 4-6 所示。介质内的磁场强度仍为

$$\boldsymbol{H}=\boldsymbol{e}_\varphi\frac{I}{2\pi r}\tag{4.8.50}$$

介质内的坡印廷矢量为

$$\boldsymbol{S}=\frac{1}{2}\mathrm{Re}(\dot{\boldsymbol{E}}\times\dot{\boldsymbol{H}}^*)=\mathrm{Re}\left[\frac{1}{2}(\dot{\boldsymbol{E}}_t+\dot{\boldsymbol{E}}_n)\times\dot{\boldsymbol{H}}^*\right]=\boldsymbol{S}_n+\boldsymbol{S}_t\tag{4.8.51}$$

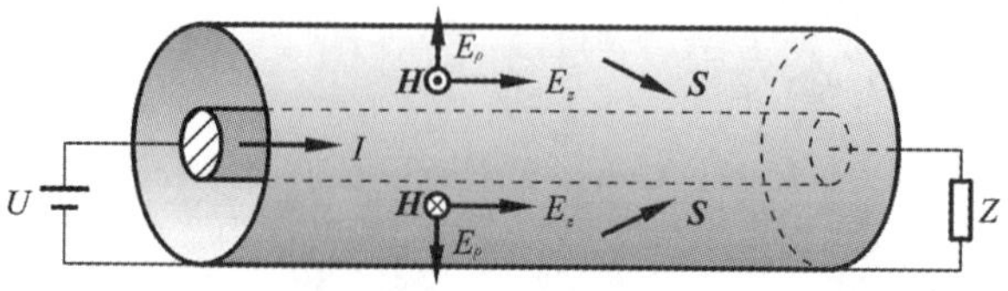

图 4-6　内、外导体是非理想导体的磁场方向

流入内导体的功率为

$$-\iint \boldsymbol{S}_n \cdot \mathrm{d}\boldsymbol{A} = \iint S_n \mathrm{d}A = \frac{1}{2}E_t(a)H(a) \cdot 2\pi a l = \frac{1}{2}E_t(a)Il \tag{4.8.52}$$

内导体表面处电场强度的切向分量 $E_t(a)$ 可以用下面的方法求出

$$J = \frac{I}{\pi a^2} = \sigma E_{内} = \sigma E_t(a) \tag{4.8.53}$$

所以

$$E_t(a) = \frac{I}{\sigma \pi a^2} \tag{4.8.54}$$

代入式(4.8.52)可以得到

$$-\iint \boldsymbol{S}_n \cdot \mathrm{d}\boldsymbol{A} = \frac{1}{2} \cdot \frac{l}{\sigma \pi a^2} I^2 = \frac{1}{2}RI^2 = R\bar{I}^2 \tag{4.8.55}$$

流入内导体的功率正好等于该段导体内消耗的焦耳热功率，所以当导体为非理想导体时，同轴线内一部分能量 $\boldsymbol{S}_t$ 沿导体进行传送，被导线吸收的另一部分能量 $\boldsymbol{S}_n$ 转化为焦耳热。

4.8.4　电磁波传播的基本方程

在无线通信设备中，发射的无线电信号需要加载到高频信号上，才能得以向无界空间中进行传播，在无界空间中，均处于无源区域中，即 $\boldsymbol{J}=\boldsymbol{0}$，$\rho=0$。在一定频率 ω 下，对各向同性线性均匀介质需要满足 $\boldsymbol{D}=\varepsilon\boldsymbol{E}$，$\boldsymbol{B}=\mu\boldsymbol{H}$，将上述关系分别代入式(4.3.1)～式(4.3.4)中，得到无源区域下麦克斯韦方程组的复数形式为

$$\nabla \times \dot{\boldsymbol{H}} = \mathrm{j}\omega\varepsilon\dot{\boldsymbol{E}} \tag{4.8.56}$$

$$\nabla \times \dot{\boldsymbol{E}} = -\mathrm{j}\omega\mu\dot{\boldsymbol{H}} \tag{4.8.57}$$

$$\nabla \cdot \dot{\boldsymbol{H}} = 0 \tag{4.8.58}$$

$$\nabla \cdot \dot{\boldsymbol{E}} = 0 \tag{4.8.59}$$

对式(4.8.57)的两边进行旋度运算得到

$$\nabla \times (\nabla \times \dot{\boldsymbol{E}}) = \nabla(\nabla \cdot \dot{\boldsymbol{E}}) - \nabla^2\dot{\boldsymbol{E}} = -\nabla \times (\mathrm{j}\omega\mu\dot{\boldsymbol{H}}) \tag{4.8.60}$$

由于频率 ω 和磁导率 μ 均与空间无关，利用式(4.8.56)和(4.8.57)可得

$$\nabla^2\dot{\boldsymbol{E}} = \mathrm{j}\omega\mu\, \nabla \times \dot{\boldsymbol{H}} = \mathrm{j}\omega\mu \cdot \mathrm{j}\omega\varepsilon\dot{\boldsymbol{E}} = -\omega^2\mu\varepsilon\dot{\boldsymbol{E}} \tag{4.8.61}$$

那么

$$\nabla^2\dot{\boldsymbol{E}} + \omega^2\mu\varepsilon\dot{\boldsymbol{E}} = \boldsymbol{0} \tag{4.8.62}$$

同理也求得

$$\nabla^2\dot{\boldsymbol{H}} + \omega^2\mu\varepsilon\dot{\boldsymbol{H}} = \boldsymbol{0} \tag{4.8.63}$$

令 $k^2=\omega^2\mu\varepsilon$ 为波数，则无源区域下亥姆霍兹方程的复数形式可写为

$$\nabla^2\dot{\boldsymbol{E}} + k^2\dot{\boldsymbol{E}} = \boldsymbol{0} \tag{4.8.64}$$

$$\nabla^2 \dot{\boldsymbol{H}}+k^2\dot{\boldsymbol{H}}=\boldsymbol{0} \tag{4.8.65}$$

通过式(4.8.10),我们知道复数场量对时间的二阶导数可等效为 $-\omega^2$ 乘以复数场量。于是在无源区域下的亥姆霍兹方程的瞬时形式写为

$$\nabla^2 \boldsymbol{E}-\frac{1}{v^2}\frac{\partial^2 \boldsymbol{E}}{\partial t^2}=\boldsymbol{0} \tag{4.8.66}$$

$$\nabla^2 \boldsymbol{H}-\frac{1}{v^2}\frac{\partial^2 \boldsymbol{H}}{\partial t^2}=\boldsymbol{0} \tag{4.8.67}$$

式中,$v=\frac{\omega}{k}=\frac{1}{\sqrt{\mu\varepsilon}}$为电磁波在无源区域下的传播速度。我们研究在无源区域下平面电磁波的传播特性,分别从频域和时域两个角度出发。在频域电磁问题上,需要考虑式(4.8.62)和式(4.8.63);在时域电磁问题上,需要考虑式(4.8.66)和式(4.8.67)。

4.9 本章小结

本章在电磁感应定律和全电流定律的基础上,主要讨论了时变电磁场的普遍规律,包括麦克斯韦方程组和电磁场的波动方程、动态标量位和矢量位、坡印廷定理与坡印廷矢量、时谐电磁场及其复函数表达形式。旨在培养学生在掌握时变电磁场基本方程和基本规律的基础上,具备将傅里叶变换等数学知识用于解决时变电磁场工程问题的能力。

学习重点:时变电磁场与时谐场的概念、性质和特点;麦克斯韦方程组的微分、积分形式及其物理意义,时变电磁场的边界条件及其应用;电磁场的能量转换与守恒定律——坡印廷定理,坡印廷矢量的定义及其物理意义,并能应用它们分析电磁能量的传输情况;时谐场的复数形式,复数表达式与时间表达式的相互转换,电磁波在各种介质的波动行为,即波动方程的物理意义。

学习难点:应用坡印廷矢量分析计算电磁能量的传输,标量位和矢量位的概念及其计算,时变电磁场的边界条件及其应用。

习 题 4

4.1 已知真空平板电容器的极板面积为 S,间距为 d,当外加电压 $U=U_0\sin(\omega t)$ 时,计算电容器中的位移电流,证明它等于导线中的传导电流。

4.2 一圆柱形电容器,内导体半径和外导体内半径分别为 a 和 b,长为 l。设外加电压 $U=\sin(\omega t)$,试计算电容器极板间的位移电流,证明该位移电流等于导线中的传导电流。

4.3 当电场 $\boldsymbol{E}=\boldsymbol{e}_x E_0\cos(\omega t)$ V/m,$\omega=1000$ rad/s 时,计算下列介质中传导电流密度与位移电流密度的振幅之比:

(1) 铜 $\sigma=5.7\times10^7$ S/m,$\varepsilon_r=1$;

(2) 蒸馏水 $\sigma=2\times10^{-4}$ S/m,$\varepsilon_r=80$;

(3) 聚苯乙烯 $\sigma=2\times10^{-16}$ S/m,$\varepsilon_r=2.53$。

4.4 由麦克斯韦方程组,导出点电荷的电场强度计算公式和泊松方程。

4.5 将麦克斯韦方程的微分形式写成8个标量方程：

(1) 在直角坐标系中；

(2) 在圆柱坐标系中；

(3) 在球坐标系中。

4.6 试由微分形式麦克斯韦方程组中的两个旋度方程及电流连续性方程导出两个散度方程。

4.7 利用麦克斯韦方程证明：通过任意闭合曲面的传导电流与位移电流之和等于零。

4.8 在由理想导电壁($\sigma=\infty$)限定的区域 $0\leqslant x\leqslant a$ 内存在一个如下的电磁场：

$$E_y=H_0\mu\omega\left(\frac{a}{\pi}\right)\sin\left(\frac{\pi x}{a}\right)\sin(kz-\omega t)$$

$$H_x=-H_0k\left(\frac{a}{\pi}\right)\sin\left(\frac{\pi x}{a}\right)\sin(kz-\omega t)$$

$$H_z=H_0\cos\left(\frac{\pi x}{a}\right)\cos(kz-\omega t)$$

验证它们是否满足边界条件，写出导电壁上的面电流密度表达式。

4.9 设区域Ⅰ($z<0$)的介质参数 $\varepsilon_{r1}=1$，$\mu_{r1}=1$，$\sigma_1=1$；区域Ⅱ($z>0$)的介质参数 $\varepsilon_{r2}=5$，$\mu_{r2}=20$，$\sigma_2=0$。区域Ⅰ中的电场强度

$$\boldsymbol{E}_1=\boldsymbol{e}_x[60\cos(15\times10^8t-5z)+20\cos(15\times10^8t+5z)]\ \text{V/m}$$

区域Ⅱ中的电场强度

$$\boldsymbol{E}_2=\boldsymbol{e}_xA\cos(15\times10^8t-5z)\ \text{V/m}$$

求：(1) 常数 A；

(2) 磁场强度 $\boldsymbol{H}_1$ 和 $\boldsymbol{H}_2$；

(3) 证明在 $z=0$ 处 $\boldsymbol{H}_1$ 和 $\boldsymbol{H}_2$ 满足边界条件。

4.10 设电场强度和磁场强度分别为 $\boldsymbol{E}=\boldsymbol{E}_0\cos(\omega t+\psi_e)$，$\boldsymbol{H}=\boldsymbol{H}_0\cos(\omega t+\psi_m)$，证明其坡印廷矢量的平均值为 $\boldsymbol{S}_{av}=\frac{1}{2}\boldsymbol{E}_0\times\boldsymbol{H}_0\cos(\psi_e-\psi_m)$。

4.11 已知真空区域中时变电磁场的瞬时值为 $\boldsymbol{H}(y,t)=\boldsymbol{e}_x\sqrt{2}\cos(20x)\sin(\omega t-k_yy)$，试求电场强度的复矢量、能量密度及能流密度矢量的平均值。

4.12 一个真空中存在的电磁场为

$$\boldsymbol{E}=\boldsymbol{e}_x\mathrm{j}E_0\sin(kz),\quad \boldsymbol{H}=\boldsymbol{e}_y\sqrt{\frac{\varepsilon_0}{\mu_0}}E_0\cos(kz)$$

式中，$k=2\pi/\lambda=\omega/c$，λ 是波长。求 $z=0$，$\lambda/8$ 和 $\lambda/4$ 各点的坡印廷矢量的瞬时值和平均值。

4.13 已知电磁波的电场 $\boldsymbol{E}=\boldsymbol{e}_xE_0\cos(\omega\sqrt{\mu_0\varepsilon_0}-\omega t)$，求此电磁波的磁场强度、瞬时值能流密度矢量及其在一周期内的平均值。

4.14 已知时变电磁场中矢量位 $\boldsymbol{A}=\boldsymbol{e}_xA_m\sin(\omega t-kz)$，其中 A_m，k 是常数。求电场强度、磁场强度和瞬时坡印廷矢量。

4.15 已知正弦电磁场的电场瞬时值为

$$\boldsymbol{E}(z,t)=\boldsymbol{e}_x0.03\sin(10^8\pi t-kz)+\boldsymbol{e}_x0.04\cos\left(10^8\pi t-kz-\frac{\pi}{3}\right)\ \text{V/m}$$

试求：

（1）电场强度的复矢量；

（2）磁场强度的复矢量和瞬时值。

4.16 真空中同时存在两个正弦电磁场，电场强度分别为 $\boldsymbol{E}_1=\boldsymbol{e}_xE_{10}\mathrm{e}^{-\mathrm{j}k_1z}$，$\boldsymbol{E}_2=\boldsymbol{e}_xE_{20}\mathrm{e}^{-\mathrm{j}k_2z}$，试证明总的平均能流密度等于两个正弦电磁场的平均能流密度之和。

4.17 已知横截面积为 $a\times b$ 的矩形金属波导中电磁场的复数形式为

$$\boldsymbol{E}=-\boldsymbol{e}_y\mathrm{j}\omega\mu\frac{a}{\pi}H_0\sin\frac{\pi x}{a}\mathrm{e}^{-\mathrm{j}\beta z}$$

$$\boldsymbol{H}=\left(\boldsymbol{e}_x\mathrm{j}\beta\frac{a}{\pi}H_0\sin\frac{\pi x}{a}+\boldsymbol{e}_yH_0\cos\frac{\pi x}{a}\right)\mathrm{e}^{-\mathrm{j}\beta z}$$

式中，H_0，ω，μ 和 β 都是常数。试求：

（1）瞬时坡印廷矢量；

（2）平均坡印廷矢量。

4.18 在球坐标系中，已知电磁场的瞬时值

$$\boldsymbol{E}(r,t)=\boldsymbol{e}_\theta\frac{E_0}{r}\sin\theta\cos(\omega t-k_0r)\ \mathrm{V/m}$$

$$\boldsymbol{H}(r,t)=\boldsymbol{e}_\varphi\frac{E_0}{\eta_0r}\sin\theta\cos(\omega t-k_0r)\ \mathrm{A/m}$$

式中，E_0 为常数，$\eta_0=\sqrt{\dfrac{\mu_0}{\varepsilon_0}}$，$k_0=\omega\sqrt{\mu_0\varepsilon_0}$。试计算通过以坐标原点为球心，以 r_0 为半径的球面 S 的总功率。

5

平面波极化与衰减

平面电磁波，简称为平面波，是一种形式简单的电磁波，具有电磁波的普遍特性和规律。通过对平面波在各种介质中传播特性的具体分析，可以掌握电磁波传播过程中的一般规律及其研究方法。更重要的是，其他类型的电磁波均可看作多个平面波叠加的结果。所以，分析和研究平面波具有极其重要的应用价值。本章首先讨论在无界理想介质中平面电磁波的传播特性和各项传播参数的物理意义，然后详细介绍了电磁波特有的极化特性，最后着重分析了平面波在不同介质的分界面上的反射与透射现象，以及平面波在有耗介质中的传播特性。

5.1 理想介质中的平面电磁波

5.1.1 均匀平面电磁波

均匀平面电磁波是指等相位面(波阵面)为平面，且在等相位面上各点的场强大小相等、方向相同的电磁波。当电磁波的辐射距离很远(即 $r \gg \lambda$)时，球面波、柱面波都可以看成是平面波，发射天线的远区场也可以看成是平面波。所以对均匀平面电磁波进行研究，具有重要的意义。

1. 波动方程

设沿 z 轴传播的均匀平面电磁波，其等相位面平行于 xOy 平面，如图 5-1 所示。

在同一等相位面上，场强处处相等(即 $\boldsymbol{E}$, $\boldsymbol{H}$ 与 x, y 无关)，所以

$$\boldsymbol{E}=\boldsymbol{E}(z,t),\quad \boldsymbol{H}=\boldsymbol{H}(z,t),\quad \nabla^2=\frac{\partial^2}{\partial t^2} \tag{5.1.1}$$

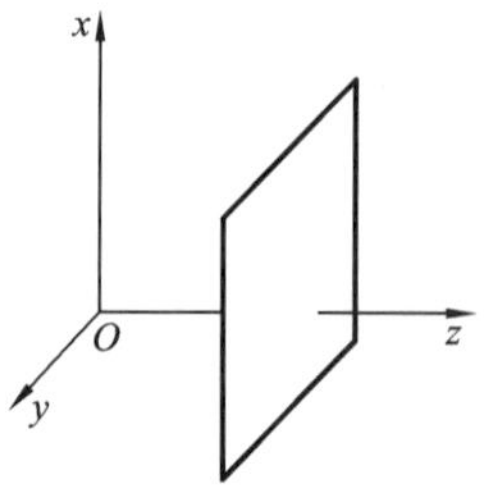

图 5-1 均匀平面电磁波

设 $\boldsymbol{E}$ 沿 x 方向，即 $\boldsymbol{E}=\boldsymbol{e}_x E_x$，由

$$\nabla\times\boldsymbol{E}=-\mu\frac{\partial \boldsymbol{H}}{\partial t} \tag{5.1.2}$$

可以得到 $\boldsymbol{H}=\boldsymbol{e}_y H_y$，这时波动方程可以写为

$$\frac{\partial^2 E_x}{\partial z^2}-\frac{1}{v^2}\frac{\partial^2 E_x}{\partial t^2}=0 \tag{5.1.3}$$

$$\frac{\partial^2 H_y}{\partial z^2}-\frac{1}{v^2}\frac{\partial^2 H_y}{\partial t^2}=0 \tag{5.1.4}$$

其相应的复数形式为

$$\frac{\mathrm{d}^2\dot{E}_x}{\mathrm{d}z^2}+k^2\dot{E}_x=0 \tag{5.1.5}$$

$$\frac{\mathrm{d}^2\dot{H}_y}{\mathrm{d}z^2}+k^2\dot{H}_y=0 \tag{5.1.6}$$

2. 均匀平面电磁波的 E 和 H 表达式

通过微分方程的理论分析，我们知道式(5.1.5)属于二阶齐次偏微分方程，它的解可写为

$$\dot{E}_x=\dot{E}_m^+\mathrm{e}^{-\mathrm{j}kz}+\dot{E}_m^-\mathrm{e}^{\mathrm{j}kz} \tag{5.1.7}$$

其中 $\dot{E}_m^+$，$\dot{E}_m^-$ 是复常数，在复常数上含有初相位因子，于是可表示为

$$\dot{E}_m^+=E_m^+\mathrm{e}^{\mathrm{j}\psi^+},\quad \dot{E}_m^-=E_m^-\mathrm{e}^{\mathrm{j}\psi^-} \tag{5.1.8}$$

由式(5.1.2)和 $\boldsymbol{E}=\boldsymbol{e}_xE_x$，可以得到

$$\dot{\boldsymbol{H}}=\frac{1}{-\mathrm{j}\omega\mu}\nabla\times\dot{\boldsymbol{E}}=\boldsymbol{e}_y\frac{1}{-\mathrm{j}\omega\mu}\frac{\partial\dot{E}_x}{\partial z} \tag{5.1.9}$$

把式(5.1.7)代入式(5.1.9)，可得

$$\dot{H}_y=\frac{1}{-\mathrm{j}\omega\mu}(-\mathrm{j}k\dot{E}_m^+\mathrm{e}^{-\mathrm{j}kz}+\mathrm{j}k\dot{E}_m^-\mathrm{e}^{\mathrm{j}kz})=\frac{k}{\omega\mu}(\dot{E}_m^+\mathrm{e}^{-\mathrm{j}kz}-\dot{E}_m^-\mathrm{e}^{\mathrm{j}kz}) \tag{5.1.10}$$

下面说明式(5.1.7)和式(5.1.10)中各项的意义，由式(4.8.8)可知，式(5.1.7)中第一项 $\dot{E}_m^+\mathrm{e}^{\mathrm{j}kz}$ 加上时谐因子 $\mathrm{e}^{\mathrm{j}\omega t}$ 为

$$\dot{E}_m^+\mathrm{e}^{-\mathrm{j}kz}\mathrm{e}^{\mathrm{j}\omega t}=E_m^+\mathrm{e}^{\mathrm{j}(\omega t-kz+\psi^+)} \tag{5.1.11}$$

取其实部为

$$E_m^+\cos(\omega t-kz+\psi^+)=E_m^+\cos\left[\omega\left(t-\frac{z}{v}\right)+\psi^+\right] \tag{5.1.12}$$

它表示一列沿 z 轴正方向传播的均匀平面电磁波，称为入射波。这列波由源点($z_0=0$)传到 z 点所需时间 $\Delta t=\frac{z}{v}$，所以 z 点 t 时刻的相位就是波源在 $t-\Delta t=t-\frac{z}{v}$ 时刻的相位。

同理，式(5.1.7)中的第二项 $\dot{E}_m^-\mathrm{e}^{\mathrm{j}kz}$ 加上时谐因子 $\mathrm{e}^{\mathrm{j}\omega t}$，可以写为

$$E_m^-\cos(\omega t+kz+\psi^-)=E_m^-\cos\left[\omega\left(t+\frac{z}{v}\right)+\psi^-\right] \tag{5.1.13}$$

式(5.1.13)表示沿 z 轴负方向传播的均匀平面电磁波，一般称为反射波。电磁波在无限大均匀介质中进行传播，不存在反射波的情形，式(5.1.7)和式(5.1.10)可以写为

$$\dot{E}_x=\dot{E}_m\mathrm{e}^{-\mathrm{j}kz} \tag{5.1.14}$$

$$\dot{H}_y=\frac{k}{\omega\mu}\dot{E}_m\mathrm{e}^{-\mathrm{j}kz} \tag{5.1.15}$$

其瞬时形式可以写为

$$E_x=E_m\cos(\omega t-kz+\psi^+) \tag{5.1.16}$$

$$H_y=\frac{k}{\omega\mu}E_m\cos(\omega t-kz+\psi^+) \tag{5.1.17}$$

5.1.2　均匀平面电磁波的传播特性

1. 一些基本参数的意义及有关公式

常用的基本参数有角频率 ω，周期 T，频率 f，波长 λ，相速度 v 和波数 k，常用的公式为

$$T=\frac{1}{f}=\frac{2\pi}{\omega} \tag{5.1.18}$$

$$v=\lambda f=\frac{1}{\sqrt{\mu\varepsilon}} \tag{5.1.19}$$

$$k=\frac{\omega}{c}=\frac{2\pi}{\lambda}=\omega\sqrt{\mu\varepsilon} \tag{5.1.20}$$

在自由空间(真空)中,相速度为 $c=\frac{1}{\sqrt{\mu_0\varepsilon_0}}=3\times10^8\ \text{m/s}$。

2. 波阻抗

波阻抗定义为电场强度与磁场强度之比,由式(5.1.14)和式(5.1.15)得

$$\frac{E_x}{H_y}=\frac{\omega\mu}{k}=\frac{\mu}{\sqrt{\mu\varepsilon}}=\sqrt{\frac{\mu}{\varepsilon}} \tag{5.1.21}$$

所以波阻抗可表示为

$$\eta=\sqrt{\frac{\mu}{\varepsilon}} \tag{5.1.22}$$

式中,μ 的单位是亨/米(H/m),ε 的单位是法/米(F/m)。通过量纲分析,很容易验证:波阻抗 η 的单位是欧姆(Ω),具有电阻的量纲。对于自由空间(如真空),波阻抗为

$$\eta_0=\sqrt{\frac{\mu_0}{\varepsilon_0}}=120\pi\ \Omega\approx377\ \Omega \tag{5.1.23}$$

3. *E* 和 *H* 都垂直于传播方向

由式(5.1.14)和式(5.1.15)可以证明,对于均匀平面电磁波,电场强度 $\boldsymbol{E}$ 和磁场强度 $\boldsymbol{H}$ 都垂直于波矢 $\boldsymbol{k}$;$\boldsymbol{E}$、$\boldsymbol{H}$ 和波矢 $\boldsymbol{k}$ 满足右手定则,并且 $\boldsymbol{k}$ 的方向平行于($\boldsymbol{E}\times\boldsymbol{H}$)的方向,即 $\boldsymbol{k}/\!/(\boldsymbol{E}\times\boldsymbol{H})$,这种波称为横电磁波(TEM 波)。

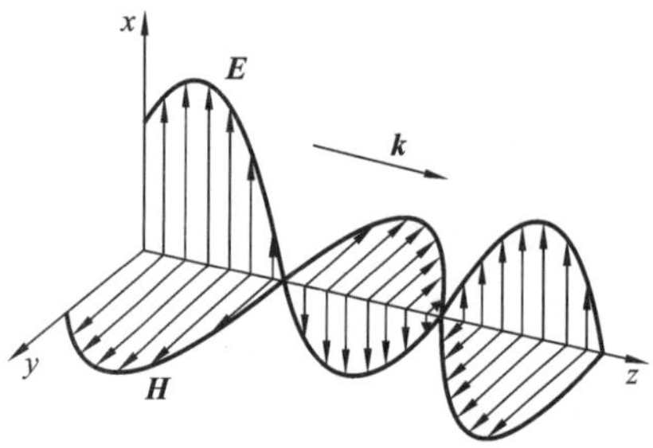

图 5-2 均匀平面电磁波 *E*, *H* 和 *k* 的方向、频率及相位的关系

4. *E* 和 *H* 同频率、同相位

由式(5.1.14)和式(5.1.15)可以看出,对于均匀平面电磁波,电场强度 $\boldsymbol{E}$ 和磁场强度 $\boldsymbol{H}$ 均保持相同频率和相位。均匀平面电磁波 $\boldsymbol{E}$,$\boldsymbol{H}$ 和 $\boldsymbol{k}$ 的方向、频率及相位的关系如图 5-2 所示。

5.1.3 沿任意方向传播的均匀平面电磁波

沿任意方向传播的均匀平面电磁波可表示为

$$\dot{\boldsymbol{E}}=\boldsymbol{e}_z\dot{E}_m\mathrm{e}^{-\mathrm{j}kz} \tag{5.1.24}$$

如图 5-3 所示,等相位面上任一点 $P(x,\ y,\ z)$ 的矢径为 $\boldsymbol{r}=\boldsymbol{e}_x x+\boldsymbol{e}_y y+\boldsymbol{e}_z z$,所以 $\boldsymbol{e}_z\cdot\boldsymbol{r}=z$,可以写为

$$\dot{\boldsymbol{E}}=\dot{\boldsymbol{E}}_m\mathrm{e}^{-\mathrm{j}k\boldsymbol{e}_z\cdot\boldsymbol{r}} \tag{5.1.25}$$

所以沿任意方向 $\boldsymbol{e}_n$ 传播的均匀平面电磁波可以写为

$$\dot{\boldsymbol{E}}=\dot{\boldsymbol{E}}_m\mathrm{e}^{-\mathrm{j}k\boldsymbol{e}_n\cdot\boldsymbol{r}} \tag{5.1.26}$$

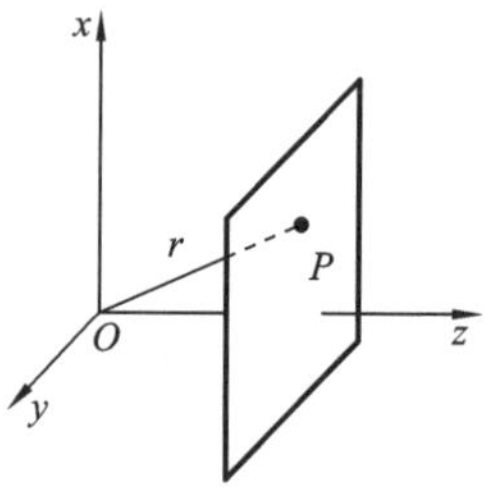

图 5-3 任意方向 $\boldsymbol{e}_n$ 传播的均匀平面电磁波

5.2 电磁波的极化特性

波的极化是用来描述在电磁波传播的过程中，电场强度 **E**(或磁场强度 **H**)的方向变化。5.1 节讨论中 **E** 只有 x 分量，**H** 只有 y 分量，是一个特殊的例子，选取坐标系时使 x 轴与 **E** 方向重合。一般情况下，**E**, **H** 在等相位面上有两个分量，如图 5-4 所示，下面以 **E** 为例讨论。

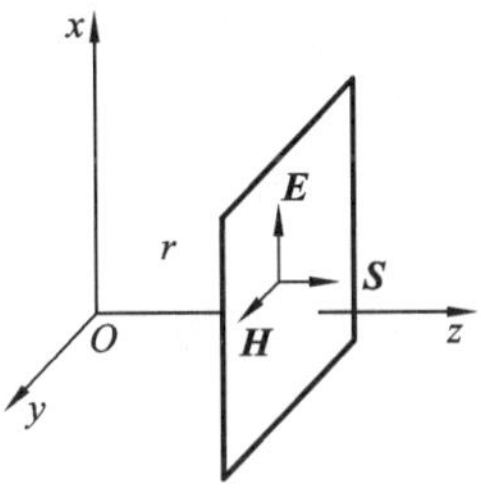

图 5-4 **E** 和 **H** 在等相位面上有两个分量

5.2.1 线极化波

若电场强度在 x 方向和 y 方向上的分量分别为 E_x，E_y，它们的相位是相同的，那么

$$E_x = E_{xm}\cos(\omega t - kz) \tag{5.2.1}$$

$$E_y = E_{ym}\cos(\omega t - kz) \tag{5.2.2}$$

这里，不妨设初相位为 0。在 $z=0$ 的等相位面上，满足

$$E_x = E_{xm}\cos(\omega t) \tag{5.2.3}$$

$$E_y = E_{ym}\cos(\omega t) \tag{5.2.4}$$

它的合场强大小为

$$E = \sqrt{E_x^2 + E_y^2} = \sqrt{E_{xm}^2 + E_{ym}^2}\cos(\omega t) \tag{5.2.5}$$

合场强方向用 **E** 与 x 轴的夹角表示为

$$\alpha = \arctan\frac{E_y}{E_x} = \arctan\frac{E_{ym}}{E_{xm}} \tag{5.2.6}$$

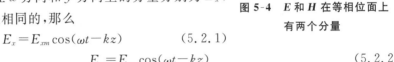

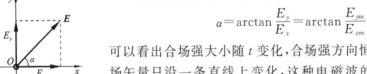

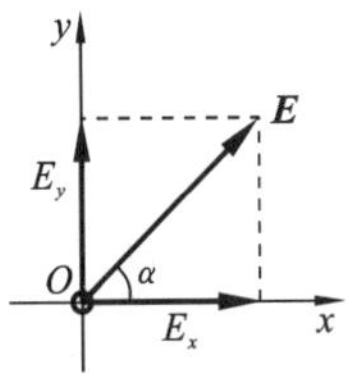

图 5-5 线极化波

可以看出合场强大小随 t 变化，合场强方向恒为一常量，说明电场矢量只沿一条直线上变化，这种电磁波的类型称为线极化波，如图 5-5 所示。如果电场矢量只在水平方向上进行变化，那么称为水平极化波；如果电场矢量只在竖直方向上进行变化，那么称为垂直极化波。假设线极化波只有 x 方向分量，即 $\boldsymbol{E} = \boldsymbol{e}_x E_x$，这表示为沿 x 方向振动的线极化波。

5.2.2 圆极化波和椭圆极化波

当电场强度在 x 方向和 y 方向上的分量 E_x，E_y 满足相位差为 $\pm\pi/2$，例如当相差 $\frac{\pi}{2}$ 时，有

$$E_x = E_{xm}\cos(\omega t - kz) \tag{5.2.7}$$

$$E_y = E_{ym}\cos\left(\omega t - kz - \frac{\pi}{2}\right) = E_{ym}\sin(\omega t - kz) \tag{5.2.8}$$

同理，当相差 $-\pi/2$ 时，读者可以自己推导。

1. 圆极化波

若 E_x 和 E_y 振幅相等，即 $E_{xm} = E_{ym} = E_m$，则在 $z=0$ 的等相位面上，有

$$E_x = E_m\cos(\omega t),\quad E_y = E_m\sin(\omega t) \tag{5.2.9}$$

合场强的大小为

$$E=\sqrt{E_x^2+E_y^2}=E_m \tag{5.2.10}$$

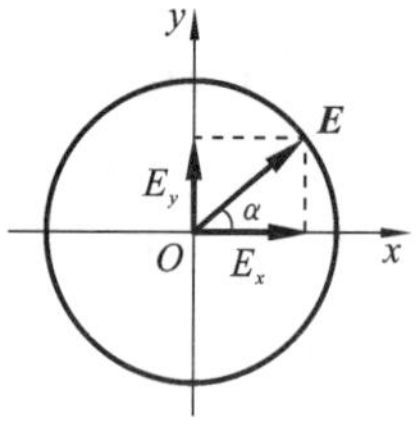

图 5-6 圆极化波

合场强的方向可以表示为 $\tan\alpha=\dfrac{E_y}{E_x}=\tan(\omega t)$，所以

$$\alpha=\omega t \tag{5.2.11}$$

所以合场强大小不变，方向以角速度 ω 旋转，$\boldsymbol{E}$ 的端点行走的轨迹是一个圆，这种电磁波的类型称为圆极化波，如图 5-6 所示。由式(5.2.9)可以导出

$$E_x^2+E_y^2=E^2 \tag{5.2.12}$$

也可以看出 $\boldsymbol{E}$ 的端点的轨迹是一个圆。

2. 椭圆极化波

若 E_x 和 E_y 振幅不相等，即 $E_{xm}\neq E_{ym}$，则在 $z=0$ 的等相位面上

$$E_x=E_{xm}\cos(\omega t),\quad E_y=E_{ym}\sin(\omega t) \tag{5.2.13}$$

式(5.2.13)的两式移项，平方相加可得

$$\frac{E_x^2}{E_{xm}^2}+\frac{E_y^2}{E_{ym}^2}=1 \tag{5.2.14}$$

这是椭圆方程，说明 $\boldsymbol{E}$ 的端点行走的轨迹是一个椭圆，这种电磁波的类型称为椭圆极化波，如图 5-7 所示，这个椭圆的短轴和长轴之比称为椭圆极化波的椭圆度。

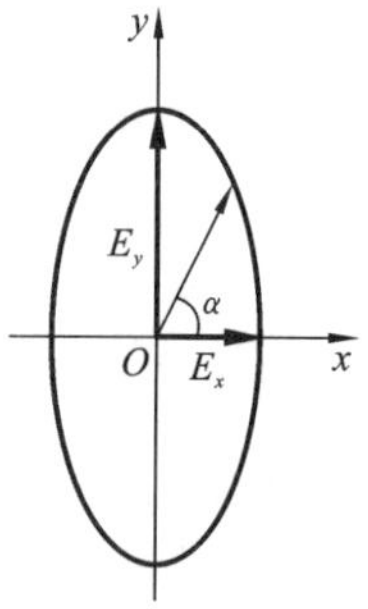

图 5-7 椭圆极化波(一)

如果 E_x 和 E_y 的相位差 $\Delta\psi\neq\pi/2$，在 $z=0$ 的等相位面上

$$E_x=E_{xm}\cos(\omega t),\quad E_y=E_{ym}\cos(\omega t-\psi) \tag{5.2.15}$$

消去 ωt 后，可得

$$\frac{E_x^2}{E_{xm}^2}+\frac{E_y^2}{E_{ym}^2}-\frac{2E_xE_y}{E_{xm}E_{ym}}\cos\psi=\sin^2\psi \tag{5.2.16}$$

显然也是一个椭圆方程，但其与坐标轴斜交，如图 5-8 所示。这种情形也属于一种椭圆极化波。

3. 电矢量 E 的旋转方向

根据电矢量 $\boldsymbol{E}$ 的旋转方向，圆极化波和椭圆极化波可以分为右旋极化波和左旋极化波。若 $\boldsymbol{E}$ 的旋转方向与传播方向满足右手定则，称为右旋极化波；若 $\boldsymbol{E}$ 的旋转方向与传播方向满足左手法则，称为左旋极化波，如图 5-9 所示。

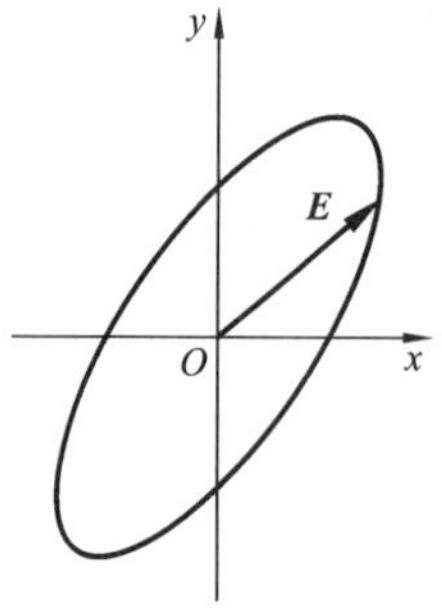

图 5-8 椭圆极化波(二)

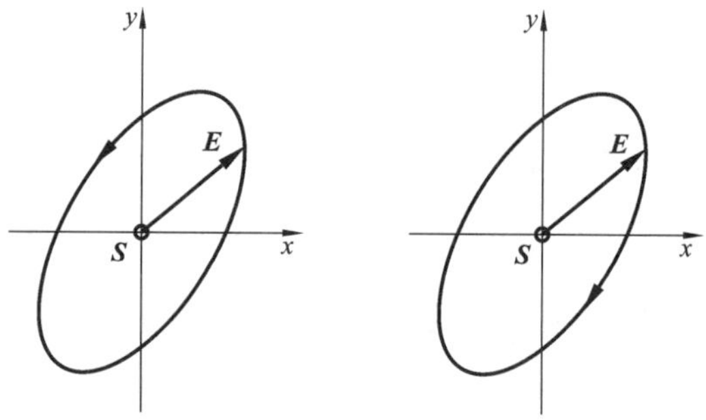

图 5-9 右旋极化波和左旋极化波

例 5.1 对于由式(5.2.7)和式(5.2.8)表示的圆极化波，设电磁波的传播方向为“⊗”，试判断该电矢量 $\boldsymbol{E}$ 的旋转方向。

解 当 $\omega t=0$ 时，$E_y=0, E_x=E_m$，则 $\boldsymbol{E}=\boldsymbol{e}_x E_m$；

当 $t=T/4$ 时，$\omega t=\pi/2, E_y=E_m, E_x=0$，则 $\boldsymbol{E}=\boldsymbol{e}_y E_m$。

可以看出，由式(5.2.7)和式(5.2.8)表示的圆极化波($\Delta\psi=-\pi/2$)，电矢量 $\boldsymbol{E}$ 是右旋的，如图 5-10 所示。可以证明，若 $\Delta\psi=\pi/2$，电矢量 $\boldsymbol{E}$ 是左旋的。

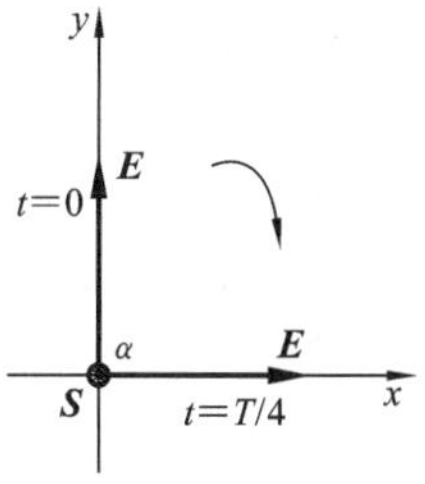

图 5-10 例 5.1 图

例 5.2 试证明任一线极化波可以分解为两个幅度相等、旋转方向相反的圆极化波之和。

解 设线极化波为

$$\boldsymbol{E}=\boldsymbol{e}_x E_{xm}\mathrm{e}^{\mathrm{j}\psi}+\boldsymbol{e}_y E_{ym}\mathrm{e}^{\mathrm{j}\psi} \tag{5.2.17}$$

当把坐标系旋转，使 x 轴与 $\boldsymbol{E}$ 重合，如图 5-11 所示。在新坐标系 $x'Oy'$ 中，电场强度的表达式为

$$\boldsymbol{E}=\boldsymbol{e}_{x'} E_{x'm}\mathrm{e}^{\mathrm{j}\psi'}+\boldsymbol{e}_{y'} E_{y'm}\mathrm{e}^{\mathrm{j}\psi'} \tag{5.2.18}$$

可以看出

$$E_{x'm}=\sqrt{E_{xm}^2+E_{ym}^2},\quad \psi'=\psi \tag{5.2.19}$$

所以式(5.2.18)可以写为

$$\boldsymbol{E}=\boldsymbol{e}_{x'}\sqrt{E_{xm}^2+E_{ym}^2}\mathrm{e}^{\mathrm{j}\psi} \tag{5.2.20}$$

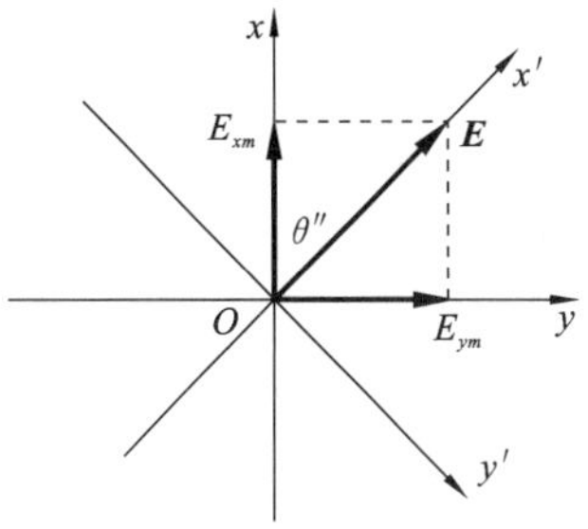

图 5-11 例 5.2 图

式(5.2.20)可以写为两个幅度相等、旋转方向相反的圆极化波之和

$$\boldsymbol{E}=\boldsymbol{E}_1+\boldsymbol{E}_2 \tag{5.2.21}$$

$$\boldsymbol{E}_1=\boldsymbol{e}_{x'}\frac{1}{2}\sqrt{E_{xm}^2+E_{ym}^2}\mathrm{e}^{\mathrm{j}\psi}+\boldsymbol{e}_{y'}\frac{1}{2}\sqrt{E_{xm}^2+E_{ym}^2}\mathrm{e}^{\mathrm{j}\psi} \tag{5.2.22}$$

$$\boldsymbol{E}_2=\boldsymbol{e}_{x'}\frac{1}{2}\sqrt{E_{xm}^2+E_{ym}^2}\mathrm{e}^{\mathrm{j}\psi}-\boldsymbol{e}_{y'}\frac{1}{2}\sqrt{E_{xm}^2+E_{ym}^2}\mathrm{e}^{\mathrm{j}\psi} \tag{5.2.23}$$

$\boldsymbol{E}_1$ 表示左旋极化波，$\boldsymbol{E}_2$ 表示右旋极化波。

一般地，任何形式的极化波都可以分解为两个相互正交的线极化波，也可以分解为两个旋转方向相反的圆极化波。换言之，用两个相互正交的线极化波或两个旋转方向相反的圆极化波均可构成任意形式的极化波，其表达式分别为

$$\boldsymbol{E}=\boldsymbol{e}_x E_{xm}\mathrm{e}^{\mathrm{j}\psi_x}+\boldsymbol{e}_y E_{ym}\mathrm{e}^{\mathrm{j}\psi_y} \tag{5.2.24}$$

$$\boldsymbol{E}=(\boldsymbol{e}_x-\mathrm{j}\boldsymbol{e}_y)E_{1m}\mathrm{e}^{\mathrm{j}\psi_1}+(\boldsymbol{e}_x+\mathrm{j}\boldsymbol{e}_y)E_{2m}\mathrm{e}^{\mathrm{j}\psi_2} \tag{5.2.25}$$

其中两个圆极化波的初相位差为

$$\Delta\psi=\psi_1-\psi_2 \tag{5.2.26}$$

5.2.3 极化技术的应用

当信号被接收时，我们必须考虑波的极化方式。例如，中波广播信号的电场是与地面垂直的(磁场是水平的)，一般称为垂直极化，因此收听者要得到最佳的收听效果，就应将天线调整到与电场平行的位置，此时与大地垂直(若是磁性天线则应与磁场平行，即水平位置)。而电视信号的发射，其电场方向均与大地平行，称为水平极化，电视接收天线应调整到与大地面平行的位置。飞机、火箭等飞行器在飞行的过程中其状态和位

置在不断地改变，因此天线方位也在不断地改变，此时如果用线极化信号通信，在某些情况下可能收不到信号，所以均采用圆极化天线。

通信系统中使用极化技术可以增加系统的容量。例如，美国联邦通信委员会(FCC)分配给美国使用者一个专用频道，使用两个正交的线极化方式，比通常单极化的系统增加1倍的通信容量。

5.3 平面电磁波的反射与透射

在均匀介质中，均匀平面电磁波沿直线传播，在两种介质的分界面上，将会产生反射和透射。平面电磁波斜入射是介质分界面上反射和透射的一般情形。

5.3.1 理想介质表面的斜入射

1. 平行极化波的斜入射

平行极化波通过斜入射到达两种理想介质的分界面上，平行极化波斜入射时的电磁场分布示意图如图5-12所示，图中入射波、反射波和透射波方向的单位矢量分别为

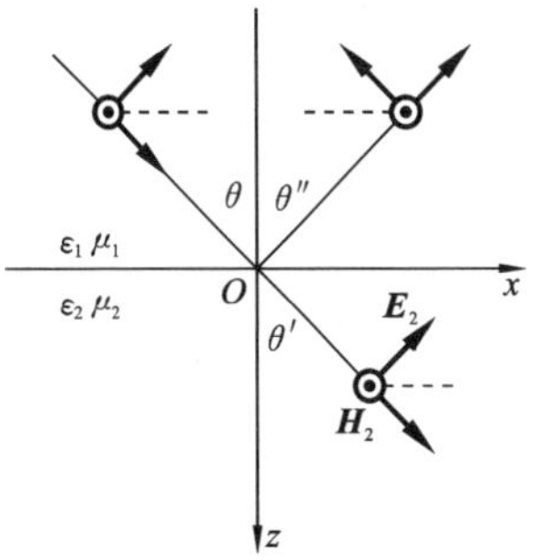

图5-12 平行极化波斜入射时的电磁场分布示意图

$$\boldsymbol{e}_{n1}^{+}=\boldsymbol{e}_x\sin\theta+\boldsymbol{e}_z\cos\theta \tag{5.3.1}$$

$$\boldsymbol{e}_{n2}^{-}=\boldsymbol{e}_x\sin\theta-\boldsymbol{e}_z\cos\theta \tag{5.3.2}$$

$$\boldsymbol{e}_{n2}^{+}=\boldsymbol{e}_x\sin\theta''+\boldsymbol{e}_z\cos\theta'' \tag{5.3.3}$$

设入射区域的电场强度为

$$\dot{\boldsymbol{E}}_1=\dot{\boldsymbol{E}}_1^{+}\mathrm{e}^{-\mathrm{j}\beta_1\boldsymbol{e}_n^{+}\cdot\boldsymbol{r}}+\dot{\boldsymbol{E}}_1^{-}\mathrm{e}^{-\mathrm{j}\beta_1\boldsymbol{e}_n^{-}\cdot\boldsymbol{r}} \tag{5.3.4}$$

其中

$$\boldsymbol{r}=\boldsymbol{e}_x x+\boldsymbol{e}_y y+\boldsymbol{e}_z z \tag{5.3.5}$$

利用式(5.3.1)～式(5.3.4)可以导出入射区域的电磁场

$$\dot{E}_{x1}=\dot{E}_1^{+}\cos\theta\mathrm{e}^{-\mathrm{j}\beta_1(x\sin\theta+z\cos\theta)}-\dot{E}_1^{-}\cos\theta\mathrm{e}^{-\mathrm{j}\beta_1(x\sin\theta-z\cos\theta)} \tag{5.3.6}$$

$$\dot{E}_{z1}=-\dot{E}_1^{+}\sin\theta\mathrm{e}^{-\mathrm{j}\beta_1(x\sin\theta+z\cos\theta)}-\dot{E}_1^{-}\sin\theta\mathrm{e}^{-\mathrm{j}\beta_1(x\sin\theta-z\cos\theta)} \tag{5.3.7}$$

$$\dot{H}_{y1}=\frac{\dot{E}_1^{+}}{\eta_1}\mathrm{e}^{-\mathrm{j}\beta_1(x\sin\theta+z\cos\theta)}+\frac{\dot{E}_1^{-}}{\eta_1}\mathrm{e}^{-\mathrm{j}\beta_1(x\sin\theta-z\cos\theta)} \tag{5.3.8}$$

透射区域的电磁场为

$$\dot{E}_{x2}=\dot{E}_2\cos\theta''\mathrm{e}^{-\mathrm{j}\beta_2(x\sin\theta''+z\cos\theta'')} \tag{5.3.9}$$

$$\dot{E}_{z2}=-\dot{E}_2\sin\theta''\mathrm{e}^{-\mathrm{j}\beta_2(x\sin\theta''+z\cos\theta'')} \tag{5.3.10}$$

$$\dot{H}_{y2}=\frac{\dot{E}_2}{\eta_2}\mathrm{e}^{-\mathrm{j}\beta_2(x\sin\theta''+z\cos\theta'')} \tag{5.3.11}$$

2. 透射定律

由边界条件，在 $z=0$ 处，$E_{1t}=E_{2t}$，即 $\dot{E}_{x1}=\dot{E}_{x2}$，由式(5.3.6)和式(5.3.9)可以得到

$$\dot{E}_1^{+}\cos\theta\mathrm{e}^{-\mathrm{j}\beta_1(x\sin\theta+z\cos\theta)}-\dot{E}_1^{-}\cos\theta\mathrm{e}^{-\mathrm{j}\beta_1(x\sin\theta-z\cos\theta)}=\dot{E}_2\cos\theta''\mathrm{e}^{-\mathrm{j}\beta_2 x\sin\theta''} \tag{5.3.12}$$

式(5.3.12)成立的条件是等式两端指数相等，即 $\beta_1\sin\theta=\beta_2\sin\theta''$，所以

$$\frac{\sin\theta''}{\sin\theta}=\frac{\beta_1}{\beta_2}=\frac{v_1}{v_2}=\frac{n_1}{n_2}=\frac{\sqrt{\varepsilon_1}}{\sqrt{\varepsilon_2}} \tag{5.3.13}$$

式(5.3.13)即为折射定律，推导中利用了以下关系式：

$$\beta_1=\frac{\omega}{v_1},\quad \beta_2=\frac{\omega}{v_2},\quad n=\frac{c}{v},\quad v=\frac{1}{\sqrt{\mu\varepsilon}} \tag{5.3.14}$$

对于垂直极化波，也可以导出同样的结果。

3. 平行极化波的反射系数和透射系数

在式(5.3.12)中，指数均相等，所以

$$\dot{E}_1^+\cos\theta-\dot{E}_1^-\cos\theta=\dot{E}_2\cos\theta''=\dot{E}_2\sqrt{1-\frac{\varepsilon_1}{\varepsilon_2}\sin^2\theta} \tag{5.3.15}$$

由边界条件，在 $z=0$ 处，$H_{1t}=H_{2t}$，由于磁场 $\boldsymbol{H}$ 沿 y 方向振动，因此满足 $\dot{H}_{y1}=\dot{H}_{y2}$，由式(5.3.8)和式(5.3.11)可得

$$\frac{\dot{E}_1^+}{\eta_1}\mathrm{e}^{-\mathrm{j}\beta_1(x\sin\theta+z\cos\theta)}+\frac{\dot{E}_1^-}{\eta_1}\mathrm{e}^{-\mathrm{j}\beta_1(x\sin\theta-z\cos\theta)}=\frac{\dot{E}_2}{\eta_2}\mathrm{e}^{-\mathrm{j}\beta_2(x\sin\theta''+z\cos\theta'')} \tag{5.3.16}$$

式(5.3.16)成立的条件是等式两端指数相等，所以

$$\frac{\dot{E}_1^+}{\eta_1}+\frac{\dot{E}_1^-}{\eta_1}=\frac{\dot{E}_2}{\eta_2} \tag{5.3.17}$$

由式(5.3.15)和式(5.3.17)，可以解出平行极化波的反射系数为

$$\Gamma_{/\!/}=\frac{\dot{E}_1^-}{\dot{E}_1^+}=\frac{\dfrac{\varepsilon_2}{\varepsilon_1}\cos\theta-\sqrt{\dfrac{\varepsilon_2}{\varepsilon_1}-\sin^2\theta}}{\dfrac{\varepsilon_2}{\varepsilon_1}\cos\theta+\sqrt{\dfrac{\varepsilon_2}{\varepsilon_1}-\sin^2\theta}} \tag{5.3.18}$$

平行极化波的透射系数为

$$\tau_{/\!/}=\frac{\dot{E}_2}{\dot{E}_1^+}=\frac{2\cos\theta\sqrt{\dfrac{\varepsilon_2}{\varepsilon_1}}}{\dfrac{\varepsilon_2}{\varepsilon_1}\cos\theta+\sqrt{\dfrac{\varepsilon_2}{\varepsilon_1}-\sin^2\theta}} \tag{5.3.19}$$

可以证明

$$1+\Gamma_{/\!/}=\tau_{/\!/}\cdot\frac{\eta_1}{\eta_2} \tag{5.3.20}$$

4. 垂直极化波的斜入射

利用与上面类似的方法，可以导出垂直极化波的反射系数为

$$\Gamma_{\perp}=\frac{\cos\theta-\sqrt{\dfrac{\varepsilon_2}{\varepsilon_1}-\sin^2\theta}}{\cos\theta+\sqrt{\dfrac{\varepsilon_2}{\varepsilon_1}-\sin^2\theta}} \tag{5.3.21}$$

垂直极化波的透射系数为

$$\tau_{\perp}=\frac{2\cos\theta}{\cos\theta+\sqrt{\dfrac{\varepsilon_2}{\varepsilon_1}-\sin^2\theta}} \tag{5.3.22}$$

可以证明

$$1+\Gamma_{\perp}=\tau_{\perp} \tag{5.3.23}$$

5. 全反射

根据折射定律式(5.3.13),我们知道

$$\sin\theta''=\sqrt{\frac{\varepsilon_1}{\varepsilon_2}}\sin\theta \tag{5.3.24}$$

若 $\varepsilon_1>\varepsilon_2$,$\theta$ 较大时,可能存在 $\sin\theta''\geqslant1$,此时电磁波在两种介质的分界面上没有透射,这种现象称为全反射。可以看出,发生全反射的必要条件是 $\varepsilon_1>\varepsilon_2$,即只有电磁波从光密介质射向光疏介质时,才可能出现全反射。当 $\sin\theta''=1$ 时,

$$\sin\theta_c=\sqrt{\frac{\varepsilon_2}{\varepsilon_1}} \tag{5.3.25}$$

θ_c称为临界角,入射角 $\theta\geqslant\theta_c$ 时发生全反射。

图 5-13 所示的是一块介质板,上、下面都是空气,介质板内的电磁波入射在介质与空气的分界面上,如果入射角 θ 大于临界角 θ_c,电磁波就在介质板上底面和下底面之间不断地发生全反射,电磁波被约束在介质板内,并沿 z 轴正方向传播。以上介质板内传输电磁波的原理同样适用于圆柱形的介质波导,光纤通信中采用的光纤就是一种介质波导,如图 5-14 所示。

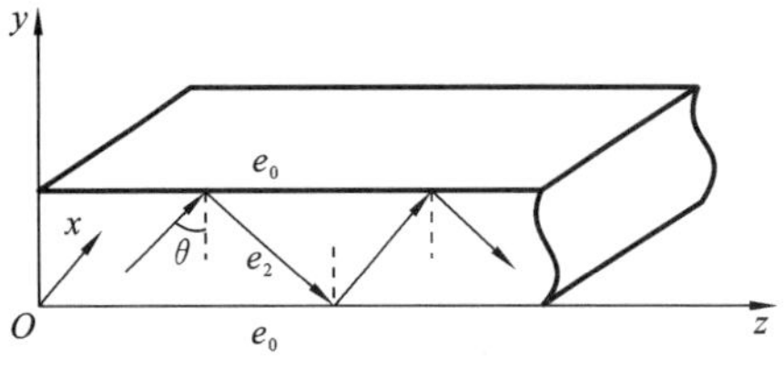

图 5-13 介质板波导

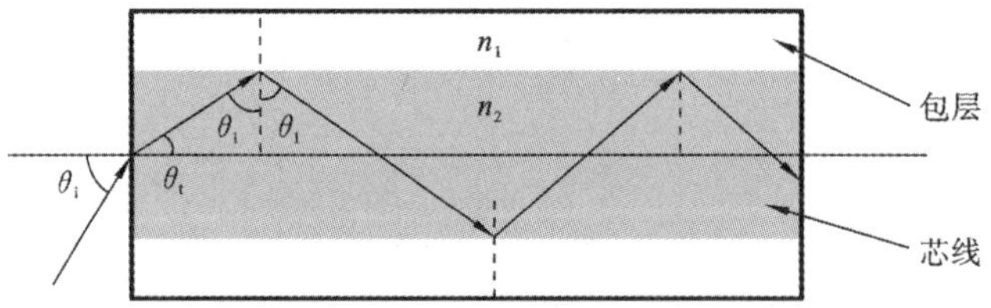

图 5-14 光纤内的全反射

例 5.3 图 5-14 是光纤的纵剖面示意图,光纤的芯线材料的相对折射率 $n_1=\sqrt{\varepsilon_{r1}}$,包层材料的相对折射率 $n_2=\sqrt{\varepsilon_{r2}}$。若要求光信号从空气(相对折射率 $n_0=1$)进入光纤后,能在光纤内发生全反射传输(在芯线和包层的分界面上发生全反射),试确定入射角 θ_i。

解 在芯线和包层的分界面上发生全反射的条件为

$$\theta_i\geqslant\theta_c=\arcsin\sqrt{\frac{\varepsilon_2}{\varepsilon_1}}=\arcsin\left(\frac{n_2}{n_1}\right)$$

即

$$\sin\theta_1\geqslant\sin\theta_c=\frac{n_2}{n_1}$$

由于 $\theta_1=\frac{\pi}{2}-\theta_t$,所以 $\sin\theta_1=\sin\left(\frac{\pi}{2}-\theta_t\right)=\cos\theta_t$,因而可得

$$\cos\theta_t\geqslant\sin\theta_c=\frac{n_2}{n_1}$$

由折射定律式(5.3.13)

$$\sin\theta_i=\frac{n_1}{n_0}\sin\theta_t=n_1\sin\theta_t=n_1\sqrt{1-\cos^2\theta_t}\leqslant n_1\sqrt{1-\left(\frac{n_2}{n_1}\right)^2}=\sqrt{n_1^2-n_2^2}$$

所以

$$\theta_i\leqslant\arcsin\sqrt{n_1^2-n_2^2}$$

6. 全透射(无反射)

对于平行极化波,令反射系数 $\Gamma_{/\!/}=0$,由式(5.3.18)可得

$$\frac{\varepsilon_2}{\varepsilon_1}\cos\theta=\sqrt{\frac{\varepsilon_2}{\varepsilon_1}-\sin^2\theta} \tag{5.3.26}$$

可以解出

$$\theta=\theta_B=\arctan\sqrt{\frac{\varepsilon_2}{\varepsilon_1}} \tag{5.3.27}$$

θ_B称为布儒斯特角,当 $\theta=\theta_B$时,没有反射,发生全透射。

对于垂直极化波,可以证明 $\varepsilon_1\neq\varepsilon_2$时,$\Gamma_\perp\neq 0$,所以不可能发生全透射。

沿任意方向极化的电磁波(可以分解为平行极化波和垂直极化波),以 θ_B入射到两种介质的界面上时,反射波中只有垂直极化波分量,利用这种方法可以得到垂直极化波,称为极化滤波器。

5.3.2　两种介质分界面上的垂直入射

两种介质分界面上的垂直入射是平面电磁波斜入射的最特殊的情形。下面对此进行适当的讨论。

1. 垂直入射时的入射波、反射波和透射波

设均匀平面波沿 z 轴入射在两种介质的分界面上,如图 5-15 所示。入射波电场强度的正方向沿 x 轴进行振动,传播常数可由 $\gamma_1=\mathrm{j}\beta_1$,$\gamma_2=\mathrm{j}\beta_2$表示,则入射波的电场强度和磁场强度分别表示为

$$\dot{E}_{x1}^{+}=\dot{E}_{m1}^{+}\mathrm{e}^{-\gamma_1 z},\quad \dot{H}_{y1}^{+}=\frac{\dot{E}_{m1}^{+}}{\eta_1}\mathrm{e}^{-\gamma_1 z} \tag{5.3.28}$$

反射波的电场强度和磁场强度分别表示为

$$\dot{E}_{x1}^{-}=\dot{E}_{m1}^{-}\mathrm{e}^{\gamma_1 z},\quad \dot{H}_{y1}^{-}=-\frac{\dot{E}_{m1}^{-}}{\eta_1}\mathrm{e}^{\gamma_1 z} \tag{5.3.29}$$

透射波的电场强度和磁场强度分别表示为

$$\dot{E}_{x2}^{+}=\dot{E}_{m2}^{+}\mathrm{e}^{-\gamma_2 z},\quad \dot{H}_{y2}^{+}=\frac{\dot{E}_{m2}^{+}}{\eta_2}\mathrm{e}^{-\gamma_2 z} \tag{5.3.30}$$

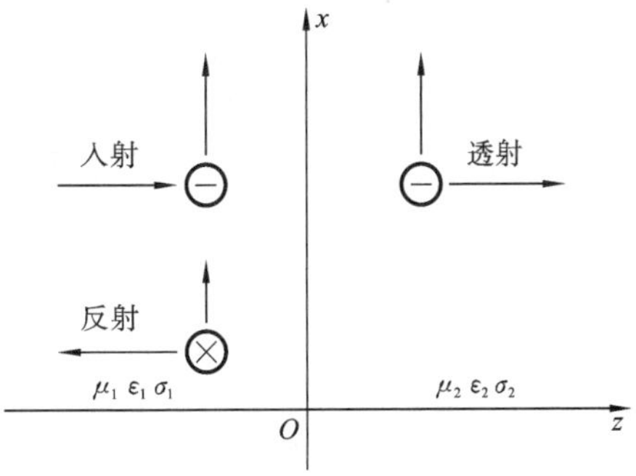

图 5-15　两种介质界面上的垂直入射

2. 垂直入射时的反射系数和透射系数

介质 1 为电磁波的入射区域,其总电场强度为

$$\dot{E}_{x1}=\dot{E}_{x1}^{+}+\dot{E}_{x1}^{-}=\dot{E}_{m1}^{+}\mathrm{e}^{-\gamma_1 z}+\dot{E}_{m1}^{-}\mathrm{e}^{\gamma_1 z} \tag{5.3.31}$$

相应的总磁场强度为

$$\dot{H}_{y1}=\dot{H}_{y1}^{+}+\dot{H}_{y1}^{-}=\frac{\dot{E}_{m1}^{+}}{\eta_1}\mathrm{e}^{-\gamma_1 z}-\frac{\dot{E}_{m1}^{-}}{\eta_1}\mathrm{e}^{\gamma_1 z} \tag{5.3.32}$$

在两种介质的分界面上($z=0$),边界条件满足

$$\dot{E}_{1t}=\dot{E}_{2t},\quad \dot{H}_{1t}=\dot{H}_{2t} \tag{5.3.33}$$

由式(5.3.31)和式(5.3.32)可得

$$\dot{E}_{m1}^{+}+\dot{E}_{m1}^{-}=\dot{E}_{m2}^{+} \tag{5.3.34}$$

$$\frac{\dot{E}_{m1}^{+}}{\eta_1}-\frac{\dot{E}_{m1}^{-}}{\eta_2}=\frac{\dot{E}_{m2}^{+}}{\eta_2} \tag{5.3.35}$$

由式(5.3.34)和式(5.3.35)可以解出

$$\dot{E}_{m1}^{-}=\frac{\eta_2-\eta_1}{\eta_2+\eta_1}\dot{E}_{m1}^{+} \tag{5.3.36}$$

$$\dot{E}_{m2}^{+}=\frac{2\eta_2}{\eta_2+\eta_1}\dot{E}_{m1}^{+} \tag{5.3.37}$$

定义在两种介质分界面处的反射系数为

$$\Gamma=\frac{\dot{E}_{m1}^{-}}{\dot{E}_{m1}^{+}}=\frac{\eta_2-\eta_1}{\eta_2+\eta_1} \tag{5.3.38}$$

在两种介质分界面处的透射系数为

$$\tau=\frac{\dot{E}_{m2}^{+}}{\dot{E}_{m1}^{+}}=\frac{2\eta_2}{\eta_2+\eta_1} \tag{5.3.39}$$

Γ 与 τ 之间满足如下关系:

$$\tau=\Gamma+1 \tag{5.3.40}$$

下面计算两种介质分界面处($z=0$)透射的功率密度,通过式(4.8.44),并结合式(5.3.31)、式(5.3.36)和式(5.3.37)可得

$$\begin{aligned}S_{av}&=\mathrm{Re}\left(\frac{1}{2}\dot{E}_{m2}^{+}\cdot\frac{\dot{E}_{m2}^{+*}}{\eta_2}\right)=\mathrm{Re}\left[\frac{1}{2}(\dot{E}_{m1}^{+}+\dot{E}_{m1}^{-})\left(\frac{\dot{E}_{m1}^{+*}}{\eta_1}-\frac{\dot{E}_{m1}^{-*}}{\eta_1}\right)\right]\\&=\mathrm{Re}\left[\frac{1}{2}\frac{\dot{E}_{m1}^{+2}}{\eta_1}-\frac{1}{2}\frac{\dot{E}_{m1}^{-2}}{\eta_1}\right]\end{aligned} \tag{5.3.41}$$

式(5.3.41)第一项是入射波的功率密度,第二项是反射波的功率密度。

3. 两种理想介质界面的反射和驻波比

当均匀平面波垂直入射在两种理想介质的分界面处时,可以分别计算入射区域的总电磁场强度、阻抗、驻波比。

1) 入射区域的总电磁场强度

$$\begin{aligned}\dot{E}_{x1}&=\dot{E}_{x1}^{+}+\dot{E}_{x1}^{-}=\dot{E}_{m1}^{+}\mathrm{e}^{-\mathrm{j}\beta_1 z}+\dot{E}_{x1}^{-}\mathrm{e}^{\mathrm{j}\beta_1 z}=\dot{E}_{m1}^{+}\mathrm{e}^{-\mathrm{j}\beta_1 z}+\Gamma\dot{E}_{m1}^{+}\mathrm{e}^{\mathrm{j}\beta_1 z}-\Gamma\dot{E}_{m1}^{+}\mathrm{e}^{-\mathrm{j}\beta_1 z}+\Gamma\dot{E}_{m1}^{+}\mathrm{e}^{-\mathrm{j}\beta_1 z}\\&=(1-\Gamma)\dot{E}_{m1}^{+}\mathrm{e}^{-\mathrm{j}\beta_1 z}+2\Gamma\dot{E}_{m1}^{+}\cos(\beta_1 z)\end{aligned} \tag{5.3.42}$$

$$\begin{aligned}\dot{H}_{y1}&=\dot{H}_{y1}^{+}+\dot{H}_{y1}^{-}=\frac{\dot{E}_{x1}^{+}}{\eta_1}-\frac{\dot{E}_{x1}^{-}}{\eta_1}=\frac{\dot{E}_{m1}^{+}}{\eta_1}\mathrm{e}^{-\mathrm{j}\beta_1 z}-\Gamma\frac{\dot{E}_{m1}^{+}}{\eta_1}\mathrm{e}^{\mathrm{j}\beta_1 z}-\Gamma\frac{\dot{E}_{m1}^{+}}{\eta_1}\mathrm{e}^{-\mathrm{j}\beta_1 z}+\Gamma\frac{\dot{E}_{m1}^{+}}{\eta_1}\mathrm{e}^{-\mathrm{j}\beta_1 z}\\&=\frac{(1-\Gamma)}{\eta_1}\dot{E}_{m1}^{+}\mathrm{e}^{-\mathrm{j}\beta_1 z}-\mathrm{j}\frac{2\Gamma}{\eta_1}\dot{E}_{m1}^{+}\sin(\beta_1 z)\end{aligned} \tag{5.3.43}$$

式(5.3.42)和式(5.3.43)中,第一项是行波,第二项是驻波。均匀平面波垂直入射在两种理想介质的分界面上,入射区域的电磁波既有行波成分,也有驻波成分,这种情形一般称为行驻波状态。

2) 入射区域的阻抗

式(5.3.42)可以改写为

$$\dot{E}_{x1}=\dot{E}_{m1}^{+}\mathrm{e}^{-\mathrm{j}\beta_1 z}+\Gamma\dot{E}_{m1}^{+}\mathrm{e}^{\mathrm{j}\beta_1 z}=\dot{E}_{m1}^{+}\mathrm{e}^{-\mathrm{j}\beta_1 z}(1+\Gamma\mathrm{e}^{\mathrm{j}2\beta_1 z}) \tag{5.3.44}$$

定义任意点 z 处的反射系数为

$$\Gamma(z)=\Gamma\mathrm{e}^{\mathrm{j}2\beta_1 z} \tag{5.3.45}$$

其中 Γ 是分界面处($z=0$)的反射系数。把式(5.3.45)代入式(5.3.44)可得

$$\dot{E}_{x1}=\dot{E}_{m1}^{+}\mathrm{e}^{-\mathrm{j}\beta_1 z}[1+\Gamma(z)] \tag{5.3.46}$$

同理由式(5.3.43)可得

$$\begin{aligned}\dot{H}_{y1}&=\frac{\dot{E}_{m1}^{+}}{\eta_1}\mathrm{e}^{-\mathrm{j}\beta_1 z}-\Gamma\frac{\dot{E}_{m1}^{+}}{\eta_1}\mathrm{e}^{\mathrm{j}\beta_1 z}=\frac{\dot{E}_{m1}^{+}}{\eta_1}\mathrm{e}^{-\mathrm{j}\beta_1 z}(1-\Gamma\mathrm{e}^{\mathrm{j}2\beta_1 z})\\&=\frac{\dot{E}_{m1}^{+}}{\eta_1}\mathrm{e}^{-\mathrm{j}\beta_1 z}[1-\Gamma(z)]\end{aligned} \tag{5.3.47}$$

定义入射区域上任一点处的阻抗可表示为

$$\eta(z)=\frac{\dot{E}_{x1}(z)}{\dot{H}_{y1}(z)}=\eta_1\frac{1+\Gamma(z)}{1-\Gamma(z)} \tag{5.3.48}$$

在均匀介质中,没有介质分界面,$\Gamma(z)=0$,$\eta(z)=\eta_1$。

3) 驻波比

由式(5.3.42)可以得到

$$\dot{E}_{x1}=\dot{E}_{m1}^{+}\mathrm{e}^{-\mathrm{j}\beta_1 z}+\dot{E}_{m1}^{-}\mathrm{e}^{\mathrm{j}\beta_1 z} \tag{5.3.49}$$

入射波和反射波相位相同处,振幅相加,总电场强度的最大值为

$$E_{x1,\max}=E_{m1}^{+}+E_{m1}^{-} \tag{5.3.50}$$

入射波和反射波相位相反处,振幅相减,总电场强度的最小值为

$$E_{x1,\min}=E_{m1}^{+}-E_{m1}^{-} \tag{5.3.51}$$

定义驻波比

$$S=\frac{E_{x1,\max}}{E_{x1,\min}}=\frac{E_{m1}^{+}+E_{m1}^{-}}{E_{m1}^{+}-E_{m1}^{-}}=\frac{1+\dfrac{E_{m1}^{-}}{E_{m1}^{+}}}{1-\dfrac{E_{m1}^{-}}{E_{m1}^{+}}}=\frac{1+|\Gamma|}{1-|\Gamma|} \tag{5.3.52}$$

全反射(如理想导体表面的反射)时,$\Gamma=-1$,$S\to\infty$;无反射时,$\Gamma=0$,$S=1$。

应用举例:利用同轴线或波导传输电磁能量,要尽量降低同轴线或波导中的驻波比,才能有效地传输电磁能量。如图 5-16 所示,发射机通过同轴电缆向发射天线传输能量,如果发射机与同轴电缆、同轴电缆与发射天线的阻抗都匹配,同轴线中的反射系数 Γ 接近 0,驻波比接近 1,可以有效地向发射天线传输电磁能量。如果发射机与同轴电缆或同轴电缆与发射天线的阻抗不匹配,同轴电缆中的反射系数和驻波都比较大,会影响能量的传输。

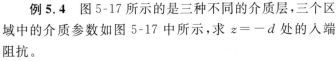

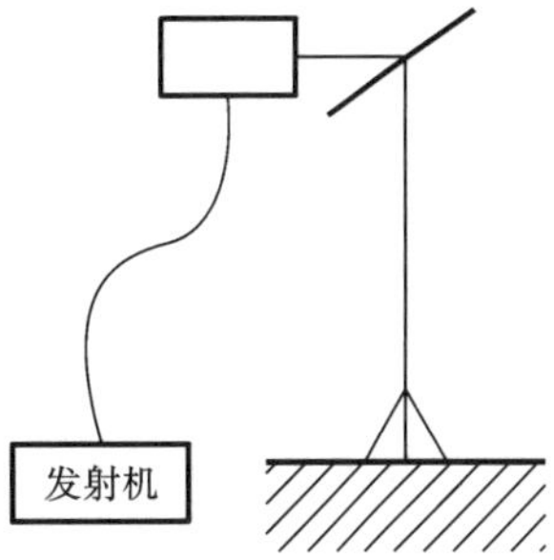

图 5-16 发射机发射系统

例 5.4 图 5-17 所示的是三种不同的介质层,三个区域中的介质参数如图 5-17 中所示,求 $z=-d$ 处的入端阻抗。

解 三个区域中的波阻抗分别为

$$\eta_1=\sqrt{\frac{\mu_0}{\varepsilon_0}}=377\ \Omega,\quad \eta_2=\sqrt{\frac{\mu_0}{2\varepsilon_0}}=266.6\ \Omega,\quad \eta_3=\sqrt{\frac{\mu_0}{4\varepsilon_0}}=188.5\ \Omega$$

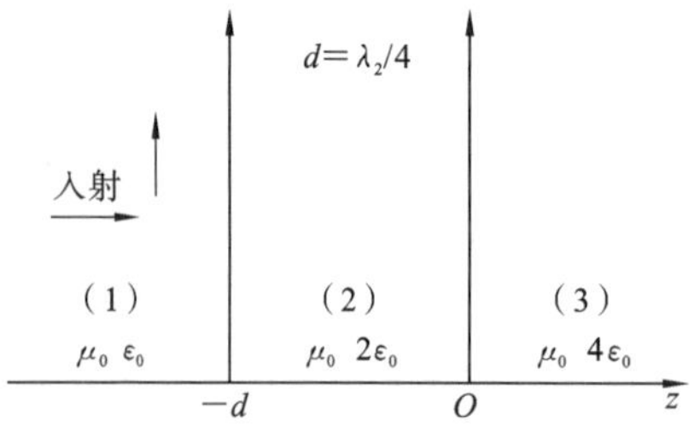

图 5-17 例 5.4 图

O 点处的反射系数为

$$\Gamma(0)=\frac{\eta_3-\eta_2}{\eta_3+\eta_2}=-0.1716$$

$-d$ 点处的反射系数为

$$\Gamma(d)=\Gamma(0)\mathrm{e}^{-\mathrm{j}2\beta_2\frac{\lambda_2}{4}}=\Gamma(0)\mathrm{e}^{-\mathrm{j}\pi}=0.1716$$

$-d$ 点处的入射区域阻抗为

$$\eta(-d)=\eta_2\frac{1+\Gamma(d)}{1-\Gamma(d)}=377\ \Omega=\eta_1$$

所以在 $z=-d$ 的界面上没有反射，区域(1)中的入射波能量全部输入到区域(2)中，这种现象称为匹配状态，适当选取区域(2)的参数和厚度，可以实现匹配状态。本例题是一个λ/4波长阻抗变换器。

5.3.3 多层介质分界面上的垂直入射*

三层介质界面上的垂直入射如图 5-18 所示，设电磁波由介质 1 入射在分界面 1 上，发生反射(反射波 1)和透射(透射波 1)；透射波 1 穿过介质 2 入射在分界面 2 上，又发生反射(反射波 2)和透射(透射波 2)；反射波 2 穿过介质 2 入射在分界面 1 上，又发生反射和透射；这个过程一直进行下去，在介质 2 中出现多重反射，在介质 1 和介质 3 中都会出现多重透射波。如果能够使介质 1 中的反射波和多重透射波叠加的总电场强度为 0，即这个多层介质的界面上无反射，这在工程技术和军事领域有广泛的应用。

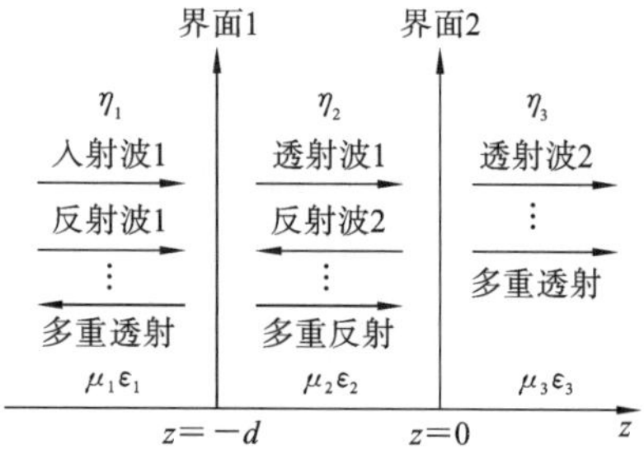

图 5-18 三层介质界面上的垂直入射

1. 多层介质增透层(膜)

对于两层介质，由式(5.3.48)可知，介质 1 中任意一点的波阻抗为

$$\eta_1(z)=\frac{\dot{E}_{x1}(z)}{\dot{H}_{y1}(z)} \tag{5.3.53}$$

式中

$$\dot{E}_{x1}(z)=\dot{E}_{m1}^{+}\mathrm{e}^{-\mathrm{j}\beta_1 z}+\Gamma\dot{E}_{m1}^{+}\mathrm{e}^{\mathrm{j}\beta_1 z} \tag{5.3.54}$$

$$\dot{H}_{y1}(z)=\frac{\dot{E}_{m1}^{+}}{\eta_1}\mathrm{e}^{-\mathrm{j}\beta_1 z}-\Gamma\frac{\dot{E}_{m1}^{+}}{\eta_1}\mathrm{e}^{\mathrm{j}\beta_1 z} \tag{5.3.55}$$

式中，反射系数 $\Gamma=\dfrac{\eta_2-\eta_1}{\eta_2+\eta_1}$，所以

$$\eta_1(z)=\eta_1\frac{\mathrm{e}^{-\mathrm{j}\beta_1 z}+\Gamma\mathrm{e}^{\mathrm{j}\beta_1 z}}{\mathrm{e}^{-\mathrm{j}\beta_1 z}-\Gamma\mathrm{e}^{\mathrm{j}\beta_1 z}} \tag{5.3.56}$$

可以导出，$z=-d$ 处的波阻抗为

$$\eta_1(-d)=\eta_1\frac{\eta_2+\mathrm{j}\eta_1\tan(\beta_1 d)}{\eta_1+\mathrm{j}\eta_2\tan(\beta_1 d)} \tag{5.3.57}$$

可以用类似的方法导出在介质 2 中 $z=-d$ 处的波阻抗为

$$\eta_2(-d)=\eta_2\frac{\eta_3+\mathrm{j}\eta_2\tan(\beta_2 d)}{\eta_2+\mathrm{j}\eta_3\tan(\beta_2 d)} \tag{5.3.58}$$

界面 1 处的反射系数为

$$\Gamma=\frac{\eta_2(-d)-\eta_1}{\eta_2(-d)+\eta_1} \tag{5.3.59}$$

依此类推，对于 $n+1$ 层介质界面上的垂直入射（见图 5-19），在介质 n 中 $z=-d_n$ 处的波阻抗为

$$\eta_n(-d_n)=\eta_n\frac{\eta_{n+1}+\mathrm{j}\eta_n\tan(\beta_n d_n)}{\eta_n+\mathrm{j}\eta_{n+1}\tan(\beta_n d_n)} \tag{5.3.60}$$

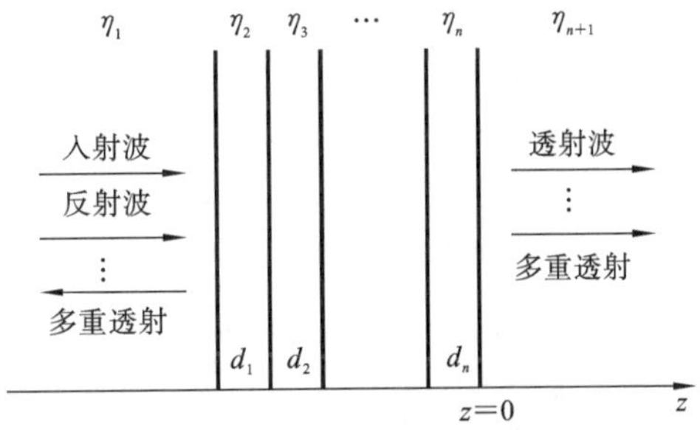

图 5-19 $n+1$ 层介质界面上的垂直入射

为了求介质 1 与介质 2 分界面上的反射系数，可以由式(5.3.60)向前递推：在介质$(n-1)$中 $z=-d_{n-1}$ 处的波阻抗为

$$\eta_{n-1}(-d_{n-1})=\eta_{n-1}\frac{\eta_n(-d_n)+\mathrm{j}\eta_{n-1}\tan(\beta_{n-1}d_{n-1})}{\eta_{n-1}+\mathrm{j}\eta_n(-d_n)\tan(\beta_{n-1}d_{n-1})} \tag{5.3.61}$$

依此类推，在介质 2 中 $z=-d$ 处的波阻抗为

$$\eta_2(-d_2)=\eta_2\frac{\eta_3(-d_3)+\mathrm{j}\eta_2\tan(\beta_2 d_2)}{\eta_2+\mathrm{j}\eta_3(-d_3)\tan(\beta_2 d_2)} \tag{5.3.62}$$

所以介质 1 与介质 2 分界面上的反射系数为

$$\Gamma_1=\frac{\eta_2(-d_2)-\eta_1}{\eta_2(-d_2)+\eta_1} \tag{5.3.63}$$

例 5.5 有一厚度为 d，本征阻抗为 η_2 的介质置于本征阻抗分别为 η_1 和 η_3 的两种介质之间，若要使均匀平面波从介质 1 垂直入射到与介质 2 的分界面上时不发生反射，求 d 和 η_2 的值。

解 均匀平面波在介质 1 与介质 2 分界面上的反射系数为 0，则 $\eta_2\times(-d)=\eta_1$，即

$$\eta_2\frac{\eta_3+\mathrm{j}\eta_2\tan(\beta_2 d)}{\eta_2+\mathrm{j}\eta_3\tan(\beta_2 d)}=\eta_1 \tag{5.3.64}$$

上式可以展开为

$$\eta_2\eta_3\cos(\beta_2 d)+\mathrm{j}\eta_2^2\sin(\beta_2 d)=\eta_1\eta_2\cos(\beta_2 d)+\mathrm{j}\eta_1\eta_3\sin(\beta_2 d) \tag{5.3.65}$$

上式两边实部、虚部分别相等，可得

$$\eta_2\eta_3\cos(\beta_2 d)=\eta_1\eta_2\cos(\beta_2 d) \tag{5.3.66}$$

$$\eta_2^2\sin(\beta_2 d)=\eta_1\eta_3\sin(\beta_2 d) \tag{5.3.67}$$

当 $\eta_1=\eta_3\neq\eta_2$ 时，式(5.3.66)和式(5.3.67)成立的条件是 $\sin(\beta_2 d)=0$，即 $\beta_2 d=n\pi$，所以

$$d=\frac{n\pi}{\beta_2}=n\frac{\lambda_2}{2}\quad(n=1,\ 2,\ 3,\ \cdots) \tag{5.3.68}$$

所以当介质 1 与介质 3 相同，介质 2 的厚度是介质内半波长的整数倍时，均匀平面波从介质 1 垂直入射到与介质 2 的分界面上时不发生反射，这种介质层称为半波介质窗。

当 $\eta_1\neq\eta_3\neq\eta_2$ 时，式(5.3.66)和式(5.3.67)能够成立的条件是

$$\cos(\beta_2 d)=0\quad 且\ \eta_2=\sqrt{\eta_1\eta_3} \tag{5.3.69}$$

即 $\beta_2 d=(2n+1)\dfrac{\pi}{2}$，所以

$$d=(2n+1)\frac{\lambda_2}{4} \tag{5.3.70}$$

当介质1与介质3不同，介质2的本征阻抗 $\eta_2=\sqrt{\eta_1\eta_3}$，厚度是介质内 $\lambda/4$ 的奇数倍时，均匀平面波从介质1垂直入射到与介质2的分界面上时不发生反射，这种介质层称为 $\lambda/4$ 阻抗变换器。例5.5就是一个 $\lambda/4$ 阻抗变换器的典型实例。

例 5.6 频率 $f=10$ GHz 的均匀平面波从空气垂直入射到 $\varepsilon=4\varepsilon_0$，$\mu=\mu_0$ 的理想介质表面上，为了消除反射，在理想介质表面涂上 $\lambda/4$ 的匹配层。试求匹配层的相对介电常数和最小厚度。

解 这是一个 $\lambda/4$ 阻抗变换器的计算问题，介质1与介质3的本征阻抗分别为

$$\eta_1=\eta_0=120\pi\ \Omega,\quad \eta_3=\sqrt{\frac{\mu_0}{\varepsilon_0\varepsilon_{r3}}}=\frac{\eta_0}{\sqrt{\varepsilon_{r3}}}=\frac{120\pi}{2}\ \Omega=60\pi\ \Omega$$

匹配层的本征阻抗为

$$\eta_2=\sqrt{\eta_1\eta_3}=\frac{120\pi}{\sqrt{2}}\ \Omega$$

由 $\eta_2=\sqrt{\dfrac{\mu_0}{\varepsilon_0\varepsilon_{r2}}}=\dfrac{\eta_0}{\sqrt{\varepsilon_{r2}}}$，可得

$$\varepsilon_{r2}=\left(\frac{\eta_0}{\eta_2}\right)^2=2$$

由 $\lambda_2=\dfrac{v_2}{c}\lambda_0=\dfrac{\lambda_0}{\sqrt{\varepsilon_{r2}}}$，可得

$$d_2=\frac{\lambda_2}{4}=\frac{0.03}{4\sqrt{2}}\ \text{m}=5.3\times10^{-3}\ \text{m}$$

5.4 有耗介质中的均匀平面波

5.4.1 有耗介质中的电磁场基本方程

1. 麦克斯韦方程

有耗介质又称为导电介质。假设电磁波在各向同性介质（即 $\boldsymbol{D}=\varepsilon\boldsymbol{E}$，$\boldsymbol{B}=\mu\boldsymbol{H}$）进行传播时，在无源条件下的有耗介质需要满足条件：

$$\boldsymbol{J}=\sigma\boldsymbol{E}\neq\boldsymbol{0},\quad \rho=0 \tag{5.4.1}$$

麦克斯韦方程式(5.1.15)～式(5.1.24)可以写为

$$\nabla\times\boldsymbol{H}=\sigma\boldsymbol{E}+\varepsilon\frac{\partial\boldsymbol{E}}{\partial t} \tag{5.4.2}$$

$$\nabla\times\boldsymbol{E}=-\mu\frac{\partial\boldsymbol{H}}{\partial t} \tag{5.4.3}$$

$$\nabla\cdot\boldsymbol{H}=0 \tag{5.4.4}$$

$$\nabla\cdot\boldsymbol{E}=0 \tag{5.4.5}$$

2. 波动方程

对式(5.4.3)的两端取旋度，并利用式(5.4.2)可得

$$\nabla\times(\nabla\times\boldsymbol{E})=-\mu\frac{\partial}{\partial t}(\nabla\times\boldsymbol{H})=-\mu\sigma\frac{\partial\boldsymbol{E}}{\partial t}-\mu\varepsilon\frac{\partial^2\boldsymbol{E}}{\partial t^2}\tag{5.4.6}$$

利用矢量恒等式$\nabla\times(\nabla\times\boldsymbol{E})=\nabla(\nabla\cdot\boldsymbol{E})-\nabla^2\boldsymbol{E}$和式(5.4.5),式(5.4.6)可以写为

$$\nabla^2\boldsymbol{E}-\mu\varepsilon\frac{\partial^2\boldsymbol{E}}{\partial t^2}-\mu\sigma\frac{\partial\boldsymbol{E}}{\partial t}=\mathbf{0}\tag{5.4.7}$$

同理,对式(5.4.2)的两端取旋度,可以导出

$$\nabla^2\boldsymbol{H}-\mu\varepsilon\frac{\partial^2\boldsymbol{H}}{\partial t^2}-\mu\sigma\frac{\partial\boldsymbol{H}}{\partial t}=\mathbf{0}\tag{5.4.8}$$

5.4.2 复介电常数

当介质的电导率σ给定后,无源区域下式(5.4.2)的复数形式可表示为

$$\nabla\times\dot{\boldsymbol{H}}=\sigma\dot{\boldsymbol{E}}+\mathrm{j}\omega\dot{\boldsymbol{E}}=\mathrm{j}\omega\varepsilon\left(1-\mathrm{j}\frac{\sigma}{\omega\varepsilon}\right)\dot{\boldsymbol{E}}\tag{5.4.9}$$

我们定义$\varepsilon_c=\varepsilon\left(1-\mathrm{j}\dfrac{\sigma}{\omega\varepsilon}\right)$为导电介质中的等效介电常数。考虑两种介质表面的反射与透射,我们可以将式(5.3.18)、式(5.3.19)、式(5.3.21)和式(5.3.22)中相应的ε换为ε_c,重新求解得到平行极化波和垂直极化波在有耗介质中的斜入射的反射系数和透射系数。

波动方程式(5.4.7)的复数形式为

$$\nabla^2\dot{\boldsymbol{E}}=-\omega^2\mu\varepsilon\dot{\boldsymbol{E}}+\mathrm{j}\omega\mu\sigma\dot{\boldsymbol{E}}=-\omega^2\mu\varepsilon\left(1-\mathrm{j}\frac{\sigma}{\omega\varepsilon}\right)\dot{\boldsymbol{E}}=-\omega^2\mu\varepsilon_c\dot{\boldsymbol{E}}\tag{5.4.10}$$

令$\gamma^2=-\omega^2\mu\varepsilon_c$,式(5.4.10)可以写为

$$\nabla^2\dot{\boldsymbol{E}}-\gamma^2\dot{\boldsymbol{E}}=\mathbf{0}\tag{5.4.11}$$

同理式(5.4.8)的复数形式可以写为

$$\nabla^2\dot{\boldsymbol{H}}-\gamma^2\dot{\boldsymbol{H}}=\mathbf{0}\tag{5.4.12}$$

式中,传播常数$\gamma=\mathrm{j}\omega\sqrt{\mu\varepsilon_c}=\alpha+\mathrm{j}\beta$。引入复介电常数$\varepsilon_c$以后,可以看出有耗介质中的麦克斯韦方程组和波动方程组与理想介质中的形式完全相同,所以解的形式也相同,这就为求解损耗介质中的电磁场与电磁波问题提供了方便,也为研究损耗介质中电磁波的传播创造了有利的条件。

对于均匀平面电磁波,设$\boldsymbol{E}=\boldsymbol{e}_xE_x$,则$\boldsymbol{H}=\boldsymbol{e}_yH_y$,$\nabla^2=\dfrac{\partial}{\partial z^2}$(详见第5.3.1节)式(5.4.11)和式(5.4.12)可以写为

$$\frac{\mathrm{d}^2\dot{E}_x}{\mathrm{d}z^2}-\gamma^2\dot{E}_x=0\tag{5.4.13}$$

$$\frac{\mathrm{d}^2\dot{H}_y}{\mathrm{d}z^2}-\gamma^2\dot{H}_y=0\tag{5.4.14}$$

5.4.3 有耗介质中的电磁场表达式

由式(5.4.13),可以解出$\dot{E}_x=\dot{E}_x^+\mathrm{e}^{-\gamma z}+\dot{E}_x^-\mathrm{e}^{\gamma z}$,不考虑反射波,所以

$$\dot{E}_x=\dot{E}_x^+\mathrm{e}^{-\gamma z}=\dot{E}_x^+\mathrm{e}^{-\alpha z}\mathrm{e}^{-\mathrm{j}\beta z}\tag{5.4.15}$$

式中,复常数$\dot{E}_x^+=E_x^+\mathrm{e}^{\mathrm{j}\psi_E}$。令$\psi_E=0$,式(5.4.15)的瞬时形式可以写为

$$E_x(z,t)=E_{xm}^+\mathrm{e}^{-\alpha z}\cos(\omega t-\beta z)\tag{5.4.16}$$

由式(5.4.3)得到

$$\dot{H}_y=-\frac{1}{\mathrm{j}\omega\mu}\frac{\partial \dot{E}_x}{\partial z}=\frac{\alpha+\mathrm{j}\beta}{\mathrm{j}\omega\mu}\dot{E}_x^+\mathrm{e}^{-\alpha z}\mathrm{e}^{-\mathrm{j}\beta z} \tag{5.4.17}$$

令 $\frac{\alpha+\mathrm{j}\beta}{\mathrm{j}\omega\mu}\dot{E}_x=\frac{\alpha+\mathrm{j}\beta}{\mathrm{j}\omega\mu}\dot{E}_{xm}^+\mathrm{e}^{-\mathrm{j}\psi_M}=\dot{H}_{xm}^+\mathrm{e}^{\mathrm{j}\psi_M}$，显然 $\psi_M\neq 0$。式(5.4.17)的瞬时形式为

$$H_y(z,t)=H_{ym}^+\mathrm{e}^{-\alpha z}\cos(\omega t-\beta z+\psi_M) \tag{5.4.18}$$

5.4.4 有耗介质中电磁波的传播特性

1. 复介电常数的性质

复介电常数 $\varepsilon_c=\varepsilon\left(1-\mathrm{j}\frac{\sigma}{\omega\varepsilon}\right)$的虚部与实部之比表示为

$$\frac{\sigma}{\omega\varepsilon}=\frac{\sigma E}{\omega\varepsilon E}=\frac{|\dot{\boldsymbol{J}}|}{\left|\frac{\partial\dot{\boldsymbol{D}}}{\partial t}\right|}=\frac{传导电流}{位移电流} \tag{5.4.19}$$

传导电流越大，损耗越大，定义导电介质的损耗角为 δ_c，于是有

$$\tan|\delta_c|=\frac{\sigma}{\omega\varepsilon} \tag{5.4.20}$$

2. 传播常数的性质

$$\gamma=\mathrm{j}\omega\sqrt{\mu\varepsilon_c}=\mathrm{j}\omega\sqrt{\mu\left(\varepsilon-\mathrm{j}\frac{\sigma}{\omega}\right)}=\alpha+\mathrm{j}\beta \tag{5.4.21}$$

两边取平方，令等式两边实部和虚部分别相等，可以得到两个方程，通过求解可得

$$\alpha=\omega\sqrt{\frac{\mu\varepsilon}{2}\left(\sqrt{1+\frac{\sigma^2}{\omega^2\varepsilon^2}}-1\right)} \tag{5.4.22}$$

$$\beta=\omega\sqrt{\frac{\mu\varepsilon}{2}\left(\sqrt{1+\frac{\sigma^2}{\omega^2\varepsilon^2}}+1\right)} \tag{5.4.23}$$

由式(5.4.15)～式(5.4.19)可以看出，在损耗介质中电场和磁场的振幅按 $\mathrm{e}^{-\alpha z}$ 随传播距离衰减，每传播单位长度($z=1$ m)其衰减为原来的 $\mathrm{e}^{-\alpha}$，所以 α 称为衰减常数，单位是 Np/m(奈培每米)。在式(5.4.15)～式(5.4.18)中，β 表示相位随传播距离的变化量，所以 β 称为相位常数，单位是 rad/m(弧度每米)。

3. 波阻抗的性质

由式(5.4.15)和式(5.4.17)，可以导出有耗介质中的波阻抗

$$\eta_c=\frac{\dot{E}_x}{\dot{H}_y}=\frac{\mathrm{j}\omega\mu}{\alpha+\mathrm{j}\beta}=\sqrt{\frac{\mu}{\varepsilon_c}}=\sqrt{\frac{\mu}{\varepsilon\left(1-\mathrm{j}\frac{\sigma}{\omega\varepsilon}\right)}}=\frac{\eta}{\sqrt{1-\mathrm{j}\frac{\sigma}{\omega\varepsilon}}} \tag{5.4.24}$$

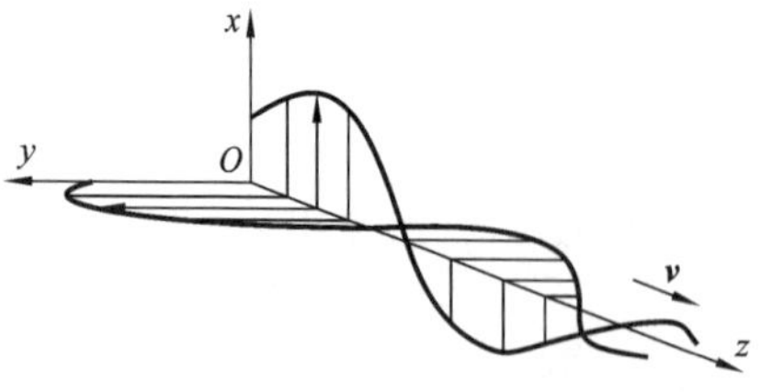

图 5-20 有耗介质中的均匀平面电磁波

波阻抗为复数，也说明 $\dot{E}_x$ 和 $\dot{H}_y$ 相位不同。由式(5.4.15)和式(5.4.17)可以看出，损耗介质中均匀平面电磁波的电场和磁场在空间仍然相互垂直并且都垂直于传播方向，但是存在相位差，如图 5-20 所示。

4. 相速度和波长

有耗介质中均匀平面电磁波的相速度和

波长分别为

$$v=\frac{\omega}{\beta}=\frac{1}{\sqrt{\frac{\mu\varepsilon}{2}\left(\sqrt{1+\frac{\sigma^2}{\omega^2\varepsilon^2}}-1\right)}} \tag{5.4.25}$$

$$\lambda=\frac{2\pi}{\beta}=\frac{2\pi}{\omega\sqrt{\frac{\mu\varepsilon}{2}\left(\sqrt{1+\frac{\sigma^2}{\omega^2\varepsilon^2}}+1\right)}} \tag{5.4.26}$$

可以看出，在有耗介质中均匀平面电磁波的相速度随频率变化，这种现象称为色散效应。

5. 弱导电介质中的均匀平面电磁波

有耗介质可以分为弱导电介质、强导电介质和一般的导电介质。满足下面条件的是弱导电介质：

$$\frac{\sigma}{\omega\varepsilon}\ll 1 \tag{5.4.27}$$

其物理意义是：传导电流远远小于位移电流。根据泰勒展开的性质，消去高阶小量后，得到

$$\sqrt{1+\frac{\sigma^2}{\omega^2\varepsilon^2}}\approx 1+\frac{1}{2}\frac{\sigma^2}{\omega^2\varepsilon^2},\quad \sqrt{\frac{1}{1-\mathrm{j}\frac{\sigma}{\omega\varepsilon}}}=1+\mathrm{j}\frac{\sigma}{2\omega\varepsilon} \tag{5.4.28}$$

弱导电介质的基本参数为

$$\alpha=\omega\sqrt{\frac{\mu\varepsilon}{2}\left(\sqrt{1+\frac{\sigma^2}{\omega^2\varepsilon^2}}-1\right)}\approx\frac{\sigma}{2}\sqrt{\frac{\mu}{\varepsilon}} \tag{5.4.29}$$

$$\beta=\omega\sqrt{\frac{\mu\varepsilon}{2}\left(\sqrt{1+\frac{\sigma^2}{\omega^2\varepsilon^2}}+1\right)}\approx\omega\sqrt{\mu\varepsilon} \tag{5.4.30}$$

$$\eta_c=\sqrt{\frac{\mu}{\varepsilon\left(1-\mathrm{j}\frac{\sigma}{\omega\varepsilon}\right)}}=\sqrt{\frac{\mu}{\varepsilon}}\left(1+\mathrm{j}\frac{\sigma}{2\omega\varepsilon}\right) \tag{5.4.31}$$

$$\lambda=\frac{2\pi}{\beta}=\frac{v}{f} \tag{5.4.32}$$

$$v=\frac{\omega}{\beta}=\frac{1}{\sqrt{\mu\varepsilon}} \tag{5.4.33}$$

λ 和 v 的表达式与理想介质中的表达式相同。

6. 强导电介质中的均匀平面电磁波

强导电介质就是良导体，良导体条件为

$$\frac{\sigma}{\omega\varepsilon}\gg 1 \tag{5.4.34}$$

其物理意义是：传导电流远远大于位移电流。下面介绍强导电介质的基本参数

$$\alpha=\omega\sqrt{\frac{\mu\varepsilon}{2}\left(\sqrt{1+\frac{\sigma^2}{\omega^2\varepsilon^2}}-1\right)}\approx\sqrt{\frac{\omega\mu\sigma}{2}}=\sqrt{\pi f\mu\sigma} \tag{5.4.35}$$

$$\beta=\omega\sqrt{\frac{\mu\varepsilon}{2}\left(\sqrt{1+\frac{\sigma^2}{\omega^2\varepsilon^2}}+1\right)}\approx\sqrt{\frac{\omega\mu\sigma}{2}}=\sqrt{\pi f\mu\sigma} \tag{5.4.36}$$

衰减常数和相位常数相等。波阻抗为

$$\eta_c=\sqrt{\frac{\mu}{\varepsilon\left(1-\mathrm{j}\dfrac{\sigma}{\omega\varepsilon}\right)}}\approx\sqrt{\frac{\mathrm{j}\omega\mu}{\sigma}}=\sqrt{\frac{\omega\mu}{\sigma}}\mathrm{e}^{\mathrm{j}\frac{\pi}{4}}=\sqrt{\frac{\pi f\mu}{\sigma}}(1+\mathrm{j}) \tag{5.4.37}$$

波长和相速度分别为

$$\lambda=\frac{2\pi}{\beta}=2\sqrt{\frac{\pi}{f\mu\sigma}} \tag{5.4.38}$$

$$v=\frac{\omega}{\beta}=2\sqrt{\frac{\pi f}{\mu\sigma}} \tag{5.4.39}$$

例 5.7 海水的电参数为 $\mu=\mu_0$，$\varepsilon=81\varepsilon_0$，$\sigma=4$ S/m。(1) 求频率 $f=1$ MHz 和 $f=100$ MHz 的均匀平面电磁波在海水中传播时的衰减常数、相位常数、波阻抗、相速和波长；(2) 已知 $f=1$ MHz 的均匀平面电磁波在海水沿 z 轴正方向传播，设 $\boldsymbol{E}=\boldsymbol{e}_xE_x$，振幅为 1 V/m，试写出电场和磁场的瞬时表达式 $\boldsymbol{E}(z,t)$ 和 $\boldsymbol{H}(z,t)$。

解 (1) $f=1$ MHz 时，$\dfrac{\sigma}{\omega\varepsilon}=\dfrac{\sigma}{2\pi f\varepsilon_0\varepsilon_r}=\dfrac{0.89\times10^9}{f}\gg1$，海水是良导体，所以

$$\alpha=\sqrt{\frac{\omega\mu\sigma}{2}}=4\pi\times10^{-3}\sqrt{\frac{f}{10}}=1.26\pi\ \mathrm{Np/m}$$

$$\beta=\sqrt{\frac{\omega\mu\sigma}{2}}=1.26\pi\ \mathrm{rad/m}$$

$$\eta_c=(1+\mathrm{j})\sqrt{\frac{\omega\mu}{2\sigma}}=\pi\times10^{-3}\sqrt{\frac{f}{10}}(1+\mathrm{j})=0.316\pi(1+\mathrm{j})\approx1.4\mathrm{e}^{\mathrm{j}45^\circ}\ \Omega$$

$$\lambda=\frac{2\pi}{\beta}=1.59\ \mathrm{m}$$

$$v=\frac{\omega}{\beta}=1.59\times10^6\ \mathrm{m/s}$$

$f=100$ MHz 时，$\dfrac{\sigma}{\omega\varepsilon}=\dfrac{0.89\times10^9}{f}=8.9$，海水是一般导体，所以

$$\alpha=\omega\sqrt{\frac{\mu\varepsilon}{2}\left(\sqrt{1+\frac{\sigma^2}{\omega^2\varepsilon^2}}-1\right)}=11.97\pi\ \mathrm{Np/m}$$

$$\beta=\omega\sqrt{\frac{\mu\varepsilon}{2}\left(\sqrt{1+\frac{\sigma^2}{\omega^2\varepsilon^2}}+1\right)}=13.39\pi\ \mathrm{rad/m}$$

$$\eta_c=\sqrt{\frac{\mu}{\varepsilon\left(1-\mathrm{j}\dfrac{\sigma}{\omega\varepsilon}\right)}}=\frac{41.89}{\sqrt{1-\mathrm{j}8.9}}\ \Omega$$

$$\lambda=\frac{2\pi}{\beta}=0.149\ \mathrm{m}$$

$$v=\frac{\omega}{\beta}=1.49\times10^7\ \mathrm{m/s}$$

(2) 设电场的初相位为 0，$f=1$ MHz 时电场强度的表达式为

$$\boldsymbol{E}(z,t)=\boldsymbol{e}_xE_m\mathrm{e}^{-\alpha z}\cos(\omega t-\beta z)=\boldsymbol{e}_x1\times\mathrm{e}^{-1.26\pi z}\cos(2\pi\times10^6t-1.26\pi z)\ \mathrm{V/m}$$

$$\begin{aligned}\boldsymbol{H}(z,t)&=\boldsymbol{e}_y\frac{E}{\eta_c}=\boldsymbol{e}_y\frac{E_m}{|\eta_c|}\mathrm{e}^{-\alpha z}\cos(\omega t-\beta z-\psi)\\&=\boldsymbol{e}_y0.71\mathrm{e}^{-1.26\pi z}\cos(2\pi\times10^6t-1.26\pi z-45^\circ)\ \mathrm{A/m}\end{aligned}$$

5.4.5　平面电磁波在理想导体表面上的反射和驻波现象

1. 入射区域的总强度

当均匀平面电磁波由理想介质垂直入射到理想导体表面时，对于理想介质满足 $\gamma_1=\mathrm{j}\beta_1$。理想导体内的电场强度 $\dot{E}_2=0$，在分界面上($z=0$)，由式(5.3.34)可得

$$\dot{E}_{m1}^{+}+\dot{E}_{m1}^{-}=0 \tag{5.4.40}$$

则 $\dot{E}_{m1}^{+}=-\dot{E}_{m1}^{-}$，所以 $\Gamma=-1$。理想导体表面将会发生全反射，入射波和反射波分别为

$$\dot{E}_{x1}^{+}=\dot{E}_{m1}^{+}\mathrm{e}^{-\mathrm{j}\beta_1 z},\quad \dot{E}_{x1}^{-}=-\dot{E}_{m1}^{+}\mathrm{e}^{\mathrm{j}\beta_1 z} \tag{5.4.41}$$

理想介质中总电场强度为

$$\dot{E}_{x1}=\dot{E}_{x1}^{+}+\dot{E}_{x1}^{-}=\dot{E}_{m1}^{+}(\mathrm{e}^{-\mathrm{j}\beta_1 z}-\mathrm{e}^{\mathrm{j}\beta_1 z})=-2\mathrm{j}\dot{E}_{m1}^{+}\sin(\beta_1 z) \tag{5.4.42}$$

式(5.4.42)中，设电场的初相位 $\psi=0$，即 $\dot{E}_{m1}^{+}=E_{m1}^{+}\mathrm{e}^{\mathrm{j}0}$。理想介质中总电场强度的瞬时形式为

$$E_{x1}(z,t)=2E_{m1}^{+}\sin(\beta_1 z)\sin(\omega t) \tag{5.4.43}$$

理想介质中总磁场强度为

$$\dot{H}_{y1}=\dot{H}_{y1}^{+}+\dot{H}_{y1}^{-}=\frac{\dot{E}_{x1}^{+}}{\eta_1}-\frac{\dot{E}_{x1}^{-}}{\eta_1}=\frac{\dot{E}_{m1}^{+}}{\eta_1}\mathrm{e}^{-\mathrm{j}\beta_1 z}+\frac{\dot{E}_{m1}^{+}}{\eta_1}\mathrm{e}^{\mathrm{j}\beta_1 z}=2\frac{\dot{E}_{m1}^{+}}{\eta_1}\cos(\beta_1 z) \tag{5.4.44}$$

其瞬时形式为

$$H_{y1}(z,t)=2\frac{E_{m1}^{+}}{\eta_1}\cos(\beta_1 z)\cos(\omega t) \tag{5.4.45}$$

式(5.4.42)～式(5.4.45)表明电磁场的场强振幅均随 z 作周期性变化，其性质如下。

(1) 当 $\beta_1 z=-(2n+1)\dfrac{\pi}{2}$，即 $z=-(2n+1)\dfrac{\lambda}{4}(n=1,2,3,\cdots)$ 时，电场强度的振幅最大，磁场强度的振幅为 0。

(2) 当 $\beta_1 z=-n\pi$，即 $z=-n\dfrac{\lambda}{2}(n=1,2,3,\cdots)$ 时，电场强度的振幅为 0，磁场强度的振幅最大。

这种电磁波的类型称为驻波，电磁场在驻波状态下的时空关系如图 5-21 所示。对于驻波状态下，理想介质中的均匀平面电磁波的电场强度表示为

$$\dot{E}_x=\dot{E}_{xm}\mathrm{e}^{-\mathrm{j}\beta z} \tag{5.4.46}$$

此时称为等幅行波；导电介质中的均匀平面电磁波的电场强度表示为

$$\dot{E}_x=\dot{E}_{xm}\mathrm{e}^{-\alpha z}\mathrm{e}^{-\mathrm{j}\beta z} \tag{5.4.47}$$

此时称为衰减行波。

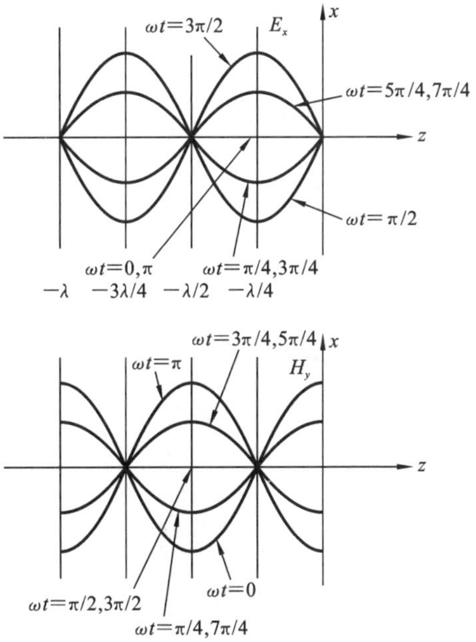

图 5-21　电磁场在驻波状态下的时空关系

2. 导体表面的面电流密度

通过电磁场的边界条件，我们得到理想导体的表面电流密度分布为

$$\boldsymbol{J}_S=\boldsymbol{e}_n\times\dot{\boldsymbol{H}}_1=-\boldsymbol{e}_z\times\boldsymbol{e}_y\dot{H}_{1y}=\boldsymbol{e}_x\dot{H}_{1y}\big|_{z=0}=\boldsymbol{e}_x\frac{2\dot{E}_{m1}^{+}}{\eta_1} \tag{5.4.48}$$

3. 驻波的能量和能流

驻波状态下的电场能量密度和磁场能量密度分别表示为

$$w_e=\frac{1}{2}\varepsilon_1 E_{x1}^2(z,t)=2\varepsilon_1 E_{m1}^{+2}\sin^2(\beta_1 z)\sin^2(\omega t) \tag{5.4.49}$$

$$\begin{aligned}w_m&=\frac{1}{2}\mu_1 H_{y1}^2(z,t)=2\mu_1\frac{E_{m1}^{+2}}{\eta_1^2}\cos^2(\beta_1 z)\cos^2(\omega t)\\&=2\varepsilon_1 E_{m1}^{+2}\cos^2(\beta_1 z)\cos^2(\omega t)\end{aligned} \tag{5.4.50}$$

可以看出，当 $t=0$ 时，$w_e=0$，能量全部储存在磁场中；当 $t=T/8$ 时，$\omega t=\pi/4$，电磁场的能量密度为

$$w_e=\varepsilon_1 E_{m1}^{+2}\sin^2(\beta_1 z),\quad w_m=\varepsilon_1 E_{m1}^{+2}\cos^2(\beta_1 z) \tag{5.4.51}$$

说明从 $t=0$ 到 $t=T/8$ 的过程中，有一部分磁场能量转化为电场能量；当 $t=T/4$ 时，$w_m=0$，磁场能量将全部转换为电场能量，并将能量储存于电场中；很容易推广得到，在 $t=T/4$ 到 $t=T/2$ 的过程中，电场能量将又转化为磁场能量，并重新将能量储存于磁场中。

下面计算驻波的平均能流密度，由式(5.4.42)和式(5.4.44)可得

$$\begin{aligned}S_{av}&=\mathrm{Re}\left[\frac{1}{2}(-2\mathrm{j}\dot{E}_{m1}^{+}\sin(\beta_1 z))\cdot 2\frac{\dot{E}_{m1}^{+*}}{\eta_1}\cos(\beta_1 z)\right]\\&=\mathrm{Re}\left[-2\mathrm{j}\frac{E_{m1}^{+2}}{\eta_1}\sin(\beta_1 z)\cos(\beta_1 z)\right]=0\end{aligned} \tag{5.4.52}$$

所以驻波仅限于电场和磁场之间的能量交换，不存在能量传输的过程。

例 5.7 一均匀平面电磁波沿 z 轴由理想介质垂直入射在理想导体表面($z=0$)，入射波的电场强度为

$$\boldsymbol{E}^{+}=\boldsymbol{e}_x 100\sin(\omega t-\beta z)+\boldsymbol{e}_y 200\cos(\omega t-\beta z)$$

求 $z<0$ 区域内的 $\boldsymbol{E}$ 和 $\boldsymbol{H}$。

解 入射波电场强度的复数形式为

$$\dot{\boldsymbol{E}}^{+}=\boldsymbol{e}_x 100\mathrm{e}^{\mathrm{j}(-\beta z-\frac{\pi}{2})}+\boldsymbol{e}_y 200\mathrm{e}^{-\mathrm{j}\beta z}$$

在理想导体表面，反射系数 $\Gamma=-1$，所以反射波的电场强度为

$$\dot{\boldsymbol{E}}^{-}=-\boldsymbol{e}_x 100\mathrm{e}^{\mathrm{j}(\beta z-\frac{\pi}{2})}-\boldsymbol{e}_y 200\mathrm{e}^{\mathrm{j}\beta z}$$

入射区域的总电场强度在 x 分量和 y 分量上的值分别为

$$\dot{E}_x=100\mathrm{e}^{-\mathrm{j}\frac{\pi}{2}}(\mathrm{e}^{-\mathrm{j}\beta z}-\mathrm{e}^{\mathrm{j}\beta z})=100\mathrm{e}^{-\mathrm{j}\frac{\pi}{2}}\cdot[-2\mathrm{j}\sin(\beta z)]$$

$$\dot{E}_y=200(\mathrm{e}^{-\mathrm{j}\beta z}-\mathrm{e}^{\mathrm{j}\beta z})=200[-2\mathrm{j}\sin(\beta z)]$$

合成的场强为

$$\dot{\boldsymbol{E}}=-\boldsymbol{e}_x\mathrm{j}200\mathrm{e}^{-\mathrm{j}\frac{\pi}{2}}\sin(\beta z)-\boldsymbol{e}_y\mathrm{j}400\sin(\beta z)$$

入射波和反射波的磁场强度可以由入射波和反射波的电场强度表示，于是得到

$$\dot{\boldsymbol{H}}^{+}=\boldsymbol{e}_y\frac{100}{\eta_0}\mathrm{e}^{\mathrm{j}(-\beta z-\frac{\pi}{2})}-\boldsymbol{e}_x\frac{200}{\eta_0}\mathrm{e}^{-\mathrm{j}\beta z}$$

$$\dot{\boldsymbol{H}}^{-}=\boldsymbol{e}_y\frac{100}{\eta_0}\mathrm{e}^{\mathrm{j}(\beta z-\frac{\pi}{2})}-\boldsymbol{e}_x\frac{200}{\eta_0}\mathrm{e}^{\mathrm{j}\beta z}$$

入射区域的总磁场强度的 y 分量和 x 分量分别为

$$\dot{H}_y=\frac{100}{\eta_0}e^{-j\frac{\pi}{2}}(e^{-j\beta z}+e^{j\beta z})=\frac{100}{\eta_0}e^{-j\frac{\pi}{2}}\cdot 2\cos(\beta z)$$

$$\dot{H}_x=-\frac{200}{\eta_0}(e^{-j\beta z}+ej^{j\beta z})=-\frac{200}{\eta_0}\cdot 2\cos(\beta z)$$

入射区域的总磁场强度为

$$\dot{\boldsymbol{H}}=-\boldsymbol{e}_x\frac{400}{\eta_0}\cos(\beta z)+\boldsymbol{e}_y\frac{200}{\eta_0}e^{-j\frac{\pi}{2}}\cos(\beta z)$$

4. 趋肤深度 δ(透入深度)

电磁波从导体表面向内部传播,其值衰减到表面处值的 1/e 时进入导体内部的深度称为趋肤深度或透入深度,即 $e^{-\alpha\delta}=e^{-1}$,则 $\alpha\delta=1$。对于良导体,由式(5.4.35)可得

$$\delta=\frac{1}{\alpha}=\sqrt{\frac{2}{\omega\mu\sigma}} \tag{5.4.53}$$

例 5.8 铜的电参数为 $\mu=\mu_0$,$\varepsilon=\varepsilon_0$,$\sigma=5\times10^7$ S/m,计算当电磁波频率为 $f=$ 50 Hz、1 MHz 和 10 GHz 时的趋肤深度 δ。

解 对于 $f=50$ Hz,$f=1$ MHz 和 $f=10$ GHz,可以验证

$$\frac{\sigma}{\omega\varepsilon_0}=\frac{5.8\times10^7}{2\pi f\times8.85\times10^{-12}}\gg1$$

所以,当 $f=50$ Hz 时

$$\delta=\sqrt{\frac{2}{2\pi f\mu_0\sigma}}\approx9.3\times10^{-3}\ \text{m}$$

当 $f=1$ MHz 时

$$\delta=\sqrt{\frac{2}{2\pi f\mu_0\sigma}}\approx6.6\times10^{-5}\ \text{m}$$

当 $f=10$ GHz 时

$$\delta=\sqrt{\frac{2}{2\pi f\mu_0\sigma}}\approx6.6\times10^{-7}\ \text{m}$$

5. 表面电阻和导体的损耗

良导体的波阻抗可以写为

$$\eta_c=\sqrt{\frac{\pi f\mu}{\sigma}}(1+j)=R_S+jX_S \tag{5.4.54}$$

其中

$$R_S=X_S=\sqrt{\frac{\pi f\mu}{\sigma}}=\sqrt{\frac{\omega\mu\cdot\sigma}{2\sigma\cdot\sigma}}=\frac{1}{\sigma\delta} \tag{5.4.55}$$

式中,R_S 是每平方米导体表面(厚度为 δ)的电阻,称为表面电阻;X_S 是每平方米导体表面(厚度为 δ)的电抗,称为表面电抗。表面电阻如图 5-22 所示。一些常见材料的透入深度和表面电阻如表 5-1 所示。

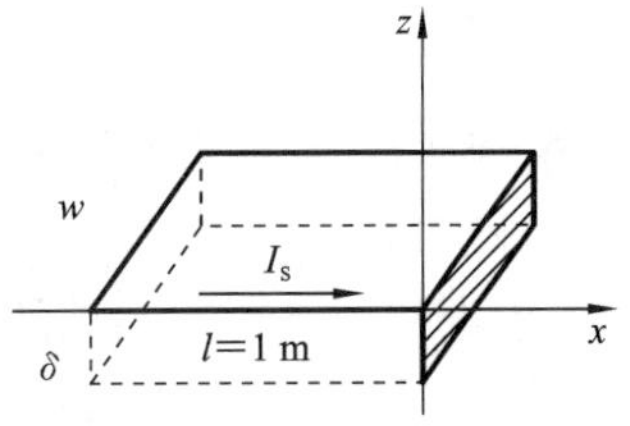

图 5-22 表面电阻

导体中的电流也在 δ 厚度以内流动,称为表面电流。由 $\boldsymbol{J}_S=\boldsymbol{e}_n\times\boldsymbol{H}_1$ 可知,表面电流密度的大小为

表 5-1 一些常见材料的透入深度和表面电阻

材料名称	δ/m	R_S/Ω	材料名称	δ/m	R_S/Ω
银	$0.064/\sqrt{f}$	$2.52\times10^{-7}/\sqrt{f}$	铁	$0.159/\sqrt{f}$	$6.26\times10^{-7}/\sqrt{f}$
紫铜	$0.066/\sqrt{f}$	$2.61\times10^{-7}/\sqrt{f}$	锡	$0.17/\sqrt{f}$	$6.40\times10^{-7}/\sqrt{f}$
铝	$0.083/\sqrt{f}$	$3.26\times10^{-7}/\sqrt{f}$	石墨	$1.6/\sqrt{f}$	$6.32\times10^{-6}/\sqrt{f}$
黄铜	$0.13/\sqrt{f}$	$5.01\times10^{-7}/\sqrt{f}$			

$$J_S = H_{1t}\big|_S \tag{5.4.56}$$

导体表面单位面积损耗的功率为

$$P_S = \frac{1}{2}J_S^2 R_S = \frac{1}{2}H_{1t}^2 R_S\,(\text{W/m}^2) \tag{5.4.57}$$

例 5.9 求直径 $2a=2$ mm，长 $l=1$ mm 的裸铜线在频率分别为 50 Hz、1 MHz 和 10 GHz 下呈现的电阻(铜的电导率 $\sigma=5.8\times10^7$ S/m)。

解 在例 5.8 中已经计算出频率分别为 50 Hz、1 MHz 和 10 GHz 时铜的趋肤深度 δ 分别为 9.3×10^{-3} m、6.6×10^{-5} m 和 6.6×10^{-7} m。

当 $f=50$ Hz 时，铜线的半径 $a=1$ mm$\ll\delta_1$，可以认为电流在横截面上均匀分布，这段导线的电阻为

$$R_1 = \frac{l}{\sigma S} = 0.0055\ \Omega$$

当 $f=1$ MHz 时，趋肤深度 $\delta_2\ll a$，电流只在电线表面流动，横截面为一环形，面积为

$$S_2 = 2\pi a\cdot\delta_2 \approx 4.15\times10^{-7}\ \text{m}^2$$

这段导线的电阻为

$$R_2 = \frac{l}{\sigma S_2} = 0.0415\ \Omega$$

当 $f=10$ GHz 时，趋肤深度 $\delta_3\ll a$，环形横截面的面积为

$$S_3 = 2\pi a\cdot\delta_3 \approx 4.15\times10^{-9}\ \text{m}^2$$

这段导线的电阻为

$$R_3 = \frac{l}{\sigma S_3} = 4.15\ \Omega$$

可以看出，当频率 f 不同时，这段导线的电阻差异很大。

6. 消除良导体表面反射的方法

电磁波在良导体表面发生全反射，在很多情况下，希望消除良导体表面的反射波。例如，能够隐蔽飞行而不被敌方雷达发现的隐身飞机或导弹，消除电波暗室四壁和天花板的反射等。下面介绍几种消除良导体表面反射的方法。

1) 损耗涂层

消除良导体表面上反射的损耗涂层如图 5-23 所示，良导体共有 4 层介质。最右边($z>\lambda/4$)是良导体，在良导体表面覆盖介质层($0<z<\lambda/4$)，在介质层外表面涂上很薄的一层损耗涂层($-d<z<0$)，最左边($z<-d$)是空气或自由空间，入射波从这里垂直入射到损耗涂层表面。

由式(5.3.44)知，$z=0$ 处相对于 $z=\lambda/4$ 处的反射系数为

$$\Gamma_0=\Gamma e^{j2\beta\cdot(-\lambda/4)}=\Gamma e^{-j\pi} \quad (5.4.58)$$

式中，β 和 λ 分别是介质层中的相位常数和波长。可以看出经 $\lambda/4$ 的介质层，反射系数的模不变，相角变化 180°。良导体表面的反射系数为 −1，所以在介质层表面($z=0$)，反射系数已经变成 +1。因此电磁波进入不了介质层内。为了实现在 $z=-d$ 处无反射，就要吸收掉入射波的能量，借助有耗介质制作的损耗涂层，只要满足损耗涂层的表面阻抗等于入射端的波阻抗，即

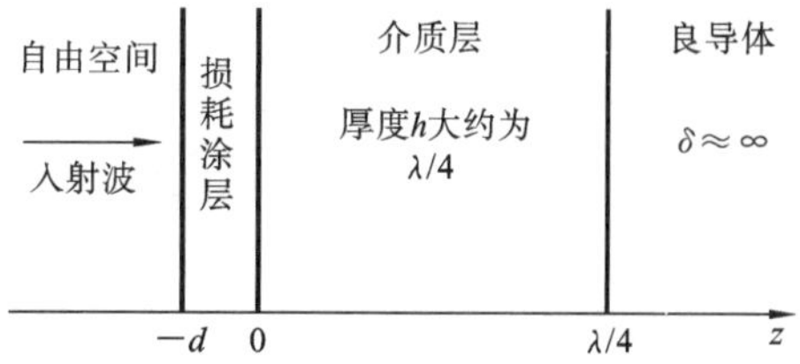

图 5-23 消除良导体表面上反射的损耗涂层

$$\eta_2=\eta_1=120\pi\ \Omega \quad (5.4.59)$$

就能在 $z=-d$ 处实现阻抗匹配而无反射。选用电导率 σ 较小的材料制作损耗涂层，让损耗涂层的厚度 d 远小于趋肤深度 δ，这样损耗涂层的表面电阻就会比较大。

由式(5.4.55)，损耗涂层的表面阻抗为

$$\eta_2=\frac{1}{\sigma d} \quad (5.4.60)$$

将无反射条件式(5.4.59)代入式(5.4.60)，损耗涂层厚度应为

$$d=\frac{1}{120\pi\sigma} \quad (5.4.61)$$

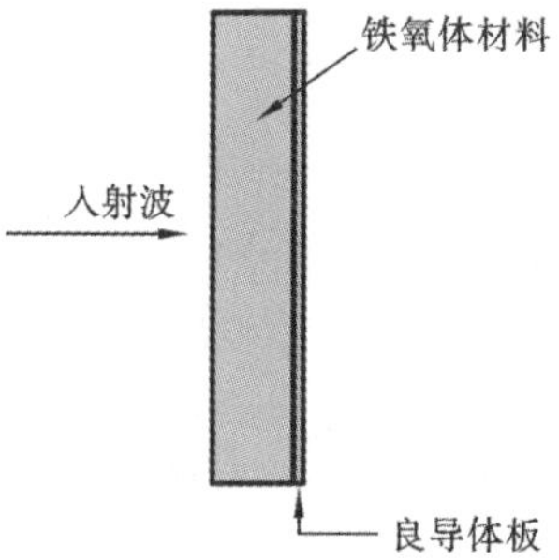

图 5-24 铁氧体吸波材料

因为利用损耗涂层消除良导体表面的反射，要求介质层的厚度是波长的 1/4，所以这种方法仅限于单一频率的信号或窄带的信号。

2) 铁氧体吸波材料

铁氧体吸波材料(见图 5-24)具有宽频带的吸收特性。铁氧体吸波材料具有很高的磁导率 μ 和介电常数 ε，μ 和 ε 都是复数，对电磁波的衰减很大。铁氧体吸波材料的相对磁导率与相对介电常数的比值 $\mu_r/\varepsilon_r=1$，本征阻抗与自由空间的波阻抗相等，所以入射波在空气和铁氧体吸波材料的分界面上没有反射。

例 5.10 100 MHz 的均匀平面电磁波垂直入射在覆有铁氧体吸波材料的良导体板上，铁氧体吸波材料的厚度为 10 mm，$\mu_r=\varepsilon_r=60(2-j)$，$\sigma=0$，求铁氧体吸波材料对该信号的衰减量。

解 铁氧体吸波材料的本征阻抗为

$$\eta_2=\sqrt{\frac{\mu_0\mu_r}{\varepsilon_0\varepsilon_r}}=\sqrt{\frac{\mu_0}{\varepsilon_0}}=120\pi\ \Omega$$

因为铁氧体吸波材料的本征阻抗与空气中的波阻抗相等，所以电磁波在空气和铁氧体吸波材料的分界面上没有反射。

由式(5.4.21)，衰减常数可记为

$$\alpha=\mathrm{Re}\gamma=\mathrm{Re}\sqrt{j\omega\mu\sigma-\omega^2\mu\varepsilon} \quad (5.4.62)$$

其中 $\sigma=0$，铁氧体的 μ 和 ε 都是复数，可以写为 $\mu=\mu'-j\mu''$，$\varepsilon=\varepsilon'-j\varepsilon''$，代入式(5.4.62)

可得

$$\alpha = \mathrm{Re}\sqrt{-\omega^2\mu\varepsilon} = \mathrm{Re}\left[\mathrm{j}\omega\sqrt{\mu_0\varepsilon_0}\cdot\sqrt{(\mu'_r-\mathrm{j}\mu''_r)(\varepsilon'_r-\mathrm{j}\varepsilon'')}\right]$$
$$= \mathrm{Re}\left[\mathrm{j}\frac{2\pi}{\lambda_0}\sqrt{\mu_r\varepsilon_r}\right] \tag{5.4.63}$$

把 μ_r 和 ε_r 代入可得

$$\alpha = \mathrm{Re}\left[\mathrm{j}\frac{2\pi}{\lambda_0}\cdot 60(2-\mathrm{j})\right] = \mathrm{Re}\left[\frac{120\pi}{\lambda_0}(1+2\mathrm{j})\right] = \frac{120\pi}{\lambda_0}$$

所以铁氧体吸波材料对该信号的衰减量为

$$A = \mathrm{e}^{-\alpha d} = \mathrm{e}^{-120\pi\cdot\frac{d}{\lambda_0}} \approx \mathrm{e}^{-1.257}$$

用分贝可以表示为

$$A(\mathrm{dB}) = 20\lg A \approx -11\mathrm{dB}$$

3) 吸波尖劈

吸波尖劈如图 5-25 所示，是在泡沫塑料（聚氯乙烯树脂）中掺入碳和石墨，外面涂防火剂，是一种宽频带的损耗介质。电磁波垂直入射在吸波尖劈上，在吸波尖劈中损耗很大，所以反射很小。

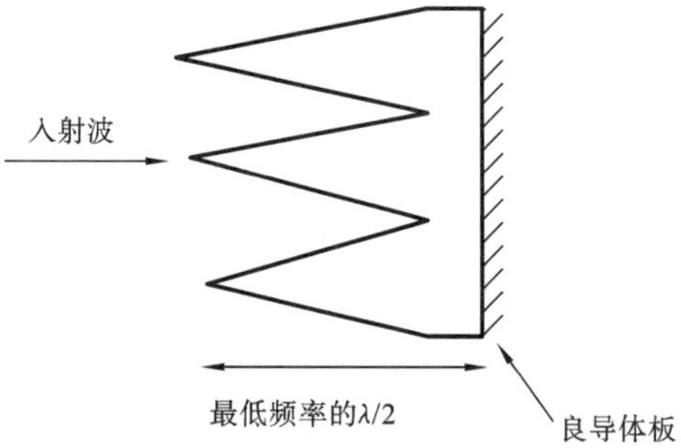

图 5-25　吸波尖劈

吸波材料做成尖劈形，是为了电磁波在传播的过程中与阻抗匹配，减小反射。例如，空气的波阻抗是 $120\pi\ \Omega$，若吸波材料的 $\mu_r=1$，$\varepsilon_r=2-\mathrm{j}$，吸波尖劈实心部分（尖劈底部）的本征阻抗为 $120\pi/\sqrt{2-\mathrm{j}}\ \Omega$，如果没有尖劈，阻抗不匹配，必然产生反射。

电磁波由劈尖处入射，逐渐到达尖劈的底部，等效介电常数和等效的本征阻抗是连续变化的，由 $120\pi\ \Omega$ 连续变化到 $120\pi/\sqrt{2-\mathrm{j}}\ \Omega$，所以在与传播方向垂直的任意平面上（即波阵面上）阻抗都是匹配的。吸波尖劈一般用在电波暗室四壁和天花板上。

5.4.6　相速度与群速度

在 5.1 节中介绍了电磁波的相速度，记为

$$v_p = \frac{\omega}{k} \tag{5.4.64}$$

相速度（见图 5-26(a)）就是相位传播的速度，或者说是等相位面传播的速度。在理想介质中，$k=\omega\sqrt{\mu\varepsilon}$ 是角频率 ω 的线性函数，所以相速度 $v_p=1/\sqrt{\mu\varepsilon}$ 是一个与频率无关的常数。然而在损耗介质中，传播常数 $\gamma=\mathrm{j}\omega\sqrt{\mu\varepsilon}=\alpha+\mathrm{j}\beta$，其中相位系数 β 由式(5.4.23)给出，相速度

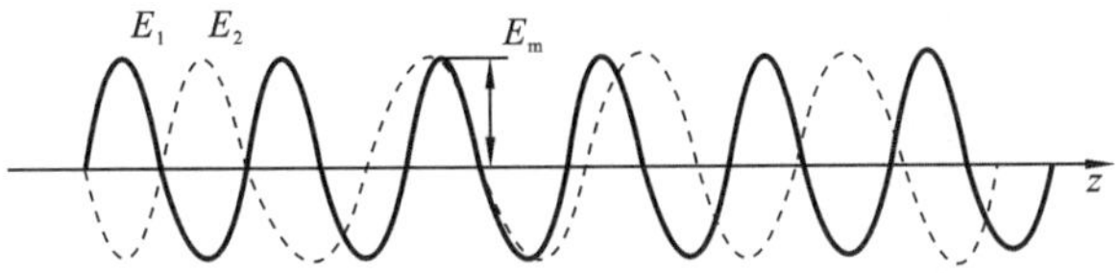

(a) 相速度

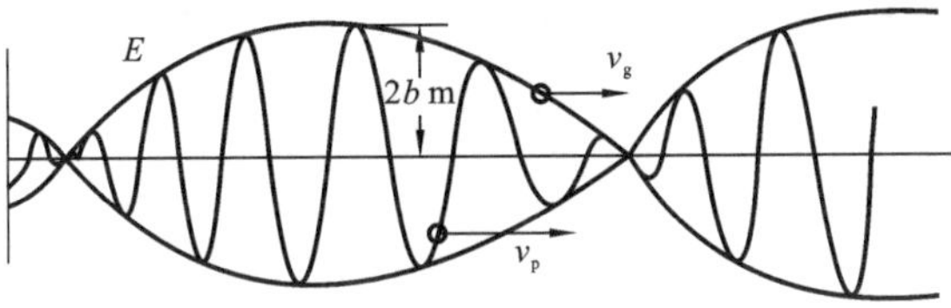

(b) 群速度

图 5-26 相速度和群速度

$$v_p=\frac{\omega}{\beta}=\frac{1}{\sqrt{\frac{\mu\varepsilon}{2}\left(\sqrt{1+\frac{\sigma^2}{\omega^2\varepsilon^2}}+1\right)}} \tag{5.4.65}$$

所以在有耗介质中,相速度不再是一个常数,而是一个关于频率的函数。不同频率的波将以不同的相速度在有耗介质中进行传播,这种现象称为色散现象,有耗介质是一种色散介质。

一个实际的电磁波信号是由许多频率成分组成的,为了描述信号能量传播的速度,需要引入群速度(见图 5-26(b))的概念。单一频率的正弦波是不能携带任何信息的,有用信息是通过调制加到载波上发射出去的,调制波传播的速度才是有用信号传播的速度。下面讨论一种最简单的情况,设有两个振幅均为 E_m,角频率分别为 $\omega+\Delta\omega$ 和 $\omega-\Delta\omega$ 的行波($\Delta\omega\ll\omega$),在色散介质中的相位系数分别为 $\beta+\Delta\beta$ 和 $\beta-\Delta\beta$。这两个行波可用下列两式表示:

$$E_1=E_m e^{j[(\omega+\Delta\omega)t-(\beta+\Delta\beta)z]},\quad E_2=E_m e^{j[(\omega-\Delta\omega)t-(\beta-\Delta\beta)z]} \tag{5.4.66}$$

合成波为

$$E=2E_m\cos(\Delta\omega t-\Delta\beta z)e^{j(\omega t-\beta z)} \tag{5.4.67}$$

可以看出合成波的振幅是随时间按余弦规律变化的,是一个调幅波,也称为包络波,如图 5-26(b)所示。群速度的定义是包络波上某一恒定相位点推进的速度,由($\Delta\omega t-\Delta\beta z$)为常数可得

$$v_g=\frac{dz}{dt}=\frac{\Delta\omega}{\Delta\beta} \tag{5.4.68}$$

当 $\Delta\omega\ll\omega$ 时,式(5.4.68)可以写为

$$v_g=\frac{d\omega}{d\beta} \tag{5.4.69}$$

利用式(5.4.64)和式(5.4.69),可以导出群速和相速之间的关系为

$$v_g=\frac{d\omega}{d\beta}=\frac{d(v_p\beta)}{d\beta}=v_p+\beta\frac{dv_p}{d\beta}=v_p+\frac{\omega}{v_p}\cdot\frac{dv_p}{d\omega}v_g$$

所以

$$v_g=\frac{v_p}{1-\frac{\omega}{v_p}\cdot\frac{dv_p}{d\omega}} \tag{5.4.70}$$

显然,存在以下三种可能的情况。

(1) $\frac{dv_p}{d\omega}=0$,即相速与频率无关时,$v_g=v_p$,群速等于相速,无色散现象。

(2) $\frac{dv_p}{d\omega}<0$,即相速随频率升高而减小时,$v_g<v_p$,群速小于相速,称为正常色散。

(3) $\frac{dv_p}{d\omega}>0$,即相速随频率升高而增大时,$v_g>v_p$,群速大于相速,称为反常色散。

5.5 本章小结

本章主要介绍了平面电磁波的传播特性,电磁波的极化特性以及在边界上的反射与透射特性,有耗介质中的均匀平面电磁波的传播特性。分析时首先从最简单的问题,即单一介质电磁波传播、电磁波的极化以及对理想导体、理想介质平面的垂直入射入手,研究反射和透射,然后讨论其在有耗导电介质中的传播特性。旨在帮助学生掌握相关工程问题的分析方法,理解所得结果的物理意义及其工程应用。

学习重点:掌握等效介电常数的引入,将无耗理想介质中平面电磁波的传播特性的分析方法应用于分析有耗介质中平面电磁波的传播特性。了解平面电磁波的三种极化特性,即线极化、圆极化和椭圆极化的相关概念,并理解线极化与圆极化可以视作椭圆极化的特殊情况。此外,针对平面电磁波在介质分界面上的反射和透射现象,除知晓介质分界面上的垂直入射是平面电磁波斜入射的最特殊的情形之外,还需掌握斜入射与垂直入射时平面电磁波反射系数与透射系数的求解方法,以及当平面电磁波经发射后出现波的叠加,形成驻波或行驻波,对其物理现象、概念、场的表达式及特性分析。

学习难点:电磁波入射到介质分界面的分析方法,如边界条件的应用,平面电磁波经发射后出现波的叠加,形成驻波或行驻波,其物理现象、概念、场的表达式及特性分析。

习 题 5

5.1 已知在自由空间中球面波的电场为 $\boldsymbol{E}=\boldsymbol{e}_\theta\frac{E_0}{r}\sin\theta\cos(\omega t-kr)$,求 $\boldsymbol{H}$ 和 k。

5.2 已知在空气中 $\boldsymbol{H}=-\boldsymbol{e}_y 2\cos(15\pi x)\mathrm{e}^{-\mathrm{j}\beta z}$, $f=3\times10^9$ Hz,试求 $\boldsymbol{E}$ 和 β。

5.3 均匀平面电磁波的磁场强度 $\boldsymbol{H}$ 的振幅为 $\frac{1}{3\pi}$ A/m,以相位常数 30 rad/m 在空气中沿 $-\boldsymbol{e}_z$ 方向传播。当 $t=0$ 和 $z=0$ 时,若 $\boldsymbol{H}$ 的取向为 $-\boldsymbol{e}_y$,试写出 $\boldsymbol{E}$ 和 $\boldsymbol{H}$ 的表达式,并求出波的频率和波长。

5.4 已知真空传播的平面电磁波电场为

$$E_x=100\cos(\omega t-2\pi z)\ (\mathrm{V/m})$$

试求此波的波长、频率、相速度、磁场强度、波阻抗及平均能流密度矢量。

5.5 垂直放置在球坐标原点的某电流元所产生的远区场为

$$\boldsymbol{E}=\boldsymbol{e}_\theta\frac{100}{r}\sin\theta\cos(\omega t-\beta r)\ (\mathrm{V/m})$$

$$\boldsymbol{H}=\boldsymbol{e}_{\varphi}\frac{0.265}{r}\sin\theta\cos(\omega t-\beta r)\ (\mathrm{A/m})$$

试求穿过 $r=1000$ m 的半球面的平均功率。

5.6 利用式(5.2.1)和式(5.2.2)讨论怎么构成线极化波、圆极化波和椭圆极化波？

5.7 说明下列各式表示的均匀平面电磁波的极化形式和传播方向。

(1) $\boldsymbol{E}=\boldsymbol{e}_x\mathrm{j}E_1\mathrm{e}^{\mathrm{j}kz}+\boldsymbol{e}_y\mathrm{j}E_1\mathrm{e}^{\mathrm{j}kz}$；

(2) $\boldsymbol{E}=\boldsymbol{e}_xE_\mathrm{m}\sin(\omega t-kz)+\boldsymbol{e}_yE_\mathrm{m}\cos(\omega t-kz)$；

(3) $\boldsymbol{E}=\boldsymbol{e}_xE_0\mathrm{e}^{-\mathrm{j}kz}-\boldsymbol{e}_y\mathrm{j}E_0\mathrm{e}^{-\mathrm{j}kz}$；

(4) $\boldsymbol{E}=\boldsymbol{e}_xE_\mathrm{m}\sin\left(\omega t-kz+\frac{\pi}{4}\right)+\boldsymbol{e}_yE_\mathrm{m}\cos\left(\omega t-kz-\frac{\pi}{4}\right)$；

(5) $\boldsymbol{E}=\boldsymbol{e}_xE_0\sin(\omega t-kz)+\boldsymbol{e}_y2E_0\cos(\omega t-kz)$；

(6) $\boldsymbol{E}=\boldsymbol{e}_xE_\mathrm{m}\sin\left(\omega t-kz-\frac{\pi}{4}\right)+\boldsymbol{e}_yE_\mathrm{m}\cos(\omega t-kz)$。

5.8 试证明以下两个命题：

(1) 一个椭圆极化波可分解为一个左旋和一个右旋圆极化波；

(2) 一个圆极化波可由两个互相垂直的线极化波叠加而成。

5.9 电磁波在真空中传播，其电场强度矢量的复数表达式为

$$\boldsymbol{E}=(\boldsymbol{e}_x-\mathrm{j}\boldsymbol{e}_y)10^{-4}\mathrm{e}^{-\mathrm{j}20\pi z}\ (\mathrm{V/m})$$

求：(1) 工作频率 f；

(2) 磁场强度矢量的复数表达式；

(3) 坡印廷矢量的瞬时值和时间平均值；

(4) 此电磁波是何种极化？旋转方向如何？

5.10 在无限空间中有一沿 z 轴方向传播的右旋圆极化波，假定它是由两个线极化波合成的。已知其中一个线极化波的电场沿 x 轴方向，在 $z=0$ 处的电场幅值为 E_0 (V/m)，角频率为 ω，试写出此圆极化波的电场 $\boldsymbol{E}$ 和磁场 $\boldsymbol{H}$ 的表达式，并证明此波的时间平均能流密度矢量是两线极化波的时间平均能流密度矢量之和。

5.11 海水的电导率 $\sigma=4$ S/m，相对介电常数 $\varepsilon_\mathrm{r}=81$，相对磁导率 $\mu_\mathrm{r}=1$，试分别计算频率 $f=10$ kHz、1 MHz、100 MHz、1 GHz 的电磁波在海水中的波长、衰减系数和波阻抗。

5.12 求证：电磁波在良导体内传播一个波长时，场量的衰减约为 55 dB。

5.13 自由空间中，电场振幅 $\boldsymbol{E}_1=100$ V/m 的平面电磁波透过厚度为 5 μm 的银箔，如习题 5.13 图所示。设 $\sigma=6.17\times10^7$ S/m，$f=200$ MHz，试求 $\boldsymbol{E}_2$、$\boldsymbol{E}_3$ 和 $\boldsymbol{E}_4$ 的值。

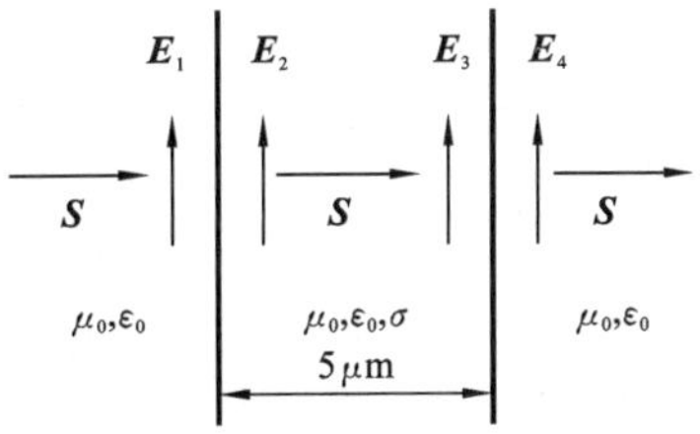

习题 5.13 图

5.14 一均匀平面电磁波，频率 $f=5$ GHz，介质 1($z<0$) 的参数为 $\varepsilon_{\mathrm{r}1}=4$，$\mu_{\mathrm{r}1}=1$，$\sigma_1=0$；介质 2($z>0$) 的参数为 $\varepsilon_{\mathrm{r}2}=2$，$\mu_{\mathrm{r}2}=50$，$\sigma_2=20$ S/m。设入射波磁场 $\boldsymbol{H}_\mathrm{i}=\boldsymbol{e}_y\cos(\omega t-\beta_1z)$ (A/m)，求进入介质 2 的平均功率密度。

5.15 频率 $f=100$ MHz 的均匀平面电磁波，从空气中垂直入射到 $z=0$ 的理想导体表面。假设入射电磁波电场的振幅 $E_{im}=6$ mV/m，沿 x 方向极化。

（1）写出入射波电场、磁场的复数表达式和瞬时值表达式；

（2）写出反射波电场、磁场的复数表达式和瞬时值表达式；

（3）写出空气中合成波电场、磁场的复数表达式和瞬时值表达式；

（4）确定距导体平面最近的合成波电场为零的位置。

5.16 一束右旋圆极化波垂直入射到位于 $z=0$ 的理想导体板上，其电场强度的复数表达式为

$$\boldsymbol{E}_i=E_0(\boldsymbol{e}_x-j\boldsymbol{e}_y)e^{-j\beta z}$$

（1）确定反射波的极化方式；

（2）求导体板上的感应电流；

（3）以余弦为基准，写出总电场强度的瞬时表达式。

5.17 均匀平面电磁波的电场振幅为 $E_m^+=100e^{j0}$ V/m，从空气中垂直入射到无损耗的介质平面上，已知介质的 $\mu_2=\mu_0$，$\varepsilon_2=4\varepsilon_0$，$\sigma_2=0$，求反射波和透射波中电场的振幅。

5.18 当平面电磁波自第一种理想介质向第二种理想介质垂直投射时，证明若介质波阻抗 $\eta_2>\eta_1$，则边界处为电场驻波最大点；若 $\eta_2<\eta_1$，则边界处为电场驻波最小点。

5.19 频率为 $f=300$ MHz 的线极化均匀平面电磁波，其电场强度振幅值为 2 V/m，从空气垂直入射到 $\varepsilon_r=4$，$\mu_r=1$ 的理想介质平面上，求分界面处的：

（1）反射系数、透射系数、驻波比；

（2）入射波、反射波和透射波的电场和磁场；

（3）入射波、反射波和透射波的平均能流密度。

5.20 一束圆极化波垂直投射于一块介质板上，入射电场为

$$\boldsymbol{E}=E_m(\boldsymbol{e}_x+j\boldsymbol{e}_y)e^{-j\beta z}$$

求分界面处反射波与传输波的电场，它们的极化方式如何？

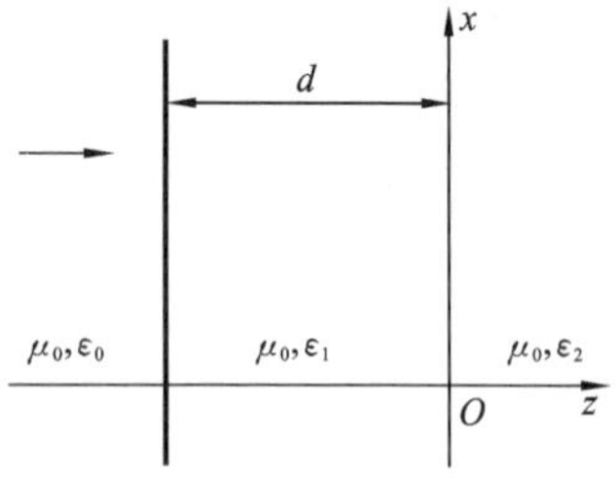

习题 5.21 图

5.21 如习题 5.21 图所示，在 $z>0$ 区域，介质的介电常数为 ε_2，在此介质的表面放置厚度为 d，介电常数为 ε_1 的介质板。对于由左边垂直入射的均匀平面电磁波，证明当 $\varepsilon_{r1}=\sqrt{\varepsilon_{r2}}$ 和 $d=\dfrac{\lambda_0}{4\sqrt{\varepsilon_{r1}}}$ 时，不产生反射。

5.22 在玻璃（$\varepsilon_r=4$，$\mu_r=1$）上涂一种透明介质膜以消除红外线（$\lambda_0=0.75$ μm）反射。

（1）求该介质膜应有的介电常数及厚度；

（2）若紫外线（$\lambda'_0=0.42$ μm）垂直照射至涂有介质膜的玻璃上，反射功率占入射功率的百分之几？

5.23 最简单的天线罩是单层介质板。如已知介质板的 $\varepsilon=2.8\varepsilon_0$，问介质的厚度应为多少，方可使 3 GHz 电磁波在垂直入射于板面时没有反射。当频率为 3.1 GHz 及 2.9 GHz 时，反射增大多少？

5.24 有一均匀的正弦平面电磁波由空气斜入射到 $z=0$ 的理想导体平面上，其电场强度的复数表达式为 $\boldsymbol{E}(x,z)=\boldsymbol{e}_y 10e^{-j(6x+8z)}$ (V/m)。

(1) 求波的频率和波长；

(2) 以余弦函数为基准，写出入射波电场和磁场的瞬时表达式；

(3) 确定入射角；

(4) 求反射波电场和磁场的复数表达式；

(5) 求合成波电场和磁场的复数表达式。

5.25　一个线极化平面电磁波从自由空间入射到 $\varepsilon_r=4$，$\mu_r=1$ 的电介质分界面上，如果入射波电场矢量与入射面的夹角为 45°。试求：

(1) 入射角为何值时，反射波只有垂直极化波；

(2) 此时反射波的平均能流是入射波的百分之几？

5.26　垂直极化波从水下源以入射角 $\theta_i=20°$ 投射到水与空气的分界面上。水的 $\varepsilon_r=81$，$\mu_r=1$。试求：

(1) 临界角 θ_c；

(2) 反射系数 $\Gamma_\perp$；

(3) 传输系数 $\tau_\perp$。

5.27　当平面电磁波向等腰直角玻璃棱镜的底边垂直投射时，如习题 5.27 图所示，若玻璃的相对介电常数 $\varepsilon_r=4$，试求反射功率 W_r 与入射功率 W_i 之比。

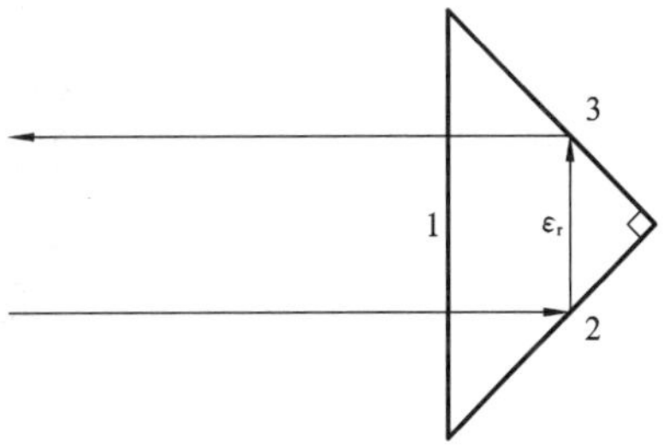

习题 5.27 图

5.28　已知 $x<0$ 区域中介质参数 $\varepsilon_1=6\varepsilon_0$，$\mu_1=\mu_0$；$x>0$ 区域中 $\varepsilon_2=2\varepsilon_0$，$\mu_2=\mu_0$，若第一种介质中入射波的电场强度为

$$\boldsymbol{E}(x,y)=(-\boldsymbol{e}_x+\sqrt{3}\boldsymbol{e}_y+\mathrm{j}\boldsymbol{e}_z)\mathrm{e}^{-\mathrm{j}\pi(\sqrt{3}x+y)}\ (\mathrm{V/m})$$

试求：

(1) 平面波的频率；

(2) 入射角 θ_i；

(3) 反射波和透射波的磁场强度及其极化特性。

6

导行与谐振

电磁波借助一种导波系统实现定向传播，称为导行电磁波。导波系统是用来约束和引导电磁波能量沿一定的途径定向传输的装置。常见的导波有金属波导和介质波导两类，而光纤作为一类更为重要的通信介质，可用于传输光波，有专门的课程介绍。本章首先分析导行电磁波的一般特性，再详细讨论了常见的规则金属导波中的矩形波导与同轴波导的场分布特点、传输特性以及性能参数，并且介绍了由波导形成的谐振腔的原理及特性，最后对传输线理论进行分析，为微波技术与天线等课程的学习奠定基础。

6.1　导行电磁波的一般特性

6.1.1　导行电磁波的模式

任何形式的场型分布都可以用一个或几个或无限多个以下三种基本模式的电磁波的适当组合来表征。

(1) 在电磁波的传播方向上没有电场和磁场分量，电场和磁场分量都垂直于传播方向，这种模式的电磁波称为横电磁(TEM)波。也就是说，TEM 波的电场和磁场只有横向(即垂直于电磁波传播方向)分量，没有纵向(即电磁波传播方向)分量。

(2) 在电磁波的传播方向上仅有磁场分量，而没有电场分量，即电场只有横向分量，这种模式的电磁波称为横电(TE)波。

(3) 在电磁波的传播方向上仅有电场分量，而没有磁场分量，即磁场只有横向分量，这种模式的电磁波称为横磁(TM)波。

导波系统的形式不同，能够传输的电磁波模式就不同。双导线、同轴线及带状线属于 TEM 波传输线，但同轴线也可存在 TM 波或 TE 波。金属波导及介质波导只能传输 TM 波或 TE 波。微带线中存在的是一种混合 TE-TM 波，其纵向场分量与横向场分量相比很小，因此实际微带线中的传输模式与 TEM 波的相差很小，称为准 TEM 波。

6.1.2　导行电磁波的分析方法

利用纵向场法分析电磁波在导波系统中的传播特性以及它的三种基本模式的存在条件。纵向场法就是先求解纵向场分量满足的波动方程，通过横向场与纵向场间的关系，求解全部的场分量。

1. 纵向场的波动方程

设导波系统是无限长的，并且沿 z 方向放置，电磁波的传播方向为正 z 方向，则该导波系统中的电场强度 $\boldsymbol{E}$ 和磁场强度 $\boldsymbol{H}$ 分别可以写为

$$\boldsymbol{E}(x,y,z)=\boldsymbol{E}_0(x,y)\ \mathrm{e}^{-\mathrm{j}k_z z} \tag{6.1.1}$$

$$\boldsymbol{H}(x,y,z)=\boldsymbol{H}_0(x,y)\ \mathrm{e}^{-\mathrm{j}k_z z} \tag{6.1.2}$$

式中，k_z表示电磁波在 z 方向上的传播常数。将式(6.1.1)和式(6.1.2)代入矢量齐次亥姆霍兹方程可得

$$\nabla_t^2\boldsymbol{E}+k_c^2\boldsymbol{E}=0 \tag{6.1.3}$$

$$\nabla_t^2\boldsymbol{H}+k_c^2\boldsymbol{H}=0 \tag{6.1.4}$$

式中，$k_c^2=k^2-k_z^2$，$k=\omega\sqrt{\mu\varepsilon}$。式(6.1.3)和式(6.1.4)包含了 6 个直角坐标分量对应的标量齐次亥姆霍兹方程，其中下标 t 表示横向坐标分量，在直角坐标系中，∇_t^2 表示为

$$\nabla_t^2=\frac{\partial^2}{\partial x^2}+\frac{\partial^2}{\partial y^2} \tag{6.1.5}$$

对于纵向场分量 E_z和 H_z，满足的波动方程为

$$\left(\frac{\partial^2}{\partial x^2}+\frac{\partial^2}{\partial y^2}\right)E_z+k_c^2E_z=0 \tag{6.1.6}$$

$$\left(\frac{\partial^2}{\partial x^2}+\frac{\partial^2}{\partial y^2}\right)H_z+k_c^2H_z=0 \tag{6.1.7}$$

根据导波系统的边界条件，利用分离变量法便可求解方程式(6.1.6)和式(6.1.7)。

2. 横向分量与纵向分量的关系

已知在理想介质中，无源区中的麦克斯韦旋度方程表示为

$$\nabla\times\boldsymbol{H}=\mathrm{j}\omega\varepsilon\boldsymbol{E} \tag{6.1.8}$$

$$\nabla\times\boldsymbol{E}=-\mathrm{j}\omega\mu\boldsymbol{H} \tag{6.1.9}$$

将式(6.1.1)和式(6.1.2)代入式(6.1.8)和式(6.1.9)中，并在直角坐标系中展开，可得到 x，y 和 z 三个方向上分量的 6 个标量方程

$$\frac{\partial E_z}{\partial y}+\mathrm{j}k_zE_y=-\mathrm{j}\omega\mu H_x \tag{6.1.10}$$

$$-\frac{\partial E_z}{\partial x}-\mathrm{j}k_zE_x=-\mathrm{j}\omega\mu H_y \tag{6.1.11}$$

$$\frac{\partial E_y}{\partial x}-\frac{\partial E_x}{\partial y}=-\mathrm{j}\omega\mu H_z \tag{6.1.12}$$

$$\frac{\partial H_z}{\partial y}+\mathrm{j}k_zH_y=\mathrm{j}\omega\varepsilon E_x \tag{6.1.13}$$

$$-\frac{\partial H_z}{\partial x}-\mathrm{j}k_zH_x=\mathrm{j}\omega\varepsilon E_y \tag{6.1.14}$$

$$\frac{\partial H_y}{\partial x}-\frac{\partial H_x}{\partial y}=\mathrm{j}\omega\varepsilon E_z \tag{6.1.15}$$

在这 6 个标量方程中，式(6.1.10)和式(6.1.14)可构成二元一次方程组并求解出关于 E_y和 H_x的表达式，式(6.1.11)和式(6.1.13)也可构成二元一次方程组并求解出关于 E_x和 H_y的表达式，于是分别可表示为

$$E_x=\frac{-\mathrm{j}}{k_c^2}\left(k_z\frac{\partial E_z}{\partial x}+\omega\mu\frac{\partial H_z}{\partial y}\right) \tag{6.1.16}$$

$$E_y=\frac{-\mathrm{j}}{k_c^2}\left(k_z\frac{\partial E_z}{\partial y}-\omega\mu\frac{\partial H_z}{\partial x}\right) \tag{6.1.17}$$

$$H_x=\frac{-\mathrm{j}}{k_c^2}\left(k_z\frac{\partial H_z}{\partial x}-\omega\varepsilon\frac{\partial E_z}{\partial y}\right) \tag{6.1.18}$$

$$H_y=\frac{-\mathrm{j}}{k_c^2}\left(k_z\frac{\partial H_z}{\partial y}+\omega\varepsilon\frac{\partial E_z}{\partial x}\right) \tag{6.1.19}$$

式(6.1.16)～式(6.1.19)可以使用矩阵形式来表示为

$$\begin{bmatrix}E_x\\E_y\\H_x\\H_y\end{bmatrix}=\begin{bmatrix}-\mathrm{j}\frac{k_z}{k_c^2} & 0 & 0 & -\mathrm{j}\frac{\omega\mu}{k_c^2}\\ 0 & -\mathrm{j}\frac{k_z}{k_c^2} & \mathrm{j}\frac{\omega\mu}{k_c^2} & 0\\ 0 & \mathrm{j}\frac{\omega\varepsilon}{k_c^2} & -\mathrm{j}\frac{k_z}{k_c^2} & 0\\ -\mathrm{j}\frac{\omega\varepsilon}{k_c^2} & 0 & 0 & -\mathrm{j}\frac{k_z}{k_c^2}\end{bmatrix}\begin{bmatrix}\frac{\partial E_z}{\partial x}\\ \frac{\partial E_z}{\partial y}\\ \frac{\partial H_z}{\partial x}\\ \frac{\partial H_z}{\partial y}\end{bmatrix} \tag{6.1.20}$$

6.1.3 TEM 波的存在条件

对于 TEM 波，$E_z=H_z=0$，代入式(6.1.20)中，为保证横向分量的存在，必须要求 $k_c=0$，即 $k=k_z$，从而由式(6.1.3)可知

$$\nabla_t^2\boldsymbol{E}=0 \tag{6.1.21}$$

已知静电场 $\boldsymbol{E}_S$ 在无源区中满足拉普拉斯方程

$$\nabla^2\boldsymbol{E}_S=0 \tag{6.1.22}$$

对于沿 z 方向无限长的带电系统，场量一定与 z 无关，即$\frac{\partial E_S}{\partial z}=0$，从而有

$$\nabla_t^2\boldsymbol{E}_S=0 \tag{6.1.23}$$

比较式(6.1.21)与式(6.1.23)可见，无限长导波系统中的 TEM 波与静电场满足同样的约束条件。此外，时变电场与静电场具有相同的理想导体边界条件。当二者边界形状相同时，它们的场分布结构也相同，也就是说，能够建立静电场的导波系统必然能够传输 TEM 波。

6.2 矩形波导

在微波波段，为了减少传输损耗并防止电磁波向外泄漏，常采用规则金属波导作导波系统。规则金属波导是指各种截面形状的无限长笔直的空心金属管，其截面形状和尺寸、管壁的结构材料、管内的介质填充情况等沿管轴方向均不改变。由于规则金属波导将被引导的电磁波完全限制在金属管内并沿其轴向传播，因而规则金属波导也称规则封闭波导，或简称规则波导。

规则波导管壁材料一般用铜、铝等金属制成，有时其壁上镀有金或银。波导管壁的电导率很高，求解时通常可假设波导管壁为理想导体；管内填充的介质假设为理想介质；在管壁处的边界条件是电场的切线分量和磁场的法线分量为零。

规则波导仅有一个导体，不能传播 TEM 模，其传播模式为 TM 模和 TE 模，且存

在无限多的模式。每种模式都有相应的截止波长 λ_c（或截止频率 f_c），只有满足条件 $\lambda<\lambda_c$（或 $f_c>f$）的导模才能传输。规则金属波导的横截面可以做成矩形、圆形、椭圆形等，本节主要研究矩形波导。

6.2.1 矩形波导中的 TM 波

矩形波导是截面形状为矩形的规则波导，如图 6-1 所示，a，b 分别表示内壁的宽边和窄边尺寸（$a>b$），波导腔内的填充介质通常为空气。利用纵向场法求解矩形波导内的电磁场分布。

首先建立直角坐标系，令传播方向（波导的轴向）平行于 z 轴，截面宽边平行于 x 轴，截面窄边平行于 y 轴。对于 TM 波，磁场纵向分量 $H_z=0$，电场纵向分量 E_z 满足标量齐次亥姆霍兹方程式(6.1.6)。

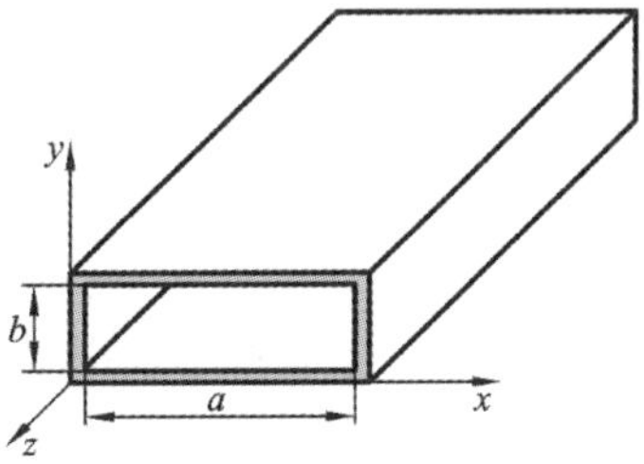

图 6-1 矩形波导

由式(6.1.1)可知，电场的纵向分量 E_z 可以表示成

$$E_z=E_{z0}(x,y)\mathrm{e}^{-\mathrm{j}k_z z} \tag{6.2.1}$$

代入式(6.1.6)得

$$\frac{\partial^2 E_{z0}}{\partial x^2}+\frac{\partial^2 E_{z0}}{\partial y^2}+k_c^2 E_{z0}=0 \tag{6.2.2}$$

可应用分离变量法求解式(6.2.2)中的 E_{z0}，设 $E_{z0}(x,\ y)=X(x)Y(y)$，代入式(6.2.2)可得到两个常微分方程：

$$\frac{\mathrm{d}^2 X(x)}{\mathrm{d}x^2}+k_x^2 X(x)=0 \tag{6.2.3}$$

$$\frac{\mathrm{d}^2 Y(y)}{\mathrm{d}y^2}+k_y^2 Y(y)=0 \tag{6.2.4}$$

其中

$$k_x^2+k_y^2=k_c^2$$

式(6.2.3)和式(6.2.4)的通解为

$$X(x)=A\cos(k_x x)+B\sin(k_x x) \tag{6.2.5}$$

$$Y(y)=C\cos(k_y y)+D\sin(k_y y) \tag{6.2.6}$$

从而有

$$\begin{aligned}E_{z0}(x,y)=X(x)Y(y)&=AC\cos(k_x x)\cos(k_y y)+AD\cos(k_x x)\sin(k_y y)\\&+BC\sin(k_x x)\cos(k_y y)+BD\sin(k_x x)\sin(k_y y)\end{aligned} \tag{6.2.7}$$

式中，A，B，C，D，k_x 和 k_y 为待定系数，取决于边界条件。对于图 6-1 所示的矩形波导，E_z 满足的边界条件为 $E_z|_{x=0}=0$，$E_z|_{y=0}=0$，$E_z|_{x=a}=0$ 和 $E_z|_{y=b}=0$，详细推导如下。

(1) 将 $E_z|_{x=0}=0$ 代入式(6.2.7)可得

$$AC\cos(k_y y)+AD\sin(k_y y)=0$$

显然，若要使上式对一切 y 值均成立，唯有 $A=0$。这样，式(6.2.7)就改写为

$$E_{z0}(x,y)=BC\sin(k_x x)\cos(k_y y)+BD\sin(k_x x)\sin(k_y y) \tag{6.2.8}$$

(2) 将 $E_z|_{y=0}=0$ 代入式(6.2.8)可得

$$BC\sin(k_x x)=0$$

若要使上式对一切 x 值均成立,必须满足条件 $BC=0$ 且 $B\neq 0$(因为 $B=0$ 将导致 E_{z0} 恒为零,全部场量消失),因而 $C=0$。这样,式(6.2.8)就改写为

$$E_{z0}(x,y)=BD\sin(k_x x)\sin(k_y y) \tag{6.2.9}$$

(3) 将 $E_z|_{x=a}=0$ 和 $E_z|_{y=b}=0$ 代入式(6.2.9)可得

$$k_x=\frac{m\pi}{a}\quad(m=1,2,3,\cdots)$$

$$k_y=\frac{n\pi}{b}\quad(n=1,2,3,\cdots)$$

由此得到 TM 波纵向场分量的表达式为

$$E_z=\sum_{m=1}^{\infty}\sum_{n=1}^{\infty}E_{mn}\sin\left(\frac{m\pi}{a}x\right)\sin\left(\frac{n\pi}{b}y\right)e^{-jk_z z} \tag{6.2.10}$$

将式(6.2.10)和式 $H_z(x,y,z)=0$ 代入式(6.1.20),可以求得 TM 波的其他横向场分量为

$$E_x(x,y,z)=\frac{-jk_z}{k_c^2}\sum_{m=1}^{\infty}\sum_{n=1}^{\infty}\frac{m\pi}{a}E_{mn}\cos\left(\frac{m\pi}{a}x\right)\sin\left(\frac{n\pi}{b}y\right)e^{-jk_z z} \tag{6.2.11}$$

$$E_y(x,y,z)=\frac{-jk_z}{k_c^2}\sum_{m=1}^{\infty}\sum_{n=1}^{\infty}\frac{n\pi}{b}E_{mn}\sin\left(\frac{m\pi}{a}x\right)\cos\left(\frac{n\pi}{b}y\right)e^{-jk_z z} \tag{6.2.12}$$

$$H_x(x,y,z)=\frac{j\omega\varepsilon}{k_c^2}\sum_{m=1}^{\infty}\sum_{n=1}^{\infty}\frac{n\pi}{b}E_{mn}\sin\left(\frac{m\pi}{a}x\right)\cos\left(\frac{n\pi}{b}y\right)e^{-jk_z z} \tag{6.2.13}$$

$$H_y(x,y,z)=\frac{-j\omega\varepsilon}{k_c^2}\sum_{m=1}^{\infty}\sum_{n=1}^{\infty}\frac{m\pi}{a}E_{mn}\cos\left(\frac{m\pi}{a}x\right)\sin\left(\frac{n\pi}{b}y\right)e^{-jk_z z} \tag{6.2.14}$$

其中

$$k_c^2=k^2-k_z^2=k_x^2+k_y^2=\left(\frac{m\pi}{a}\right)^2+\left(\frac{n\pi}{b}\right)^2 \tag{6.2.15}$$

由式(6.2.10)～式(6.2.14)可知,TM 波有如下三个特点。

(1) 矩形波导中,TM 波的相位仅与纵向坐标分量 z 有关,而振幅则与横向坐标分量 x, y 有关。因此,TM 波属于非均匀平面电磁波,且在 z 方向构成行波,在 x 与 y 方向形成驻波。

(2) 当 m 或 n 为零时,所有场量均为零。因此,m, n 应取非零整数。不同的 m 及 n 的取值,代表不同的 TM 波场模式,用 TM_{mn} 表示。例如,TM_{11} 表示 $m=1$, $n=1$ 的场结构。

(3) m 及 n 具有明显的物理意义,矩形波导中 TM_{11} 波的场分布如图 6-2 所示,m 对应宽边上半个驻波的数目,n 对应窄边上半个驻波的数目。

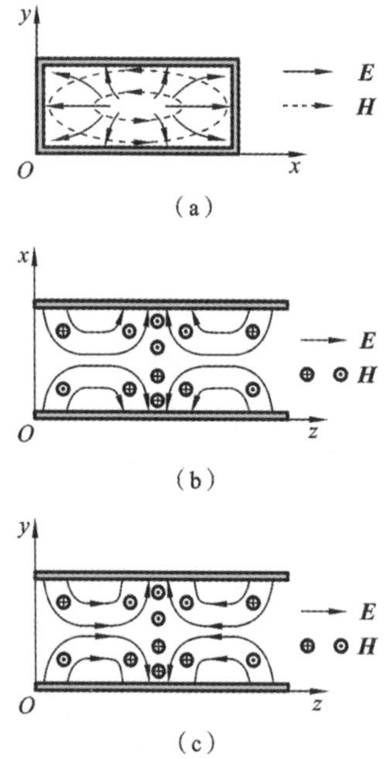

图 6-2 矩形波导中 TM_{11} 波的场分布

6.2.2 矩形波导中的 TE 波

采用与 TM 波类似的方法可以求得 TE 波的场分量为

$$E_x(x,y,z)=\frac{\mathrm{j}\omega\mu}{k_c^2}\sum_{m=0}^{\infty}\sum_{n=0}^{\infty}\frac{n\pi}{b}H_{mn}\cos\left(\frac{m\pi}{a}x\right)\sin\left(\frac{n\pi}{b}y\right)\mathrm{e}^{-\mathrm{j}k_z z} \tag{6.2.16}$$

$$E_y(x,y,z)=\frac{-\mathrm{j}\omega\mu}{k_c^2}\sum_{m=0}^{\infty}\sum_{n=0}^{\infty}\frac{m\pi}{a}H_{mn}\sin\left(\frac{m\pi}{a}x\right)\cos\left(\frac{n\pi}{b}y\right)\mathrm{e}^{-\mathrm{j}k_z z} \tag{6.2.17}$$

$$H_x(x,y,z)=\frac{\mathrm{j}k_z}{k_c^2}\sum_{m=0}^{\infty}\sum_{n=0}^{\infty}\frac{m\pi}{a}H_{mn}\sin\left(\frac{m\pi}{a}x\right)\cos\left(\frac{n\pi}{b}y\right)\mathrm{e}^{-\mathrm{j}k_z z} \tag{6.2.18}$$

$$H_y(x,y,z)=\frac{\mathrm{j}k_z}{k_c^2}\sum_{m=0}^{\infty}\sum_{n=0}^{\infty}\frac{n\pi}{b}H_{mn}\cos\left(\frac{m\pi}{a}x\right)\sin\left(\frac{n\pi}{b}y\right)\mathrm{e}^{-\mathrm{j}k_z z} \tag{6.2.19}$$

$$H_z(x,y,z)=\sum_{m=0}^{\infty}\sum_{n=0}^{\infty}H_{mn}\cos\left(\frac{m\pi}{a}x\right)\cos\left(\frac{n\pi}{b}y\right)\mathrm{e}^{-\mathrm{j}k_z z} \tag{6.2.20}$$

与 TM 波一样，TE 波也具有多模特性。值得注意的是，对于 TE 波，m 和 n 不能同时为零，否则所有场量为零。因此矩形波导能够存在 TE_{m0} 模，TE_{0n} 模以及 TE_{mn} $(m, n\neq 0)$ 模。

6.2.3 矩形波导的传输特性

1. 矩形波导的截止频率与截止波长

由式(6.2.15)可见，当 $k=k_c$ 时，$k_z=0$，此时波的传播被截止，因此 k_c 称为截止传播常数。利用传播常数与频率的关系 $k=2\pi f\sqrt{\mu\varepsilon}$，可得与截止传播常数对应的截止频率 f_c 及截止波长分别为

$$f_c=\frac{k_c}{2\pi\sqrt{\mu\varepsilon}}=\frac{1}{2\sqrt{\mu\varepsilon}}\sqrt{\left(\frac{m}{a}\right)^2+\left(\frac{n}{b}\right)^2} \tag{6.2.21}$$

$$\lambda_c=\frac{2\pi}{k_c}=\frac{2}{\sqrt{\left(\frac{m}{a}\right)^2+\left(\frac{n}{b}\right)^2}} \tag{6.2.22}$$

此外，由式(6.2.15)可以得到

$$k_z=\pm\sqrt{k^2-k_c^2}=\pm k\sqrt{1-\left(\frac{f_c}{f}\right)^2} \tag{6.2.23}$$

当工作频率高于截止频率，即 $f>f_c$ 时，k_z 为实数，因子 $\mathrm{e}^{-\mathrm{j}k_z z}$ 表示沿 z 方向传播的行波，k_z 为相位常数；当工作频率低于截止频率，即 $f<f_c$ 时，k_z 为虚数，这种时变电磁波没有传播，而是沿 z 方向不断衰减的凋落场。可见，当波导尺寸一定时，对于特定电磁波模式而言，波导相当于一个高通滤波器。f_c 是该模式电磁波能够得以传输的最低工作频率。

对于一定的波导尺寸来说，每种模式都有一定的截止频率和截止波长。导波系统中截止波长 λ_c 最长(或者说截止频率 f_c 最低)的导模称为该导波系统的主模，其他模式则称为高次模。图 6-3 给出了截面尺寸 $a>2b$ 时，矩形波导中各模式的截止波长分布图。区域Ⅰ与区域Ⅱ的分界 $\lambda_c=2a$ 是 TE_{10} 模的截止波长，也是能够在该波导中传输的电磁波的最长工作波长。也就是说，矩形波导中 TE_{10} 模的截止波长最长，是矩形波导的主模。当工作波长 $\lambda\geqslant 2a$ 时，任何模式的电磁波都不能在矩形波导中传播，因此区域

Ⅰ称为截止区。区域Ⅱ与区域Ⅲ的分界 $\lambda_c = a$ 是 TE_{20} 模的截止波长。因为截面尺寸 $a > 2b$，所以由式(6.2.22)可知，TE_{20} 模的截止波长小于主模 TE_{10} 模的截止波长而大于其他所有模式的截止波长。当工作波长 $2a \geqslant \lambda > a$ 时，矩形波导中只有 TE_{10} 模能够传播，其他模式都处于截止状态，因而把区域Ⅱ称为单模区。与之对应的区域Ⅲ中，至少有两种以上的模式能够传播，因而称为多模区。

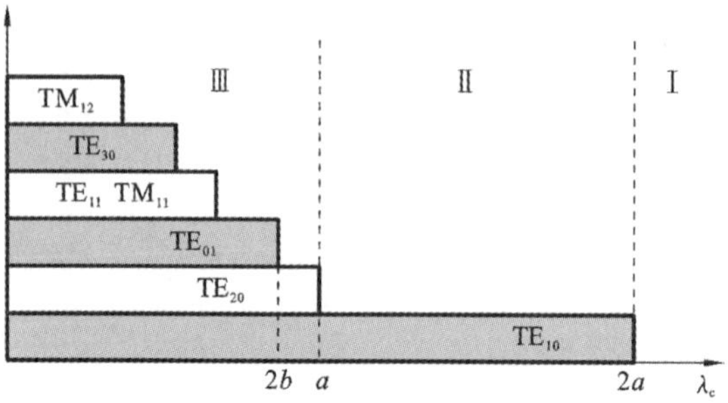

图 6-3 矩形波导中各模式的截止波长分布

此外，从图 6-3 还可看出，导波系统中不同的导模可能具有相同的截止波长 λ_c，这种现象称为模式简并。由式(6.2.22)可知，波形指数 m 和 n 相同的 TE_{mn} 模和 TM_{mn} 模的 λ_c 相同，故除 TE_{m0} 和 TE_{0n} 模外，矩形波导的导模都具有双重简并现象。

2. 波导中的相速、波导波长及波阻抗

根据相速 v_p 与相位常数 k_z 的关系，可求得矩形波导的相速为

$$v_p = \frac{\omega}{k_z} = \frac{v}{\sqrt{1-\left(\frac{f_c}{f}\right)^2}} = \frac{v}{\sqrt{1-\left(\frac{\lambda}{\lambda_c}\right)^2}} \tag{6.2.24}$$

式中，$v = \frac{1}{\sqrt{\mu\varepsilon}}$，对于真空波导 $v = c = \frac{1}{\sqrt{\mu_0\varepsilon_0}}$。有关波导相速的性质总结如下。

(1) 波导中的相速不仅与波导中的介质特性有关，还与电磁波的工作频率有关。

(2) 波导中存在色散现象。

(3) 波导中的相速不代表能速；真空波导中，电磁波的相速大于光速，但能速不可能大于光速。

根据波长与相位常数的关系，可得波导中电磁波的波长为

$$\lambda_g = \frac{2\pi}{k_z} = \frac{\lambda}{\sqrt{1-\left(\frac{f_c}{f}\right)^2}} = \frac{\lambda}{\sqrt{1-\left(\frac{\lambda}{\lambda_c}\right)^2}} \tag{6.2.25}$$

式中，λ 表示在无限大介质中电磁波的波长，称为电磁波的工作波长；λ_g 称为波导波长。显然，当工作频率高于截止频率时，波导波长大于工作波长。

定义波导波阻抗为波导中横向电场与横向磁场之比，即

$$\eta_{TE/TM} = \frac{E_x}{H_y} = -\frac{E_y}{H_x} \tag{6.2.26}$$

由式(6.2.11)～式(6.2.14)，可得 TM 波的波阻抗为

$$\eta_{TM} = \eta\sqrt{1-\left(\frac{f_c}{f}\right)^2} = \eta\sqrt{1-\left(\frac{\lambda}{\lambda_c}\right)^2} \tag{6.2.27}$$

由式(6.2.16)～式(6.2.19)，可得 TE 波的波阻抗为

$$\eta_{\mathrm{TE}}=\frac{\eta}{\sqrt{1-\left(\frac{f_{\mathrm{c}}}{f}\right)^{2}}}=\frac{\eta}{\sqrt{1-\left(\frac{\lambda}{\lambda_{\mathrm{c}}}\right)^{2}}} \tag{6.2.28}$$

式中，$\eta=\sqrt{\mu/\varepsilon}$是介质中平面波的波阻抗。

6.2.4 矩形波导的传输功率和传输损耗

1. 矩形波导的传输功率

当波导为无限长或者终端接匹配负载时，波导的平均传输功率可由波导横截面上平均能流密度矢量的积分求得，即

$$P=\frac{1}{2}\iint_{S}\mathrm{Re}[\boldsymbol{S}_{\mathrm{c}}]\cdot \mathrm{d}\boldsymbol{S} \tag{6.2.29}$$

当波导中填充理想介质时，横向电场与横向磁场同相，从而有

$$P=\frac{1}{2\eta}\iint_{S}|\boldsymbol{E}_{t}|^{2}\mathrm{d}\boldsymbol{S}=\frac{\eta}{2}\iint_{S}|\boldsymbol{H}_{t}|^{2}\mathrm{d}\boldsymbol{S} \tag{6.2.30}$$

式中，η 表示 TE 波或 TM 波的波阻抗。

2. 矩形波导的传输损耗

波导中的损耗主要来自两个方面：填充介质引起的损耗，以及波导管壁的有限电导率产生的损耗。对前者的求解，只需用有耗介质的等效介电常数 ε_{e} 代替原来的介电常数 ε 即可。这里主要讨论波导管壁引起的损耗。

当电导率为有限值时，场在波导管壁内也是存在的，要精确计算该场相当复杂。因此，一般采用近似的方法计算波导管壁引起的损耗。近似认为波导内的场与理想波导管壁情况下的场具有相同的分布特征，并且沿场强传播方向不断衰减，衰减系数为 α。因此沿正 z 方向传输的功率可表示为

$$P=P_{0}\mathrm{e}^{-2\alpha z} \tag{6.2.31}$$

式中，P_{0} 表示 $z=0$ 处的功率。对式(6.2.31)中的 z 进行求导，可得单位长度内的功率衰减 P_{d} 为

$$P_{\mathrm{d}}=-\frac{\partial P}{\partial z}=2\alpha P \tag{6.2.32}$$

显然，要计算衰减系数 α，必须求得单位长度内的功率损耗。

在波导管壁上取单位长度、单位宽度、厚度等于集肤深度 δ 的一小块导体，定义该导体沿长度方向的电阻 R_{S} 为表面电阻率，即

$$R_{\mathrm{S}}=\frac{1}{\sigma\delta}=\sqrt{\frac{\pi\mu f}{\sigma}} \tag{6.2.33}$$

式中，σ 为波导管壁的电导率。此时可得单位宽度且单位长度波导内壁的损耗功率 P_{dS} 为

$$P_{\mathrm{dS}}=J_{\mathrm{S}}^{2}R_{\mathrm{S}} \tag{6.2.34}$$

式(6.2.34)中，$\boldsymbol{J}_{\mathrm{S}}=\boldsymbol{e}_{n}\times\boldsymbol{H}_{\mathrm{S}}$ 是波导内壁的表面电流，$\boldsymbol{H}_{\mathrm{S}}$ 是波导管内壁表面的磁场强度。将 P_{dS} 沿单位长度波导内壁积分，即得 P_{d1}。以矩形波导中的 TE_{10} 波为例，由于波导宽壁上的电流具有 x 分量及 z 分量，窄壁上的电流具有 y 分量，因此

$$P_{d1}=2\times(P_d)_{宽边}+2\times(P_d)_{窄边}$$
$$=2\left(\int_0^a J_{Sz}^2 R_S dx+\int_0^a J_{Sx}^2 R_S dx\right)+2\int_0^b J_{Sy}^2 R_S dy \quad (6.2.35)$$

式中，$\boldsymbol{J}_{Sz}=\boldsymbol{e}_y\times\boldsymbol{H}_x$，$\boldsymbol{J}_{Sx}=\boldsymbol{e}_y\times\boldsymbol{H}_z$，$\boldsymbol{J}_{Sy}=\boldsymbol{e}_x\times\boldsymbol{H}_z$。

6.3 矩形波导中的 TE_{10} 模

TE_{10} 模是矩形波导的主模。因为该模式具有场结构简单、能够实现单模传输、频带宽和损耗小等特点，所以实际中波导大多工作在 TE_{10} 模。下面主要介绍 TE_{10} 模的场分布及其传输特性。

6.3.1 TE_{10} 模的电磁场分布

将 $m=1$，$n=0$，$k_c=\pi/a$ 代入式(6.2.16)～式(6.2.20)，可得 TE_{10} 模各场分量的表达式为

$$H_z=H_{10}\cos\left(\frac{\pi}{a}x\right)e^{-jk_z z} \quad (6.3.1)$$

$$H_x=jk_z\left(\frac{a}{\pi}\right)H_{10}\sin\left(\frac{\pi}{a}x\right)e^{-jk_z z} \quad (6.3.2)$$

$$E_y=-j\omega\mu\left(\frac{a}{\pi}\right)H_{10}\sin\left(\frac{\pi}{a}x\right)e^{-jk_z z} \quad (6.3.3)$$

$$E_x=E_z=H_y=0 \quad (6.3.4)$$

可见，TE_{10} 模只有 H_z，H_x 和 E_y 三个场分量，并且上述场分量只是 x 和 z 的函数，与 y 无关，即沿 y 轴均匀分布。TE_{10} 模完整的场分布如图 6-4 所示。磁力线是 xOz 平面内的闭合曲线；E_y 沿 x 方向呈正弦规律变化，在 $x=0$ 和 $x=a$ 处为零，在 $x=a/2$ 处最大，即在波导截面宽边(x 轴)上形成半个驻波分布。H_x 沿 x 方向的变化规律与 E_y 的

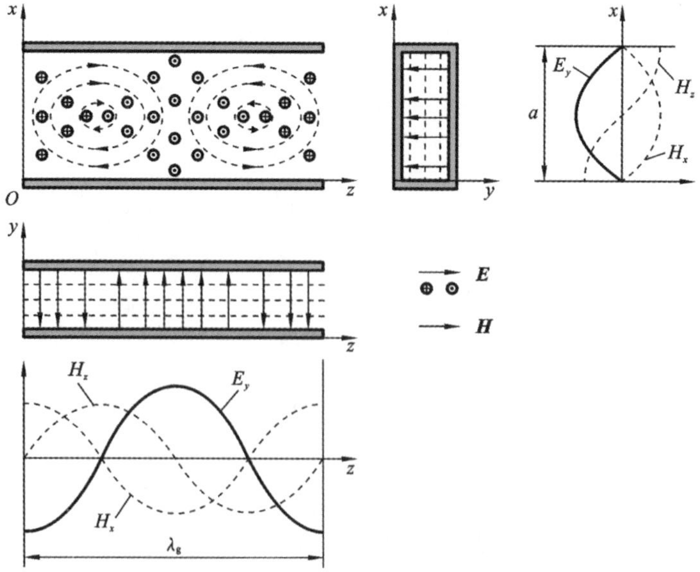

图 6-4 TE_{10} 模完整的场分布

相同；H_z沿 x 方向呈余弦规律变化，在 $x=0$ 和 $x=a$ 处最大，在 $x=a/2$ 处为零，同样在波导截面宽边(x 轴)上形成半个驻波分布。

6.3.2 TE$_{10}$模的管壁电流分布

当波导中有电磁波传输时，金属波导内壁表面上将产生感应电流，称为管壁电流。趋肤效应使这种管壁电流集中在很薄的波导内壁表面流动，因此这种管壁电流可视为面电流，记作

$$\boldsymbol{J}_S=\boldsymbol{e}_n\times\boldsymbol{H} \tag{6.3.5}$$

将式(6.3.1)和式(6.3.2)代入式(6.3.5)中，可得 TE$_{10}$模管壁电流的分布为

$$\boldsymbol{J}_S\big|_{x=0}=\boldsymbol{e}_x\times(\boldsymbol{e}_xH_x+\boldsymbol{e}_zH_z)\big|_{x=0}=-\boldsymbol{e}_y\,H_z\big|_{x=0}=-\boldsymbol{e}_yH_{10}\,\mathrm{e}^{-\mathrm{j}k_zz} \tag{6.3.6}$$

$$\boldsymbol{J}_S\big|_{x=a}=-\boldsymbol{e}_x\times(\boldsymbol{e}_xH_x+\boldsymbol{e}_zH_z)\big|_{x=0}=\boldsymbol{e}_y\,H_z\big|_{x=a}=-\boldsymbol{e}_yH_{10}\,\mathrm{e}^{-\mathrm{j}k_zz} \tag{6.3.7}$$

$$\begin{aligned}\boldsymbol{J}_S\big|_{y=0}&=\boldsymbol{e}_y\times(\boldsymbol{e}_xH_x+\boldsymbol{e}_zH_z)\big|_{y=0}=\boldsymbol{e}_x\,H_z\big|_{y=0}-\boldsymbol{e}_z\,H_x\big|_{y=0}\\&=\boldsymbol{e}_xH_{10}\cos\left(\frac{\pi}{a}x\right)\mathrm{e}^{-\mathrm{j}k_zz}-\boldsymbol{e}_z\mathrm{j}k_z\left(\frac{a}{\pi}\right)H_{10}\sin\left(\frac{\pi}{a}x\right)\mathrm{e}^{-\mathrm{j}k_zz}\end{aligned} \tag{6.3.8}$$

$$\begin{aligned}\boldsymbol{J}_S\big|_{y=b}&=-\boldsymbol{e}_y\times(\boldsymbol{e}_xH_x+\boldsymbol{e}_zH_z)\big|_{y=b}=-\boldsymbol{e}_x\,H_z\big|_{y=b}+\boldsymbol{e}_z\,H_x\big|_{y=b}\\&=-\boldsymbol{e}_xH_{10}\cos\left(\frac{\pi}{a}x\right)\mathrm{e}^{-\mathrm{j}k_zz}+\boldsymbol{e}_z\mathrm{j}k_z\left(\frac{a}{\pi}\right)H_{10}\sin\left(\frac{\pi}{a}x\right)\mathrm{e}^{-\mathrm{j}k_zz}\end{aligned} \tag{6.3.9}$$

传播 TE$_{10}$波时波导内壁的面电流分布如图 6-5 所示。

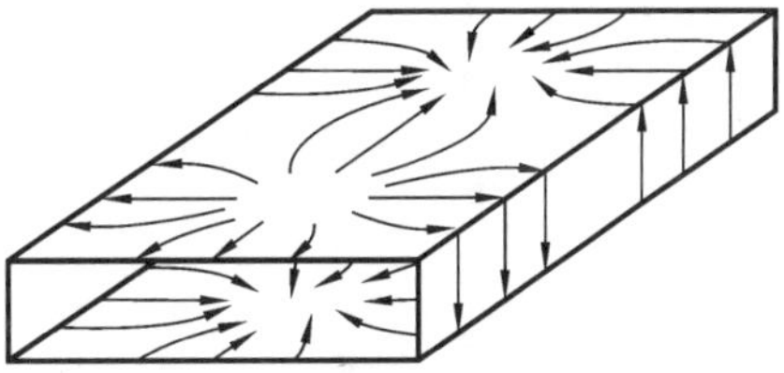

图 6-5 传播 TE$_{10}$波时波导内壁的面电流分布

波导内壁的面电流分布特性对微波仪表以及波导裂缝天线的设计十分重要。在波导测量线中，为避免破坏波导中的场分布，槽线的设计不能够切割波导内壁的电流；而对于波导裂缝天线而言，缝隙必须切割波导内壁的电流，才能够有效激励天线向外辐射电磁波。

6.3.3 TE$_{10}$模的传输特性

将 $m=1$, $n=0$ 代入式(6.1.21)和式(6.1.22)可得 TE$_{10}$模的截止频率、截止波长为

$$f_c=\frac{1}{2a\sqrt{\varepsilon\mu}}=\frac{v}{2a} \tag{6.3.10}$$

$$\lambda_c=2a \tag{6.3.11}$$

显然，TE$_{10}$模的截止波长是截面宽边宽度的两倍，与窄边尺寸无关。将式(6.3.11)代入式(6.1.24)、式(6.1.25)和式(6.1.28)分别得到 TE$_{10}$模的相速、波导波长以及波阻抗为

$$v_{\mathrm{p,TE_{10}}}=\frac{v}{\sqrt{1-(\lambda/2a)^2}} \tag{6.3.12}$$

$$\lambda_{\mathrm{g,TE_{10}}}=\frac{\lambda}{\sqrt{1-(\lambda/2a)^2}} \tag{6.3.13}$$

$$\eta_{\mathrm{TE_{10}}}=\frac{\eta}{\sqrt{1-(\lambda/2a)^2}} \tag{6.3.14}$$

例 6.1 已知矩形波导的尺寸为 $a=2$ cm，$b=1$ cm，内部充满空气。试判断该波导能否传输波长 3 cm 的电磁波？若能够传输，试求其在波导中的相移常数、波导波长、相速和波阻抗。

解 由式(6.2.22)可计算出主模 TE_{10} 模以及 TE_{20}、TE_{01} 的截止波长分别为

$$\lambda_{c,TE_{10}}=2a=4\ \text{cm},\quad \lambda_{c,TE_{20}}=a=2\ \text{cm},\quad \lambda_{c,TE_{01}}=2b=2\ \text{cm}$$

因为 $4>3>2$，所以对波长 3 cm 的电磁波，主模 TE_{10} 模能够在该波导中传输，而其他高次模式均处于截止状态，不能在该波导中传输。波长 3 cm 的电磁波信号的角频率为

$$\omega=2\pi f=2\pi\frac{c}{\lambda}=2\pi\times10^{10}\ \text{rad/s}$$

由式(6.2.15)，截止波数 $k_c=\pi/a$，所以相移常数为

$$k_z=\sqrt{k^2-k_c^2}=\sqrt{\omega^2\mu_0\varepsilon_0-(\pi/a)^2}\approx138.5\ \text{rad/m}$$

波导波长表示为

$$\lambda_g=\frac{\lambda}{\sqrt{1-(\lambda/2a)^2}}\approx4.54\ \text{cm}$$

相速度表示为

$$v_p=\frac{c}{\sqrt{1-(\lambda/2a)^2}}\approx4.54\times10^8\ \text{m/s}$$

波阻抗表示为

$$\eta=\frac{120\pi}{\sqrt{1-(\lambda/2a)^2}}\approx181.4\pi\ \Omega$$

6.4 同轴线

同轴线是由两根同轴的圆柱导体构成的导行系统，其结构如图 6-6 所示。内导体外半径为 a，外导体内半径为 b。同轴线按结构可分为两类：硬同轴线和软同轴线。硬同轴线是以圆柱形铜棒作内导体，同芯的铜管作外导体，内、外导体之间一般以空气作为填充介质，内、外导体用高频介质垫圈支撑，这种同轴线也称为同轴波导；软同轴线一般采用多股铜丝作内导体，铜丝网作外导体，内、外导体间以相对介电常数 ε_r 的介质填充，外导体网外有一层橡胶保护壳，这种同轴线又称为同轴电缆。

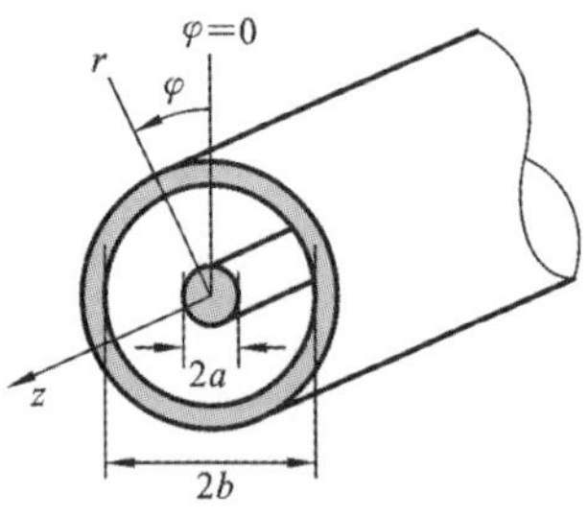

图 6-6 同轴线的结构

同轴线是一种双导体导行系统，可以传输 TEM 波。当横向尺寸可与工作波长比拟时，同轴线中也会出现 TE 波和 TM 波。相对于同轴线的主模 TEM 波而言，TE 波和 TM 波属于同轴线中的高次模式。在实践中，为了抑制高次模式，必须根据工作频率适当设计同轴线的尺寸。本节主要研究同轴线以主模式工作时的传输特性，同时简要介绍高次模式的存在条件。

6.4.1 同轴线的 TEM 波

采用圆柱坐标系(r,φ,z)，由于同轴线属于轴对称结构，因此其中的场分布与坐标

φ 无关，对于 TEM 波，电场强度 $\boldsymbol{E}$ 可以写为

$$\boldsymbol{E}(r,z)=\boldsymbol{E}_t(r)\mathrm{e}^{-\mathrm{j}k_z z} \tag{6.4.1}$$

式中，下标 t 表示横向坐标分量；$k_z=k=\omega\sqrt{\mu\varepsilon}$ 为传播常数。由电位函数的梯度得到

$$\boldsymbol{E}_t(r)=-\boldsymbol{\nabla}_t\Phi(r) \tag{6.4.2}$$

因为 $\boldsymbol{\nabla}\cdot\boldsymbol{E}_t(r)=0$，所以电位函数满足拉普拉斯方程

$$\frac{1}{r}\frac{d}{\mathrm{d}r}\left[r\frac{\mathrm{d}\Phi(r)}{\mathrm{d}r}\right]=0 \tag{6.4.3}$$

利用直接积分法求解式(6.4.3)，并代入边界条件 $\Phi(a)=U_0$，$\Phi(b)=0$，得到

$$\Phi(r)=\frac{U_0\ln(b/r)}{\ln(b/a)} \tag{6.4.4}$$

将式(6.4.4)代入式(6.4.2)，得到横向电场的表达式为

$$\boldsymbol{E}(r,z)=\boldsymbol{e}_r\frac{U_0}{r\ln(b/a)}\mathrm{e}^{-\mathrm{j}k_z z} \tag{6.4.5}$$

同轴线内的横向磁场为

$$\boldsymbol{H}(r,z)=\boldsymbol{e}_\varphi\frac{1}{\eta}E_t(r)\mathrm{e}^{-\mathrm{j}k_z z}=\boldsymbol{e}_\varphi\frac{1}{\eta}\cdot\frac{U_0}{r\ln(b/a)}\mathrm{e}^{-\mathrm{j}k_z z} \tag{6.4.6}$$

式中，$\eta=\sqrt{\mu/\varepsilon}$ 是介质的波阻抗。根据式(6.4.5)和式(6.4.6)可画出同轴线中 TEM 波的电磁场分布，如图 6-7 所示。

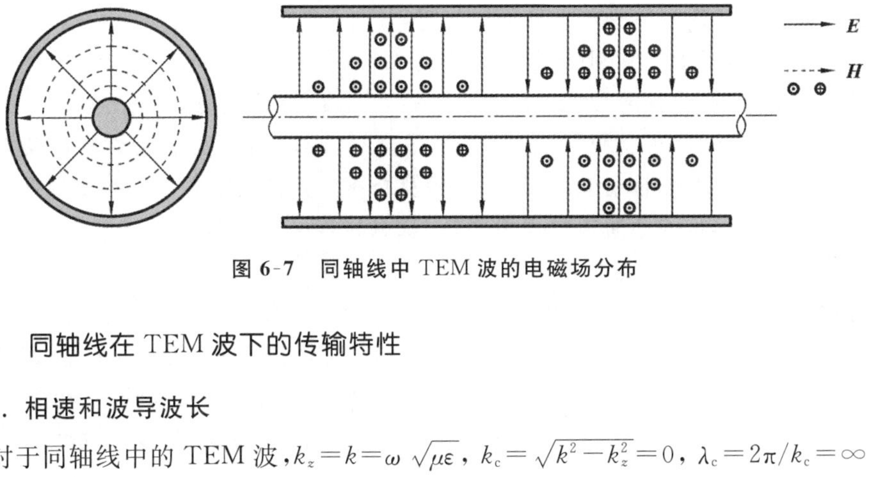

图 6-7 同轴线中 TEM 波的电磁场分布

6.4.2 同轴线在 TEM 波下的传输特性

1. 相速和波导波长

对于同轴线中的 TEM 波，$k_z=k=\omega\sqrt{\mu\varepsilon}$，$k_c=\sqrt{k^2-k_z^2}=0$，$\lambda_c=2\pi/k_c=\infty$，代入式(6.2.24)和式(6.2.25)得到相速、波导波长为

$$v_p=\frac{\omega}{k_z}=\frac{1}{\sqrt{\varepsilon\mu}}=\frac{c}{\sqrt{\varepsilon_r\mu_r}} \tag{6.4.7}$$

$$\lambda_g=\frac{2\pi}{k_z}=\frac{v_p}{f}=\frac{\lambda}{\sqrt{\varepsilon_r\mu_r}} \tag{6.4.8}$$

式中，$c=1/\sqrt{\varepsilon_0\mu_0}$ 是真空中的光速；f 是电磁波的工作频率；$\lambda=c/f$ 是真空中电磁波的波长。

2. 特性阻抗

同轴线内、外导体之间的电位差为

$$U_{ab}=U_a-U_b=\int_a^b E_r(r,z)\mathrm{d}r=U_0\mathrm{e}^{-\mathrm{j}k_z z} \tag{6.4.9}$$

内导体上的总电流为

$$I_a = \int_0^{2\pi} H_\varphi(a,z)a\mathrm{d}\varphi = \frac{2\pi U_0}{\eta\ln(b/a)}\mathrm{e}^{-\mathrm{j}k_z z} \tag{6.4.10}$$

设 $\mu=\mu_0$，则同轴线的特性阻抗为

$$\eta_0 = \frac{U_{ab}}{I_a} = \frac{\eta\ln(b/a)}{2\pi} = \frac{60}{\sqrt{\varepsilon_r}}\ln\frac{b}{a} \tag{6.4.11}$$

6.4.3 同轴线的高次模

在实际应用中，同轴线是以 TEM 波（主模）方式工作的。但是，当工作频率过高时，还可能出现 TE 波和 TM 波。最低次 TM_{01} 波的截止波长近似为

$$\lambda_{c,\ TM_{01}} \approx 2(b-a) \tag{6.4.12}$$

最低次 TE_{11} 波的截止波长近似为

$$\lambda_{c,TE_{11}} \approx \pi(b+a) \tag{6.4.13}$$

6.5 谐振腔

广义而言，凡是能够将能量限定在一定体积内作周期性振荡的结构均可构成谐振器。在电磁学中，能量一般以电场和磁场的形式存在，因此电磁谐振器就是储存电场和磁场能量，并使二者作周期性相互转换的器件。

在工作频率不高于 300 MHz 的电路中，通常采用集总电容 C 和集总电感 L 组成谐振回路，实现储能、选频的功能。随着频率的升高，L 与 C 的取值越来越小，集总元件分布参数的影响逐渐显现，因而在工作频率很高时，难以制造出单纯的电容及电感元件；此外，LC 回路的电磁辐射效应、导体损耗及介质损耗都会随着工作频率的升高而急剧增加，导致谐振回路的品质因数大大降低，选频特性变差。针对上述缺点，在微波波段常使用谐振腔构成谐振器件。

谐振腔一般是由任意形状的电壁或磁壁所限定的封闭形结构，相当于低频时的集总元件谐振器，具有储能和选频特性，在微波电路中广泛用作滤波器、振荡器、调谐放大器等。谐振腔的形式很多，主要包括矩形谐振腔、圆柱形谐振腔、同轴线形谐振腔等。主要参数是谐振频率 f_{mnl} 和品质因数 Q。本节以矩形谐振腔为例，说明这些参数的物理意义和求解方法。

6.5.1 矩形谐振腔内的电磁场分布

矩形谐振腔可以看作是一段长度为 d，两端短路的矩形波导，如图 6-8 所示。

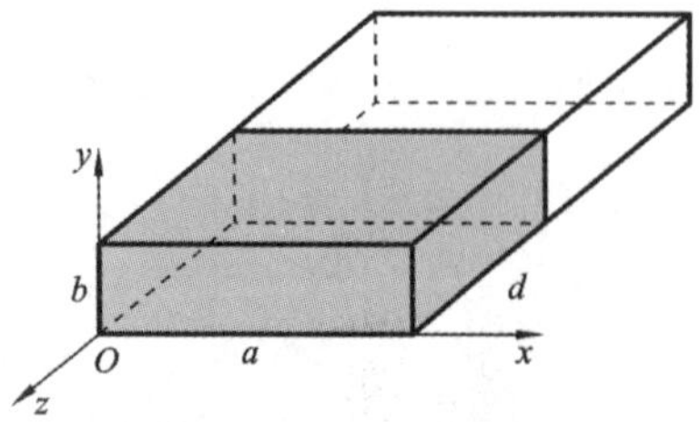

图 6-8 矩形谐振腔

矩形波导终端短路时，电磁波将产生全反射，在波导中形成驻波。当矩形波导工作于 TE 模时，电场只存在横向分量，因此短路终端形成电场的波节。若两短路终端之间的距离恰好是半个波导波长的整倍数，则金属腔中将形成电场驻波。同样，磁场也将以驻波的形式存在。

由式(6.2.16)～式(6.2.20)，电场强度的边

界条件 $E_x(x, y, 0)=E_y(x, y, 0)=E_x(x, y, d)=E_y(x, y, d)=0$ 以及欧拉公式可得，矩形谐振腔中电场强度以及磁场强度的驻波表达式为

$$E_x(x,y,z)=\frac{2\omega\mu}{k_c^2}\sum_{m=0}^{\infty}\sum_{n=0}^{\infty}\frac{n\pi}{b}H_{mnl}\cos\left(\frac{m\pi}{a}x\right)\sin\left(\frac{n\pi}{b}y\right)\sin(k_z z) \tag{6.5.1}$$

$$E_y(x,y,z)=-\frac{2\omega\mu}{k_c^2}\sum_{m=0}^{\infty}\sum_{n=0}^{\infty}\frac{m\pi}{a}H_{mnl}\sin\left(\frac{m\pi}{a}x\right)\cos\left(\frac{n\pi}{b}y\right)\sin(k_z z) \tag{6.5.2}$$

$$H_x(x,y,z)=\frac{\mathrm{j}2k_z}{k_c^2}\sum_{m=0}^{\infty}\sum_{n=0}^{\infty}\frac{m\pi}{a}H_{mnl}\sin\left(\frac{m\pi}{a}x\right)\cos\left(\frac{n\pi}{b}y\right)\cos(k_z z) \tag{6.5.3}$$

$$H_y(x,y,z)=\frac{\mathrm{j}2k_z}{k_c^2}\sum_{m=0}^{\infty}\sum_{n=0}^{\infty}\frac{n\pi}{b}H_{mnl}\cos\left(\frac{m\pi}{a}x\right)\sin\left(\frac{n\pi}{b}y\right)\cos(k_z z) \tag{6.5.4}$$

$$H_z(x,y,z)=-2\mathrm{j}\sum_{m=0}^{\infty}\sum_{n=0}^{\infty}H_{mnl}\cos\left(\frac{m\pi}{a}x\right)\cos\left(\frac{n\pi}{b}y\right)\sin(k_z z) \tag{6.5.5}$$

其中相位常数 k_z 必须满足

$$k_z=\frac{l\pi}{d}\quad(l=0,1,2,\cdots) \tag{6.5.6}$$

采用与 TE 模同样的分析方法，可以得到矩形腔中 TM 模各场分布的表达式为

$$H_x(x,y,z)=\mathrm{j}\,\frac{2\omega\varepsilon}{k_c^2}\sum_{m=1}^{\infty}\sum_{n=1}^{\infty}\sum_{l=0}^{\infty}\frac{n\pi}{b}E_{mnl}\sin\left(\frac{m\pi}{a}x\right)\cos\left(\frac{n\pi}{b}y\right)\cos\left(\frac{l\pi}{d}z\right) \tag{6.5.7}$$

$$H_y(x,y,z)=-\mathrm{j}\,\frac{2\omega\varepsilon}{k_c^2}\sum_{m=1}^{\infty}\sum_{n=1}^{\infty}\sum_{l=0}^{\infty}\frac{m\pi}{a}E_{mnl}\cos\left(\frac{m\pi}{a}x\right)\sin\left(\frac{n\pi}{b}y\right)\cos\left(\frac{l\pi}{d}z\right) \tag{6.5.8}$$

$$E_x(x,y,z)=-\frac{2}{k_c^2}\sum_{m=1}^{\infty}\sum_{n=1}^{\infty}\sum_{l=0}^{\infty}\left(\frac{m\pi}{a}\right)\left(\frac{l\pi}{d}\right)E_{mnl}\cos\left(\frac{m\pi}{a}x\right)\sin\left(\frac{n\pi}{b}y\right)\sin\left(\frac{l\pi}{d}z\right) \tag{6.5.9}$$

$$E_y(x,y,z)=-\frac{2}{k_c^2}\sum_{m=1}^{\infty}\sum_{n=1}^{\infty}\sum_{l=0}^{\infty}\left(\frac{n\pi}{b}\right)\left(\frac{l\pi}{d}\right)E_{mnl}\sin\left(\frac{m\pi}{a}x\right)\cos\left(\frac{n\pi}{b}y\right)\sin\left(\frac{l\pi}{d}z\right) \tag{6.5.10}$$

$$E_z(x,y,z)=2\sum_{m=1}^{\infty}\sum_{n=1}^{\infty}\sum_{l=0}^{\infty}E_{mnl}\sin\left(\frac{m\pi}{a}x\right)\sin\left(\frac{n\pi}{b}y\right)\cos\left(\frac{l\pi}{d}z\right) \tag{6.5.11}$$

由 TE 模式(6.5.1)～式(6.5.5)和 TM 模式(6.5.7)～式(6.5.11)可以看到，谐振腔中的电场和磁场之间存在 90°的相位差，恰好与电路理论中电压和电流之间的 90°相位差相对应，反映了谐振腔中电场能量和磁场能量相互转换的关系。

6.5.2 矩形谐振腔的基本参数

1. 谐振频率

由于传播常数可定义为

$$k^2=\omega^2\varepsilon\mu=k_x^2+k_y^2+k_z^2=\left(\frac{m\pi}{a}\right)^2+\left(\frac{n\pi}{b}\right)^2+\left(\frac{l\pi}{d}\right)^2 \tag{6.5.12}$$

可得产生的谐振频率为

$$f_{mnl}=\frac{\omega}{2\pi}=\frac{1}{2\sqrt{\mu\varepsilon}}\sqrt{\left(\frac{m}{a}\right)^2+\left(\frac{n}{b}\right)^2+\left(\frac{l}{d}\right)^2} \tag{6.5.13}$$

每组 m,n,l 对应谐振腔中的一种振荡模式，并且 m,n,l 只能有一个为零。若 $a\geqslant b\geqslant d$，则最低谐振频率为

$$f_{110}=\frac{1}{2\sqrt{\mu\varepsilon}}\sqrt{\frac{1}{a^2}+\frac{1}{b^2}} \tag{6.5.14}$$

谐振频率最低的模式称为谐振腔的主模。

2. 品质因数

品质因数 Q 是表征谐振器能量损耗和频率选择性的重要参量，令 W 为谐振腔中的总储能，P_{L} 为谐振腔的平均损耗功率，一个周期内谐振腔内损耗的能量为

$$W_{\mathrm{T}}=P_{\mathrm{L}}\cdot T=P_{\mathrm{L}}\cdot\frac{2\pi}{\omega}$$

对品质因数 Q 可以定义为

$$Q=2\pi\frac{W}{W_{\mathrm{T}}}=\omega\frac{W}{P_{\mathrm{L}}} \tag{6.5.15}$$

谐振腔的损耗主要包括导体损耗和介质损耗。若谐振腔内的介质是无耗的，则谐振腔的损耗只有壁电流的热损耗，即导体损耗。下面推导矩形谐振腔 TE_{101} 模的品质因数 Q。

谐振腔中总的储存能量是电场储能和磁场储能之和。由电路分析理论可知，谐振器谐振时，电场的平均储能 W_{e} 与磁场的平均储能 W_{m} 相等，从而得到

$$W=W_{\mathrm{e}}+W_{\mathrm{m}}=2W_{\mathrm{e}} \tag{6.5.16}$$

已知电场平均储能

$$W_{\mathrm{e}}=\frac{1}{4}\iiint_V\varepsilon E^2\mathrm{d}V \tag{6.5.17}$$

则谐振腔中总的储存能量为

$$W=2W_{\mathrm{e}}=\frac{\varepsilon}{2}\iiint_V E^2\mathrm{d}V=\frac{\varepsilon}{2}\int_0^d\int_0^b\int_0^a|E_{\mathrm{y}}|^2\mathrm{d}x\mathrm{d}y\mathrm{d}z=\frac{\varepsilon\mu^2\omega^2a^3bdH_{101}^2}{2\pi^2} \tag{6.5.18}$$

采用与计算波导管壁损耗同样的方法，可以求得矩形谐振腔中 TE_{101} 模的损耗功率为

$$P_{\mathrm{L}}=R_{\mathrm{S}}H_{101}^2\frac{2a^3b+a^3d+ad^3+2bd^3}{d^2} \tag{6.5.19}$$

将式(6.5.18)和式(6.5.19)代入式(6.5.15)，即可得到矩形谐振腔 TE_{101} 模的品质因数 Q 为

$$Q=\frac{\varepsilon\mu^2\omega^3a^3bd^3}{4\pi^2R_{\mathrm{S}}(2a^3b+a^3d+ad^3+2bd^3)} \tag{6.5.20}$$

6.6 传输线基础

本节利用“路”分析法，讨论传输 TEM 波的平行双线导波系统。与前面介绍的基于麦克斯韦方程的“场”分析方法不同，所谓的“路”分析方法，就是把传输线视为分布参数电路，得到由传输线单位长度电阻、电感、电容和电导组成的等效电路，然后根据基尔霍夫定律得出传输线方程，进而研究 TEM 波沿传输线的传输特性。

6.6.1　传输线的分布参数及其等效电路

设传输线的几何长度为 l，工作波长为 λ。一般情况下，l 与 λ 可以相比拟的传输线称为长线，其上各点的电流(电压)的大小与相位不相等，需要使用分布参数电路表示；l 与 λ 相比可以忽略不计的传输线称为短线，其上各点的电流(电压)的大小与相位近似相等，可采用集总参数电路分析。工作在微波波段的传输线，满足长线的条件，应采用分布参数电路分析。

1. 传输线的分布参数

当高频 TEM 波沿传输线传输时，会出现如下的分布参数效应：导线上有电流流过，使导线发热，表明导线本身存在分布电阻 R；双导线之间绝缘不理想，使双导线间出现漏电流，表明双导线间存在分布漏电导 G；双导线间有电场分布，表明有分布电容效应，等效为分布电容 C；导线周围有磁场分布，表明有分布电感效应，等效为分布电感 L。

如果传输线的分布参数沿传输线是均匀分布的(传输线的截面尺寸、形状、材料、周围介质特性沿传输线轴线方向不改变)，则称这种传输线为均匀传输线。均匀传输线上单位长度的分布电阻用 R_1 表示，单位长度的分布电导用 G_1 表示，单位长度的分布电容用 C_1 表示，单位长度的分布电感用 L_1 表示。显然 R_1，G_1，C_1 和 L_1 均是常数。

2. 均匀传输线的等效电路

对于均匀传输线，由于电路参数均匀分布，故可任取一无限小线元 Δz($\Delta z \ll \lambda$)，将其视为一段短线进行分析，均匀传输线及其线元的等效电路如图 6-9 所示，其等效参数分别为 $R_1\Delta z$，$G_1\Delta z$，$C_1\Delta z$ 和 $L_1\Delta z$。整条传输线可视为许多线元的级联，相应的有耗传输线的等效电路如图 6-10 所示。图 6-11 所示的是无耗传输线的等效电路，由于不存在分布电阻和分布漏电导，因而 $R_1 = G_1 = 0$。

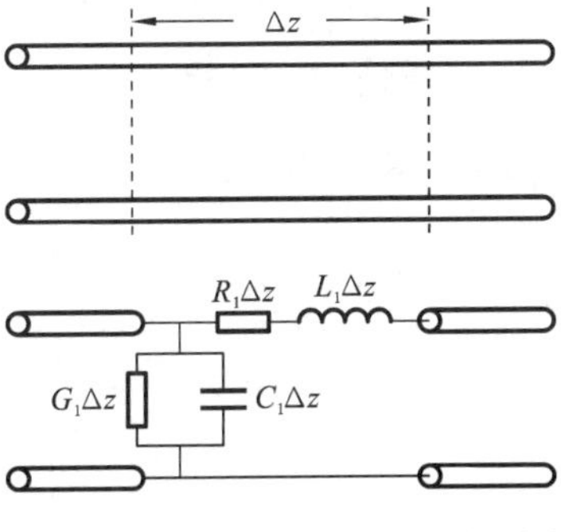

图 6-9　均匀传输线及其线元的等效电路

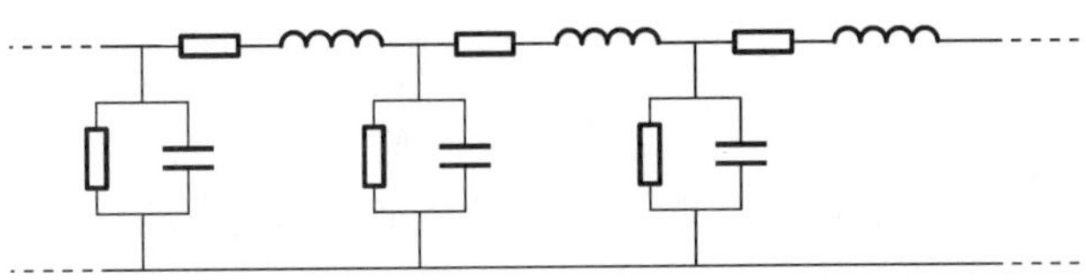

图 6-10　有耗传输线的等效电路

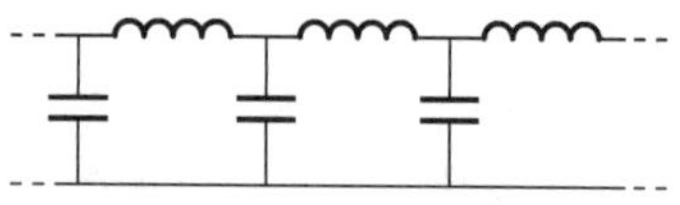

图 6-11 无耗传输线的等效电路

6.6.2 均匀传输线方程及其解的形式

1. 均匀传输线方程

均匀传输线的等效电路如图 6-12 所示，假设在 t 时刻，z 点的电压和电流分别为 $U(z, t)$ 和 $I(z, t)$，而在 $z+\Delta z$ 处的电压和电流分别为 $U(z+\Delta z, t)$ 和 $I(z+\Delta z, t)$。

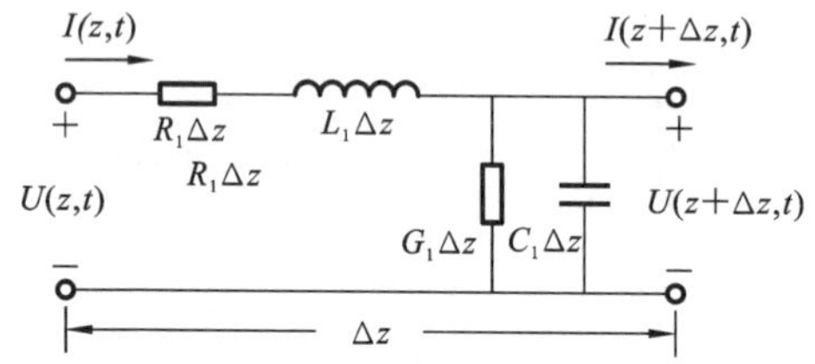

图 6-12 均匀传输线的等效电路

对电压和电流的表达式作泰勒级数展开，并忽略高次项有

$$U(z+\Delta z,t)=U(z,t)+\frac{\partial U(z,t)}{\partial z}\Delta z \tag{6.6.1}$$

$$I(z+\Delta z,t)=I(z,t)+\frac{\partial I(z,t)}{\partial z}\Delta z \tag{6.6.2}$$

根据基尔霍夫定律，得到

$$\begin{aligned}-\frac{\partial U(z,t)}{\partial z}\Delta z &=U(z,t)-U(z+\Delta z,t)\\ &=R_1\Delta z\cdot I(z,t)+L_1\Delta z\cdot\frac{\partial I(z,t)}{\partial t}\end{aligned} \tag{6.6.3}$$

$$\begin{aligned}-\frac{\partial I(z,t)}{\partial z}\Delta z &=I(z,t)-I(z+\Delta z,t)\\ &=G_1\Delta z\cdot U(z,t)+C_1\Delta z\cdot\frac{\partial U(z,t)}{\partial z}\end{aligned} \tag{6.6.4}$$

在式(6.6.3)与式(6.6.4) 的等号两侧消去 Δz 得

$$-\frac{\partial U(z,t)}{\partial z}=R_1\cdot I(z,t)+L_1\cdot\frac{\partial I(z,t)}{\partial t} \tag{6.6.5}$$

$$-\frac{\partial I(z,t)}{\partial z}=G_1\cdot U(z,t)+C_1\cdot\frac{\partial U(z,t)}{\partial z} \tag{6.6.6}$$

这就是均匀传输线方程的一般形式，也称电报方程，是一对偏微分方程。利用复矢量表示法，式(6.6.5)与式(6.6.6)改写为

$$\frac{\mathrm{d}U(z)}{\mathrm{d}z}=-Z_1 I(z) \tag{6.6.7}$$

$$\frac{\mathrm{d}I(z)}{\mathrm{d}z}=-Y_1 U(z) \tag{6.6.8}$$

式中，$Z_1=R_1+\mathrm{j}\omega L_1$，$Y_1=G_1+\mathrm{j}\omega C_1$，分别表示传输线单位长度的串联阻抗和并联导纳，$\omega$ 是传输线上电压和电流的工作频率。传输线理论属于微波电路与天线技术的基本问题，在物理符号表示方面，阻抗常用 Z 表示，导纳常用 Y 表示。

2. 均匀传输线方程的解

对式(6.6.7)和式(6.6.8)的变量 z 进行求导可得

$$\frac{d^2U(z)}{dz^2}-\gamma^2U(z)=0 \tag{6.6.9}$$

$$\frac{d^2I(z)}{dz^2}-\gamma^2I(z)=0 \tag{6.6.10}$$

其中，γ 为传输线的传播常数，即

$$\gamma=\sqrt{Z_1Y_1}=\sqrt{(R_1+j\omega L_1)(G_1+j\omega C_1)}=\alpha+j\beta \tag{6.6.11}$$

α 表示 γ 的实部，称为衰减常数，β 表示 γ 的虚部，称为相位常数。式(6.6.9)和式(6.6.10)为传输线的波动方程，式(6.6.9)的通解为

$$U(z)=A_1e^{-\gamma z}+A_2e^{\gamma z} \tag{6.6.12}$$

由式(6.6.7)可得

$$I(z)=-\frac{1}{Z_1}\frac{dU(z)}{dz}=\frac{1}{Z_0}(A_1e^{-\gamma z}-A_2e^{\gamma z}) \tag{6.6.13}$$

其中

$$Z_0=\sqrt{\frac{Z_1}{Y_1}}=\sqrt{\frac{R_1+j\omega L_1}{G_1+j\omega C_1}} \tag{6.6.14}$$

称为传输线的特性阻抗。式(6.6.12)和式(6.6.13)的常数 A_1 和 A_2 是两个待定常数，由传输线的边界条件确定。根据第 5 章关于平面电磁波的讨论可知，式(6.6.12)和式(6.6.13)的 $e^{-\gamma z}$ 项表示沿正 z 方向传播的行波，即由信号源向负载方向传播的行波，称为入射波；$e^{\gamma z}$ 项表示沿负 z 方向传播的行波，即由负载向信号源方向传播的行波，称为反射波。

下面讨论一种特解，在图 6-13 中，假定已知终端电压 $U(l)=U_L$，终端电流 $I(l)=I_L$，代入式(6.6.12)和式(6.6.13)得

$$U_L=A_1e^{-\gamma l}+A_2e^{\gamma l} \tag{6.6.15}$$

$$I_L=\frac{1}{Z_0}(A_1e^{-\gamma l}-A_2e^{\gamma l}) \tag{6.6.16}$$

联立式(6.6.15)和式(6.6.16)解得

$$A_1=\frac{U_L+I_LZ_0}{2}e^{\gamma l},\quad A_2=\frac{U_L-I_LZ_0}{2}e^{-\gamma l}$$

经推导可得

$$\begin{cases}U(z)=\dfrac{U_L+I_LZ_0}{2}e^{\gamma(l-z)}+\dfrac{U_L-I_LZ_0}{2}e^{-\gamma(l-z)}\\[2ex] I(z)=\dfrac{U_L+I_LZ_0}{2Z_0}e^{\gamma(l-z)}-\dfrac{U_L-I_LZ_0}{2Z_0}e^{-\gamma(l-z)}\end{cases} \tag{6.6.17}$$

若改变一下坐标系，定义 d 坐标由负载→源点，可以看出 $d=l-z$，则式(6.6.17)变为

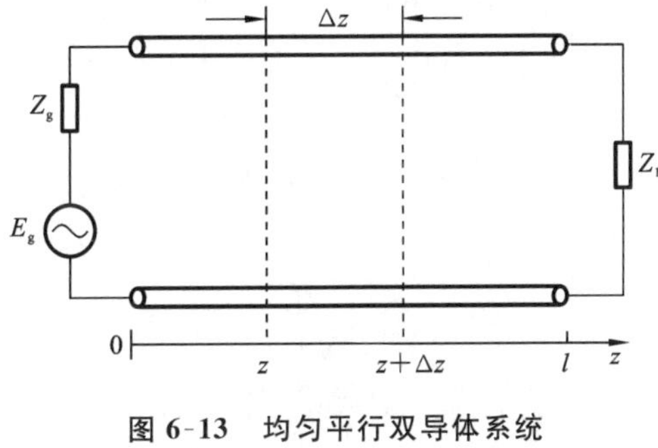

图 6-13　均匀平行双导体系统

$$\begin{cases} U(d)=\dfrac{U_L+I_L Z_0}{2}e^{\gamma d}+\dfrac{U_L-I_L Z_0}{2}e^{-\gamma d} \\ I(d)=\dfrac{U_L+I_L Z_0}{2Z_0}e^{\gamma d}-\dfrac{U_L-I_L Z_0}{2Z_0}e^{-\gamma d} \end{cases} \tag{6.6.18}$$

对无耗传输线，由于 $R_1=0$，$G_1=0$，式(6.6.11)和式(6.6.14)变为

$$\gamma=j\omega\sqrt{L_1C_1}=j\beta \tag{6.6.19}$$

$$Z_0=\sqrt{\frac{L_1}{C_1}} \tag{6.6.20}$$

从而得到在无耗传输线上的电压和电流的对应解为

$$\begin{cases} U(d)=U_L\cos(\beta d)+jI_L Z_0\sin(\beta d) \\ I(d)=j\dfrac{U_L}{Z_0}\sin(\beta d)+I_L\cos(\beta d) \end{cases} \tag{6.6.21}$$

3. 均匀传输线方程解的物理意义

传输线上任意位置的电压和电流都是入射波(用 U^+，I^+ 表示)和反射波(用 U^-，I^- 表示)的叠加，于是有

$$\begin{cases} U(d)=\dfrac{U_L+I_L Z_0}{2}e^{\gamma d}+\dfrac{U_L-I_L Z_0}{2}e^{-\gamma d}=U^+(d)+U^-(d) \\ I(d)=\dfrac{U_L+I_L Z_0}{2Z_0}e^{\gamma d}-\dfrac{U_L-I_L Z_0}{2Z_0}e^{-\gamma d}=I^+(d)+I^-(d) \end{cases} \tag{6.6.22}$$

式中，U_L，I_L 分别表示负载终端的电压和电流。相应地，$U^+(d)$，$I^+(d)$ 以及 $U^-(d)$，$I^-(d)$ 可以分别写为

$$\begin{cases} U^+(d)=\dfrac{U_L+I_L Z_0}{2}e^{\gamma d} \\ I^+(d)=\dfrac{U_L+I_L Z_0}{2Z_0}e^{\gamma d} \end{cases} \tag{6.6.23}$$

$$\begin{cases} U^-(d)=\dfrac{U_L-I_L Z_0}{2}e^{-\gamma d} \\ I^-(d)=-\dfrac{U_L-I_L Z_0}{2Z_0}e^{-\gamma d} \end{cases} \tag{6.6.24}$$

6.6.3 传输线的工作参数

1. 特性阻抗

特性阻抗定义为传输线上入射波电压与入射波电流之比，于是得

$$Z_0=\frac{U^+(z)}{I^+(z)}=\sqrt{\frac{R_1+j\omega L_1}{G_1+j\omega C_1}} \tag{6.6.25}$$

一般情况下，Z_0 是一个与传输线的分布参数和工作频率有关的复杂复函数。对于无耗传输线，$R_1=0$，$G_1=0$，则

$$Z_0=\sqrt{\frac{L_1}{C_1}} \tag{6.6.26}$$

可以看出，无耗传输线的特性阻抗为一实数，无耗传输线上各点的电压与电流相位相同，Z_0 的大小与工作频率无关，仅取决于传输线本身的固有参数(L_1，C_1)，即传输线的

形式、尺寸和周围介质的特性。

例如，对于平行双线，单位长度的电容为

$$C_1=\frac{\pi\varepsilon}{\ln(2D/d)}$$

单位长度的电感为

$$L_1=\frac{\mu}{\pi}\ln\frac{2D}{d}$$

分别代入式(6.6.26)可得

$$Z_0=\frac{120}{\sqrt{\varepsilon_r}}\ln\frac{2D}{d} \tag{6.6.27}$$

式中，d 是导线的直径；D 是两线中心之间的距离。

对于同轴线，单位长度的电容为

$$C_1=\frac{\pi\varepsilon}{\ln(D/d)}$$

单位长度的电感为

$$L_1=\frac{\mu}{2\pi}\ln\frac{D}{d}$$

分别代入式(6.6.26)可得

$$Z_0=\frac{60}{\sqrt{\varepsilon_r}}\ln\frac{D}{d} \tag{6.6.28}$$

式中，d 是内导体的直径；D 是外导体的直径。式(6.6.28)与式(6.4.11)的形式一致，说明微波技术中的同轴线计算与宏观电磁学是可以相互统一、相互融合的。

2. 传播常数

传播常数 γ 是描述传输线上导波沿导波系统传播过程中衰减和相移的参数，一般为复数，表达式如式(6.6.11)所示，其中 α 表示单位长度上的衰减量，称为衰减常数，单位为 dB/m(有时也用 Np/m)；β 表示传输线上单位长度波的相位变化，称为相位常数，单位为 rad/m。

对于无耗传输线，需要满足 $R_1=0$，$G_1=0$ 的条件，那么得到

$$\alpha=0,\quad \gamma=\mathrm{j}\omega\sqrt{L_1C_1}=\mathrm{j}\beta$$

3. 导波波长

在同一时刻，传输线上入射波(或反射波)的相位变化(2π)所传过的距离称为导波波长，用 λ_g 表示，即

$$\lambda_g=\frac{2\pi}{\beta} \tag{6.6.29}$$

4. 相速度

相速度 v_p 定义为某一频率行波的某一恒定相位点传播的速度，表达式为

$$v_p=\frac{\omega}{\beta}=f\lambda_g \tag{6.6.30}$$

对于无耗传输线

$$v_p=\frac{\omega}{\beta}=\frac{1}{\sqrt{L_1C_1}} \tag{6.6.31}$$

对于平行双线和同轴线，$v_p = c/\sqrt{\varepsilon_{r1}}$。由此可见，在平行线和同轴线等 TEM 波传输线中，波的相速度等于波在相应的无限大介质中的传播速度，而与频率无关，传输的是非色散波，所以这类传输线具有宽频带的优点。

5. 输入阻抗

输入阻抗 Z_{in} 的定义为传输线上任一点的电压与该点的电流之比，即

$$Z_{in}(d) = \frac{U(d)}{I(d)} \tag{6.6.32}$$

对于无耗传输线，将式(6.6.22)代入式(6.6.32)可得

$$Z_{in}(d) = \frac{U(d)}{I(d)} = Z_0\frac{Z_L + jZ_0\tan(\beta d)}{Z_0 + jZ_L\tan(\beta d)} \tag{6.6.33}$$

式中，$Z_L = U_L/I_L$ 表示负载阻抗。

6. 反射系数

反射系数 Γ 定义为传输线上某一点处的反射波电压(或电流)与入射波电压(或电流)之比，由式(6.6.23)与式(6.6.24)得

$$\Gamma_u(d) = \frac{U^-(d)}{U^+(d)} = \Gamma_L e^{-2\alpha d} e^{-j2\beta d} \tag{6.6.34}$$

$$\Gamma_i(d) = \frac{I^-(d)}{I^+(d)} = -\Gamma_u(d) \tag{6.6.35}$$

其中 Γ_L 为终端反射系数，表达式如下：

$$\Gamma_L = \frac{U_L^-}{U_L^+} = \frac{U_L - I_L Z_0}{U_L + I_L Z_0} = \frac{Z_L - Z_0}{Z_L + Z_0} = |\Gamma_L| e^{j\psi_L} \tag{6.6.36}$$

一般地，反射系数均指的是电压反射系数，用 $\Gamma(d)$ 表示。传输线上任一点的输入阻抗和反射系数的关系为

$$Z_{in}(d) = \frac{U(d)}{I(d)} = \frac{U^+(d) + U^-(d)}{I^+(d) + I^-(d)} = \frac{U^+(d)[1+\Gamma(d)]}{I^+(d)[1-\Gamma(d)]} = Z_0\frac{1+\Gamma(d)}{1-\Gamma(d)} \tag{6.6.37}$$

也可以写作

$$\Gamma(d) = \frac{Z_{in}(d) - Z_0}{Z_{in}(d) + Z_0} \tag{6.6.38}$$

7. 驻波比与行波系数

定义传输线上电压(或电流)最大值与最小值之比为驻波比，用 SWR 表示；定义传输线上电压(或电流)的最小值与最大值之比为行波系数，用 K 表示。显然，驻波比与行波系数互为倒数，于是有

$$\text{SWR} = \frac{|U(d)|_{max}}{|U(d)|_{min}} = \frac{|I(d)|_{max}}{|I(d)|_{min}} = \frac{1}{K} \tag{6.6.39}$$

对于无耗传输线，$\gamma = j\beta$，从而有

$$U(d) = U_L^+ e^{j\beta d} + U_L^- e^{-j\beta d} = U_L^+ e^{j\beta d}[1 + |\Gamma_L| e^{j(\psi_L - 2\beta d)}] \tag{6.6.40}$$

由式(6.6.40)可知

$$\begin{cases} |U(d)|_{max} = |U_L^+|(1+|\Gamma_L|) \\ |U(d)|_{min} = |U_L^+|(1-|\Gamma_L|) \end{cases} \tag{6.6.41}$$

即反射波与入射波相位相同时，合成波幅值最大，该点称为电压驻波的波腹点；反射波与入射波相位相反时，合成波幅值最小，该点称为电压驻波的波谷点；若反射波与入射波相位相反并且振幅相等，则合成波幅值为零，该点称为电压驻波的波节点。将式(6.6.41)代入式(6.6.39)，可得驻波比与反射系数之间的关系为

$$\mathrm{SWR}=\frac{1+|\Gamma_{\mathrm{L}}|}{1-|\Gamma_{\mathrm{L}}|} \tag{6.6.42}$$

6.6.4 无耗传输线工作状态分析

根据终端所接的负载阻抗的不同，传输线具有三种不同的工作状态，即行波状态、驻波状态和行驻波状态。

1. 行波状态(无反射状态)

行波状态是指传输线上只有入射波而无反射波的工作状态，由式(6.6.24)可以看出，当传输线的特性阻抗与终端负载阻抗相等时，即 $Z_{\mathrm{L}}=Z_0$ 时，反射波为零，传输线上只有入射波。此时传输线的工作状态即为行波状态，此时的负载称为匹配负载。由式(6.6.34)，式(6.6.36)及式(6.6.42)可知，传输线处于匹配状态时，反射系数 $\Gamma(d)=0$，驻波比 SWR=1；传输线上的电压和电流的瞬时值为

$$\begin{cases}U(d,t)=\mathrm{Re}[U(d)\mathrm{e}^{\mathrm{j}\omega t}]=|U_{\mathrm{L}}^{+}|\cos(\omega t+\beta d+\psi_{\mathrm{u}})\\ I(d,t)=\mathrm{Re}[I(d)\mathrm{e}^{\mathrm{j}\omega t}]=\dfrac{|U_{\mathrm{L}}^{+}|}{Z_0}\cos(\omega t+\beta d+\psi_{\mathrm{u}})\end{cases} \tag{6.6.43}$$

式中，ψ_{u}是入射波电压的初相位。传输线上任意一点的输入阻抗为

$$Z_{\mathrm{in}}(d)=\frac{U(d)}{I(d)}=Z_0 \tag{6.6.44}$$

传输线上传输的功率为

$$P(d)=\frac{1}{2}\mathrm{Re}[U(d)I^*(d)]=\frac{1}{2}\frac{|U_{\mathrm{L}}^{+}|^2}{Z_0} \tag{6.6.45}$$

综上所述，行波状态的工作特点如下：沿线各点电压、电流的振幅不变；沿线各点的输入阻抗等于传输线的特性阻抗；沿线各点的电压与电流同相；沿线各点的传输功率相等。

2. 驻波状态(全反射状态)

当传输线终端短路、开路或接纯电抗负载时，入射波在传输线的终端被全反射，沿线入射波与反射波叠加形成驻波分布。

1) 终端短路($Z_{\mathrm{L}}=0$)

当传输线终端短路，即 $Z_{\mathrm{L}}=0$ 时，由式(6.6.34)，式(6.6.36)及式(6.6.42)可得：$\Gamma_{\mathrm{L}}=-1$，SWR=∞，$|\Gamma(d)|=1$，从而有$|U^{-}(d)|=|U^{+}(d)|$，这表明此时反射波与入射波振幅相等，因此传输线工作于纯驻波状态。

由 $\Gamma_{\mathrm{L}}=U_{\mathrm{L}}^{-}/U_{\mathrm{L}}^{+}=-1$，$\Gamma_{\mathrm{iL}}=I_{\mathrm{L}}^{-}/I_{\mathrm{L}}^{+}=1$ 可知，在终端负载处电压反射波与入射波等幅反相，合成波幅值为零，是电压驻波的波节点；而电流反射波与入射波等幅同相，是电流驻波的波腹点。

无耗传输线的沿线电压、电流分布为

$$\begin{cases} U(d)=U_L^+ e^{j\beta d}+U_L^- e^{-j\beta d}=U_L^+(e^{j\beta d}-e^{-j\beta d})=j2U_L^+\sin(\beta d) \\ I(d)=\dfrac{U_L^+ e^{j\beta d}}{Z_0}-\dfrac{U_L^- e^{-j\beta d}}{Z_0}=\dfrac{U_L^+}{Z_0}(e^{j\beta d}+e^{-j\beta d})=2\dfrac{U_L^+}{Z_0}\cos(\beta d) \end{cases} \tag{6.6.46}$$

相应的瞬时值表达式为

$$\begin{cases} U(d,t)=\mathrm{Re}[U(d)e^{j\omega t}]=2|U_L^+|\sin(\beta d)\cos\left(\omega t+\dfrac{\pi}{2}+\psi_u\right) \\ I(d,t)=\mathrm{Re}[I(d)e^{j\omega t}]=\dfrac{2|U_L^+|}{Z_0}\cos(\beta d)\cos(\omega t+\psi_u) \end{cases} \tag{6.6.47}$$

传输线上阻抗分布为

$$Z_{in}(d)=\frac{U(d)}{I(d)}=jZ_0\tan(\beta d) \tag{6.6.48}$$

由式(6.6.47)和式(6.6.48)可画出终端短路传输线特性分布图(线上沿线电压、电流、输入阻抗分布曲线)如图 6-14 所示,可以看出如下特点。

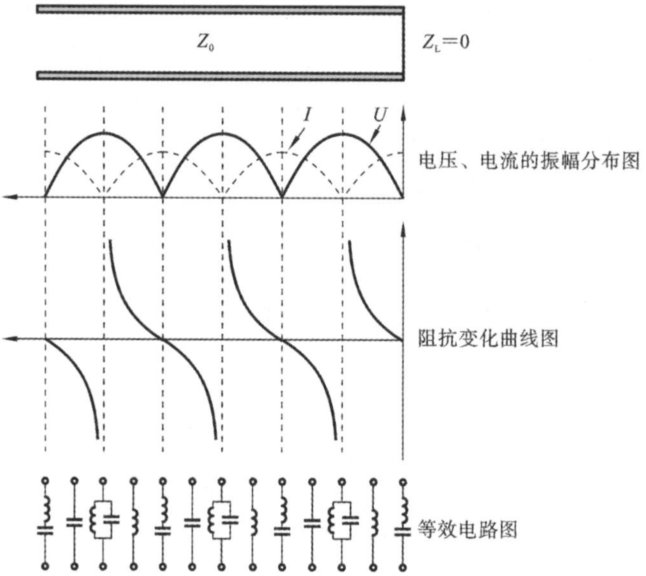

图 6-14 终端短路传输线特性分布图

(1) 瞬时电压或瞬时电流的振幅随位置 d 作正弦或余弦变化,瞬时电压和瞬时电流的相位差为 $\pi/2$。

(2) 当 $d=(2n+1)\lambda/4(n=0,\ 1,\ \cdots)$时,$|U(d)|_{max}=2|U_L^+|$,$|I(d)|_{min}=0$,电压振幅恒为最大值,电流振幅恒为零,因此这些点称为电压驻波的波腹点和电流驻波的波节点;当 $d=n\lambda/2(n=0,\ 1,\ \cdots)$时,$|U(d)|_{min}=0$,$|I(d)|_{max}=2|U_L^+|/Z_0=2|I_L^+|$,电流振幅恒为最大值,而电压振幅恒为零,因此这些点称为电流驻波的波腹点和电压驻波的波节点。可见,传输线上电压或电流的两个相邻波节点(或波腹点)的间隔为 $\lambda/2$,而相邻波节点与波腹点的间隔为 $\lambda/4$。

(3) 传输线上传输的功率 $P(d)=\mathrm{Re}[U(d)I^*(d)]/2=0$。可见在驻波状态下,传输线不能传输能量而只能储存能量,电场能量和磁场能量相互转换。

(4) 传输线上各点阻抗为纯电抗。在电压波节点处 $Z_{in}=0$,相当于串联谐振;在电压波腹点处 $Z_{in}=j|\infty|$,相当于并联谐振;在 $0<d<\lambda/4$ 内,$Z_{in}=jX$ 相当于一个纯电

感;在 $\lambda/4<d<\lambda/2$ 内,$Z_{in}=-jX$ 相当于一个纯电容,阻抗随距离作周期性变化,周期为 $\lambda/2$。

2) 终端开路($Z_L=\infty$)

当 $Z_L=\infty$时,由式(6.6.36),式(6.6.38)及式(6.6.42)分别可得:$\Gamma_L=1$, $|\Gamma(d)|=1$, $SWR=\infty$,从而有$|U^-(d)|=|U^+(d)|$。由此可知,当传输线终端开路时,传输线也是工作于纯驻波状态。在终端负载处电压反射波与入射波等幅同相,是电压驻波的波腹点,也是电流驻波的波节点。

3) 终端接纯电抗负载

将 $Z_L=jX_L$ 代入式(6.6.36)可得,$\Gamma_L=1$, $\psi_L=\arctan\dfrac{2X_LZ_0}{X_L^2-Z_0^2}$, $|\Gamma(d)|=|\Gamma_L|=1$。此时传输线也工作于驻波状态。传输线上电压、电流和阻抗的分布及功率传输情况也与终端短路或开路的情况类似,其差别只是负载处既不是电压波节点,也不是电流波节点。

3. 行驻波状态

当传输线终端的负载阻抗不等于特性阻抗,也不是短路、开路或纯电抗性负载,而是接任意阻抗负载 $Z_L=R_L+jX_L$时,$|\Gamma_L|<1$, $\psi_L=\arctan\dfrac{2X_LZ_0}{R_L^2+X_L^2-Z_0^2}$。此时终端产生部分反射,传输线上同时存在入射波和反射波,沿线电压分布为

$$\begin{aligned}U(d)&=U_L^+e^{j\beta d}+U_L^-e^{-j\beta d}=U_L^+e^{j\beta d}+\Gamma_LU_L^+e^{-j\beta d}\\&=U_L^+e^{j\beta d}+\Gamma_LU_L^+e^{-j\beta d}+\Gamma_LU_L^+e^{j\beta d}-\Gamma_LU_L^+e^{j\beta d}\\&=U_L^+(1-\Gamma_L)e^{j\beta d}+2\Gamma_LU_L^+\cos(\beta d)\end{aligned}\tag{6.6.49}$$

可以看出,传输线上的电压由两部分构成:第一部分是行波分量,第二部分是驻波分量。此时的传输线工作在行驻波状态。传输线上的驻波比仍是 $0<SWR<\infty$。

6.7 本章小结

本章主要介绍导行电磁波的一般特性与分析方法——纵向场分析法,并且针对矩形波导讨论了波导中 TM 波和 TE 波场分布以及它们在波导中的传播特性,针对同轴波导给出了主模式工作时的传输特性,同时简要介绍高次模式的存在条件。然后,以矩形谐振腔为例,说明其性能参数的物理意义和求解方法。最后,利用“路”分析法,讨论了传输 TEM 波的平行双线导波系统。学生可以通过了解微波工程中传输线的重要作用、掌握传输线问题的基本分析方法、分析常用的各类传输线的特性,来培养自己运用场和路的观点对微波传输系统进行分析和判断的初步能力。

学习重点:掌握波导系统传输的三种波型——TEM 波、TE 波及 TM 波,其中金属矩形波导只能传输 TM 波或 TE 波,同轴线是一种 TEM 传输线,但也可以存在 TM 波或 TE 波。还需要掌握矩形波导与同轴波导的不同模式场分布的分析方法,了解波导系统的传输特性。此外,需要理解矩形谐振腔的基本参数的物理意义和求解方法,以及 TEM 波沿传输线的传输特性的研究方法。

学习难点:矩形波导中场的求解方法及对场的表达式的理解。

习　题　6

6.1　什么称为截止波长？为什么只有 λ 小于截止波长的波才能在传输线中传输？

6.2　为什么矩形波导能保证单一模传输？若 $\lambda_0 = 8$ mm，3 cm，10 cm，问如何保证矩形波导中只有单一模传输？

6.3　一个空气填充的矩形波导，$a \times b = 22.86 \times 10.16$ (mm^2)，信号频率是 10 GHz，求 TE_{10}，TE_{01}，TE_{11}，TM_{11} 四种模式的截止波数，截止频率，截止波长，导波波长，相移常数，波阻抗。如果波导填充介质，$\varepsilon_r = 2.5$，再求上述量值。

6.4　在尺寸为 $a = 22.86$ mm，$b = 10.16$ mm 的矩形波导中传输 TE_{10} 模，当工作频率为 10 GHz 时，试解决如下几个问题：

(1) 求 λ_c，λ_g，β 和 $Z_{TE_{10}}$；

(2) 若波导宽边尺寸增大一倍，问上述各参量将如何变化？

(3) 若波导窄边尺寸增大一倍，上述各参量又将如何变化？

(4) 若波导尺寸不变，工作波长变为 15 GHz，上述各参量又将如何变化？

6.5　某发射机的工作波长为 $7.6\ \text{cm} < \lambda_0 < 11.8\ \text{cm}$。若用矩形波导作馈线，问该波导尺寸将如何选取？

6.6　频率 $f = 3$ GHz 的 TE_{10} 模式在矩形波导中传输，填充空气，要求 $1.3 f_{cTE_{10}} < f < 0.7 f_{cTE_{20}}$，试确定该波导的尺寸。

6.7　同轴线内导体半径 2 mm，外导体半径 4 mm，填充空气，求同轴线中主模的截止波长，导波波长，相速度和波阻抗。

6.8　同轴线内导体半径 2 mm，外导体半径 4 mm，填充介质，$\mu_r = 1$ 和 $\varepsilon_r = 2.5$。求同轴线中主模的截止波长，导波波长，相速度和波阻抗。

6.9　已知传输线在频率为 796 MHz 时的分布参数为：$R_0 = 10.4\ \Omega/\text{m}$，$C_0 = 8.35$ pF/m，$L_0 = 3.67\ \mu\text{H/m}$，$G_0 = 0.8$ S/m。试求其特性阻抗与波的衰减常数，相移常数，波长和传播速度。

6.10　何谓反射系数？它是如何表征传输线上波的反射特性的？求习题 6.10 图中各电路参考面的反射系数(假设传输线无耗)。

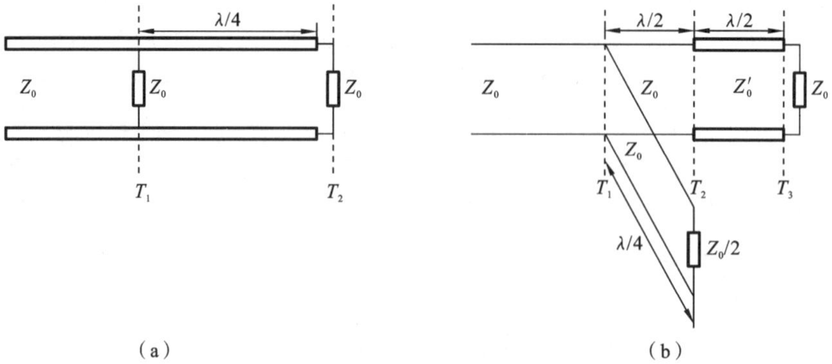

习题 6.10 图

6.11　特性阻抗 $Z_0 = 50\ \Omega$ 的同轴线，端接阻抗为 $Z_L = 25 + j25\ \Omega$，试求反射系数，

驻波比和负载吸收的入射功率占全部入射功率的百分比。

6.12 谐振腔是如何形成的？如何计算谐振腔的谐振频率及品质因数。

6.13 已知矩形波导谐振腔的尺寸为 8 cm×6 cm×5 cm，试求产生谐振的 4 个最低模式及其谐振频率。

6.14 已知空气填充的黄铜矩形谐振腔的尺寸为 $a=b=c=3$ cm，谐振模式为 TE_{111}，黄铜的电导率 $\sigma=1.5\times10^{7}$ S/m，试求该谐振腔的品质因数。

6.15 一长为 $3\lambda/4$，特性阻抗 $Z_0=600\ \Omega$ 的双导线，负载阻抗 $Z_L=300\ \Omega$，输入端电压为 600 V，试画出沿线电压波 $|U|$，电流波 $|I|$ 和输入阻抗 $|Z_{in}|$ 的分布图，并求出电压波 $|U|$，电流波 $|I|$ 和输入阻抗 $|Z_{in}|$ 的最大值和最小值。

6.16 完成下面基本练习：

(1) 已知特性阻抗 $Z_0=0.4+j0.8\ \Omega$，负载阻抗 $Z_L=10\ \Omega$，求第一个电压波节点和第二个电压波腹点至负载的距离，传输线的驻波比 SWR 和行波系数 K。

(2) 已知特性导纳 $Y_0=0.02-j0.04$ S，负载导纳 $Y_L=0.1$ S，求第一个电压波节点和第二个电压波腹点至负载的距离，线上驻波比 SWR 和行波系数 K。

(3) 已知传输线长度为 l，$l/\lambda=1.29$，$K=0.32$，第一个电压波节点距负载 0.32λ，负载阻抗 $Z_L=75\ \Omega$，求特性阻抗 Z_0 和输入阻抗 Z_{in}。

(4) 已知传输线长度为 l，$l/\lambda=6.33$，SWR＝1.5，第一个电压波节点距负载 0.08λ，负载阻抗 $Z_L=75\ \Omega$，求特性阻抗 Z_0，输入阻抗 Z_{in}，特性导纳 Y_0 和输入导纳 Y_{in}。

6.17 一无耗双导线的特性阻抗 $Z_0=500\ \Omega$，负载阻抗 $Z_L=300+j250\ \Omega$，工作波长 $\lambda=3$ m，欲以 $\lambda/4$ 线使负载与传输线匹配，求 $\lambda/4$ 线的特性阻抗及其安放的位置。

6.18 考虑到一根无损耗传输线：

(1) 当负载阻抗 $Z_L=40-j30\ \Omega$ 时，欲使线上驻波比最小，则线的特性阻抗应为多少？

(2) 求出该传输线最小的驻波比及相应的电压反射系数。

(3) 确定距负载最近的电压最小电位置。

6.19 一根 75 Ω 的无损耗线，终端接有负载阻抗 $Z_L=R_L+jX_L$。

(1) 欲使线上的电压驻波比等于 3，则 R_L 和 X_L 有什么关系？

(2) 若 $R_L=150\ \Omega$，求 X_L 等于多少？

(3) 求在(2)的情况下，距负载最近的电压最小点位置。

7

辐射传播与散射

电磁波的重要应用方式之一是通过天线向自由空间进行辐射，或者通过天线接收来自自由空间的电磁波，实现信息的无线传输。本章从天线单元的两种基本物理模型出发，主要讨论有关电磁辐射的基本特征及原理，首先介绍简单辐射体电流元与磁流元的辐射特性，随后详细分析电波传播概念与电磁辐射理论的基本原理，包括对偶原理、镜像原理、洛伦兹互易原理及惠更斯原理。

散射是当电磁波遇到障碍物，如理想导体(或介质)时，在其上将感应出面电流及面电荷的物理现象，这些感应电流和电荷所产生的电磁场称为散射场。关于散射问题，本章将重点讨论理想导体圆柱对平面波的散射、理想导体球对平面波的散射。

7.1 推迟势

下面从理论上具体分析电磁波的辐射问题。在第 4 章中介绍过时变电磁场的矢量位和标量位，满足的微分方程为

$$\nabla^2 \Phi - \mu\varepsilon \frac{\partial^2 \Phi}{\partial t^2} = -\frac{\rho}{\varepsilon} \tag{7.1.1}$$

$$\nabla^2 \mathbf{A} - \mu\varepsilon \frac{\partial^2 \mathbf{A}}{\partial t^2} = -\mu \mathbf{J} \tag{7.1.2}$$

在时变电磁场的无源区，即在所研究区域内不存在源，标量位满足的方程为

$$\nabla^2 \Phi - \mu\varepsilon \frac{\partial^2 \Phi}{\partial t^2} = 0 \tag{7.1.3}$$

设标量位 Φ 由分布在一定体积内的电荷产生，可看作点电荷。在球坐标系中，在均匀空间产生的场具有球对称性，可表示为 $\Phi=\Phi(r, t)$，代入式(7.1.3)可得

$$\frac{1}{r^2}\frac{\partial}{\partial r}\left(r^2 \frac{\partial \Phi}{\partial r}\right) - \mu\varepsilon \frac{\partial^2 \Phi}{\partial t^2} = 0 \tag{7.1.4}$$

令 $U=r\Phi$，式(7.1.4)变为

$$\frac{\partial^2 U}{\partial r^2} - \frac{1}{v^2}\frac{\partial^2 U}{\partial t^2} = 0 \tag{7.1.5}$$

式中，$v=\frac{1}{\sqrt{\mu\varepsilon}}$，方程的通解可以写为

$$U = f_1\left(t-\frac{r}{v}\right) + f_2\left(t+\frac{r}{v}\right) \tag{7.1.6}$$

等式右端第一项表示沿 $\boldsymbol{r}$ 正方向辐射的电磁波，第二项表示沿 $\boldsymbol{r}$ 反方向辐射的电磁波。讨论电磁波的辐射时，第二项不考虑，因此

$$\Phi=\frac{f_1\left(t-\frac{r}{v}\right)}{r} \tag{7.1.7}$$

所讨论的时变电磁场沿 $\boldsymbol{r}$ 方向传播，标量位 Φ 由电荷产生，式(7.1.1)的解与体电荷在无限大自由空间的解 $\Phi=\frac{1}{4\pi\varepsilon}\iiint_V \frac{\rho}{r}\mathrm{d}V'$ 具有相似性，另外解中应含有时间项 $t-r/v$，因此式(7.1.1)的解可表示为

$$\Phi=\frac{1}{4\pi\varepsilon}\iiint_V \frac{\rho\left(0,t-\frac{r}{v}\right)}{r}\mathrm{d}V' \tag{7.1.8}$$

一般情况下，电荷不是位于原点，而是位于 $\boldsymbol{r}'$，场点位于 $\boldsymbol{r}$ 处，则式(7.1.8)可表示为

$$\Phi=\frac{1}{4\pi\varepsilon}\iiint_V \frac{\rho\left(r',t-\frac{|r-r'|}{v}\right)}{|r-r'|}\mathrm{d}V' \tag{7.1.9}$$

矢量位 $\boldsymbol{A}$ 的方程与标量位 Φ 的方程形式相同，则式(7.1.2)的解可写为

$$\boldsymbol{A}=\frac{\mu}{4\pi}\iiint_V \frac{\boldsymbol{J}\left(\boldsymbol{r}',t-\frac{|\boldsymbol{r}-\boldsymbol{r}'|}{v}\right)}{|\boldsymbol{r}-\boldsymbol{r}'|}\mathrm{d}V' \tag{7.1.10}$$

由以上分析可以得知，空间各点的标量位 Φ 和矢量 $\boldsymbol{A}$ 随时间的变化总是落后于场源，延迟的时间为 $\Delta t=|\boldsymbol{r}-\boldsymbol{r}'|/v$，所以电位函数 Φ 和 $\boldsymbol{A}$ 通常称为滞后位。这一现象符合实际的物理条件，源先于场存在，先有源而后产生场。

对于正弦电磁场，式(7.1.1)和式(7.1.2)可改写为复矢量形式

$$\nabla^2\dot{\Phi}+k^2\dot{\Phi}=-\frac{\dot{\rho}}{\varepsilon} \tag{7.1.11}$$

$$\nabla^2\dot{\boldsymbol{A}}+k^2\dot{\boldsymbol{A}}=-\mu\dot{\boldsymbol{J}} \tag{7.1.12}$$

其中 $k^2=\frac{\omega^2}{v^2}=\omega^2\mu\varepsilon$。式(7.1.11)和式(7.1.12)的复矢量形式的解可表示为

$$\dot{\Phi}=\frac{1}{4\pi\varepsilon}\iiint_V \frac{\dot{\rho}(\boldsymbol{r}')\mathrm{e}^{-\mathrm{j}k|\boldsymbol{r}-\boldsymbol{r}'|}}{|\boldsymbol{r}-\boldsymbol{r}'|}\mathrm{d}V' \tag{7.1.13}$$

$$\dot{\boldsymbol{A}}=\frac{\mu}{4\pi}\iiint_V \frac{\dot{\boldsymbol{J}}(\boldsymbol{r}')\mathrm{e}^{-\mathrm{j}k|\boldsymbol{r}-\boldsymbol{r}'|}}{|\boldsymbol{r}-\boldsymbol{r}'|}\mathrm{d}V' \tag{7.1.14}$$

7.2 电流元的辐射

电流元天线就是无穷小的电偶极子，长度为 l，半径趋于零，载有电流，如图 7-1 所示。任何一个 LC 谐振电路都可以作为发射电磁波的振源，振荡频率满足

$$f\propto\frac{1}{\sqrt{LC}} \tag{7.2.1}$$

在集总参数元件组成的 LC 谐振电路中，电磁场和电磁能的绝大部分都集中在电感和电容元件中。为了有效地将电路中的电磁能发射出去，改造电路使其开放，减小 L 和 C 的值，提高电磁谐振频率，从而演化成直线振荡电路。电流往复振荡，两端出现正

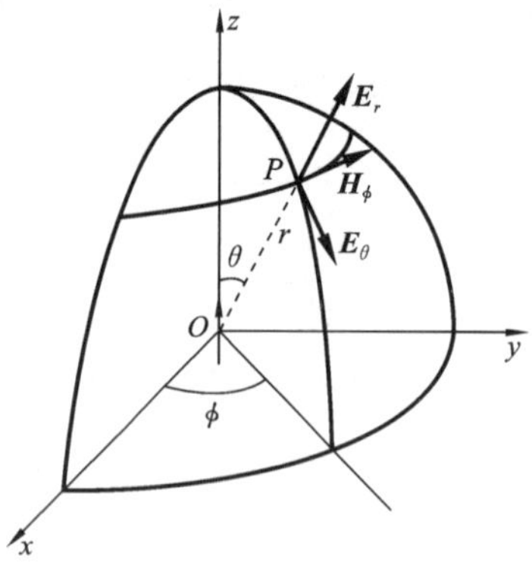

图 7-1 电流元天线

负交替的等量异号电荷，这样的电路称为振荡偶极子。

电流元天线的长度 $l \ll \lambda$，l 上各点的电流 $\dot{I}$ 等幅同相，P 点到天线中心的距离 $r \gg l$，l 上各点到 P 点的距离可认为相等。发射台的实际天线发射的电磁波可以看成是偶极振子所发射的电磁波的叠加。

在正弦电流的作用下，电流元在空间产生的矢量位的一般表达式为

$$\dot{\boldsymbol{A}} = \frac{\mu}{4\pi}\iiint_V \frac{\dot{\boldsymbol{J}}\,\mathrm{e}^{-\mathrm{j}kr}}{r}\mathrm{d}V' \tag{7.2.2}$$

由电流元天线的特点，用 $\boldsymbol{e}_z\dot{I}\,\mathrm{d}z$ 代替 $\dot{\boldsymbol{J}}\,\mathrm{d}V'$，体积分变为线积分，式(7.2.2)可变为

$$\dot{\boldsymbol{A}} = \boldsymbol{e}_z\dot{A}_z = \frac{\mu\dot{I}l}{4\pi r}\mathrm{e}^{-\mathrm{j}kr} \tag{7.2.3}$$

在球坐标系下的三个分量为

$$\begin{aligned}
\dot{A}_r &= \dot{A}_z\cos\theta = \frac{\mu\dot{I}l}{4\pi r}\mathrm{e}^{-\mathrm{j}kr}\cos\theta \\
\dot{A}_\theta &= -\dot{A}_z\sin\theta = -\frac{\mu\dot{I}l}{4\pi r}\mathrm{e}^{-\mathrm{j}kr}\sin\theta \\
\dot{A}_\varphi &= 0
\end{aligned} \tag{7.2.4}$$

将式(7.2.4)代入 $\dot{\boldsymbol{H}} = \frac{1}{\mu}\nabla\times\dot{\boldsymbol{A}}$，得辐射场的磁场强度为

$$\begin{aligned}
\dot{H}_r &= 0 \\
\dot{H}_\theta &= 0 \\
\dot{H}_\varphi &= \frac{\dot{I}l\sin\theta}{4\pi r}\left(\mathrm{j}k + \frac{1}{r}\right)\mathrm{e}^{-\mathrm{j}kr}
\end{aligned} \tag{7.2.5}$$

将式(7.2.5)代入 $\dot{\boldsymbol{E}} = \frac{1}{\mathrm{j}\omega\varepsilon}\nabla\times\dot{\boldsymbol{H}}$，得辐射场的电场强度为

$$\begin{aligned}
\dot{E}_r &= \frac{\dot{I}l\cos\theta}{2\pi\omega\varepsilon}\left(\frac{k}{r^2} - \mathrm{j}\,\frac{1}{r^3}\right)\mathrm{e}^{-\mathrm{j}kr} \\
\dot{E}_\theta &= \frac{\dot{I}l\sin\theta}{4\pi\omega\varepsilon}\left(\mathrm{j}\,\frac{k^2}{r} + \frac{k}{r^2} - \mathrm{j}\,\frac{1}{r^3}\right)\mathrm{e}^{-\mathrm{j}kr} \\
\dot{E}_\varphi &= 0
\end{aligned} \tag{7.2.6}$$

当 $kr = 2\pi r/\lambda$，$kr \ll 1$ 时，场点 P 与源点的距离 r 远小于波长 λ 的区域称为天线的近区，式(7.2.5)和式(7.2.6)中 $\mathrm{e}^{-\mathrm{j}kr} \approx 1$，电偶极子两端电荷与电流的关系可表示为 $\dot{I} = \frac{\partial\dot{q}}{\partial t} = \mathrm{j}\omega\dot{q}$，它的电偶极矩为 $\dot{p}_\mathrm{e} = \dot{q}l$，那么近区的电磁场量表示为

$$\begin{cases}
\dot{E}_r = -\mathrm{j}\,\dfrac{\dot{I}l\cos\theta}{2\pi\omega\varepsilon r^3} = \dfrac{\dot{q}l\cos\theta}{2\pi\varepsilon r^3} = \dfrac{\dot{p}_\mathrm{e}\cos\theta}{2\pi\varepsilon r^3} \\
\dot{E}_\theta = -\mathrm{j}\,\dfrac{\dot{I}l\sin\theta}{4\pi\omega\varepsilon r^3} = \dfrac{\dot{q}l\sin\theta}{4\pi\varepsilon r^3} = \dfrac{\dot{p}_\mathrm{e}\sin\theta}{4\pi\varepsilon r^3}
\end{cases} \tag{7.2.7}$$

$$\dot{H}_\varphi = \frac{\dot{I}l\sin\theta}{4\pi r^2} \tag{7.2.8}$$

将式(7.2.7)和式(7.2.8)与静态场比较可知，它们分别是电偶极子 $\dot{q}l$ 产生的静电场及恒定电流元 $\dot{I}l$ 产生的磁场。尽管电流元产生的电磁场随时间正弦变化，但其产生的近区场与源的相位相同，略去了由距离因子引起的滞后现象，所以近区场也称为似稳场。此时，由式(7.2.5)和式(7.2.6)可计算平均能流密度矢量

$$\boldsymbol{S}_{\mathrm{av}}=\frac{1}{2}\mathrm{Re}(\dot{\boldsymbol{E}}\times\dot{\boldsymbol{H}}^{*})=\boldsymbol{0} \tag{7.2.9}$$

能流密度矢量的平均值为零，只存在虚部。近区场中没有能量的辐射，能量只在电场与磁场之间不断交换，完全被束缚在电流元的周围，因此这种场也称为束缚场。

当 $kr\gg1$ 时，场点 P 与源点的距离 r 远大于波长 λ 的区域称为天线的远区，由式(7.2.7)和式(7.2.8)可得，远区的电磁场量表示为

$$\begin{cases}\dot{E}_{\theta}=\mathrm{j}\dfrac{\dot{I}k^{2}l\sin\theta}{4\pi\omega\varepsilon r}\mathrm{e}^{-\mathrm{j}kr}=\mathrm{j}\dfrac{\dot{I}l}{2\lambda r}\cdot\dfrac{k}{\omega\varepsilon}\sin\theta\cdot\mathrm{e}^{-\mathrm{j}kr}\\ \dot{H}_{\varphi}=\mathrm{j}\dfrac{\dot{I}kl\sin\theta}{4\pi r}\mathrm{e}^{-\mathrm{j}kr}=\mathrm{j}\dfrac{\dot{I}l}{2\lambda r}\sin\theta\cdot\mathrm{e}^{-\mathrm{j}kr}\end{cases} \tag{7.2.10}$$

在远区，$r\to\infty$，$\dot{E}_r\to0$。电流元天线电场只有 $\dot{E}_\theta$ 分量，磁场只有 $\dot{H}_\varphi$ 分量，$\boldsymbol{E}$ 和 $\boldsymbol{H}$ 互相垂直，并都与传播方向相垂直，因此这是横电磁波（TEM 波）。$\dot{E}_\theta$ 和 $\dot{H}_\varphi$ 的空间相位因子都是 $-kr$，相位随离源点的距离 r 增大而滞后，等 r 的球面是等相面，因此这是球面波。这种波相当于从球心点发出，这种波源称为点源，球心称为相位中心。在远区上，电流元天线的波阻抗表示为

$$\eta=\frac{\dot{E}_{\theta}}{\dot{H}_{\varphi}}=\sqrt{\frac{\mu}{\varepsilon}} \tag{7.2.11}$$

空气中 $\eta_0=\sqrt{\dfrac{\mu_0}{\varepsilon_0}}=120\pi\ \Omega$。天线远区称为辐射场，平均能流密度矢量为

$$\boldsymbol{S}_{\mathrm{av}}=\frac{1}{2}\mathrm{Re}(\boldsymbol{e}_{\theta}\dot{E}_{\theta}\times\boldsymbol{e}_{\varphi}\dot{H}_{\varphi}^{*})=\frac{1}{2}\mathrm{Re}(\boldsymbol{e}_{r}\dot{E}_{\theta}\dot{H}_{\varphi}^{*})=\boldsymbol{e}_{r}\ \frac{1}{2}\frac{|\dot{E}_{\theta}|^{2}}{\eta}=\boldsymbol{e}_{r}\ \frac{1}{2}\eta|\dot{H}_{\varphi}|^{2} \tag{7.2.12}$$

电流元天线的辐射功率 P_r 等于平均能流密度 $\boldsymbol{S}_{\mathrm{av}}$ 沿以电流元为中心的球面积分，即

$$\begin{aligned}P_{r}&=\oint_{S}\boldsymbol{S}_{\mathrm{av}}\cdot\mathrm{d}\boldsymbol{S}=\int_{0}^{2\pi}\int_{0}^{\pi}\frac{1}{2}\eta\left(\frac{Il}{2\lambda r}\sin\theta\right)^{2}r^{2}\sin\theta\mathrm{d}\theta\mathrm{d}\varphi\\&=\frac{\pi\eta I^{2}l^{2}}{3\lambda^{2}}=\frac{40\pi^{2}I^{2}l^{2}}{\lambda^{2}}\end{aligned} \tag{7.2.13}$$

电流元辐射的电磁能量不能返回波源，对波源而言也是一种损耗。引入一个等效电阻，称为辐射电阻，此电阻消耗的功率等于辐射功率，则有

$$P_{r}=\frac{1}{2}I^{2}R_{r} \tag{7.2.14}$$

将式(7.2.13)代入式(7.2.14)，可得电流元天线的辐射电阻为

$$R_{r}=\frac{80\pi^{2}l^{2}}{\lambda^{2}} \tag{7.2.15}$$

例 7.1　长度 $l=0.1\lambda$ 的电流元天线，计算当电流振幅值为 3 mA 时的辐射电阻和辐射功率。

解　辐射电阻为

$$R_r=\frac{80\pi^2 l^2}{\lambda^2}=80\pi^2\cdot(0.1)^2=7.9\ \Omega$$

辐射功率为

$$P_r=\frac{1}{2}I^2R_r=\frac{1}{2}(3\times10^{-3})^2\times7.9\ \text{W}=35.6\ \mu\text{W}$$

7.3 磁流元的辐射

电流环是一个载有均匀同相时变电流的导线圆环，其圆环半径 a 远小于波长 λ，且 a 也远小于观察距离 r。

设电流环位于无限大的空间，周围介质是均匀线性且各向同性的。建立直角坐标系，令电流环位于坐标原点，且电流环平面与 $z=0$ 平面一致，小电流环如图 7-2 所示。显然，在相应的球坐标系中，因结构对称于 z 轴，电流环的场强一定与角度 φ 无关。所以为了简单起见，令观察点位于 $y=0$ 平面，也即 $\varphi=0$ 平面内。已知线电流产生的矢量位为

$$\boldsymbol{A}(r)=\frac{\mu}{4\pi}\int\frac{I\mathrm{d}\boldsymbol{l}'\mathrm{e}^{-\mathrm{j}k|\boldsymbol{r}-\boldsymbol{r}'|}}{|\boldsymbol{r}-\boldsymbol{r}'|}\tag{7.3.1}$$

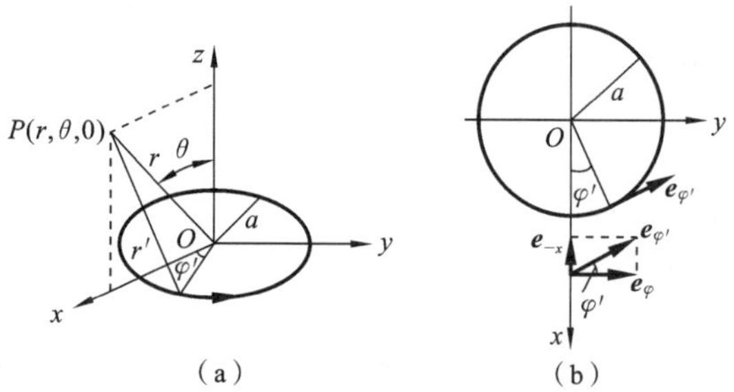

图 7-2 小电流环

由 7.2 节得知，对于 P 点，以下关系成立：

$$\mathrm{d}\boldsymbol{l}'=\boldsymbol{e}_{\varphi'}a\,\mathrm{d}\varphi'\tag{7.3.2}$$

$$\boldsymbol{e}_{\varphi'}=\boldsymbol{e}_{\varphi}\cos\varphi'-\boldsymbol{e}_x\sin\varphi'\tag{7.3.3}$$

$$|\boldsymbol{r}-\boldsymbol{r}'|\approx r-a\sin\theta\cos\varphi'\tag{7.3.4}$$

$$\frac{1}{|\boldsymbol{r}-\boldsymbol{r}'|}\approx\frac{1}{r}\left(1+\frac{a}{r}\sin\theta\cos\varphi'\right)\tag{7.3.5}$$

则

$$\mathrm{e}^{-\mathrm{j}k|\boldsymbol{r}-\boldsymbol{r}'|}\approx\mathrm{e}^{-\mathrm{j}kr}\mathrm{e}^{\mathrm{j}ka\sin\theta\cos\varphi'}\tag{7.3.6}$$

因 $ka=2\pi\left(\frac{a}{\lambda}\right)\ll1$，可以认为式(7.3.6)中

$$\mathrm{e}^{\mathrm{j}ka\sin\theta\cos\varphi'}\approx1+\mathrm{j}ka\sin\theta\cos\varphi'\tag{7.3.7}$$

即

$$\mathrm{e}^{-\mathrm{j}k|\boldsymbol{r}-\boldsymbol{r}'|}\approx\mathrm{e}^{-\mathrm{j}kr}(1+\mathrm{j}ka\sin\theta\cos\varphi')\tag{7.3.8}$$

则

$$\begin{aligned}\frac{\mathrm{e}^{-\mathrm{j}k|\boldsymbol{r}-\boldsymbol{r}'|}}{|\boldsymbol{r}-\boldsymbol{r}'|}&\approx\frac{\mathrm{e}^{-\mathrm{j}kr}}{r}\left(1+\frac{a}{r}\sin\theta\cos\varphi'\right)(1+\mathrm{j}ka\sin\theta\cos\varphi')\\&\approx\frac{\mathrm{e}^{-\mathrm{j}kr}}{r}\left(1+\frac{a}{r}\sin\theta\cos\varphi'+\mathrm{j}ka\sin\theta\cos\varphi'\right)\end{aligned}\tag{7.3.9}$$

而 $$\mathrm{d}\boldsymbol{l}'=\boldsymbol{e}_{\varphi}a\cos\varphi'\mathrm{d}\varphi'-\boldsymbol{e}_{x}a\sin\varphi'\mathrm{d}\varphi' \tag{7.3.10}$$

将式(7.3.9)及式(7.3.10)代入式(7.3.1)，得

$$\boldsymbol{A}(r)=\boldsymbol{e}_{\varphi}\frac{k^2\mu IS}{4\pi}\left(\frac{1}{k^2r^2}+\mathrm{j}\frac{1}{kr}\right)\mathrm{e}^{-\mathrm{j}kr}\sin\theta \tag{7.3.11}$$

式中，$S=\pi a^2$ 为电流环的面积。

利用关系式 $\boldsymbol{H}=\frac{1}{\mu}\nabla\times\boldsymbol{A}$，求得电流环产生的磁场为

$$H_r=\frac{ISk^3}{2\pi}\left(\mathrm{j}\frac{1}{k^2r^2}+\frac{1}{k^3r^3}\right)\mathrm{e}^{-\mathrm{j}kr}\cos\theta \tag{7.3.12}$$

$$H_\theta=\frac{ISk^3}{4\pi}\left(-\frac{1}{kr}+\mathrm{j}\frac{1}{k^2r^2}+\frac{1}{k^3r^3}\right)\mathrm{e}^{-\mathrm{j}kr}\sin\theta \tag{7.3.13}$$

$$H_\varphi=0 \tag{7.3.14}$$

再利用关系式 $\boldsymbol{E}=\frac{1}{\mathrm{j}\omega\varepsilon}\nabla\times\boldsymbol{H}$，求得电流环产生的电场为

$$E_\varphi=\mathrm{j}\frac{\omega\mu ISk^2}{4\pi}\left(-\mathrm{j}\frac{1}{kr}+\frac{1}{k^2r^2}\right)\mathrm{e}^{-\mathrm{j}kr}\sin\theta \tag{7.3.15}$$

$$E_r=E_\theta=0 \tag{7.3.16}$$

由此可知，电流环产生的电磁场为 TE 波。

对于实际应用中的远区场，因 $kr\gg1$，则只有两个分量 H_θ 及 E_φ，它们分别为

$$H_\theta=-\frac{\pi IS}{\lambda^2r}\mathrm{e}^{-\mathrm{j}kr}\sin\theta \tag{7.3.17}$$

$$E_\varphi=-\frac{\eta\pi IS}{\lambda^2r}\mathrm{e}^{-\mathrm{j}kr}\sin\theta \tag{7.3.18}$$

式(7.3.17)中的负号表明，磁场分量 $\boldsymbol{H}_\theta$ 的实际方向为负 $\boldsymbol{e}_\theta$ 方向，这样，负 $\boldsymbol{e}_\theta$ 方向的磁场与正 $\boldsymbol{e}_\varphi$ 方向的电场构成了正 $\boldsymbol{e}_r$ 方向的能流密度矢量。

式(7.3.17)和式(7.3.18)表明，电流环的方向性因子

$$f(\theta,\varphi)=\sin\theta \tag{7.3.19}$$

可见，电流环的方向性因子与 z 向电流元的方向性因子完全一样，电流环的方向图如图 7-3 所示。电流环所在平面内辐射最强，垂直于电流环平面的 z 轴方向为零射方向。

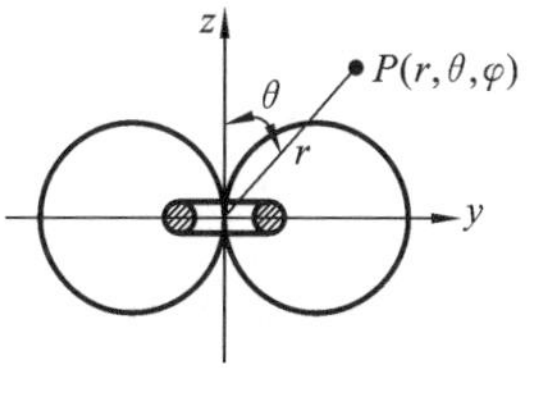

图 7-3 电流环的方向图

将远区中的能流密度矢量沿球面进行积分，求得电流环向自由空间的辐射功率 P_r 为

$$P_r=320\pi^6\left(\frac{a}{\lambda}\right)^4I^2 \tag{7.3.20}$$

利用关系式 $R_r=\frac{P_r}{I^2}$，(I 为有效值)求得电流环的辐射电阻为

$$R_r=320\pi^6\left(\frac{a}{\lambda}\right)^4 \tag{7.3.21}$$

比较电流元及电流环的场强公式，可见两者非常类似。电流元的磁场分量相当于电流环的电场分量，电流元的电场分量相当于电流环的磁场分量。

例 7.2 某复合天线由电流元 I_1l 及电流环流 I_2S 构成。电流元的轴线垂直于电流环的平面，如图 7-4 所示。试求该复合天线的方向性因子及辐射场的极化特性。

解 令复合天线位于坐标原点，且电流元轴线与 z 轴一致，则该电流元产生的远区

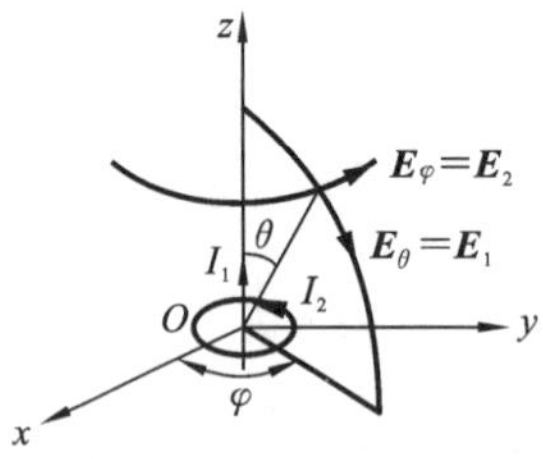

图 7-4 例 7.2 图

电场强度为

$$E_1=e_\theta \mathrm{j}\frac{\eta I_1 l\sin\theta}{2\lambda r}\mathrm{e}^{-\mathrm{j}kr}$$

而电流环产生的远区电场强度为

$$E_2=e_\varphi\frac{\eta\pi S I_2\sin\theta}{\lambda^2 r}\mathrm{e}^{-\mathrm{j}kr}$$

因此，合成的远区电场强度为

$$E=\left(e_\theta \mathrm{j}\frac{\eta I_1 l}{2\lambda}+e_\varphi\frac{\eta\pi S I_2}{\lambda^2}\right)\frac{\sin\theta}{r}\mathrm{e}^{-\mathrm{j}kr}$$

因 $e_\theta\perp e_\varphi$，可见上式中两个分量相互垂直，且振幅不等，相位相差 π/2。因此，若 I_1 与 I_2 相位相同，合成场为椭圆极化；若 I_1 与 I_2 的相位差为 π/2，则合成场为线极化。该复合天线的方向因子仍为 sinθ。

7.4 对偶原理

在前言中已经指出，电荷与电流是产生电磁场的唯一波源，自然界中至今尚未发现真实磁荷与磁流存在。但是，对于某些电磁场问题，引入假想的磁荷与磁流是有益的。引入磁荷与磁流后，认为磁荷与磁流也产生电磁场。那么，描述正弦电磁场的麦克斯韦方程修改为

$$\nabla\times \boldsymbol{H}(\boldsymbol{r})=\boldsymbol{J}(\boldsymbol{r})+\mathrm{j}\omega\boldsymbol{D}(\boldsymbol{r}) \tag{7.4.1}$$

$$\nabla\times \boldsymbol{E}(\boldsymbol{r})=-\boldsymbol{J}_\mathrm{m}(\boldsymbol{r})-\mathrm{j}\omega\boldsymbol{B}(\boldsymbol{r}) \tag{7.4.2}$$

$$\nabla\cdot \boldsymbol{B}(\boldsymbol{r})=\rho_\mathrm{m}(\boldsymbol{r}) \tag{7.4.3}$$

$$\nabla\cdot \boldsymbol{D}(\boldsymbol{r})=\rho(\boldsymbol{r}) \tag{7.4.4}$$

式中，$\boldsymbol{J}_\mathrm{m}(\boldsymbol{r})$为磁流密度；$\rho_\mathrm{m}(\boldsymbol{r})$为磁荷密度。它们满足的磁荷守恒定律为

$$\nabla\cdot \boldsymbol{J}_\mathrm{m}(\boldsymbol{r})=-\mathrm{j}\omega\rho_\mathrm{m}(\boldsymbol{r}) \tag{7.4.5}$$

如果将上述电场及磁场分为两部分：一部分是由电荷及电流产生的电场 $\boldsymbol{E}_\mathrm{e}(\boldsymbol{r})$及磁场 $\boldsymbol{H}_\mathrm{e}(\boldsymbol{r})$；另一部分是由磁荷及磁流产生的电场 $\boldsymbol{E}_\mathrm{m}(\boldsymbol{r})$及磁场 $\boldsymbol{H}_\mathrm{m}(\boldsymbol{r})$，即

$$\boldsymbol{E}(\boldsymbol{r})=\boldsymbol{E}_\mathrm{e}(\boldsymbol{r})+\boldsymbol{E}_\mathrm{m}(\boldsymbol{r}) \tag{7.4.6}$$

$$\boldsymbol{H}(\boldsymbol{r})=\boldsymbol{H}_\mathrm{e}(\boldsymbol{r})+\boldsymbol{H}_\mathrm{m}(\boldsymbol{r}) \tag{7.4.7}$$

将式(7.4.7)代入式(7.4.1)～式(7.4.4)，由于麦克斯韦方程是线性的，那么由电荷和电流产生的电磁场方程，以及由磁荷和磁流产生的电磁场方程分别为

$$\nabla\times \boldsymbol{H}_\mathrm{e}=\boldsymbol{J}+\mathrm{j}\omega\varepsilon\boldsymbol{E}_\mathrm{e} \tag{7.4.8}$$

$$\nabla\times \boldsymbol{E}_\mathrm{e}=-\mathrm{j}\omega\mu\boldsymbol{H}_\mathrm{e} \tag{7.4.9}$$

$$\nabla\cdot \boldsymbol{B}_\mathrm{e}=0 \tag{7.4.10}$$

$$\nabla\cdot \boldsymbol{D}_\mathrm{e}=\rho \tag{7.4.11}$$

及

$$\nabla\times \boldsymbol{H}_\mathrm{m}=\mathrm{j}\omega\varepsilon\boldsymbol{E}_\mathrm{m} \tag{7.4.12}$$

$$\nabla\times \boldsymbol{E}_\mathrm{m}=-\boldsymbol{J}_\mathrm{m}-\mathrm{j}\omega\mu\boldsymbol{H}_\mathrm{m} \tag{7.4.13}$$

$$\nabla\cdot \boldsymbol{B}_\mathrm{m}=\rho_\mathrm{m} \tag{7.4.14}$$

$$\nabla\cdot \boldsymbol{D}_\mathrm{m}=0 \tag{7.4.15}$$

将式(7.4.8)～式(7.4.11)与式(7.4.12)～式(7.4.15)比较，获得以下对应关系

$$\begin{cases}\boldsymbol{H}_e\to-\boldsymbol{E}_m\\ \boldsymbol{E}_e\to\boldsymbol{H}_m\end{cases}\quad\begin{cases}\varepsilon\to\mu\\ \mu\to\varepsilon\end{cases}\quad\begin{cases}\boldsymbol{J}\to\boldsymbol{J}_m\\ \rho\to\rho_m\end{cases}$$

这个关系称为对偶原理。该原理揭示了电荷及电流产生的电磁场和磁荷及磁流产生的电磁场之间存在的对应关系。这就意味着，如果已经求出电荷及电流产生的电磁场，只要将其结果表示式中各个对应参量用对偶原理的关系置换以后，所获得的表示式即可代表具有相同分布特性的磁荷与磁流产生的电磁场。例如，根据 z 向电流元 Il 的远区场式(7.2.10)即可直接推出 z 向磁流元 $I_m l$ 产生的远区场应为

$$\begin{cases}\dot{E}_\theta=\mathrm{j}\,\dfrac{\dot{I}k^2 l\sin\theta}{4\pi\omega\varepsilon r}\mathrm{e}^{-\mathrm{j}kr}=\mathrm{j}\,\dfrac{\dot{I}l}{2\lambda r}\cdot\dfrac{k}{\omega\varepsilon}\mathrm{e}^{-\mathrm{j}kr}\sin\theta\\ \dot{H}_\varphi=\mathrm{j}\,\dfrac{\dot{I}kl\sin\theta}{4\pi r}\mathrm{e}^{-\mathrm{j}kr}=\mathrm{j}\,\dfrac{\dot{I}l}{2\lambda r}\,\mathrm{e}^{-\mathrm{j}kr}\sin\theta\end{cases}\tag{7.4.16}$$

$$E_{m\varphi}=-\mathrm{j}\,\frac{I_m l\sin\theta}{2\lambda r}\mathrm{e}^{-\mathrm{j}kr}\tag{7.4.17}$$

$$H_{m\theta}=\mathrm{j}\,\frac{I_m l\sin\theta}{2\lambda r\eta}\mathrm{e}^{-\mathrm{j}kr}\tag{7.4.18}$$

式(7.4.17)中的负号表明 z 向磁流元产生的电场实际方向应为负 $\boldsymbol{e}_\varphi$ 方向。只有这样，负 $\boldsymbol{e}_\varphi$ 方向的电场与正 $\boldsymbol{e}_\theta$ 方向的磁场才可构成正 $\boldsymbol{e}_r$ 方向的能流密度矢量。此外，再将磁流元远区场式(7.4.17)、式(7.4.18)与电流环的远区场式(7.3.17)、式(7.3.18)比较，两者场分布非常类似。因此位于 xOy 平面内的电流环即可看作一个 z 向磁流元。由此可见，虽然实际中并不存在磁荷及磁流，但是类似电流环的天线可以看作磁流元。在电磁理论中对偶原理还有其他用途，这里不再详述。

引入磁荷 ρ_m 及磁流 I_m 以后，麦克斯韦方程组的积分形式与以前不同，涉及的两个方程是

$$\oint_l \boldsymbol{E}\cdot\mathrm{d}\boldsymbol{l}=-I_m-\int_S \mathrm{j}\omega\boldsymbol{B}\cdot\mathrm{d}\boldsymbol{S}\tag{7.4.19}$$

$$\oint_S \boldsymbol{B}\cdot\mathrm{d}\boldsymbol{S}=\rho_m\tag{7.4.20}$$

那么，由麦克斯韦方程积分形式导出的前述边界条件必须加以修正。但是，式(7.4.19)和式(7.4.20)仅涉及电场强度的切向分量和磁场强度的法向分量。因此，当考虑到假想的磁荷与磁流存在时，电场强度的切向分量和磁场强度的法向分量边界条件修改为

$$\boldsymbol{e}_n\times(\boldsymbol{E}_2-\boldsymbol{E}_1)=-\boldsymbol{J}_{mS}\tag{7.4.21}$$

$$\boldsymbol{e}_n\cdot(\boldsymbol{B}_2-\boldsymbol{B}_1)=\rho_{mS}\tag{7.4.22}$$

式中，$\boldsymbol{J}_{mS}$ 为表面磁流密度；ρ_{mS} 为表面磁荷密度；$\boldsymbol{e}_n$ 由介质①指向介质②，如图 7-5 所示。

磁导率 $\mu\to\infty$ 的理想导磁体的内部同样不可能存在任何时变电磁场，但其表面可以存在假想的表面磁荷与磁流。那么，理想磁体的边界条件为

$$\begin{cases}\boldsymbol{e}_n\times\boldsymbol{H}=\boldsymbol{0}\\ \boldsymbol{e}_n\times\boldsymbol{E}=-\boldsymbol{J}_{mS}\end{cases}\tag{7.4.23}$$

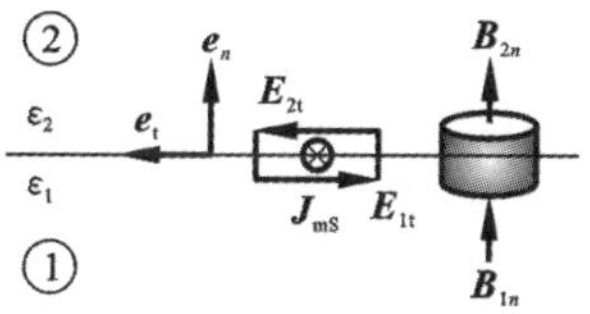

图 7-5 边界条件的修正

$$\begin{cases} \boldsymbol{e}_n \cdot \boldsymbol{B} = \rho_{\mathrm{mS}} \\ \boldsymbol{e}_n \cdot \boldsymbol{D} = 0 \end{cases} \tag{7.4.24}$$

7.5 镜像原理

在静态场中，为了分析某些特殊边界对电荷或电流的影响，可以引入镜像电荷或镜像电流替代边界的作用，这种求解静态场边值问题的方法称为镜像法或镜像原理。镜像原理的理念同样也适用于时变电磁场，但是也仅能应用于某些特殊的边界，如无限大的理想导电或导磁平面边界。对于其他边界，镜像原理的应用可参阅有关文献。

设时变电流元 Il 位于无限大的理想导电平面附近，且垂直于该平面，如图 7-6(a)所示。为了求解这种时变电磁场的边值问题，可以采用镜像原理。为此，在镜像位置放置一个镜像电流元 $I'l'$，且令 $I'=I, l'=l$。以镜像电流元代替边界的影响以后，整个空间变为介质参数为 ε、μ 的均匀无限大空间，如图 7-6(b)所示。

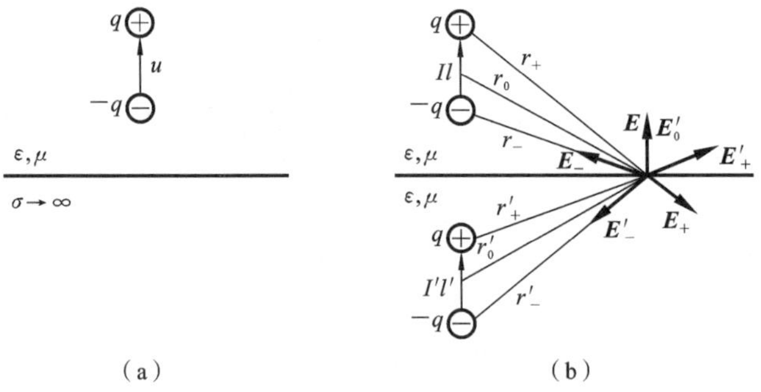

图 7-6 垂直电流源的镜像

已知理想导电体边界上电场切向分量为零，如果引入的镜像电流元与原来的电流元在边界平面上产生的合成电场切向分量仍然为零，那么，对于上半空间而言，由于源及边界条件均未产生变化，根据正弦电磁场唯一性定理，上半空间的场不会改变。这样，即可根据原来的电流元及镜像电流元计算上半空间的电磁场。下面证明，引入的镜像电流元是正确的。

已知时变电流与时变电荷的关系为 $I(t)=\dfrac{\mathrm{d}q(t)}{\mathrm{d}t}$，对于正弦时变电流，$I=\mathrm{j}\omega q$。时变电流元的电荷积累在电流元的两端，上端电荷 $q=\dfrac{I}{\mathrm{j}\omega}$，下端电荷 $-q=-\dfrac{I}{\mathrm{j}\omega}$，如图 7-6(a)所示。由于引入镜像源以后，整个空间变为均匀无限大的空间，因此可以通过矢量位 A 及标量位 φ 的积分公式计算场强。电流元 Il 产生的电场强度为

$$\boldsymbol{E} = -\mathrm{j}\omega\boldsymbol{A} - \nabla\Phi_+ - \nabla\Phi_- \tag{7.5.1}$$

式中

$$\boldsymbol{A} = \frac{\mu Il}{4\pi r_0}\mathrm{e}^{-\mathrm{j}kr} \tag{7.5.2}$$

$$\Phi_+ = \frac{q}{4\pi\varepsilon r_+}\mathrm{e}^{-\mathrm{j}kr_+} \tag{7.5.3}$$

$$\Phi_- = -\frac{q}{4\pi\varepsilon r_-}\mathrm{e}^{-\mathrm{j}kr_-} \tag{7.5.4}$$

令 $$-\mathrm{j}\omega\boldsymbol{A}=\boldsymbol{E}_0,\quad -\nabla\Phi_+=\boldsymbol{E}_+,\quad -\nabla\Phi_-=\boldsymbol{E}_-$$

则 $$\boldsymbol{E}=\boldsymbol{E}_0+\boldsymbol{E}_++\boldsymbol{E}_- \tag{7.5.5}$$

类似地，可以求得镜像电流源 $I'l'$ 产生的电场为

$$\boldsymbol{E}'=\boldsymbol{E}_0+\boldsymbol{E}'_++\boldsymbol{E}'_-=-\mathrm{j}\omega\boldsymbol{A}'-\nabla\Phi'_+-\nabla\Phi'_- \tag{7.5.6}$$

式中

$$\boldsymbol{A}'=\frac{\mu I'l'}{4\pi r'_0}\mathrm{e}^{-\mathrm{j}kr'_0} \tag{7.5.7}$$

$$\Phi'_+=\frac{q'}{4\pi\varepsilon r'_+}\mathrm{e}^{-\mathrm{j}kr'_+} \tag{7.5.8}$$

$$\Phi'_-=-\frac{q'}{4\pi\varepsilon r'_-}\mathrm{e}^{-\mathrm{j}kr'_-} \tag{7.5.9}$$

对于边界平面上任一点，$r_0=r'_0$，$r_+=r'_-$，$r_-=r'_+$。各分量电场的方向如图 7-6(b)所示。已设 $I'=I$，故 $q'=q$。又 $l'=l$，因此，合成电场($\boldsymbol{E}+\boldsymbol{E}'$)的方向垂直于边界平面，即边界平面上的电场切向分量为零。这就证明了引入的镜像电流元满足给定的边界条件。鉴于此时镜像电流元的方向与原来的电流元方向相同，这种镜像电流元称为正像。

根据上述方法，可以证明位于无限大理想导电平面附近的水平电流元的镜像电流元为负像。也就是说，为了计算这种边值问题，引入的镜像电流元的电流应该与原来电流元振幅相等，方向相反。还可证明，位于无限大的理想导电平面附近的磁流元与其镜像磁流元的关系与电流元情况恰好相反，即垂直磁流元的镜像为负像，水平磁流元的镜像为正像。这些镜像关系如图 7-7(a)所示。当电流元位于无限大的理想导磁平面附近时，由于此时边界条件与理想导体边界条件恰好相反，故其镜像关系完全不同，如图 7-7(b)所示。其证明过程不再详述，读者可以自行推知。

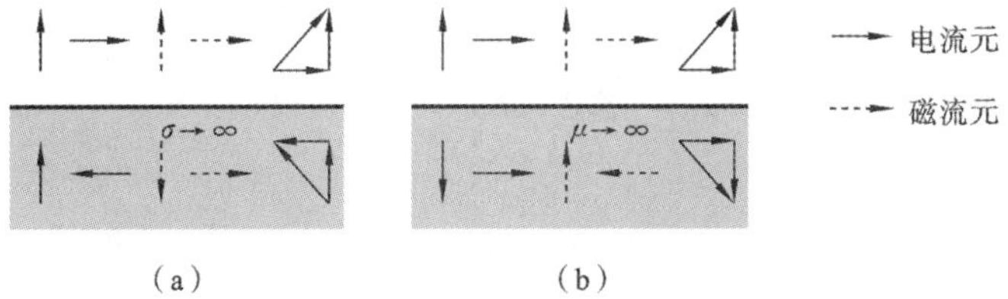

图 7-7 无限大平面的镜像关系

处于任意取向的电流元，它们总可以分解为水平和垂直两个部分，然后依照上述规则分别确定其镜像关系。此外，读者还可推知电流环的镜像关系。

镜像原理表明，当电流元位于无限大的理想导电平面或者无限大的理想导磁平面附近，上半空间任一点场强可以认为是由原来的源与其镜像源共同产生的，因此，从天线阵理论的角度来看，镜像法的求解可以归结为二元天线阵的求解。

此外，应注意上述镜像原理仅能计算上半空间的电磁场。至于下半空间引入镜像源以后，已由原来的无源区变为有源区，因此，完全不可等效。

为了考虑实际地面对天线的影响，也可应用镜像原理，但是由于地面为非理想的导体，严格理论分析表明，只有当天线的架空高度以及观察点离开地面的高度远大于波长，且仅对远区场计算时才可应用镜像法。

如图 7-8 所示，此时上半空间任一点场强可以认为是直接波 $\boldsymbol{E}_1$ 与来自镜像的地面反射波 $\boldsymbol{E}_2$ 合成的，且认为 $\boldsymbol{E}_1$ 与 $\boldsymbol{E}_2$ 的方向一致。因此，合成场为直接波与反射波的标

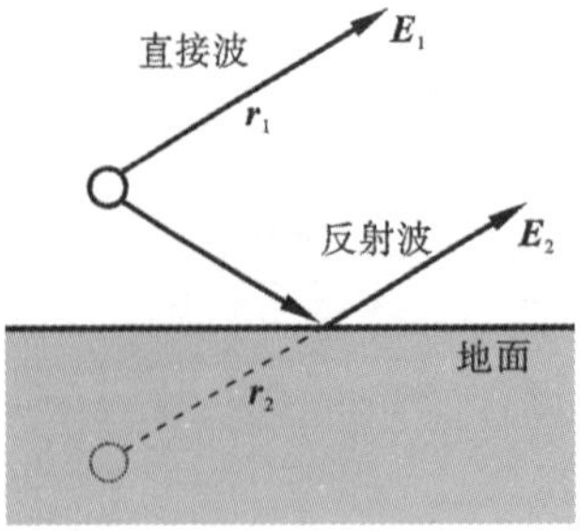

图 7-8 地面对天线的影响

量和，即

$$E=E_1+E_2=E_0\frac{e^{-jkr_1}}{r_1}+RE_0\frac{e^{-jkr_2}}{r_2} \quad (7.5.10)$$

式中，R 为地面反射系数。由于地面处于天线的远区范围，天线的远区场具有 TEM 波性质，反射系数 R 可以近似看成是平面波在平面边界上的反射系数，它与天线远区场的极化特性、反射点的地面电磁特性以及观察点所处的方位有关。这样，地面对天线的影响可以归结为一个非均匀二元天线阵的求解。

例 7.3 利用镜像原理，计算垂直接地的长度为 l、电流为 I 的电流元的辐射场强、辐射功率及辐射电阻。地面当作无限大的理想导电平面。

解 根据题意，假定垂直接地电流元如图 7-9 所示。按照镜像原理，对于无限大的理想导电平面，垂直电流元的镜像为正像，因此，上半空间的场强等于长度为 $2l$ 的电流元产生的辐射场，那么

$$E_\theta=j\frac{\eta_0 Il\sin\theta}{\lambda r}e^{-jkr}$$

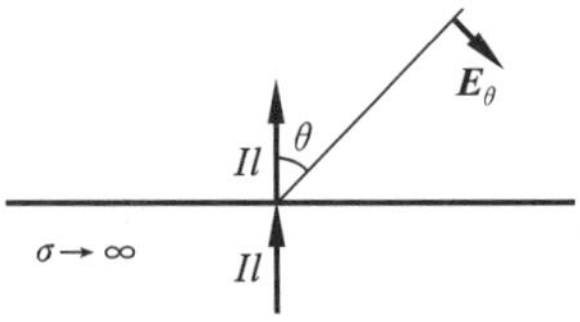

图 7-9 例 7.3 图

可见，长度为 l 的垂直电流元接地以后，其场强振幅提高一倍。

远区中能量流动密度矢量的大小为

$$S=\frac{|E_\theta|^2}{\eta_0}=\frac{\eta_0 I^2 l^2\sin^2\theta}{\lambda^2 r^2}$$

由于接地的电流元仅向上半空间辐射，应将所求得的能流密度仅沿上半球面进行积分。求得的辐射功率为

$$P_r=\int_0^{2\pi}d\varphi\int_0^{\frac{\pi}{2}}Sr^2\sin\theta d\theta=160\pi^2 I^2\left(\frac{l}{\lambda}\right)^2$$

对应的辐射电阻 R_r 为

$$R_r=160\pi^2\left(\frac{l}{\lambda}\right)^2$$

由此可知，垂直电流元接地后，其辐射电阻也提高一倍。

中波广播电台为了使电台周围听众均能收到信号，其天线通常是一根悬挂的垂直导线或自立式铁塔，它可以看成是一种垂直接地天线，在水平面内没有方向性。对于中波波段的电磁波，地面可以近似当作理想导电体。由于天线电流垂直于地面，因此地面的影响有助于增强天线的辐射能力。

中波收音机使用的磁棒天线可以等效为一种与磁棒一致的磁流天线。因此，使用这种磁棒天线接收电台信号时，磁棒必须水平放置，且磁棒应与被接收电磁波的到达方向垂直。如果磁棒垂直于地面，或者磁棒与被接收电磁波的到达方向一致，均会导致接收效果显著变坏。读者根据磁流天线的方向性以及地面对于磁流天线的影响，即可理解这种现象产生的原因。

短波广播电台或者远距离通信电台通常使用高悬的水平放置的半波天线。由于天线的架空高度能与波长达到同一量级，地面的影响归结为一个二元天线阵。调整天线的架空高度，即可在与半波天线轴线垂直的铅垂面内形成具有一定仰角的主射方向，以

便将电磁波射向地面上空的电离层，依靠电离层反射波实现短波远距离传播。

7.6 洛伦兹互易定理

洛伦兹互易定理是电磁理论中最有用的定理之一，这个定理联系了两个电磁场的电场和磁场矢量。电路理论中的互易定理是电磁场的洛伦兹互易定理的特殊情况。洛伦兹互易定理常常用来推论实际器件的若干基本性质。它为论证微波电路的互易性，以及证明天线具有相同的接收和发射特性提供了理论基础。它也常用来确定在波导和空腔谐振器中可能存在的模式的正交性。互易定理的另一重要应用，是用来导出由探针、小环或耦合孔隙激励或耦合到波导和空腔谐振器中的适当展开式。

洛伦兹互易定理对于时谐场和任意时变场都是适用的。本节只讨论时谐场的洛伦兹互易定理，但这样并不失去其普遍性，因为对线性介质而言，任意时变场总是可以看成是不同频率的时谐场的傅里叶级数或傅里叶积分。

设在同一线性介质中同时存在两套相同频率的交流源，$\boldsymbol{E}_1$、$\boldsymbol{H}_1$ 是由电流 $\boldsymbol{J}_1$ 和磁流 $\boldsymbol{J}_{m1}$ 产生的电磁场，$\boldsymbol{E}_2$、$\boldsymbol{H}_2$ 是由电流 $\boldsymbol{J}_2$ 和磁流 $\boldsymbol{J}_{m2}$ 产生的电磁场，于是有

$$\nabla\times\boldsymbol{H}_1=\boldsymbol{J}_1+\mathrm{j}\omega\varepsilon\boldsymbol{E}_1 \tag{7.6.1}$$

$$\nabla\times\boldsymbol{E}_1=-\boldsymbol{J}_{m1}-\mathrm{j}\omega\mu\boldsymbol{H}_1 \tag{7.6.2}$$

$$\nabla\times\boldsymbol{H}_2=\boldsymbol{J}_2+\mathrm{j}\omega\varepsilon\boldsymbol{E}_2 \tag{7.6.3}$$

$$\nabla\times\boldsymbol{E}_2=-\boldsymbol{J}_{m2}-\mathrm{j}\omega\mu\boldsymbol{H}_2 \tag{7.6.4}$$

用 $\boldsymbol{H}_2$ 点乘式(7.6.2)，用 $-\boldsymbol{E}_1$ 点乘式(7.6.3)，然后相加，可得

$$\boldsymbol{H}_2\cdot\nabla\times\boldsymbol{E}_1-\boldsymbol{E}_1\cdot\nabla\times\boldsymbol{H}_2=-(\boldsymbol{J}_2\cdot\boldsymbol{E}_1+\boldsymbol{J}_{m1}\cdot\boldsymbol{H}_2)-\mathrm{j}\omega(\varepsilon\boldsymbol{E}_1\cdot\boldsymbol{E}_2+\mu\boldsymbol{H}_1\cdot\boldsymbol{H}_2) \tag{7.6.5}$$

类似地，用 $\boldsymbol{H}_1$ 点乘式(7.6.4)，用 $-\boldsymbol{E}_2$ 点乘式(7.6.1)，然后相加，可得

$$\boldsymbol{H}_1\cdot\nabla\times\boldsymbol{E}_2-\boldsymbol{E}_2\cdot\nabla\times\boldsymbol{H}_1=-(\boldsymbol{J}_1\cdot\boldsymbol{E}_2+\boldsymbol{J}_{m2}\cdot\boldsymbol{H}_1)-\mathrm{j}\omega(\varepsilon\boldsymbol{E}_1\cdot\boldsymbol{E}_2+\mu\boldsymbol{H}_1\cdot\boldsymbol{H}_2) \tag{7.6.6}$$

将式(7.6.5)与式(7.6.6)相减，并应用矢量微分恒等式 $\nabla\cdot(\boldsymbol{A}\times\boldsymbol{B})=\boldsymbol{B}\cdot\nabla\times\boldsymbol{A}-\boldsymbol{A}\cdot\nabla\times\boldsymbol{B}$，即得出

$$\begin{aligned}&\nabla\cdot(\boldsymbol{E}_1\times\boldsymbol{H}_2)-\nabla\cdot(\boldsymbol{E}_2\times\boldsymbol{H}_1)\\&=\boldsymbol{J}_1\cdot\boldsymbol{E}_2-\boldsymbol{J}_2\cdot\boldsymbol{E}_1-\boldsymbol{J}_{m1}\cdot\boldsymbol{H}_2+\boldsymbol{J}_{m2}\cdot\boldsymbol{H}_1\end{aligned} \tag{7.6.7}$$

式(7.6.7)就是洛伦兹互易定理的微分形式。

应用高斯散度定理，由式(7.6.7)可得到洛伦兹互易定理的积分形式：

$$\begin{aligned}&\oint_S[(\boldsymbol{E}_1\times\boldsymbol{H}_2)-(\boldsymbol{E}_2\times\boldsymbol{H}_1)]\cdot\boldsymbol{n}\mathrm{d}S\\&=\int_V(\boldsymbol{J}_1\cdot\boldsymbol{E}_2-\boldsymbol{J}_2\cdot\boldsymbol{E}_1-\boldsymbol{J}_{m1}\cdot\boldsymbol{H}_2+\boldsymbol{J}_{m2}\cdot\boldsymbol{H}_1)\mathrm{d}V\end{aligned} \tag{7.6.8}$$

式中，S 是包围体积 V 的闭合面；$\boldsymbol{n}$ 为闭合面 S 的外法线单位矢量。

由普遍情况下的洛伦兹互易定理的一般表达式(7.6.8)很容易导出在若干特殊情况下的洛伦兹互易定理的简化形式。

(1) 若两组源($\boldsymbol{J}_1$、$\boldsymbol{J}_{m1}$ 和 $\boldsymbol{J}_2$、$\boldsymbol{J}_{m2}$)均在体积 V 外，此时体积 V 为无源空间，则式(7.6.8)右端等于零，于是洛伦兹互易定理简化为

$$\oint_S [(\boldsymbol{E}_1\times\boldsymbol{H}_2)-(\boldsymbol{E}_2\times\boldsymbol{H}_1)]\cdot\boldsymbol{n}\mathrm{d}S=0 \tag{7.6.9}$$

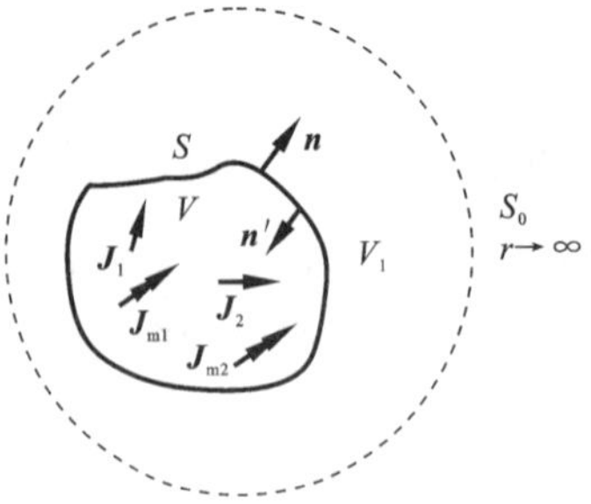

图 7-10 两组源均在体积 V 内

(2) 若两组源($\boldsymbol{J}_1$、$\boldsymbol{J}_{m1}$ 和 $\boldsymbol{J}_2$、$\boldsymbol{J}_{m2}$)均在体积 V 内，如图 7-10 所示，不难证明，式(7.6.9)仍然成立，于是洛伦兹互易定理简化为

$$\int_V(\boldsymbol{J}_1\cdot\boldsymbol{E}_2-\boldsymbol{J}_{m1}\cdot\boldsymbol{H}_2)\mathrm{d}V=\int_V(\boldsymbol{J}_2\cdot\boldsymbol{E}_1-\boldsymbol{J}_{m2}\cdot\boldsymbol{H}_1)\mathrm{d}V \tag{7.6.10}$$

事实上，由于两组源($\boldsymbol{J}_1$、$\boldsymbol{J}_{m1}$ 和 $\boldsymbol{J}_2$、$\boldsymbol{J}_{m2}$)均在体积 V 内，因此 V 外的空间 V_1 为无源空间，包围 V_1 的闭合面为闭合面 S 与半径 $r\to\infty$ 的球面 S_0。由式(7.6.8)可得

$$\oint_{S+S_0}[(\boldsymbol{E}_1\times\boldsymbol{H}_2)-(\boldsymbol{E}_2\times\boldsymbol{H}_1)]\cdot\boldsymbol{n}'\mathrm{d}S=0 \tag{7.6.11}$$

由于两组源均在 V 内(即场源分布在有限空间内)，此时无限远处的辐射场是沿 $\boldsymbol{r}$ 方向的 TEM 波，其中

$$\boldsymbol{H}=\frac{1}{\eta}\boldsymbol{u}_r\times\boldsymbol{E} \tag{7.6.12}$$

即 $E_\theta=\eta H_\varphi, E_\varphi=-\eta H_\theta$。因而有

$$\begin{aligned}(\boldsymbol{E}_1\times\boldsymbol{H}_2)\cdot\boldsymbol{n}-(\boldsymbol{E}_2\times\boldsymbol{H}_1)\cdot\boldsymbol{n}&=(\boldsymbol{n}\times\boldsymbol{E}_1)\cdot\boldsymbol{H}_2-(\boldsymbol{n}\times\boldsymbol{E}_2)\cdot\boldsymbol{H}_1\\&=(\boldsymbol{u}_r\times\boldsymbol{E}_1)\cdot\boldsymbol{H}_2-(\boldsymbol{u}_r\times\boldsymbol{E}_2)\cdot\boldsymbol{H}_1\\&=\eta\boldsymbol{H}_1\cdot\boldsymbol{H}_2-\eta\boldsymbol{H}_1\cdot\boldsymbol{H}_2=0\end{aligned} \tag{7.6.13}$$

于是

$$\oint_{\substack{S_0\\ r\to\infty}}[(\boldsymbol{E}_1\times\boldsymbol{H}_2)-(\boldsymbol{E}_2\times\boldsymbol{H}_1)]\cdot\boldsymbol{n}'\mathrm{d}S=0 \tag{7.6.14}$$

将式(7.6.14)代入式(7.6.13)，得

$$\oint_S[(\boldsymbol{E}_1\times\boldsymbol{H}_2)-(\boldsymbol{E}_2\times\boldsymbol{H}_1)]\cdot\boldsymbol{n}'\mathrm{d}S=0 \tag{7.6.15}$$

将式(7.6.15)中的 $\boldsymbol{n}'$ 换成 $-\boldsymbol{n}$，可得

$$\oint_S[(\boldsymbol{E}_1\times\boldsymbol{H}_2)-(\boldsymbol{E}_2\times\boldsymbol{H}_1)]\cdot\boldsymbol{n}\mathrm{d}S=0 \tag{7.6.16}$$

式(7.6.15)与(7.6.16)完全相同。由此可知，当两组源均在 V 内时，式(7.6.9)仍然成立，在 7.7 节证明惠更斯原理时将要用到式(7.6.10)表示的洛伦兹互易定理。

(3) 若包围体积 V 的闭合面 S 为电壁或磁壁，则在 S 面上有 $\boldsymbol{n}\times\boldsymbol{E}_1=\boldsymbol{0}, \boldsymbol{n}\times\boldsymbol{E}_2=\boldsymbol{0}$ 或 $\boldsymbol{n}\times\boldsymbol{H}_1=\boldsymbol{0}, \boldsymbol{n}\times\boldsymbol{H}_2=\boldsymbol{0}$，因而式(7.6.8)左端的面积分等于零，于是洛伦兹互易定理简化为

$$\int_V(\boldsymbol{J}_1\cdot\boldsymbol{E}_2-\boldsymbol{J}_{m1}\cdot\boldsymbol{H}_2)\mathrm{d}V=\int_V(\boldsymbol{J}_2\cdot\boldsymbol{E}_1-\boldsymbol{J}_{m2}\cdot\boldsymbol{H}_1)\mathrm{d}V \tag{7.6.17}$$

值得指出的是，尽管情况(2)与情况(3)中洛伦兹互易定理表达式(7.6.10)与(7.6.17)形式完全相同，但两者的条件不同。对于情况(2)，要求两组源必须都在体积 V 内，而对于情况(3)，则要求 S 面为电壁或磁壁。

(4) 若体积内只有一组 $\boldsymbol{J}_1$、$\boldsymbol{J}_{m1}$，则洛伦兹互易定理简化为

$$\oint_S [(\boldsymbol{E}_1 \times \boldsymbol{H}_2) - (\boldsymbol{E}_2 \times \boldsymbol{H}_1)] \cdot \boldsymbol{n} \mathrm{d}S = \int_V (\boldsymbol{J}_1 \cdot \boldsymbol{E}_2 - \boldsymbol{J}_{\mathrm{m}1} \cdot \boldsymbol{H}_2) \mathrm{d}V \quad (7.6.18)$$

反之,若体积 V 内只有一组源 $\boldsymbol{J}_2$、$\boldsymbol{J}_{\mathrm{m}2}$,则洛伦兹互易定理简化为

$$\oint_S [(\boldsymbol{E}_1 \times \boldsymbol{H}_2) - (\boldsymbol{E}_2 \times \boldsymbol{H}_1)] \cdot \boldsymbol{n} \mathrm{d}S = -\int_V (\boldsymbol{J}_2 \cdot \boldsymbol{E}_1 - \boldsymbol{J}_{\mathrm{m}2} \cdot \boldsymbol{H}_1) \mathrm{d}V \quad (7.6.19)$$

除了上述四种特殊情况外,还有其他情况亦可将洛伦兹互易定理简化。例如,对于不包含磁流的空间,则式(7.6.8)右端含 $\boldsymbol{J}_2$、$\boldsymbol{J}_{\mathrm{m}2}$ 项等于零。

作为洛伦兹互易定理的一个应用,我们考虑由一个理想导体面包围的区域。假设在该区域中只存在两个电流源 $\boldsymbol{J}_1$ 和 $\boldsymbol{J}_2$,由式(7.6.17)可得

$$\boldsymbol{J}_1 \cdot \boldsymbol{E}_2 = \boldsymbol{J}_2 \cdot \boldsymbol{E}_1 \quad (7.6.20)$$

式(7.6.20)表明,如果 $\boldsymbol{J}_1$、$\boldsymbol{J}_2$ 均为单位点源,则位于点 1 处的单位电流源在点 2 处产生的电场 $\boldsymbol{E}_1$ 沿 $\boldsymbol{J}_2$ 方向的分量等于位于点 2 处的单位电流源在点 1 处产生的电场 $\boldsymbol{E}_2$ 沿 $\boldsymbol{J}_1$ 方向的分量,这个重要的结论通常称为场的互易性。

前面讨论场的等效原理与感应定理时曾多次指出,理想导体表面(无限靠近理想导体表面)上的面电流不产生电磁场,现在我们应用洛伦兹互易定理来证明这个结论。

如图 7-11 所示,设有一理想导体,当理想导体表面(无限靠近理想导体表面)上有面电流 $\boldsymbol{J}_{\mathrm{s}1}$ 时,空间各处的电磁场为 $\boldsymbol{E}_1$、$\boldsymbol{H}_1$,对同一理想导体,当空间有一电流源 $\boldsymbol{J}_2$ 时,空间各处的电磁场为 $\boldsymbol{E}_2$、$\boldsymbol{H}_2$,根据洛伦兹互易定理式(7.6.17),可得

$$\int_V \boldsymbol{J}_{\mathrm{S}1} \cdot \boldsymbol{E}_2 \mathrm{d}V = \int_V \boldsymbol{J}_2 \cdot \boldsymbol{E}_1 \mathrm{d}V \quad (7.6.21)$$

式中,V 为理想导体表面与半径无穷大的球面之间的体积。显然,在理想导体表面上,$\boldsymbol{E}_2$ 的切向分量等于零,因此,在理想导体表面,$\boldsymbol{E}_2$ 与 $\boldsymbol{J}_{\mathrm{s}1}$ 处处互相垂直,于是

$$\int_V \boldsymbol{J}_{\mathrm{S}1} \cdot \boldsymbol{E}_2 \mathrm{d}V = 0 \quad (7.6.22)$$

由此可得

$$\int_V \boldsymbol{J}_2 \cdot \boldsymbol{E}_1 \mathrm{d}V = 0 \quad (7.6.23)$$

(a) 紧靠理想导体表面的面电流　　(b) 空间的电流源

图 7-11　存在理想导体的空同的电磁场

式(7.6.23)中 $\boldsymbol{J}_2$ 是任意矢量,且不等于零,则必有 $\boldsymbol{E}_1 = 0$。由此可知,紧靠理想导体表面上的面电流不产生电磁场。

应用洛伦兹互易定理同样可以证明,紧靠理想磁体表面的面磁流在空间不产生电磁场。

7.7　惠更斯原理

惠更斯原理的本来形式,就是将波前上的每一点作为一个新的波源,从而找出波传

播的规律。电磁理论中的惠更斯原理，则是在预先选择的闭合面上直接给出等效源(惠更斯源)的场源分布——面电流密度与面磁流密度，此等效源与原来的源产生相同的电磁场。因此，它提供一种比较简单的计算方法，此时，我们可以不考虑实际源的分布而只考虑等效源，实际上，惠更斯原理是场的等效原理的一种特殊形式，不过，与前面场的等效原理的导出方法不同，这里我们根据洛伦兹互易定理来导出惠更斯原理，因此，有时将惠更斯原理称为等效原理。

下面首先根据洛伦兹互易定理导出惠更斯原理，即找出代替实际源的等效源(惠更斯源)，然后再讨论惠更斯源的一些特点。如图 7-12 所示，设实际源为 $\boldsymbol{J}_1$、$\boldsymbol{J}_{m1}$，作一闭合面 $\boldsymbol{S}_h$，将实际源都包含在 $\boldsymbol{S}_h$ 面内，设点 P 为 $\boldsymbol{S}_h$ 面外的任一点，我们来计算实际源在点 P 产生的场。

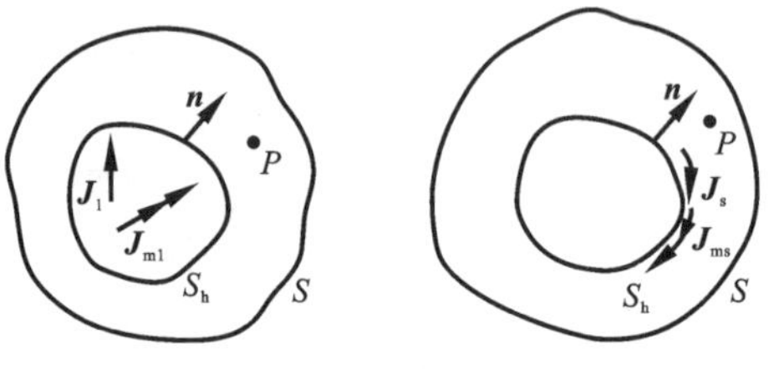

图 7-12 惠更斯原理

为此，需要在点 P 引入一个试验源，设试验源是一个电(或磁)偶极子点源，则

$$\boldsymbol{J}_2=\boldsymbol{P}\delta(x-x_P)\delta(y-y_P)\delta(z-z_P) \tag{7.7.1}$$

式中，$\boldsymbol{P}$ 为单位矢量，其方向的选择与所求点 P 处的场分量有关。我们再作一个包围点 P 和 S_h 面的闭合面 S，其体积为 V。于是，根据洛伦兹互易定理表达式(7.6.8)，并应用 δ 函数的性质，可求得结果

$$\int_V(\boldsymbol{J}_1\cdot\boldsymbol{E}_2-\boldsymbol{J}_{m1}\cdot\boldsymbol{H}_2)\mathrm{d}V=\boldsymbol{P}\cdot\boldsymbol{E}_1(P) \tag{7.7.2}$$

式中，$\boldsymbol{E}_2$、$\boldsymbol{H}_2$ 分别为位于点 P 的电偶极子点源产生的电场与磁场，$\boldsymbol{E}_1(P)$为实际源在点 P 的电场，式(7.7.2)决定 $\boldsymbol{E}_1(P)$在 $\boldsymbol{P}$ 方向的分量。

就实际源在点 P 的电场 $\boldsymbol{E}_1(P)$来确定在闭合面 S_h(惠更斯面)上的惠更斯源密度——等效面电流 $\boldsymbol{J}_s$ 与面磁流 $\boldsymbol{J}_{ms}$。设想将实际源拿走，而在 $\boldsymbol{S}_h$ 面上放置 $\boldsymbol{J}_s$ 与 $\boldsymbol{J}_{ms}$。应用 $\boldsymbol{J}_s$、$\boldsymbol{J}_{ms}$与在点 P 的点源 $\boldsymbol{J}_2$ 之间的洛伦兹互易定理，由式(7.6.17)可得

$$\int_V(\boldsymbol{J}_s\cdot\boldsymbol{E}_2-\boldsymbol{J}_{ms}\cdot\boldsymbol{H}_2)\mathrm{d}V=\boldsymbol{P}\cdot\boldsymbol{E}_{h1}(P) \tag{7.7.3}$$

式中，$\boldsymbol{E}_{h1}(P)$为 S_h 面上的惠更斯源在点 P 产生的电场。如果 S_h 面上的 $\boldsymbol{J}_s$、$\boldsymbol{J}_{ms}$确实是实际源的等效源，则对于 S_h 面与 S 面之间体积中的任一点，必须有 $\boldsymbol{P}\cdot\boldsymbol{E}_1(P)\equiv\boldsymbol{P}\cdot\boldsymbol{E}_{h1}(P)$。当然，$\boldsymbol{H}_{h1}(P)$也必须等于 $\boldsymbol{H}_1(P)$，此时可在点 P 引入一个试验磁偶极子点源，用同样的方法给予证明。

如图 7-12(a)所示，S_h 面只包含实际源，不包含点 P。对 S_h 面包围的体积 V 来说，根据洛伦兹互易定理表达式(7.6.18)，可得

$$\oint_{S_h}[(\boldsymbol{E}_1\times\boldsymbol{H}_2)-(\boldsymbol{E}_2\times\boldsymbol{H}_1)]\cdot\boldsymbol{n}\mathrm{d}S=\int_{V_h}(\boldsymbol{J}_1\cdot\boldsymbol{E}_2-\boldsymbol{J}_{m1}\cdot\boldsymbol{H}_2)\mathrm{d}V \tag{7.7.4}$$

由于 $\boldsymbol{J}_1$、$\boldsymbol{J}_{m1}$均在 V_h 内，因此，式(7.7.2)与式(7.7.4)中的体积分相等，即

$$\int_{V_h}(\boldsymbol{J}_1\cdot\boldsymbol{E}_2-\boldsymbol{J}_{m1}\cdot\boldsymbol{H}_2)\mathrm{d}V=\int_{V}(\boldsymbol{J}_1\cdot\boldsymbol{E}_2-\boldsymbol{J}_{m1}\cdot\boldsymbol{H}_2)\mathrm{d}V \tag{7.7.5}$$

考虑到式(7.7.3)与式(7.7.5),式(7.7.4)可改写为

$$\oint_{S_h}[(\boldsymbol{E}_1\times\boldsymbol{H}_2)-(\boldsymbol{E}_2\times\boldsymbol{H}_1)]\cdot\boldsymbol{n}\mathrm{d}S=\boldsymbol{P}\cdot\boldsymbol{E}_1(P) \tag{7.7.6}$$

如上所述,用 S_h 面上的 $\boldsymbol{J}_s$、$\boldsymbol{J}_{ms}$ 代替实际源 $\boldsymbol{J}_1$、$\boldsymbol{J}_{m1}$ 时,必然有 $\boldsymbol{P}\cdot\boldsymbol{E}_{h1}(P)\equiv\boldsymbol{P}\cdot\boldsymbol{E}_1(P)$,因此,由式(7.7.3)与(7.7.6)可得

$$\int_{V}(\boldsymbol{J}_s\cdot\boldsymbol{E}_2-\boldsymbol{J}_{ms}\cdot\boldsymbol{H}_2)\mathrm{d}V=\oint_{S_h}[(\boldsymbol{E}_1\times\boldsymbol{H}_2)-(\boldsymbol{E}_2\times\boldsymbol{H}_1)]\cdot\boldsymbol{n}\mathrm{d}S \tag{7.7.7}$$

考虑到面电流(或面磁流)密度实际上是载流层厚度无限减小而体电流(或体磁流)密度无限增大时两者乘积的极限值,即 $\boldsymbol{J}_s=\lim\limits_{\substack{d\to0\\ J\to\infty}}\boldsymbol{J}d$,因此,式(7.7.7)左端的体积分可写成面积分,即

$$\oint_{S_h}(\boldsymbol{J}_s\cdot\boldsymbol{E}_2-\boldsymbol{J}_{ms}\cdot\boldsymbol{H}_2)\mathrm{d}S=\oint_{S_h}[(\boldsymbol{E}_1\times\boldsymbol{H}_2)-(\boldsymbol{E}_2\times\boldsymbol{H}_1)]\cdot\boldsymbol{n}\mathrm{d}S \tag{7.7.8}$$

根据三矢量混合乘积的性质,式(7.7.8)右端被积函数可改写为

$$(\boldsymbol{E}_1\times\boldsymbol{H}_2)\cdot\boldsymbol{n}=(\boldsymbol{n}\times\boldsymbol{E}_1)\cdot\boldsymbol{H}_2=-(\boldsymbol{E}_1\times\boldsymbol{n})\cdot\boldsymbol{H}_2 \tag{7.7.9a}$$

$$-(\boldsymbol{E}_2\times\boldsymbol{H}_1)\cdot\boldsymbol{n}=(\boldsymbol{H}_1\times\boldsymbol{E}_2)\cdot\boldsymbol{n}=(\boldsymbol{n}\times\boldsymbol{H}_1)\cdot\boldsymbol{E}_2 \tag{7.7.9b}$$

因此,由式(7.7.8)可确定惠更斯源的密度

$$\begin{cases}\boldsymbol{J}_s=\boldsymbol{n}\times\boldsymbol{H}_1\\ \boldsymbol{J}_{ms}=\boldsymbol{E}_2\times\boldsymbol{n}\end{cases} \tag{7.7.10}$$

式(7.7.10)表示对惠更斯面 S_h 外的场点来说,S_h 面上的惠更斯等效源面密度。现在我们考虑一下这个惠更斯源在惠更斯面内的场点产生的场,如图 7-13 所示。我们仍采用与前面相似的方法,设想在点 P_i 处引入一电偶极子点源 $\boldsymbol{J}_2$,应用惠更斯源 $\boldsymbol{J}_s$、$\boldsymbol{J}_{ms}$ 与 $\boldsymbol{J}_2$ 之间的洛伦兹互易定理,由于惠更斯面 S_h 包含了所有两组源,由洛伦兹互易定理表达式(7.6.10)可求得

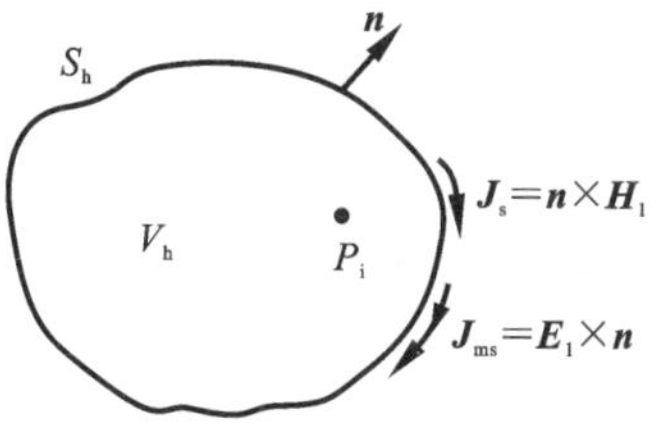

图 7-13 惠更斯源在惠更斯面内的场点产生的场

$$\int_{V_h}(\boldsymbol{J}_s\cdot\boldsymbol{E}_2-\boldsymbol{J}_{ms}\cdot\boldsymbol{H}_2)\mathrm{d}V=\boldsymbol{P}\cdot\boldsymbol{E}_{h1}(P) \tag{7.7.11}$$

将式(7.7.10)代入式(7.7.11),并考虑到面电流与面磁流是体电流与体磁流的极限情况,可将式(7.7.11)改写为

$$\oint_{S_h}(\boldsymbol{E}_1\cdot\boldsymbol{H}_2-\boldsymbol{E}_2\cdot\boldsymbol{H}_1)\cdot\boldsymbol{n}\mathrm{d}S=\boldsymbol{P}\cdot\boldsymbol{E}_{h1}(P) \tag{7.7.12}$$

由于 S_h 面包含所有的两组源,根据式(7.6.16)可知,式(7.7.12)左端的面积分等于零。因为 $\boldsymbol{P}$ 的方向是任意的,$\boldsymbol{P}\cdot\boldsymbol{E}_{h1}(P)=0$,则 $\boldsymbol{E}_{h1}(P)\equiv\boldsymbol{0}$。因此,我们可以得出结论,对 S_h 面外部的场点来说,正确的惠更斯等效源在 S_h 面内部不产生场,也就是说,在惠更斯面 S_h 的实际源一边,惠更斯源产生的场为零,如果惠更斯面 S_h 外部为自由空间,则不管原来问题中惠更斯面 S_h 内部存在什么样的介质,我们都可以将整个空间当作自由空间来处理,惠更斯源产生的电磁场可以应用式(3.2.4)与式(3.5.5)来计算。

值得注意的是,惠更斯面 S_h 也可以如图 7-14 所示那样来选取,此时原来的实际源

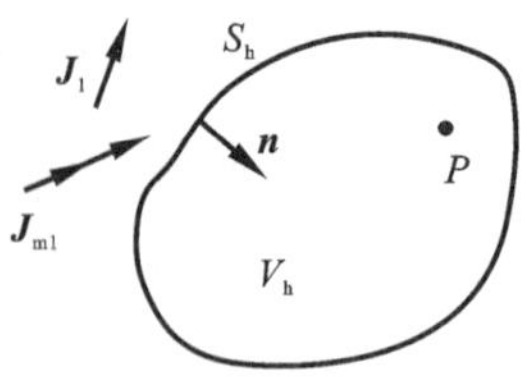

图 7-14 实际源位于 S_h 面外部

J_1、J_{m1} 位于 S_h 面外部，而场点 P 位于 S_h 面内部，很容易证明，S_h 面上惠更斯等效源密度 J_s、J_{ms} 仍由式(7.7.10)确定，但此惠更斯等效源在 S_h 面外部产生的场为零。

因为前面已证明了惠更斯源在惠更斯面 S_h 的实际源一侧产生的场为零，所以，可以在零场区域中引入任意物体而不改变点 P 的场。例如，在惠更斯面 S_h 的实际源一侧空间中填充理想导体，惠更斯等效源产生的场并不会改变，然而，此时惠更斯等效源中的面电流 J_s 并不产生场，因而场的问题变为计算无限靠近理想导体表面的惠更斯面磁流 J_{ms} 的辐射问题，如果在惠更斯面 S_h 的实际源一侧空间中填充理想磁体，则场的问题变成计算无限靠近理想磁体表面的惠更斯面电流 J_{ms} 的问题，这个问题有专门的著作讨论。

7.8 电波传播概论

7.8.1 电波传播的基本概念

1. 无线电波在自由空间的传播

假设放置于自由空间的发射天线是一理想的无方向性天线，若它的辐射功率为 P_Σ，则离天线 r 处的球面上的功率流密度为

$$S_0=\frac{P_\Sigma}{4\pi r^2} \tag{7.8.1}$$

功率流密度又可以表示为

$$S_0=\frac{1}{2}\mathrm{Re}(\boldsymbol{E}\times\boldsymbol{H}^*)\cdot\boldsymbol{n}=\frac{|E_0|^2}{120\pi} \tag{7.8.2}$$

由此，离天线为 r 处的电场强度 E_0 值为

$$|E_0|=\frac{\sqrt{30P_\Sigma}}{r} \tag{7.8.3}$$

又假设发射天线是一实际天线，其辐射功率仍为 P_Σ，设它的输入功率为 P_i，若以 G_i 表示实际天线的增益系数，则在离实际天线 r 处的最大辐射方向上的场强为

$$|E_0|=\frac{\sqrt{30P_iG_i}}{r} \tag{7.8.4}$$

如果接收天线的增益系数为 G_R，有效接收面积为 A_e，则在距离发射天线 r 处的接收天线所接收的功率为

$$P_R=S_0\cdot A_e=\frac{P_iG_i}{4\pi r^2}\cdot\frac{\lambda^2G_R}{4\pi} \tag{7.8.5}$$

将输入功率与接收功率之比定义为自由空间的基本传输损耗，则

$$L_{bf}=\frac{P_i}{P_R}=\left(\frac{4\pi r}{\lambda}\right)^2\cdot\frac{1}{G_iG_R} \tag{7.8.6}$$

将式(7.8.6)取对数得

$$L_{bf}=10\lg\frac{P_i}{P_R}$$
$$=32.45+20\lg f(\mathrm{MHz})+20\lg r(\mathrm{km})-G_i(\mathrm{dB})-G_R(\mathrm{dB}) \qquad (7.8.7)$$

由式(7.8.7)可知，若不考虑天线的因素，则自由空间的传输损耗，是球面波在传播的过程中随着距离的增大，能量自然扩散引起的，它反映了球面波的扩散损耗。

2. 传输介质对电波传播的影响

1）传输损耗(信道损耗)

电波在实际的介质(信道)中传播是有能量损耗的，这种能量损耗可能是由于大气对电波的吸收或散射引起的，也可能是由于电波绕过球形地面或障碍物的绕射而引起的。在传播距离、工作频率、发射天线、输入功率和接收天线都相同的情况下，设接收点的实际场强为 E、功率为 P'_R，而自由空间的场强为 E_0、功率为 P_R，则信道的衰减因子 A 为

$$A=20\lg\frac{|E|}{|E_0|}=10\lg\frac{P'_R}{P_R} \qquad (7.8.8)$$

则传输损耗 L_b 为

$$L_b=10\lg\frac{P_i}{P'_R}=10\lg\frac{P_i}{P'_R}-10\lg\frac{P'_R}{P_R}=L_{bf}-A \qquad (7.8.9)$$

若不考虑天线的影响，即令 $G_i=C_R=1$，则实际的传输损耗为

$$L_b=32.45+20\lg f+20\lg r-A \qquad (7.8.10)$$

式中，右端三项为自由空间的损耗 L_{bf}；A 为实际介质的损耗。不同的传播方式、传播介质，信道的传输损耗不同。

2）衰落现象

衰落一般是指信号电平随时间的变化而随机起伏，根据引起衰落的原因分类，大致可分为吸收型衰落和干涉型衰落。

吸收型衰落主要是传输介质电参数的变化，使得信号在介质中的衰减产生相应的变化而引起的，如大气中的氧、水汽，以及云、雾、雨、雪等都对电波有吸收作用。由于气象的随机性，这种吸收的强弱也有起伏，从而形成信号的衰落。由这种原因引起的信号电平的变化较慢，所以称为慢衰落，如图 7-15(a)所示，慢衰落通常是指信号电平的中值(五分钟中值、小时中值、月中值等)在较长时间间隔内的起伏变化。

干涉型衰落主要是由随机多径干涉现象引起的。在某些传输方式中，由于收、发两点间存在若干条传播路径，典型的如天波传播、不均匀介质传播等，在这些传播方式中，传输介质具有随机性，因此到达接收点的各路径的时延随机变化，致使合成信号幅度和相位都产生随机起伏。这种起伏的周期很短，信号电平变化很快，故称为快衰落，如图 7-15(b)所示。这种衰落在移动通信信道中表现得更为明显。

快衰落叠加在慢衰落之上，在较短的时间内观察时，快衰落表现明显，慢衰落不易被察觉。信号的衰落现象严重地影响电波传播的稳定性和系统的可靠性，需要采取有效措施(如分集接收等)加以克服。

3）传输失真

无线电波通过介质除产生传输损耗外，还会产生失真——振幅失真和相位失真。产生失真的原因有两个：一是介质的色散效应；二是随机多径传输效应。

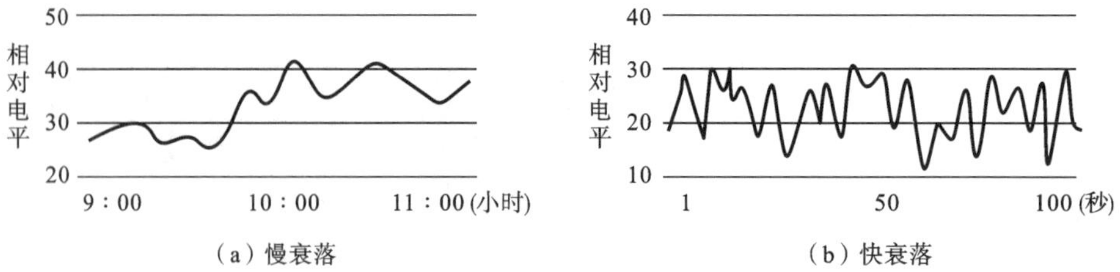

图 7-15 衰落现象

色散效应是由于不同频率的无线电波在介质中的传播速度有差别引起的信号失真。载有信号的无线电波占据一定的频带，当电波通过介质传播到接收点时，由于各频率成分传播速度不同，因而不能保持原来信号中的相位关系，引起波形失真。至于色散效应引起信号畸变的程度，则要结合具体信道的传输情况而定。

多径传输也会引起信号畸变。这是因为无线电波在传播时通过两个以上不同长度的路径到达接收点，接收天线接收的信号强度是几个不同路径传来的电场强度之和，如图 7-16(a)所示。

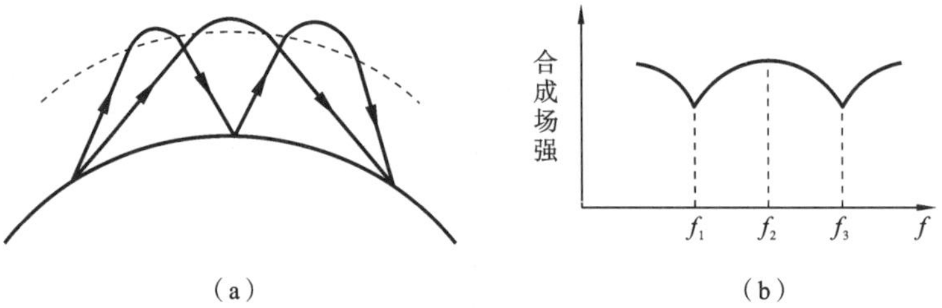

图 7-16 多径传输效应

设接收点的场是两条路径传来的相位差为 $\varphi=\omega\tau$ 的两个电场的矢量和。最大的传输时延与最小的传输时延的差值定义为多径时延 τ，对所传输信号中的每个频率成分，相同的 τ 值引起不同的相差。例如，对 f_1，若 $\varphi_1=\omega_1\tau=\pi$，则因二矢量反相抵消，此分量的合成场强呈现最小值；而对 f_2，若 $\varphi_2=\omega_2\tau=2\pi$，则因二矢量同相相加，此分量的合成场强呈现最大值，如图 7-16(b)所示。其余各成分依次类推。显然，若信号带宽过大，就会引起较明显的失真。所以一般情况下，信号带宽不能超过 $1/\tau$，因此，引入相关带宽的概念。定义相关带宽

$$\Delta f=\frac{1}{\tau} \tag{7.8.11}$$

4) 电波传播方向的变化

当电波在无限大的均匀、线性介质内传播时，射线是沿直线传播的。然而电波传播实际所经历的空间场所是复杂多样的；不同介质的分界处将使电波折射、反射；介质中的不均匀体(如对流层中的湍流团)使电波产生散射；球形地面和障碍物使电波产生绕射；特别是某些传输介质的时变性使射线轨迹随机变化，使得到达接收天线处的射线入射角随机起伏，接收信号产生严重的衰落。因此，在研究实际传输介质对电波传播影响的问题时，电波传播方向的变化也是重要内容之一。

7.8.2 视距传播

视距传播是指发射天线和接收天线处于相互能看见的视线距离内的传播方式。地

面通信、卫星通信以及雷达等都可以采用这种传播方式。它主要用于超短波和微波波段的电波传播。

1. 视线距离

发射天线高度为 h_1、接收天线高度为 h_2(见图 7-17),由于地球曲率的影响,当两天线的距离(A、B 间的距离)$r<r_v$ 时,两天线互相"看得见",当 $r>r_v$ 时,两天线互相"看不见"。距离 r_v 为收、发天线高度分别为 h_2 和 h_1 时的视线极限距离,简称视距。图 7-17 中,AB 与地球表面相切,a 为地球半径,由图可得到以下关系式:

$$r_v=\sqrt{2a}(\sqrt{h_1}+\sqrt{h_2}) \quad (7.8.12)$$

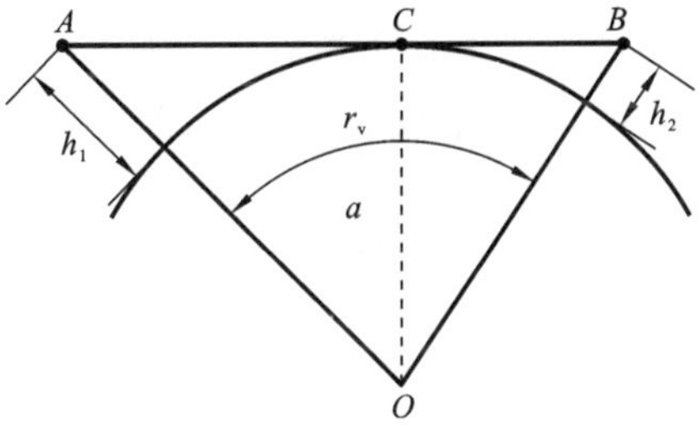

图 7-17 视线距离

将地球半径 $a=6.370\times10^6$ m 代入式(7.8.12),即有

$$r_v=3.57(\sqrt{h_1}+\sqrt{h_2})\times10^3 \quad (7.8.13)$$

式中,h_1 和 h_2 的单位为米。

视距传播时,电波是在地球周围的大气中传播的,大气对电波产生折射与衰减。由于大气层是非均匀介质,其压力、温度与湿度都随高度的变化而变化,大气层的介电常数是高度的函数。在标准大气压下,大气层的介电常数 ε_r 随高度的增加而减小,并逐渐趋近于 1,因此大气层的折射率 $n=\sqrt{\varepsilon_r}$ 随高度的增加而减小。若将大气层分成许多薄层,每一薄层是均匀的,各薄层的折射率 n 随高度的增加而减小,这样当电波在大气层中依次通过每个薄层界面时,射线都将产生偏折,因而电波射线形成一条向下弯曲的弧线,如图 7-18 所示。

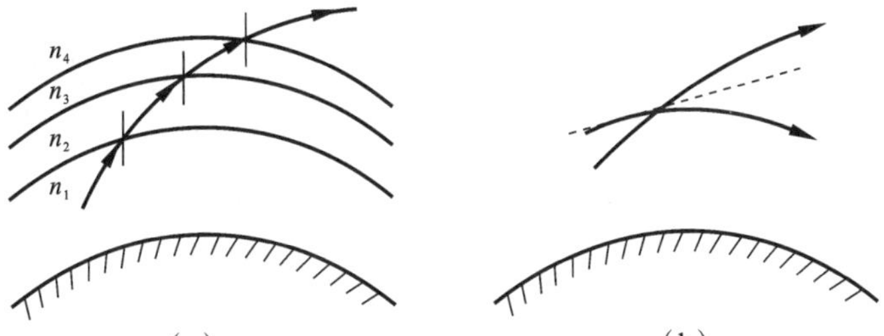

图 7-18 大气层对电波的折射

当考虑大气的不均匀性对电波传播轨迹的影响时,视距公式应修正为

$$r_v=\sqrt{2a_e}(\sqrt{h_1}+\sqrt{h_2})=4.12(\sqrt{h_1}+\sqrt{h_2})\times10^3 \quad (7.8.14)$$

在光学上,$r<r_v$ 的区域称为照明区,$r>r_v$ 的区域称为阴影区。因为电波频率远低于光学频率,故不能完全按上述几何光学的观点划分区域。通常把 $r<0.8r_v$ 的区域称为照明区,将 $r>1.2r_v$ 的区域称为阴影区,而把 $0.8r_v<r<1.2r_v$ 的区域称为半照明半阴影区。

2. 大气对电波的衰减

大气对电波的衰减主要来自两个方面。一方面是云、雾、雨、雪等小水滴对电波的热吸收及水分子、氧分子对电波的谐振吸收。热吸收与小水滴的浓度有关,谐振吸收与工作波长有关。另一方面是云、雾、雨、雪等小水滴对电波的散射,散射衰减与小水滴半径的六次方成正比,与波长的四次方成反比。当工作波长短于 5 cm 时,就应该考虑大气层对电波的衰减,尤其当工作波长短于 3 cm 时,大气层对电波的衰减将趋于严重。就云、雾、雨、雪对微波传播的影响来说,降雨引起的衰减最为严重,对 10 kHz 以上的频率,由降雨引起的电波衰减在大多数情况下是可观的。因此在地面和卫星通信线路的设计中都要考虑由降雨引起的衰减。

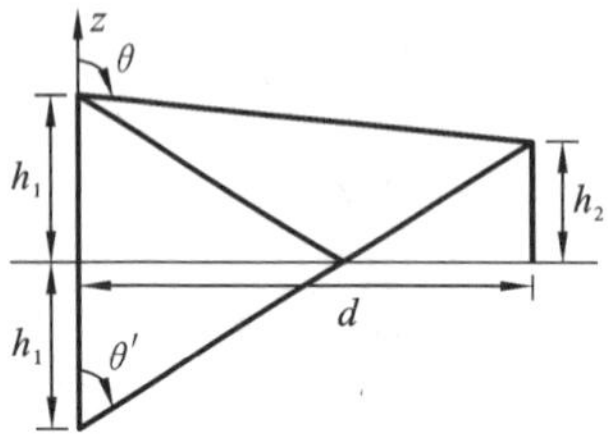

图 7-19 直射波与反射波

3. 场分析

在视距传播中,除了自发射天线直接到达接收天线的直射波外,还存在从发射天线经由地面反射到达接收天线的反射波,直射波与反射波如图 7-19 所示。因此接收天线处的场是直射波与反射波的叠加。

设 h_1 为发射天线高度,h_2 为接收天线高度,d 为收、发天线间距,E 为接收点场强,$E_{\theta1}$ 为直射波,$E_{\theta2}$ 为反射波。根据上面的分析,接收点的场强为

$$E=E_{\theta1}+E_{\theta2} \tag{7.8.15}$$

式中

$$\begin{cases} E_{\theta1}=E_0 f(\theta)\dfrac{e^{-jkr}}{r} \\ E_{\theta2}=RE_0 f(\theta')\dfrac{e^{-jkr'}}{r'} \end{cases} \tag{7.8.16}$$

式中,R 为反射点处的反射系数,$R=|R|\ e^{j\varphi}$;$f(\theta)$为天线方向函数。

如果两天线间距离 $d\gg h_1,h_2$,则有

$$\begin{cases} \theta=\theta' \\ E=a_\theta E_0 f(\theta)\dfrac{e^{-jkr}}{r}F \end{cases} \tag{7.8.17}$$

式中

$$F=1+|R|e^{-j[k(r'-r)-\varphi]} \tag{7.8.18}$$

而

$$r'-r\approx\frac{(h_1+h_2)^2}{2d}-\frac{(h_2-h_1)^2}{2d}=\frac{2h_1h_2}{d} \tag{7.8.19}$$

将式(7.8.19)代入式(7.8.18)得

$$F=1+|R|e^{-j(k2h_1h_2/d-\varphi)} \tag{7.8.20}$$

当地面电导率为有限值时,若射线仰角很小,则有

$$R_H\approx R_V\approx-1 \tag{7.8.21}$$

式中,R_H 为水平极化波的反射系数;R_V 为垂直极化波的反射系数。

对于视距通信电路来说,电波的射线仰角是很小的(通常小于 1°),所以有

$$|F|=|1-e^{-jk2h_1h_2/d}|=2\left|\sin\left(\frac{2\pi h_1h_2}{d\lambda}\right)\right| \tag{7.8.22}$$

由式(7.8.22)可得到下列结论。

(1) 当工作波长和收、发天线间距不变时,接收点场强随天线高度 h_1 和 h_2 的变化而

在零值与最大值之间波动，如图 7-20 所示。

(2) 当工作波长和两天线高度 h_1、h_2 都不变时，接收点场强随两天线间距的增大而呈波动变化，间距减小，波动范围减小，如图 7-21 所示。

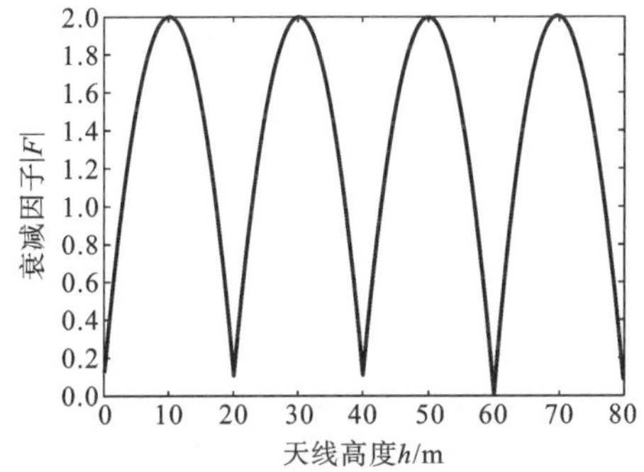

图 7-20 接收点场强随天线高度变化的曲线图

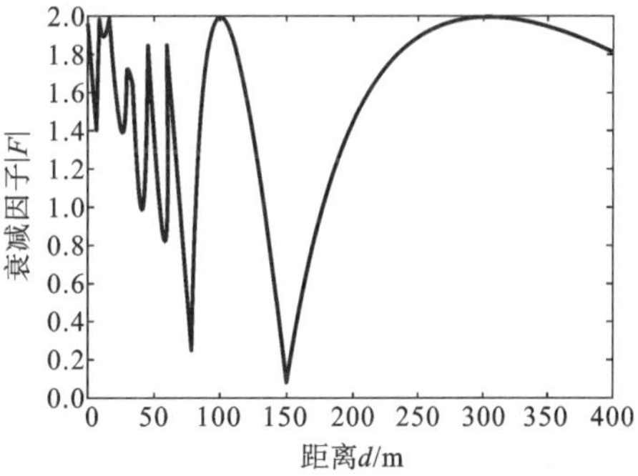

图 7-21 接收点场强随间距变化的曲线

(3) 当两天线高度 h_1 和 h_2 及间距 d 不变时，接收点场强随工作波长 λ 呈波动变化，如图 7-22 所示。

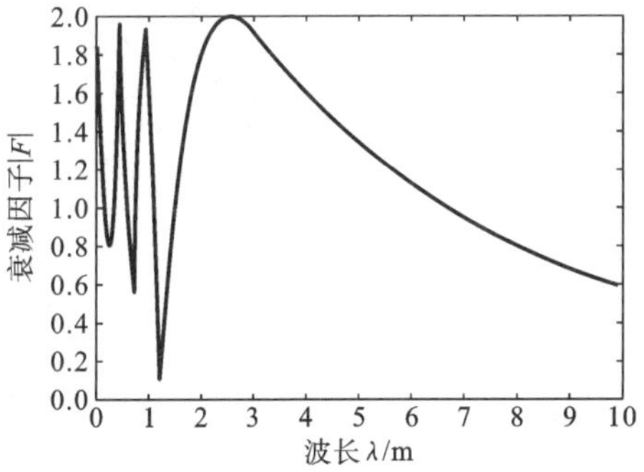

图 7-22 接收点场强随工作波长 λ 的变化曲线

总之，在微波视距通信设计中，为使接收点场强稳定，希望反射波的成分愈小愈好。所以在通信信道路径的设计和选择时，要尽可能地利用起伏不平的地形或地物，使反射波场强削弱或改变反射波的传播方向，使其不能到达接收点，以保证接收点场强稳定。

7.8.3 天波传播

天波传播通常是指自发射天线发出的电波在高空被电离层反射后到达接收点的传播方式，有时也称电离层电波传播，主要用于中波和短波波段。

1. 电离层概况

电离层是地球高空大气层的一部分，从离地面 60 km 的高度一直延伸到 1000 km 的高空。由于电离层电子密度不是均匀分布的，因此，电子密度随高度的变化相应地分为 D,E,F_1,F_2 四层，每一个区域的电子浓度都有一个最大值，如图 7-23 所示。电离层主要是太阳的紫外辐射形成的，因此其电子密度与日照密切相关——白天大，晚间小，而且晚间 D 层消失；电离层电子密度又随季节不同而产生变化。除此之外，太阳的骚动与黑子活动也对电离层电子密度产生很大影响。

2. 无线电波在电离层中的传播

仿照电波在视距传播中的介绍方法，可将电离层分成许多薄片层，每一薄片层的电子密度是均匀的，但彼此是不等的。根据经典电动力学可求得自由电子密度为 N_e 的各向同性均匀介质的相对介电常数为

$$\varepsilon_r = 1 - \frac{80.0N_e}{f^2} \tag{7.8.23}$$

其折射率为

$$n = \sqrt{1 - \frac{80.0N_e}{f^2}} < 1 \tag{7.8.24}$$

式中，f 为电波的频率。

当电波入射到空气与电离层界面时，由于电离层折射率小于空气折射率，折射角大于入射角，射线要向下偏折。当电波进入电离层后，由于电子密度随高度的增加而逐渐减小，因此各薄片层的折射率依次变小，电波将连续下折，直至到达某一高度处电波开始折回地面。可见，电离层对电波的反射实质上是电波在电离层中连续折射的结果。

电离层对电波的连续折射如图 7-24 所示，在各薄片层间的界面上连续应用折射定律可得

$$n_0 \sin\theta_0 = n_1 \sin\theta_1 = \cdots = n_i \sin\theta_i \tag{7.8.25}$$

式中，n 为空气折射率，$n_0 = 1$；θ_0 为电波进入电离层时的入射角。

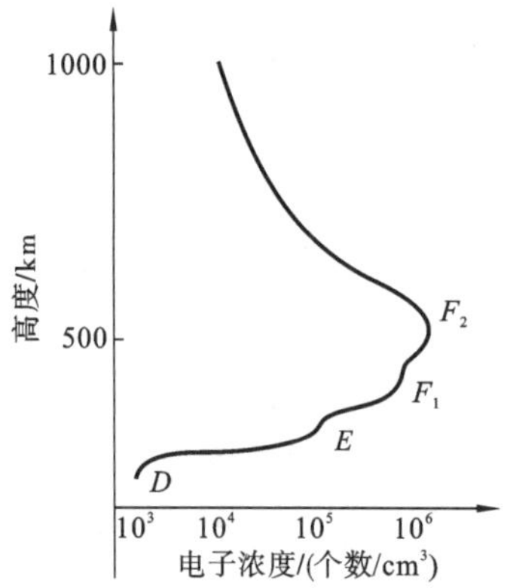

图 7-23 电离层电子密度随高度的变化的分布

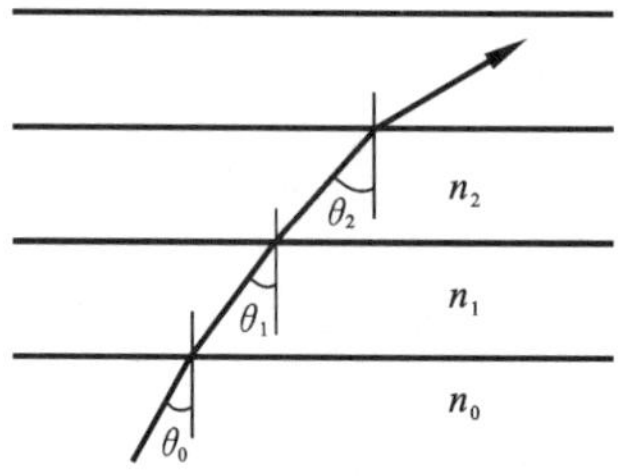

图 7-24 电离层对电波的连续折射

设电波在第 i 层处到达最高点，然后开始折回地面，则将 $\theta_i = 90°$ 代入式(7.8.25)得

$$\sin\theta_0 = n_i = \sqrt{1 - \frac{80.0N_i}{f^2}} \tag{7.8.26}$$

或

$$f = \sqrt{80.0N_i}\sec\theta_0 \tag{7.8.27}$$

式(7.8.27)揭示了天波传播时，电波频率 f(Hz)与入射角 θ_0 和电波折回处的电子密度 N_i(电子数/m^3)三者之间的关系。由此引入下列几个概念。

1) 最高可用频率

由式(7.8.27)可求得当电波以 θ_0 入射时，电离层把电波反射回来的最高可用频率为

$$f_{max} = \sqrt{80.0N_{max}}\sec\theta_0 \tag{7.8.28}$$

式中，$N_{\max}$为电离层的最大电子密度。

也就是说，当电波入射角 θ_0 一定时，随着频率的增高，电波反射后所到达的距离越远。当电波工作频率高于 $f_{\max}$时，由于电离层不存在比 $N_{\max}$更大的电子密度，因此电波不能被电离层“反射”回来而穿出电离层，θ_0 一定而频率不同时的射线如图 7-25 所示，这正是超短波和微波不能以天波传播的原因。

2）天波静区

由式(7.8.26)可得电离层能把频率为 f(Hz)的电波“反射”回来的最小入射角 $\theta_{0\min}$为

$$\theta_{0\min}=\arcsin\sqrt{1-\frac{80.0N_{\max}}{f^2}} \tag{7.8.29}$$

这就是说，当电波频率一定时，射线对电离层的入射角 θ_0 越小，电波需要到达电子浓度越高的地方才能被反射回来，如图 7-26 中的曲线“1”“2”；但当 θ_0 继续减小时，通信距离变远，如图 7-26 中的曲线“3”；当入射角 $\theta_0<\theta_{0\min}$时，电波能被电离层反射回来所需的电子密度超出实际存在的 $N_{\max}$，于是电波穿出电离层，如图 7-26 中的曲线“4”。

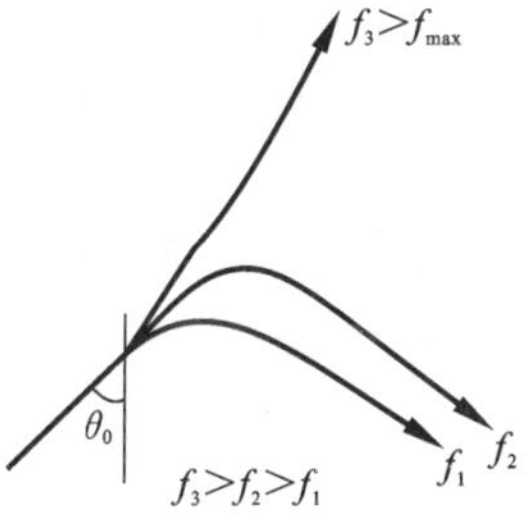

图 7-25　θ_0 一定而频率不同时的射线

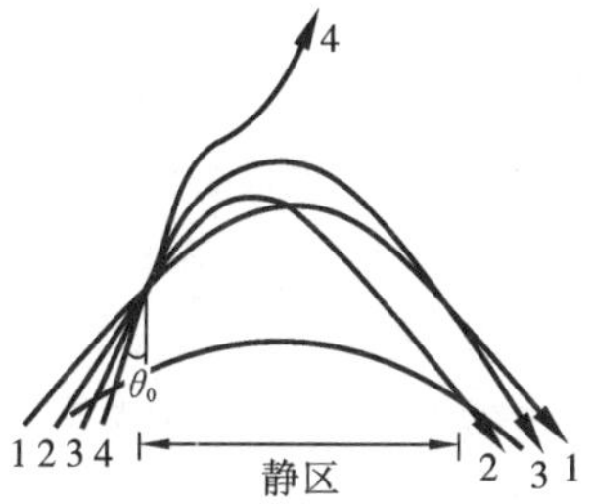

图 7-26　频率一定时通信距离与入射角的关系

由于入射角 $\theta_0<\theta_{0\min}$的电波不能被电离层反射回来，以发射天线为中心的、一定半径的区域内就不可能有天波到达，从而形成天波静区。

3）多径效应

由天线射向电离层的一束电波在不同的高度上被反射回来，因而有多条路径到达接收点，如图 7-27 所示，这种现象称为多径传输。

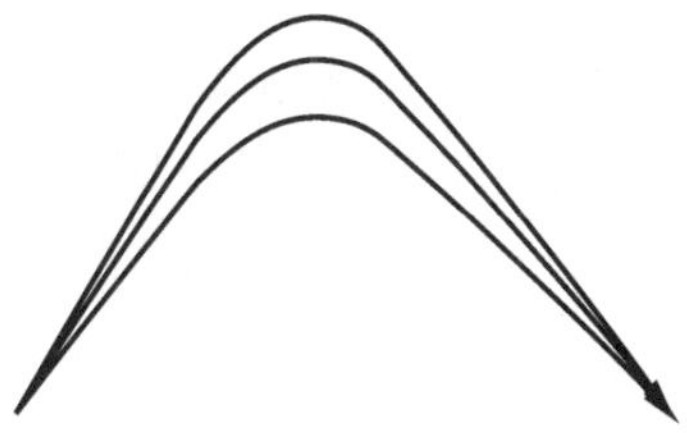

图 7-27　多径传输

电离层的电子密度随气候变化不时产生起伏，引起各射线路径也不时产生变化。这样，各射线间的波程差也不断变化，从而使接收点的合成场的大小产生波动。这种由多径传输引起的接收点场强的起伏变化称为多径效应。正如本章前面所述，多径效应造成了信号的衰落。

4）最佳工作频率 f_{opt}

电离层中自由电子的运动耗散电波的能量使电波产生衰减，但电离层对电波的吸收主要是在 D 层和 E 层，因此为了减小电离层对电波的吸收，天波传播应尽可能采用较高的工作频率。然而当工作频率过高时，电波需到达电子密度很大的地方才能被反射回来，这就大大增加了电波在电离层中的传播距离，随之也增大了电离层对电波的衰减。为此，通常取最佳工作频率为

$$f_{\mathrm{opt}}=0.85f_{\max} \tag{7.8.30}$$

还需要注意的是，电离层的 D 层对电波的吸收是很严重的。夜晚，D 层消失，致使天波信号增强，这正是晚上能接收到更多短波电台的原因。

总之，天波通信具有以下特点。

(1) 频率的选择很重要。频率太高，电波穿透电离层射向太空；频率太低，电离层吸收太大，以致不能保证必要的信噪比。通信频率必须选择在最佳频率附近，而这个最佳频率的确定，不仅与年、月、日、时有关，还与通信距离有关。同样的电离层状况，通信距离近的，最高可用频率低，通信距离远的，最高可用频率高。显然，为了通信可靠，必须在不同时刻使用不同的频率。但为了避免换频的次数太多，通常一日之内使用两个频率(日频和夜频)或三个频率。

(2) 天波传播的随机多径效应严重，多径时延较大，信道带宽较窄。因此，对传输信号的带宽有很大限制，特别是数字通信，为了保证通信质量，在接收时必须采用相应的抗多径措施。

(3) 天波传播不太稳定，衰落严重，在设计电路时必须考虑衰落影响，使电路设计留有足够的电平余量。

(4) 电离层所能反射的频率范围是有限的，一般是短波范围。由于波段范围较窄，因此短波电台特别拥挤，电台间的干扰很大。尤其是夜间，由于电离层吸收减小，电波传播条件有所改善，电台间干扰更大。

(5) 天波传播是靠高空电离层的反射进行的，因而受地面的吸收及障碍物的影响较小。也就是说这种传播方式的传输损耗较小，因此能以较小功率进行远距离通信。

(6) 天波通信，特别是短波通信，建立迅速、机动性好、设备简单，是短波天波传播的优点之一。

7.8.4　地面波传播

无线电波沿地球表面传播的传播方式称为地面波传播。当采用低架天线架于地面，且最大辐射方向沿地面时，这时主要是地面波传播。在长、中波波段和短波的低频段($10^3 \sim 10^6$ Hz)均可用这种传播方式。

设有一直立天线架设于地面之上，辐射的垂直极化波沿地面传播时，若大地是理想导体，则接收天线接收到的仍是垂直极化波，如图 7-28 所示。实际上，大地是非理想导电介质，垂直极化波的电场沿地面传播时，就在地面感应出与其一起移动的正电荷，形成电流从而产生欧姆损耗，造成大地对电波的吸收；并沿地表面形成较小的电场水平分量，致使波前倾斜，并变为椭圆极化波，如图 7-29 所示。显然，波前的倾斜程度反映了大地对电波的吸收程度。

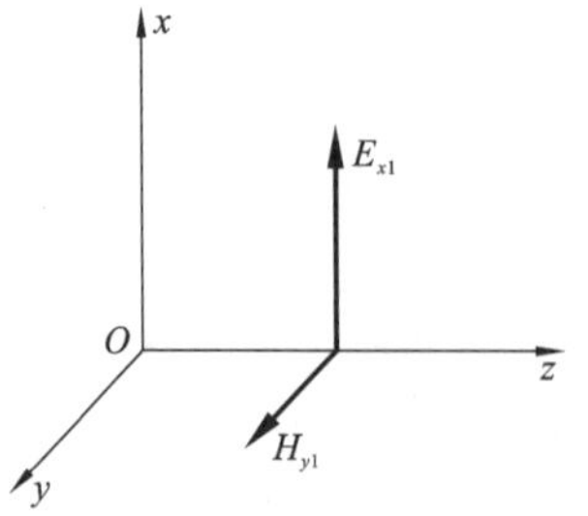

图 7-28　理想导电地面的场结构

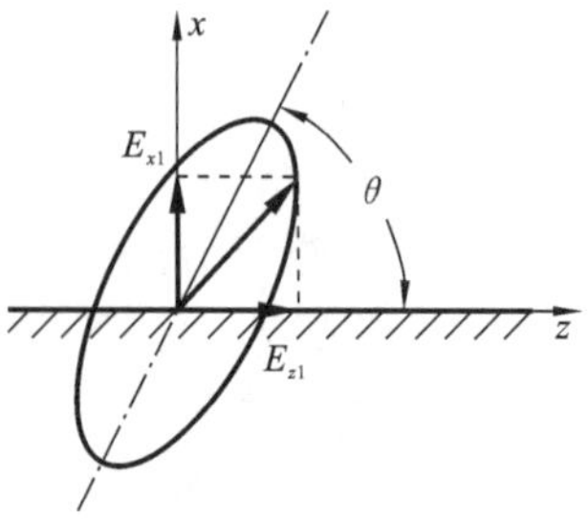

图 7-29　非理想导电地面的场结构

从以上知识可以得到如下结论。

(1) 垂直极化波沿非理想导电地面传播时，由于大地对电波能量的吸收作用，产生了沿传播方向的电场纵向分量 E_{z1}，因此可以用 E_{z1} 的大小来说明传播损耗的情况。当地面的电导率越小或电波频率越高时，E_{z1} 越大，说明传播损耗越大。因此，地面波传播主要用于长、中波传播，短波和米波小型电台采用这种传播方式工作时，只能进行几千米或十几千米的近距离通信。海水的电导率比陆地的高，因此在海面上要比陆地上传得远得多。

(2) 地面波的波前倾斜现象在接收地面上的无线电波中具有实用意义。由于 $E_{x1} \gg E_{z2}$，故在地面上采用直立天线接收较为适宜。但在某些场合，由于受到条件的限制，也可以采用低架天线接收。

(3) 地面波由于地表面的电性能及地貌、地物等并不随时间很快地变化，并且基本上不受气候条件的影响，因此信号稳定，这是地面波传播的突出优点。

应该指出，地面波的传播情况与电波的极化形式有很大的关系。大多数地质情况下，大地的磁导率 $\mu \approx \mu_0$，很难存在横电波模式，因此关于地面波的讨论都是针对横磁波模式的。根据横磁波存在的各场分量 E_{x1}，E_{z1}，H_{y1}，其电场分量在入射平面内，故称为垂直极化波。换句话说，只有垂直极化波才能进行地面波传播。

7.9　理想导体圆柱对平面电磁波的散射

当电磁波遇到障碍物(如理想导体)时，在其上将感应出面电流及面电荷，这些感应电流和电荷所产生的电磁场称为散射场，这种物理现象称为散射，其障碍物称为散射体。此时空间总的电磁场为入射场和散射场的矢量和。下面研究平面电磁波的散射问题，本节讨论平面电磁波垂直入射到无穷长理想圆柱体所引起的散射。

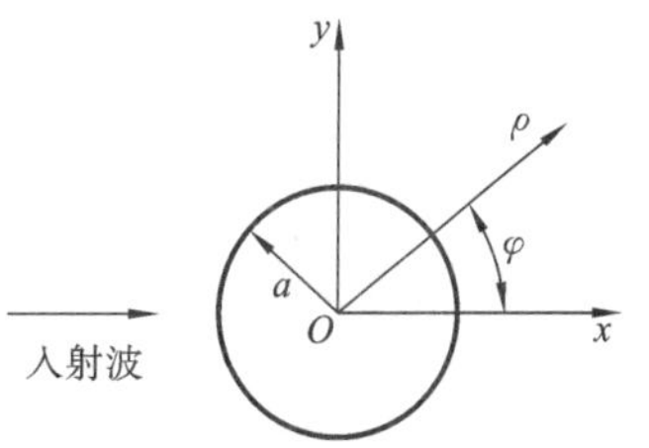

图 7-30　平面波垂直入射无穷长理想导体圆柱

如图 7-30 所示，有一半径为 a 的无穷长理想导体圆柱，其轴线与 z 轴重合，设角频率为 ω 的入射波垂直其轴线入射。如果入射波为任意极化的平面电磁波，则可以将其分解为电场矢量沿 z 轴方向的线极化波和电场矢量沿 y 轴方向的线极化波。由于这两种线极化波的极化方向不同，理想导体圆柱上的感应面电流也完全不同，因而产生的散射场也完全不同，需要分别加以讨论。在具体分析理想导体圆柱对这两种线极化波的散射特性之前，先简单介绍有关波的散射的一些概念。

7.9.1　微分散射宽度、总散射宽度和散射系数

为了描述图 7-30 所示的二维散射问题，需要定义一些参数。如图 7-31 所示，设入射平面波的平均功率密度为 S_i，在角度为 φ 沿 ρ 方向的散射波平均功率密度为 $S_s(\varphi)$。因此，理想导体圆柱每单位长度上在 $\varphi \sim \varphi + d\varphi$ 角度范围内的平均散射功率为

$$dP_s(\varphi) = S_s(\varphi)\rho d\varphi \tag{7.9.1}$$

由式(7.9.1)可设

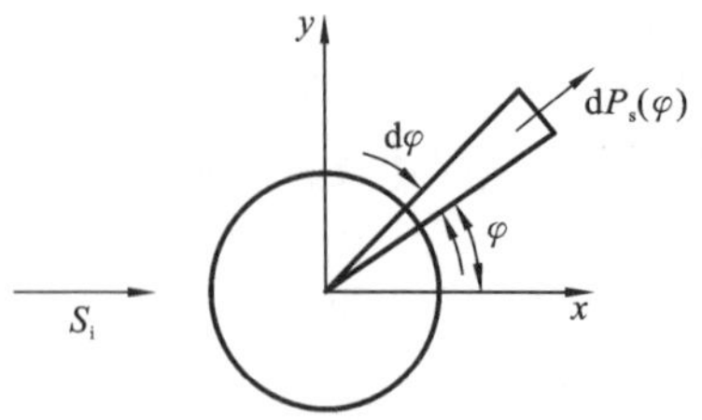

图 7-31 散射参数的定义

$$W(\varphi)=\frac{dP_s(\varphi)}{d\varphi}=S_s(\varphi)\rho \tag{7.9.2}$$

显然，$W(\varphi)$表示理想导体圆柱每单位长度上在角度为 φ 的每单位角度内沿 ρ 方向的平均散射功率，单位为 W/(m · rad)。将 $W(\varphi)$与 S_i 的比值定义为微分散射宽度$K(\varphi)$，即

$$K(\varphi)=\frac{W(\varphi)}{S_i}=\rho\frac{S_s(\varphi)}{S_i} \tag{7.9.3}$$

注意，虽然式(7.9.3)右端项含 ρ，但 $K(\varphi)$仅仅是 φ 的函数。将式(7.9.2)对 φ 积分，并考虑到式(7.9.3)，得

$$P_s=\int_0^{2\pi}W(\varphi)d\varphi=S_i\int_0^{2\pi}K(\varphi)d\varphi \tag{7.9.4}$$

式中，P_s 表示理想导体圆柱每单位长度总的平均散射功率，单位为 W/m。将 P_s 与 S_i 之比定义为总的散射宽度 A_e，即

$$A_e=\frac{P_s}{S_i}=\int_0^{2\pi}K(\varphi)d\varphi \tag{7.9.5}$$

由式(7.9.3)与式(7.9.5)可以看出，$K(\varphi)$与 A_e 的单位均为 m，总的散射宽度 A_e 又称为散射截面，由于计算散射功率都是指每单位导体圆柱上的，因此，A_e 的单位不是 m^2 而是 m。总的散射宽度表示在散射功率方面散射体的有效宽度。对于光波，由于波长很短，总的散射宽度就等于圆柱体的照射宽度。当入射波频率较低，以致圆柱体的几何宽度具有波长数量级或更小时，总的散射宽度明显地不同于圆柱体的几何宽度。

根据式(7.9.3)，微分散射宽度 $K(\varphi)$也可以用波函数表示，因为对 $k\rho$ 很大的远区

$$\frac{S_s(\varphi)}{S_i}=\left|\frac{\varphi_{sc}}{\varphi_i}\right|^2 \tag{7.9.6}$$

所以，微分散射宽度可表示为

$$K(\varphi)=\lim_{\rho\to\infty}\rho\left|\frac{\varphi_{sc}}{\varphi_i}\right|^2 \tag{7.9.7}$$

式中，φ_i 为入射波函数；φ_{sc}为散射波函数。

也可以用散射系数来表示无穷长理想导体圆柱对垂直入射平面波的散射特性。散射系数定义为单位长度导体圆柱的平均散射功率与单位长度导体圆柱上的平均入射功率之比值，即

$$\sigma=\frac{P_s}{S_i 2a}=\frac{1}{2a}\int_0^{2\pi}K(\varphi)d\varphi \tag{7.9.8}$$

式中，a 为导体圆柱的半径；散射系数 σ 是无量纲的量。

7.9.2 波的变换

在分析无穷长理想导体圆柱对垂直入射平面的散射物时，为了运算方便，需要将直角坐标中表示平面电磁波的函数用圆柱坐标系中的柱面波函数表示，这种类型的表达式称为波的变换。

如图 7-30 所示，假设平面电磁波 e^{-jkx}用柱面波表示，由于平面电磁波在坐标原点是有限的，在圆柱坐标系中应当对 φ 有 2π 的周期性，因此，它必须表示为

$$e^{-jkx} = e^{-jk\rho\cos\varphi} = \sum_{n=-\infty}^{\infty} a_n J_n(k\rho) e^{jn\varphi} \tag{7.9.9}$$

式中，柱面波函数 $J_n(k\rho)e^{jn\varphi}$ 可由圆柱坐标系中的波函数令 $\beta=0$（波函数与 z 无关），$\mu=k$ 得到。式(7.9.9)中 a_n 为常数。为了计算 a_n，将式(7.9.9)两端乘以 $e^{jm\varphi}$，并从 0 到 2π 对 φ 积分，于是得到

$$\int_0^{2\pi} e^{-jk\rho\cos\varphi} e^{jm\varphi} d\varphi = 2\pi a_m J_m(k\rho) \tag{7.9.10}$$

式(7.9.10)左端对 ρ 求 m 次导数，并令 $\rho=0$，可求得

$$j^{-m}k^m \int_0^{2\pi} \cos^m\varphi e^{-jm\varphi} d\varphi = \frac{2\pi j^{-m}k^m}{2^m} \tag{7.9.11}$$

式(7.9.10)右端对 ρ 求 m 次导数，并令 $\rho=0$，可求得结果为 $2\pi k^m a_m/2^m$，于是有

$$a_m = j^{-m}$$

将 $a_n=j^{-n}$ 代入式(7.9.9)，则

$$e^{-jkx} = e^{-jk\rho\cos\varphi} = \sum_{n=-\infty}^{\infty} j^{-n} J_n(k\rho) e^{jn\varphi} \tag{7.9.12}$$

同时，由式(7.9.10)也可得到

$$J_n(k\rho) = \frac{j^n}{2\pi}\int_0^{2\pi} e^{-jk\rho\cos\varphi} e^{jn\varphi} d\varphi \tag{7.9.13}$$

式(7.9.13)就是第一类贝塞尔函数的积分表达式。式(7.9.12)是将平面电磁波 e^{-jkx} 以柱面波函数表示的波的变换。

7.9.3　理想导体圆柱对沿 z 方向极化的垂直入射平面电磁波的散射

如图 7-32 所示，设入射波为沿 x 方向极化的平面电磁波，即

$$\boldsymbol{E}_i = E_{zi}\boldsymbol{u}_z = E_0 e^{-jkx}\boldsymbol{u}_z = E_0 e^{-jk\rho\cos\varphi}\boldsymbol{u}_z \tag{7.9.14}$$

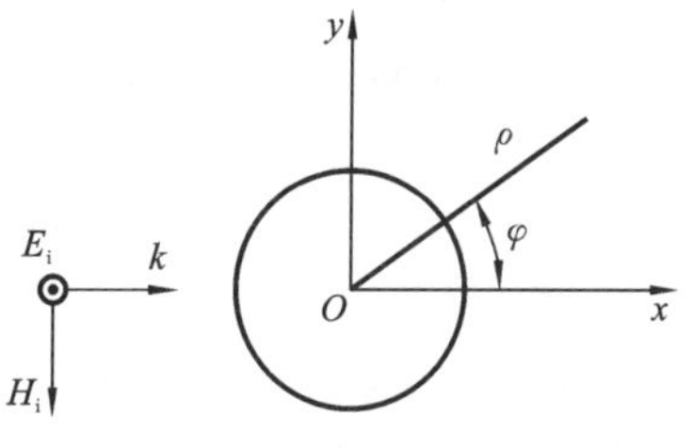

图 7-32　散射参数的定义

应用式(7.9.12)的变换，将入射波表示为

$$E_{zi} = E_0 \sum_{n=-\infty}^{+\infty} j^{-n} J_n(k\rho) e^{jn\varphi} \tag{7.9.15}$$

当存在无穷长理想导体圆柱时，空间的总场为入射场与散射场之和，即

$$E_z = E_{zi} + E_{zs} \tag{7.9.16}$$

因为散射场应当是向外的行波，满足辐射条件式(7.9.15)，故散射场必须表示为

$$E_{zs} = E_0 \sum_{n=-\infty}^{\infty} j^{-n} a_n H_n^{(2)}(k\rho) e^{jn\varphi} \tag{7.9.17}$$

因而总场可表示为

$$E_z = E_0 \sum_{n=-\infty}^{\infty} j^{-n}[J_n(k\rho) + a_n H_n^{(2)}(k\rho)] e^{jn\varphi} \tag{7.9.18}$$

在理想导体圆柱面 $\rho=a$ 上，必须满足 $E_z=0$ 的边界条件，由式(7.9.18)可得

$$a_n = -\frac{J_n(ka)}{H_n^{(2)}(ka)} \tag{7.9.19}$$

将式(7.9.19)代入式(7.9.18)，可得总场为

$$E_z = E_0 \sum_{n=-\infty}^{\infty} \mathrm{j}^{-n}\left[\mathrm{J}_n(k\rho) - \frac{\mathrm{J}_n(ka)}{\mathrm{H}_n^{(2)}(ka)}\mathrm{H}_n^{(2)}(k\rho)\right]\mathrm{e}^{\mathrm{j}n\varphi} \tag{7.9.20}$$

理想导体圆柱上的表面电流为

$$J_{sz} = H_\varphi\big|_{\rho=a} = \frac{1}{\mathrm{j}\omega\mu}\frac{\partial E_z}{\partial \rho}\bigg|_{\rho=a} \tag{7.9.21}$$

将式(7.9.20)代入式(7.9.21)，并应用式(7.9.22)得

$$\mathrm{H}_n^{(2)\prime}(x)\mathrm{J}_{\mathrm{p}}(x) - \mathrm{H}_n^{(2)}(x)\mathrm{J}'_{\mathrm{p}}(x) = \frac{2}{\mathrm{j}\pi x} \tag{7.9.22}$$

可求得

$$J_{sz} = \frac{2E_0}{\omega\mu\pi a}\sum_{n=-\infty}^{\infty}\frac{\mathrm{j}^{-n}\mathrm{e}^{\mathrm{j}n\varphi}}{\mathrm{H}_n^{(2)}(ka)} \tag{7.9.23}$$

由式(7.9.17)、式(7.9.19)以及 $\mathrm{H}_n^{(2)}(k\rho)$ 的大宗量渐近公式，可求得远区散射场为

$$E_{zs} = E_0\sqrt{\frac{2\mathrm{j}}{\pi k\rho}}\mathrm{e}^{-\mathrm{j}k\rho}\sum_{n=-\infty}^{\infty}a_n\mathrm{e}^{\mathrm{j}n\varphi} = E_0\sqrt{\frac{2\mathrm{j}}{\pi k\rho}}\mathrm{e}^{-\mathrm{j}k\rho}\sum_{n=-\infty}^{\infty}\frac{-\mathrm{J}_n(ka)}{\mathrm{H}_n^{(2)}(ka)}\mathrm{e}^{\mathrm{j}n\varphi} \tag{7.9.24}$$

散射场与入射场之比值为

$$\left|\frac{E_{zs}}{E_{zi}}\right| = \sqrt{\frac{2}{\pi k\rho}}\left|\sum_{n=-\infty}^{\infty}\frac{\mathrm{J}_n(ka)}{\mathrm{H}_n^{(2)}(ka)}\mathrm{e}^{\mathrm{j}n\varphi}\right| \tag{7.9.25}$$

式(7.9.25)就是计算散射场方向图的公式。

由式(7.9.7)与式(7.9.25)可求得微分散射宽度为

$$K(\varphi) = \frac{2}{\pi k}\left|\sum_{n=-\infty}^{\infty}\frac{\mathrm{J}_n(ka)}{\mathrm{H}_n^{(2)}(ka)}\mathrm{e}^{\mathrm{j}n\varphi}\right|^2 \tag{7.9.26}$$

式(7.9.26)对 φ 由 0 到 2π 积分，可求得总散射宽度为

$$A_{\mathrm{e}} = \int_0^{2\pi}K(\varphi)\mathrm{d}\varphi = \frac{4}{k}\sum_{n=-\infty}^{\infty}\left|\frac{\mathrm{J}_n(ka)}{\mathrm{H}_n^{(2)}(ka)}\right|^2 \tag{7.9.27}$$

注意，微分散射宽度表达式(7.9.26)中，$K(\varphi)$是通过先对每一项的贡献求和，然后再平方求得的；总散射宽度表达式(7.9.27)中，A_{e}是通过先将每一项的贡献平方，然后再求和。因此，总的散射功率等于每一项所代表的部分波散射功率之和，其原因是函数 $\mathrm{e}^{\mathrm{j}n\varphi}$ 的正交性使得所有交叉项的积分等于零。

当 ka 较大时，式(7.9.24)～式(7.9.27)中的级数收敛很慢，当 $ka=3$ 时，取 6 项可以得到满意的结果。然而，当 $ka=100$ 时，需要取 100 项以上。因此，当入射波频率较高、导体圆柱半径较大时，要计算 $K(\varphi)$、A_{e} 和散射方向图都是困难的，应用瓦特森变换得到快速收敛级数。但是，当 $ka\ll1$ 时，计算 $K(\varphi)$、A_{e} 等是相当容易的。当 $ka\ll1$ 时，级数中 $n=0$ 和 $n=\pm1$ 是主要的，应用贝塞尔函数和汉克尔函数的小宗量近似公式，可求得 $K(\varphi)$的近似表达式为

$$K(\varphi) = \frac{\pi}{2k}\left|\frac{1}{\ln(\Gamma ka/2)} + (ka)^2\cos\varphi\right|^2 \tag{7.9.28}$$

式中，$\Gamma=1.78167$。当已知 $ka\ll1$ 时，式(7.9.28)中 $(ka)^2\cos\varphi$ 比 $\dfrac{1}{\ln(\Gamma ka/2)}$ 小，因而微分散射宽度随角度 φ 的变化很小，散射大致上是无方向性的。如果忽略式(7.9.28)中的 $(ka)^2\cos\varphi$，代入式(7.9.27)并积分，可求得总散射宽度为

$$A_{\mathrm{e}} = \int_0^{2\pi}K(\varphi)\mathrm{d}\varphi = \frac{\pi^2}{k}\left[\frac{1}{\ln(\Gamma ka/2)}\right]^2 \tag{7.9.29}$$

而散射系数为

$$\sigma=\frac{\pi^2}{2ka}\left[\frac{1}{\ln(\Gamma ka/2)}\right]^2 \tag{7.9.30}$$

为了有助于建立对这种散射现象的感性概念，下面列举一些数据。若 $ka=2\pi a/\lambda=10^{-3}$，即入射波波长等于导体圆柱的周长的1000倍，由式(7.9.30)可求得散射系数 $\sigma=100$，此时导体圆柱对入射波有很大的散射效应。若 $ka=10^{-1}$，入射波波长等于导体圆柱周长的10倍，则散射系数 $\sigma=8.4$。若 ka 继续增大，即入射波波长继续变短，则散射系数 a 继续减小。在波长很短的极限情况下，可以预料散射系数 $\sigma=1$，即总散射宽度等于导体圆柱的直径。

例如，当 $ka=3.1$ 时，根据式(7.9.20)的计算结果，图7-33画出了沿 x 轴上的电场相对振幅的分布曲线。x 轴上导体圆柱左侧($x<0$)为入射波直接“照射区”，并且由于入射平面波与圆柱体较弱的散射波互相干扰而形成行驻波。x 轴上导体圆柱右侧($x>0$)为“阴影区”，由图可知，入射波不能直接照射的阴影区仍然存在绕射波，在阴影区内离圆柱足够远的地方 E_z 达到 E_{zi}。

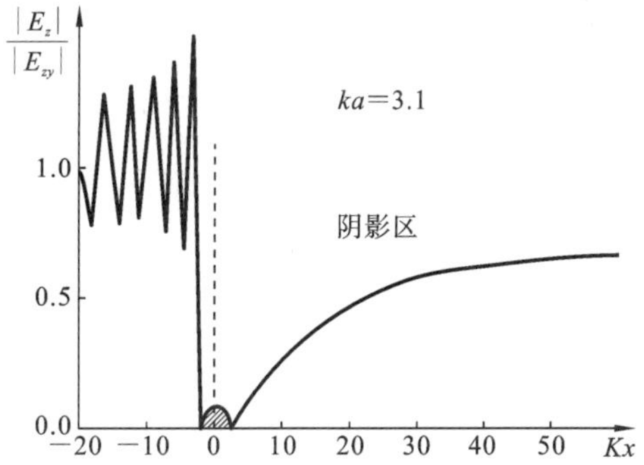

图7-33 沿 x 轴上的电场相对振幅的分布曲线

7.9.4 理想导体圆柱对沿 y 方向极化的垂直入射平面电磁波的散射

下面分析无穷长理想导体圆柱对沿 y 方向极化的垂直入射平面电磁波的散射特性，如图7-34所示。由于入射波的磁场方向平行 z 轴，即 $\boldsymbol{H}_i=\boldsymbol{H}_{zi}\boldsymbol{u}_z$，因此，圆柱坐标系中波函数必须设为 $\boldsymbol{H}_z$。设

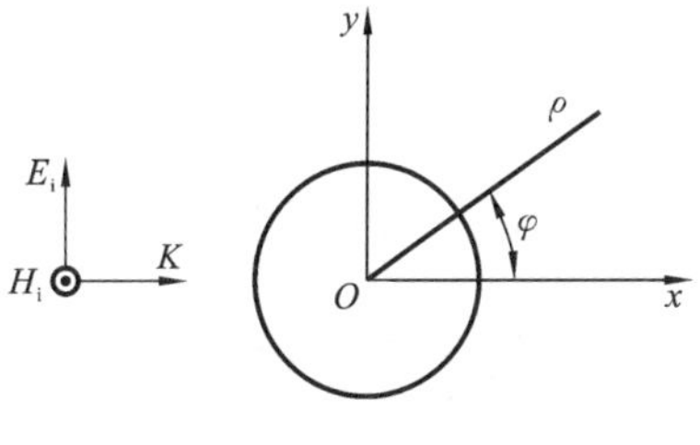

图7-34 沿 y 方向极化的垂直入射平面电磁波的散射特性

$$H_{zi}=H_0e^{-jkx}=H_0\sum_{n=-\infty}^{\infty}j^{-n}J_n(k\rho)e^{jn\varphi} \tag{7.9.31}$$

总场等于入射场和散射场之和，即

$$H_z=H_{zi}+H_{zs} \tag{7.9.32}$$

为了代表向外的行波，散射场可表示为下列形式：

$$H_{zs}=H_0\sum_{n=-\infty}^{\infty}j^{-n}b_nH_n^{(2)}(k\rho)e^{jn\varphi} \tag{7.9.33}$$

因此，总场可表示为

$$H_z=H_0\sum_{n=-\infty}^{\infty}j^{-n}[J_n(k\rho)+b_nH_n^{(2)}(k\rho)]e^{jn\varphi} \tag{7.9.34}$$

边界条件为 $\rho=a$、$E_\varphi=0$，由麦克斯韦第一方程有

$$E_\varphi=\frac{1}{j\omega\varepsilon}[\nabla\times(H_z\boldsymbol{u}_z)]_\varphi=\frac{jk}{\omega\varepsilon}H_0\sum_{n=-\infty}^{\infty}j^{-n}[J'_n(k\rho)+b_nH_n^{(2)}(k\rho)]e^{jn\varphi} \tag{7.9.35}$$

为了满足边界条件，必须有

$$b_n=-\frac{J'_n(ka)}{H_n^{(2)\prime}(ka)} \tag{7.9.36}$$

由此，可求得散射场和总场分别为

$$H_{zs}=-H_0\sum_{n=-\infty}^{\infty}\mathrm{j}^{-n}\frac{\mathrm{J}'_n(ka)}{\mathrm{H}_n^{(2)'}(ka)}\mathrm{H}_n^{(2)}(k\rho)\mathrm{e}^{\mathrm{j}n\varphi} \tag{7.9.37}$$

$$H_z=H_0\sum_{n=-\infty}^{\infty}\mathrm{j}^{-n}\left[\mathrm{J}_n(k\rho)-\frac{\mathrm{J}'_n(ka)}{\mathrm{H}_n^{(2)'}(ka)}\mathrm{H}_n^{(2)}(k\rho)\right]\mathrm{e}^{\mathrm{j}n\varphi} \tag{7.9.38}$$

导体圆柱上的表面电流为

$$J_{s\varphi}=-H_z\big|_{\rho=a}=-\mathrm{j}\frac{2E_0}{\pi ka}\sum_{n=-\infty}^{\infty}\frac{\mathrm{j}^{-n}\mathrm{e}^{\mathrm{j}n\varphi}}{\mathrm{H}_n^{(2)'}(ka)} \tag{7.9.39}$$

应用汉克尔函数 $\mathrm{H}_n^{(2)}(k\rho)$大宗量渐近公式，由式(7.9.37)可求得远区散射场为

$$H_{zs}=H_0\sqrt{\frac{2\mathrm{j}}{\pi k\rho}}\mathrm{e}^{-\mathrm{j}k\rho}\sum_{n=-\infty}^{\infty}\frac{-\mathrm{J}'_n(ka)}{\mathrm{H}_n^{(2)'}(ka)}\mathrm{e}^{\mathrm{j}n\varphi} \tag{7.9.40}$$

于是，散射场与入射场之比为

$$\left|\frac{H_{zs}}{H_{zi}}\right|=\sqrt{\frac{2}{\pi k\rho}}\left|\sum_{n=-\infty}^{\infty}\frac{-\mathrm{J}'_n(ka)}{\mathrm{H}_n^{(2)'}(ka)}\mathrm{e}^{\mathrm{j}n\varphi}\right| \tag{7.9.41}$$

当 $ka\ll 1$ 时，可求得

$$\frac{-\mathrm{J}'_n(ka)}{\mathrm{H}_n^{(2)'}(ka)}=\begin{cases}-\dfrac{\mathrm{j}\pi\,(ka)^2}{4}, & n=0\\[2mm] \dfrac{\mathrm{j}\pi\,(ka)^2}{4}, & |n|=1\\[2mm] \dfrac{\mathrm{j}\pi\,(ka/2)^{2\,|n|}}{|n|!\,(|n|-1)!}, & |n|>1\end{cases} \tag{7.9.42}$$

式(7.9.42)中取 $n=0$ 和 $n=\pm 1$，可求得 $ka\ll 1$ 时散射场方向图计算公式为

$$\left|\frac{H_{zs}}{H_{zi}}\right|=\frac{\pi\,(ka)^2}{4}\sqrt{\frac{2}{\pi k\rho}}\,|1-2\cos\varphi| \tag{7.9.43}$$

将式(7.9.43)代入式(7.9.7)，亦可求得微分散射宽度为

$$K(\varphi)=\frac{1}{8}\pi a\,(ka)^3\,\frac{2}{\pi k}\,|1-2\cos\varphi|^2 \tag{7.9.44}$$

由式(7.9.43)与式(7.9.44)可以看出，当 $ka\ll 1$ 时，$K(\varphi)\ll 1$，散射场强远小于入射场强，而且散射具有明显的方向性，反向散射($\varphi=\pi$)与正向散射($\varphi=0$)之比 $K(\pi)/K(0)=9$，与入射方向成 $\pi/3$ 的角度($\varphi=\pm\pi/3$)上没有散射。根据式(7.9.44)可画出相对的 $K(\varphi)$表示的散射方向图，如图 7-35 所示。

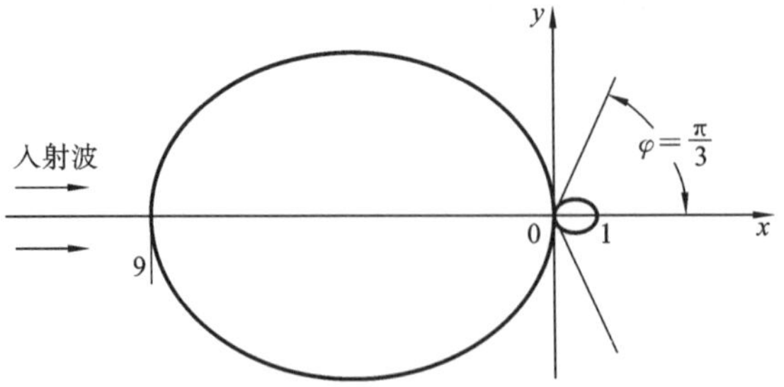

图 7-35 相对的 $K(\varphi)$表示的散射方向图

由式(7.9.44)可求得总的散射宽度和散射系数分别为

$$A_{\mathrm{e}}=\int_0^{2\pi}K(\varphi)\mathrm{d}\varphi=\frac{3}{4}\pi^2 a\,(ka)^3 \tag{7.9.45}$$

$$\sigma = \frac{A_e}{2a} = \frac{3}{8}\pi^2 a\,(ka)^3 \tag{7.9.46}$$

由此可知，当 $ka \ll 1$ 时，总的散射宽度和散射系数都是很小的，当 $ka=0.1$ 时，散射系数 σ 小于 1%。

由上面可以看出，当 $ka \ll 1$ 时，无穷长理想导体圆柱对于沿 z 方向极化和沿 y 方向极化的垂直入射平面波具有显著不同的散射特性：前者散射几乎是无方向性的，散射系数 σ 随 ka 的增大而减小，而后者散射具有很强的方向性，散射系数随 ka 的增大而增大。其原因在于两种情况下导体圆柱上有完全不同的感应面电流。对于沿 z 方向极化的平面电磁波，导体圆柱上的感应面电流等于 J_{sz}。由式(7.9.23)可以看出，J_{sz} 中 $n=0$ 项是主要的，对 $n=\pm 1$ 两项的电流的辐射是很弱的。对于沿 y 方向极化的平面电磁波，导体圆柱上的感应面电流为 $J_{s\varphi}$。由式(7.9.39)可以看出，虽然 $J_{s\varphi}$ 中 $n=0$ 项是主要的，但是 $n=\pm 1$ 项能更有效地辐射，因为 $n=0$ 项表示沿 φ 方向的均匀电流环，它等效于线磁流，$n=\pm 1$ 两项等于 y 方向的电偶极子，电偶极子比磁偶极子能更有效地辐射。因此，对于沿 y 方向极化的平面电磁波，$J_{s\varphi}$ 中 $n=\pm 1$ 两项的作用不能忽略。

7.10　理想导体圆柱对柱面波的散射

本节讨论无穷长理想导体圆柱对柱面波的散射问题。首先证明，柱面波就是无穷长等值、同相的简谐线电流在空间产生的辐射场。然后再进行波的变换，利用边界条件便可确定理想导体圆柱对柱面波的散射场。显然，本节讨论的问题实际上就是无穷长等值、同相的简谐线电流在存在无穷长理想导体圆柱情况下的辐射问题。

7.10.1　柱面波的波源

假设沿 z 轴有一条无穷长等值、同相的简谐线电流，如图 7-36 所示，根据第 2 章关于矢位 $\boldsymbol{A}$ 及线电流的电磁场的有关知识，可以预料 $\boldsymbol{A}$ 只有 A_z 分量，电磁场应当是对 z 方向的 TM 波。从对称关系考虑，A_z 和电磁场量应当与 φ、z 无关，因此，可选取

$$A_z = c\mathrm{H}_0^{(2)}(k\rho) \tag{7.10.1}$$

表示向外的行波，式中 c 为待定常数。根据麦克斯韦第一方程的积分形式有

$$\lim_{\rho\to 0}\oint H_\varphi \rho\,\mathrm{d}\varphi = I \tag{7.10.2}$$

因为 $\boldsymbol{H}=\frac{1}{\mu}\nabla\times\boldsymbol{A}$，所以可求得

$$H_\varphi = -\frac{1}{\mu}\frac{\partial A_z}{\partial\rho} = -\frac{c}{\mu}\frac{\partial}{\partial\rho}[\mathrm{H}_0^{(2)}(k\rho)] \tag{7.10.3}$$

当 $\rho\to 0$ 时，由式(7.10.3)可求得 $H_\varphi = \mathrm{j}2c/\mu\pi\rho$，代入式(7.10.2)可求得待定常数

$$c = \frac{\mu I}{4\mathrm{j}} \tag{7.10.4}$$

于是有

$$A_z = \frac{\mu I}{4\mathrm{j}}\mathrm{H}_0^{(2)}(k\rho) \tag{7.10.5}$$

将式(7.10.5)代入式(7.10.3)，可求得 H_φ，根据 $\nabla\times\boldsymbol{H}=\mathrm{j}\omega\varepsilon\boldsymbol{E}$，由 H_φ 可求得 E_z，于是求

得电磁场表达式为

$$\begin{cases} E_z = -\dfrac{k^2 I}{4\mu\varepsilon} \mathrm{H}_0^{(2)}(k\rho) \\ H_\varphi = -\dfrac{kI}{4\mathrm{j}} \mathrm{H}_0^{(2)\prime}(k\rho) \end{cases} \tag{7.10.6}$$

由 H_φ 求 E_z 时应用了汉开尔函数的两个微分公式

$$\frac{\mathrm{d}}{\mathrm{d}\rho} \mathrm{H}_0^{(2)}(k\rho) = -k \mathrm{H}_1^{(2)}(k\rho) \tag{7.10.7}$$

$$\frac{\mathrm{d}}{\mathrm{d}\rho} [\rho^n \mathrm{H}_n^{(2)}(k\rho)] = k\rho^n \mathrm{H}_{n-1}^{(2)}(k\rho) \tag{7.10.8}$$

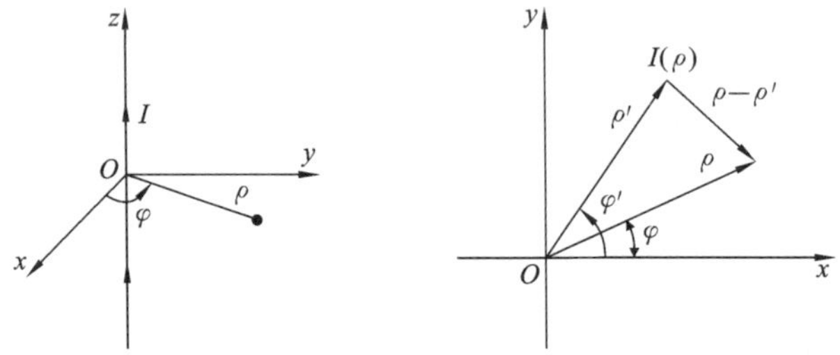

（a）线电流位于 z 轴　　（b）线电流平行 z 轴

图 7-36　一条无限长等值、同相的简谐线电流

由(7.10.6)可以看出，位于 z 轴上的无穷长等值、同相的简谐线电流产生的辐射场，其电力线为平行于 z 轴的直线，磁力线是围绕 z 轴的圆，等相位面为"ρ= 常数"的圆柱面，但 $\boldsymbol{E}$ 和 $\boldsymbol{H}$ 一般不同相。对于如 $k\rho \gg 1$ 的远区，利用汉克尔函数大宗量的渐近公式，由式(7.10.6)可求得

$$\begin{cases} E_z = -\eta k I \sqrt{\dfrac{\mathrm{j}}{8\pi k\rho}} \mathrm{e}^{-\mathrm{j}k\rho} \\ H_\varphi = K I \sqrt{\dfrac{\mathrm{j}}{8\pi k\rho}} \mathrm{e}^{-\mathrm{j}k\rho} \end{cases} \tag{7.10.9}$$

式中，$\eta = \sqrt{\mu/\varepsilon}$，因 $k\rho \gg 1$，由此可知，远区场基本上是一个向外的行波，波的幅度随 $1/\sqrt{\rho}$ 减小而减小。

如果线电流不是位于 z 轴，但平行 z 轴，如图 7-36(b)所示，则要将式(7.10.5)中的 ρ 换成线电流到场点的距离 $|\rho-\rho'|$，从而得到更一般化的表达式

$$\mathrm{A}_z(\rho) = \frac{I(\rho')}{4\mathrm{j}} \mathrm{H}_0^{(2)}(k|\rho-\rho'|) \tag{7.10.10}$$

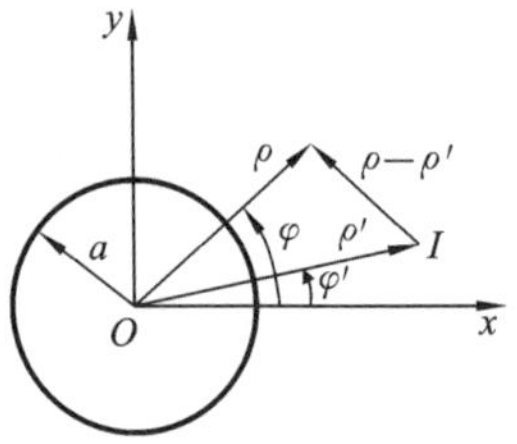

图 7-37　平行于导体圆柱的无穷长等值、同相线电流

电磁场的表达式(7.10.6)也可改写为

$$\begin{cases} E_z = -\dfrac{k^2 I(\rho')}{4\mu\varepsilon} \mathrm{H}_0^{(2)}(k|\rho-\rho'|) \\ H_\varphi = -\dfrac{kI(\rho')}{4\mathrm{j}} \mathrm{H}_0^{(2)\prime}(k|\rho-\rho'|) \end{cases} \tag{7.10.11}$$

综上所述，无穷长等值、同相的简谐线电流是柱面波的波源，而且是二维场的最基本的场源，正如无穷小线电流是三维场的最基本的场源一样。无穷长理想导体圆柱对柱面波的散射问题，实际上就是图 7-37 所示

平行于导体圆柱的无穷长等值、同相线电流的辐射问题。

7.10.2 波的变换

为了分析导体圆柱对柱面波的散射特性，要应用理想导体圆柱表面 $\rho=a$ 处的边界条件，为此，需要将图 7-37 所示线电流产生的柱面波函数中 $\psi=\mathrm{H}_0^{(2)}(k|\rho-\rho'|)$用圆柱坐标系中的二维波函数（与无关）来表示。如图 7-37 所示，柱面波函数 $\psi=\mathrm{H}_0^{(2)}(k|\rho-\rho'|)$可表示为

$$\psi=\mathrm{H}_0^{(2)}(k|\rho-\rho'|)=\mathrm{H}_0^{(2)}\left[k\sqrt{\rho^2+\rho'^2-2\rho\rho'\cos(\varphi-\varphi')}\right] \tag{7.10.12}$$

因为 $\psi=\mathrm{H}_0^{(2)}(k|\rho-\rho'|)$在 $\rho=0$ 是有限的，而且对 φ 有 2π 的周期性，所以，在 $\rho<\rho'$区域内，允许选用的圆柱坐标系中的二维波函数为 $\mathrm{J}_n(k\rho)\mathrm{e}^{\mathrm{j}n\varphi}$，在 $\rho>\rho'$区域内，因为 $\psi=\mathrm{H}_0^{(2)}(k|\rho-\rho'|)$代表向外的行波，允许选用的二维波为 $\mathrm{H}_n^{(2)}(k\rho)\mathrm{e}^{-\mathrm{j}n\varphi}$。由 $\psi=\mathrm{H}_0^{(2)}(k|\rho-\rho'|)$满足互易性，将场点 ρ 与源点 ρ'互换，ψ 值不变，因而在用圆柱坐标系中二维波函数表示的数 $\psi=\mathrm{H}_0^{(2)}(k|\rho-\rho'|)$展开式中，不带撇的场点坐标与带撇的源点坐标必须是对称的，$\psi=\mathrm{H}_0^{(2)}(k|\rho-\rho'|)$可写成下列形式：

$$\psi=\begin{cases}\displaystyle\sum_{n=-\infty}^{+\infty} b_n\mathrm{H}_n^{(2)}(k\rho')\mathrm{J}_n(k\rho)\mathrm{e}^{\mathrm{j}n(\varphi-\varphi')}, & \rho<\rho'\\ \displaystyle\sum_{n=-\infty}^{+\infty} b_n\mathrm{J}_n(k\rho')\mathrm{H}_n^{(2)}(k\rho)\mathrm{e}^{\mathrm{j}n(\varphi-\varphi')}, & \rho>\rho'\end{cases} \tag{7.10.13}$$

式中，b_n 为常数。由于 ψ 是$(\varphi-\varphi')$的偶函数，因此式(7.10.13)的两个区域中的角度函数均写成相同的形式。

为了确定 b_n，令 $\rho'\to\infty$，$\varphi'=0$，则

$$\sqrt{\rho^2+\rho'^2-2\rho\rho'\cos(\varphi-\varphi')}\approx\rho'-\rho\cos\varphi \tag{7.10.14}$$

于是，由式(7.10.12)可得

$$\psi=\mathrm{H}_0^{(2)}(k|\rho-\rho'|)=\sqrt{\frac{2\mathrm{j}}{\pi k\rho'}}\mathrm{e}^{-\mathrm{j}k\rho'}\mathrm{e}^{-\mathrm{j}k\rho\cos\varphi} \tag{7.10.15}$$

由式(7.10.13)可得

$$\psi=\sqrt{\frac{2\mathrm{j}}{\pi k\rho'}}\mathrm{e}^{-\mathrm{j}k\rho'}\sum_{n=-\infty}^{\infty}b_n\mathrm{j}^n\mathrm{J}_n(k\rho)\mathrm{e}^{-\mathrm{j}n\varphi} \tag{7.10.16}$$

因为 $\mathrm{J}_n(-k\rho)=(-1)^n\mathrm{J}_n(k\rho)=\mathrm{j}^{2n}\mathrm{J}_n(k\rho)$，由式(7.10.13)可得

$$\mathrm{e}^{\mathrm{j}k\rho\cos\varphi}=\sum_{n=-\infty}^{\infty}\mathrm{j}^n\mathrm{J}_n(k\rho)\mathrm{e}^{\mathrm{j}n\varphi} \tag{7.10.17}$$

式(7.10.15)与式(7.10.16)应当相等，考虑到式(7.10.17)，因此必须取 $b_n=1$，于是

$$\mathrm{H}_0^{(2)}(k|\rho-\rho'|)=\begin{cases}\displaystyle\sum_{n=-\infty}^{\infty}\mathrm{H}_0^{(2)}(k\rho')\mathrm{J}_n(k\rho)\mathrm{e}^{-\mathrm{j}n(\varphi-\varphi')}, & \rho<\rho'\\ \displaystyle\sum_{n=-\infty}^{\infty}\mathrm{J}_n(k\rho')\mathrm{H}_0^{(2)}(k\rho)\mathrm{e}^{-\mathrm{j}n(\varphi-\varphi')}, & \rho<\rho'\end{cases} \tag{7.10.18}$$

式(7.10.18)称为汉克尔函数的相加定理。

7.10.3 理想导体圆柱对柱面波的散射

下面分析如图 7-37 所示无穷长理想导体圆柱对由无穷长等值、同相简谐线电流产

生的柱面波的散射问题。设线电流复振幅为 I，根据式(7.10.11)，入射场可表示为

$$E_{zi}=-\frac{k^2 I}{2\omega\varepsilon}\mathrm{H}_0^{(2)}(k|\rho-\rho'|) \tag{7.10.19}$$

对于 $\rho<\rho'$ 区域内，应用相加定理式(7.10.18)，入射场可表示为

$$E_{zi}=-\frac{k^2 I}{2\omega\varepsilon}\sum_{n=-\infty}^{\infty}\mathrm{H}_0^{(2)}(k\rho')\mathrm{J}_n(k\rho)\mathrm{e}^{-\mathrm{j}n(\varphi-\varphi')} \tag{7.10.20}$$

为了满足理想导体圆柱面上的边界条件，散射场也必须具有与入射场相同的形式。由于散射场是向外的行波，须将式(7.10.20)中的 $\mathrm{J}_n(k\rho)$ 换成 $\mathrm{H}_0^{(2)}(k\rho)$，即

$$E_{zs}=-\frac{k^2 I}{2\omega\varepsilon}\sum_{n=-\infty}^{\infty}C_n\mathrm{H}_0^{(2)}(k\rho')\mathrm{H}_0^{(2)}(k\rho)\mathrm{e}^{-\mathrm{j}n(\varphi-\varphi')} \tag{7.10.21}$$

由边界条件，$\rho=a$，$E_z=E_{zi}+E_{zs}=0$，可求得

$$C_n=-\frac{\mathrm{J}_n(ka)}{\mathrm{H}_0^{(2)}(ka)} \tag{7.20.22}$$

于是，总场 $E_z=E_{zi}+E_{zs}$ 可表示为

$$E_z=\begin{cases}-\dfrac{k^2 I}{4\omega\varepsilon}\displaystyle\sum_{n=-\infty}^{\infty}\mathrm{H}_0^{(2)}(k\rho')\left[\mathrm{J}_n(k\rho)-\dfrac{\mathrm{J}_n(ka)}{\mathrm{H}_n^{(2)}(ka)}\mathrm{H}_n^{(2)}(k\rho)\right]\mathrm{e}^{\mathrm{j}n(\varphi-\varphi')}, & \rho<\rho' \\ -\dfrac{k^2 I}{4\omega\varepsilon}\displaystyle\sum_{n=-\infty}^{\infty}\mathrm{H}_0^{(2)}(k\rho)\left[\mathrm{J}_n(k\rho')-\dfrac{\mathrm{J}_n(ka)}{\mathrm{H}_n^{(2)}(ka)}\mathrm{H}_n^{(2)}(k\rho')\right]\mathrm{e}^{\mathrm{j}n(\varphi-\varphi')}, & \rho>\rho'\end{cases} \tag{7.10.23}$$

由上式可以看出，总场 E_z 对 ρ、φ 和 ρ'、φ' 是对称的，因而满足洛伦兹互易定理。

应用 $k\rho\to+\infty$ 的汉克尔函数大宗量的渐近公式，由式(7.10.23)的第二式可求得远区辐射场

$$E_z=-\frac{\omega\mu I}{2}\sqrt{\frac{\mathrm{j}}{2\pi k\rho}}\mathrm{e}^{-\mathrm{j}k\rho}\sum_{n=-\infty}^{\infty}\mathrm{j}^n\left[\mathrm{J}_n(k\rho')-\frac{\mathrm{J}_n(ka)}{\mathrm{H}_n^{(2)}(ka)}\mathrm{H}_n^{(2)}(k\rho')\right]\mathrm{e}^{\mathrm{j}n(\varphi-\varphi')} \tag{7.10.24}$$

式(7.10.24)就是计算远区辐射场方向图的公式。事实上，若令 $\rho'\to\infty$，$\varphi'=\pi$，则本节所讨论的无穷长理想导体圆柱对柱面波的散射问题就变成对沿 z 方向极化的平面波的散射问题，因此，无穷长理想导体圆柱对沿 z 方向极化的平面电磁波的散射问题可以看作是柱面波散射问题的特殊情况。

7.11 理想导体球对平面电磁波的散射

如图 7-38 所示，设有一沿 x 方向极化、沿 z 方向传播的平面电磁波投射到球心位于坐标原点的理想导体球上，我们来分析理想导体球对平面电磁波的散射问题。入射平面电磁波可表示为

$$\begin{cases}E_{xi}=E_0\mathrm{e}^{-\mathrm{j}kz}=E_0\mathrm{e}^{-\mathrm{j}kr\cos\theta} \\ H_{yi}=\dfrac{E_0}{\eta}\mathrm{e}^{-\mathrm{j}kz}=\dfrac{E_0}{\eta}\mathrm{e}^{-\mathrm{j}kr\cos\theta}\end{cases} \tag{7.11.1}$$

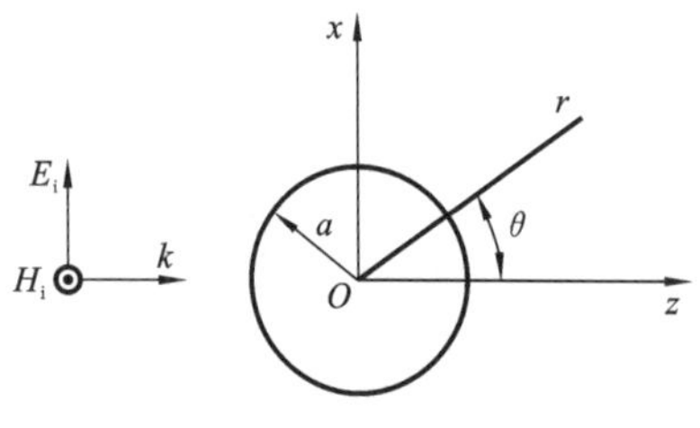

图 7-38 导体球对平面的散射

为了便于应用边界条件，须将此入射平面电磁波用球面波函数表示，即进行波的变换。

7.11.1 波的变换

设平面波函数为 e^{-jkz}，现在确定其球面波函数的表达式。平面电磁波在坐标原点是有限的，并且与 φ 无关(见图 7-38)，因而可将此平面电磁波写成下面的展开式：

$$e^{-jkz}=e^{-jkr\cos\theta}=\sum_{n=0}^{\infty}a_n \mathrm{J}_n(kr)\mathrm{P}_n(\cos\theta) \tag{7.11.2}$$

为了计算 a_n，将式(7.11.2)两端乘以 $\mathrm{P}_q(\cos\theta)\sin\theta$，并从 0 到 π 对 θ 积分。由于勒让德函数具有下面的正交性和积分值

$$\begin{cases}\displaystyle\int_0^{\pi}\mathrm{P}_n(\cos\theta)\mathrm{P}_q(\cos\theta)\sin\theta\mathrm{d}\theta=0, \quad n\neq q\\ \displaystyle\int_0^{\pi}[\mathrm{P}_n(\cos\theta)]^2\mathrm{d}\theta=\frac{2}{2n+1}\end{cases} \tag{7.11.3}$$

因此，除 $q=n$ 外的各项均等于零，于是可得

$$\int_0^{\pi}e^{-jkr\cos\theta}\mathrm{P}_n(\cos\theta)\mathrm{d}\theta=\frac{2a_n}{2n+1}\mathrm{j}_n(kr) \tag{7.11.4}$$

上式两端分别对 r 求 n 次导数，并令 $r=0$，则得

$$k^n\mathrm{j}^{-n}\int_0^{\pi}\cos^n\theta\mathrm{P}_n(\cos\theta)\sin\theta\mathrm{d}\theta=\frac{2a_n}{2n+1}k^n\left.\frac{\mathrm{d}^n\mathrm{j}(kr)}{\mathrm{d}(kr)^n}\right|_{r=0} \tag{7.11.5}$$

应用罗巨格公式和分部积分法可求出式(7.11.5)左端的积分

$$\int_0^{\pi}\cos^n\theta\mathrm{P}_n(\cos\theta)\sin\theta\mathrm{d}\theta=\int_{-1}^{1}x^n\mathrm{P}_n(x)\mathrm{d}x=\frac{(n!)^2 2^{n+1}}{(2n+1)!} \tag{7.11.6}$$

应用球贝塞尔函数的微分公式有

$$\left.\frac{\mathrm{d}^n}{\mathrm{d}(kr)^n}\mathrm{J}_n(kr)\right|_{r=0}=\frac{2^n(n!)^2}{(2n+1)!} \tag{7.11.7}$$

将式(7.11.6)和式(7.11.7)的计算结果代入式(7.11.5)，可求得

$$a_n=\mathrm{j}^{-n}(2n+1) \tag{7.11.8}$$

将式(7.11.8)代入式(7.11.2)，可得

$$e^{-jkz}=e^{-jkr\cos\theta}=\sum_{n=0}^{\infty}\mathrm{j}^{-n}(2n+1)\mathrm{J}_n(kr)\mathrm{P}_n(\cos\theta) \tag{7.11.9}$$

式(7.11.9)就是平面电磁波用球面波表示的波的变换。将式(7.11.8)代入式(7.11.4)，则可得到球贝塞尔函数 $\mathrm{J}_n(kr)$ 的积分表达式为

$$\mathrm{j}_n(kr)=\frac{\mathrm{j}^n}{2}\int_0^{\pi}e^{-jkr\cos\theta}\mathrm{P}_n(\cos\theta)\sin\theta\mathrm{d}\theta \tag{7.11.10}$$

7.11.2 理想导体球对平面电磁波的散射

前面已导出直角坐标系中的平面电磁波函数用球坐标系中的球面波函数表示的波的变换。为了便于应用边界条件来分析理想导体球对式(7.11.1)表示的平面电磁波的散射特性，还需要将此入射平面波作为球坐标系无源空间中对 r 的 TM 波和 TE 波分量之和来表示。在 2.6 节中，已找出球坐标系无源空间中对 r 的 TM 波与 TE 波的表达式(2.6.24)与式(2.6.32)，其中 TM 波是由 $\boldsymbol{\Pi}_e=\Pi_e\boldsymbol{u}_r=rP\boldsymbol{u}_r$ 表示的，TE 波是由 $\boldsymbol{\Pi}_m=\Pi_m\boldsymbol{u}_r=rQ\boldsymbol{u}_r$ 表示的，标量函数 P、Q 均满足无源空间波动方程。对于时谐场，球坐标系无源空间的最普遍的电磁场量可表示为

$$\begin{cases}\boldsymbol{E}=\nabla\times\nabla\times(\Pi_{\mathrm{e}}\boldsymbol{u}_r)-\mathrm{j}\omega\mu\,\nabla\times(\Pi_{\mathrm{m}}\boldsymbol{u}_r)\\ \boldsymbol{H}=\mathrm{j}\omega\varepsilon\,\nabla\times(\Pi_{\mathrm{e}}\boldsymbol{u}_r)+\nabla\times\nabla\times(\Pi_{\mathrm{m}}\boldsymbol{u}_r)\end{cases} \tag{7.11.11}$$

下面由式(7.11.2)求出入射平面电磁波电场与磁场的 r 分量 $E_{r\mathrm{i}}$ 与 $H_{r\mathrm{i}}$，再与式(7.11.11)相对比，找出相应的 Π_{e} 和 Π_{m}。

入射平面电磁波电场 $E_{\mathrm{i}}=E_x\boldsymbol{u}_x$ 的 r 分量为

$$E_{r\mathrm{i}}=E_{x\mathrm{i}}\cos\varphi\sin\theta=E_0\cos\varphi\sin\theta\mathrm{e}^{-\mathrm{j}kr\cos\theta}=\frac{E_0\cos\varphi}{\mathrm{j}kr}\frac{\partial}{\partial\theta}(\mathrm{e}^{-\mathrm{j}kr}\cos\theta) \tag{7.11.12}$$

应用波的变换式(7.11.9)，式(7.11.12)可改写为

$$E_{r\mathrm{i}}=\frac{E_0\cos\varphi}{\mathrm{j}kr}\sum_{n=0}^{\infty}\mathrm{j}^{-n}(2n+1)\mathrm{J}_n(kr)\frac{\partial}{\partial\theta}\mathrm{P}_n(\cos\theta) \tag{7.11.13}$$

为了应用方便，引入另一种球贝塞尔函数

$$\hat{\mathrm{J}}_n(kr)=kr\mathrm{J}_n(kr)=\sqrt{\frac{\pi kr}{2}}\mathrm{J}_{n+1/2}(kr) \tag{7.11.14}$$

由球贝塞尔函数 $\mathrm{j}_n(kr)$ 满足的方程 $\mathrm{P}_n(x)=\dfrac{1}{2^n n!}\dfrac{\mathrm{d}^n}{\mathrm{d}x^n}(x^2-1)^n$ 和式(7.11.14)的定义，很容易证明 $\hat{\mathrm{J}}_n(kr)\mathrm{J}_n(kr)$ 满足的方程是

$$\left[\frac{\mathrm{d}^2}{\mathrm{d}r^2}+k^2-\frac{n(n+1)}{r^2}\right]\hat{\mathrm{J}}_n(kr)=0 \tag{7.11.15}$$

由式 $P_x^m(x)=(1-x^2)^{\frac{m}{2}}\dfrac{\mathrm{d}^m\mathrm{P}_n(x)}{\mathrm{d}x^m}$ 可求得

$$\frac{\mathrm{d}}{\mathrm{d}\theta}\mathrm{P}_n(\cos\theta)=-\mathrm{P}_n^1(\cos\theta) \tag{7.11.16}$$

将式(7.11.14)与(7.11.16)代入式(7.11.12)，可求得

$$E_{r\mathrm{i}}=\frac{\mathrm{j}E_0\cos\varphi}{(kr)^2}\sum_{n=1}^{\infty}\mathrm{j}^{-n}(2n+1)\hat{\mathrm{J}}_n(kr)\mathrm{P}_n^1(\cos\theta) \tag{7.11.17}$$

因为 $\mathrm{P}_0^1(\cos\theta)=0$，所以式(7.11.17)中已将 $n=0$ 项去掉。

根据 $E_{r\mathrm{i}}$ 的表达式(7.11.17)的形式，可设

$$\Pi_{\mathrm{ei}}=\frac{\mathrm{j}E_0\cos\varphi}{k^2}\sum_{n=1}^{\infty}\mathrm{j}^{-n}a_n\hat{\mathrm{J}}_n(kr)\mathrm{P}_n^1(\cos\theta) \tag{7.11.18}$$

由式(7.11.11)的第一式，并考虑到式(7.11.15)，可求得

$$\begin{aligned}E_{r\mathrm{i}}&=\left(\frac{\mathrm{d}^2}{\mathrm{d}r^2}+k^2\right)\Pi_{\mathrm{e}}=\frac{\mathrm{j}E_0\cos\varphi}{k^2}\sum_{n=1}^{\infty}\mathrm{j}^{-n}a_n\left(\frac{\mathrm{d}^2}{\mathrm{d}r^2}+k^2\right)\hat{\mathrm{J}}_n(kr)\mathrm{P}_n^1(\cos\theta)\\&=\frac{\mathrm{j}E_0\cos\varphi}{k^2}\sum_{n=1}^{\infty}\mathrm{j}^{-n}a_n\frac{n(n+1)}{r^2}\hat{\mathrm{J}}_n(kr)\mathrm{P}_n^1(\cos\theta)\end{aligned} \tag{7.11.19}$$

将式(7.11.19)与式(7.11.17)比较，可确定系数 a_n 为

$$a_n=\frac{2n+1}{n(n+1)} \tag{7.11.20}$$

因而 Π_{ei} 的表达式为

$$\Pi_{\mathrm{ei}}=\frac{\mathrm{j}E_0\cos\varphi}{k^2}\sum_{n=1}^{\infty}\frac{\mathrm{j}^{-n}(2n+1)}{n(n+1)}\hat{\mathrm{J}}_n(kr)\mathrm{P}_n^1(\cos\theta) \tag{7.11.21}$$

由式(7.11.21)与式(7.11.11)，可求得入射平面电磁波的径向 TM 波的其他场分量。

用类似的方式，由入射平面波的磁场 $\boldsymbol{H}_{\mathrm{i}}$ 的 r 分量可找出表示入射平面电磁波的径

向 TE 波的标量函数 Π_{mi}。入射平面电磁波磁场 $\boldsymbol{H}_{\mathrm{i}}=\mathrm{H}_{y\mathrm{i}}\boldsymbol{u}_y$ 的 r 分量为

$$H_{r\mathrm{i}}=H_{y\mathrm{i}}\sin\varphi\sin\theta=\frac{E_0}{\eta}\sin\varphi\sin\theta\cdot\mathrm{e}^{-\mathrm{j}kr\cos\theta}=\frac{E_0\sin\varphi}{\mathrm{j}kr\eta}\frac{\partial}{\partial\theta}\mathrm{e}^{-\mathrm{j}kr\cos\theta} \tag{7.11.22}$$

根据式(7.11.9)、式(7.11.14)与式(7.11.16),式(7.11.22)可改写为

$$\begin{aligned}H_{r\mathrm{i}}&=\frac{E_0\sin\varphi}{\mathrm{j}kr\eta}\sum_{n=0}^{\infty}\mathrm{j}^{-n}(2n+1)\mathrm{J}_n(kr)\frac{\partial}{\partial\theta}\mathrm{P}_n(\cos\theta)\\&=\frac{\mathrm{j}E_0\sin\varphi}{(kr)^2\eta}\sum_{n=0}^{\infty}\mathrm{j}^{-n}(2n+1)\hat{\mathrm{J}}_n(kr)\frac{\partial}{\partial\theta}\mathrm{P}_n^1(\cos\theta)\end{aligned} \tag{7.11.23}$$

根据 $H_{r\mathrm{i}}$ 的上述形式,设 Π_{mi} 的表达式为

$$\Pi_{\mathrm{mi}}=\frac{\mathrm{j}E_0\sin\varphi}{k^2\eta}\sum_{n=1}^{\infty}\mathrm{j}^{-n}b_n\hat{\mathrm{J}}_n(kr)\mathrm{P}_n^1(\cos\theta) \tag{7.11.24}$$

由式(7.11.11)的第二式,并考虑到式(7.11.15)可求得

$$H_{ri}=\left(\frac{\mathrm{d}^2}{\mathrm{d}r^2}+k^2\right)\Pi_{\mathrm{m}}=\frac{\mathrm{j}E_0\sin\varphi}{k^2\eta}\sum_{n=1}^{\infty}\mathrm{j}^{-n}b_n\frac{n(n+1)}{r^2}\hat{\mathrm{J}}_n(kr)\mathrm{P}_n^1(\cos\theta) \tag{7.11.25}$$

将式(7.11.25)与(7.11.23)比较,可确定系数 b_n 为

$$b_n=\frac{2n+1}{n(n+1)}=a_n \tag{7.11.26}$$

因而 Π_{mi} 的表达式为

$$\Pi_{\mathrm{mi}}=\frac{\mathrm{j}E_0\sin\varphi}{k^2\eta}\sum_{n=1}^{\infty}\mathrm{j}^{-n}\frac{2n+1}{n(n+1)}\hat{\mathrm{J}}_n(kr)\mathrm{P}_n^1(\cos\theta) \tag{7.11.27}$$

由式(7.11.27)与式(7.11.11)可求得入射平面电磁波的径向 TE 波的其他场分量。

求出 Π_{ei} 与 Π_{mi} 以后,根据式(7.11.11)可以将入射平面电磁波表示为球坐标系中径向 TM 波与 TE 波之和。由于入射平面电磁波的照射,理想导体球上的感应面电流产生的散射应当具有与入射场相同的形式,表示散射场的两个标量函数 Π_{es} 和 Π_{ms} 也应当与 Π_{ei} 和 Π_{mi} 有相同的形式。考虑到散射场在远区应当是沿径向向外的行波,因而应当用 $\hat{\mathrm{H}}_n^{(2)}(kr)$ 代替 $\hat{\mathrm{J}}_n(kr)$。$\hat{\mathrm{H}}_n^{(2)}(kr)$ 定义为

$$\hat{\mathrm{H}}_n^{(2)}=kr\mathrm{H}_n^{(2)}(kr)=\sqrt{\frac{\pi kr}{2}}\mathrm{H}_{n+1/2}^{(2)}(kr) \tag{7.11.28}$$

$\hat{\mathrm{H}}_n^{(2)}(kr)$ 与 $\hat{\mathrm{J}}_n(kr)$ 满足同样形式的方程

$$\left[\frac{\mathrm{d}^2}{\mathrm{d}r^2}+k^2-\frac{n(n+1)}{r^2}\right]\hat{\mathrm{H}}_n^{(2)}(kr)=0 \tag{7.11.29}$$

因此,对散射场,Π_{es} 和 Π_{ms} 可表示为

$$\Pi_{\mathrm{es}}=\frac{\mathrm{j}E_0\cos\varphi}{k^2}\sum_{n=1}^{+\infty}\mathrm{j}^{-n}a_nc_n\,\hat{\mathrm{H}}_n^{(2)}(kr)\mathrm{P}_n^1(\cos\theta) \tag{7.11.30}$$

$$\Pi_{\mathrm{ms}}=\frac{\mathrm{j}E_0\sin\varphi}{k^2\eta}\sum_{n=1}^{+\infty}\mathrm{j}^{-n}a_nd_n\,\hat{\mathrm{H}}_n^{(2)}(kr)\mathrm{P}_n^1(\cos\theta) \tag{7.11.31}$$

总场等于入射场与散射场之和,因此,总场 $\boldsymbol{E}$、$\boldsymbol{H}$ 可由式(7.11.11)求得,式中 $\Pi_{\mathrm{e}}=\Pi_{\mathrm{ei}}+\Pi_{\mathrm{es}}$,$\Pi_{\mathrm{m}}=\Pi_{\mathrm{mi}}+\Pi_{\mathrm{ms}}$,即

$$\Pi_{\mathrm{e}}=\frac{\mathrm{j}E_0\cos\varphi}{k^2}\sum_{n=1}^{+\infty}\mathrm{j}^{-n}a_n[\hat{\mathrm{J}}_n(kr)+c_n\,\hat{\mathrm{H}}_n^{(2)}(kr)]\mathrm{P}_n^1(\cos\theta) \tag{7.11.32}$$

$$\Pi_{\mathrm{m}}=\frac{\mathrm{j}E_0\cos\varphi}{k^2\eta}\sum_{n=1}^{+\infty}\mathrm{j}^{-n}a_n[\hat{\mathrm{J}}_n(kr)+d_n\,\hat{\mathrm{H}}_n^{(2)}(kr)]\mathrm{P}_n^1(\cos\theta) \tag{7.11.33}$$

据理想导体球面上的边界条件：$r=a, E_\theta=E_\varphi=0$，可求得常数 c_n 和 d_n：

$$\begin{cases} c_n=-\dfrac{\hat{\mathrm{J}}'_n(ka)}{\hat{\mathrm{H}}'_n(ka)} \\ d_n=-\dfrac{\hat{\mathrm{J}}_n(ka)}{\hat{\mathrm{H}}_n(ka)} \end{cases} \tag{7.11.34}$$

求出常数 c_n 和 d_n 以后，便可求出理想导体球的散射场和总场。利用 $kr\to\infty$ 时的渐近公式

$$\hat{\mathrm{H}}_n^{(2)}(kr)=\mathrm{j}^{n+1}\mathrm{e}^{-\mathrm{j}kr} \tag{7.11.35}$$

根据式(7.11.11)，并仅保留 $1/r$ 变化的各项，可求得远区散射场分量为

$$\begin{aligned} E_{\theta\mathrm{s}} &= \frac{1}{r}\frac{\partial^2}{\partial\theta\partial r}\Pi_{\mathrm{es}}-\mathrm{j}\frac{\omega\mu}{r\sin\theta}\frac{\partial}{\partial\varphi}\Pi_{\mathrm{ms}} \\ &= \mathrm{j}\frac{E_0\mathrm{e}^{-\mathrm{j}kr}}{kr}\cos\varphi\sum_{n=1}^{\infty}a_n\left[c_n\frac{\mathrm{d}}{\mathrm{d}\theta}\mathrm{P}_n^1(\cos\theta)+d_n\frac{\mathrm{P}_n^1(\cos\theta)}{\sin\theta}\right] \end{aligned} \tag{7.11.36}$$

$$\begin{aligned} E_{\varphi\mathrm{s}} &= \frac{1}{r\sin\theta}\frac{\partial^2}{\partial\varphi\partial r}\Pi_{\mathrm{es}}+\frac{\mathrm{j}\omega\mu}{r}\frac{\partial}{\partial\theta}\Pi_{\mathrm{ms}} \\ &= -\mathrm{j}\frac{E_0\mathrm{e}^{-\mathrm{j}kr}}{kr}\sin\varphi\sum_{n=1}^{\infty}a_n\left[c_n\frac{\mathrm{P}_n^1(\cos\theta)}{\sin\theta}+d_n\frac{\mathrm{d}}{\mathrm{d}\theta}\mathrm{P}_n^1(\cos\theta)\right] \end{aligned} \tag{7.11.37}$$

$$\begin{aligned} H_{\theta\mathrm{s}} &= \frac{\mathrm{j}\omega\varepsilon}{r\sin\theta}\frac{\partial}{\partial\varphi}\Pi_{\mathrm{es}}+\frac{1}{r}\frac{\partial^2}{\partial\theta\partial r}\Pi_{\mathrm{ms}} \\ &= \mathrm{j}\frac{E_0\mathrm{e}^{-\mathrm{j}kr}}{kr\eta}\sin\varphi\sum_{n=1}^{\infty}a_n\left[c_n\frac{\mathrm{P}_n^1(\cos\theta)}{\sin\theta}+d_n\frac{\mathrm{d}}{\mathrm{d}\theta}\mathrm{P}_n^1(\cos\theta)\right] \end{aligned} \tag{7.11.38}$$

$$\begin{aligned} H_{\varphi\mathrm{s}} &= -\frac{\mathrm{j}\omega\varepsilon}{r}\frac{\partial}{\partial\theta}\Pi_{\mathrm{es}}+\frac{1}{r\sin\theta}\frac{\partial^2}{\partial\varphi\partial r}\Pi_{\mathrm{ms}} \\ &= \mathrm{j}\frac{E_0\mathrm{e}^{-\mathrm{j}kr}}{kr\eta}\cos\varphi\sum_{n=1}^{\infty}a_n\left[c_n\frac{\mathrm{d}}{\mathrm{d}\theta}\mathrm{P}_n^1(\cos\theta)+d_n\frac{\mathrm{P}_n^1(\cos\theta)}{\sin\theta}\right] \end{aligned} \tag{7.11.39}$$

远区散射场的平均功率密度为

$$\begin{aligned} \boldsymbol{S} &= \frac{1}{2}\mathrm{Re}(\boldsymbol{E}_\mathrm{s}\times\boldsymbol{H}_\mathrm{s}^*)=\frac{1}{2}\mathrm{Re}[(E_{\theta\mathrm{s}}\boldsymbol{u}_\theta+E_{\varphi\mathrm{s}}\boldsymbol{u}_\varphi)\times(H_{\theta\mathrm{s}}^*\boldsymbol{u}_\theta+H_{\varphi\mathrm{s}}^*\boldsymbol{u}_\varphi)] \\ &= \frac{1}{2}\mathrm{Re}(E_{\theta\mathrm{s}}H_{\varphi\mathrm{s}}^*-E_{\varphi\mathrm{s}}H_{\theta\mathrm{s}}^*)\boldsymbol{u}_r \end{aligned} \tag{7.11.40}$$

总的平均散射功率为

$$P=\frac{1}{2}\mathrm{Re}\int_0^{2\pi}\int_0^{\pi}(E_{\theta\mathrm{s}}H_{\varphi\mathrm{s}}^*-E_{\varphi\mathrm{s}}H_{\theta\mathrm{s}}^*)r^2\sin\theta\mathrm{d}\theta\mathrm{d}\varphi \tag{7.11.41}$$

将式(7.11.36)～式(7.11.39)代入式(7.11.41)，先对 φ 积分，然后再利用连带勒让德函数的正交性和积分值得

$$\int_{-1}^{1}\mathrm{P}_n^m(x)\mathrm{P}_l^m(x)\mathrm{d}x=0,\quad n\neq l \tag{7.11.42}$$

$$\int_{-1}^{1}\mathrm{P}_n^m(x)\mathrm{P}_n^l(x)\mathrm{d}x=0,\quad m\neq l \tag{7.11.43}$$

$$\int_0^{\pi}\left(\mathrm{P}_n^1\frac{\mathrm{d}}{\mathrm{d}\theta}\mathrm{P}_{n'}^1+\mathrm{P}_{n'}^1\frac{\mathrm{d}}{\mathrm{d}\theta}\mathrm{P}_n^1\right)\mathrm{d}\theta=0,\quad n\neq n' \tag{7.11.44}$$

$$\int_0^{\pi}\left(\frac{\mathrm{dP}_n^m}{\mathrm{d}\theta}\cdot\frac{\mathrm{dP}_{n'}^m}{\mathrm{d}\theta}+\frac{m^2}{\sin^2\theta}\mathrm{P}_n^m\mathrm{P}_{n'}^m\right)\sin\theta\mathrm{d}\theta=\begin{cases}\dfrac{2}{2n+1}\cdot\dfrac{(n+m)!}{(n-m)!}n(n+1), & n=n' \\ 0, & n\neq n'\end{cases} \tag{7.11.45}$$

可求出总的平均散射功率 P 为

$$P=\frac{\pi}{2}\frac{E_0^2}{k^2\eta}\int_0^{\pi}\sum_{n=1}^{\infty}a_n^2\left\{\left[\frac{\mathrm{dP}_n^1(\cos\theta)}{\mathrm{d}\theta}\right]^2+\left[\frac{\mathrm{P}_n^1(\cos\theta)}{\sin\theta}\right]^2\right\}(|c_n|^2+|d_n|^2)\sin\theta\mathrm{d}\theta$$

$$=\frac{\pi E_0^2}{k^2\eta}\sum_{n=1}^{\infty}(2n+1)(|c_n|^2+|d_n|^2) \tag{7.11.46}$$

入射平面电磁波的平均功率密度为

$$S_{\mathrm{i}}=\frac{E_0^2}{2\eta} \tag{7.11.47}$$

总的平均散射功率 P 与入射平面电磁波的平均功率密度 S_{i} 之比称为散射截面 A_{e}，即

$$A_{\mathrm{e}}=\frac{P}{S_{\mathrm{i}}}=\frac{2\pi}{k^2}\sum_{n=1}^{\infty}(2n+1)(|c_n|^2+|d_n|^2) \tag{7.11.48}$$

总的平均散射功率 P 与入射到导体球面上的平均功率 $S_{\mathrm{i}}\pi a^2$ 之比称为散射系数 σ，即

$$\sigma=\frac{P}{S_{\mathrm{i}}\pi a^2}=\frac{2}{(ka)^2}\sum_{n=1}^{\infty}(2n+1)(|c_n|^2+|d_n|^2) \tag{7.11.49}$$

一般情况下，由式(7.11.49)计算散射系数 σ 是相当麻烦的，需要借助计算机来计算，表 7-1 列出了理想导体球的散射系数。

表 7-1 理想导体球的散射系数

ka	σ	ka	σ	ka	σ	ka	σ
0.1	0.00034	1.0	2.036	2.5	2.171	30	2.023
0.2	0.0054	1.1	2.230	3.0	2.172	35	2.020
0.3	0.028	1.2	2.280	3.5	2.136	55	2.013
0.4	0.086	1.3	2.267	4.0	2.140	60	2.012
0.5	0.216	1.4	2.204	5.0	2.116	70	2.011
0.6	0.466	1.5	2.155	10	2.061	75	2.010
0.7	0.795	1.6	2.115	15	2.043	80	2.010
0.8	1.257	1.8	2.136	20	2.033	85	2.009
0.9	1.696	2.0	2.209	25	2.027	90	2.009

对于低频的平面电磁波，当 $ka\ll1$ 时，取式(7.11.49)级数中 $n=1$ 的第一项，此时

$$\begin{cases}c_1=-\mathrm{j}\,\dfrac{2}{3}(ka)^3\left[1+\dfrac{3}{10}(ka)^2\right]\approx-\mathrm{j}\,\dfrac{2}{3}(ka)^3\\[2ex] d_1=\mathrm{j}\,\dfrac{1}{3}(ka)^3\left[1-\dfrac{3}{5}(ka)^2\right]\approx\mathrm{j}\,\dfrac{1}{3}(ka)^3\end{cases} \tag{7.11.50}$$

因而可求得散射系数为

$$\sigma=\frac{10}{3}(ka)^4 \tag{7.11.51}$$

式(7.11.51)表明，当 $ka\ll1$ 时，散射系数 σ 与波长的四次方成反比，且远小于 1。式(7.11.18)可用来描述小导体球对低频平面电磁波的散射特性，称为瑞利散射定律。如果小导体球换成小介质球，分析表明，当 $ka\ll1$ 时，小介质球对低频平面电磁波的散射系数与波长的四次方成反比，因而可以解释天空为蓝色这一现象。

由式(7.11.51)可以看出，当 $ka\ll1$ 时，σ 随 ka 增大而增大。显然，如果平面电磁

波的频率很高，球体很大，即当 $ka\to\infty$ 时，应当有 $\sigma\to1$。在 ka 位于 $ka\ll1$ 与 $ka\to\infty$ 两个情况的中间区域，散射系数 σ 是 ka 的振荡函数，因而中间区域称为谐振区。

7.12 本章小结

本章从推迟势出发，通过讨论和分析电流元和磁流元的基本辐射方式、辐射原理和特点，重点介绍了电磁波辐射和接收的基本原理——对偶原理、镜像原理、洛伦兹互易定理以及惠更斯原理，并对电磁波传播的基本方式、传输介质对电磁波传播的影响、理想导体圆柱对平面电磁波的散射、理想导体圆柱对柱面电磁波的散射、理想导体球对平面电磁波的散射问题的影响进行了详细的分析和研究。

学习重点：掌握电流元与磁流元辐射的基本概念、基本理论及主要分析计算方法，在了解视距传播、天波传播以及地面波传播的基本传播方式和各波段的传播特点的基础上，能够分析天线理论中的发射、传输与接收问题。

学习难点：区分对偶原理、镜像原理和洛伦兹互易原理及其应用范围。

习　题　7

7.1 什么是电流元？如何计算电流元的电磁场？

7.2 电流元的近场区与远场区的特性如何？哪些特性是一切天线的辐射场的共性？

7.3 直接根据电流元的电流及电荷($I=\mathrm{j}\omega q$)计算电流元的电场强度及磁场强度。

7.4 已知电流元 $\boldsymbol{I}l=\boldsymbol{e}_y Il$，试求其远区电场强度与磁场强度。

7.5 试证对于远场区，矢量位 $\boldsymbol{A}$ 及 $\boldsymbol{F}$ 可以表示为

$$\begin{cases}\boldsymbol{A}(r)=\dfrac{\mu}{4\pi r}\mathrm{e}^{-\mathrm{j}kr}\boldsymbol{N}\\ \boldsymbol{F}(r)=\dfrac{\varepsilon}{4\pi r}\mathrm{e}^{-\mathrm{j}kr}\boldsymbol{L}\end{cases}$$

式中，$\boldsymbol{N}$ 与 $\boldsymbol{L}$ 称为辐射矢量，它们与电流密度 $\boldsymbol{J}$ 及磁流密度 $\boldsymbol{J}_{\mathrm{m}}$ 的关系分别为

$$\begin{cases}\boldsymbol{N}=\displaystyle\int_V \boldsymbol{J}(\boldsymbol{r}')\mathrm{e}^{\mathrm{j}kr'\cos\theta}\mathrm{d}V'\\ \boldsymbol{L}=\displaystyle\int_V \boldsymbol{J}_{\mathrm{m}}(\boldsymbol{r}')\mathrm{e}^{\mathrm{j}kr'\cos\theta}\mathrm{d}V'\end{cases}$$

7.6 已知二元阵由两个 $\boldsymbol{e}_x$ 方向的电流元组成，天线阵的轴线沿 z 轴放置，间距 $d=\dfrac{\lambda}{2}$。若要求 $\theta=60°$，$\phi=90°$ 方向上获得最强辐射，确定两个电流元电流相位差。

7.7 若 z 向电流元 $\boldsymbol{I}l=\boldsymbol{e}_z Il$ 及 z 向磁流元 $\boldsymbol{I}_{\mathrm{m}}l=\boldsymbol{e}_z I_{\mathrm{m}}l$ 均位于坐标原点，试求其远区合成场强及其极化特性。

7.8 利用互易原理，试证：

(1) 位于理想导电表面附近的垂直磁流元辐射场为零；

(2) 位于理想导磁表面附近的垂直电流元及水平磁流元均无辐射作用。

7.9 试述镜像原理。给出位于无限大理想导电平面与导磁平面附近的电流元及

磁流元的镜像关系。

7.10 试述互易原理。什么是洛伦兹互易原理及卡森互易原理?

7.11 试述惠更斯原理及其数学表示。

7.12 什么是惠更斯元?其辐射特性如何?

7.13 已知一初级源位于旋转双曲面(理想导体)的一个焦点上,如习题7.13图所示,设初级源的磁场为

$$H_f = g_1(r',\theta')\sin\varphi' u_\theta + g_2(r',\theta')\cos\varphi' u_{\varphi'}$$

试用球面波展开法计算该双曲面的散射场。

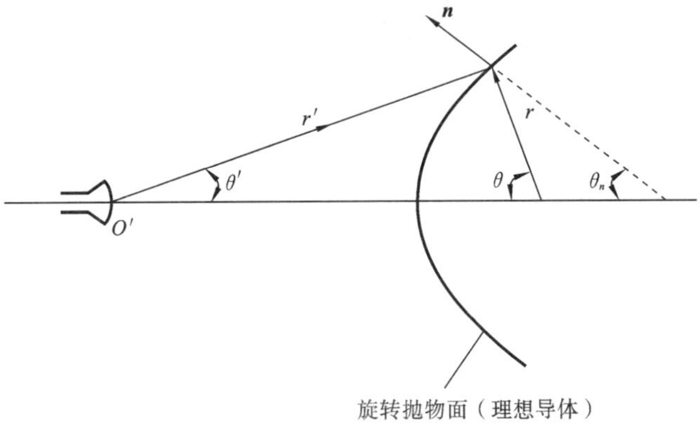

习题 7.13 图

7.14 试证习题7.13图中 $v=c$ 与 $u=c$ 两组曲线是正交的。

7.15 试用将球面波展开成平面波叠加的方法,推出平面界面上各种偶极子天线的辐射场公式。

7.16 求置于半空间介质表面的垂直电偶极子产生的场,假设介质是非导电的,给出电偶极子产生的辐射方向图。假设介质是良导电的,计算靠近表面的场。

7.17 确定平放在半空间电介质表面的水平电偶极子产生的场。

7.18 确定两层介质表面一垂直磁偶极子所产生的纵向场 $\boldsymbol{H}_z$、$\boldsymbol{E}_z$。

7.19 设单位振幅的平面电磁波投射在无限长导电圆柱上,如磁场矢量 $\boldsymbol{H}$ 与圆柱轴线 z 平行,试求圆柱的散射场。

7.20 设单位振幅的平面电磁波垂直投射到无限长介质圆柱上面,如电场矢量 $\boldsymbol{E}$ 与圆柱轴线 z 平行,试求其散射场。

7.21 一平面电磁波垂直入射于半径为 a 的导体圆柱上。试分别对TE、TM两种入射情况求圆柱上的总电流。设 $a=1$ cm, $f=1$ GHz,入射场强为 E_0。

7.22 试导出覆盖同心介质层的理想导电球对平面电磁波的散射场公式。

7.23 在一块无限导电接地平面上放一个半球,设入射场 $\boldsymbol{E}$ 平行于地面并斜射到球上,试证后向散射截面的表达式为

$$\sigma_b = \lim_{R\to 0} \frac{4\pi R^2 |E_s|^2}{|E_i|^2}$$

式中,E_i 为入射波振幅;E_s 为散射波振幅。

7.24 考虑一小导体球对低频线极化波的散射,证明远处的散射场在 $\theta=60°$ 方向上是线极化波($ka<1$,取 $n=1$ 项,应用球贝塞尔函数小宗量的近似公式)。

8

边值问题及数值解

电荷、电流等场源及其所激发的场量均不随时间的变化而变化，称为静态场。静态场的计算问题一般分为两种类型：一种是分布型问题；另一种是边值型问题。若场源分布已知，求空间任意点的场分布，称为分布型问题。第 2 章和第 3 章介绍了静电场、恒定电场和恒定磁场的一些基本的求解方法，就是解决分布型问题，但只能求解简单边界的电场和磁场。工程中会遇到一些实际的、比较复杂的边界，根据边界条件，求解静态场的场分布问题，称为边值型问题。本章首先介绍一些求解静态场边值问题的方法，如镜像法和有限差分法。为了有效解决复杂形状物体和复杂环境的电磁学问题，诸多数值计算方法随着计算机技术的发展逐渐发展起来，其中时域有限差分法、有限元法和矩量法在天线设计、微波网络分析、生物电磁学、辐射效应研究、电磁兼容等研究中得到了广泛的应用和发展，故本章对时域有限差分法、有限元法和矩量法等数值方法进行了介绍。通过本章学习，学生可对电磁理论在复杂工程设计中的应用有所认识，学习分析复杂问题的方法，并运用现代工具对复杂工程问题进行模拟、分析与研究。

8.1 静态场的边值问题

静态场的泊松方程和拉普拉斯方程如表 8-1 所示。静电场、恒定电场和恒定磁场均与时间无关，因此，静态场的电位函数方程的求解，仅取决于边界条件。

实际中给定的边界条件有三种类型，边值问题也相应分为三类：第一类边界问题给定的是边界上的电位函数值，这类问题又称为狄里赫利问题；第二类边界问题是给定边界上的位函数的法向导数值，这类问题又称为诺伊曼问题；第三类边界问题是给定一部分边界上的电位函数值和另一部分边界上的电位函数的法向导数值，这类问题又称为混合问题。

静态场的边界条件如表 8-2 所示。另外，如果场的区域延伸到无限远处，需给出无限远处的边界条件。场源分布在有限区域内，无限远处的电位函数 Φ 应该是有限值。

唯一性定理为求解边值问题提供了理论依据，给定边界上的 ρ，Φ 或 $\partial\Phi/\partial n$，电位函数的微分方程的解是唯一的，可以根据实际工程问题的特点选择最适合的方法求解。

本章主要介绍静电场边值问题的求解方法，这些方法不仅适用于静电场，在一定条件下，可以推广到求解恒定电场、恒定磁场以及时变电磁场的边值问题。

表 8-1 静态场的泊松方程和拉普拉斯方程

<table>
<tr><th>静态场</th><th>泊松方程</th><th>拉普拉斯方程</th></tr>
<tr><td>静电场</td><td rowspan="2">$\nabla^2\Phi=-\frac{\rho}{\varepsilon}$</td><td>$\nabla^2\Phi=0$（无源区域）</td></tr>
<tr><td>恒定电场</td><td>$\nabla^2\Phi=0$（电源外部）</td></tr>
<tr><td rowspan="2">恒定磁场</td><td rowspan="2">$\nabla^2\boldsymbol{A}=-\mu\boldsymbol{J}$</td><td>$\nabla^2\boldsymbol{A}=0$（无源区域）</td></tr>
<tr><td>$\nabla^2\Phi_m=0$（无源区域）</td></tr>
</table>

表 8-2 静态场的边界条件

<table>
<tr><th>静态场</th><th>场函数</th><th>场函数的法向导数</th></tr>
<tr><td>静电场</td><td>$\Phi_1=\Phi_2$
$E_{1t}=E_{2t}$
$D_{1n}=D_{2n}$</td><td>$\varepsilon_1\frac{\partial\Phi_1}{\partial n}=\varepsilon_2\frac{\partial\Phi_2}{\partial n}$</td></tr>
<tr><td>恒定电场</td><td>$\Phi_1=\Phi_2$
$E_{1t}=E_{2t}$
$J_{1n}=J_{2n}$</td><td>$\sigma_1\frac{\partial\Phi_1}{\partial n}=\sigma_2\frac{\partial\Phi_2}{\partial n}$</td></tr>
<tr><td>恒定磁场</td><td>$\boldsymbol{A}_1=\boldsymbol{A}_2$
$\Phi_{m1}=\Phi_{m2}$
$B_{1n}=B_{2n}$
$H_{1t}=H_{2t}$</td><td>$\frac{\nabla\times\boldsymbol{A}_1}{\mu_1}=\frac{\nabla\times\boldsymbol{A}_2}{\mu_2}$
$\mu_1\frac{\partial\Phi_{m1}}{\partial n}=\mu_2\frac{\partial\Phi_{m2}}{\partial n}$</td></tr>
</table>

8.2 镜像法

镜像法是利用一些等效电荷(或等效电流)代替在边界影响下的某些问题的特殊解决方法,这样能够使得非均匀空间变为均匀空间,从而简化计算过程。这些等效电荷(或等效电流)的引入必须保持原问题的边界条件不变,由此确定电荷(或电流)的位置和大小。由于镜像法只能处理一些特殊的边值问题,因而存在一定的局限性。本节将介绍几种采用镜像法求解的静态场问题。

8.2.1 点电荷与无限大接地导体平面

点电荷 q 位于一个无限大接地的导体平面上方,与导体平面相距 l,如图 8-1 所示。求平板上方任一点的电场。导体平面上方任一点的电场是 q 与导体平面上的感应电荷共同作用产生的。除去 q 所在的点外,导体平面上方电位的拉普拉斯方程 $\nabla^2\Phi=0$,边界面上 $z=0$ 处,电位 $\Phi=0$,满足第一类边值问题。

如果移去导体平面,则面上的感应电荷同时消失,整个空间充满相同的介质 ε,在与原导体板下方距离为 l 处放置另一点电荷 $q'=-q$,如图 8-2 所示。如果此时导体平面上方电位仍然满足拉普拉斯方程$\nabla^2\Phi=0$,并且在 $z=0$ 处的电位仍为 $\Phi=0$,那么根据唯一性定理,电场的分布不变,解与原来相同。

由点电荷电位的求解结果,接地导体平面上方任一点的电位为

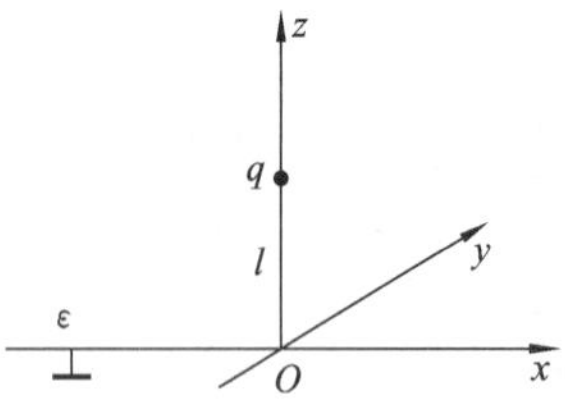

图 8-1 点电荷与无限大接地导体平面

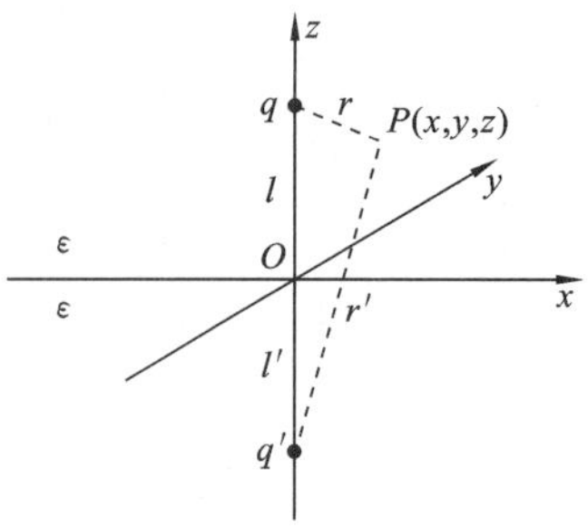

图 8-2 点电荷与无限大接地导体平面的镜像

$$\Phi(x,y,z)=\frac{1}{4\pi\varepsilon}\left(\frac{q}{r}+\frac{q'}{r'}\right)$$
$$=\frac{1}{4\pi\varepsilon}\left(\frac{q}{\sqrt{x^2+y^2+(z-l)^2}}+\frac{q'}{\sqrt{x^2+y^2+(z+l)^2}}\right) \tag{8.2.1}$$

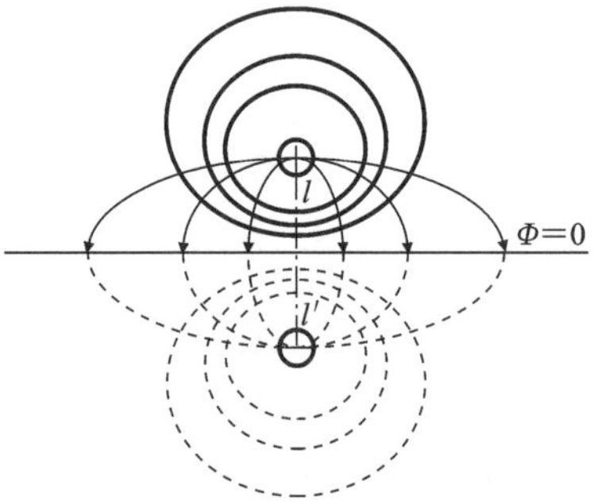

图 8-3 点电荷与无限大接地导体平面的电场分布

这样就用点电荷 q' 代替导体平面上所有感应电荷的影响，q' 与 q 关于导体平面对称，处于 q 的镜像位置，电荷的大小 $q'=q$，位置 $l'=l$。

点电荷与无限大导体平面之间电场线和等位线的分布与电偶极子情况完全相同，如图 8-3 所示。电场线处处垂直于导体平面，电位为零的平面与导体面重合。

应该指出这种等效只对导体平面的上半空间成立，因为在上半空间中，场源和边界条件没有改变。利用导体与介质分界面上的边界条件，可求出导体平面上感应电荷的分布：

$$\rho_S=D_n=\varepsilon E_n \tag{8.2.2}$$

所以

$$\rho_S=\varepsilon E_n=-\varepsilon\frac{\partial\Phi}{\partial z}\bigg|_{z=0}=-\frac{ql}{2\pi(x^2+y^2+l^2)^{3/2}} \tag{8.2.3}$$

由 $x^2+y^2=r^2$，可得

$$\rho_S=-\frac{ql}{2\pi(r^2+l^2)^{3/2}} \tag{8.2.4}$$

导体平面上总的感应电荷为

$$q_S=\iint_S\rho_S\mathrm{d}S=-\frac{ql}{2\pi}\int_0^{+\infty}\int_0^{2\pi}\frac{r\mathrm{d}r\mathrm{d}\varphi}{(r^2+l^2)^{3/2}}=-q \tag{8.2.5}$$

因此，导体平面上总的感应电荷等于所引入的镜像电荷，再次验证了用一镜像电荷代替导体面上所有感应电荷的正确性。

例 8.1 已知角形边界由两个半无限大接地导体平面构成，夹角 $\alpha=\pi/n$，n 为整数，求该角形区域中的电场分布。

解 点电荷有有限个镜像电荷，该角形区域中的场可用镜像法求解。

当 $n=2$ 时，角形区域外有 3 个镜像电荷 q_1，q_2 和 q_3，位置如图 8-4(a)所示。其中 $q_1=-q$，$q_2=q$，$q_3=-q$，坐标分别为$(l_1,-l_2,0)$，$(-l_1,-l_2,0)$，$(-l_1,l_2,0)$，角

形区域中任一点 $P(x, y, z)$的电场为

$$\begin{aligned}\Phi(x,y,z)&=\frac{1}{4\pi\varepsilon_0}\left(\frac{q}{r_1}+\frac{q_1}{r_2}+\frac{q_2}{r_3}+\frac{q_3}{r_4}\right)\\&=\frac{q}{4\pi\varepsilon_0}\left[\frac{1}{\sqrt{(x-l_1)^2+(y-l_2)^2+z^2}}-\frac{1}{\sqrt{(x-l_1)^2+(y+l_2)^2+z^2}}\right.\\&\quad\left.+\frac{1}{\sqrt{(x+l_1)^2+(y+l_2)^2+z^2}}-\frac{1}{\sqrt{(x+l_1)^2+(y-l_2)^2+z^2}}\right]\end{aligned}$$

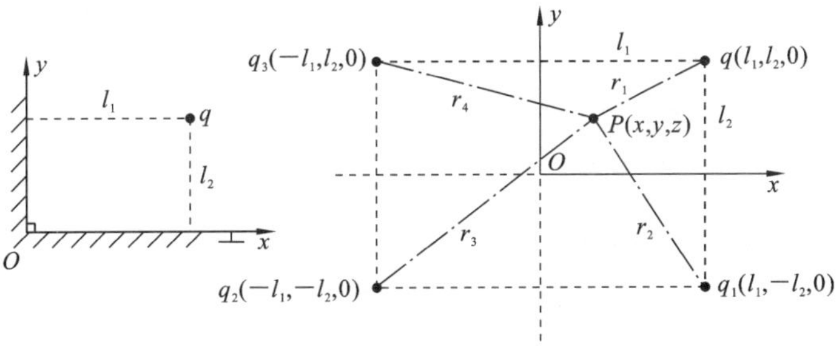

(a)

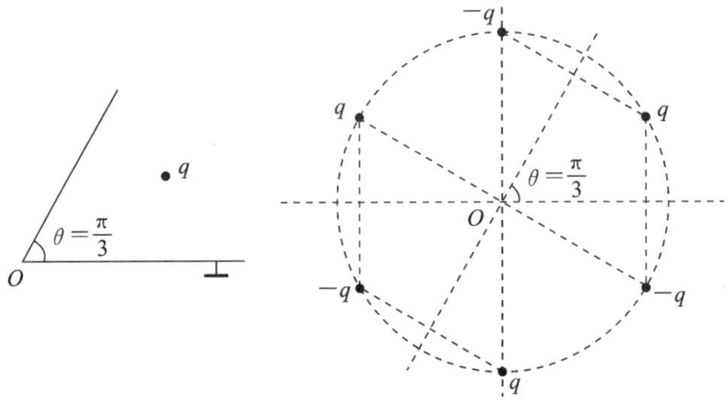

(b)

图 8-4 例 8.1 图

当 $n=3$ 时，角形区域外有 5 个镜像电荷，大小和位置如图 8-4(b)所示。所有镜像电荷都正、负交替地分布在同一个圆周上，圆心位于角形区域的顶点，半径为点电荷到顶点的距离。角形区域夹角为 π/n，n 为整数时，有$(2n-1)$个镜像电荷，它们与水平边界的夹角分别为

$$2m\cdot\frac{\pi}{n}\pm\theta(m=1,2,\cdots,n-1)\quad 及\quad 2\pi-\theta$$

n 不为整数时，镜像电荷将有无数个，镜像法不再适用；当角形区域夹角为钝角时，镜像法也不再适用。

8.2.2 线电流与无限大理想导磁体平面

在空气中，有一线电流 I 平行于无限大理想导磁体平面，与理想导磁体平面距离为 l，如图 8-5 所示。求空气中的磁场分布。

由 $\boldsymbol{B}=\mu\boldsymbol{H}$ 可知，理想导磁体平面中，$\boldsymbol{B}$ 为有限值，磁导率 $\mu=\infty$，则理想导磁体中不存在磁场强度，即 $\boldsymbol{H}_2=\boldsymbol{0}$。由恒定磁场的边界条件 $H_{1t}=H_{2t}$，可知 $H_{1t}=0$，即空气中

磁场 $\boldsymbol{H}_1$ 垂直于分界面。要保证这一条件，镜像电流 $I'=I$，方向与 I 相同，与电流 I 镜像对称，如图 8-6 所示。用 I' 代替磁介质平面所有磁化电流的影响，计算上半空间的磁场。

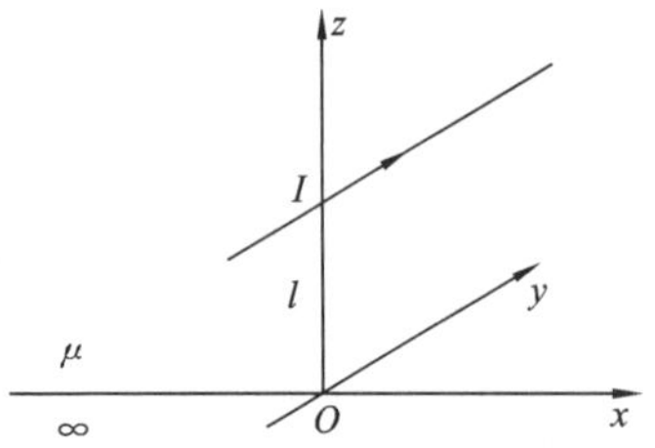

图 8-5 线电流与无限大理想导磁体平面

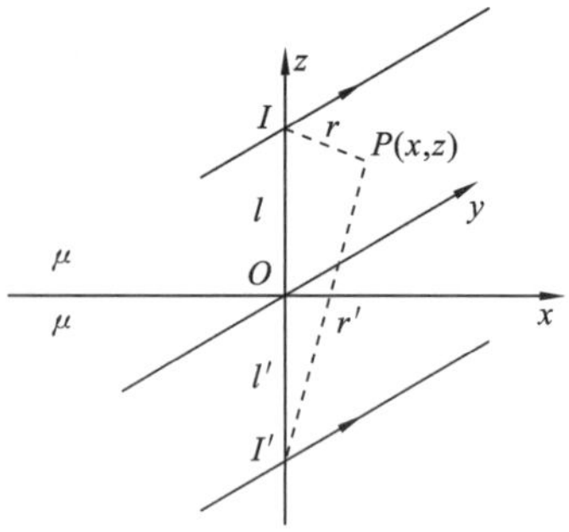

图 8-6 线电流与无限大理想导磁体平面的镜像

无限长直线电流产生的矢量位为

$$\boldsymbol{A}=\boldsymbol{e}_y\frac{\mu I}{2\pi}\ln\frac{r_0}{r} \tag{8.2.6}$$

式中，r_0 为任意选取的参考点。上半空间中任一点的矢量磁位为

$$\boldsymbol{A}=\boldsymbol{e}_y\frac{\mu I}{2\pi}\left(\ln\frac{r_0}{r}+\ln\frac{r_0}{r'}\right) \tag{8.2.7}$$

式中，$r=\sqrt{x^2+(y-l)^2}$；$r'=\sqrt{x^2+(y+l)^2}$。上半空间中的磁通密度为

$$\begin{aligned}\boldsymbol{B}&=\nabla\times\boldsymbol{A}=-\boldsymbol{e}_x\frac{\partial A_y}{\partial z}+\boldsymbol{e}_z\frac{\partial A_y}{\partial x}\\&=\boldsymbol{e}_x\frac{\mu I}{2\pi}\left[\frac{z+l}{x^2+(z+l)^2}+\frac{z-l}{x^2+(z-l)^2}\right]\\&\quad-\boldsymbol{e}_z\frac{\mu I}{2\pi}\left[\frac{x}{x^2+(z+l)^2}+\frac{x}{x^2+(z-l)^2}\right]\end{aligned} \tag{8.2.8}$$

8.2.3 点电荷与无限大介质平面

点电荷 q 位于两种介质充满的无限大平面的分界面一侧，介质的介电常数分别为 ε_1 和 ε_2，q 与分界面相距 l，如图 8-7 所示。求空间任一点电场的分布。

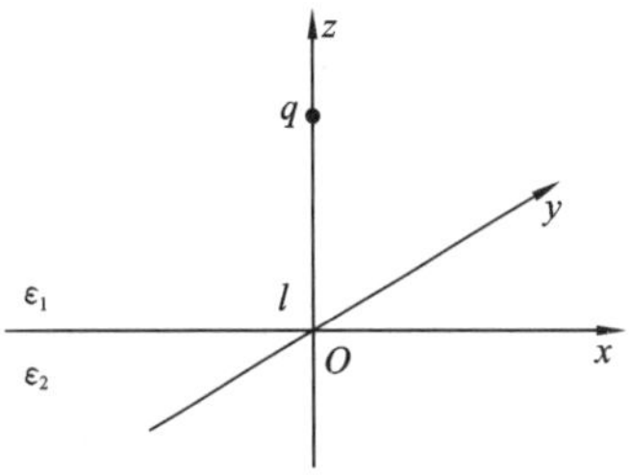

图 8-7 点电荷与两种无限大介质平面

介质在电荷 q 电场的作用下产生极化，分界面上形成极化电荷，空间任一点的电场由点电荷 q 与介质面上的极化电荷共同作用产生。应用镜像法，在计算上半空间场的分布时，由 q' 代替分界面上的所有极化电荷，整个空间充满相同介质 ε_1，如图 8-8 所示。q' 的位置在 $z=l'=-l$ 处，则上半空间的电场强度为

$$\boldsymbol{E}_1+\boldsymbol{E}'_1=\frac{q}{4\pi\varepsilon r^2}\boldsymbol{e}_r+\frac{q'}{4\pi\varepsilon r'^2}\boldsymbol{e}_r \tag{8.2.9}$$

式中，$r=\sqrt{x^2+y^2+(z-l)^2}$；$r'=\sqrt{x^2+y^2+(z+l)^2}$。

在计算下半空间场的分布时，由 q'' 代替分界面上的所有极化电荷，整个空间充满

相同介质 ε_2，如图 8-9 所示。q'' 的位置在 $z=l$ 处，大小待定，则下半空间的电场强度为

$$E_2=\frac{q+q''}{4\pi\varepsilon r^2} \tag{8.2.10}$$

式中，$r=\sqrt{x^2+y^2+(z-l)^2}$。

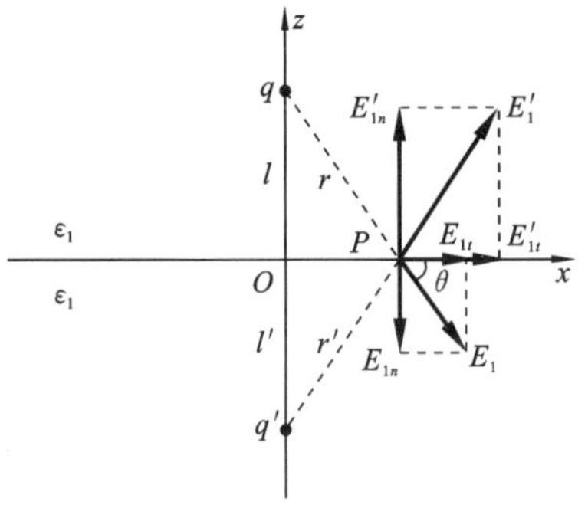

图 8-8 上半空间的电场等效

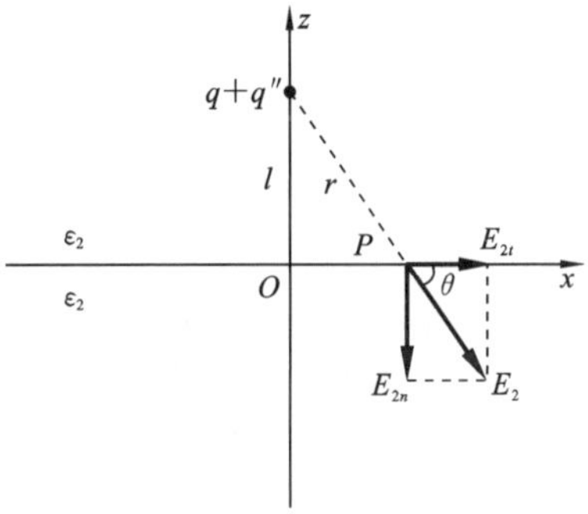

图 8-9 下半空间的电场等效

在 $z=0$ 的分界面上，电场强度和电位移的边界条件为

$$E_{1t}+E'_{1t}=E_{2t} \tag{8.2.11}$$

$$D_{1n}+D'_{1n}=D_{2n} \tag{8.2.12}$$

将式(8.2.9)和式(8.2.10)代入式(8.2.11)和式(8.2.12)，得

$$\frac{q\cos\theta}{4\pi\varepsilon_1 r^2}+\frac{q'\cos\theta}{4\pi\varepsilon_1 r'^2}=\frac{(q+q'')\cos\theta}{4\pi\varepsilon_2 r^2}$$

$$\frac{q\sin\theta}{4\pi r^2}+\frac{q'\sin\theta}{4\pi r'^2}=\frac{(q+q'')\sin\theta}{4\pi r^2}$$

解出 q' 和 q'' 分别为

$$q'=-\frac{\varepsilon_2-\varepsilon_1}{\varepsilon_2+\varepsilon_1}q \tag{8.2.13}$$

$$q''=\frac{\varepsilon_2-\varepsilon_1}{\varepsilon_2+\varepsilon_1}q \tag{8.2.14}$$

将式(8.2.13)和式(8.2.14)代入式(8.2.9)和式(8.2.10)可求出电场的分布。

8.2.4 点电荷与接地导体球

半径为 a 的接地导体球，点电荷 q 位于与球心相距 f 处，如图 8-10 所示。求球外的电位分布。

点电荷 q 的存在使导体球面产生感应电荷，导体球外的电场由 q 与球面上的感应电荷共同作用产生。球接地，球表面电位为零，即 $r=a$，$\varphi=0$。电荷在球外，镜像在球内，由于球面上感应电荷的分布具有对称性，镜像电荷 q' 应在 q 与球心的连线上，与球心距离为 d。球面上任一点 P 的电位为

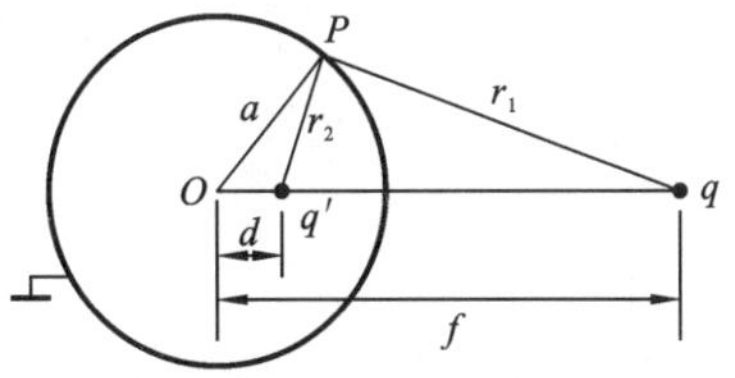

图 8-10 点电荷与接地导体球的镜像

$$\Phi_P=\frac{1}{4\pi\varepsilon}\left(\frac{q}{r_1}+\frac{q'}{r_2}\right)=0 \tag{8.2.15}$$

则镜像电荷 q' 为

$$q'=-\frac{r_2}{r_1}q \tag{8.2.16}$$

镜像电荷应有确定的数值，如图 8-10 所示，$\triangle OPq'$ 和$\triangle OqP$ 相似，可得

$$\frac{r_2}{r_1}=\frac{a}{f}=\frac{d}{a} \tag{8.2.17}$$

因此

$$q'=-\frac{a}{f}q \tag{8.2.18}$$

$$d=\frac{a^2}{f} \tag{8.2.19}$$

由此可得球外任一点电位函数为

$$\Phi=\frac{1}{4\pi\varepsilon}\left(\frac{q}{r_1}-\frac{aq}{fr_2}\right)=\frac{1}{4\pi\varepsilon}\left(\frac{q}{r_1}-\frac{dq}{ar_2}\right) \tag{8.2.20}$$

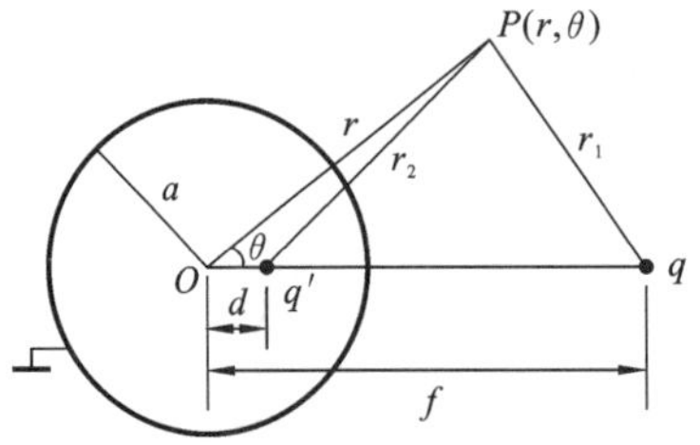

图 8-11 接地导体球外任意一点的位置关系

由余弦定理可知，$r_1=\sqrt{r^2+f^2-2rf\cos\theta}$，$r_2=\sqrt{r^2+d^2-2rd\cos\theta}$，如图 8-11 所示。球外任一点的电场强度为

$$E_r=-\frac{\partial\Phi}{\partial r}=\frac{q}{4\pi\varepsilon}\left(\frac{r-f\cos\theta}{r_1^3}-\frac{a}{f}\cdot\frac{r-d\cos\theta}{r_2^3}\right) \tag{8.2.21}$$

导体球表面的感应电荷密度为

$$\rho_S=\varepsilon E_r\Big|_{r=a}=\frac{-q(f^2-a^2)}{4\pi a(a^2+f^2-2af\cos\theta)^{3/2}} \tag{8.2.22}$$

球面上感应电荷总量为

$$q_i=\oiint_S\rho_S\mathrm{d}S=\frac{-q(f^2-a^2)}{4\pi a}\cdot2\pi\int_0^\pi\frac{a^2\sin\theta\mathrm{d}\theta}{(a^2+f^2-2af\cos\theta)^{3/2}}=-\frac{a}{f}q=q' \tag{8.2.23}$$

球面上感应电荷的总量等于镜像电荷。如果导体球不接地并且也不带电，则导体球表面总感应电荷量应为零值，须在球心位置放置镜像电荷 $q''=-q'=\frac{a}{f}q$。球接地时，q 与镜像电荷 q' 使导体球表面 $\Phi=0$，引入 q''后，导体球表面的电位为

$$\Phi=\frac{1}{4\pi\varepsilon a}\left(\frac{a}{f}q\right)=\frac{q}{4\pi\varepsilon f} \tag{8.2.24}$$

球外任一点的电位就可由式(8.2.24)计算得出。

例 8.2 一接地导体球壳，内、外半径分别为 a_1 和 a_2，在球壳内、外分别有一点电荷 q_1 和 q_2，与球心距离分别为 f_1 和 f_2，如图 8-12 所示。求球壳外、球壳中和球壳内的电位分布。

解 (1) 球壳外：边界为 $r=a_2$ 的导体球面，边界条件为 $\Phi(a_2,\theta)=0$，根据球面镜像原理，球壳外的镜像如图 8-13 所示，镜像电荷 q'_2的位置和大小分别为

$$d_2=\frac{a_2^2}{f_2},\quad q'_2=-\frac{a_2}{f_2}q_2$$

球壳外区域任一点电位为

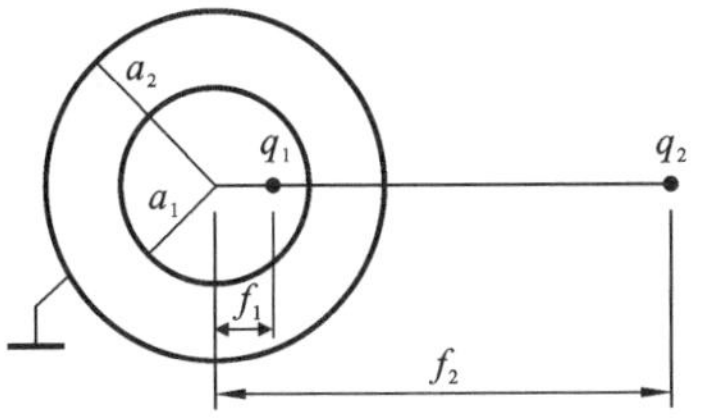

图 8-12 例 8.2 图

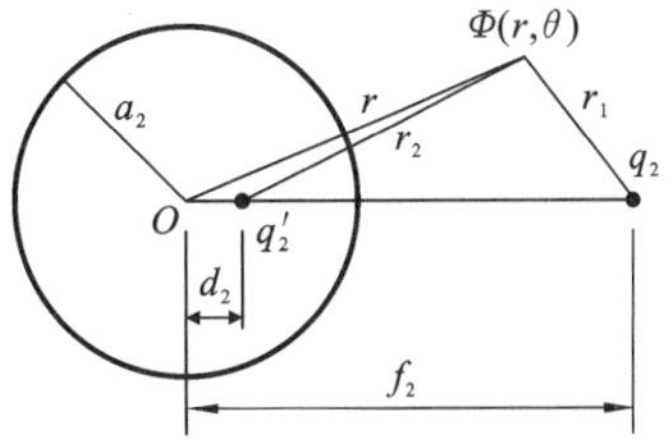

图 8-13 球壳外的镜像

$$\Phi_{外}=\frac{q}{4\pi\varepsilon}\left[\frac{1}{(r^2-2f_2r\cos\theta+f_2^2)^{1/2}}-\frac{a_2}{(f_2^2r^2-2f_2ra_2^2\cos\theta+a_2^4)^{1/2}}\right]$$

(2) 球壳中:球壳中区域为导体,导体为等位体,球壳中的电位为零。

(3) 球壳内:边界为 $r=a_1$ 的导体球面,边界条件为 $\Phi(a_1,\theta)=0$,根据球面镜像原理,球壳内的镜像如图8-14所示,镜像电荷 q'_1 的位置和大小分别为

$$d_1=\frac{a_1^2}{f_1},\quad q'_1=-\frac{a_1}{f_1}q_1$$

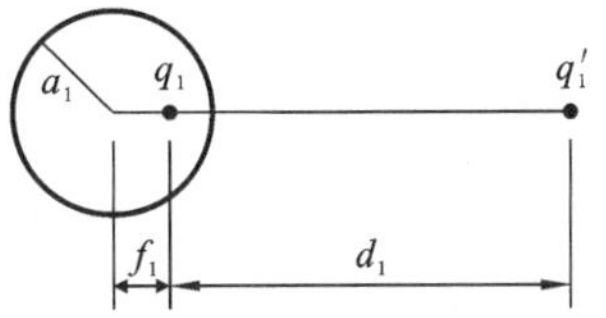

图 8-14 球壳内的镜像

球壳内区域任一点电位为

$$\Phi_{内}=\frac{q}{4\pi\varepsilon}\left[\frac{1}{(r^2-2f_1r\cos\theta+f_1^2)^{1/2}}-\frac{a_1}{(f_1^2r^2-2f_1ra_1^2\cos\theta+a_1^4)^{1/2}}\right]$$

由本题可知,用镜像法解题时,要注意所求区域和其边界条件,对边界以外的情况不予考虑。

8.2.5 线电荷与带电导体圆柱

半径为 a 的无限长导体圆柱,单位长度所带电荷量为 $-q_l$,其外放置一电荷线密度为 ρ_l 的无限长线电荷,与圆柱轴线平行且相距 f,如图 8-15 所示,求空间任一点的电位分布。

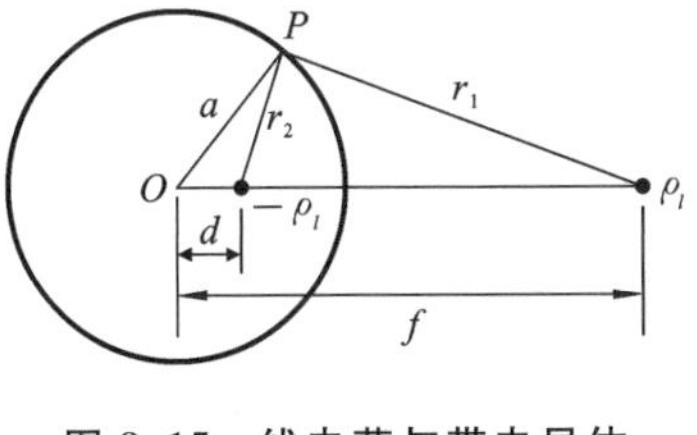

图 8-15 线电荷与带电导体圆柱的镜像

应用镜像法,在圆柱轴线与线电荷之间,距轴线为 d 处,放置一镜像线电荷,线密度为 $-\rho_l$。由第 2 章可知,电荷线密度为 ρ_l 的无限长线电荷的电场强度为

$$E=\frac{\rho_l}{2\pi\varepsilon r}e_r \tag{8.2.25}$$

如果选择距离 P 点某处的 Q 点为电位参考点,Q 点与线电荷的距离远大于 P 点与线电荷的距离,则线电荷外任一点 P 的电位为

$$\Phi=\int_r^{r_Q}E\mathrm{d}r=\frac{\rho_l}{2\pi\varepsilon}\ln\frac{r_Q}{r} \tag{8.2.26}$$

圆柱面上任一点的电位应由 ρ_l 和 $-\rho_l$ 共同产生,即

$$\Phi=\frac{\rho_l}{2\pi\varepsilon}\ln\frac{r_Q}{r_1}-\frac{\rho_l}{2\pi\varepsilon}\ln\frac{r_Q}{r_2}=\frac{\rho_l}{2\pi\varepsilon}\ln\frac{r_2}{r_1} \tag{8.2.27}$$

带电导体圆柱为一等位体,式(8.2.27)应为一定值,仍由三角形相似原理可得

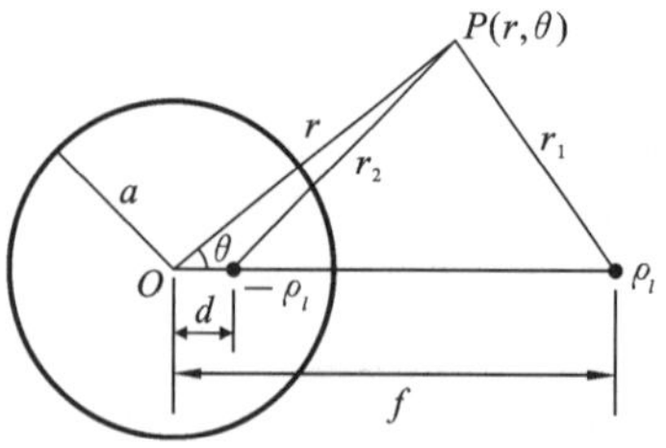

图 8-16 带电导体圆柱外任意一点的位置关系

$$\frac{r_2}{r_1}=\frac{a}{f}=\frac{d}{a} \tag{8.2.28}$$

$$d=\frac{a^2}{f} \tag{8.2.29}$$

圆柱外任一点的电位为

$$\Phi_P=\frac{\rho_l}{2\pi\varepsilon}\ln\frac{r_2}{r_1} \tag{8.2.30}$$

式中，$r_1=\sqrt{r^2+f^2-2rf\cos\theta}$，$r_2=\sqrt{r^2+d^2-2rd\cos\theta}$，如图 8-16 所示。

8.2.6 电轴法求平行导体圆柱间电容

对于两个平行导体圆柱，由线电荷对圆柱面的镜像法，两导体圆柱面可以用线密度分别为 ρ_l 和 $-\rho_l$、相距为 $2l$ 的两无限长线电荷替代，如图 8-17 所示。由线电荷 $\pm\rho_l$ 计算任一点处的电位以及电场强度。$\pm\rho_l$ 所在的位置互为镜像，称为导体圆柱的电轴，这种分析方法称为电轴法。

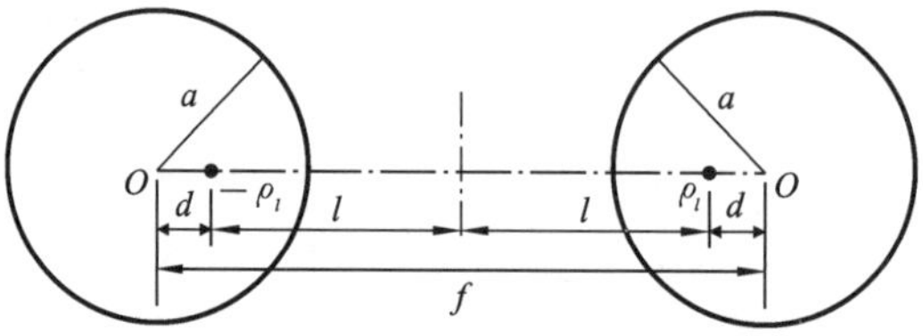

图 8-17 两平行导体圆柱的电轴

例 8.3 两根无限长平行导体圆柱，半径均为 a，轴线间的距离为 f，如图 8-17 所示，求两平行导体圆柱间的电容。

解 由式(8.2.29)可知，电轴的位置关系为

$$d=\frac{a^2}{f-d}$$

可得

$$d=\frac{f-\sqrt{f^2-4a^2}}{2}$$

由式(8.2.26)和式(8.2.27)，可得左边导体圆柱的电位为

$$\Phi_{左}=\frac{\rho_l}{2\pi\varepsilon}\ln\frac{a}{f-d}$$

右边导体圆柱的电位为

$$\Phi_{右}=-\frac{\rho_l}{2\pi\varepsilon}\ln\frac{a}{f-d}$$

两导体圆柱间的电位差

$$U=\Phi_{右}-\Phi_{左}=-\frac{\rho_l}{\pi\varepsilon}\ln\frac{a}{f-d}$$

单位长度的电容为

$$C=\frac{\rho_l}{U}=\frac{\pi\varepsilon}{\ln\dfrac{f-d}{a}}=\frac{\pi\varepsilon}{\ln\dfrac{f+\sqrt{f^2-4a^2}}{2a}} \tag{8.2.31}$$

若 $f\gg a$，可得

$$C=\frac{\pi\varepsilon}{\ln\dfrac{f}{a}} \tag{8.2.32}$$

8.3 有限差分法

镜像法以及直接积分的方法都可得到电磁场空间分布函数的精确表达式，即解析解，这种方法称为解析法。但当实际求解区域的边界几何形状比较复杂时，采用解析法非常困难，可应用数值法求得电磁场问题的数值解。数值法是将空间连续分布的场转换为离散的场点的集合。有限差分法是一种较为简单的数值法，基本思想就是把待求解场区进行网格划分，将连续的场分布离散化。本节介绍有限差分法的原理和计算方法。

8.3.1 差分和差商的基本概念

设函数 $f(x)$，当独立变量 x 产生微小增量 $\Delta x=l$ 时，相应 $f(x)$的增量为

$$\Delta f(x)=f(x+l)-f(x) \tag{8.3.1}$$

称为函数 $f(x)$的一阶差分。不同于增量为无限小的微分，差分也称为有限差分。当 l 很小时，$\Delta f(x)\approx \mathrm{d}f(x)$。一阶差商定义为

$$\frac{\Delta f(x)}{\Delta x}=\frac{f(x+l)-f(x)}{l}\approx\frac{\mathrm{d}f(x)}{\mathrm{d}x} \tag{8.3.2}$$

对一阶差分 $\Delta f(x)$再进行差分，得到 $f(x)$的二阶差分

$$\Delta^2 f(x)=\Delta f(x+l)-\Delta f(x) \tag{8.3.3}$$

当 l 很小时，$\Delta^2 f(x)\approx \mathrm{d}^2 f(x)$，二阶差商定义为

$$\frac{\Delta^2 f(x)}{(\Delta x)^2}=\frac{\Delta f(x+l)-\Delta f(x)}{l^2}\approx\frac{\mathrm{d}^2 f(x)}{\mathrm{d}^2 x} \tag{8.3.4}$$

偏导数也可用差商近似来表示。因而偏微分方程可表示为差分方程。

8.3.2 有限差分法的计算方法

1. 基本原理

有限差分法是用网格节点的差分方程近似代替场域内的偏微分方程，只要网格划分得足够细，用计算机可以达到足够的精确度。

场域的网格划分如图 8-18 所示，在边界为 G 的二维场域 W 内，电位函数 Φ 的泊松方程为

$$\nabla^2\Phi=\frac{\partial^2\Phi}{\partial x^2}+\frac{\partial^2\Phi}{\partial y^2}=f(x,y) \tag{8.3.5}$$

$$\Phi\big|_G=g(x,y) \tag{8.3.6}$$

在边界 G 上，式(8.3.6)称为第一类边界条件，当 $f(x,y)=0$ 时，式(8.3.5)为拉普拉斯方程。

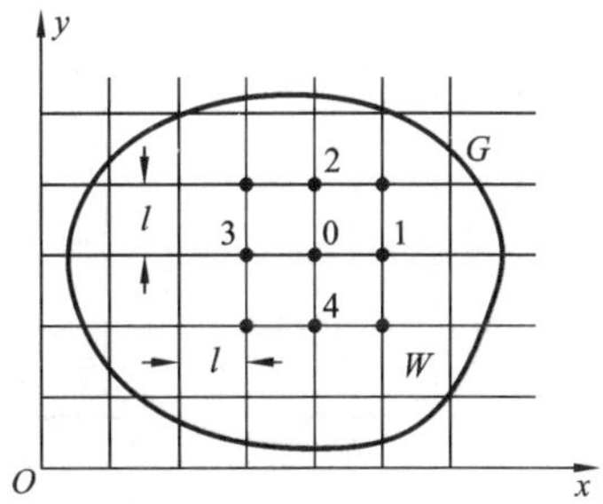

图 8-18 场域的网格划分

首先确定离散点的分布方式，用分别平行于 x 轴

和 y 轴的直线把场域 W 划分成若干正方形网格，网格线的交点称为节点，相邻网格线间的距离 l 称为步距。图 8-18 中，设节点 0 上的电位函数为 $\Phi_0=\Phi_0(x_0, y_0)$，节点 1，2，3 和 4 的电位函数分别为 Φ_1，Φ_2，Φ_3 和 Φ_4。将任一点 x 的电位函数 $\Phi(x, y)$ 沿 x 轴方向上展开为节点 0 的电位函数 Φ_0 的泰勒级数

$$\Phi(x,y)=\Phi(x_0,y)+\left.\frac{\partial\Phi}{\partial x}\right|_{x=x_0}(x-x_0)+\frac{1}{2!}\left.\frac{\partial^2\Phi}{\partial x^2}\right|_{x=x_0}(x-x_0)^2+\frac{1}{3!}\left.\frac{\partial^3\Phi}{\partial x^3}\right|_{x=x_0}(x-x_0)^3+\cdots \tag{8.3.7}$$

考虑节点 1 和 3，$x_1=x_0+l$，$x_3=x_0-l$，代入式(8.3.7)，节点 1 和 3 两点的电位分别为

$$\Phi(x_1,y)=\Phi(x_0,y)+l\left.\frac{\partial\Phi}{\partial x}\right|_{x=x_0}+\frac{1}{2!}l^2\left.\frac{\partial^2\Phi}{\partial x^2}\right|_{x=x_0}+\frac{1}{3!}l^3\left.\frac{\partial^3\Phi}{\partial x^3}\right|_{x=x_0}+\cdots \tag{8.3.8}$$

$$\Phi(x_3,y)=\Phi(x_0,y)-l\left.\frac{\partial\Phi}{\partial x}\right|_{x=x_0}+\frac{1}{2!}l^2\left.\frac{\partial^2\Phi}{\partial x^2}\right|_{x=x_0}-\frac{1}{3!}l^3\left.\frac{\partial^3\Phi}{\partial x^3}\right|_{x=x_0}+\cdots \tag{8.3.9}$$

式(8.3.8)和式(8.3.9)相加，如果 l 足够小，忽略 l 的三阶以上高次项，得

$$\Phi_1+\Phi_3\approx 2\Phi_0+l^2\frac{\partial^2\Phi}{\partial x^2}$$

进而可得

$$\left.\frac{\partial^2\Phi}{\partial x^2}\right|_{x=x_0}\approx\frac{\Phi_1-2\Phi_0+\Phi_3}{l^2} \tag{8.3.10}$$

同理

$$\left.\frac{\partial^2\Phi}{\partial y^2}\right|_{y=y_0}\approx\frac{\Phi_2-2\Phi_0+\Phi_4}{l^2} \tag{8.3.11}$$

将式(8.3.10)和式(8.3.11)代入式(8.3.5)，可得电位的泊松方程

$$\Phi_1+\Phi_2+\Phi_3+\Phi_4-4\Phi_0=l^2 f \tag{8.3.12}$$

当 $f=0$ 时，可得电位的拉普拉斯方程

$$\Phi_1+\Phi_2+\Phi_3+\Phi_4-4\Phi_0=0 \tag{8.3.13}$$

$$\Phi_0=\frac{1}{4}(\Phi_1+\Phi_2+\Phi_3+\Phi_4) \tag{8.3.14}$$

由此可知，场域 W 内任何一点的电位函数可表示为周围相邻的 4 个节点电位的平均值。另外，边界条件在离散化后即为边界上节点的电位值。

2. 差分方程的求解方法

二维边值问题示意图如图 8-19 所示，假设场域 W 为矩形，以等步距 l 划分网格，根据式(8.3.12)或式(8.3.13)列出差分方程，通式可写为

$$\begin{cases}\Phi_{i+1,j}+\Phi_{i,j+1}+\Phi_{i-1,j}+\Phi_{i,j-1}-4\Phi_{i,j}=l^2 f_{i,j}, & \text{场域 } W \text{ 内的点}\\ \Phi_{i,j}=g_{i,j}, & \text{边界上的点}\end{cases} \tag{8.3.15}$$

求解实际问题时，为达到所要求的精度，需确定适当的网格步距 l。节点的个数很多，差分方程的数量很大，一般采用迭代法求解差分方程组。

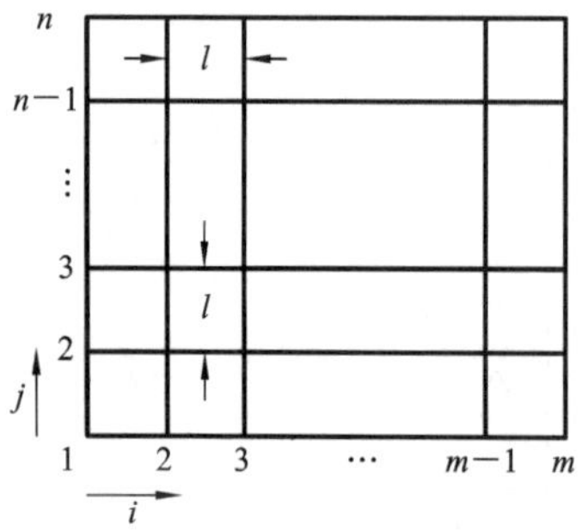

图 8-19 二维边值问题示意图

1）简单迭代法

根据边界条件对场域内的各节点赋初值 $\Phi_{i,j}^{(0)}$，从 i 和 j 的最小值算起，对所有内节点按式(8.3.15)依次进行第一次计算，各节点运算的结果为 $\Phi_{i,j}^{(1)}$。然后循环进行迭代运算，第 $n+1$ 次近似值可由 $\Phi_{i,j}^{(n)}$ 得到

$$\Phi_{i,j}^{(n+1)}=\frac{1}{4}\left(\Phi_{i+1,j}^{(n)}+\Phi_{i,j+1}^{(n)}+\Phi_{i-1,j}^{(n)}+\Phi_{i,j-1}^{(n)}-l^2 f_{i,j}\right) \tag{8.3.16}$$

简单迭代法需要两套存储单元，分别存放两次相邻迭代的近似值，占用的内存较大，在求解实际问题时收敛速度比较慢，实用价值有限。

2）超松弛迭代法

为了加快解的收敛速度，节省存储单元，实际中常采用超松弛迭代法。计算中通常采用从左往右、自下而上的顺序，在计算 $\Phi_{i,j}^{(n+1)}$ 时，由于 $\Phi_{i-1,j}^{(n+1)}$ 和 $\Phi_{i,j-1}^{(n+1)}$ 已经算出，用 $\Phi_{i-1,j}^{(n+1)}$ 和 $\Phi_{i,j-1}^{(n+1)}$ 替代式(8.3.16)中的 $\Phi_{i-1,j}^{(n)}$ 和 $\Phi_{i,j-1}^{(n)}$，则

$$\Phi_{i,j}^{(n+1)}=\frac{1}{4}(\Phi_{i+1,j}^{(n)}+\Phi_{i,j+1}^{(n)}+\Phi_{i-1,j}^{(n+1)}+\Phi_{i,j-1}^{(n+1)}-l^2 f_{i,j}) \tag{8.3.17}$$

该方法称为高斯-赛德尔迭代法。这样，由于提前使用了第 $(n+1)$ 次近似值，使得收敛速度加快。引入某一节点第 $(n+1)$ 次迭代结果与第 n 次迭代结果的差值作为修正项，即

$$\Delta\Phi_{i,j}^{(n)}=\Phi_{i,j}^{(n+1)}-\Phi_{i,j}^{(n)} \tag{8.3.18}$$

则第 $(n+1)$ 次迭代值为

$$\Phi_{i,j}^{(n+1)}=\Phi_{i,j}^{(n)}+\omega\Delta\Phi_{i,j}^{(n)} \tag{8.3.19}$$

式中，ω 称为松弛因子。将式(8.3.17)和式(8.3.18)代入式(8.3.19)，可得

$$\Phi_{i,j}^{(n+1)}=\Phi_{i,j}^{(n)}+\frac{\omega}{4}(\Phi_{i+1,j}^{(n)}+\Phi_{i,j+1}^{(n)}+\Phi_{i-1,j}^{(n+1)}+\Phi_{i,j-1}^{(n+1)}-l^2 f_{i,j}-4\Phi_{i,j}^{(n)}) \tag{8.3.20}$$

式(8.3.20)即为超松弛迭代法计算式。松弛因子 ω 的取值范围为 $1\leqslant\omega<2$，合理选择 ω 的值，使其达到最佳，可以减少迭代次数，提高运算速度。对于正方形区域，划分正方形网格，每边的网格数为 m，则最佳松弛因子 ω_0 为

$$\omega_0=\frac{2}{1+\sin\dfrac{\pi}{m}} \tag{8.3.21}$$

对于矩形区域，划分正方形网格，两边网格数分别为 m 和 n，则

$$\omega_0=2-\pi\sqrt{2\left(\frac{1}{m^2}+\frac{1}{n^2}\right)} \tag{8.3.22}$$

3）计算误差

理论上所有节点相邻两次迭代值的差值 $\Delta\Phi_{i,j}^{(n)}=0$ 时，运算停止。工程应用中是当所有节点相邻两次迭代值的绝对误差（或相对误差）的绝对值均小于误差允许范围 M 时，停止迭代，即

$$\max\left|\Delta\Phi_{i,j}^{(n)}\right|<M \tag{8.3.23}$$

或者

$$\max\left|\frac{\Delta\Phi_{i,j}^{(n)}}{\Phi_{i,j}^{(n)}}\right|<M \tag{8.3.24}$$

例 8.4 一个无限长直金属槽的横截面为矩形，如图 8-20 所示，上板的电位 $\Phi=100\ \text{V}$，侧面与底面电位为零，计算槽内的电位分布。

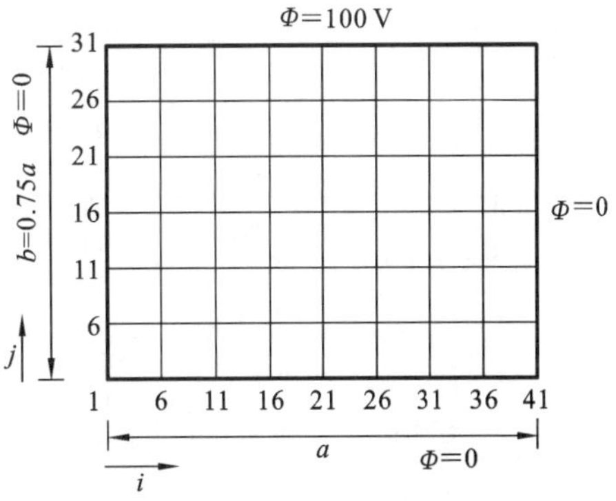

图 8-20 例 8.4 的网格划分

解 金属槽的长度为无限长，槽内无电荷分布，场与 z 坐标无关，电位函数 Φ 满足二维拉普拉斯方程，即

$$\frac{\partial^2\Phi}{\partial x^2}+\frac{\partial^2\Phi}{\partial y^2}=0 \quad (0<x<a,\ 0<y<b)$$

用正方形网格划分求解区域，长边有40个网格，短边有30个网格，利用式(8.3.22)算出最佳松弛因子

$$\omega_0=2-\pi\sqrt{2\left(\frac{1}{40^2}+\frac{1}{30^2}\right)}=1.81$$

对于各内节点($i=2\sim40,j=2\sim30$)，由式(8.3.20)可得超松弛迭代式为

$$\Phi_{i,j}^{(n+1)}=\Phi_{i,j}^{(n)}+\frac{1.81}{4}(\Phi_{i+1,j}^{(n)}+\Phi_{i,j+1}^{(n)}+\Phi_{i-1,j}^{(n+1)}+\Phi_{i,j-1}^{(n+1)}-l^2f_{i,j}-4\Phi_{i,j}^{(n)})$$

由已知的边界条件，$\Phi_{1,(1\sim31)}=\Phi_{41,(1\sim31)}=\Phi_{(1\sim41),1}=0$，$\Phi_{(2\sim40),31}=100$，为了加快迭代速度，假设电位初值自下而上是等差递增的，则各节点电位可简单设为

$$\Phi_{i,j}^{(0)}=\frac{\Phi_2-\Phi_1}{h}(j-1)=\frac{100}{30}(j-1)$$

式中，$i=2\sim40$；$j=2\sim30$。以同一内节点上相邻两次迭代误差的绝对值均小于10^{-6}作为检验标准，即

$$\max\left|\Delta\Phi_{i,j}^{(n)}\right|<10^{-6}$$

程序流程图如图8-21所示，可使用Matlab、Fortran或C语言。Fortran语言适用于许多电磁学问题的工程计算，Matlab便于绘图，可将两者结合起来使用。矩形槽内的电位及电场分布如图8-22所示。

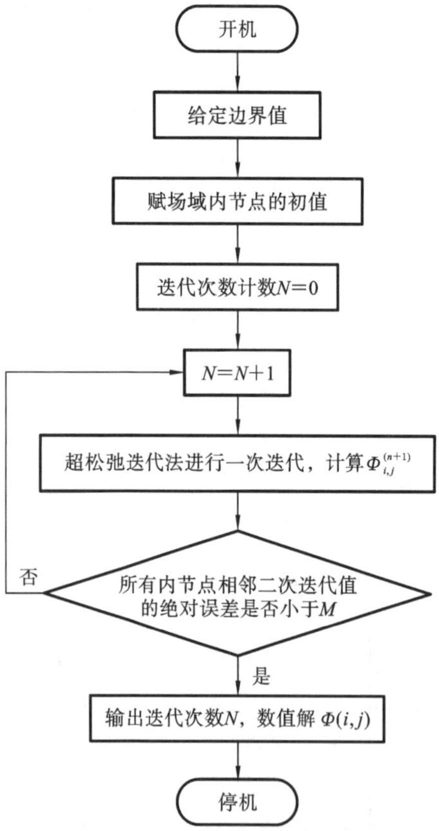

图8-21 程序流程图

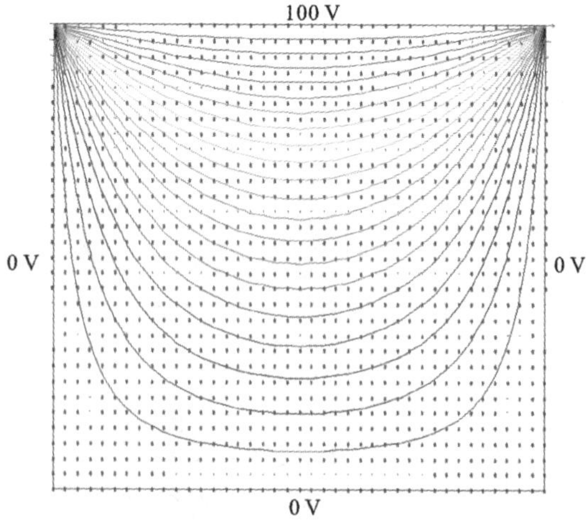

图8-22 矩形槽内的电位及电场分布

8.4 时域有限差分法

时域有限差分(FDTD)法是由有限差分法发展出来的直接求解麦克斯韦方程对电磁场进行计算机模拟的数值分析方法,近年来在电磁工程领域的各个方面得到了广泛的应用和发展。本节介绍时域有限差分法的相关理论、方法和应用。

8.4.1 时域有限差分法的特点

电磁场问题有三种基本的研究方法:理论分析、测量和计算机模拟。由于电磁场是以场的形态存在的物质,具有独特的研究方法,很重要的特点就是要采取重叠的研究方法。也就是说,只有理论分析、测量和计算机模拟的结果相互佐证,才可以认为获得了正确的可信的结论。时域有限差分法就是实现直接对电磁工程问题进行计算机模拟的数值方法。第 8.3 节已经探讨了有限差分法,而时域有限差分法既能用于静电和时谐电磁场问题,也能用于时变电磁场问题的数值分析。时域有限差分法的名称容易使人误解为只有时域有限差分法才具有处理时域问题的能力,实际上,时域有限差分法的特点是直接由麦克斯韦方程组出发,在计算机平台上对待求解的电磁学问题进行直接模拟,也可以认为是在计算机平台构成的虚拟物理空间上直接进行电磁过程的模拟试验。

近年来,许多学者对时域脉冲源的传播和响应进行了大量的研究,谈到时域电磁学问题,首先要关注的应该是描述物体在瞬态电磁源作用下的普遍适用的理论。该方法是对电磁脉冲响应进行数值模拟的基本理论基础,它证明了瞬态电磁源作用下的响应的极点或奇异点只产生在引起物体自然谐振的复频率点上。而自然谐振点只与物体的几何形状和几何尺寸有关,与外界的激励源无关。所以,时域有限差分法只是处理电磁学问题的一种方法而不是唯一方法。此外,尽管时域有限差分法直接由麦克斯韦方程组出发,但是绝不能取代电磁学理论分析,时域有限差分法的结果必须能够经得住理论的考验,当两者的结论产生矛盾时,一般都可以归结为数值处理的过程不严密或错误。

物体的电特性基本是时谐的,物体的电参数都是频率的函数。实际上真实的时域电信号总是具有有限能量的(时谐信号除外),理论上具有几乎所有频率成分,但是对实际的电磁学问题来说,只有有限的频带内的频率成分在起主要作用。所以,实际上不需要考虑真正的具有无限大频谱成分的时域电信号,只需要考虑具有一定带宽的能量信号,其情形更接近于具有群速度和有限带宽的时谐波群的情形。

认为时域有限差分法是时域方法而其他方法都是频域方法是不正确的,也就是说,不管使用任何一种计算电磁学方法都需要考虑所处理问题的尺寸和问题所关注的电磁波的波长,区别是由频域方程出发的方法需要配合快速傅里叶变换来求时域问题的解。计算电磁学方法本身并没有明确的频率范围的限制,对具体的电磁学问题来说采用什么计算方法要根据物体的电尺寸来决定。物体的电尺寸决定了物体的电谐振频率,所以通常以研究的物体尺寸所决定的谐振频率为参考点,将计算电磁学方法分为高频、中频和低频方法。以下是使用计算电磁学方法时要考虑的因素。

首先,由于计算机内存和计算需要的 CPU 时间限制了计算电磁学方法的应用范围。采用时域有限差分法、矩量法和有限元法时所产生的矩阵的大小是限制应用的关键因素,以时域有限差分法为例,目前可以达到 $10^4 \times 10^4 \times 10^4$ 个单元的尺度。

其次，各种方法的数值建模的处理方法也限制了应用范围。

最后，在物理问题进行数值化时，基本的要求是要保持物理问题和物理规律在数值化的过程中不产生明显的改变，所以量化时产生的数值色散等问题，也决定了不同方法的不同应用范围。

通常矩量法、有限元法只能分析谐振点以下的问题，可以称为低频方法；时域有限差分法可以分析系统第一谐振点频率 4 个量级的范围，可以称为中频方法；几何射线法用来分析频率远高于谐振点的电磁学问题，可以称为高频方法。

时域有限差分法有如下特点。

(1) 适用于分析系统谐振点附近的宽频带响应。

(2) 可以分析任意三维形状的问题。

(3) 适用于研究理想导体、实际金属和绝缘体等各类物体在电磁波作用下的效应。

(4) 适用于处理具有频率依赖性的介质参量，如损耗介质、磁介质、非寻常物质(如各向异性介质、铁氧体)等的电磁学问题。

(5) 适用于分析任意类型的响应，包括远场和近场，如散射场、天线方向图、雷达散射截面、表面波、电流、功率密度、穿透和内耦合等。

(6) 适用于分析雷电、电磁脉冲、雷达和激光器等激励源。

(7) 适用于分析多种多样的系统，如烟雾、屏蔽或防护罩、飞机、人体、卫星、探测等。

时域有限差分法可分析系统的第一谐振频率以上、谐振波幅度为 4 个量级范围的问题，也就是能达到由低频到高频谐波(幅度达 6 个数量级)的范围，按功率约 120 dB，按场强约 60 dB 的范围。

设工作站能处理约 10^6 个单元，对三维问题来讲，具有约 $100\times100\times100$ 个单元大小。若按标准的情况，每波长取十个空间步长，这个工作站能处理约十个波长立方空间中的电磁问题。现在的超级计算机每小时可处理约 10^7 个单元，约达到 46 个波长立方的空间，也就是说，不同硬件配置的计算机所能创造的数值空间的大小是有不同限度的，解决问题的能力也不同。

总之，时域有限差分法具有能处理宽频带、多种模拟源、各种形状作用物和复杂环境的电磁学问题的能力，具有采用计算机类型多、响应量级宽等方面的优势；具有计算效率高并且可以直接得到宽频带结果的优势。因此，时域有限差分法特别适于处理薄板和细导线天线问题，只要计算机能够处理足够多的切分单元，计算的精度就可达到任何要求。此外，时域有限差分法的程序可以规范化、商品化，易于推广，与图形工具结合可以很方便地分析电磁学问题，因此它实际上是一种集实验方法、计算方法和分析方法于一体的方法。

在如下常见的 6 类问题中，除第一类问题之外，都可以采用 FDTD 方法处理。

(1) 电源——电力、设备等问题。

(2) 传输线、波导等传输问题。

(3) 天线的接收、检测和辐射。

(4) 耦合、屏蔽和透入效应。

(5) 散射和逆散射问题。

(6) 开关、过渡过程等非线性问题。

FDTD 最适宜分析的是瞬态响应问题，特别是具有复杂几何形状和复杂环境的情形，如埋地天线、介质覆盖天线等。矩量法在分析高频响应问题时，往往误差过大，特别是用矩量法分析封闭金属体内接近谐振点的问题时，会产生很大的误差，此时采用 FDTD 就很合适，但是 FDTD 很难分析低频响应，如电力线的传输问题如果采用 FDTD 就要求很多时间步，甚至需要 10 亿个时间步，此时采用矩量法应该是很好的选择。

8.4.2 电磁场旋度方程

为了介绍 FDTD 的基本原理，首先分析一下线性介质中的麦克斯韦方程组的特点。在线性介质中麦克斯韦方程组可以表达为式(4.3.5)～式(4.3.11)的形式。通常在时间起点，场和源都置 0，此时，两个散度方程可以包括在两个旋度方程和初始的边界条件之中，是冗余的，FDTD 公式只需要麦克斯韦方程组的旋度方程就足够了，即

$$\frac{\partial \boldsymbol{H}}{\partial t}=-\frac{1}{\mu}(\nabla\times\boldsymbol{E})-\frac{\sigma^*}{\mu}\boldsymbol{H} \tag{8.4.1}$$

$$\frac{\partial \boldsymbol{E}}{\partial t}=\frac{1}{\varepsilon}(\nabla\times\boldsymbol{H})+\frac{\sigma}{\varepsilon}\boldsymbol{E} \tag{8.4.2}$$

此处，$\boldsymbol{J}=\sigma\boldsymbol{E}$，也应包含磁损耗介质，故采用 σ^* 表示磁损耗系数。FDTD 中的变量采用电场强度 $\boldsymbol{E}$ 和磁场强度 $\boldsymbol{H}$，不是磁感应强度 $\boldsymbol{B}$ 和电位移矢量 $\boldsymbol{D}$。下面的推导可以说明散度方程已经包含在旋度方程之中，取

$$\nabla\cdot(\nabla\times\boldsymbol{E})=-\frac{\partial}{\partial t}(\nabla\cdot\boldsymbol{B}) \tag{8.4.3}$$

因为$\nabla\cdot\nabla\times\boldsymbol{A}\equiv 0$(见式(1.7.13))，所以有$\nabla\cdot\boldsymbol{B}=$常数。取

$$\nabla\cdot(\nabla\times\boldsymbol{H})=\frac{\partial}{\partial t}(\nabla\cdot\boldsymbol{D})+\nabla\cdot\boldsymbol{J} \tag{8.4.4}$$

得

$$0=\frac{\partial(\nabla\cdot\boldsymbol{D})}{\partial t}+\nabla\cdot\boldsymbol{J} \tag{8.4.5}$$

由电荷守恒定律，有

$$\nabla\cdot\boldsymbol{J}+\frac{\partial\rho}{\partial t}=0 \tag{8.4.6}$$

于是

$$\frac{\partial(\nabla\cdot\boldsymbol{D})}{\partial t}-\frac{\partial\rho}{\partial t}=0 \tag{8.4.7}$$

因而有

$$\frac{\partial}{\partial t}[(\nabla\cdot\boldsymbol{D})-\rho]=0 \tag{8.4.8}$$

必有

$$\nabla\cdot\boldsymbol{D}-\rho=\text{常数} \tag{8.4.9}$$

因为 FDTD 计算时，开始时场和源都置 0，所以

$$\nabla\cdot\boldsymbol{B}\big|_{t=0}=0,\quad \nabla\cdot\boldsymbol{D}-\rho\big|_{t=0}=0 \tag{8.4.10}$$

由这两个条件就可以定出这两个常数为 0，则有

$$\nabla\cdot\boldsymbol{B}=0,\quad \nabla\cdot\boldsymbol{D}-\rho=0 \tag{8.4.11}$$

于是，由旋度方程推出了散度方程，也就是证明了散度方程已经包含在旋度方程之中

了。虽然两个散度方程在 FDTD 中不出现，但是在实际应用时，仍然有用，可以用它们来验证最后结果的正确性。

8.4.3 分裂场形式

因为麦克斯韦方程组是线性方程组，所以电磁场可以分解为入射场和反射场之和的形式，即

$$\begin{cases}\boldsymbol{E}=\boldsymbol{E}^{\text{total}}\equiv\boldsymbol{E}^{\text{inc}}+\boldsymbol{E}^{\text{scat}}\\ \boldsymbol{H}=\boldsymbol{H}^{\text{total}}\equiv\boldsymbol{H}^{\text{inc}}+\boldsymbol{H}^{\text{scat}}\end{cases}\tag{8.4.12}$$

这样做的好处是，入射场可以在整个问题空间中用解析法求解，而只有散射场需要进行数值分析。只有散射场需要在研究的目标空间之外被边界条件吸收，这一点很重要，因为散射场要比总场更容易设置吸收边界条件。

入射场在自由空间独立地满足麦克斯韦方程组，即

$$\begin{cases}\nabla\times\boldsymbol{E}^{\text{inc}}=-\mu_0\dfrac{\partial\boldsymbol{H}^{\text{inc}}}{\partial t}\\ \nabla\times\boldsymbol{H}^{\text{inc}}=\varepsilon_0\dfrac{\partial\boldsymbol{E}^{\text{inc}}}{\partial t}\end{cases}\tag{8.4.13}$$

由麦克斯韦方程组的旋度方程，一般有

$$\begin{cases}\nabla\times(\boldsymbol{E}^{\text{inc}}+\boldsymbol{E}^{\text{scat}})=-\mu\dfrac{\partial(\boldsymbol{H}^{\text{inc}}+\boldsymbol{H}^{\text{scat}})}{\partial t}-\sigma^*(\boldsymbol{H}^{\text{inc}}+\boldsymbol{H}^{\text{scat}})\\ \nabla\times(\boldsymbol{H}^{\text{inc}}+\boldsymbol{H}^{\text{scat}})=\varepsilon\dfrac{\partial(\boldsymbol{E}^{\text{inc}}+\boldsymbol{E}^{\text{scat}})}{\partial t}+\sigma(\boldsymbol{E}^{\text{inc}}+\boldsymbol{E}^{\text{scat}})\end{cases}\tag{8.4.14}$$

将自由空间条件下的入射场方程代入，有

$$\begin{cases}\nabla\times\boldsymbol{E}^{\text{scat}}=-\mu\dfrac{\partial\boldsymbol{H}^{\text{scat}}}{\partial t}-\sigma^*\boldsymbol{H}^{\text{scat}}-\left[(\mu-\mu_0)\dfrac{\partial\boldsymbol{H}^{\text{inc}}}{\partial t}+\sigma^*\boldsymbol{H}^{\text{inc}}\right]\\ \nabla\times\boldsymbol{H}^{\text{scat}}=\varepsilon\dfrac{\partial\boldsymbol{E}^{\text{scat}}}{\partial t}+\sigma\boldsymbol{E}^{\text{scat}}-\left[(\varepsilon-\varepsilon_0)\dfrac{\partial\boldsymbol{E}^{\text{inc}}}{\partial t}+\sigma\boldsymbol{E}^{\text{inc}}\right]\end{cases}\tag{8.4.15}$$

在散射区外趋向无限远处的电磁过程可以看成与自由空间的情形一样，也就是说入射场与散射场的和满足自由空间中的麦克斯韦方程组，即

$$\begin{cases}\nabla\times\boldsymbol{E}^{\text{total}}=-\mu_0\dfrac{\partial\boldsymbol{H}^{\text{total}}}{\partial t}\\ \nabla\times\boldsymbol{H}^{\text{total}}=\varepsilon_0\dfrac{\partial\boldsymbol{E}^{\text{total}}}{\partial t}\end{cases}\tag{8.4.16}$$

所以，在远场有

$$\begin{cases}\nabla\times(\boldsymbol{E}^{\text{inc}}+\boldsymbol{E}^{\text{scat}})=-\mu_0\dfrac{\partial(\boldsymbol{H}^{\text{inc}}+\boldsymbol{H}^{\text{scat}})}{\partial t}\\ \nabla\times(\boldsymbol{H}^{\text{inc}}+\boldsymbol{H}^{\text{scat}})=\varepsilon_0\dfrac{\partial(\boldsymbol{E}^{\text{inc}}+\boldsymbol{E}^{\text{scat}})}{\partial t}\end{cases}\tag{8.4.17}$$

代入式(8.4.3)，可得到在自由空间中，有

$$\begin{cases}\nabla\times\boldsymbol{E}^{\text{scat}}=-\mu_0\dfrac{\partial\boldsymbol{H}^{\text{scat}}}{\partial t}\\ \nabla\times\boldsymbol{H}^{\text{scat}}=\varepsilon_0\dfrac{\partial\boldsymbol{E}^{\text{scat}}}{\partial t}\end{cases}\tag{8.4.18}$$

实际上，在式(8.4.1)和式(8.4.2)中，令 $\mu=\mu_0$，$\varepsilon=\varepsilon_0$，$\sigma\to0$ 和 $\sigma^*\to0$，替换后也可

得到式(8.4.15)。所以,入射场问题是自由空间的电磁学问题,只要散射场满足式(8.4.5),必须用数值方法求解。式(8.4.15)写为

$$\begin{cases}\dfrac{\partial \boldsymbol{H}^{\text{scat}}}{\partial t}=-\dfrac{\sigma^*}{\mu}\boldsymbol{H}^{\text{scat}}-\dfrac{\sigma^*}{\mu}\boldsymbol{H}^{\text{inc}}-\dfrac{(\mu-\mu_0)}{\mu}\dfrac{\partial \boldsymbol{H}^{\text{inc}}}{\partial t}-\dfrac{1}{\mu}(\boldsymbol{\nabla}\times\boldsymbol{E}^{\text{scat}})\\ \dfrac{\partial \boldsymbol{E}^{\text{scat}}}{\partial t}=-\dfrac{\sigma}{\varepsilon}\boldsymbol{E}^{\text{scat}}-\dfrac{\sigma}{\varepsilon}\boldsymbol{E}^{\text{inc}}-\dfrac{(\varepsilon-\varepsilon_0)}{\varepsilon}\dfrac{\partial \boldsymbol{E}^{\text{inc}}}{\partial t}-\dfrac{1}{\varepsilon}(\boldsymbol{\nabla}\times\boldsymbol{H}^{\text{scat}})\end{cases} \tag{8.4.19}$$

8.4.4　理想导体的 FDTD 公式

在散射体外,散射场满足自由空间条件,即

$$\sigma^*=\sigma=0$$

$$\mu=\mu_0$$

$$\varepsilon=\varepsilon_0$$

则式(8.4.18)变为

$$\begin{cases}\dfrac{\partial \boldsymbol{H}^{\text{scat}}}{\partial t}=-\dfrac{1}{\mu_0}(\boldsymbol{\nabla}\times\boldsymbol{E}^{\text{scat}})\\ \dfrac{\partial \boldsymbol{E}^{\text{scat}}}{\partial t}=\dfrac{1}{\varepsilon_0}(\boldsymbol{\nabla}\times\boldsymbol{H}^{\text{scat}})\end{cases} \tag{8.4.20}$$

由式(8.4.19),在导体中,有

$$\frac{\varepsilon}{\sigma}\frac{\partial \boldsymbol{E}^{\text{scat}}}{\partial t}=-\boldsymbol{E}^{\text{scat}}-\boldsymbol{E}^{\text{inc}}-\frac{(\varepsilon-\varepsilon_0)}{\sigma}\frac{\partial \boldsymbol{E}^{\text{inc}}}{\partial t}+\frac{1}{\sigma}(\boldsymbol{\nabla}\times\boldsymbol{H}^{\text{scat}}) \tag{8.4.21}$$

因理想导体条件为 $\sigma=\infty$,可简化为

$$\boldsymbol{E}^{\text{scat}}=-\boldsymbol{E}^{\text{inc}} \tag{8.4.22}$$

理想导体为散射体时,电磁场可以用式(8.4.20)描写。因此,如果问题中只有自由空间和理想导体,则采用 FDTD 时,只需用式(8.4.20)和式(8.4.21)就足够了。

把散射场表示为分量的方程,有

$$\text{TE 波:}\begin{cases}\dfrac{\partial \boldsymbol{E}_x^{\text{scat}}}{\partial t}=\dfrac{1}{\varepsilon_0}\left(\dfrac{\partial \boldsymbol{H}_z^{\text{scat}}}{\partial y}-\dfrac{\partial \boldsymbol{H}_y^{\text{scat}}}{\partial z}\right)\\ \dfrac{\partial \boldsymbol{E}_y^{\text{scat}}}{\partial t}=\dfrac{1}{\varepsilon_0}\left(\dfrac{\partial \boldsymbol{H}_x^{\text{scat}}}{\partial z}-\dfrac{\partial \boldsymbol{H}_z^{\text{scat}}}{\partial x}\right)\\ \dfrac{\partial \boldsymbol{H}_z^{\text{scat}}}{\partial t}=\dfrac{1}{\mu_0}\left(\dfrac{\partial \boldsymbol{E}_x^{\text{scat}}}{\partial y}-\dfrac{\partial \boldsymbol{E}_y^{\text{scat}}}{\partial x}\right)\end{cases},\quad \text{TM 波:}\begin{cases}\dfrac{\partial \boldsymbol{H}_x^{\text{scat}}}{\partial t}=\dfrac{1}{\mu_0}\left(\dfrac{\partial \boldsymbol{E}_y^{\text{scat}}}{\partial z}-\dfrac{\partial \boldsymbol{E}_z^{\text{scat}}}{\partial y}\right)\\ \dfrac{\partial \boldsymbol{H}_y^{\text{scat}}}{\partial t}=\dfrac{1}{\mu_0}\left(\dfrac{\partial \boldsymbol{E}_z^{\text{scat}}}{\partial x}-\dfrac{\partial \boldsymbol{E}_x^{\text{scat}}}{\partial z}\right)\\ \dfrac{\partial \boldsymbol{E}_z^{\text{scat}}}{\partial t}=\dfrac{1}{\varepsilon_0}\left(\dfrac{\partial \boldsymbol{H}_y^{\text{scat}}}{\partial x}-\dfrac{\partial \boldsymbol{H}_x^{\text{scat}}}{\partial y}\right)\end{cases} \tag{8.4.23}$$

8.4.5　FDTD 基础

1. 使用 FDTD 的影响因素

在使用 FDTD 时必须处理单元尺寸、时间步长、入射场、散射体结构、场强计算、吸收边界条件及资源需求等问题。在 FDTD 计算中,确定单元尺寸是很关键的步骤,单元尺寸必须足够小,应该使最高频率的结果有足够的精度,当然所确定的单元尺寸不能太小,不能超出计算机的计算范围,必须是可实现的。介质参数也影响空间步长:ε,μ 和 σ 大,则波长短,给定频率下的单元尺寸就应当更小。

空间步长确定之后,就可由数值计算稳定条件决定时间步长。当采用 FDTD 时,入射场应当是能够解析表达的,入射场的频率特性对时间步长影响很大。许多问题允

许选择多种形式的入射场信号，通常只要可能就将入射场波形设为高斯脉冲，因为高斯脉冲的带宽最窄。当介质特性与频率有关时，选平滑余弦脉冲源较好。入射场源的处理是实现 FDTD 算法的另一个关键问题，当然也应该设定恰当的入射场源馈入的机制。

FDTD 大约能达到 0.1 dB 的精度和 120 dB 的动态范围，实际计算效果取决于单元尺寸、频率和物体形状，取决于采用的 FDTD 方程和系数的取值，取决于求解关联变量的数值。

恰当地设定吸收边界条件是实现 FDTD 算法的另一关键问题，一般情况都采用摩尔一阶和二阶吸收边界，当然采用其他种类的吸收边界可以获得更好的吸收效果，但相应地也增加了程序的复杂度和计算量。

时间步数应该足够多，要能显示出作用场的特性，特别是要使数值计算的结果能够反映谐振特性。在用 FDTD 算法讨论时谐场问题的时候一定要有足够的时间步数，直到得到稳定的周期解为止。

当确定了问题中的 Yee 单元的个数和时间步数之后，就可以估计所需要的 CPU 时间和占用内存量、所需硬盘存储空间和总花费等。

2. Yee 单元网格空间中电磁场的量化关系

在推导 FDTD 差分格式时，采用中心差商代替微商并且用正六面体网格进行空间切分，产生的量化空间，具有如下关系：

$$x=i\Delta x,\quad y=j\Delta y,\quad z=k\Delta z,\quad t=n\Delta t$$

此时，用 i,j,k 就可以表示网格空间的坐标。取均匀六面体网格和中心差商并考虑电磁场分量之间的方向和旋度关系，就导出了图 8-23 所示的 Yee 单元网格中的电磁场。

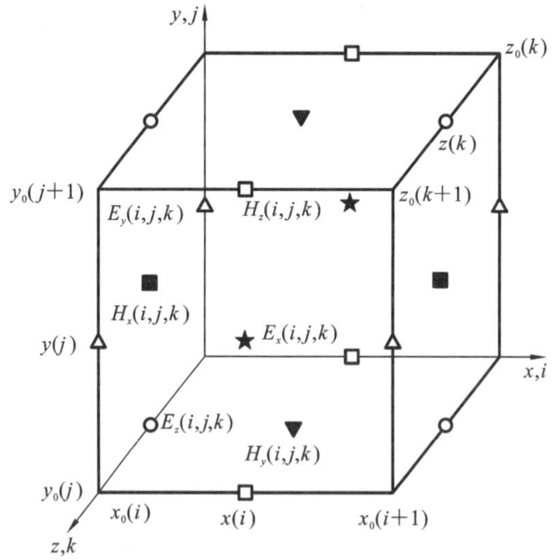

图 8-23 Yee 单元网格中的电磁场

图 8-23 中，$\boldsymbol{E}_z^n(i,j,k)$表示电场的 z 分量在 $x=i\Delta x$，$y=j\Delta y$，$z=(k+1/2)\Delta z$，$t=n\Delta t$ 的值，其他分量也可类似理解。Yee 单元的建立是采用 FDTD 算法由麦克斯韦方程出发进行电磁过程模拟的关键，该单元把数学关系、物理含义和物理规律巧妙地结合在一个差分单元中，Yee 单元本身就是麦克斯韦方程的几何表示，因此应该从有限差分

和电磁定律相结合的角度进行理解。Yee 单元网络及场关系如图 8-24 所示。图 8-23 和图8-24 分别从两个角度画出了 Yee 单元，其特点如下。

（1）电场与磁场分量在空间交叉放置，相互垂直。

（2）每个坐标平面上的电场分量的四周由磁场分量环绕，磁场分量四周由电场分量环绕。

（3）每个场分量，自身相距一个空间步长，电场与磁场相距半个空间步长。

（4）电场取 n 时刻，磁场取 $n+\frac{1}{2}$ 时刻的值。

（5）电场的 $n+1$ 时刻的值由 n 时刻的值得到，磁场的 $n+\frac{1}{2}$ 时刻的值由 $n-\frac{1}{2}$ 时刻的值得到，电场的 $n+1$ 时刻的旋度取 n 时刻电场的值，磁场的旋度取 $n-\frac{1}{2}$ 时刻磁场的值（对应 $\boldsymbol{H}$ 为 $n+\frac{1}{2}$ 时刻的旋度）。对应于电场旋度产生磁场、磁场旋度产生电场的定律，不能违反因果律。

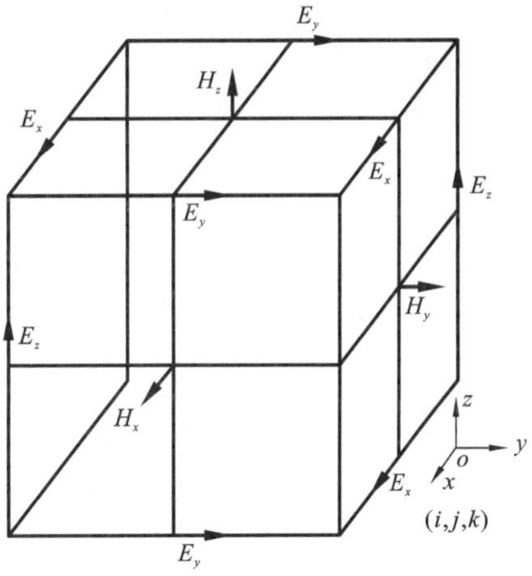

图 8-24 Yee 单元网格及场关系

（6）由于时间为中心差商，Yee 单元网格内的空间亦为中心差商。由于均匀介质中的电磁波的空间变量和时间变量完全对称，所以在 Yee 单元网格内，电场和磁场的空间位置也应该差半个空间步长，而且在 3 个空间坐标方向上的时间步长必须相等。

（7）Yee 单元网格内的介质只取一种。单元递推时，如果需要用到相关单元的介质，要取单元网格自身的和最邻近单元的介质参数值。简言之，Yee 单元网格内完全用均匀介质和平面电磁波近似，Yee 单元网格内电场与磁场是不变的，保留着物理定律的关系。

（8）因为 Yee 单元本身就是一组数值和几何化的麦克斯韦方程，所以 Yee 网格单元在数值建模和计算中是不可分割的，在 Yee 单元外部的单元布局与有限差分法是类似的，要根据问题的需要决定，但是不管在什么情况下，一定要保证 Yee 单元的内部关系的完整性，否则就破坏了麦克斯韦方程的关系，会产生错误。请读者考虑，如果面对柱面波或球面波应该如何处理 Yee 单元网格？采用立方体的 Yee 单元网格与采用柱面或球面的 Yee 单元网格有什么区别？

3. 决定单元的空间尺寸

在应用 FDTD 时，选择单元的空间尺寸是很重要的。首先，单元的尺寸一定要小于最短波长，为了保证计算的精度人们认为选取单元尺寸为 $\lambda/10$ 是一种规则，实际上，单元的尺寸可以根据具体情况选择，并不是一成不变的。以下是一些选取单元尺寸的标准。

（1）通常选每波长 10 个单元，即单元尺寸选为 $\lambda/10$ 或更小。在需要更高精度的场合，如决定雷达散射截面的情形需要选取单元尺寸为 $\lambda/20$ 或更小。

（2）原则上，只要满足一个波长中有 4 个空间单元就能得到合理的结果，这是由奈奎斯特抽样准则决定的，在信号处理中奈奎斯特抽样准则用于时间抽样，而现在是将奈奎斯特抽样准则用于空间抽样，其原理完全一样。奈奎斯特抽样准则要求 $\lambda=2\Delta x$，即要求在一个波长（对应时间为周期）中至少要有两个抽样，如果单元尺寸比要求的抽样间隔小得多，模拟效果与真实电磁波的情况非常接近，就一定能得到合理的结果。但实际上通常要选更小的单元尺寸，因为每一个时间步长网格都同时是电场和磁场在 Yee 网格空间的抽样，所以一个波长范围最好要抽样 4 次以上。

(3) 由于网格抽样并不精确，也无法预先精确得到所研究问题中的最小波长，因而也就会存在网格发散误差。由于 FDTD 本质上带有近似，不同频率的波在网格中传播时会有不同的速度，差异的程度取决于传播方向与网格的关系。因此，为了使误差控制在可接受的水平上就需要更小的单元尺寸，显然每波长抽样 4 次是远远不够的。

(4)与单元尺寸有关的另一因素是问题的几何形状和电尺寸。通常只要取单元尺寸为 0.1λ 或更小，就可以满足问题在几何形状上的要求。但是，一些特殊的几何形状会要求更小的网格尺寸，所以应该在根据研究问题的频率确定单元网格尺寸的同时考虑几何形状的要求。典型的情形是设计天线时，虽然天线的几何外形尺寸为 $\lambda/20 \sim \lambda/10$ 或更小，但是却直接影响天线阻抗。又例如，对圆形物体建模，采用矩形逼近边界时，阶梯效应会引起显著的误差。在这些情况下就需要采用更小的网格或采用特殊方法进行处理，如采用子单元模型或采用比 Yee 单元能更好模拟实际情况的单元模型。

单元尺寸决定后，物体需要多少个单元、物体周围空间需要多少个单元也就确定了，FDTD 的 Yee 单元网格空间的大小也就确定了，一般的三维问题有数百、数千、数百万个单元。据此，就可以结合使用的计算机决定所需要的计算时间和内存。

4. 离散化的麦克斯韦方程

一般情况下，麦克斯韦方程可以采用下述的方法离散化。由前面的分析知道，FDTD 主要处理的是两个旋度方程，因此要先离散化旋度方程。把式(8.4.1)和式(8.4.2)展开为坐标分量的离散形式。

在 Yee 单元网格中，用符号 (i,j,k) 代表 $(i\Delta x, j\Delta y, k\Delta z)$，用 n 代表 $n\Delta t$，即

$$F^n(i,j,k) \equiv F(i\Delta x, j\Delta y, k\Delta z, n\Delta t) \tag{8.4.24}$$

作中心差商有

$$\frac{\partial F^n(i,j,k)}{\partial x} = \frac{F^n\left(i+\frac{1}{2},j,k\right) - F^n\left(i-\frac{1}{2},j,k\right)}{\partial x} + O(\Delta x^2) \tag{8.4.25}$$

$$\frac{\partial F^n(i,j,k)}{\partial t} = \frac{F^{n+\frac{1}{2}}(i,j,k) - F^{n-\frac{1}{2}}(i,j,k)}{\partial t} + O(\Delta x^2) \tag{8.4.26}$$

用这两个方程代替旋度方程中的微商项，就得到 Yee 单元网格下的麦克斯韦方程的差分形式。下面仅列出 TE 波的电场的 x 分量方程。

$$\begin{aligned}
&\frac{E_x^{n+1}\left(i+\frac{1}{2},j,k\right) - E_x^n\left(i+\frac{1}{2},j,k\right)}{\Delta t} \\
&= \frac{1}{\varepsilon\left(i+\frac{1}{2},j,k\right)}\left[\frac{H_z^{n+\frac{1}{2}}\left(i+\frac{1}{2},j+\frac{1}{2},k\right) - H_z^{n+\frac{1}{2}}\left(i+\frac{1}{2},j-\frac{1}{2},k\right)}{\Delta y}\right. \\
&\quad \left. - \frac{H_z^{n+\frac{1}{2}}\left(i+\frac{1}{2},j,k+\frac{1}{2}\right) - H_z^{n+\frac{1}{2}}\left(i+\frac{1}{2},j,k-\frac{1}{2}\right)}{\Delta z} - \sigma_e E_x^{n+\frac{1}{2}}\left(i+\frac{1}{2},j,k\right)\right]
\end{aligned} \tag{8.4.27}$$

式中，电场处在 n 和 $n+1$ 时间步，磁场处于 $n+\frac{1}{2}$ 和 $n-\frac{1}{2}$ 时间步。但是，尚有电场处在 $n+\frac{1}{2}$ 时间步的项，应当用 n 和 $n+1$ 时间步的电场代替。令

$$E_x^{n+\frac{1}{2}}\left(i+\frac{1}{2},j,k\right)=\frac{1}{2}\left[E_x^{n+1}\left(i+\frac{1}{2},j,k\right)+E_x^{n}\left(i+\frac{1}{2},j,k\right)\right] \tag{8.4.28}$$

代入式(8.4.27)中，有

$$\begin{aligned}E_x^{n+1}\left(i+\frac{1}{2},j,k\right)=&\frac{1-\dfrac{\sigma_e\left(i+\frac{1}{2},j,k\right)\Delta t}{2\varepsilon\left(i+\frac{1}{2},j,k\right)}}{1+\dfrac{\sigma_e\left(i+\frac{1}{2},j,k\right)\Delta t}{2\varepsilon\left(i+\frac{1}{2},j,k\right)}}E_x^{n}\left(i+\frac{1}{2},j,k\right)\\&+\frac{\Delta t}{\varepsilon\left(i+\frac{1}{2},j,k\right)}\cdot\frac{1}{1+\dfrac{\sigma_e\left(i+\frac{1}{2},j,k\right)\Delta t}{2\varepsilon\left(i+\frac{1}{2},j,k\right)}}\\&\times\left[\frac{H_z^{n+\frac{1}{2}}\left(i+\frac{1}{2},j+\frac{1}{2},k\right)-H_z^{n+\frac{1}{2}}\left(i+\frac{1}{2},j-\frac{1}{2},k\right)}{\Delta y}\right.\\&\left.-\frac{H_y^{n+\frac{1}{2}}\left(i+\frac{1}{2},j,k+\frac{1}{2}\right)-H_y^{n+\frac{1}{2}}\left(i+\frac{1}{2},j,k-\frac{1}{2}\right)}{\Delta z}\right]\end{aligned} \tag{8.4.29}$$

其他分量的求法可仿照上述过程进行。例如，可以求得磁场的 x 分量为

$$\begin{aligned}H_x^{n+\frac{1}{2}}\left(i,j+\frac{1}{2},k+\frac{1}{2}\right)=&\frac{1-\dfrac{\sigma_m\left(i,j+\frac{1}{2},k+\frac{1}{2}\right)\Delta t}{2\mu\left(i,j+\frac{1}{2},k+\frac{1}{2}\right)}}{1+\dfrac{\sigma_m\left(i,j+\frac{1}{2},k+\frac{1}{2}\right)\Delta t}{2\mu\left(i,j+\frac{1}{2},k+\frac{1}{2}\right)}}H_x^{n-\frac{1}{2}}\left(i,j+\frac{1}{2},k+\frac{1}{2}\right)\\&+\frac{\Delta t}{\mu\left(i,j+\frac{1}{2},k+\frac{1}{2}\right)}\times\frac{1}{1+\dfrac{\sigma_m\left(i,j+\frac{1}{2},k+\frac{1}{2}\right)\Delta t}{2\mu\left(i,j+\frac{1}{2},k+\frac{1}{2}\right)}}\\&\times\left[\frac{E_y^{n}\left(i,j+\frac{1}{2},k+1\right)-E_y^{n}\left(i,j+\frac{1}{2},k\right)}{\Delta z}\right.\\&\left.-\frac{E_z^{n}\left(i,j+1,k+\frac{1}{2}\right)-E_z^{n}\left(i,j,k+\frac{1}{2}\right)}{\Delta y}\right]\end{aligned} \tag{8.4.30}$$

8.4.6 数值色散、数值稳定性分析

FDTD 算法是一种微分算法，是显式格式，所以时间步长和空间步长应该遵守一定

的规则，否则会产生稳定性问题。此时，产生的不稳定性不是误差积累造成的，而是人为规定时间步长与空间步长违反或破坏了电磁波传播的因果关系造成的，下面将从原理上进行说明。

1. 时间本征值

为简单起见，考虑二维 TM 平面电磁波在均匀无损耗的非磁性的 Yee 单元网格空间中传播。在物理空间中，电磁波的传播由下述方程决定：

$$
\begin{aligned}
&\frac{\partial E_z}{\partial t}=\frac{1}{\varepsilon}\left(\frac{\partial H_y}{\partial x}-\frac{\partial H_x}{\partial y}\right)\\
&\frac{\partial H_x}{\partial t}=-\frac{1}{\mu}\frac{\partial E_z}{\partial y}\\
&\frac{\partial H_y}{\partial t}=\frac{1}{\mu}\frac{\partial E_z}{\partial x}
\end{aligned}
\tag{8.4.31}
$$

采用中心差商近似得

$$
\left\{
\begin{aligned}
&\frac{E_z^{n+1}(i,j)-E_z^n(i,j)}{\Delta t}=\frac{1}{\varepsilon}\left[\frac{H_y^{n+\frac{1}{2}}\left(i+\frac{1}{2},j\right)-H_y^{n+\frac{1}{2}}\left(i-\frac{1}{2},j\right)}{\Delta x}\right.\\
&\qquad\qquad\left.-\frac{H_x^{n+\frac{1}{2}}\left(i,j+\frac{1}{2}\right)-H_y^{n+\frac{1}{2}}\left(i,j-\frac{1}{2}\right)}{\Delta y}\right]\\
&\frac{H_x^{n+\frac{1}{2}}\left(i,j+\frac{1}{2}\right)-H_x^{n-\frac{1}{2}}\left(i,j+\frac{1}{2}\right)}{\Delta t}=-\frac{1}{\mu}\frac{E_z^n(i,j+1)-E_z^n(i,j)}{\Delta y}\\
&\frac{H_y^{n+\frac{1}{2}}\left(i+\frac{1}{2},j\right)-H_x^{n-\frac{1}{2}}\left(i+\frac{1}{2},j\right)}{\Delta t}=\frac{1}{\mu}\frac{E_z^n(i+1,j)-E_z^n(i,j)}{\Delta x}
\end{aligned}
\right.
\tag{8.4.32}
$$

显然，式(8.4.32)表达了 Yee 单元网格空间中 TM 平面电磁波在均匀无损耗的非磁性介质中的传播特性或规律。将时间和空间分离开来，并且设 Δt 任意变化，采用类似分离变量法可得

$$
\left\{
\begin{aligned}
&\frac{E_z^{n+1}(i,j)-E_z^n(i,j)}{\Delta t}=\lambda E_z^{n+\frac{1}{2}}(i,j)\\
&\frac{H_x^{n+\frac{1}{2}}\left(i,j+\frac{1}{2}\right)-H_x^{n-\frac{1}{2}}\left(i,j+\frac{1}{2}\right)}{\Delta t}=\lambda H_x^n\left(i,j+\frac{1}{2}\right)\\
&\frac{H_y^{n+\frac{1}{2}}\left(i+\frac{1}{2},j\right)-H_x^{n-\frac{1}{2}}\left(i+\frac{1}{2},j\right)}{\Delta t}=\lambda H_y^n\left(i+\frac{1}{2},j\right)
\end{aligned}
\right.
\tag{8.4.33}
$$

式(8.4.33)可写成普遍形式

$$
\frac{V_i^{n+\frac{1}{2}}-V_i^{n-\frac{1}{2}}}{\Delta t}=\xi V_i^n
\tag{8.4.34}
$$

定义解的增长因子为 $q_i=\dfrac{V_i^{n+\frac{1}{2}}}{V_i^n}$，代入式(8.4.34)得

$$
q_i^2-\xi\Delta t q_i-1=0
\tag{8.4.35}
$$

方程的两个根为

$$q_i=\frac{\xi\Delta t}{2}\pm\left[1+\left(\frac{\xi\Delta t}{2}\right)^2\right]^{\frac{1}{2}}$$

当 ξ 为实数时，$\left[1+\left(\frac{\xi\Delta t}{2}\right)^2\right]^{\frac{1}{2}}$ 的数值一定大于 1，因此，考虑到在无源情况下电磁场的幅度是不会增长的，必然要求 $|q_i|\leqslant 1$，显然 ξ 只能为纯虚数。经简单推导得出 ξ 为纯虚数的条件为

$$\begin{cases}\mathrm{Re}(\xi)=0\\ -\dfrac{2}{\Delta t}\leqslant \mathrm{Im}(\xi)\leqslant\dfrac{2}{\Delta t}\end{cases}\tag{8.4.36}$$

显然式(8.4.36)是时间本征值要求的稳定条件，否则 $|q_i|>1$，V_i将随时间无限增长。

2. 空间本征值

由式(8.4.33)，由于在一定范围内 Δt 与 Δx、Δy 可以任意独立取值，要保证方程仍然成立，就应该满足

$$\begin{cases}\dfrac{1}{\varepsilon}\left[\dfrac{H_y^{n+\frac{1}{2}}\left(i+\frac{1}{2},j\right)-H_y^{n+\frac{1}{2}}\left(i-\frac{1}{2},j\right)}{\Delta x}-\dfrac{H_x^{n+\frac{1}{2}}\left(i,j+\frac{1}{2}\right)-H_y^{n+\frac{1}{2}}\left(i,j-\frac{1}{2}\right)}{\Delta y}\right]=\eta E_z^{n+1}(i,j)\\ -\dfrac{1}{\mu}\dfrac{E_z^{n+1}(i,j+1)-E_z^{n+1}(i,j)}{\Delta y}=\eta H_x^{n+\frac{1}{2}}\left(i,j+\dfrac{1}{2}\right)\\ \dfrac{1}{\mu}\dfrac{E_z^{n+1}(i+1,j)-E_z^{n+1}(i,j)}{\Delta y}=\eta H_x^{n+\frac{1}{2}}\left(i+\dfrac{1}{2},j\right)\end{cases}\tag{8.4.37}$$

平面电磁波 $U_{\mathrm{P}}=U_0\mathrm{e}^{-\mathrm{j}\omega t+\mathrm{j}k\cdot r}$在 Yee 单元网格中的量化形式为

$$\begin{cases}E_z(i,j)=E_z\exp[\mathrm{j}(k_x i\Delta x+k_y j\Delta y)]\\ H_x(i,j)=H_x\exp[\mathrm{j}(k_x i\Delta x+k_y j\Delta y)]\\ H_y(i,j)=H_y\exp[\mathrm{j}(k_x i\Delta x+k_y j\Delta y)]\end{cases}\tag{8.4.38}$$

把式(8.4.38)代入式(8.4.33)，也就是让电磁波在 Yee 单元网格空间中传播，整理后得

$$\begin{cases}E_z=\mathrm{j}\dfrac{2}{\lambda\varepsilon}\left[\dfrac{H_y}{\Delta x}\sin\left(\dfrac{k_x\Delta x}{2}\right)-\dfrac{H_x}{\Delta y}\sin\left(\dfrac{k_y\Delta y}{2}\right)\right]\\ H_x=-\mathrm{j}\dfrac{2E_z}{\lambda\mu\Delta y}\sin\left(\dfrac{k_y\Delta y}{2}\right)\\ H_y=\mathrm{j}\dfrac{2E_z}{\lambda\mu\Delta x}\sin\left(\dfrac{k_x\Delta x}{2}\right)\end{cases}\tag{8.4.39}$$

把 H_x、H_y 代入 E_z 中得

$$\eta^2=-\frac{4}{\mu\varepsilon}\left[\frac{1}{(\Delta x)^2}\sin^2\left(\frac{k_x\Delta x}{2}\right)+\frac{1}{(\Delta y)^2}\sin^2\left(\frac{k_y\Delta y}{2}\right)\right]\tag{8.4.40}$$

由式(8.4.40)可知，因为 $\eta^2<0$，所以 η 为纯虚数，又 $|\sin^2\theta|\leqslant 1$，所以有

$$\mathrm{Re}(\eta)=0\,|\,\mathrm{Im}(\eta)|\leqslant 2\nu\sqrt{\frac{1}{(\Delta x)^2}+\frac{1}{(\Delta y)^2}},\quad \nu=\frac{1}{\sqrt{\mu\varepsilon}}\tag{8.4.41}$$

3. 数值稳定条件

比较时间本征值和空间本征值的变化范围，考虑实际情况，关于时间和空间的本征

值都应该有意义,都应该在要求的数值和本征谱之内。比较式(8.4.36)和式(8.4.41)知道,只要

$$2\nu\sqrt{\frac{1}{(\Delta x)^2}+\frac{1}{(\Delta y)^2}}\leqslant\frac{2}{\Delta t}$$

就会同时有

$$|\mathrm{Im}(\eta)|\leqslant 2\nu\sqrt{\frac{1}{(\Delta x)^2}+\frac{1}{(\Delta y)^2}} \quad 且 \quad |\mathrm{Im}(\xi)|\leqslant\frac{2}{\Delta t} \tag{8.4.42}$$

因此,如果要求同时满足时间本征值和空间本征值的数值要求就需要满足方程

$$\Delta t\leqslant\frac{1}{\nu\sqrt{\dfrac{1}{(\Delta x)^2}+\dfrac{1}{(\Delta y)^2}}} \tag{8.4.43}$$

这就是数值稳定条件,也称 Courant 稳定条件,Courant 稳定条件给出了时间步长与空间步长的关系。在三维的情形中同样有 Courant 稳定条件为

$$\Delta t\leqslant\frac{1}{\nu\sqrt{\dfrac{1}{(\Delta x)^2}+\dfrac{1}{(\Delta y)^2}+\dfrac{1}{(\Delta z)^2}}} \tag{8.4.44}$$

当取均等网格 Δs 时,一维,二维,三维,…,n 维的数值稳定条件变为

$$\begin{cases}\Delta t\leqslant\dfrac{\Delta s}{\nu},一维\\[2ex]\Delta t\leqslant\dfrac{\Delta s}{\nu\sqrt{2}},二维\\[2ex]\Delta t\leqslant\dfrac{\Delta s}{\nu\sqrt{3}},三维\\\quad\vdots\\\Delta t\leqslant\dfrac{\Delta s}{\nu\sqrt{n}},n\ 维\end{cases} \tag{8.4.45}$$

物理意义:数值稳定条件要求时间步长不得大于电磁波传播一个空间步长所需的时间,否则就破坏了因果关系。当介质不均匀时,不同介质区的电磁波速度不同,稳定条件也不同,可以取最严格的一个,即选电磁波速度最大的一个,其余区间的 Courant 稳定条件就自然满足。

4. 数值色散

在求解非色散介质问题时,Yee 单元网格空间中也会产生色散现象,但此色散在物理上是虚假的,仅仅是由离散化处理产生的,是网格抽样的间断性使不同频率的电磁波在网格中传播时表现出了不同的速度,并且与波传播的方向有关。由于时域信号是由一个单色波群组成的,每列单色波都有自己特定的波长,但是进行量化的步长却是固定的。于是,有的波列的波长恰好为空间步长的整数倍,但是有的波列的波长并非为步长的整数倍。在计算机的计算空间中电磁波只能跳跃式地传播,不可能连续传播,于是计算机的电磁波传播比起实际物理空间中的电磁波就出现了误差,包括速度和方向都出现了误差,如果不加以分析就认同计算机计算的结果就会导致完全错误的结论。FDTD 本质上仍然是一种微分方法,所以在 Yee 单元网格空间中只在网格节点处才有意义,对比物理空间,计算机上的数值空间是有缺陷的,因此,Yee 单元网格空间只能近

似地表达有关的物理规律和物理过程。后面讨论的计算电磁学的积分方法可以在能量的意义上实现比较真实的物理模拟，虽然仍然是平均意义上的，也是不完全的，但是可以与微分方法互补。

以二维为例，取 TM 波，写出 Yee 元空间中单色波的方程为

$$\begin{cases} E_z^n(i,j)=E_z\exp[\mathrm{j}(k_x i\Delta x+k_y j\Delta y-\omega n\Delta t)] \\ H_x^n(i,j)=H_x\exp[\mathrm{j}(k_x i\Delta x+k_y j\Delta y-\omega n\Delta t)] \\ H_y^n(i,j)=H_y\exp[\mathrm{j}(k_x i\Delta x+k_y j\Delta y-\omega n\Delta t)] \end{cases} \tag{8.4.46}$$

请注意，在 Yee 单元网格空间中，电磁波只能以网格步长整数倍的规律传播。为了研究电磁波在 Yee 单元网格数值空间中产生的现象，把式(8.4.46)代入式(8.4.32)，也就是让电磁场在 Yee 单元网格空间中传播，有

$$\begin{cases} E_z\sin\dfrac{\omega\Delta t}{2}=\dfrac{\Delta t}{\varepsilon}\left(\dfrac{H_x}{\Delta y}\sin\dfrac{k_y\Delta y}{2}-\dfrac{H_y}{\Delta x}\sin\dfrac{k_x\Delta x}{2}\right) \\ H_x=\dfrac{\Delta tE_z}{\mu\Delta y}\dfrac{\sin\dfrac{k_y\Delta y}{2}}{\sin\dfrac{\omega\Delta t}{2}} \\ H_y=\dfrac{\Delta tE_z}{\mu\Delta x}\dfrac{\sin\dfrac{k_x\Delta x}{2}}{\sin\dfrac{\omega\Delta t}{2}} \end{cases} \tag{8.4.47}$$

把式(8.4.47)的第二式和第三式代入第一式，消去 E_z，H_x，H_y，得二维色散方程

$$\left(\frac{1}{\nu\Delta t}\right)^2\sin\frac{\omega\Delta t}{2}=\frac{1}{(\Delta x)^2}\sin^2\frac{k_x\Delta x}{2}+\frac{1}{(\Delta y)^2}\sin^2\frac{k_y\Delta y}{2} \tag{8.4.48}$$

同样可得三维色散方程

$$\left(\frac{1}{\nu\Delta t}\right)^2\sin\frac{\omega\Delta t}{2}=\frac{1}{(\Delta x)^2}\sin^2\frac{k_x\Delta x}{2}+\frac{1}{(\Delta y)^2}\sin^2\frac{k_y\Delta y}{2}+\frac{1}{(\Delta z)^2}\sin^2\frac{k_z\Delta z}{2} \tag{8.4.49}$$

显然，若令 $\Delta t\to 0$，$(\Delta x,\Delta y,\Delta z)\to 0$，则由式(8.4.49)可推出

$$\frac{\omega^2}{\nu}=k_x^2+k_y^2+k_z^2 \tag{8.4.50}$$

式(8.4.50)反映了自由空间平面电磁波的关系，是没有数值色散的，这充分说明了式(8.4.49)的数值色散是由于在 Yee 单元网格空间中用差商代替微商时，步长不够小而产生的，是不可避免的，但是可以通过减小时间步长和空间步长，使它们趋向于无限小，就可以减少数值色散的影响。

虽然进行数值分析时不可能无限减小步长，但是可以采用特殊网格实现理想色散关系。在三维空间中可以采用的方法：首先选取正方形网格 $\Delta x=\Delta y=\Delta s$，然后让波沿网格的对角线方向传播，于是有 $k_x=k_y=k/\sqrt{2}$，而且 $\Delta x=\Delta s/(\nu\sqrt{2})$，此时，由式(8.4.45)可知达到了二维理想色散关系。同样，达到三维理想色散关系的条件是：首先选取正方形网格 $\Delta x=\Delta y=\Delta z=\Delta s$，然后让波沿网格的对角线方向传播，同样可以有 $k_x=k_y=k_z=k/\sqrt{3}$的关系，而且 $\Delta t=\Delta s/(\nu\sqrt{3})$。显然，在许多实际问题中不能实现理想色散关系的条件。

8.5 有限元法

有限元法的思想是1943年在Courant的论文中明确出现的,但是他本人并未发展这一方法。有限元法的最重要工作原理来源于机械工程师。在有限元法取得成功时,有限元法的数学基础尚未完全建立起来。我国数学家冯康早在1965年就独立地提出并参与了有限元法的创建和奠基工作。1968年前后,数值分析科学家认识了有限元法的基本原理并建立了相应的数学基础。

人们发现有限元法是逼近论、偏微分方程、变分与泛函分析的巧妙结合。从数学上讲,有限元法是Rayleigh-Ritz-Galerkin法的推广。Ritz法并不直接用于微分方程,而是用于对应的变分形式;同时还假设近似解就是给定的试探函数 $\Phi_j(x)$ 组合 $\sum q_j\Phi_j$;实际上就是加权剩余法。有限元法中的试探函数都是分片多项式,这种分片多项式在函数逼近论中占有重要地位,实际上就是构成了索伯罗夫(Sobolev)空间,索伯罗夫空间特性和嵌入定理成为有限元法分析的基础。索伯罗夫空间可以简单表述如下。

如果用 $L_P(\Omega)$ $(1\leqslant P\leqslant\infty)$ 表示积分 $\int_\Omega |U(x)|^p\mathrm{d}x$ 为有限值的函数 $U(x)$ 的全体,设 Ω 是 $\mathbf{R}^n$ 的有界开域,其中的点表示为 $\boldsymbol{x}=(x_1,x_2,\cdots,x_n)$。而 $\boldsymbol{\alpha}=(\alpha_1,\alpha_2,\cdots,\alpha_n)$ 是 n 重指标,$|\boldsymbol{\alpha}|=\alpha_1+\alpha_2+\cdots+\alpha_n$。设 D_U^α 是 U 的 α 阶广义微分,则称函数空间 $W_P^m(\Omega)=\{U|D_U^\alpha\in L_P(\Omega),\forall\alpha,|\alpha|\leqslant m\}$ 是阶为 m,p 的索伯罗夫空间。

8.5.1 有限元法的一般原理

有限元法是一种积分数值方法,其数值处理的基本方法具有代表性,其基本方法完全适合于矩量法的情形。从数值分析和数值建模的角度看,微分数值方法是用差分代替微分去逼近,是数值的逼近,是变化率意义上的近似;而积分数值方法是用积分区域上的近似函数去逼近,因而积分方法得到的平均意义上的近似解是函数意义上的近似。

1. 普遍意义下的有限元法

有限元法是将考察的连续场切分为有限个单元,再用比较简单的函数表示每个单元的解,但并不要求每个单元的试探解都满足边界条件,边界条件并不进入有限元的关系式中,所以对内部和边界都可以采用同样的函数,边界条件只在集合体的方程中引入,其过程比较简单,只需要考虑强迫边界条件。有限元法的优点可以总结如下。

(1) 最终求解的线性代数方程组一般为正定的稀疏系数矩阵。

(2) 特别适合处理具有复杂几何形状物体和边界的问题。

(3) 便于处理具有多种介质和非均匀连续介质的问题。

(4) 便于计算机上实现,可以做成标准化的软件包。如单元分析、总体合成、代数方程求解、绘图等,解不同问题时只要稍加修改即可。

有限元法可在更广泛的意义下定义。

(1) 整个系统的性质是通过 n 个有限参数 $\alpha_i(i=1,2,\cdots,n)$ 来近似描述的。

(2) 描述整个系统性质的 n 个方程 $F_j(\alpha_j)=0$ $(j=1,2,\cdots,n)$ 是由所有子区域的贡献项通过简单的叠加过程汇集得到的。

(3) 这些子区域把整个系统分成许多实际可识别的实体，它们即不重叠又无遗漏，即 $F=\sum_{e}F_{j}^{e}$。F_{j}^{e} 为各单元对所考察量的贡献。

广义有限元法可以把物理和数学的近似都包括在内，也把矩量法包含其中。有限元法可以近似由变分法、加权积分、拉格朗日乘子、罚函数和虚功原理等各种方法获得。下面主要介绍在变分原理基础上的有限元法。

2. 有限元法过程

首先把连续的区域切分为有限个单元，这种切分与有限差分法不同。有限差分法使用网格切分，只要求出子区域网格节点上的场值，实际上仍采用点逼近。而有限元法是用简单的子单元逼近的，是积分式的，每个子单元上都用一个简单函数描述。求出的结果则是小单元的平均意义的近似解，求出的简单函数，可以表示小单元上任一点的场值，是一种积分近似。

下面将介绍有限元分析法的实现流程。

1) 场域离散化

场域离散化的主要任务是将场域切分成有限个单元体的集合。单元体形状原则上是任意的，一般取有规则形体，如图 8-25 所示，有三角形、四边形、曲边形、屋顶形、四面体、六面体等。在这个流程中需要确定单元体的形状、个数、表达。下面的各种不同类型的有限单元是比较有代表性的离散化方法，实际上有限元法对场域离散化方法和几何形状的选择并没有太多限制，后面将谈到有关方面的解析要求。

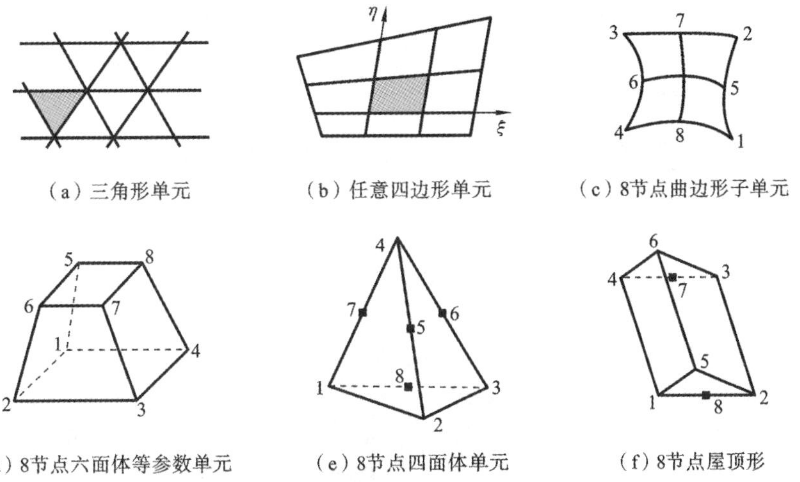

图 8-25 常见的场域切分单元体

场域切分单元体的基本要求如图 8-26 所示。在进行场域离散化时，一般要注意如下事项。

(1) 各单元只能在顶点处相交，图 8-26 中的 a 点是非法的。

(2) 不同单元在边界处相连，既不能相互分离又不能相互重叠。

(3) 各单元节点编号顺序应一致，一律按逆时针方向，从最小节点号开始。

2) 分片插值

设有 m 个有限元单元，在第 e 个单元上待求函数设为

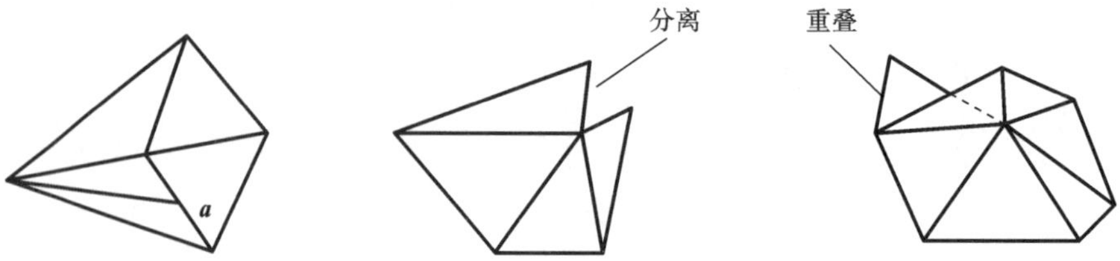

(a)　　(b)　　(c)

图 8-26　场域切分单元体的基本要求

$$\Phi^e = \sum_{i=1}^{k} a_i W_i(p), \quad e = 1,2,\cdots,m \tag{8.5.1}$$

式中，k 是第 e 个单元上的节点数，如图 8-27 中 e 单元为三角形，所以 $k=3$，a_1，a_2，$\cdots$，a_k 为待定系数；W_i 是 p 点的插值函数，由问题决定，通常代表了有限单元上用来逼近待求场分布的近似规律，通常各单元都采用同一种插值函数；p 是单元上的任一点。有了插值函数，单元节点上的电位就可以表示为插值函数决定的方程

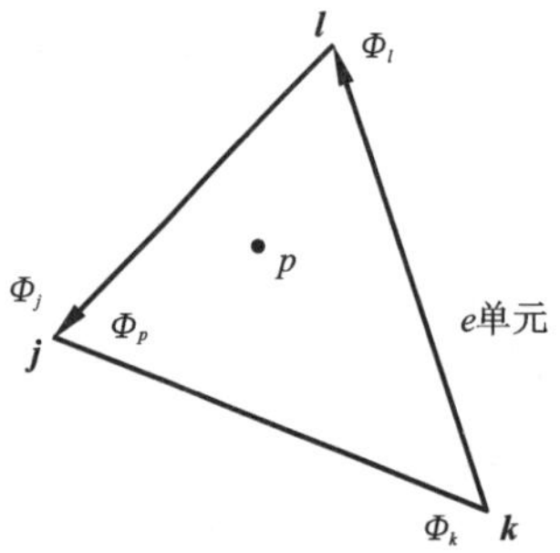

图 8-27　求取插值函数的三角形单元

$$\begin{cases} \Phi_1^e = \sum_{i}^{k} a_i W_i(p_1) \\ \Phi_2^e = \sum_{i}^{k} a_i W_i(p_2) \\ \vdots \\ \Phi_k^e = \sum_{i}^{k} a_i W_i(p_k) \end{cases} \tag{8.5.2}$$

一般情况下单元节点上的电位可以表示为

$$\Phi^e = a_1 + a_2 x + a_3 y$$

$$\begin{cases} \Phi_j = a_1 + a_2 x_j + a_3 y_j \\ \Phi_k = a_1 + a_2 x_k + a_3 y_k \\ \Phi_l = a_1 + a_2 x_l + a_3 y_l \end{cases} \tag{8.5.3}$$

三角形单元节点数与插值函数的待定系数的个数相等。

3）求取单元形函数

式(8.5.2)中 W_i 是已选定的给定函数，p_1，p_2，$\cdots$，p_k 是单元的节点，能用坐标表示，它们都是已知的，但各节点的电位 Φ_1^e，Φ_2^e，$\cdots$，Φ_k^e 和待定系数 a_i 是未知的。a_i 是决定小单元上电位值的平均近似值的系数，显然，a_i 在各单元中都不相同，a_i 的数值一定与各单元上节点的电位有关，利用这个关系把待求的插值系数 a_i 用本单元的节点上的电位值来代替，即

$$\begin{cases} a_1 = \sum_{i=1}^{k} C_{1i} \Phi_i^e \\ a_2 = \sum_{i=1}^{k} C_{2i} \Phi_i^e \\ \vdots \\ a_k = \sum_{i=1}^{k} C_{ki} \Phi_i^e \end{cases} \tag{8.5.4}$$

在式(8.5.4)中，把 Φ_i^e 看成是已知的，把 $a_1, a_2, \cdots, a_k$ 看成是未知的。具体到三角形单

元的情况，把 Φ_j，Φ_k，Φ_l 看成是已知的，把 a_1, a_2, a_3 看成是未知的。对三角形的情况，解方程式(8.5.4)，有

$$a_1 = \frac{\begin{vmatrix} \Phi_j & x_j & y_j \\ \Phi_k & x_k & y_k \\ \Phi_l & x_l & y_l \end{vmatrix}}{\begin{vmatrix} 1 & x_j & y_j \\ 1 & x_k & y_k \\ 1 & x_l & y_l \end{vmatrix}} = \frac{1}{2\Delta}(a_j\Phi_j + a_k\Phi_k + a_l\Phi_l) \tag{8.5.5}$$

式中

$$\begin{cases} a_j = x_k y_l - x_l y_k \\ a_k = x_l y_l - x_j y_l , \\ a_l = x_j y_k - x_k y_j \end{cases} \quad \Delta = \frac{1}{2}\begin{vmatrix} 1 & x_j & y_j \\ 1 & x_k & y_k \\ 1 & x_l & y_l \end{vmatrix}$$

Δ 实际上是三角形单元$\triangle jkl$ 的面积，为保证 Δ 为非负数值，要求全部单元按逆时针方向编号。同理可以求出

$$a_2 = \frac{\begin{vmatrix} 1 & \Phi_j & y_j \\ 1 & \Phi_k & y_k \\ 1 & \Phi_l & y_l \end{vmatrix}}{\begin{vmatrix} 1 & x_j & y_j \\ 1 & x_k & y_k \\ 1 & x_l & y_l \end{vmatrix}} = \frac{1}{2\Delta}(b_j\Phi_j + b_k\Phi_k + b_l\Phi_l)$$

$$b_j = y_k - y_l,\ b_k = y_l - y_j,\ b_l = y_j - y_k$$

$$a_3 = \frac{\begin{vmatrix} 1 & x_j & \Phi_j \\ 1 & x_k & \Phi_k \\ 1 & x_l & \Phi_l \end{vmatrix}}{\begin{vmatrix} 1 & x_j & y_j \\ 1 & x_k & y_k \\ 1 & x_l & y_l \end{vmatrix}} = \frac{1}{2\Delta}(c_j\Phi_j + c_k\Phi_k + c_l\Phi_l)$$

$$c_j = x_j - x_k,\quad c_k = x_j - x_l,\quad c_l = x_k - x_j$$

于是，可以求得三角形单元内的任意点的电位值为

$$\Phi^e = a_1^e + a_2^e x + a_3^e y \tag{8.5.6}$$

把式(8.5.4)代入式(8.5.1)，得

$$\Phi^e = \sum_{i=1}^{k} N_i^e \Phi_i^e$$

即

$$\Phi^e = [N_1^e, N_2^e, \cdots, N_k^e]\begin{pmatrix} \Phi_1^e \\ \Phi_2^e \\ \vdots \\ \Phi_k^e \end{pmatrix} \tag{8.5.7}$$

式中，$[N_1^e, N_2^e, \cdots, N_k^e]$是只与坐标和单元形状有关的特征量，称为 e 单元上的形函数。其个数与 e 单元上节点的个数相同，单元形函数有如下的基本性质：

$$N_i^e(p)=\begin{cases}N_i^e(p), & p\in e\text{ 单元}\\ 0, & p\notin e\text{ 单元}\end{cases} \tag{8.5.8}$$

$$N_i^e(p)_j=\begin{cases}1, & i=j\\ 0, & i\neq j\end{cases} \tag{8.5.9}$$

依此可求出每个单元上的形函数

$$[N_1^e, N_2^e, \cdots, N_k^e],\quad e=1,2,\cdots,m \tag{8.5.10}$$

在三角形单元的情形，$k=3$。把前面的 a_1, a_2, a_3 结果代入插值函数表达式，有

$$\Phi^e(x,y)=\frac{1}{2\Delta}(a_j+b_jx+c_jy)\Phi_j^e+\frac{1}{2\Delta}(a_k+b_kx+c_ky)\Phi_k^e$$

$$+\frac{1}{2\Delta}(a_l+b_lx+c_ly)\Phi_l^e$$

令

$$\begin{cases}N_j=\dfrac{1}{2\Delta}(a_j+b_jx+c_jy)\\ N_k=\dfrac{1}{2\Delta}(a_k+b_kx+c_ky)\\ N_l=\dfrac{1}{2\Delta}(a_l+b_lx+c_ly)\end{cases}$$

式中，$a_j, b_j, c_j, a_k, b_k, c_k, a_l, b_l, c_l$ 只是节点坐标的函数，已在前面求出，于是有

$$\Phi^e(x,y)=N_j^e\Phi_j^e+N_k^e\Phi_k^e+N_l^e\Phi_l^e=[N_j^e, N_k^e, N_l^e]\begin{bmatrix}\Phi_j^e\\ \Phi_k^e\\ \Phi_l^e\end{bmatrix}$$

$$=[N]^e[\Phi]^e,\quad e=1,2,\cdots,m \tag{8.5.11}$$

式中，N_j^e, N_k^e, N_l^e 只与单元节点坐标有关，称为单元形函数。

4）建立单元特征式

区域离散化子区域形状→单元节点坐标→插值函数→单元形函数。有了单元形函数之后，只要确定各单元节点处的电位 Φ_j^e，Φ_k^e，Φ_l^e，就可以求得单元内(子域上)任意点的电位 Φ^e，这是在平均意义下的值。下面讨论如何求取 Φ_j^e，Φ_k^e，Φ_l^e($e=1, 2, \cdots, m$)。

与有限差分法中采用差分近似的方法不同，此处采用泛函变分的积分方法，这种方法充分地考虑了各个单元作为整体(同一插值函数)对整个区域上电磁场问题的贡献。此时不直接求解该区域上的微分方程，而是求解与该微分方程对应的泛函变分问题。于是问题就可转化为求多元函数极值的问题，再由极值条件就可以确定。为了说明这一过程，下面以泊松方程为例，说明如何建立单元特征式。首先，相应的边值问题为

$$\begin{cases}k_x\dfrac{\partial^2\Phi}{\partial x^2}+k_y\dfrac{\partial^2\Phi}{\partial y^2}=-f(x,y)\\ \Phi=\bar{\Phi}(x,y)\text{，边界点}\end{cases} \tag{8.5.12}$$

然后，找到对应的泛函变分问题

$$J[\Phi]=\frac{1}{2}\iint_\Delta\left[k_x\left(\frac{\partial\Phi}{\partial x}\right)^2+k_y\left(\frac{\partial\Phi}{\partial y}\right)^2-2f\Phi\right]\mathrm{d}x\mathrm{d}y \tag{8.5.13}$$

把前面求得用单无形函数表达的插值函数表达式代入式(8.5.13)，求出每一个小单元上对应的泛函 J 的单元表达式 $J^e=J[\Phi^e]$，再把 $J[\Phi^e]$ 合起来便求得总体的泛函

$J[\Phi]$，最后由变分为零的条件求得各节点处的 Φ^e 值。

设已经求得了泛函，$J^e=\{T[N]^e[\Phi]^e\}$，T 为符合式(7.5.13)的变换，则

$$J[\Phi]=\sum_{e=1}^{m}[J^e] \tag{8.5.14}$$

显然，为求取对应的变分问题，应该求取 $\dfrac{\partial J}{\partial \Phi_i}$，则

$$\frac{\partial J}{\partial \Phi_i}=\sum_{e=1}^{m}\frac{\partial J^e}{\partial \Phi_i} \tag{8.5.15}$$

显然，只有在单元节点上 $\dfrac{\partial J^e}{\partial \Phi_i}$ 才不为 0，也就是对应每个单元都有依赖于自己节点电位值的 $\dfrac{\partial J^e}{\partial \Phi_i}$，并且可以整理成 $\dfrac{\partial J^e}{\partial \Phi_i}=[K_{ij}^e][\Phi^e]$ 的形式，称为单元特征式。

5）建立系统有限元方程

考虑到相邻三角形的公共边和公共节点上函数的取值相同，可以把每个三角形元上的构造函数 $\tilde{\Phi}^e(x,y)$ 拼合起来，构成整个区域上的连续函数。

有了单元特征式之后，可以采用总体合成的方法获得系统的有限元方程。首先，要把单元特征式

$$\frac{\partial J^e}{\partial \Phi_i}=[K_{ij}^e][\Phi^e] \tag{8.5.16}$$

采用总体坐标扩展为包括全部节点的大矩阵方程，方法是把与本单元无关节点处的对应元素的值填补成零元素，把节点编号换成总体坐标中的节点编号，例如在三角形单元时，有 $[K^e]_{3\times 3}=[\overline{K}^e]_{\overline{m}\times\overline{m}}$。设最终的有限元系数矩阵为 $[K]$，则有

$$[K]_{\overline{m}\times\overline{m}}=\sum_{e=1}^{\overline{m}}\{[\overline{K}^e]_{\overline{m}\times\overline{m}}\} \tag{8.5.17}$$

式中，矩阵的元素为 $K_{ij}=\sum\limits_{e=1}^{\overline{m}}K_{ij}^e$；$m$ 为单元个数；$\overline{m}$ 为总节点个数。由于有重复的点，它并不等于 $3m$。在整个系统上，有

$$J[\Phi]=\sum_{e=1}^{m}J^e \tag{8.5.18}$$

$$\delta J[\Phi]=\sum_{e=1}^{m}\delta J^e=0 \tag{8.5.19}$$

当把 $J[\Phi]$ 看成泛函时，由变分原理可知，满足泊松方程的精确解 Φ 应当能使泛函 J 取极值。此处的插值函数为有限多个，所以泛函极值问题就转变为多元函数极值问题。由多元极值理论有

$$\frac{\partial J^e}{\partial \Phi_i}=\sum_{e=1}^{m}\left[\frac{\partial J^e}{\partial \Phi_i}\right]=0 \tag{8.5.20}$$

整理后可得有限元方程

$$\begin{pmatrix}\dfrac{\partial J}{\partial \Phi_1}\\[2mm]\dfrac{\partial J}{\partial \Phi_2}\\ \vdots\\ \dfrac{\partial J}{\partial \Phi_n}\end{pmatrix}=[K_{ij}]\begin{pmatrix}\Phi_1\\ \Phi_2\\ \vdots\\ \Phi_n\end{pmatrix}=0 \tag{8.5.21}$$

式中，K_{ij}为总域上的有限元方程的系数矩阵。

6）有限元方程的求解与强加边界条件的处理

获得有限元方程之后，就可以选择各种方法求解相应的代数方程组，如采用高斯消元法、改进的平方根法、超松弛迭代法、共轭梯度加速迭代法等。但求解之前首先要处理边界条件问题。

在变分问题中，第二类、第三类边界条件已经自然地包含在泛函达到极值的要求之中，不必单独处理，称为自然满足的边界条件。这里主要处理的是第一类的强加边界条件，强加边界条件的处理方法因代数方程组的解法而异，分述如下。

（1）用迭代法求解时，遇到边界点所对应的方程均不进行迭代运算，该节点的电位始终保持初始给定值，不必单独进行边界条件处理。

（2）若采用直接法（如高斯消元法），可按如下方法处理：设已知 m 节点为边界节点，其电位值为 $\Phi_m=\Phi_0$，此时，可将对角线元素的特征式元素 K_{mm} 强加设置为 1；然后，把 m 行与 m 列的其他元素全部设置为零，方程的右端改为给定的电位值 Φ_0，其他元素则减去该节点未处理前对应的 m 列特征式元素 K_{im} 与 Φ_0 的乘积，即

$$
m\text{行}\begin{bmatrix} K_{ij} & \cdots & 0 & \cdots & K_{ij} \\ \vdots & & \vdots & & \vdots \\ 0 & \cdots & 0 & \cdots & 0 \\ 0 & \cdots & 1 & \cdots & 0 \\ 0 & \cdots & 0 & \cdots & 0 \\ \vdots & & \vdots & & \vdots \\ K_{ij} & \cdots & 0 & \cdots & K_{ij} \end{bmatrix}_{m\text{列}} \begin{bmatrix} \Phi_1 \\ \Phi_2 \\ \vdots \\ \Phi_m \\ \vdots \\ \Phi_n \end{bmatrix} = \begin{bmatrix} -K_{1,m}\Phi_0 \\ -K_{1,m}\Phi_0 \\ \vdots \\ \Phi_0 \\ -K_{m+1,m}\Phi_0 \\ \vdots \\ -K_{n,m}\Phi_0 \end{bmatrix} \tag{8.5.22}
$$

8.5.2　有限元的前处理和后处理技术

有限元的前处理和后处理技术就是在求得问题的主要变量后再求取问题中其他变量的技术，实际的处理方法取决于待求变量与主要变量的函数关系。通常要利用已经求得的参数，结合使用有限差分法推出数值表达式，再进行编程实现。此外，有限元的前处理技术涉及自动剖分、原始数据处理和输入，许多应用软件包中有做好的模块可供使用。有限元的后处理技术涉及图形显示的实现和结果的存储方式，在大型计算机系统中还设计了 I/O 的实现和数据存储、管理和传输功能。实际上，有限元的前处理和后处理技术与软件封装和软件界面工作紧密结合，通常要与计算机专家配合完成。对于计算电磁学专家来讲，主要任务是将待求变量与主要变量的函数关系找出来并且采取电磁学计算方法推导出正确的数值表达式，而数值建模的许多技巧需要经过实际练习和具体的工作实践来丰富、提高。在学习阶段，建议读者可以对下面的简单例题进行分析和建模，并将重点放在实践有限元的前、后处理技术上。编好程序之后，在运行中体会不同参数和不同切分对程序的运行和结果精度的影响。

8.5.3　单元形函数

单元形函数在有限元计算中起着关键作用，实际上单元形函数决定了进行数值建模时采用的索伯罗夫空间的特性和精密程度。通常选择的插值函数是多项式，函数的

性质非常好，整个有限元分析结果好坏的关键就是单元形函数的特性。在许多情况下，可能遇到很复杂的单元形状的处理，在编程时需要能适合任意形状有限单元的处理方法。实际上，单元形函数的处理关系到子域向全局过渡时函数的逼近特性。插值函数通常选为

$$\nu^h = a_1 + a_2 x + a_3 y \tag{8.5.23}$$

该函数在三角形单元上产生的单元形函数是线性的，在跨过三角形边界时是连续的。此时的图像是沿着那些三角形的边连接起来的三角形平板所拼成的曲面，显然是一维情形中折线函数近似的推广。由这样的分片线性函数组合成的子空间 S^V 是 Courant 为求解变分问题提出的，它是索伯罗夫空间，是内积空间的一个子空间。

等参数变换的基本出发点可以简述如下：假设使用一种标准的多项式单元，但是区域离散或细分定义域时，没有产生这种标准形状，或者区域分解时产生了一个或多个曲线边界组成的单元，或者产生了非矩形的四边形，那么是否可以通过变换到新的 ξ-η 坐标系上获得标准形状？如果可以，就可以先在标准形状单元，如在三角形或矩形上得到一个有限元的解 $U^n(\xi, \eta)$，再变换回原来的 x，y 坐标中去，得到原问题的解。但是，由于区域切分带来的特性，要实现这种处理必须满足如下的协调条件。

(1) 坐标变换及导数必须是容易计算的。

(2) 坐标变换不应使单元过度变形，或者说在积分区域内使雅可比行列式 $J = x_\xi y_\eta - x_\eta y_\xi$ 不为零。单元形状过度变形会破坏多项式单元的准确度，使新坐标的多项式不对应原来的多项式。

(3) 坐标变换应该是一致光滑的，以保证逼近的正确性。

(4) 为了保证插值函数按照 ξ、η 是协调的，x、y 也是协调的，就要求满足关于坐标变换的总体连续性条件：若“能量”包含 m 阶导数，则坐标变换在单元之间应为 $m-1$ 阶可导。

(5) 等参数技术关键在于选择分片多项式来定义坐标变换 $x(\xi, \eta)$ 和 $y(\xi, \eta)$，即等参数意味着坐标变换与试探函数一样，选择相同的多项式的阶次。亚参数则是使坐标变换的多项式比试探函数的多项式的阶次低。

(6) 等参数技术和亚参数技术都要求能达到单元间连续和雅可比行列式不为零。

实际上，单元上的插值函数的阶次取决于单元节点的个数，但是如果问题需要更高精度，就需要具有更高阶次的插值函数，因此，插值函数的次数应该不被区域切分的子单元形状所限制。从数学物理的角度上看，当把一个大区域切分为若干个小区域时，如果对该切分不作出规定就不能保证小区域上产生的物理过程之和能够逼近未切分的大区域上产生的物理过程。在有限元法中，每个小区域上的电磁学变量满足按插值函数意义下的规律相对变化，那么怎样才能保证当小区域趋向无限小时，由区域单元叠加得到的整个区域上的电磁过程能够无限逼近产生在未切分的大区域上（因此也不存在插值函数）的电磁过程？实际上，只要满足上述的协调条件(4)，就可以保证物理量在跨越小区域边界时由插值函数描述的物理量不会产生跳变，保证电磁场变化连续，保证小区域上的物理过程向未切分的大区域上产生的物理过程的逼近特性。

图 8-28 标明了在单元上引入多个节点的方法。

选取多于 3 个节点的单元时，可以采用高阶插值函数，如线性、双线性的二次插值多项式、三次插值多项式、完全线性多项式、完全双线性多项式、三重一次多项式、三重

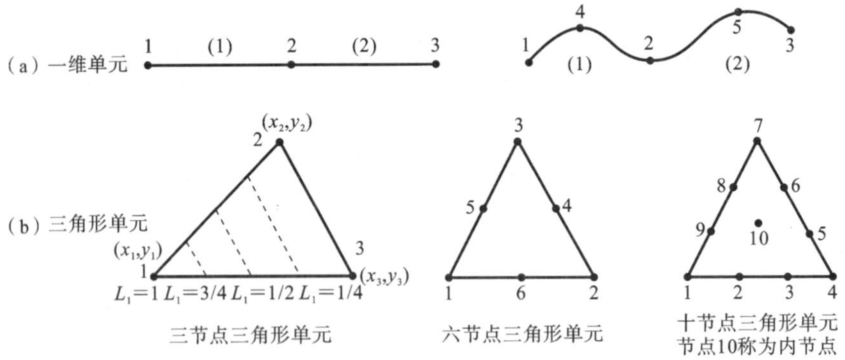

图 8-28 在单元上引入多个节点的方法

二次多项式等。

设置多个节点使得插值函数的选取获得更大的空间和自由，实际上有限元法是从研究区域切分成有限个单元以及把函数切分为有限个分片插值逼近完全真实的解。在单元上引入多个节点的典型示范如图 8-29 所示。研究区间的逼近主要根据研究问题的边界和金属物体的形状进行切分和重组来实现的。一般的切分原则如下。

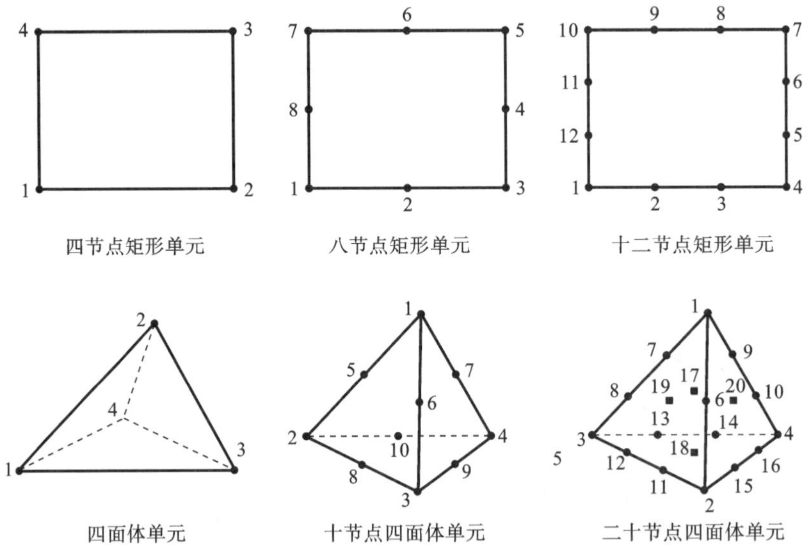

图 8-29 在单元上引入多个节点的典型示范

(1) 单元的切分要根据研究问题的需要。需要详尽了解的部位要切分得细小，其他部位可以粗糙一些；几何形状变化剧烈的地方电磁场变化也大，单元的切分要细小一些。

(2) 节点、切分线或切分面应设置在几何形状和介质形状产生突变处。

(3) 单元形状是影响精度的一个重要因素，单元的长、宽、高的比例要适中，一般单元的最大尺寸与最小尺寸之比不应超过 3 ∶ 1，并尽可能使条件相近的单元的尺寸相等。

(4) 单元的大小、个数要根据计算问题的精度来确定，如根据计算机内存大小、计算时间要求、计算机速度等来确定。

(5) 当有曲线边界和复杂形状边界时,就需要把复杂形状用标准形状来逼近,相当于对研究的区域采用更高阶逼近,就是采用 8.5.3 节的等参数单元。

在函数逼近方面,当采用的线性插值不够时,就要采用高阶插值函数。在几何切分时,研究区城可以人为地保证既不重叠又不分隔的全面覆盖。相应地在函数空间采用分片函数插值时也有最优化的问题,目的是适应已有的切分区域使误差最小。选择最优的系数,即最优的加权值,达到泛函的极小值。实际的函数空间为无穷维,这里只选了有限个节点作为试探函数的系数,所以只能获得尽量使泛函达到接近泛函极小值的待求函数,这就是 Ritz 法表达的意思。在 Ritz 法中,泛函极值问题(无穷维)就转变为多元函数极值问题,并因此确定插值函数的系数。显然节点越多,插值函数的阶越高,逼近情况越好。

8.5.4 等参数单元

1. 参考单元的引入

在实际问题中,区域切分之后会产生各种不同形状、不同大小的有限单元,前面的例题中已有实际分析。有的地方要切分细些,有的地方会遇到特殊边界,如曲线边界。这样大小不同、形状不一、边长为直线或曲线的形状的有限单元在计算中会很麻烦。

为解决任意形状的有限单元的标准化问题,需要采用变换的方法。前面已经研究了三角形、矩形、四面体、六面体等标准形状单元的情形。

首先,这些单元的形状标准、局域坐标设定比较方便。因此,在有限元问题中,可以把它们设定为标准的单元,在标准单元下,插值函数、微分、积分、单元系数矩阵是已知的或可简单地求出。

其次,采用什么原则,怎样把非标准单元变换成标准单元?这种变换实际上并不是坐标变换,而是两个单元之间在定义上的等效变换或等效映射。例如,把一块平面上的曲边三角形或任意四边形变换为直边三角形或矩形,如图 8-30 和图 8-31 所示。但是这种变换不能随意地无原则进行,在现在的情形中,应该针对有限元处理的对象满足如下基本条件。

图 8-30 曲边三角形变换为直边三角形

(1) 单元顶点变换后仍是新单元的顶点。

(2) 其他节点变换后仍存在且满足相容关系。

(3) 变换后各单元间不能产生分离或重叠情况。

显然在这种情况下,应当能有一种方便的方法使映射或变换可以获得尽可能高的精度,并且能满足问题要求的试探函数。前面讨论过,插值多项式的阶次决定有限单元上逼近精度,从而决定整个问题的结果精度。实际上,在决定有限单元上逼近精度时,单元形函数也起着关键的作用,它与节点上电位处于同等地位。节点的电位是利用变

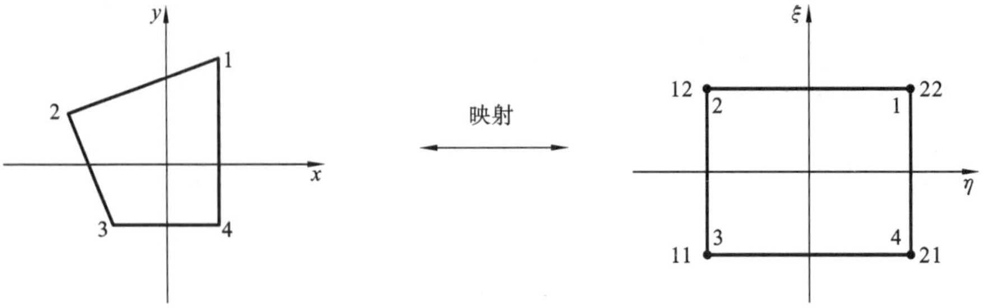

图 8-31 任意四边形变换为矩形

分原理获得最佳逼近值的，其精度取决于整个区域上有限单元的数量和有限单元上的数值逼近的精度等。有限单元上的数值逼近的精度是用单元形函数来表达的，单元形函数能精确求得。当有限单元是标准单元时，如曲边三角形的情形，如果仍然采用原来的标准三角形，则会产生很大的误差。为此，可以在形状变化大的地方多取一些节点，此外，要采用适当的变换改变单元形状。

在有限元法中，首先要把连续的物理空间切分为小的有限单元，在这些有限单元上的任一点都存在对应的物理量，在有限单元上各点之间的物理量的相对变化是按插值函数规定的规律变化的，注意插值函数并不能表明相应的物理规律，而只表明了单元内的物理量的相对变化规律。

在有限差分法和时域有限差分法中，都是把连续的物理空间切分为网格，以构成网格状的计算空间，只有在节点上才能求出场的近似值，网格计算空间中的物理量的变化是跳跃式的。在有限元法中，单元上各节点之间的物理量是按平均意义上的逼近，计算空间中的物理量变化是渐变式的。当有限单元的节点位置和节点上的物理量不变，而单元形状产生变化时，由于插值函数并未改变，单元上的逼近方式产生了改变，所以必须把形状变化的影响考虑进去，本节介绍的等参数单元就是一种处理非标准单元的一种逼近方法。

这里的等参数单元方法，就是取插值多项式为有限单元变换函数的同时也取插值多项式为单元的形状变换或映射函数。尽管它不能把标准形状单元严格地变换为所需要的实际的有限单元的形状，但是由于形状变换所引起的误差等级与逼近场函数的试探函数与真实场函数之间的误差有同样的数量级。实际上，单元形状的逼近与单元上场的逼近应维持一定的关系，因为最终结果的精度取决于两者中计算精度较低的一个。

有时实际问题的单元形状变化占优，那么对单元形状的逼近就应该采用较高等级，此时形状变换函数就应该采用更高阶的多项式；有时实际问题中电磁场的变化占优，则试探函数就应该采用较高阶的插值多项式，形状变换函数就可以采用低阶的多项式。称前者为超参数单元，后者为亚函数单元。在实际情形中，场的变化与尺度呈高次幂关系，如与平方成正比或反比，而电位函数与尺度呈线性关系，所以为了方便，只要形状变换函数与试探函数有相同的插值多项式，就称其为等参数单元。

2. 三角形等参数单元的有限元方程

设二维齐次第二类边界条件下的泊松方程为

$$\begin{cases}\dfrac{\partial^2 \Phi}{\partial x^2}+\dfrac{\partial^2 \Phi}{\partial y^2}=\rho \\ \Phi|_s=0\end{cases} \tag{8.5.24}$$

首先取二维的等参数单元

$$\begin{cases} x = \sum_{i=1}^{k} N_i^e(\xi,\eta)x_i \\ y = \sum_{i=1}^{k} N_i^e(\xi,\eta)y_i \end{cases} \tag{8.5.25}$$

$$\delta J(\Phi)=0 \tag{8.5.26}$$

例如，三角形时，有

$$x=N_1x_1+N_2x_2+N_3x_3=L_1x_1+L_2x_2+L_3x_3$$

$$y=N_1y_1+N_2y_2+N_3y_3=L_1y_1+L_2y_2+L_3y_3$$

式中，x_1，y_1，x_2，y_2，x_3，y_3为整域坐标上的三角形顶点坐标，N_1，N_2，N_3为ξ,η标准单元中的单元形函数。微分关系为

$$\frac{\partial N_1}{\partial \xi}=\frac{\partial N_1}{\partial L_1}\frac{\partial L_1}{\partial \xi}+\frac{\partial N_1}{\partial L_2}\frac{\partial L_2}{\partial \xi},\quad \frac{\partial N_1}{\partial \eta}=\frac{\partial N_1}{\partial L_1}\frac{\partial N_1}{\partial \eta}+\frac{\partial N_1}{\partial L_2}\frac{\partial L_2}{\partial \eta}$$

可得

$$\begin{bmatrix} \dfrac{\partial}{\partial L_1} \\ \dfrac{\partial}{\partial L_2} \end{bmatrix}=\boldsymbol{J}\begin{bmatrix} \dfrac{\partial}{\partial x} \\ \dfrac{\partial}{\partial y} \end{bmatrix},\quad \boldsymbol{J}=\begin{bmatrix} \dfrac{\partial x}{\partial L_1} & \dfrac{\partial y}{\partial L_1} \\ \dfrac{\partial y}{\partial L_2} & \dfrac{\partial y}{\partial L_2} \end{bmatrix} \tag{8.5.27}$$

四边形时有

$$\begin{cases} x=x_1B_{22}+x_2B_{12}+x_3B_{11}+x_4B_{21} \\ y=y_1B_{22}+y_2B_{12}+y_3B_{11}+y_4B_{21} \end{cases} \tag{8.5.28}$$

式中，B_{11}，B_{12}，B_{21}，B_{22}由双线性基函数决定，且

$$\begin{aligned} &B_{11}(\eta,\xi)=\frac{1-\eta}{2}\cdot\frac{1-\xi}{2},\quad B_{12}(\eta,\xi)=\frac{1-\eta}{2}\cdot\frac{1+\xi}{2} \\ &B_{21}(\eta,\xi)=\frac{1+\eta}{2}\cdot\frac{1-\xi}{2},\quad B_{22}(\eta,\xi)=\frac{1+\eta}{2}\cdot\frac{1+\xi}{2} \end{aligned} \tag{8.5.29}$$

$$\begin{bmatrix} \dfrac{\partial}{\partial \eta} \\ \dfrac{\partial}{\partial \xi} \end{bmatrix}=\begin{bmatrix} \dfrac{\partial x}{\partial \eta} & \dfrac{\partial y}{\partial \eta} \\ \dfrac{\partial x}{\partial \xi} & \dfrac{\partial y}{\partial \xi} \end{bmatrix}\begin{bmatrix} \dfrac{\partial}{\partial x} \\ \dfrac{\partial}{\partial y} \end{bmatrix}=\boldsymbol{J}\begin{bmatrix} \dfrac{\partial}{\partial x} \\ \dfrac{\partial}{\partial y} \end{bmatrix} \tag{8.5.30}$$

$$\begin{bmatrix} \dfrac{\partial}{\partial x} \\ \dfrac{\partial}{\partial y} \end{bmatrix}=\begin{bmatrix} \dfrac{\partial \eta}{\partial x} & \dfrac{\partial \xi}{\partial x} \\ \dfrac{\partial \eta}{\partial y} & \dfrac{\partial \xi}{\partial y} \end{bmatrix}\begin{bmatrix} \dfrac{\partial}{\partial \eta} \\ \dfrac{\partial}{\partial \xi} \end{bmatrix}=\boldsymbol{J}^{-1}\begin{bmatrix} \dfrac{\partial}{\partial \eta} \\ \dfrac{\partial}{\partial \xi} \end{bmatrix} \tag{8.5.31}$$

同理，对三维泊松方程有

$$\begin{cases} \dfrac{\partial^2 \Phi}{\partial x^2}+\dfrac{\partial^2 \Phi}{\partial y^2}+\dfrac{\partial^2 \Phi}{\partial z^2}=\rho \\ \Phi\big|_s=0 \end{cases} \tag{8.5.32}$$

$$J\{\Phi\}=\frac{1}{2}\iiint_V\left[\left(\frac{\partial \Phi}{\partial x}\right)^2+\left(\frac{\partial \Phi}{\partial y}\right)^2+\left(\frac{\partial \Phi}{\partial z}\right)^2\right]\mathrm{d}V \tag{8.5.33}$$

在有限单元中有

$$\sum_{i}^{n}\frac{\partial J^e}{\partial \Phi_i}=0$$

整理为

$$\boldsymbol{K}^e\boldsymbol{\Phi}^e-\boldsymbol{P}^e=0 \tag{8.5.34}$$

以六节点三角形为例，有

$$\boldsymbol{K}^e=\begin{bmatrix} K_{11}^e & K_{12}^e & \cdots & K_{16}^e \\ K_{21}^e & K_{22}^e & \cdots & K_{26}^e \\ \vdots & \vdots & & \vdots \\ K_{61}^e & K_{62}^e & \cdots & K_{66}^e \end{bmatrix},\quad \boldsymbol{P}^e=[P_1^e \quad P_2^e \quad \cdots \quad P_6^e]^{\mathrm{T}} \tag{8.5.35}$$

考虑在二维的情形中

$$K_{ij}^e=\iint_\Delta \varepsilon\left(\frac{\partial N_i^e}{\partial x}\frac{\partial N_j^e}{\partial x}+\frac{\partial N_i^e}{\partial y}\frac{\partial N_j^e}{\partial y}\right)\mathrm{d}x\mathrm{d}y$$

$$P_i^e=\int_\Delta \varepsilon\rho N_i^e\mathrm{d}x\mathrm{d}y$$

为了在标准形状的自然坐标系中计算 K_{ij}^e 和 P_i^e，需要找到相应的变换关系。由于

$$x=\sum_{i=1}^{6}N_i^e(\xi,\eta)x_i,\quad y=\sum_{i=1}^{6}N_i^e(\xi,\eta)y_i \tag{8.5.36}$$

单元形函数的微商具有下述关系：

$$\begin{cases} \dfrac{\partial x}{\partial \xi}=\sum\limits_{i=1}^{6}\dfrac{\partial N_i^e}{\partial \xi}x_i, \dfrac{\partial x}{\partial \eta}=\sum\limits_{i=1}^{6}\dfrac{\partial N_i^e}{\partial \eta}x_i \\ \dfrac{\partial y}{\partial \xi}=\sum\limits_{i=1}^{6}\dfrac{\partial N_i^e}{\partial \xi}y_i, \dfrac{\partial y}{\partial \eta}=\sum\limits_{i=1}^{6}\dfrac{\partial N_i^e}{\partial \xi}y_i \end{cases} \tag{8.5.37}$$

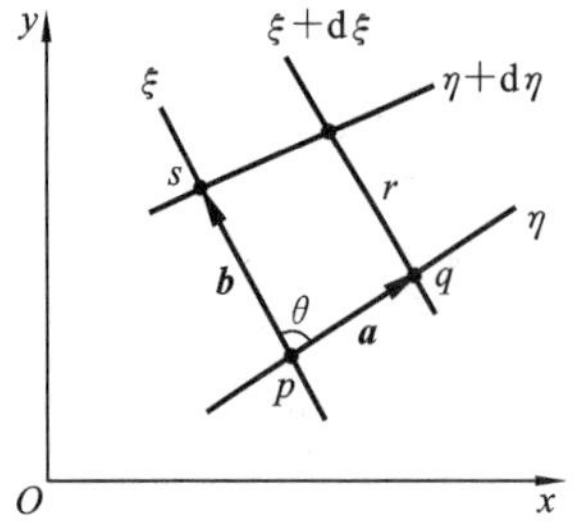

图 8-32 在总体坐标中求局域坐标系中的小面积元

在局域坐标系中的积分面积元 ds 在总体 x，y 坐标中应该为曲线族构成的微元面，如图 8-32 所示。由此可知

$$\begin{cases} a_x=\lim\limits_{\Delta\xi\to 0}\dfrac{x(\xi+\Delta\xi,\eta)-x(\xi,\eta\eta)}{\Delta\xi}=\dfrac{\partial x}{\partial \xi} \\ a_y=\lim\limits_{\Delta\xi\to 0}\dfrac{y(\xi+\Delta\xi,\eta)-y(\xi,\eta)}{\Delta\xi}=\dfrac{\partial y}{\partial \xi} \end{cases} \tag{8.5.38}$$

同理有

$$b_x=\frac{\partial x}{\partial \eta}\mathrm{d}\eta,\quad b_y=\frac{\partial y}{\partial \eta}\mathrm{d}\eta \tag{8.5.39}$$

于是有

$$\begin{aligned} \mathrm{d}s &= |\boldsymbol{a}\times\boldsymbol{b}|=|(a_x\boldsymbol{i}+a_y\boldsymbol{j})\times(b_x\boldsymbol{i}+b_y\boldsymbol{j})|=a_xb_y-a_yb_x \\ &=\left(\frac{\partial x}{\partial \xi}\frac{\partial y}{\partial \eta}-\frac{\partial y}{\partial \xi}\frac{\partial x}{\partial \eta}\right)\mathrm{d}\xi\mathrm{d}\eta=|\boldsymbol{J}|\mathrm{d}\xi\mathrm{d}\eta \end{aligned} \tag{8.5.40}$$

单元系数矩阵元素就可以在局部的坐标中计算求得

$$\begin{cases} K_{ij}^e=\int_0^1\int_0^{1-\eta}\varepsilon\left(\dfrac{\partial N_i^e}{\partial x}\dfrac{\partial N_j^e}{\partial x}+\dfrac{\partial N_i^e}{\partial y}\dfrac{\partial N_j^e}{\partial y}\right)|\boldsymbol{J}|\mathrm{d}\xi\mathrm{d}\eta \\ P_i^e=\int_0^1\int_0^{1-\eta}\varepsilon\rho N_i^e|\boldsymbol{J}|\mathrm{d}\xi\mathrm{d}\eta \end{cases} \tag{8.5.41}$$

3. 平面矩形单元的参数单元

平面矩形单元在自然坐标的微分关系可以用式(8.5.7)表示。下面介绍平面矩形单元的参数单元。

1）坐标关系

图 8-33 表示了平面曲边矩形单元与标准的平面矩形单元上的节点的对应关系。

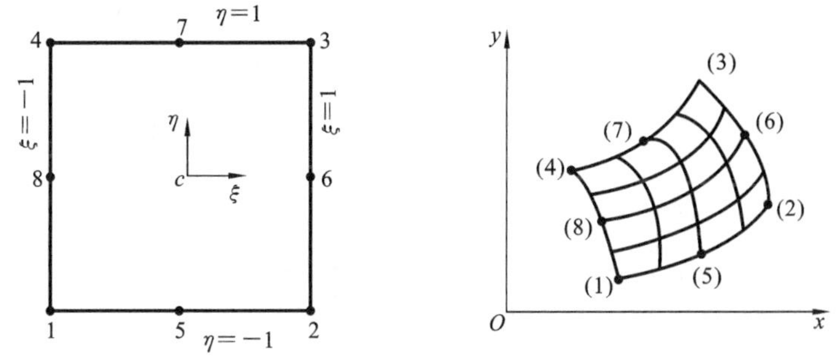

（a）标准的平面矩形单元　　（b）平面曲边矩形单元

图 8-33　平面曲边矩形单元与标准的平面矩形单元上的节点的对应关系

这种对应关系可以利用单元形函数表示为一种变换关系。即

$$x=\sum_{i=1}^{8}N_i(\xi,\eta)x_i \tag{8.5.42}$$

$$y=\sum_{i=1}^{8}N_i(\xi,\eta)y_i \tag{8.5.43}$$

此处为 8 节点矩形单元，其他节点数目的矩形单元的变换关系形式与式(8.5.42)和式(8.5.43)非常类似，区别是求和项的数目不同，单元形函数不同，应采用相应的插值函数。

2）微分关系

对于式(8.5.42)和式(8.5.43)，可以求出微分关系为

$$\frac{\partial N_i}{\partial \xi}=\frac{\partial N_i}{\partial x}\frac{\partial x}{\partial \xi}+\frac{\partial N_i}{\partial y}\frac{\partial y}{\partial \xi} \tag{8.5.44}$$

$$\frac{\partial N_i}{\partial \eta}=\frac{\partial N_i}{\partial x}\frac{\partial x}{\partial \eta}+\frac{\partial N_i}{\partial y}\frac{\partial y}{\partial \eta} \tag{8.5.45}$$

$$\begin{bmatrix}\dfrac{\partial N_i}{\partial \xi}\\ \dfrac{\partial N_i}{\partial \eta}\end{bmatrix}=\begin{bmatrix}\dfrac{\partial x}{\partial \xi} & \dfrac{\partial y}{\partial \xi}\\ \dfrac{\partial x}{\partial \eta} & \dfrac{\partial y}{\partial \eta}\end{bmatrix}\begin{bmatrix}\dfrac{\partial N_i}{\partial x}\\ \dfrac{\partial N_i}{\partial y}\end{bmatrix}=\boldsymbol{J}\begin{bmatrix}\dfrac{\partial N_i}{\partial x}\\ \dfrac{\partial N_i}{\partial y}\end{bmatrix} \tag{8.5.46}$$

同样有

$$\left\{\begin{aligned}&\begin{bmatrix}\dfrac{\partial N_i}{\partial x}\\ \dfrac{\partial N_i}{\partial y}\end{bmatrix}=\boldsymbol{J}^{-1}\begin{bmatrix}\dfrac{\partial N_i}{\partial \xi}\\ \dfrac{\partial N_i}{\partial \eta}\end{bmatrix},\quad \boldsymbol{J}^{-1}=\frac{1}{|\boldsymbol{J}|}\begin{bmatrix}\dfrac{\partial y}{\partial \eta} & -\dfrac{\partial y}{\partial \xi}\\ -\dfrac{\partial x}{\partial \eta} & \dfrac{\partial x}{\partial \xi}\end{bmatrix},\quad |\boldsymbol{J}|=\frac{\partial x}{\partial \xi}\frac{\partial y}{\partial \eta}-\frac{\partial y}{\partial \xi}\frac{\partial x}{\partial \eta}\\ &\frac{\partial x}{\partial \xi}=\sum\frac{\partial N_i}{\partial \xi}x_i,\quad \frac{\partial y}{\partial \xi}=\sum\frac{\partial N_i}{\partial \xi}y_i,\quad \frac{\partial x}{\partial \eta}=\sum\frac{\partial N_i}{\partial \eta}x_i,\quad \frac{\partial y}{\partial \eta}=\sum\frac{\partial N_i}{\partial \eta}y_i\end{aligned}\right. \tag{8.5.47}$$

3）积分计算

与三角形等参数单元的讨论相同，在进行积分运算时需要在总体坐标系中求出局部坐标系中小面积元的表达式。推导中具体变量的处理与三角形略有差别，面元仍然如图 8-32 所示。此时的 $\boldsymbol{a}$ 为沿 η 的单位矢量，$\boldsymbol{b}$ 为沿 ξ 的单位矢量，因此，沿 ξ 变化时

η 不改变，沿 η 变化时 ξ 不改变。

$$\begin{cases} x_p = x(\xi,\eta), & x_q = x(\xi + \mathrm{d}\xi,\eta), & x_s = x(\xi,\eta + \mathrm{d}\eta) \\ y_p = y(\xi,\eta), & y_q = y(\xi + \mathrm{d}\xi,\eta), & y_s = y(\xi,\eta + \mathrm{d}\eta) \end{cases} \tag{8.5.48}$$

则

$$\begin{cases} a_x = x_q - x_p = \dfrac{\partial x}{\partial \xi}\mathrm{d}\xi, & b_x = x_s - x_p = \dfrac{\partial x}{\partial \eta}\mathrm{d}\eta \\ a_y = y_q - y_p = \dfrac{\partial y}{\partial \xi}\mathrm{d}\xi, & b_y = y_s - y_p = \dfrac{\partial y}{\partial \eta}\mathrm{d}\eta \end{cases} \tag{8.5.49}$$

小面积元与式(8.5.40)表示相同。

4）单元特征式

求单元特征式

$$\frac{\partial J^e}{\partial \Phi_i} = \iint_s \left[\frac{\partial \Phi}{\partial x}\frac{\partial}{\partial \Phi_i}\left(\frac{\partial \Phi}{\partial x}\right) + \frac{\partial \Phi}{\partial y}\frac{\partial}{\partial \Phi_i}\left(\frac{\partial \Phi}{\partial y}\right)\right]\mathrm{d}x\mathrm{d}y \tag{8.5.50}$$

这里用到$\dfrac{\partial \Phi}{\partial \Phi_i}\left(\dfrac{\partial \Phi}{\partial x}\right) = \dfrac{\partial N_i}{\partial x} = -\dfrac{1}{s}(b-y)$的关系，其中 s 表示矩形单元的面积，考虑到矩形面元的局域坐标与总体坐标是平行的关系，a 和 b 可以换成 ξ，η。求单元特征式仍然要从相应的泛函表达式出发，然后，在局部坐标系中进行各种运算。泛函表达式为

$$\left[\frac{\partial J^e}{\partial \Phi_i}\right] = [k]^e\,[\Phi]^e \tag{8.5.51}$$

在局部坐标系 $\xi c \eta$ 中进行处理的方法与前面处理情况相同，先求出拉格朗日插值表达式，再直接对 ξ，η 进行微分和积分，同时把对 x，y 的微分和积分换成对 ξ，η 的微分和积分就可以求得相应的单元特征式的表达式。因为八节点表达式比较烦琐，此处就不再推导。

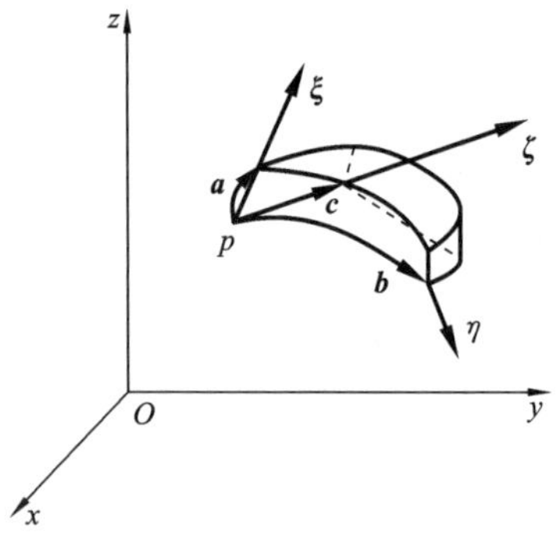

图 8-34 空间六面体单元的积分微单元体

4. 空间六面体单元

空间六面体单元的积分微单元体如图 8-34 所示。下面简述体积元的求取过程。

在总体坐标系中，自然坐标体积元为曲边立方体 $\mathrm{d}\xi\mathrm{d}\eta\mathrm{d}\zeta$，首先要把过 p 点的沿曲边立体的 3 个切线方向的 $\boldsymbol{a}$，$\boldsymbol{b}$，$\boldsymbol{c}$ 用自然坐标系的变量 $\mathrm{d}\xi\mathrm{d}\eta\mathrm{d}\zeta$ 求出来。在 xyz 坐标系中，$\boldsymbol{a}$，$\boldsymbol{b}$，$\boldsymbol{c}$ 为 x，y，z 的函数，但在 $\xi\eta\zeta$ 坐标系中，$\boldsymbol{a}$ 只沿 ξ 方向变化，此时 η 和 ζ 不变，所以有

$$a_x = \frac{\partial x}{\partial \xi}\mathrm{d}\xi, a_y = \frac{\partial y}{\partial \xi}\mathrm{d}\xi, a_z = \frac{\partial z}{\partial \xi}\mathrm{d}\xi \tag{8.5.52}$$

同样有

$$\begin{cases} b_x = \dfrac{\partial x}{\partial \eta}\mathrm{d}\eta, & b_y = \dfrac{\partial y}{\partial \eta}\mathrm{d}\eta, & b_z = \dfrac{\partial z}{\partial \eta}\mathrm{d}\eta \\ c_x = \dfrac{\partial x}{\partial \zeta}\mathrm{d}\zeta, & c_y = \dfrac{\partial y}{\partial \zeta}\mathrm{d}\zeta, & c_z = \dfrac{\partial z}{\partial \zeta}\mathrm{d}\zeta \end{cases} \tag{8.5.53}$$

由此微元构成的六面体体积为

$$V_{abc}=\begin{vmatrix} a_x & a_y & a_z \\ b_x & b_y & b_z \\ c_x & c_y & c_z \end{vmatrix}=\begin{vmatrix} \frac{\partial x}{\partial \xi}\mathrm{d}\xi & \frac{\partial y}{\partial \xi}\mathrm{d}\xi & \frac{\partial z}{\partial \xi}\mathrm{d}\xi \\ \frac{\partial x}{\partial \eta}\mathrm{d}\eta & \frac{\partial y}{\partial \eta}\mathrm{d}\eta & \frac{\partial z}{\partial \eta}\mathrm{d}\eta \\ \frac{\partial x}{\partial \zeta}\mathrm{d}\zeta & \frac{\partial y}{\partial \zeta}\mathrm{d}\zeta & \frac{\partial z}{\partial \zeta}\mathrm{d}\zeta \end{vmatrix} \tag{8.5.54}$$

在局域坐标系中微体积元为

$$\mathrm{d}x\mathrm{d}y\mathrm{d}z=\mathrm{d}V=\begin{vmatrix} \frac{\partial x}{\partial \xi} & \frac{\partial y}{\partial \xi} & \frac{\partial z}{\partial \xi} \\ \frac{\partial x}{\partial \eta} & \frac{\partial y}{\partial \eta} & \frac{\partial z}{\partial \eta} \\ \frac{\partial x}{\partial \zeta} & \frac{\partial y}{\partial \zeta} & \frac{\partial z}{\partial \zeta} \end{vmatrix}\mathrm{d}\xi\mathrm{d}\eta\mathrm{d}\zeta=|\boldsymbol{J}|\mathrm{d}\xi\mathrm{d}\eta\mathrm{d}\zeta \tag{8.5.55}$$

关于单元特征式，微分关系，坐标关系都可以相应求出。同样，对空间四面体单元的情况也可以参照上述方法求得。

8.6 矩量法

矩量法在 20 世纪 60 年代被引进电磁学中，此后在求解各种电磁学问题中得到了应用，包括天线设计、微波网络计算、生物电磁学、辐射效应、微带线分析、电磁兼容等。特别值得提出的是矩量法适合于电磁兼容问题的研究，主要是因为这种方法可以直接求出电流的精确分布，而研究电磁兼容问题时人们最关心的问题就是电流分布，其次才是电磁波的传播问题。

在历史上人们把采用基函数和检验函数离散化的积分方程的数值方法称为矩量法，而同样的过程用于微分方程时通常称为加权剩余法。矩量法是一种基于泛函分析理论的积分形式的数值方法。

8.6.1 基本原理

1. 矩量法是一种函数空间中的近似方法

设有内积空间 $\boldsymbol{H}$ 中的元素 a 和 b，数量 α 和 β，内积有如下基本性质。

(1) $\langle a,b\rangle=\langle b,a\rangle^*$。

(2) $\langle \alpha a,\beta b+c\rangle=\alpha\beta^*\langle a,b\rangle+\alpha\langle a,c\rangle$。

(3) $\langle a,a\rangle>0,a\neq 0$。

(4) $\langle a,a\rangle=0,a=0$。

此外，还用下面的基本量描述函数空间。

(1) 范数，$\| a \| = \sqrt{\langle a,a\rangle}$。

(2) 距离，$d(a,b)=\| a-b \|$。

(3) 正交，$\langle a,a\rangle=0$。

(4) 完备基，$\langle B_m,B_n\rangle=0,m\neq n$。

(5) 空间基，$\{B_n\}$是完备正交组。

空间中的任一函数都可以用完备基来表示，即

$$\| f-\sum_n \alpha_n B_n \| = 0,\quad \alpha_n=\frac{\langle B_n,f\rangle}{\langle B_n,B_n\rangle} \tag{8.6.1}$$

式中，α_n为标量系数。在实际问题中，不可能在无穷维的函数空间中展开未知函数。函数空间上的原函数、近似函数与误差函数可以用欧几里得空间上的矢量分解来形象地理解：正交基上的函数展开过程，实际上是把任一函数向坐标基上进行投影，只要基函数是完备的，投影函数与基函数就只有标量系数的差别，并且如果把投影分量全迭加起来得到的和函数应该等于原来的函数。但是，如果只对原函数在不完备的有限个基函数上投影，那么得到的有限个投影函数之和就不会完全等于原来的函数，此时只能得到近似函数解。可以用公式表述如下：

$$f\approx f^N=\sum_{n=1}^{N}\alpha_n B_n \tag{8.6.2}$$

差函数为

$$d(f-f^N)=\| f-f^N \| \tag{8.6.3}$$

如果可以随意选择标量系数 α_n使得这个误差函数与 N 维的基函数都正交，也就是

$$\langle B_n,f-f^N\rangle=0,\quad n=1,2,\cdots,N \tag{8.6.4}$$

则该误差函数就称为正交投影函数。正交投影函数会使近似函数与原函数的偏差最小，即

$$d(f-f^N)=\| f-f^N \| =\min \tag{8.6.5}$$

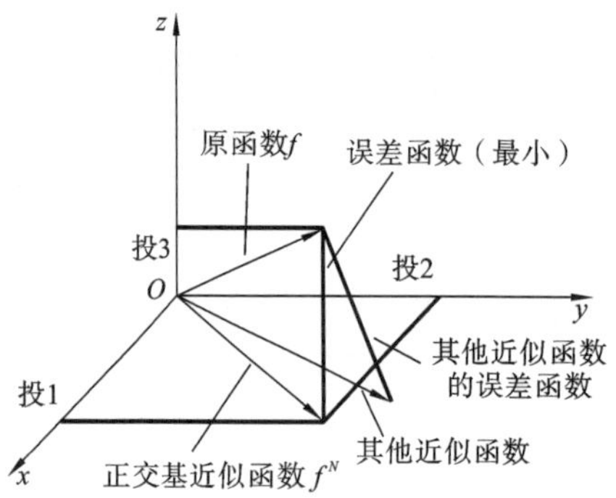

图 8-35　函数空间上的原函数、近似函数与误差函数

这种情形与欧几里得空间中空间矢量分解的情形类似，对比的情形，即函数空间上的原函数、近似函数与误差函数如图 8-35 所示。

图 8-35 中，一个三维矢量分解为三个分量，在三维基下进行的分解是精确的。如果在二维基下表达三维矢量，由于缺一个基矢量，只能得到一个坐标面，如 xOy 上的二维矢量。这个二维的近似矢量的选取带有一定的任意性，其中误差最小的一个是使差矢量与 xOy 平面垂直的二维近似矢量，因为与平面垂直的矢量到平面的距离最近。上述原理在泛函空间中可以阐述如下：

$$d(f,f^N)=\| f-f^N \| =\min \tag{8.6.6}$$

设近似函数

$$f^N=\sum_{n=1}^{N}\alpha_n B_n \tag{8.6.7}$$

根据前面的讨论，f^N应该是 f 在这个 N 维子空间中的投影。f 的投影矢量在 N 个正交基的子空间中的展开式的系数为

$$\alpha_n=\frac{\langle B_n,f\rangle}{\langle B_n,B_n\rangle} \tag{8.6.8}$$

设有算子方程为

$$\mathrm{L}f=g$$

现在要找一个算子 L 的定义空间的 N 维子空间上的最佳近似函数解。显然，式(8.6.7)

的 f^N 正是所需要的近似解，式中 B_n 是算子 L 的定义空间的 N 个基函数。但是，由于函数 f 尚没有求得，无法由式(8.6.8)计算出 α_n 来，也就无法获得最佳逼近结果。

为计算出 α_n，重新考虑算子方程 $\mathrm{L}f=g$。方程中，函数 g 是已知函数，是未知函数 f 在算子 L 作用下产生的结果函数。函数 g 必然处在线性算子 L 的值域空间中，因此，可以利用这个条件，在 L 的值域空间中继续展开讨论。设函数序列 $\{T_n\}$ 组成算子的值域空间上的完备正交基。那么值域空间上的任意函数都可以在由 $\{T_n\}$(即 $\{T_1, T_2, \cdots, T_n\}$)构造的 N 维子空间上近似地表示为

$$g \approx g^N = \sum_{m=1}^{N} \beta_m T_m \tag{8.6.9}$$

式(8.6.9)中只取了有限多个基函数 $\{T_1, T_2, \cdots, T_n\}$，$g^N$ 亦为近似函数。根据前面的讨论，最佳近似时达到最小误差函数的展开系数是使差函数与所有的函数基都正交的，应该为

$$\beta_m = \frac{\langle T_m, g\rangle}{\langle T_m, T_m\rangle} \tag{8.6.10}$$

式中，g 为已知函数。利用式(8.6.10)就可以求出 β_m。为此，用算子 L 作用于定义函数空间的 N 维空间基函数 B_n，并且在基函数 $\{T_1, T_2, \cdots, T_n\}$ 上展开，有

$$\mathrm{L}B_n \approx \sum_{m=1}^{N} l_{mn} T_m \tag{8.6.11}$$

这一步实际上是在进行算子 L 的近似的 N 维函数空间和值域函数空间的空间基函数的变换。由于函数空间的基有无限多个，而上述过程中只取了有限多个基函数，所以该变换仍然是近似的。当把 L 的定义函数空间的近似的基函数 $\{B_n\}$(用来展开待求函数的)在近似的值域函数空间的基函数 $\{T_n\}$ 上进一步展开后，利用式(8.6.9)～式(8.6.11)就得到展开的系数为

$$l_{mn} = \frac{\langle T_m, \mathrm{L}B_n\rangle}{\langle T_m, T_m\rangle} \tag{8.6.12}$$

该系数使得待求函数在选定的基函数 B_n 上展开时误差最小，即

$$\left\| \mathrm{L}B_n - \sum_{m=1}^{N} l_{mn} T_m \right\| = \min \tag{8.6.13}$$

从而提供了一个最佳的函数逼近的途径。

回到原问题，如果用 $f^N = \sum_{n=1}^{N} \alpha_n B_n$ 近似表示未知函数 f，将在值域空间产生

$$\mathrm{L}f^N = \sum_{n=1}^{N} \alpha_n \mathrm{L}B_n \tag{8.6.14}$$

把这个展开中的基函数投影到由 $\{T_1, T_2, \cdots, T_n\}$ 构成的 N 维子空间上，则

$$\mathrm{L}f^N \approx \sum_{m=1}^{N} \sum_{n=1}^{N} l_{mn} \alpha_n T_m \tag{8.6.15}$$

此时，由 B_n 空间变换到了 T_m 空间中，在该空间上函数 g 是算子 L 的一个特定的值。于是，式中的系数 $\{l_{mn}\}$ 可以用内积表示，即由于 $\mathrm{L}f=g$，有

$$\mathrm{L}f^N \approx g \approx g^N = \sum_{m=1}^{N} \beta_m T_m \tag{8.6.16}$$

即

$$\sum_{m=1}^{N}\sum_{n=1}^{N} l_{mn}\alpha_n T_m = \sum_{m=1}^{N}\beta_m T_m \tag{8.6.17}$$

则有

$$\sum_{n=1}^{N} l_{mn}\alpha_n = \beta_m, \quad m = 1,2,\cdots,N \tag{8.6.18}$$

用式(8.6.18)即可以求得近似的展开式系数 α_n,但不是最佳逼近系数,并不完全保证 f 与 f^N 的差与所有的基函数 B_n 正交,即 $d(f,f^N)$ 不一定是最小的结果,但却是在所选的基函数的平台上能够做到的最好的近似结果,因为从理论分析看,α_n 实际上依赖于$\frac{\langle B_n,f\rangle}{\langle B_n,B_n\rangle}$。

2. 矩量法是一种变分法

采用矩量法进行数值分析时,可以采用如下的步骤。首先应该假设待求的近似解为

$$f \approx \sum_{n=1}^{N}\alpha_n B_n \tag{8.6.19}$$

的形式,式中的 B_n 为已知的基函数且定义在算子 L 的定义域上,系数 α_n 未知。然后,把这种形式的近似解代入算子方程 $\mathrm{L}f=g$ 中去,就得到余函数

$$R = \mathrm{L}\left(\sum_{n=1}^{N}\alpha_n B_n\right) - g = \sum_{n=1}^{N}\alpha_n \mathrm{L}B_n - g \tag{8.6.20}$$

让余函数与一组选定的检验函数$\{T_1, T_2, \cdots, T_n\}$ 相正交,求内积,得

$$\begin{cases}\langle T_m,R\rangle = 0, \quad m = 1,2,\cdots,m \\ \sum_{n=1}^{N}\alpha_n\langle T_m,\mathrm{L}B_n\rangle - \langle T_m,g\rangle = 0 \\ \sum_{n=1}^{N}\alpha_n\langle T_m,\mathrm{L}B_n\rangle = \langle T_m,g\rangle, \quad m = 1,2,\cdots,N\end{cases} \tag{8.6.21}$$

可写成

$$\sum_{n=1}^{N} l_{mn}\alpha_n = \beta_m, \quad m = 1,2,\cdots,N \tag{8.6.22}$$

式中

$$l_{mn} = \langle T_m,\mathrm{L}B_n\rangle, \quad \beta_m = \langle T_m,g\rangle \tag{8.6.23}$$

可写成矩阵式

$$[l_{mn}][\alpha] = [\beta] \tag{8.6.24}$$

最后,由式(8.6.24)可以求得$[\alpha]$,从而求得近似解为

$$f \approx \sum_{n=1}^{N}\alpha_n B_n \tag{8.6.25}$$

通常也称上面的近似方法为加权剩余法,因为该方法根源于 Rayleigh Ritz 和 Galerkin 方法。在实际应用中,并不强调所选的基函数或检验函数是否取自于完全正交系。从理论上讲,如果检验函数 T_m 为完全正交系子系统时,的确可以保证得到最好的近似解,但是也并不能保证得到的近似解在 $N\to\infty$ 的条件下收敛于精确解。此外,检验函数与基函数的配合也是很重要的。所以,选取基函数和检验函数是矩量法中最重要的环节。

从泛函的角度也可以证明矩量法是一种变分法。设算子方程 $\mathrm{L}f=g$，可以定义一个线性泛函为

$$\rho\{f\}=\langle f,h\rangle \tag{8.6.26}$$

式中，h 是某已知的连续函数。设算子 L 为线性算子，L^a 为相应的伴随算子，那么由 L^a 决定的一个伴随场 f^a 满足算子方程

$$\mathrm{L}^a f^a=h \tag{8.6.27}$$

可以证明

$$\rho\{f\}=\frac{\langle f,h\rangle\langle f^a,g\rangle}{\langle \mathrm{L}f,f^a\rangle} \tag{8.6.28}$$

或者

$$\rho\{f\}=\langle f,h\rangle+\langle f^a,g\rangle-\langle \mathrm{L}f,f^a\rangle \tag{8.6.29}$$

即 f 为 $\mathrm{L}f=g$ 的解，f^a 为 $\mathrm{L}^a f^a=h$ 的解时，上述泛函的变分问题与 $\mathrm{L}f=g$ 及 $\mathrm{L}^a f^a=h$ 等价。当选取如下近似解

$$f=\sum_n \alpha_n f_n,\quad f^a=\sum_m \beta_m \omega_m \tag{8.6.30}$$

时，将式(8.6.30)代入式(8.6.28)，并且根据泛函变分的 Rayleigh Ritz 条件，泛函变分问题可以转变为多元函数极值问题，并求得近似解。此时要求

$$\begin{aligned}&\frac{\partial\rho}{\partial\alpha_i}=0,\quad \frac{\partial\rho}{\partial\beta_i}=0\\ &\frac{\partial\rho}{\partial\beta_i}=\frac{\langle f,h\rangle\langle\omega_i,g\rangle\langle \mathrm{L}f,f^a\rangle-\langle f,h\rangle\langle f^a,g\rangle\langle \mathrm{L}f,\omega_i\rangle}{(\langle \mathrm{L}f,f^a\rangle)^2}\end{aligned} \tag{8.6.31}$$

即

$$\langle\omega_i,g\rangle\langle \mathrm{L}f,f^a\rangle=\langle f^a,g\rangle\langle \mathrm{L}f,\omega_i\rangle \tag{8.6.32}$$

在上述运算中，因只有 f^a 包含 β_i，所以 $\dfrac{\partial\rho}{\partial\beta_i}$ 只对 f^a 起作用。因为 $\mathrm{L}f=g$，所以 $\langle \mathrm{L}f,f^a\rangle=\langle g,f^a\rangle$，消去 $\langle g,f^a\rangle$，有

$$\begin{aligned}\langle\omega_i,g\rangle&=-\langle \mathrm{L}f,\omega_i\rangle=\langle\omega_i,\mathrm{L}\big(\sum_n\alpha_n f_n\big)\rangle\\&=\sum_n\alpha_n\langle\omega_i,\mathrm{L}f\rangle,\quad i=1,2,\cdots,m\end{aligned} \tag{8.6.33}$$

由 $\dfrac{\partial\rho}{\partial\alpha_i}=0$，有

$$\frac{\partial\rho}{\partial\alpha_i}=\frac{\langle f^a,g\rangle\langle f_i,h\rangle\langle \mathrm{L}f,f^a\rangle-\langle f,h\rangle\langle f^a,g\rangle\langle \mathrm{L}f_i,f^a\rangle}{(\langle \mathrm{L}f,f^a\rangle)^2}=0 \tag{8.6.34}$$

即

$$\langle f_i,h\rangle\langle \mathrm{L}f,f^a\rangle=\langle f,h\rangle\langle \mathrm{L}f_i,f^a\rangle \tag{8.6.35}$$

因

$$\langle \mathrm{L}f,f^a\rangle=\langle f,\mathrm{L}^a f^a\rangle=\langle f,h\rangle$$

代入式(8.6.35)中，则有

$$\langle f,h\rangle=\langle \mathrm{L}f_i,f^a\rangle=\langle f_i,\mathrm{L}^a f^a\rangle \tag{8.6.36}$$

$$\langle f_i,h\rangle=\langle f_i,\mathrm{L}^a\big(\sum\beta_m\omega_m\big)\rangle=\sum\beta_m\langle f_i,\mathrm{L}^a\omega_m\rangle,\quad i=1,2,\cdots,n \tag{8.6.37}$$

式(8.6.37)说明权函数或检验函数必须选择某些能代表伴随场 f^a 的函数线性组合。

这种表达能得到对矩量法更广泛的解释。

3. 截断误差和数值色散

1）截断误差

积分数值方法与微分数值方法的不同点之一，就是产生计算误差的主要因素不同。一般地，微分数值方法更依赖于区域的切分和处理方法，而积分数值方法则更依赖于展开函数基的选取和处理。当基函数的线性组合能够表示精确解时，按矩量法一定能确定相应的系数。但如果基函数的线性展开不能精确地表示解函数，它所确定的函数虽然是最佳结果，但仍然会产生余函数，称其为截断误差。在分域基的情况下，能够简单地讨论所产生的截断误差。

设待定的函数 $f(x)=a+bx+cx^2$ 采用定义在 $\left(-\dfrac{\Delta}{2}<x<\dfrac{\Delta}{2}\right)$ 区间上的三角函数展开，其中 Δ 表示间隔，则有

$$f(x)\approx f_{ap}(x)=f\left(-\frac{\Delta}{2}\right)B_1(x)+f\left(\frac{\Delta}{2}\right)B_2(x) \tag{8.6.38}$$

B_1 和 B_2 定义为

$$B_1(x)=\frac{1}{2}-\frac{x}{\Delta},\quad B_2(x)=\frac{1}{2}+\frac{x}{\Delta} \tag{8.6.39}$$

代入展开式，得

$$f_{ap}(x)=a+bx+c\left(\frac{1}{2}\Delta\right)^2 \tag{8.6.40}$$

比较精确函数 $f(x)$ 可以发现，此时的近似解的常数和一次项都与精确解一样，但二次项产生了误差。因为 $d(x)=f(x)-f_{ap}(x)=cx^2-c\left(\dfrac{1}{2}\Delta\right)^2$，其误差在 $x=0$ 点最大，其值为

$$|\text{Error}|=\frac{1}{4}c\Delta^2 \tag{8.6.41}$$

当区间尺寸减小并趋向于零时，误差保持按 $o(\Delta^2)$ 量级减小。直观地说，区间减小50%，误差减小75%。这个结论对任何多项式和线性分域基的情形都成立，并且可以推广到一般情况中：P 阶多项式为分域基时，当间隔 $\Delta\to 0$ 时，截断误差为 $o(\Delta^{p+1})$。采用这种方法就可以估计矩量法计算中的实际误差值。实际上，由于矩量法是一种积分数值方法，其数值计算误差与基函数和检验函数的选取直接相关，所以讨论的重点应该放在基函数和检验函数对误差的影响方面。上面的讨论方法具有一定的代表性，对其他类型的基函数，也可以用类似的方法讨论矩量法计算中的实际误差值。

2）数值色散

研究平面电磁波在计算空间中传播的情形。电磁波在一维无界区域中传播时服从一维亥姆霍兹方程，即

$$\frac{d^2E_z}{dx^2}+K^2E_z(x)=0 \tag{8.6.42}$$

为简化讨论，假设网格均匀并忽略边界的影响。此时采用中心差商法，第 m 个单元方程的差分为

$$\frac{d^2f}{dx^2}\approx\frac{f_{m+1}-2f_m+f_{m-1}}{\Delta^2} \tag{8.6.43}$$

$$2E_m - E_{m-1} - E_{m+1} - k^2\Delta^2\left(\frac{2}{3}E_m + \frac{1}{6}E_{m-1} + \frac{1}{6}E_{m+1}\right) = 0 \tag{8.6.44}$$

式中，Δ 是单元线度尺寸；E_m，E_{m-1}，E_{m+1} 是对应 $E_z(x)$ 在 $x_m-\Delta$，x_m，$x_m+\Delta$ 点的基函数的展开式系数。平面电磁波的解为 $E_z(x)=E_0\mathrm{e}^{\pm jkx}$，对应的离散解为

$$E_z(x_m) = E_0\mathrm{e}^{\pm j\beta x_m},\beta = \frac{1}{\Delta}\arccos\left(\frac{1-(k\Delta)^2/3}{1+(k\Delta)^2/6}\right) \tag{8.6.45}$$

由三角函数的性质，只要三角函数的相角为实数，其函数值肯定小于或等于 1。但是，当三角函数值大于 1 时，相角肯定为复数。显然，当 $k\Delta \leqslant \sqrt{12}$ 时，β 为实数解，$k\Delta > \sqrt{12}$ 时，β 为复数解。上述表达式是均匀网格的情形。当单元尺寸较小时，也就是比 $\Delta \approx 0.55\lambda$ 要小时，数值结果的误差完全表现为相位差，此时 β 为实数；当单元尺寸很大时，会表现为相位和幅值都产生复数误差，此时 β 为复数，就使 $\mathrm{e}^{\pm j\beta}$ 既影响相位又影响幅度。

跨越一个单元区间的相位变化为 $k\Delta-\beta\Delta$，举例说明，如果一个单元尺寸为 $\Delta=0.1\lambda$，则产生 0.57° 相位偏差，传播 10 波长距离后将产生 57° 的相位偏差，32 个波长距离将产生 180° 的相位偏差。

当给定计算空间尺寸和介质常数后，就可以估计出满足相应误差所需要的单元的密度。例如，如果单元密度为 30 单元/波长，则波传播 10λ 时，最大相位偏差约为 10°。但一般情况下若波传播 100λ 只允许 10° 相位偏差时，单元密度应为 80 单元/波长。因此，为了减少相位偏差或减小数值色散，当计算空间增大时，切分的单元密度也必须相应增大。这种误差的存在会使在处理电大尺寸结构时遇到困难。但这种累积误差可以通过采用高阶插值多项式的方法减小。矩量法是积分数值方法，在积分方程中使用格林函数，跨越大区间时，这种累积误差比较小，因此一般不必专门考虑数值色散的影响。

8.6.2 典型问题

前面讨论了基于多项式基函数的情形，实际上对具体的问题进行量化时总是要求多项式具有一定的阶次，显然这个阶次是与未知函数近似展开中微分的阶次有关。下面针对典型情况进行分析。

1. 圆柱体散射的积分求解

为了说明检验函数选择对精度的影响，举一个例子：设有 TM 波在理想导体圆柱面散射，如图 8-36所示，设圆柱为无限长，就变成了二维问题。

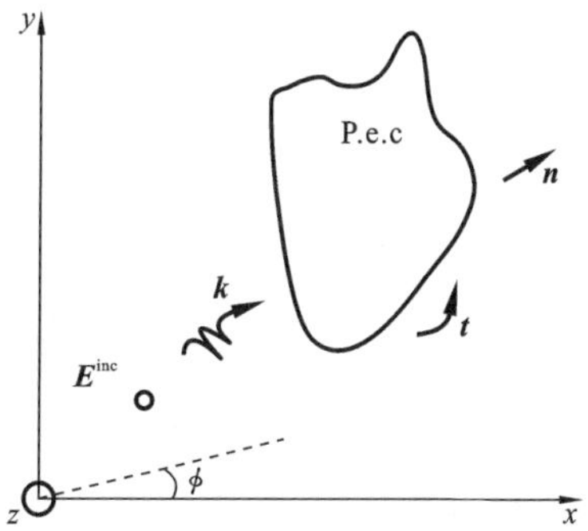

图 8-36 TM 波在理想导体圆柱面散射

首先，采用等效原理，导电圆柱可以用自由空间中等效电流代替，即

$$\boldsymbol{J}_s = \boldsymbol{n}\times\boldsymbol{H},\quad \boldsymbol{M}_s = \boldsymbol{E}\times\boldsymbol{H} \tag{8.6.46}$$

入射波为 TM 波，有分量 E_z、H_x 和 H_y。此时，只有电流分量 J_z，因为在 x 和 y 方向上没有电流，所以有 $\nabla\cdot\boldsymbol{J}=0$，$\nabla\cdot\boldsymbol{A}=0$，其中 $\nabla\cdot$ 是求散度运算，是关于 x 和 y 的二维算子。

$E_z^{\mathrm{inc}}(t) = jk\eta A_z(t)$，只在圆柱上成立，且

$$A_z(t)=\int J_z(t')\frac{1}{4\mathrm{j}}H_0^{(2)}(kR)\mathrm{d}t' \tag{8.6.47}$$

$$R=\sqrt{[x(t')-x(t')]^2+[y(t)-y(t')]^2} \tag{8.6.48}$$

把圆柱体的横截面上的圆周进行切分。为了求取 J_z，可以采用基函数展开的方法，设

$$P_n(t)\begin{cases}1, & t\in n\\0, & 其他\end{cases}$$

$$J_z(t)\approx\sum_{n=1}^{N}j_n p_n(t),\quad j_n\text{ 为展开系数} \tag{8.6.49}$$

将基函数代入 E_z^{inc} 中，得

$$E_z^{\mathrm{inc}}(t)=\mathrm{j}k\eta\sum_{n=1}^{N}j_n\int_{\Delta n}\frac{1}{4\mathrm{j}}H_0^{(2)}(kR)\mathrm{d}t' \tag{8.6.50}$$

于是解散射问题转化为求 $J_z(t)$，即求系数 j_n。经变化可以写成 $N\times N$ 矩阵形式

$$\begin{bmatrix}E_z^{\mathrm{inc}}(t_1)\\E_z^{\mathrm{inc}}(t_2)\\\vdots\\E_z^{\mathrm{inc}}(t_N)\end{bmatrix}=\begin{bmatrix}z_{11} & z_{12} & \cdots & z_{1N}\\z_{21} & z_{22} & \cdots & z_{2N}\\\vdots & \vdots & & \vdots\\z_{N1} & z_{N2} & \cdots & z_{NN}\end{bmatrix}\begin{bmatrix}j_1\\j_2\\\vdots\\j_N\end{bmatrix} \tag{8.6.51}$$

式中的矩阵$[z_{mn}]$通常称为阻抗矩阵，其中

$$Z_{mn}=\frac{k\eta}{4}\int_{\Delta n}\mathrm{H}_0^{(2)}(kR_m)\mathrm{d}t'$$

$$R_m=\sqrt{[x_m-x(t)']^2+[y_m-y(t')]^2}$$

$$Z_{mn}\approx\frac{k\eta}{4}w_n\mathrm{H}_0^{(2)}(kR_m) \tag{8.6.52}$$

式中，w_n为单元长度。当 $R_m=0$ 时，因为 $\mathrm{H}_0^{(2)}$ 在 $x=0$ 为奇点，必须另寻表达式。为此，首先在 $x=0$ 处展开第二类零阶汉克尔函数：

$$\mathrm{H}_0^{(2)}(x)=\left(1-\frac{x^2}{4}\right)-\mathrm{j}\left\{\frac{2}{\pi}\ln\left(\frac{\gamma x}{2}\right)+\left[\frac{1}{2\pi}-\frac{1}{2\pi}\ln\left(\frac{\gamma x}{2}\right)\right]x^2\right\}+o(x^4) \tag{8.6.53}$$

式中，$\gamma=1.781072418$。当单元很小且可看成直线时，有

$$\begin{aligned}\int_{\Delta m}\mathrm{H}_0^{(2)}(kR_m)\ \mathrm{d}t'&\approx2\int_0^{\frac{w_m}{2}}\left[1-\frac{2}{\pi}\ln\left(\frac{\gamma u}{2}\right)\right]\mathrm{d}u\\&=w_m-\mathrm{j}\frac{2}{\pi}w_m\left[\ln\left(\frac{\gamma w_m}{2}\right)-1\right]\end{aligned} \tag{8.6.54}$$

于是有

$$Z_{mn}=\frac{k\eta w_m}{4}\left\{1-\mathrm{j}\frac{2}{\pi}\left[\ln(\frac{k\eta w_m}{4})-1\right]\right\} \tag{8.6.55}$$

这样就可以求出等效电流密度，然后求出散射截面 $\sigma_{\mathrm{TM}}(\phi)$。

当 $E_z^{\mathrm{inc}}(x,y)=\mathrm{e}^{-\mathrm{j}k(x\cos\phi^{\mathrm{inc}}+y\sin\phi^{\mathrm{inc}})}$ 时，有

$$\sigma_{\mathrm{TM}}(\phi)\approx\frac{k\eta^2}{4}\left|\sum_{n=1}^{N}j_n w_n\mathrm{e}^{-\mathrm{j}k(x\cos\varphi^{\mathrm{inc}}+y\sin\phi^{\mathrm{inc}})}\right|^2 \tag{8.6.56}$$

2. 误差分析

应用矩量法时所产生的误差有以下几种。

1）建模误差

建模误差是指建模时，采用的理论近似所产生的误差。例如，用无限长理想导体代替实际几何形状或结构，用点 (x_n, y_n) 表示小单元中心位置，平滑圆柱体的积分和直线积分路径等都会引入误差。

2）数字化误差

数字化误差是在进行数值化时产生的误差。例如，当把 $J_n(t)$ 用脉冲函数展开，把积分限变成小单元上积分等数值处理时所引入的误差。

3）近似误差

近似误差是由于数学近似所产生的误差。例如，积分近似处理等造成的误差。

4）数值计算误差

数值计算误差是指计算机进行运算时，数值计算所产生的误差。例如，计算贝赛尔函数和矩阵方程时产生的计算误差。例如，汉克尔函数的积分只能达到一定的精度，计算阻抗矩阵$[\boldsymbol{Z}_{mn}]$时，一般总要用到格林函数，而二维格林函数就需要汉克尔函数的积分

$$\int_a^b \mathrm{H}_0^{(2)}(kx)\,\mathrm{d}x = \int_a^b J_0(kx)\,\mathrm{d}x - \mathrm{j}\int_a^b \left[Y_0(kx) - \frac{2}{\pi}\ln\left(\frac{\gamma kx}{2}\right)\right]\mathrm{d}x - \mathrm{j}\,\frac{2}{\pi}\int_a^b \ln\left(\frac{\gamma kx}{2}\right)\mathrm{d}x \tag{8.6.57}$$

举例分析数字计算的误差。仍然以均匀平面电磁波激励圆柱体产生散射的问题为例，采用折线函数为基函数，而检验函数则分别采用脉冲函数、三角函数和折线函数。当均匀平面电磁波激励圆柱时，精确解与数值解的归一化误差为

$$\Delta\% = \frac{\| J_z^{\text{精确}} - J_z^{\text{数值}} \|}{\| J_z^{\text{精确}} \|} \times 100\% \tag{8.6.58}$$

由范数定义，有

$$\| J_z^{\text{精确}} - J_z^{\text{数值}} \| = \sqrt{\int \| J_z^{\text{精确}} - J_z^{\text{数值}} \|^2 \mathrm{d}t} \tag{8.6.59}$$

当长 $a=6$ 时，对 20 分段、60 分段的展开函数的情况进行计算。其中 20 分段时，相当于每波长距离分 3.3 个基函数展开。60 分段时，相当于每波长距离分 10 个基函数展开。

3. 本征值问题

当连续算子 L 定义域与值域相同时，有本征值方程

$$\mathrm{L}e = \lambda e \tag{8.6.60}$$

式中，λ 为本征值，e 是 L 的本征函数。涉及金属空腔的电磁学问题、波导问题都会导致本征方程。此外，连续算子方程 $\mathrm{L}f=g$ 也是基于算子 L 的本征值和本征函数的特性。这种性质从一定意义上说可以用矩量法的矩量矩阵映射，因此就需要找到连续算子 L 的本征值与矩阵本征值的关系。有时算子 L 没有本征值，但对应的矩量的本征值却总是存在的。

首先考虑将本征值方程离散化。取基函数$\{B_n\}$和检验函数$\{T_n\}$，并设展开式为

$$e \approx \sum_{n=1}^{N} e_n B_n \tag{8.6.61}$$

则

$$\sum_{n=1}^{N} e_n \mathrm{L} B_n = \sum_{n=1}^{N} \lambda e_n B_n \tag{8.6.62}$$

用检验函数对方程作内积，得

$$\sum_{n=1}^{N} \langle T_m, \mathrm{L} B_n \rangle e_n = \lambda \sum_{n=1}^{N} \langle T_m, B_n \rangle e_n, \quad m = 1, 2, \cdots, N \tag{8.6.63}$$

式(8.6.63)可以整理成

$$\mathrm{L}\boldsymbol{e} = \lambda \boldsymbol{S}\boldsymbol{e} \tag{8.6.64}$$

算子矩阵的元素为

$$l_{mn} = \langle T_m, \mathrm{L} B_n \rangle \tag{8.6.65}$$

矩阵 $\boldsymbol{S}$ 的元素为

$$S_{mn} = \langle T_m, B_n \rangle \tag{8.6.66}$$

因为基函数与检验函数为线性无关的序列，$\boldsymbol{S}$ 一定是非奇异的，则方程可写为

$$\boldsymbol{S}^{-1} \mathrm{L}\boldsymbol{e} = \lambda \boldsymbol{e} \tag{8.6.67}$$

式(8.6.67)为通常的矩阵本征值方程，可以认为是算子本征值方程离散化得到的结果。矩阵 $\boldsymbol{S}^{-1}$ 的本征值应当是算子 L 的本征值的近似值。同时，该本征矢量也是式(8.6.27)基函数展开式的系数。矩阵本征值的精度取决于相应的基函数表达算子本征函数的能力。

从概念上说，算子 L 的本征值由连续的算子经离散化映射到算子矩阵 $\boldsymbol{L}$，矩阵 $\boldsymbol{S}$ 则表征这种映射的转换关系和复杂程度。

8.6.3 静电场的矩量法求解

静电场问题可以用静电位求解。当引入 $\boldsymbol{E} = -\nabla \phi$ 时，通常为泊松方程的求解问题，即求解 $-\varepsilon \nabla^2 \phi = \rho$，或 $-\nabla \cdot (\varepsilon \nabla \phi) = \rho$。

1. 静电场中的算子方程

泊松方程可以写为

$$\begin{cases} -\varepsilon \nabla^2 \phi = \rho, & \text{有限边界} \\ r\phi \to \text{常数}, & r \to \infty \end{cases} \tag{8.6.68}$$

算子 L 定义为

$$\begin{cases} \mathrm{L}\phi = \rho, & \mathrm{L}^{-1}\mathrm{L}\phi = \mathrm{L}^{-1}\rho \\ \mathrm{L} = -\varepsilon \nabla^2, & \phi = \mathrm{L}^{-1}\rho \end{cases} \tag{8.6.69}$$

算子 L 的定义域是那些能进行拉普拉斯 ∇^2 运算的，又在无界空间中满足 $r\phi \to$ 常数的函数集合。当 $r \to \infty$ 时，拉普拉斯算子的解函数为

$$\Phi(x, y, z) = \iiint \frac{\rho(x', y', z')}{4\pi\varepsilon R} \mathrm{d}x' \mathrm{d}y' \mathrm{d}z' \tag{8.6.70}$$

其中

$$R = \sqrt{(x - x')^2 + (y - y')^2 + (z - z')^2}$$

由式(8.6.70)和逆算子的定义可知，拉普拉斯逆算子为

$$\mathrm{L}^{-1} = \iiint \frac{1}{4\pi\varepsilon R} \mathrm{d}x' \mathrm{d}y' \mathrm{d}z' \tag{8.6.71}$$

$$\Phi = \mathrm{L}^{-1}\rho$$

但要注意式(8.6.71)为式(8.6.69)的逆算子的条件是满足无界边界条件 $r\phi\to$常数。如果边界条件改变了,逆算子也改变了。静电场问题中适用的内积为

$$\langle\Phi,\psi\rangle=\iiint\Phi(x,y,z)\psi(x,y,z)\mathrm{d}x\mathrm{d}y\mathrm{d}z \tag{8.6.72}$$

当 ε 不是常数时,算子 L 定义内积为

$$\mathrm{L}=-\boldsymbol{\nabla}\cdot(\varepsilon\boldsymbol{\nabla})$$

$$\langle\Phi,\psi\rangle=\iiint\varepsilon\Phi(x,y,z)\psi(x,y,z)\mathrm{d}x\mathrm{d}y\mathrm{d}z \tag{8.6.73}$$

这样定义之后,L 算子仍为自伴算子。现在证明 L 为自伴算子,首先取

$$\langle\mathrm{L}\Phi,\psi\rangle=\iiint-\varepsilon(\boldsymbol{\nabla}^2\Phi)\psi\mathrm{d}\tau \tag{8.6.74}$$

式中,$\mathrm{d}\tau=\mathrm{d}x\mathrm{d}y\mathrm{d}z$。由格林定理有

$$\iiint_V(\psi\boldsymbol{\nabla}^2\Phi-\Phi\boldsymbol{\nabla}^2\psi)\mathrm{d}\tau=\oint\!\!\!\oint_{S[V]}\left(\psi\frac{\partial\Phi}{\partial n}-\Phi\frac{\partial\psi}{\partial n}\right)\mathrm{d}S \tag{8.6.75}$$

S 为 V 的表面,$\boldsymbol{n}$ 为 S 的外法线方向。令 S 面为球面,则当 $r\to\infty$ 时,S 包围整个空间,因为 ϕ 与 ψ 都满足无界条件,可以令 $r\to\infty$,有

$$\psi\to C_1/r,\quad\frac{\partial\phi}{\partial n}\to C_2/r^2$$

因此

$$\psi\frac{\partial\phi}{\partial n}\to C/r^3,\quad r\to\infty$$

同样有

$$\phi\frac{\partial\psi}{\partial n}\to C/r^3$$

当 $r\to\infty$时

$$\mathrm{d}S=r^2\sin\theta\mathrm{d}\theta\mathrm{d}\phi\propto r^2$$

于是,当 $r\to\infty$ 时,有

$$\left(\psi\frac{\partial\phi}{\partial n}-\phi\frac{\partial\psi}{\partial n}\right)\mathrm{d}S\to\frac{1}{r}$$

$$\oint\!\!\!\oint_S\left(\psi\frac{\partial\phi}{\partial n}-\phi\frac{\partial\psi}{\partial n}\right)\to 0$$

则式(8.6.75)变为

$$\iiint_V\psi\boldsymbol{\nabla}^2\phi\mathrm{d}\tau=\iiint_V\phi\boldsymbol{\nabla}^2\psi\mathrm{d}\tau \tag{8.6.76}$$

当取算子 $\mathrm{L}=-\varepsilon\boldsymbol{\nabla}^2$ 时,式(8.6.76)说明

$$\langle\psi,\mathrm{L}\phi\rangle=\langle\mathrm{L}\psi,\phi\rangle \tag{8.6.77}$$

这样就证明了 $\mathrm{L}=\mathrm{L}^a=-\varepsilon\boldsymbol{\nabla}^2$,L 为自伴算子。数学意义的自伴在物理意义上是互易性的。

由式(8.6.69)和式(8.6.71)可知,L 是实算子,下面将证明 L 和 L^{-1}还是正定算子。首先,令函数 ϕ 的共轭函数为 ϕ^*,则

$$\langle\phi^*,\mathrm{L}\phi\rangle=\iiint_V\phi^*(-\varepsilon\boldsymbol{\nabla}^2\phi)\mathrm{d}\tau \tag{8.6.78}$$

$$\phi^*\boldsymbol{\nabla}^2\phi=\boldsymbol{\nabla}\cdot(\phi^*\boldsymbol{\nabla}\phi^*)-\boldsymbol{\nabla}\phi^*\boldsymbol{\nabla}\phi$$

$$\langle \phi^*, \mathrm{L}\phi \rangle = \iiint_V \varepsilon \nabla \phi^* \cdot \nabla \phi \mathrm{d}\tau - \iiint_V \varepsilon \nabla \cdot (\phi^* \nabla \phi) \mathrm{d}\tau$$
$$= \iiint_V \varepsilon \nabla \phi^* \cdot \nabla \phi \mathrm{d}\tau - \oiint_S \varepsilon \phi^* \nabla \phi \cdot \mathrm{d}\boldsymbol{s}$$

同样当 $r \to \infty$ 时，有

$$\oiint_S \varepsilon \phi^* \nabla \phi \cdot \mathrm{d}\boldsymbol{s} = 0$$

则有

$$\langle \phi^*, \mathrm{L}\phi \rangle = \iiint_V \varepsilon \, |\nabla \phi|^2 \mathrm{d}\tau > 0$$

式中，$\nabla = \frac{\partial}{\partial x}\boldsymbol{i} + \frac{\partial}{\partial y}\boldsymbol{j} + \frac{\partial}{\partial z}\boldsymbol{k}$，$\varepsilon$ 为实数且 $\varepsilon > 0$，$|\nabla \phi|^2 > 0$。所以，L 为正定算子，物理意义是静电能总大于 0。

2. 带电平板的电容

研究 $z=0$ 平面上边长为 $2a$ 的正方形金属平板，设金属平板无厚度，其上分布有密度为 $\sigma(x, y)$ 的电荷，带电金属平板切分为矩形单元，如图 8-37 所示。此板在空间形成的电位为

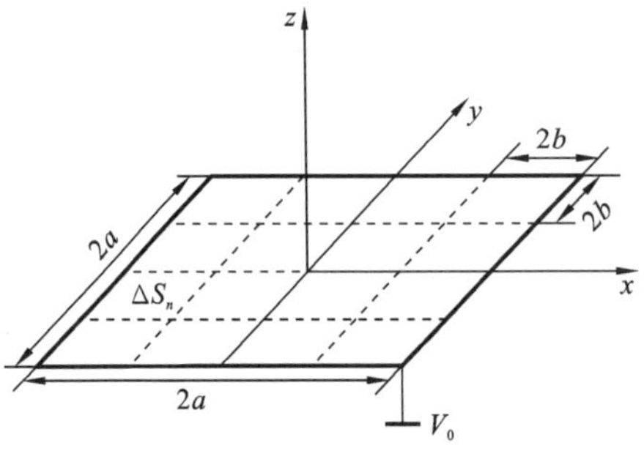

图 8-37　带电金属平板切分为矩形单元

$$\Phi(x, y, z) = \int_{-a}^{a} \mathrm{d}x' \int_{-a}^{a} \frac{\sigma(x', y')}{4\pi\varepsilon R} \mathrm{d}y' \tag{8.6.79}$$

式中，$R = \sqrt{(x-x')^2 + (y-y')^2 + z^2}$，边界条件为 $\Phi|_{p \in \overline{xOy}} = V_0$。

边界条件为

$$\Phi|_{p \in \overline{xOy}} = V_0 = \int_{-a}^{a} \int_{-a}^{a} \frac{\sigma(x', y')}{4\pi\varepsilon \sqrt{(x-x')^2 + (y-y')^2 + z^2}} \mathrm{d}y' \mathrm{d}x' \tag{8.6.80}$$

式中，$|x|$，$|y| < a$，$\sigma(x', y')$ 为待求。金属平板的电容为

$$C = \frac{q}{V_0} = \frac{1}{V_0} \int_{-a}^{a} \int_{-a}^{a} \sigma(x', y') \mathrm{d}y' \mathrm{d}x' \tag{8.6.81}$$

为求 σ 和 C，采用点选配，把金属平板切分 N 个正方形子域，并且令

$$\sigma(x, y) \approx \sum_{n=1}^{N} a_n f_n, \quad f_n = \begin{cases} 1, & \text{在 } S_n \text{ 上} \\ 0, & \text{其他} \end{cases} \tag{8.6.82}$$

将式(8.6.82)代入式(8.6.80)，并且注意式中 $z=0$，有

$$V_0 = \int_{-a}^{a} \int_{-a}^{a} \frac{\sum_{n=1}^{N} a_n f_n}{4\pi\varepsilon \sqrt{(x-x')^2 + (y-y')^2 + z^2}} \mathrm{d}y' \mathrm{d}x'$$
$$= \sum_{n=1}^{N} \int_{\Delta x_n} \int_{\Delta y_n} \frac{1}{4\pi\varepsilon \sqrt{(x-x')^2 + (y-y')^2 + z^2}} \mathrm{d}y' \mathrm{d}x'$$

用 m 表示场点的切分，用 n 表示源点的切分，于是有

$$V_0 = \sum_{n=1}^{N} l_{mn} \alpha_n, \quad m = 1, 2, \cdots, N \tag{8.6.83}$$

$$l_{mn}=\int_{\Delta x_n}\int_{\Delta y_n}\frac{1}{4\pi\varepsilon\sqrt{(x-x')^2+(y-y')^2+z^2}}\mathrm{d}y'\mathrm{d}x' \tag{8.6.84}$$

式中，x 为研究点，x'为积分变元，它们都在导电金属平面上。x_m 的电位由 n 点的电荷产生。即 l_{mn}是由 ΔS_n 上的电荷在 ΔS_m中心点产生的电位因子。由式(8.6.83)求出 α_n，则可求得电容为

$$C=\frac{1}{V_0}\sum_{n=1}^{N}\alpha_n\Delta S_n=\sum_{n=1}^{N}l_{mn}^{-1}\Delta S_n \tag{8.6.85}$$

以线性空间和矩量法的角度可以推广上述求解静电问题的过程。令

$$\mathrm{L}f=g,\quad f(x,y)=\sigma(x,y),\quad g(x,y)=V_0,\quad |x|,\quad |y|<a$$

$$\mathrm{L}f=\int_{-a}^{a}\int_{-a}^{a}\frac{f(x',y')}{4\pi\varepsilon\sqrt{(x-x')^2+(y-y')^2+z^2}}\mathrm{d}y'\mathrm{d}x'$$

$$\langle f,g\rangle=\int_{-a}^{a}\int_{-a}^{a}f(x,y)g(x,y)\mathrm{d}y\mathrm{d}x$$

选冲激函数(点选配)为检验函数，则

$$w_m=\delta(x-x_m)\delta(y-y_m)$$

于是有

$$V_0=\sum_{n=1}^{N}\alpha_n\int_{-a}^{a}\int_{-a}^{a}\frac{f_n(x',y')}{4\pi\varepsilon\sqrt{(x-x')^2+(y-y')^2}}\mathrm{d}y'\mathrm{d}x'$$

此式即 $\mathrm{L}f=g$。把等式两边乘 w_m，再作内积，有

$$\langle w_m,\mathrm{L}f\rangle=\langle w_m,g\rangle$$

和

$$[l_{mn}][\alpha_n]=\langle w_m,g\rangle$$

也就是

$$\sum_{n=1}^{N}\alpha_n\int_{-b}^{b}\int_{-b}^{b}\delta(x-x_m)\delta(y-y_m)\mathrm{d}x\mathrm{d}y\left[\int_{\Delta x_m}\int_{\Delta y_m}\frac{\mathrm{d}x'\mathrm{d}y'}{4\pi\sqrt{(x-x')^2+(y-y')^2}}\right]\mathrm{d}x\mathrm{d}y$$

$$=\int_{-b}^{b}\int_{-b}^{b}\delta(x-x_m)\delta(y-y_m)\mathrm{d}x\mathrm{d}y=V_0$$

于是有

$$l_{mn}=\int_{-b}^{b}\int_{-b}^{b}\frac{\mathrm{d}x'\mathrm{d}y'}{4\pi\varepsilon\sqrt{(x_m-x')^2+(y_m-y')^2}} \tag{8.6.86}$$

当 $m\neq n$ 时，使用积分中值定理，有

$$l_{mn}=\int_{-b}^{b}\mathrm{d}x'\int_{-b}^{b}\frac{1}{4\pi\varepsilon\sqrt{(x_m-x')^2+(y_m-y')^2}}\mathrm{d}y'$$

$$\approx\frac{b^2}{\pi\varepsilon\sqrt{(x_m-x_n)^2+(y_m-y_n)^2}} \tag{8.6.87}$$

当 $m=n$ 时，不能用式(8.6.87)，否则函数为无穷大。此时，相当于自己小单元所带电荷在自己单元中心点产生的电位。此时，小单元边长为 $2b=\dfrac{2a}{\sqrt{N}}$。于是 ΔS_n 的中心点的电位为

$$l_{mn}=\int_{-b}^{b}\int_{-b}^{b}\frac{1}{4\pi\varepsilon\sqrt{x^2+y^2}}\mathrm{d}y\mathrm{d}x=\frac{2b}{\pi\varepsilon}\ln(1+\sqrt{2})=\frac{2b}{\pi\varepsilon}(0.8814) \tag{8.6.88}$$

对正方形有

$$l_{mn}=\Phi_{nn}=\frac{2b}{\pi\varepsilon}(0.8814)=\frac{\sqrt{4b^2}}{\varepsilon}(0.2806)=\frac{\sqrt{A}}{\varepsilon}(0.2806)$$

对圆盘形区有

$$l_{mn}=\Phi_{nn}=\int_0^{2\pi}\int_0^r\rho\frac{1}{4\pi\varepsilon\rho}\mathrm{d}\rho\mathrm{d}\theta=\frac{r}{2\varepsilon}=\frac{\sqrt{A}}{\varepsilon}(0.2821)$$

一般情况可以认为

$$l_{mn}=\frac{0.282}{\varepsilon}\sqrt{A_n} \tag{8.6.89}$$

当 $m\neq n$ 时，有

$$l_{mn}\approx\frac{A_n}{4\pi\varepsilon R_{mn}} \tag{8.6.90}$$

当求 l_{mn} 时，如果角形区域细长，按上述近似算法仍然粗略，可按图 8-38 的方法进行处理。

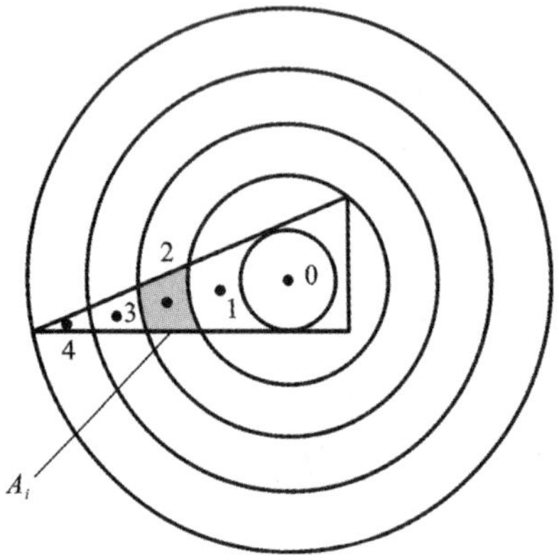

图 8-38 角形区域细长时所采用的近似方法

用最宽的单元的中心画同心圆，标号 0,1,2,…，然后取

$$l_{nn}=\frac{1}{\varepsilon}\left(0,282\sqrt{A_0}+\frac{1}{4\pi}\sum_i\frac{A_i}{R_{0i}}\right) \tag{8.6.91}$$

式中，$A_0,A_1,A_2,\cdots$分别为各切分区域面积，R_{0i}是由第 i 个三角形区到 0 点的距离。

3. 导体系问题

设有 N 个导体，分别带电 $q_1,q_2,\cdots,q_N$，导体上电位 $V_1,V_2,\cdots,V_N$。外界空间电位为 ϕ^i，则有如下静电方程：

$$\phi^i+\oint\!\!\oint_{\sum S_n}\frac{\sigma}{4\pi\varepsilon R}\mathrm{d}s=\begin{cases}V_1, & 在 S_1 上\\ V_2, & 在 S_2 上\\ \vdots & \\ V_n, & 在 S_n 上\end{cases} \tag{8.6.92}$$

式中，σ 为导体上的面电荷密度。

下面讨论平行板电极的情况。设上极板电位为

$$\begin{aligned}V_1=&\int_{-a}^{a}\int_{-a}^{a}\frac{\sigma_1(x',y')}{4\pi\varepsilon\sqrt{(x-x')^2+(y-y')^2}}\mathrm{d}y'\mathrm{d}x'\\&+\int_{-a}^{a}\int_{-a}^{a}\frac{\sigma_2(x'',y'')}{4\pi\varepsilon\sqrt{(x-x'')^2+(y-y'')^2+d^2}}\mathrm{d}y''\mathrm{d}x''\end{aligned} \tag{8.6.93}$$

下极板电位为

$$\begin{aligned}V_2=&\int_{-a}^{a}\int_{-a}^{a}\frac{\sigma_1(x',y')}{4\pi\varepsilon\sqrt{(x-x')^2+(y-y')^2+d^2}}\mathrm{d}y'\mathrm{d}x'\\&+\int_{-a}^{a}\int_{-a}^{a}\frac{\sigma_2(x'',y'')}{4\pi\varepsilon\sqrt{(x-x'')^2+(y-y'')^2}}\mathrm{d}y''\mathrm{d}x''\end{aligned} \tag{8.6.94}$$

选分域基函数，上极板分为 N 块，下极板也分为 N 块，即

$$f_n=\begin{cases}1, & p\in\Delta S_n\\ 0, & p\notin\Delta S_n\end{cases} \tag{8.6.95}$$

令上极板电荷密度为

$$\sigma_1(x',y')=\sum_{n=1}^{N}\alpha_n^t f_n$$

下极板电荷密度为

$$\sigma_2(x'',y'')=\sum_{n=1}^{N}\alpha_n^b f_n \tag{8.6.96}$$

检验函数取点选配

$$w=\delta(x-x_m)\delta(y-y_m)$$

用检验函数乘式(8.6.93)和式(8.6.94)两边并积分

$$\langle w_m,\mathrm{L}f\rangle=V_1=\sum\alpha_n^t\int_{-a}^{a}\int_{-a}^{a}\frac{f_n}{4\pi\varepsilon\sqrt{(x_m-x')^2+(y_m-y')^2}}\mathrm{d}y'\mathrm{d}x'$$

$$+\sum\alpha_n^b\int_{-a}^{a}\int_{-a}^{a}\frac{f_n}{4\pi\varepsilon\sqrt{(x_m-x')^2+(y_m-y')^2+d^2}}\mathrm{d}y''\mathrm{d}x''$$

$$V_2=\sum\alpha_n^t\int_{-a}^{a}\int_{-a}^{a}\frac{f_n}{4\pi\varepsilon\sqrt{(x_m-x')^2+(y_m-y')^2+d^2}}\mathrm{d}y'\mathrm{d}x'$$

$$+\sum\alpha_n^b\int_{-a}^{a}\int_{-a}^{a}\frac{f_n}{4\pi\varepsilon\sqrt{(x_m-x'')^2+(y_m-y'')^2}}\mathrm{d}y''\mathrm{d}x''$$

令

$$\begin{cases}[\alpha]=[\alpha_1^t,\alpha_2^t,\cdots,\alpha_N^t,\alpha_1^b,\alpha_2^b,\cdots,\alpha_N^b]^{\mathrm{T}}\\[g_m]=[\underbrace{V_1,V_1,\cdots,V_1}_{N个},\underbrace{V_2,V_2,\cdots,V_2}_{N个}]^{\mathrm{T}}=\begin{bmatrix}g_m^t\\g_m^b\end{bmatrix}\end{cases} \tag{8.6.97}$$

得到矩阵方程为

$$[l][\alpha]=[g_m] \tag{8.6.98}$$

$$[l]=\begin{bmatrix}[l^{tt}] & [l^{tb}]\\ [l^{bt}] & [l^{bb}]\end{bmatrix}$$

式中,分块矩阵 $[l^{tt}]$ 是 m 与 n 都在上极板时的广义导纳矩阵;$[l^{tb}]$ 是 m 在上极板、n 在下极板时的广义导纳矩阵。当 $m\neq n$ 时,得

$$\begin{cases}l_{mn}^{tt}=\dfrac{\Delta S_n}{4\pi\varepsilon R_{mn}}=\dfrac{b^2}{\pi\varepsilon\sqrt{(x_m-x_n)^2+(y_m-y_n)^2}}\\ l_{mn}^{tb}=\dfrac{b^2}{\pi\varepsilon\sqrt{(x_m-x_n)^2+(y_m-y_n)^2+d^2}}\end{cases} \tag{8.6.99}$$

当 $m=n$ 时,采用近似处理,有

$$\begin{cases}l_{mn}^{tt}=\dfrac{0.282}{\varepsilon}(2b)\\ l_{mn}^{tb}=\dfrac{0.282}{\varepsilon}(2b)\left[\sqrt{1+\dfrac{\pi}{4}\left(\dfrac{d}{b}\right)^2}-\dfrac{\sqrt{\pi}d}{2b}\right]\end{cases} \tag{8.6.100}$$

由式(8.6.100)可求得式(8.6.98)中的矩阵 $[\alpha]$,再求得 σ_1,σ_2,于是可以求出平板电容器的电容为

$$C=\frac{\text{上板全部电荷}}{V=(V_1-V_2)}=\frac{1}{V}\sum_{\text{top}}\alpha_n^a\Delta_s^n$$

$$C=8b^2\sum(l^{tt}-l^{tb})_{mn}^{-1} \tag{8.6.101}$$

8.7 本章小结

本章首先介绍了静态场的边值问题，并对其求解方法——镜像法(解析法)和有限差分法(数值法)的基本原理和计算方法分别进行了阐述。此外，还针对工程中遇到一些实际的、比较复杂的问题，介绍了电磁波的数值计算方法，包括时域有限差分法、有限元法以及矩量法。针对数值计算方法的基本原理、处理技术、数值色散性能以及数值稳定性条件进行了讨论。读者在学习的过程中需要熟悉静电场的边值问题，掌握镜像法和有限差分法的基本原理。此外，需要重点掌握时域有限差分法、有限元法以及矩量法三种主流数值计算方法的原理、处理技术、性能分析以及三者的主要区别。

学习重点：唯一性定理及边界条件的应用、镜像电荷的求法及镜像法的有效区域。

学习难点：所求边值问题方程的建立，点电荷与接地(不接地)导体的镜像问题的分析和求解；数值方法作为提高学习兴趣的内容，重点了解目前使用的大型工程设计软件中的电磁波方程求解基础。

习　题　8

8.1　试证当点电荷 q 位于无限大的导体平面附近时，导体表面上总感应电荷等于 $-q$.

8.2　在无限大的导体平面上平行放置一半径为 a 的圆柱导线。已知圆柱导体的轴线离开平面的距离为 h $(h>a)$，试求单位长度圆柱导线与导体平面之间的电容。

8.3　根据镜像法，说明为什么只有当劈形导体的夹角为 π 的整数分之一时，镜像法才是有效的。当点电荷位于两块无限大平行导体板之间时，是否也可采用镜像法求解?

8.4　一根无限长线电荷平行放置在夹角 60° 的劈形导电体的中央部位，离两壁的距离均为 h，如习题 8.4 图所示。若线电荷的线密度为 ρ_l，试求其电位分布函数。

8.5　接地的空心导体球的内、外半径为 R_1 和 R_2，在球内离球心为 $a(a<R_1)$处置一点电荷 Q。用镜像法求电势。导体球上的感应电荷为多少？分布在内表面还是外表面上？假如导体球不接地，而是带总电荷 Q_0，试求相应的电势。

8.6　试证：如习题 8.6 图所示的位于半球形导体上方的点电荷 q 受到的力的大小为

$$F=\frac{q^2}{16\pi\varepsilon_0 d^2}\left[1+\frac{16a^3d^5}{(d^4-a^4)^2}\right]$$

式中，a 为球半径；d 为电荷与球心的间距；ε_0 为真空介电常数。

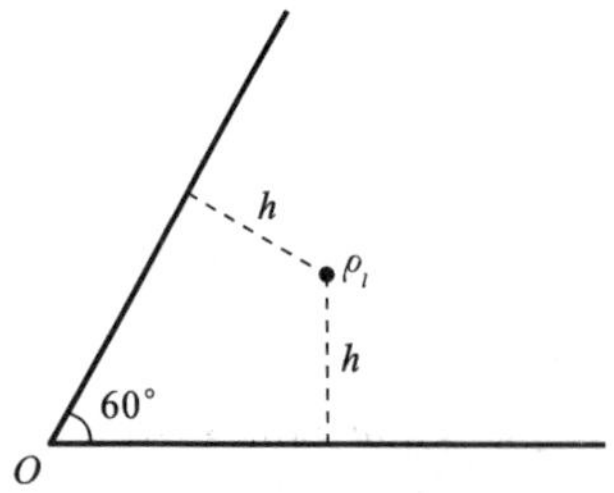

习题 8.4 图

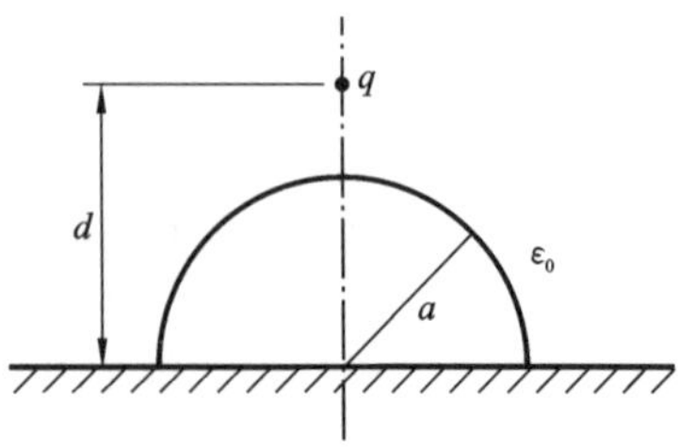

习题 8.6 图

8.7 当孤立的不带电的导体球位于均匀电场 $\boldsymbol{E}_n$ 中，使用镜像法求出导体球表面的电荷分布。

8.8 试证位于半径为 a 的导体球外的点电荷 q 受到的电场力大小为

$$F=-\frac{q^2a^3(2f^2-a^2)}{4\pi\varepsilon_0 f^3(f^2-a^2)^2}$$

式中，f 为点电荷至球心的距离。若将该球接地后，再计算点电荷 q 的受力。

8.9 试证位于内半径 a 的导体球形空腔中的点电荷 q 受到的电场力大小为

$$F=\frac{q^2ad}{4\pi\varepsilon_0(a^2-d^2)}$$

式中，d 为点电荷离球心的距离。再计算腔中的电位分布以及腔壁上的电荷分布。

8.10 已知点电荷 q 位于半径为 a 的导体球附近，离球心的距离为 f，试求：

(1) 当导体球的电位为 Φ 时的镜像电荷；

(2) 当导体球的电荷为 Q 时的镜像电荷。

8.11 设点电荷 q 位于导体球壳附近，已知球壳的内半径为 a、外半径为 b，点电荷离球心的距离为 f，壳内为真空，当球壳的电位为 Φ ($\Phi<0$)时，试求：

(1) 球壳内、外电场强度；

(2) 球壳外表面上最大电荷密度；

(3) 当距离 f 增加一倍时，系统能量改变多少？

8.12 试证直角坐标系中的电位函数

$$\Phi_1=Cz/(x^2+y^2+z^2)^{\frac{3}{2}}$$

及球坐标系中电位函数 $\Phi_2=C/r$ 均满足拉普拉斯方程，式中的 C 为常数。

8.13 若无限长的导体圆柱腔的内半径为 b，腔壁被纵向地分裂成四部分，各部分的电位如习题 8.13 图所示，试求腔内、外的电位分布。

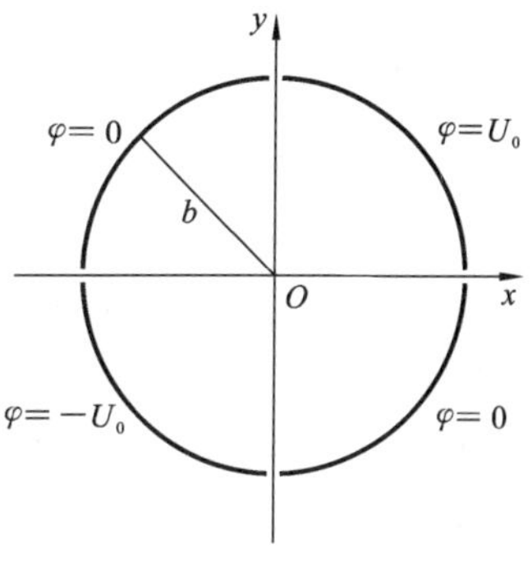

习题 8.13 图

8.14 设有两平面围成的直角形无穷容器，其内充满电导率为 σ 的液体。取该两平面为 xOz 面和 yOz 面，在(x_0, y_0, z_0)和$(x_0, y_0, -z_0)$两点分别置正、负电极并通以电流 I，求导体液体中的电势。

8.15 试由矢量场的旋度和散度积分式推导出矢量场的旋度和散度微分式。

8.16 麦克斯韦方程组的四个微分方程之间虽具有一定的关系(根据亥姆霍兹定理，矢量场同时要由其旋度和散度才能唯一确定)，但在四个微分方程和电流连续性方程中，只有三个方程是独立的。试证明由麦克斯韦方程组的两个散度方程和电流连续性方程可以推导出两个旋度方程。

8.17 概括一下时域有限差分法的特点。

8.18 试阐述在电磁场的计算机数值计算与仿真中，解的准确度与哪些因素有关？

8.19 在时域有限差分法稳定性的研究中，定义误差放大系数 $g=\varepsilon^{n+1}/\varepsilon^n$，其中 ε^n 和 ε^{n+1} 分别为时间步第 n 步和第 $n+1$ 步的计算误差。差分方程的稳定性要求 $|g|\leqslant 1$。可在许多文献里，在时域有限差分法稳定性的推论中，往往应用的是 $|A^{n+1}/A^n|\leqslant 1$，而不是 $|\varepsilon^{n+1}/\varepsilon^n|\leqslant 1$，其中 A^n 和 A^{n+1} 分别为时间步第 n 步和第 $n+1$ 步的计算值。

对此你有何见解？试结合误差分析理论和有关时域有限差分法稳定性的研究文献（主要是 Taflove 等人的研究工作）进行讨论。

8.20 什么是时域有限差分法的数值色散？如何消除或减小数值色散？

8.21 为了保证有限单元法解答的收敛性，位移函数应满足哪些条件？完备协调元、非协调元和完备元分别是什么意思？

8.22 如习题 8.22 图所示 4 节点平面应力单元，节点 1～节点 4 对应的节点坐标分别为 (0,0)，(0,1)，(2,0)，(2,1)，节点 1～节点 4 对应的节点位移分别为 (u_1, v_1)，(u_2, v_2)，(u_3, v_3)，(u_4, v_4)，试基于拉格朗日插值基函数构造如下单元的位移函数。

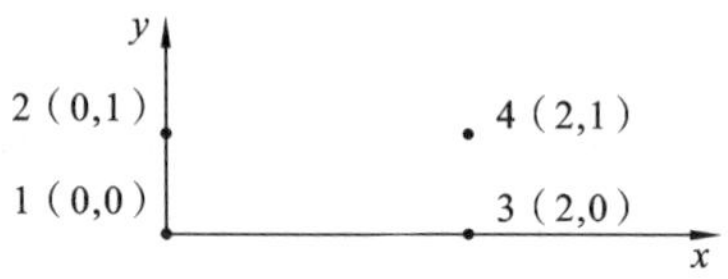

习题 8.22 图

8.23 试简要阐述有限元分析的基本步骤。

8.24 以平面问题常用三角形单元为例，证明单元刚度矩阵的任何一行（或列）元素的总和为零。

8.25 二维单元在 xOy 坐标平面内平移到不同位置，单元刚度矩阵相同吗？在平面内旋转时怎样？单元旋转 180°后单元刚度矩阵与原来的相同吗？单元进行上述变化时，应力矩阵 $\boldsymbol{S}$ 如何变化？

8.26 试证明三角形单元形状函数 $N_i(x,y)=\dfrac{1}{2\Delta}(a_i+b_ix+c_iy)$，$i=1,2,3$ 满足性质：$N_i(x,y)=\begin{cases}0, i\neq j\\1, i=j\end{cases}$。

8.27 利用矩量法，计算三相架空线在空间产生的电位和电场强度。架空线高度均为 40 m，线电压为 220 kV，导线等效半径为 10 cm。绘制空间等位线。

8.28 计算空间任意两根导线的互感（参考电磁场互感计算的公式），并与已知的公式进行对比。

8.29 计算空间任意两根导线的电容（参考电磁场电容计算的公式），对比与互感的关系。

9

电磁波生物效应及应用

电磁波生物学效应又称生物电磁学，是正在形成的一门新的分支边缘学科，主要是研究电磁波与生物系统的相互作用。电磁波生物效应研究始于第二次世界大战中雷达的出现，最初仅限于微波波段。当时研究的目的是试图通过动物实验和流行病学调查，建立微波辐射卫生标准和防护指南。磁场和电磁波应用的发展推动了这一研究的发展。

由于外加电磁场仅能与生物体中具有电磁特性的组织和分子等相互作用，于是在研究电磁场与生物体的相互作用时，必须先了解生物组织本身所具有的电磁特性。只有弄清楚这些问题，才能深入研究生物与电磁场的相互作用，找到电磁场生物效应的机理与特征，建立起生物电磁学理论。因此，探究生物体所具有的电磁特性是研究生物电磁学问题的关键和基础，具有重要的意义。生物体内的神经元结构如图 9-1 所示。

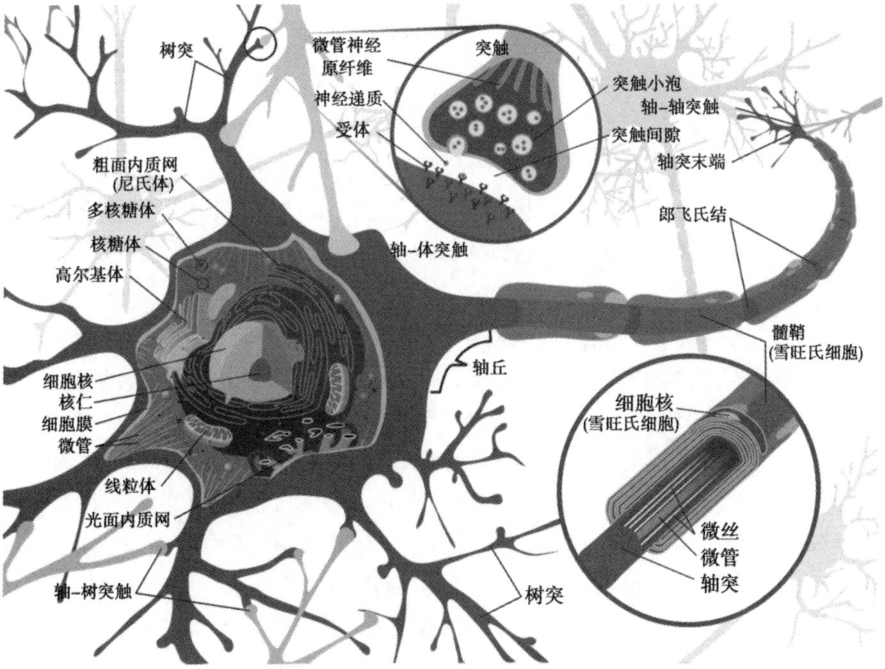

图 9-1　生物体内的神经元结构

本章从生物电磁场出发，通过电鳗电场以及骨骼电场对生物体的电场进行介绍。然后，分析电磁辐射的两大生物学效应，包括热效应和非热效应的产生及其利弊，并在此基础上介绍关于电磁辐射的基本特征。同时，介绍了心脏起搏器与除颤器的相关知识，心脏偶极子场的引入进一步拓展了人类对生物体内电磁场的认知。人类和所有动物的身体都是通过一个由大脑控制的轴突复杂网络驱动，而轴突和大脑的这种关系可以等效成一台并行处理的计算系统控制一条无噪、无损的同轴传输线。通过这种等效，建立起了轴突和大脑与计算机和传输线之间的关系，视网膜作为生物体的重要组成器官，对于生物体而言意义不言而喻，而视网膜主要是由视神经纤维组成。因此，本章也阐述了关于视网膜视神经纤维的相关内容。最后，讨论了电磁危害及相应安全标准。本章通过实例列举加深读者对各个部分的理解。

9.1 生物电磁场

当天气比较干燥时，我们经常会发现这样的现象，当你走过一块地毯后，如果触碰一下金属物体，会发出“呲”的声音，说明此时的你就是一台摩擦发电机。如果你引起的火花有 1 mm 长，就相当于你产生了 5000 V 的电势。这种现象产生的原因是当你的脚在地毯上摩擦时会把电子吸引到你的身上，然后电子从你的手指跃迁到金属物体上。虽然有时会让你受到惊吓，但是它不足以让你受伤，因为这个电荷量非常小。若可用的电荷量足够大，那么电压就可能有致命的危险。

同时，摩擦产生的电荷会将灰尘和棉绒吸引到胶片和电路板上。它们会损坏微处理器芯片，并且在有可燃物的情况下，甚至会引起火灾或爆炸。然而它们也有许多有价值的应用。

当天气晴朗时，我们身处的环境是一个 200 V/m 的静电场，而在乌云密布的天气中静电场可能是 20000 V/m。不管是晴天还是雨天，我们所处的磁场大小都是 1 高斯(1 G)。当我们的头发竖立起来时，这是雷云在提醒我们磁场的存在。但如果没有指南针或其他装置，人类就不知道地球的磁场。而对于鲨鱼来说情况有所不同，鲨鱼依靠穿过磁场时产生的内部电压来感应磁场的存在。蜜蜂、一些细菌、许多鸟类和某些动物感应磁场则是通过氧化铁、磁铁矿(Fe_3O_4)的内部磁性。氧化铁、磁铁矿也作为指南针使用。

很多水生生物既能够产生电场又对电场非常敏感。例如，某些鱼类通过电流发出信号进行交流，这与潜水者之间互相交流的方式类似。有些鱼类使用的是 700 Hz 的连续波，也有的使用 50 Hz 的 2 ms 脉冲信号实现互相之间的通信。

电鳗是鱼类中放电能力最强的淡水鱼类，输出的电压为 300～800 V，因此电鳗有水中“高压线”之称。电鳗发电器的基本构造与电鳐类似，也是由许多电板组成的。它的发电器分布在身体两侧的肌肉内，身体的尾端为正极，头部为负极，电流是从尾部流向头部。当电鳗的头和尾触及敌体，或受到刺激影响时即可产生强大的电流。电鳗的放电主要是由于生存的需要，因为电鳗要捕获其他鱼类和水生生物，放电是获取猎物的一种手段。电鳐身体内部有一种奇特的放电器官，可以在身体外面产生很强的电压。这个电器分布在电鳐的腹部两侧，样子像两个扁平的肾脏，是由许多蜂窝状的细胞组成的，它们排列成六角柱体，称为“电板”柱。电鳐身上共有 2000 个“电板”柱，有 200 万块

“电板”。这些“电板”之间充满胶质状的物质，起绝缘作用。每个“电板”的表面分布有神经末梢，一面为负极，另一面则为正极。电流的方向是从正极流到负极，也就是从电鳐的背面流到腹面。

例 9.1 一条淡水鳗鱼，如图 9-2 上半部分所示，在其身体的电极之间形成 500 V 的电压，两极间隔为 750 mm。如果鳗鱼的身体内部电池电阻为 15 Ω，假设鳗鱼半径 $r_1=40$ mm，$r_2=160$ mm，电导率 $\sigma=0.01$ S/m。求：(1) 产生的电流，(2) 产生的功率。

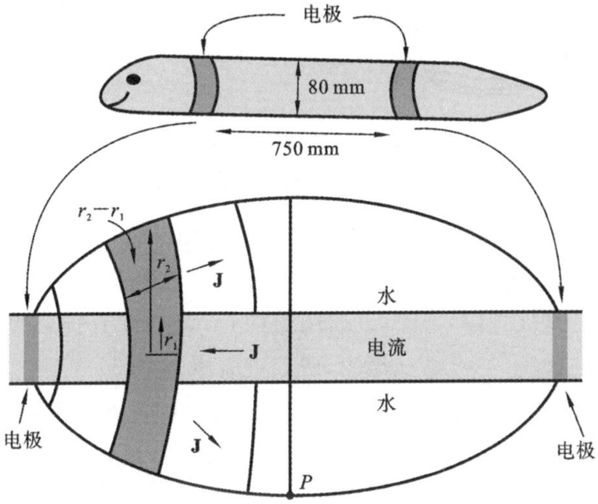

图 9-2 淡水电鳗以及电鳗电极之间的场

解 绘制场分布图如图 9-2 下半部分所示。假设图中体积内的当前流量为最大值(流量方向在水中向右，在鳗鱼中向左)。注意这是三维环境，水道的电阻由九个环形断面串联的电阻给出。又因 $r_2=160$ mm，因此图中阴影环部分的电阻可由下式得出：

$$R=\frac{r_2-r_1}{\sigma\pi(r_2^2-r_1^2)}=\frac{0.12}{0.01\pi(0.16^2-0.04^2)}\ \Omega=159\ \Omega$$

取 159 Ω 为平均值，则

$$R(\text{水道})=159\times9\ \Omega=1431\ \Omega$$

$$R(\text{内部})=15\ \Omega$$

$$R(\text{整体})=1431\ \Omega+15\ \Omega=1446\ \Omega$$

因此

$$I=\frac{V}{R}=\frac{500}{1446}\ \text{A}=346\ \text{mA}$$

$$P=\frac{V^2}{R}=\frac{500^2}{1446}\ \text{W}=173\ \text{W}$$

注：电鳗产生的 173 W 的电能中有 99％的能量输送给外部，只有 1％在电鳗内部耗散，这与设计良好的发电站性能表现一致。

有关生物电磁场的另一方面的特性是可以将骨骼视为压电体，也就是说，压力是一个电位差，而施加的电位差会产生力学应力。简单来说，运动会使骨骼受到压力，从而产生电位差，进而促进钙质累积，增强骨骼。宇航员在轨道上运动以保持骨骼的强度。石膏中的手臂因骨折使得人无法锻炼它，但是如果在手臂上施加一个电位差，它就可以在骨骼上产生电场，促进钙质累积，从而更快地愈合。

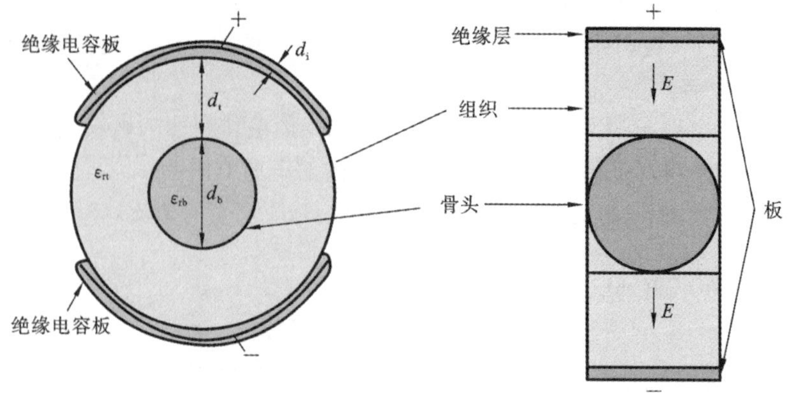

图 9-3 应用于骨骼电场的跨臂电容板

例 9.2 骨骼中的场。应用于骨骼电场的跨臂电容板如图 9-3 所示，如果用绝缘电容板在直径为 75 mm 的手臂上施加 50 V 的电压，那么骨骼中的电场 E 为多少？假设 ε_{ri}(绝缘体)=1.5，ε_{rb}(骨骼)=2，ε_{rt}(肌肉组织)=4；骨骼直径 $d_b=25$ mm；绝缘板厚度 $d_i=0.5$ mm。注意，由于板是绝缘的，所以没有电流流动。

解 考虑到骨骼处的磁场基本上是均匀分布的，因此可以将问题近似地视为具有不同介电常数的平行板电容器，用下标 i 表示绝缘电容板，t 表示肌肉组织，b 表示骨骼，可得

$$V=2E_id_i+2E_td_t+E_bd_b$$

因为 D(标准)是连续的，所以

$$D=\varepsilon_0\varepsilon_{ri}E_i=\varepsilon_0\varepsilon_{rt}E_t=\varepsilon_0\varepsilon_{rb}E_b$$

故引入相应数值得出

$$\text{骨骼中的电场}=E_b=970\ \text{V/m}$$

9.2 电磁辐射的生物学效应及特征

就目前的研究而言，电磁辐射的生物学效应大致可以分成两种：一种是大众所熟知的热效应，这种效应的产生原因主要是在电磁场作用下生物组织中的分子等相互碰撞、摩擦产生热量造成的；另一种是不经常提起的非热效应，这种效应的产生是因为生物组织处在较弱的电磁场环境下，使得生物组织具有这种非热效应。下面进行具体的分析。

9.2.1 电磁辐射的生物学热效应

生物体可简单地视为一个具有电阻、电容的装满生理盐水的大容器，在电磁场的作用下，生物组织内的极性分子(如水、氨基酸等介质电偶极子)产生取向作用，同周围分子碰撞、摩擦产生热量；同时生物组织内的离子(如 Na^+，K^+，Ca^{2+}，HCO_3^- 等)在电磁场作用下产生迁移而引起传导电流，该传导电流通过具有一定电阻值的组织时产生欧姆热，在高频电磁场中的生物体导体因电磁感应产生电流而使组织加热。早在 20 世纪 60 年代初，人们就把电磁辐射应用于临床治疗肿瘤和热疗上。现在已经没人怀疑用电磁辐射产生的 42～45 ℃高温可杀灭癌细胞。利用电磁辐射(辐射或微波)治疗肢体、盆

腔、管部肿瘤，利用天线插入法治疗组织内及内脏器深部的肿瘤均已收到疗效。

电磁辐射的热效应也会对生物体带来危害，当人体暴露于一定强度电磁场中，初期热效用会使人产生血压和心律的变化（初期热效应的症状会随电磁场消除而消失）。当人体受较长时间的一定强度的电磁辐射时，所产生的热效应会使人产生脑功能失调、甲状腺功能亢进、头痛、易激动等症状。当人体长期受一定强度的电磁辐射时，所产生的热效应会使心电图失常，易引发白内障、妇女月经失调、男性不育等。当人体受高强度微波辐射时，还会诱发癌症发病、眼睛失明、体温升高、心率加快、血压升高、喘气、出汗等症状，严重时还会出现抽搐、呼吸障碍甚至死亡。

9.2.2 电磁辐射的生物学非热效应

在医学上，电磁波的作用使生物体活组织局部升温、组织热化、局部神经感受器产生热反射、毛细血压增加、细胞膜渗透性和新陈代谢改变等热效应还是较好理解的；然而大多数情况下，生物体更多的是暴露于更低强度的电磁场中，许多理论提出了低能量级电磁波对生物组织存在非热效应的可能性，电磁波对生物体的作用产生极低的热能变化，这种极弱的热能马上被周围组织所传导而不会引起组织任何温度的变化，但人们发现这种低能量电磁波作用对人体健康具有危害，能引起神经衰弱及心血管机能紊乱等症状。

极低频电磁场能引起生物表面电荷和感应电势，刺激肌肉神经。人们发现肌肉神经在弱高频电磁场中其兴奋性能增加，实验表明弱微波辐照下会使神经膜输入阻抗减少，而未受到辐照的细胞的输入阻抗是稳定的。有人把青蛙心脏放在弱短波电磁场中，青蛙心脏跳动逐渐变慢，最终停止，当切断电磁波源后心脏又恢复跳动。在弱电磁场中，动物条件反射出现反应潜伏期延长，同时实验表明，在相当低强度的微波中就能诱发耳蜗下丘脑的电活动，脑电波也因射频电磁波作用出现异常波，这被认为是射频电磁波作用于生物的体表感受器，使脑干网状结构的上行系统兴奋，最后作用于大脑皮层。人体在低强度电磁辐射后，发现尿中17-酮固醇含量增高，血液中胆碱酯酶受抑制。

电磁辐射的生物非热效应往往被各种正常的生物生理变化所掩盖而不能表现出任何症状来，但通过研究证明其危害性已经逐渐表现出来，关于非热效应的机理问题已提出多种假设，美国从1989年开始研究60 Hz电磁场的致癌作用，目前已有许多国家开始这方面的研究，但这方面的知识目前还是很有限的。

9.2.3 生物电磁辐射作用的特征

随着电磁辐射生物效应的研究，要求确定生物体吸收电磁辐射的定量问题。电磁波对生物体的作用极为复杂，因为生物体不同于无生命的电工器材，生物体的体膜、介电常数、电导率、生理特征等非常复杂。电磁波与生物体作用的定量表述物理量主要是电磁能量的比吸收率(specific absorption rate，SAR)，且SAR正比于电场强度的平方。体内场强 E 的分布不仅与入射电磁波的频率、能量密度、波形（脉冲或连续波）、辐射特征（近场或远场、波阵面等）有关，还与生物体的电特征（电导率、介电常数、对地绝缘情况等）有关，与生物体的轮廓外形、大小尺寸有关，与周围环境（温度、湿度、通风情况、反射条件等）也有关。例如，人体的皮肤、肌肉、血液等富水组织，骨骼、脂肪等乏水组织，以及骨髓、脑、肺、内脏器官等中等含水组织的电特性千差万别，对电磁波的吸收、穿透、热导等性能各异，都影响电磁波的吸收。

随着电子计算机的迅速发展，生物电磁场边值问题的数值计算研究也有了许多进展。求解任意形状、均匀介质中麦克斯韦方程的矩量法、有限差分法、有限元法、边界元法等工程电磁场边值问题的数值方法已广泛应用于生物电磁学中。通过诸多研究人员的验证，发现上述数值方法建立的模型和计算的模型与实验结果吻合度很高。

生物体还是一个复杂的热调节系统，在电磁场中能把体温自动调节到一个恒定的温度。生物体的热传输模型既要考虑热传导、对流和辐射，也要考虑因血管收缩、出汗、颤抖等生理热调节因素，不同环境条件下生物体具有不同的热响应。因此，生物体在电磁场中的热传输方程可表示为

$$\rho c(\partial T/\partial t)=\nabla(k\nabla T)+(1/V)(Q_{M}+Q_{EM}-Q_{S}-Q_{R}) \tag{9.2.1}$$

式中，ρ 为组织质量密度；c 为组织比热容；k 为组织热导率；V 为组织体积；Q_M 为新陈代谢产生的热；Q_{EM} 为吸收的电磁能量；Q_S 为皮肤蒸发热损耗；Q_R 为肺脏呼吸热损耗。为了计算热传输方程，研究者们建立了模型将人体剖分为不同的圆柱体与球体，每个圆柱体与球体又继续剖分，再根据模型求解热传输，确定各部分的热分布。就目前而言，对生物的电磁场边值问题的研究和实验都建立在线性、静止的生物体模型(与生物组织相似的物质)上。

9.3 心脏偶极子场

为了预防在开始泵血收缩前电位差可能达到最大值的情况，所有哺乳动物的心脏都会收缩或跳动。而心脏的收缩从窦房结开始，在每一次心动周期中，由窦房结产生的兴奋依次传向心房和心室。通过心肌细胞之间的润盘结构，窦房结的收缩会向周围的细胞传导，从而诱发全心脏的收缩。由于传导的次序不同，心脏的电位变化是不同时的。正是这些差别产生了人体表面的电势变化。心肌细胞在受到刺激以及其后恢复原状的过程中，将形成一个变化的电偶极矩，并在其周围产生电场，引起空间电势的变化。同时，在动物皮肤上测得的电位分布与其心脏上的偶极子场分布类似。心脏偶极子场的测量结果如图 9-4(a)所示，从对比图 9-4(b)可以看出，其与各向同性介质中偶极子的场非常相似。动物的这种电场具有很强的诊断价值。例如，医生可以从场分布图上明显看到异常的心脏位置，在有效地提高了诊断准确性的同时也加快了诊断速度。相比于 X 射线和其他获取类似信息的技术，这种诊断技术的一个优点是对人体没有伤害。

心脏收缩前在人体胸部测量的心脏供电的等电位线，大致与等效心脏偶极子的位置相同，图 9-4(a)中所展示的场分布是实际测量的场分布的简化版本。注意到心脏偶极子位于不完全(导电)介电介质中，其电位是在其偏移的表面上测量的。然而，图 9-4(b)中的偶极子处于均匀介质中，场分布图位于平行于偶极子并与偶极子重合的平面上。因此，图 9-4(a)与图 9-5(b)的分布不是完全相同的。注：图 9-4(a)中的等位线以毫伏为单位。

心脏是一个生物电控制的血液泵。在心脏病发作期间，心肌的活动从有规律的收缩变为一种称为纤维振颤的痉挛性颤动。除颤器电极和除颤起搏器的放置示意图如图 9-5 所示，为了恢复人体心脏的正常活动，一般将电容器通过电极放电产生的桨放置在

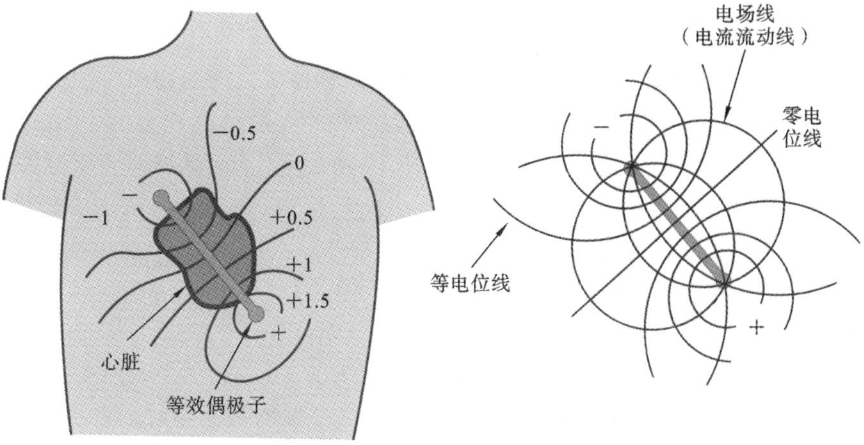

（a）心脏偶极子场的测量结果　　（b）各向同性介质的偶极子

图 9-4　心脏偶极子的测量结果和各向同性介质的偶极子

胸部。

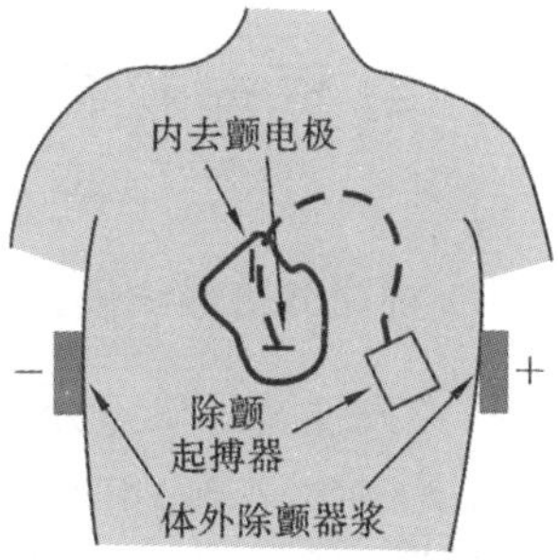

图 9-5　除颤器电极和除颤起搏器的放置示意图

例 9.3　体外除颤器。当把 $t=3$ ms 时间内放电能量 $E=400$ J 的电容器作为除颤脉冲时，求：(1) 脉冲电流 I，(2) 脉冲电压 U。

解　(1) 由题可知，两桨之间的胸部电阻值 $R=50$ Ω，因此，能量为 $E=I^2Rt=UIt$，脉冲电流则为

$$I=\sqrt{\frac{E}{Rt}}=\sqrt{\frac{400}{50\times3\times10^{-3}}}\ \text{A}=51.6\ \text{A}$$

(2) 脉冲电压为

$$U=\frac{E}{It}=\frac{400}{51.6\times3\times10^{-3}}\ \text{V}=2.58\ \text{kV}$$

例 9.4　胸部电阻。对于胸部宽度为 $w=250$ mm 的患者，求其位于腋下的两个除颤器电极之间的阻值。

解　画出如图 9-6 所示的场图，由于电导率 $\sigma=0.2$ V/m，因此

$$R=\frac{n}{N}R_0=\frac{n}{N}\frac{1}{\sigma d}$$

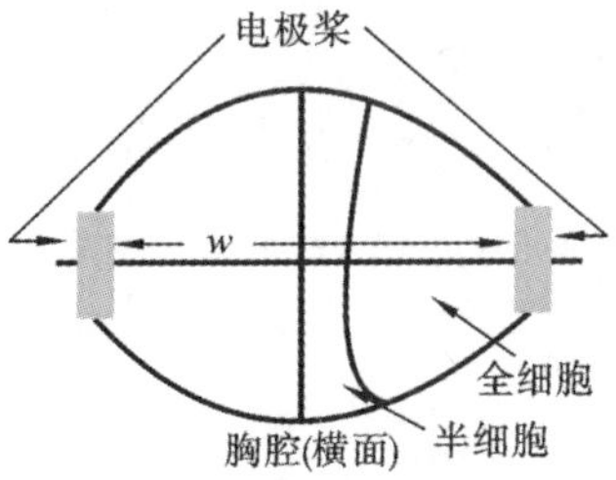

图 9-6　胸部电阻的场图

式中，n＝串联细胞数量＝3，N＝并联细胞数量＝2，$\sigma=0.2$ V/m，d＝胸部的尺寸(垂直页面的)＝150 mm，故

$$R=\frac{3}{2}\frac{1}{0.2\times0.15}\ \Omega=50\ \Omega$$

随着小型植入式(或内部)除颤器的发展，电极可以直接置于心脏，如图 9-5 所示，因此，植入式除颤器所需的脉冲能量随之大大降低。植入式除颤器的最大优点是当除颤器单元检测到纤维震颤产生时立即发出脉冲，不用再等待医疗队带着桨式除颤器到达，这样极大地降低了病人的生命危险。

例 9.5　内部除颤器。植入心脏电极除颤器，当其发送 25 J、5 A、10 ms 的脉冲时，求电路电阻 R。

解 $$R=\frac{E}{I^2t}=\frac{25}{5^2\times10\times10^{-3}}\ \Omega=100\ \Omega$$

虽然内部除颤器电极之间的路径远小于外部除颤器桨之间的距离，但与桨相比，内部除颤器电极很小，因此增加了路径损耗电阻。

例 9.6 心脏起搏器。当起搏器发送 5 V、10 mA、0.5 ms 脉冲时。求脉冲能量 E 和路径电阻 R。

解 能量为

$$E=UIt=5\times0.01\times0.5\times10^{-3}\ \text{J}=25\ \mu\text{J}$$

电阻为

$$R=U/I=500\ \Omega$$

许多植入式装置将除颤器和起搏器组合成一个小型的装置，在除颤器起火以及纤维震颤产生之前，两者都保持待命状态。起搏器可能会激活一段时间，以帮助恢复正常的心脏活动，或者在需要起搏器维持正常心脏运动的其他情况下，起搏器可能会持续开启，而除颤器则一直处于备用状态。

9.4 轴突和视网膜视神经纤维

9.4.1 轴突的传输线模型

研究发现，轴突类似于一条有源、无损、屏蔽、无噪的传输线。动物的神经系统由许多神经元(神经细胞)组成，每个神经元都是具有输入和输出终端功能的轴突(或称为神经传输线)。在输入端，与输入树突相连的是对热、压力或其他刺激敏感的特定传感器；在输出端，与输出树突相连的是中心体细胞(神经元胞体)，并且当中心体细胞从树突中获取的刺激量的代数总和超过一定的阈值时，它便会向轴突发射一个信号到神经终端区域用于激活运动单元(肌肉)或者另外的轴突。1 m 长轴突的典型神经元与其相邻神经元连接的理想情形如图 9-7 所示。

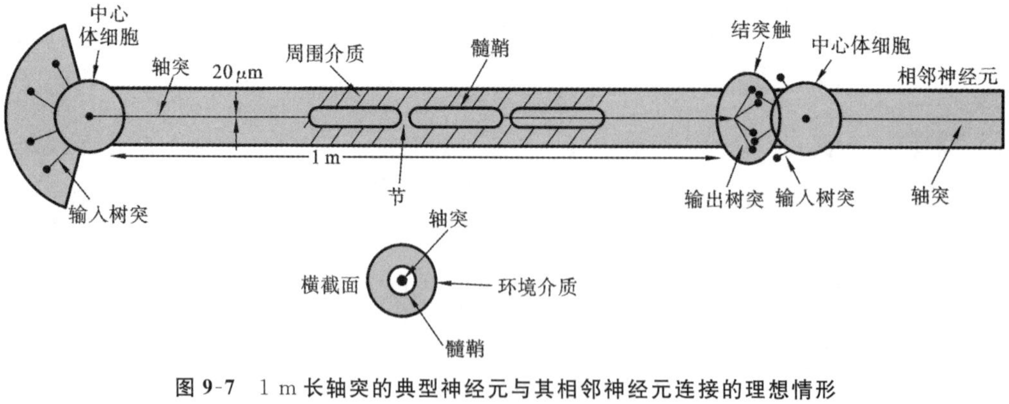

图 9-7 1 m 长轴突的典型神经元与其相邻神经元连接的理想情形

在这种同轴传输线中，轴突作为内导体，髓鞘作为绝缘体，周围介质作为外导体，构成一条无噪、无损的传输线。数千个此类轴突或神经纤维的束(电缆)就会形成坐骨神经。

轴突还可以看作是一条始终保持有电动势输入的有源传输线，这种有源的传输方式使得信号能够以零衰减传输。除此之外提及的其他传输线均是无源的，即除输入端以外没有任何能量输入。

大多数神经元可以通过结突触将某一个神经元的输出树突与其下一个神经元的输入树突相串联。沿特定轴突传输线的信号传输速度是恒定的，如直径为 20 μm 轴突的信号传输速度是 100 m/s，但不同的轴突传输线可能具有不同的信号传输速度。

轴突一般被包裹在髓鞘中作为同轴传输线的内导体，髓鞘由于电无源性而充当外层的绝缘体。沿轴突间隔毫米的范围内，髓鞘可以使轴突在节点处不至于暴露在周围介质之中。通过周围介质中扩散的离子穿过轴突的外膜，电动势施加在轴突内部（作为一个导体）与周围介质（作为另一个导体）之间，这类似于同轴传输线上的电压。该电压经由轴突和周围介质通过下一节点时在相应位置触发电动势而产生电流，其他情形以此类推。

现代神经元电生理模型的核心框架由霍奇金（A. L. Hodgkin）和赫胥黎（A. F. Huxley）于 1952 年所建立。通过一系列设计精妙的实验，他们发现乌贼巨大轴突中离子电流的产生可以用轴突膜中钠离子和钾离子通道电导率的变化来解释，并基于数理科学的知识和方法，建立了钠离子和钾离子通道电导率随膜电位和时间变化的数学模型，进而推导出了导致动作电位产生的一系列微分方程，这就是著名的霍奇金·赫胥黎模型（Hodgkin-Huxley 模型或 H-H 模型）。该模型与实验结果具有高度的一致性，为阐明动作电位是如何产生和传导的，这一神经科学基本问题奠定了理论基础，二人也因此获得了 1963 年的诺贝尔生理学或医学奖。

在基于生物物理学的神经元建模中，神经元的电特性是通过等效电路来模拟的。根据 H-H 模型所建立的轴突传输线等效电路如图 9-8 所示。在该传输线上有串联电阻、并联电导以及并联电容，没有串联电感，但是有些模型中有并联电感。此外，并联电动势的应用类似于开关元件的可变电导。通常，由于钾离子和混杂泄漏离子的扩散使轴突内部电压保持为大约−100 mV。但是当激励存在时，钠离子的扩散使脉冲周期的电位变为正，完成这个过程通常只需要十分之几毫秒。在脉冲通过之后，轴突在不到 1 ms 的时间内即可恢复到其正常的负电位。由于在终端处接收到了完整的脉冲电压，因此轴突传输线具有零衰减特性。同时，它也是一条“无噪声”的传输线，既可以传输完整的脉冲信号，也可以不进行信号的传输。而且其传输过程中不需要任何中间条件。

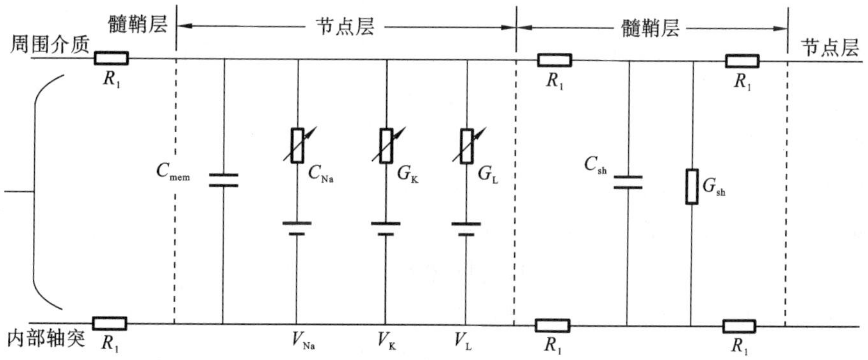

图 9-8 轴突传输线等效电路

轴突只有一个膜能将其从节点层的周围介质中分离出来，但它始终被一层髓鞘层所包裹。尽管此处只是对这个部分作了简短的讨论，它却能够帮助我们了解有关动物中大量存在的有源同轴传输线的显著特性。

例 9.7 轴突传输线。假设动物的大脑和腿之间有 7 个串联的神经元，每个神经元长度为 8 cm。求：(1) 脑脉冲到达腿部的时间，假设脉冲传播速度为 75 m/s；(2) 如果脑脉冲大小为 1 mV，则腿部脉冲电压是多少？

解 (1) 脑脉冲到达腿部的时间为

$$t=7\times 0.08/75\ \mathrm{s}=7.5\ \mathrm{ms}$$

(2) 由于轴突传输线的衰减为零，所以

$$U=1\ \mathrm{mV}$$

9.4.2 视网膜视神经纤维感光模型

人眼的视网膜包含一束超过 1 亿根的视神经纤维，每根视神经纤维既作为光波导又作为光子探测器(视觉神经末梢)。这些神经纤维可分为两类：包括占据视网膜中心区域的视锥细胞和处于外围区域的视杆细胞。就视锥细胞而言，几乎所有的视锥细胞都能通过神经传输线(轴突)单独连接到大脑负责信号处理和图像成形的功能区域，同时大脑中特定的功能区域与视锥细胞协作，能够精确区分所获图像信息的细节(如正在阅读的纸质书籍的内容)。然而，视杆细胞针对图像细节的分辨能力相对较弱，但大多数视杆细胞被并联连接到单个轴突脑传输线，使其在低亮度的情形有较好的视觉能力，因此，我们主要利用它较高的视觉灵敏度以及在低亮度情形下有较好的视觉能力的优点。同时，视杆细胞还负责提供周边的视觉信息。

视觉波长一般能够覆盖 400～700 nm 的范围，其大约是视杆细胞和视锥细胞外部区段直径的一半。虽然神经连接器位于视杆细胞和视锥细胞的前面，但这并不会干扰光线传输到视杆细胞和视锥细胞，因为这种连接是透明的。

图 9-9(a)为人眼的横截面示意图，其显示了晶状体(即图中透镜)、视网膜和视神经。图 9-9(b)为视网膜的局部放大示意图，其透明介质中包含视锥(圆锥)细胞、双极细胞以及树突。视网膜有一个不透明的背衬，称为视网膜色素层。图 9-9(c)是单体视锥细胞的详细示意图。视杆细胞和视锥细胞的窄端(称为外部区段)直径为 1 μm，而其整体长度大约是直径的 20 倍。外部区域的折射率约为 1.39，相比覆盖层或周围(间隙)的折射率 η_2 低几个百分点。这些数值与典型商用光纤中的标准数值($\eta_1=1.46$，$\eta_2=1.44$)非常接近。然而，外段的直径更小(为 1.5λ～2λ)，因此外部区域显然比标准商用光纤具备更好的发射或接收功能。

视锥细胞或视杆细胞的核可以充当透镜的作用，将光线聚集到视网膜内部，通过全反射穿过内、外两个区域。任何未被外部区域吸收的光子都会从远端射出并照射在不透明的视网膜色素层上。在人类中，视网膜色素层吸收光线，防止反射，但对于如猫等夜间捕猎的动物而言，视网膜色素层则被具有高度反射特性的反光色素层取代，以便光在通往反光色素层的途中不被吸收，并能够被反射到视锥细胞和视杆细胞。正因如此，猫相较于人类具有大约 6 dB 的黑暗视觉优势。

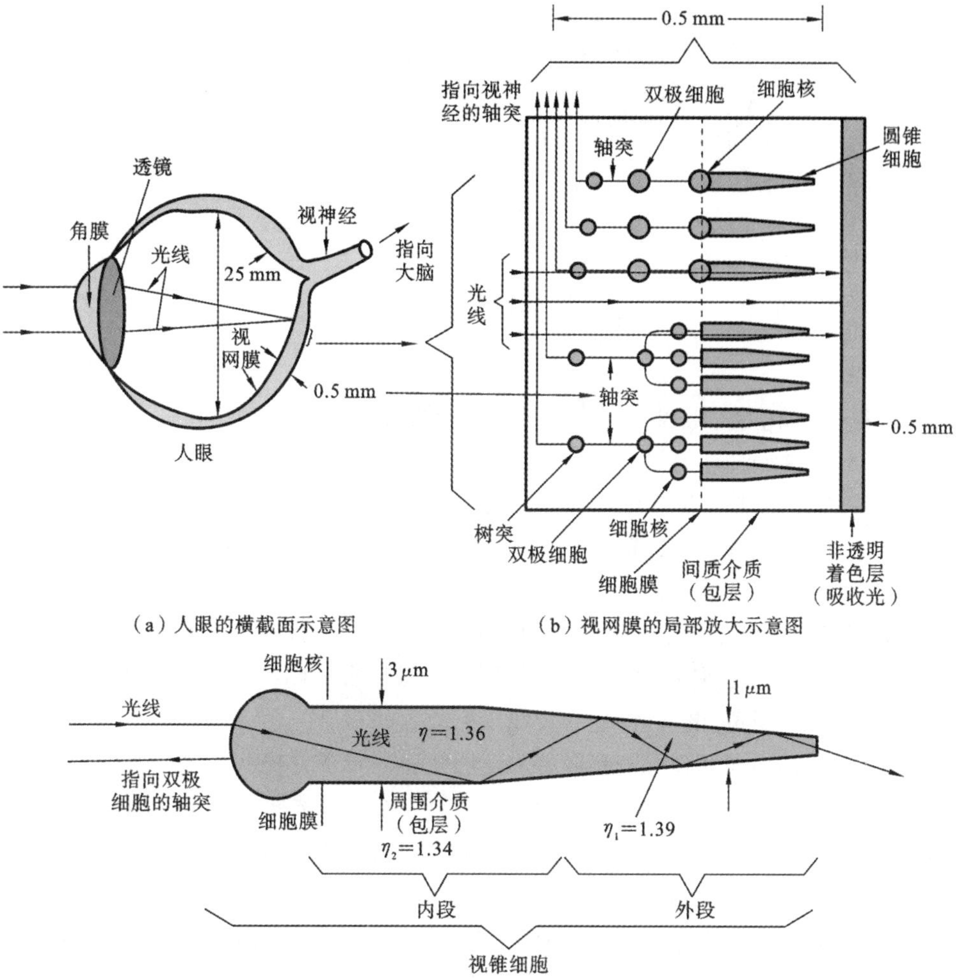

（a）人眼的横截面示意图

（b）视网膜的局部放大示意图

（c）单体视锥细胞的详细示意图

图 9-9　人眼各部分结构

需要注意的是，尽管视杆细胞和视锥细胞的折射率随着位置的变化而产生轻微变化，但其总是大于覆盖层或周围介质的折射率，这是全内反射产生的必要条件。

当光子被外部区域分子吸收时，会激发流向两极神经细胞的电流，从而发射流经轴突和树突进入大脑的脉冲信号。因此，视杆细胞或视锥细胞也可视为具有单位前后比的介质天线，同时两种细胞配有敏感探测器，目的是将光子频率(10^{15} Hz)转换为接近直流电的脉冲信号，并传递到大脑中进行处理。因此，可以说人类视网膜是拥有超过1亿数量的介质天线阵列。

例 9.8　视网膜视锥细胞如图 9-10 所示。(1)当图 9-10 中的视网膜视锥细胞直径为多大(单位：μm)时，可作为 $\lambda > 550$ nm 的单膜导向？注：该波长位于可见光谱之中(400～700 nm)。(2) 当波长为 λ 时，该视锥细胞直径为多大？

解　(1) 要使视锥细胞能够作为 $\lambda > 550$ nm 的单膜导向，其直径为

$$d = 2a = \frac{\lambda_0 \times 2.405}{\pi\sqrt{\eta_1^2 - \eta_2^2}} = \frac{550 \times 10^{-9} \times 2.405}{\pi\sqrt{1.39^2 - 1.34^2}}\ \text{m} = 1.14\ \mu\text{m}$$

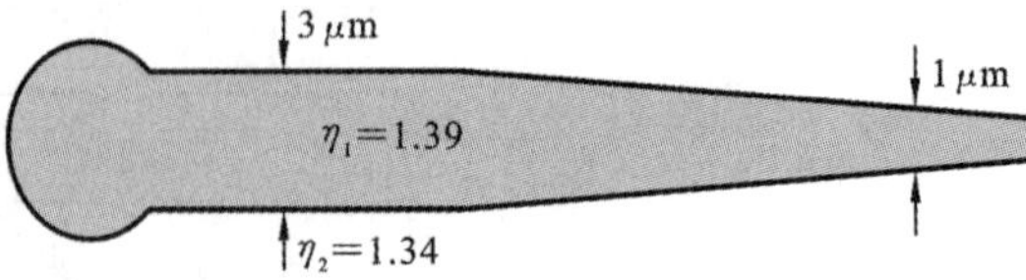

图 9-10 视网膜视锥细胞

(2) 当波长为 λ 时,视锥细胞直径为

$$d=\frac{1.14\times10^{-6}}{550\times10^{-9}}\lambda=2.07\lambda$$

9.5 电磁危害与电磁辐射的安全标准

很久以来,闪电是人类唯一的电磁危害。但随着 20 世纪的电子革命,许多新的电磁危害随即产生,这其中就包括 50～60 Hz 的电力传输线和千赫兹至兆赫兹的无线电发射装置。

射频加热应用于医用透热治疗、塑料的熔融注射成型以及微波炉烹饪食物。在这些应用中,射频功率是以受控的方式在使用。电磁危害问题主要源于无意中暴露于来自大功率无线电、调频、电视、雷达和无线发射装置的辐射。

然而人们所关心的问题是,我们的温度感受器分布于皮肤中,射频"加热"可以在人们无意识的情况下在人体内部产生。因此,需要安全的功率密度标准,以避免在无意识的情况下产生"内部煮熟"的危害,各国相继制定了电磁辐射安全暴露标准。由表 9-1 可知,东、西方的安全标准有很大差别。苏联在 1958 年规定射频以上电磁辐射能量密度小于 10 $\mu W/cm^2$ 时才是安全的。但是美国学者通过对人和动物的实验结果认为,暴露于 100 mW/cm^2 的能量密度下才会产生有意义的生物效应,并取安全因子为 10,于

表 9-1 世界各国电磁辐射安全标准

国家	频段	安全标准	备注
美国	10 MHz～100 GHz	10 mW/cm^2	在任何一个小时内
加拿大	10 MHz～100 GHz	10 mW/cm^2	0.1 小时内
英国	30 MHz～100 GHz	10 mW/cm^2	连续 8 小时作用平均值
法国	10 MHz～100 GHz	10 mW/cm^2	任何一小时内
苏联	30 MHz～300 MHz (>300 MHz)	2 V/m CW:1 $\mu W/cm^2$ PW:5 $\mu W/cm^2$	室外
波兰	30 MHz～300 GHz	10 $\mu W/cm^2$	固定场
捷克	300 MHz～300 GHz	CW:1 $\mu W/cm^2$ PW:2.5 $\mu W/cm^2$	自由空间
中国	100 kHz～30 MHz (>30 MHz)	10 mW/cm^2	自由空间

1966 年规定将频率范围从 10 MHz 到 100 GHz 的电磁辐射安全标准定在 10 mW/cm^2，造成安全暴露标准如此大的差别的关键还是对非热生物效应是否存在、是否对生物造成危害的分歧导致的。随着非热效应及其机理研究的深入，各国都在不断地修订安全卫生标准。由于经济、社会的迅速发展，人类生存环境受到电磁波的影响也愈来愈大，电磁波的生物效应对人类的利害关系、电磁波的环境污染程度等都是亟待研究的问题。

例 9.9　2 W/m^2 的加热量。功率密度为 2 W/m^2 的电磁波入射到厚 1 cm 的吸收板上，如图 9-11 所示。假设板与电磁波完全匹配。求：(1) 板的温度升高 1 ℃所需要的时间；(2) 每平方米的等效电压是多少？

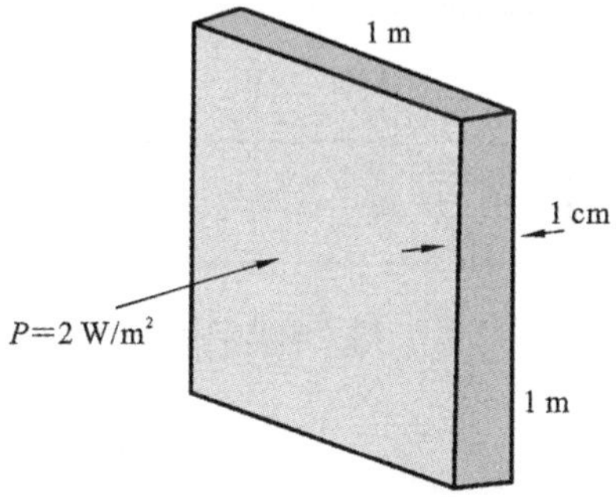

图 9-11　例 9.9 图

解　板的体积为 10 L。假设板的热态与水的一样，因为 1 kcal 的热可使 1 L 水的温度升高 1 ℃。故将板温度升高 1 ℃所需的能量为

E＝质量×比热×ΔT＝10×1×1 kcal＝10 kcal

因为 1 kcal＝4.2 kJ，所以

$$T=\frac{E}{PS}=\frac{42\ 000}{2\times1}\ \text{s}=21\ 000\ \text{s}\approx5.8\ \text{h}$$

$$E=\sqrt{PZ_0}=\sqrt{2\times377}\ \text{V/m}=27.5\ \text{V/m}$$

在上面的例子中，功率密度和场强已经转化为温度的升高，这提供了另外一种测量射频场效应的方法。

例 9.10　微波炉烤马铃薯。一个均匀的 200 mL、200 g 的马铃薯在 2.45 GHz 下的相对介电常数为 $\varepsilon_{rd}=65-\text{j}15$。如果烤箱在 2.45 GHz 下施加电场 E＝30 kV/m，那么将土豆温度从 23 ℃(室温)加热到 100 ℃并至少保持多长时间能够将 25%的水分转化为蒸汽？假设土豆等效为等体积的水，则其比热为 1 cal/g，汽化热为 550 cal/g，$\sigma=0$，1 cal＝4.2 J。

解　相对介电常数 ε_{rd} 是一个复数。利用麦克斯韦方程 $\boldsymbol{J}=\sigma\boldsymbol{E}$ 和 $\varepsilon_{rd}=\varepsilon'-\text{j}\varepsilon''$，得到

$$\nabla\times\boldsymbol{H}=\text{j}\omega\varepsilon'\boldsymbol{E}+(\sigma+\omega\varepsilon'')\boldsymbol{E}$$

这里 $\sigma'=\sigma+\omega\varepsilon''$ 为等效电导率，且

$$\boldsymbol{J}_{total}=(\sigma+\omega\varepsilon'')\boldsymbol{E}+\text{j}\omega'\varepsilon'\boldsymbol{E}=\sigma'\boldsymbol{E}+\text{j}\omega\varepsilon'\boldsymbol{E}$$

传导电流密度 $\sigma'\boldsymbol{E}$ 和位移电流密度 $\omega\varepsilon'\boldsymbol{E}$ 呈时间相位正交关系，其比例为

$$\frac{\sigma'}{\omega\varepsilon'}=\tan\delta=\text{损耗正切}$$

同时

$$90°-\delta=\theta$$

$$\cos\theta=\text{功率因数(PF)}$$

对于数值较小的 σ，功率因数

$$\text{PF}\approx\tan\delta$$

对于小的直流电导率($\sigma\approx0$)，$\sigma'=\omega\varepsilon''$，土豆的功率因数为

$$\text{PF}=\frac{\omega\varepsilon''}{\omega\varepsilon'}=\frac{15}{65}\approx0.23$$

烘焙所需的能量为

$$E = (\text{质量} \times \text{比热} \times \Delta T) + (\text{质量} \times \text{汽化热})$$
$$= 200 \times 1 \times (100-23)\ \text{cal} + (200 \times 0.25)550\ \text{cal} = 42\ 900\ \text{cal}$$

则

$$E = 42\ 900 \times 4.2\ \text{J} \approx 180\ \text{kJ}$$

等效电导率为

$$\sigma' = \omega\varepsilon'' = 2\pi \times 2.45 \times 10^9 \times 15 \times 8.82 \times 10^{-12} \approx 2.0$$

从图 9-12 所示的烤箱几何结构可得到：对于土豆中的 E 满足 $V = E_0 h + E_d h$，所以

$$2E = E_0 + E_d$$

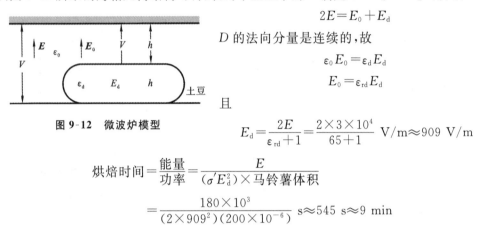

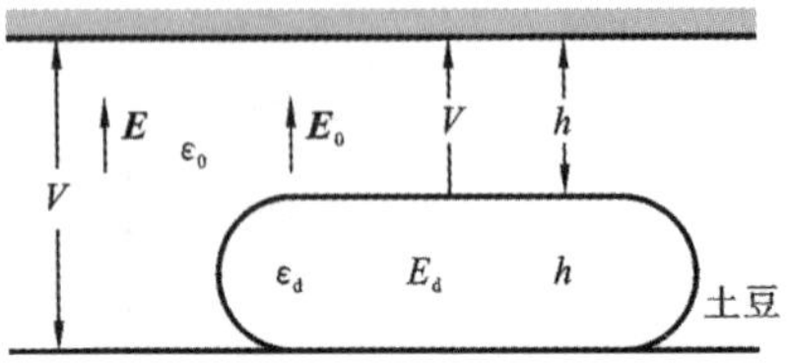

图 9-12 微波炉模型

D 的法向分量是连续的，故

$$\varepsilon_0 E_0 = \varepsilon_d E_d$$
$$E_0 = \varepsilon_{rd} E_d$$

且

$$E_d = \frac{2E}{\varepsilon_{rd}+1} = \frac{2 \times 3 \times 10^4}{65+1}\ \text{V/m} \approx 909\ \text{V/m}$$

$$\text{烘焙时间} = \frac{\text{能量}}{\text{功率}} = \frac{E}{(\sigma' E_d^2) \times \text{马铃薯体积}}$$
$$= \frac{180 \times 10^3}{(2 \times 909^2)(200 \times 10^{-6})}\ \text{s} \approx 545\ \text{s} \approx 9\ \text{min}$$

因此，有经验的厨师会在马铃薯上开一条缝或一个洞，让蒸汽逸出，防止土豆爆炸。

微波炉是一个谐振器，如果结构良好，辐射泄漏可以忽略不计。虽然 30 kV/m 的电场在烤箱内被认为是安全的，但在户外这样的电场强度是危险的。因为这种电场强度的电磁波具有的功率密度为

$$P = \frac{E^2}{Z} = \frac{(3 \times 10^4)^2}{377}\ \text{W/m}^2 \approx 2.4 \times 10^6\ \text{W/m}^2 \tag{9.5.1}$$

由于

$$\frac{2.4 \times 10^6}{2}\ \text{W/m}^2 = 1.2 \times 10^6\ \text{W/m}^2 = 61\ \text{dB} \tag{9.5.2}$$

因此，它超出了所规定的安全标准。

许多大功率无线电和雷达天线在其附近都能达到兆瓦每平方米的功率密度水准，因此一般会张贴远离的警告标志。

在这种功率密度之下，图 9-11 所示的 10 L 板温度升高 1 ℃的时间将从 5.8 h 缩短到

$$\frac{21\ 000}{1.2 \times 10^6}\ \text{s} = 17.5 \times 10^{-3}\ \text{s} \approx 18\ \text{ms} \tag{9.5.3}$$

同时，如果微波炉所产生的 30 kV/m 电场在马铃薯中没有衰减到 909 V/m，烘烤时间将从 9 min 缩短到 0.5 s，即

$$540 \times \left(\frac{909}{3 \times 10^4}\right)^2\ \text{s} = 0.5\ \text{s} \tag{9.5.4}$$

马铃薯中的电场 E_d 与应用电场 E 的差异涉及失配问题。因此，如果一个人站在应用场 E 中，则其内部场可能较小。然而，如果波长是人体高度的整数倍，人体就会类似于 $\lambda/4$ 或 $\lambda/2$ 天线的谐振，并产生更高的内部磁场。除了射频波的安全水平标准外，

对于可以控制并且会干扰其他系统的电子设备的非正常辐射有着更严格的要求。美国联邦通信委员会(FCC)的一项要求是，来自电子设备的非正常辐射应该满足 3 m 距离内小于 100 μV/m。为了遵循电磁干扰规则，电子设备制造商在电磁兼容性室中测试其装置的杂散发射。与 100 μV/m 的场强相对应的功率密度为

$$P=\frac{E^2}{Z}=\frac{(100\times10^{-6})^2}{377}\ \mathrm{W/m^2}=2.7\times10^{-11}\ \mathrm{W/m^2}=27\ \mathrm{pW/m^2} \qquad (9.5.5)$$

上述功率密度、场强以及加热 10 L 吸收板温度上升 1 ℃所用时间如表 9-2 所示。

表 9-2　功率密度、场强以及加热 10 L 吸收板温度上升 1 ℃所用时间

分　　类	功 率 密 度	dB	E	温度上升 1 ℃所用时间
兆瓦发射机	2.4×10^6 W/m^2	+61	30 kV/m	18 ms
人体的 IEEE 安全指标	2 W/m^2	0	27.5 V/m	5.8 h
对于设备的 FCC 指标	27 pW/m^2	−109	100 μV/m	53×10^6 years(假定的)

9.6　应用实例

雷云势如图 9-13 所示。当在雷云下产生非常高的电位时将会产生闪电现象。为

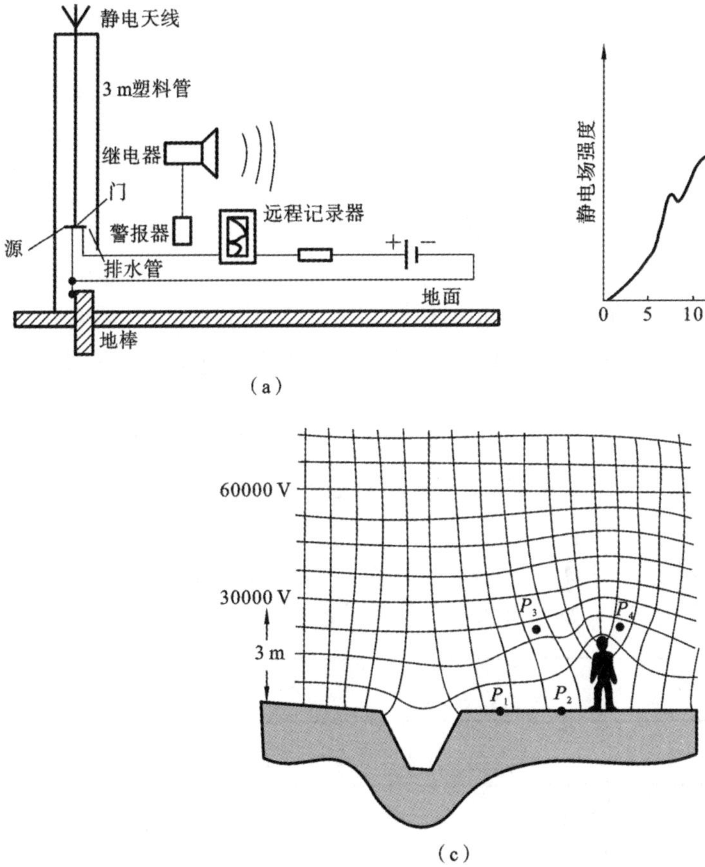

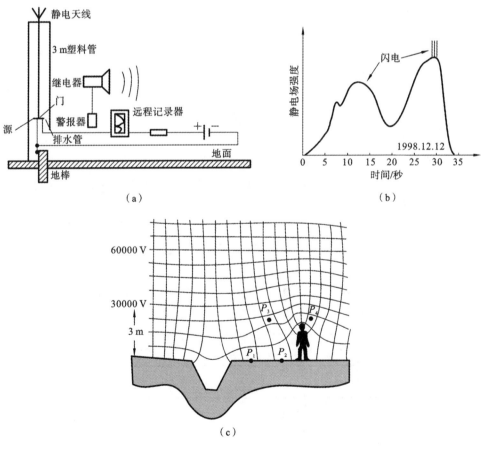

图 9-13　雷云势

了观察雷云势的波动情况，组装了一个非常简单的监测装置(见图 9-13(a))。塑料管内的场效应管连接到两根分支线的栅极作为静电天线，如窃听天线，而漏极则连接到电压源和远程记录器。管道处于开放区域，记录仪位于室内。

实际记录如图 9-13(b)所示。当检测到闪电时，电位会迅速上升，之后再次下降，通过多次放电不断累积。放电或雷击是巨大的“火花”产生无线电波。这些火花长途跋涉后会在 AM 接收器中产生“砰砰”声或“巨响”。在记录中出现峰值的瞬间即是在图 9-13(b)中观察时的强击声的瞬间。当电位快速上升到危险情况时，并没有给图 9-13(c)中的人太多时间去避免被电场击中。而通过继电器和警报器，系统可以提醒人们什么时候行动能够避免伤害。

9.7 本章小结

本章重点阐述了生物电磁场、电磁辐射效应，心脏偶极子场及其除颤器和心脏起搏器、轴突的传输线模型、视网膜视神经纤维等组织器官的相关生物、物理学特性，以及电磁波的生物效应和电磁防护等相关知识。需要重点掌握生物电磁场中电场磁场的产生及应用，心脏收缩前在胸部测量的等电位线与各向同性介质中的电偶极子之间的相似性；掌握轴突传输线模型中典型的神经元细胞与周围组织细胞连接的模型图，轴突作为一条有源传输线其具有零传输损耗的原因以及霍奇金·赫胥黎模型建立的轴突传输线等效电路；掌握视网膜视神经纤维人眼的组成以及视网膜视锥与视杆细胞的功能与用途；了解电磁辐射的生物学效应及其产生的原因与特征，对身边的电磁危害以及制订的相关安全标准有一个基本的认知。

习　题　9

9.1　微波炉中的汉堡。使用 $\lambda=15$ cm 的振荡器来蒸 2 个汉堡肉饼(每个小馅饼 100 g)。如果汉堡在 $\lambda=15$ cm 时介电常数为 $\varepsilon_r=69-j18$，那么烹饪 5 min 需要在肉饼上施加的 E 值是多少？取 $\sigma=0$。

9.2　微波炉中的香肠。使用 $\lambda=15$ cm 的振荡器来烹饪八包装的香肠(0.45 kg)。如果在 $\lambda=15$ cm 时，$\varepsilon_r=75-j20$，当施加 25 kV/m 的电场时，需要多长时间能蒸熟它们？取 $\sigma=0$。

9.3　高压线下的磁场。典型的 765 kV，60 Hz，3 相电力传输线具有三个高度相等(都为 12 m)的导体，间隔 16 m，如习题 9.3 图所示。若每相电的电流为 4000 A，求：

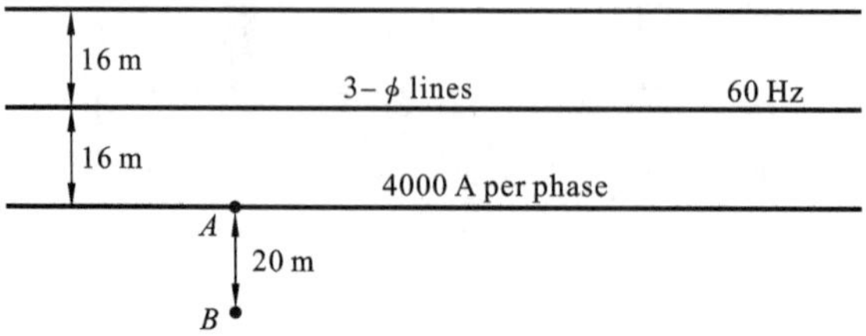

习题 9.3 图

(1) A 点外部导线正下方的地面磁场；

(2) 外部 20 m 处地平面的磁场是多少?

(3) 这些值是否超过了规定的安全值?

9.4 闪电屏蔽。解释为什么闪电在开放区域中、电源线下和孤立的树下的伤害比在凹陷处、封闭金属中以及有杆子保护下的建筑物中更大。注意，六种情况需要给出不同的原因。

附录 A　常用的矢量变换公式

1. 矢量和与积

$\boldsymbol{A}+\boldsymbol{B}=\boldsymbol{B}+\boldsymbol{A}$；

$\boldsymbol{A}\cdot\boldsymbol{B}=\boldsymbol{B}\cdot\boldsymbol{A}$；

$\boldsymbol{A}\cdot\boldsymbol{A}=|\boldsymbol{A}|^2=\boldsymbol{A}^2$；

$\boldsymbol{A}\times\boldsymbol{B}=-\boldsymbol{B}\times\boldsymbol{A}$；

$(\boldsymbol{A}+\boldsymbol{B})\cdot\boldsymbol{C}=\boldsymbol{A}\cdot\boldsymbol{C}+\boldsymbol{B}\cdot\boldsymbol{C}$；

$(\boldsymbol{A}+\boldsymbol{B})\times\boldsymbol{C}=\boldsymbol{A}\times\boldsymbol{C}+\boldsymbol{B}\times\boldsymbol{C}$；

$\boldsymbol{A}\cdot(\boldsymbol{B}\times\boldsymbol{C})=\boldsymbol{B}\cdot(\boldsymbol{C}\times\boldsymbol{A})=\boldsymbol{C}\cdot(\boldsymbol{A}\times\boldsymbol{B})$；

$\boldsymbol{A}\times(\boldsymbol{B}\times\boldsymbol{C})=\boldsymbol{B}(\boldsymbol{A}\cdot\boldsymbol{C})-\boldsymbol{C}(\boldsymbol{A}\cdot\boldsymbol{B})$；

$(\boldsymbol{A}\times\boldsymbol{B})\cdot(\boldsymbol{C}\times\boldsymbol{D})=\boldsymbol{A}\cdot\boldsymbol{B}\times(\boldsymbol{C}\times\boldsymbol{D})=(\boldsymbol{A}\cdot\boldsymbol{C})(\boldsymbol{B}\cdot\boldsymbol{D})-(\boldsymbol{B}\cdot\boldsymbol{C})(\boldsymbol{A}\cdot\boldsymbol{D})$；

$(\boldsymbol{A}\times\boldsymbol{B})\times(\boldsymbol{C}\times\boldsymbol{D})=(\boldsymbol{A}\times\boldsymbol{B}\cdot\boldsymbol{D})\boldsymbol{C}-(\boldsymbol{A}\times\boldsymbol{B}\cdot\boldsymbol{C})\boldsymbol{D}$。

2. 矢量微分

$\nabla\cdot(\nabla\times\boldsymbol{A})=0$；

$\nabla\times\nabla\psi=0$；

$\nabla(\varphi+\psi)=\nabla\varphi+\nabla\psi$；

$\nabla(\varphi\psi)=\psi\nabla\varphi+\varphi\nabla\psi$；

$\nabla\cdot(\boldsymbol{A}+\boldsymbol{B})=\nabla\cdot\boldsymbol{A}+\nabla\cdot\boldsymbol{B}$；

$\nabla\times(\boldsymbol{A}+\boldsymbol{B})=\nabla\times\boldsymbol{A}+\nabla\times\boldsymbol{B}$；

$\nabla\cdot(\psi\boldsymbol{A})=(\nabla\psi)\cdot\boldsymbol{A}+\psi(\nabla\cdot\boldsymbol{A})$；

$\nabla\times(\psi\boldsymbol{A})=(\nabla\psi)\times\boldsymbol{A}+\psi(\nabla\times\boldsymbol{A})$；

$\nabla(\boldsymbol{A}\cdot\boldsymbol{B})=(\boldsymbol{A}\cdot\nabla)\boldsymbol{B}+(\boldsymbol{B}\cdot\nabla)\boldsymbol{A}+\boldsymbol{A}\times(\nabla\times\boldsymbol{B})+\boldsymbol{B}\times(\nabla\times\boldsymbol{A})$；

$\nabla\cdot(\boldsymbol{A}\times\boldsymbol{B})=\boldsymbol{B}\cdot(\nabla\times\boldsymbol{A})-\boldsymbol{A}\cdot(\nabla\times\boldsymbol{B})$；

$\nabla\times(\boldsymbol{A}\times\boldsymbol{B})=\boldsymbol{A}(\nabla\cdot\boldsymbol{B})-\boldsymbol{B}(\nabla\cdot\boldsymbol{A})+(\boldsymbol{B}\cdot\nabla)\boldsymbol{A}-(\boldsymbol{A}\cdot\nabla)\boldsymbol{B}$；

$\nabla\times(\nabla\times\boldsymbol{A})=\nabla(\nabla\cdot\boldsymbol{A})-(\nabla\cdot\nabla)\boldsymbol{A}$。

3. 矢量积分

$$\oint_l \boldsymbol{A}\cdot d\boldsymbol{l}=\int_S(\nabla\times\boldsymbol{A})\cdot d\boldsymbol{S};$$

$$\oint_S \boldsymbol{A}\cdot d\boldsymbol{S}=\int_V(\nabla\cdot\boldsymbol{A})\,dV;$$

$$\oint_S(\boldsymbol{e}_n\times\boldsymbol{A})\cdot d\boldsymbol{S}=\int_V(\nabla\times\boldsymbol{A})\,dV;$$

$$\oint_S\psi\,d\boldsymbol{S}=\int_S\boldsymbol{e}_n\times\nabla\psi\cdot d\boldsymbol{S}。$$

附录 B　三种坐标系的梯度、散度、旋度和拉普拉斯运算

1. 矢量表示

直角坐标表示：$\boldsymbol{A}=\boldsymbol{e}_x A_x+\boldsymbol{e}_y A_y+\boldsymbol{e}_z A_z$；

柱坐标表示：$\boldsymbol{A}=\boldsymbol{e}_r A_r+\boldsymbol{e}_\varphi A_\varphi+\boldsymbol{e}_z A_z$；

球坐标表示：$\boldsymbol{A}=\boldsymbol{e}_r A_r+\boldsymbol{e}_\theta A_\theta+\boldsymbol{e}_\varphi A_\varphi$。

2. 坐标变换

直角坐标与柱坐标变换为

$$\begin{bmatrix}A_x\\A_y\\A_z\end{bmatrix}=\begin{bmatrix}\cos\varphi & -\sin\varphi & 0\\ \sin\varphi & \cos\varphi & 0\\ 0 & 0 & 1\end{bmatrix}\begin{bmatrix}A_r\\A_\varphi\\A_z\end{bmatrix}$$

$$\begin{bmatrix}A_r\\A_\varphi\\A_z\end{bmatrix}=\begin{bmatrix}\cos\varphi & \sin\varphi & 0\\ -\sin\varphi & \cos\varphi & 0\\ 0 & 0 & 1\end{bmatrix}\begin{bmatrix}A_x\\A_y\\A_z\end{bmatrix}$$

直角坐标与球坐标变换为

$$\begin{bmatrix}A_x\\A_y\\A_z\end{bmatrix}=\begin{bmatrix}\sin\theta\cos\varphi & \cos\theta\cos\varphi & -\sin\varphi\\ \sin\theta\sin\varphi & \cos\theta\sin\varphi & \cos\varphi\\ \cos\theta & -\sin\theta & 0\end{bmatrix}\begin{bmatrix}A_r\\A_\theta\\A_\varphi\end{bmatrix}$$

$$\begin{bmatrix}A_r\\A_\theta\\A_\varphi\end{bmatrix}=\begin{bmatrix}\sin\theta\cos\varphi & \sin\theta\sin\varphi & \cos\theta\\ \cos\theta\cos\varphi & \cos\theta\sin\varphi & -\sin\theta\\ -\sin\varphi & \cos\varphi & 0\end{bmatrix}\begin{bmatrix}A_x\\A_y\\A_z\end{bmatrix}$$

柱坐标与球坐标变换为

$$\begin{bmatrix}A_r\\A_\varphi\\A_z\end{bmatrix}=\begin{bmatrix}\sin\theta & \cos\theta & 0\\ 0 & 0 & 1\\ \cos\theta & -\sin\theta & 0\end{bmatrix}\begin{bmatrix}A_r\\A_\theta\\A_\varphi\end{bmatrix}$$

$$\begin{bmatrix}A_r\\A_\theta\\A_\varphi\end{bmatrix}=\begin{bmatrix}\sin\theta & 0 & \cos\theta\\ \cos\theta & 0 & -\sin\theta\\ 0 & 1 & 0\end{bmatrix}\begin{bmatrix}A_r\\A_\varphi\\A_z\end{bmatrix}$$

3. 微分运算

1）直角坐标

$$\nabla\Phi=\boldsymbol{e}_x\frac{\partial\Phi}{\partial x}+\boldsymbol{e}_y\frac{\partial\Phi}{\partial y}+\boldsymbol{e}_z\frac{\partial\Phi}{\partial z};$$

$$\nabla\cdot\boldsymbol{A}=\frac{\partial A_x}{\partial x}+\frac{\partial A_y}{\partial y}+\frac{\partial A_z}{\partial z};$$

$$\nabla\times\boldsymbol{A}=\boldsymbol{e}_x\left(\frac{\partial A_z}{\partial y}-\frac{\partial A_y}{\partial z}\right)+\boldsymbol{e}_y\left(\frac{\partial A_x}{\partial z}-\frac{\partial A_z}{\partial x}\right)+\boldsymbol{e}_z\left(\frac{\partial A_y}{\partial x}-\frac{\partial A_x}{\partial y}\right);$$

$$\nabla^2\Phi=\frac{\partial^2\Phi}{\partial x^2}+\frac{\partial^2\Phi}{\partial y^2}+\frac{\partial^2\Phi}{\partial z^2};$$

$$\nabla^2\mathbf{A}=\boldsymbol{e}_x\,\nabla^2A_x+\boldsymbol{e}_y\,\nabla^2A_y+\boldsymbol{e}_z\,\nabla^2A_z。$$

2）柱坐标

$$\nabla\,\Phi=\boldsymbol{e}_r\,\frac{\partial\Phi}{\partial r}+\boldsymbol{e}_\varphi\,\frac{1}{r}\frac{\partial\Phi}{\partial\varphi}+\boldsymbol{e}_z\,\frac{\partial\Phi}{\partial z};$$

$$\nabla\cdot\mathbf{A}=\frac{1}{r}\frac{\partial}{\partial r}(A_r r)+\frac{1}{r}\frac{\partial A_\varphi}{\partial\varphi}+\frac{\partial A_z}{\partial z};$$

$$\nabla\times\mathbf{A}=\boldsymbol{e}_r\left(\frac{1}{r}\frac{\partial A_z}{\partial\varphi}-\frac{\partial A_\varphi}{\partial z}\right)+\boldsymbol{e}_\varphi\left(\frac{\partial A_r}{\partial z}-\frac{\partial A_z}{\partial r}\right)+\boldsymbol{e}_z\left[\frac{1}{r}\frac{\partial(A_\varphi r)}{\partial x}-\frac{1}{r}\frac{\partial A_x}{\partial y}\right];$$

$$\nabla^2\Phi=\frac{1}{r}\frac{\partial}{\partial r}\left(r\,\frac{\partial\Phi}{\partial r}\right)+\frac{1}{r^2}\frac{\partial^2\Phi}{\partial\varphi^2}+\frac{\partial^2\Phi}{\partial z^2};$$

$$\nabla^2\mathbf{A}=\boldsymbol{e}_r\left(\nabla^2A_r-\frac{A_r}{r^2}-\frac{2}{r^2}\frac{\partial A_\varphi}{\partial\varphi}\right)+\boldsymbol{e}_\varphi\left(\nabla^2A_\varphi-\frac{A_\varphi}{r^2}+\frac{2}{r^2}\frac{\partial A_\varphi}{\partial\varphi}\right)+\boldsymbol{e}_z\,\nabla^2A_z。$$

3）球坐标

$$\nabla\,\Phi=\boldsymbol{e}_r\,\frac{\partial\Phi}{\partial r}+\boldsymbol{e}_\theta\,\frac{1}{r}\frac{\partial\Phi}{\partial\theta}+\boldsymbol{e}_\varphi\,\frac{1}{r\sin\theta}\frac{\partial\Phi}{\partial\varphi}。$$

参 考 文 献

[1] 杨儒贵，刘运林．电磁场与波简明教程[M]．北京：科学出版社，2006.

[2] 杨儒贵．电磁场与电磁波[M]．2 版．北京：高等教育出版社，2007.

[3] 王家礼，朱满座，路宏敏．电磁场与电磁波[M]．西安：西安电子科技大学出版社，2009.

[4] 郭硕鸿．电动力学[M]．3 版．北京：高等教育出版社，2008.

[5] 任朗．天线理论基础 [M]．北京：人民邮电出版社，1980.

[6] 龚中麟．近代电磁理论[M]．2 版．北京：北京大学出版社，2010.

[7] Jin Au Kong．电磁波理论[M]．吴季，等，译．北京：高等教育出版社，2002.

[8] 冯慈璋，马西奎．工程电磁场导论[M]．北京：高等教育出版社，2000.

[9] 谢处方，饶克瑾．电磁场与电磁波[M]．北京：高等教育出版社，2006.

[10] 倪光正．工程电磁场原理[M]．北京：高等教育出版社，2002.

[11] 丁君．工程电磁场与电磁波[M]．北京：高等教育出版社，2005.

[12] 赵家升，杨显清，王园．电磁场与电磁波解题指导[M]．西安：西安电子科技大学出版社，2000.

[13] 于恒清．电磁场与电磁波解题指南[M]．北京：国防工业出版社，2001.

[14] John D Kraus，Daniel A Fleisch．Electromagnetics With Applications[M]．5 版(影印版)．北京：清华大学出版社，2001.

[15] William H Hayt，Jr John A Buck．工程电磁学[M]．6 版．徐安士，周乐柱，等，译．北京：电子工业出版社，2004.

[16] 王一平．电磁场与波理论基础[M]．西安：西安电子科技大学出版社，2002.

[17] 葛德彪，闫玉波．电磁波时域有限差分方法[M]．西安：西安电子科技大学出版社，2002.

[18] 郭立新，李江挺，韩旭彪．计算物理学[M]．西安：西安电子科技大学出版社，2009.

[19] 神经元的组成结构．https://zhidao.baidu.com/question/2141578781894606868.html.

[20] Kraus. Electromagnetics With Applictions[M]．New York：McGraw-Hill，1992.

[21] Becker，Robert O，Selden G. The Body Electric[M]．New York：William Morrow，1974.

[22] Nagumo J，Arimoto S，Yoshizawa S. An Active Pulse Transmission Line Simulating Nerve Axon[J]．Proceedings of the IRE，1962.

[23] Dagnelie G，Massof R W. Toward an Artificial Eye[J]．IEEE Spectrum，1996.

[24] Wickelgren I. The Strange Senses of Other Species[J]．IEEE Spectrum，1996.

[25] Uman M A. The Lightning Discharge[J]．New York：Academic Press，1987.

[26] Webster J G. Design of Cardiac Pacemakers[J]．New York：IEEE Press，1995.

[27] Leon G. Danamiics of Cardiac Arrtythmias[J]. Physics Today, 1996.
[28] Fischetti M. The Cellular Phone Scare[J]. IEEE Spectrum, June 1993.
[29] Smith D R, Padilla W, Vier D C, et al. Egative Permeability from Split Ring Resonator Arrays [J]. Lasers and Electro-Optics Europe, France: Springer Press, 2000.
[30] Parazzoli C G, Greegor R B, Li K, et al. Experimental Verification and Simulation of Negative Index of Refraction Using Snell's Law[J]. Physical Review Letters, 2003, 90(10): 107401-1-107401-4.
[31] Li K, McLean S J, Greegor R B, et al. Free-Space Focused-Beam Characterization of Left-Handed Materials[J]. Applied Physics Letters, 2003, 82 (15): 2535-2537.
[32] John S, Soukoulis C. Theory of Electron Band Tails and the Urbach Optical-Absorption Edge[J]. Physical Review Letters, 1986, 57(22): 2877.
[33] Yablonovitch E. Inhibited Spontaneous Emission in Solid-State Physics and Electronics[J]. Physical Review Letters, 1987, 58(20): 2059-2062.
[34] Psarobas I E, Stefanou N. Phononic Crystals with Planar Defects[J]. Physical Review B, 2000, 62(9): 5536-5540.
[35] Zhang L, Chen X Q. Space-Time-Coding Digital Metasurfaces[J]. Nature Communications, 2018, 9: 4334.
[36] 周兴旺,施英,生物电磁学[J]. 物理,1995.
[37] 吕英华. 计算电磁学的数值方法[M]. 北京:清华大学出版社,2006.